HISTOIRE MONDIALE DES SCIENCES

DU MÊME AUTEUR

Astronomie moderne et pratique
(en collaboration avec Storm Dunlop)
Bordas, 1986

Le Guide du ciel
Solar, 1988

COLIN RONAN

HISTOIRE MONDIALE DES SCIENCES

TRADUIT DE L'ANGLAIS
PAR CLAUDE BONNAFONT

Ouvrage publié avec le concours du
Centre national des Lettres

ÉDITIONS DU SEUIL
*27, rue Jacob, Paris VIe*

La version française de cet ouvrage a bénéficié des conseils de Messieurs M. Biezunski, M. Blanc, M. Caveing, J. Dhombres, F. de Gandt, H. Hugonnard-Roche, G. Mazars, R. Rashed; qu'ils en soient ici remerciés.

Titre original : *The Cambridge Illustrated History of the World's Science.*
Éditeur original : Newnes Books, Twickenham, Middlesex.

ISBN original : 0 600 38423 3.

ISBN 2-02-010045-2.

Introduction

Nous avons célébré les guerres. Les rois aveugles, avides de sang,
Aux sons d'une musique épique, se dirigent vers leurs trônes.
Pourquoi n'avez-vous pas alors chanté la plus noble guerre
De ceux qui cherchaient la lumière mais ne pouvaient rêver
De cette victoire qu'ils aidèrent à gagner
Les inventeurs silencieux, les pionniers solitaires,
Prisonniers et exilés, martyrs de la vérité
Qui, d'âge en âge, transmirent la flamme...

Alfred Noyes, *les Porte-flambeau,*
prologue «L'observatoire».

A la fin de 1917, au cours des douze derniers mois de ce qui fut appelé «la guerre la plus sanglante de l'histoire», le poète Alfred Noyes et deux astronomes américains empruntèrent la route nouvellement ouverte vers le sommet du mont Wilson, en Californie. Ils avaient pour mission de procéder aux essais d'un télescope géant qu'on venait d'achever. Doté de la capacité de pénétrer l'espace beaucoup plus loin qu'auparavant, cet instrument colossal était le résultat pratique de l'imagination et de la persévérance de George Ellery Hale, un des deux compagnons de Noyes. Cette nuit serait le moment de vérité. Le télescope avait coûté une fortune : allait-il remplir ses promesses théoriques et ouvrir de larges perspectives de l'univers jusqu'alors inconnues de l'homme? Ou la nuit n'apporterait-elle qu'une déception chèrement payée? Les essais furent un succès retentissant. Toute la sueur et tout le labeur fournis pendant cinq années pour polir le gigantesque miroir de 100 pouces*, toute la créativité et les efforts dispensés pour concevoir et construire la structure géante, mais délicate, qui soutient le miroir n'avaient pas été vains. Cet instrument pourrait aider l'humanité à frayer sa voie dans une ère nouvelle de la découverte scientifique.

Noyes fut très ému par l'événement. Le dévouement tranquille des hommes de science, leurs plus chers espoirs et leurs

* 2,54 mètres.

craintes enflammèrent son imagination. En un éclair, il entrevit les aspects les plus larges de leur travail : il vit qu'ils luttaient pour gagner une partie dans le champ immense de la bataille intellectuelle de l'homme pour comprendre l'univers qui l'entoure. Il saisit que là résidait le vrai combat : la guerre contre l'ignorance ne pourrait être gagnée que grâce à une connaissance accrue de la Nature. Et, sans doute, alors qu'il méditait ainsi, alors qu'il frémissait à la vue de soleils lointains, il se rappelait aussi qu'au même moment ses compatriotes tombaient dans l'infâme bourbier des Flandres. On ne s'étonnera pas qu'il se soit posé cette question; le tragique est que cette question demeure aussi pertinente de nos jours qu'elle l'était voici un peu plus d'un demi-siècle.

Bien sûr, le monde a appris quelles sont les véritables horreurs de la guerre et il commence à essayer d'éviter la catastrophe finale. Malheureusement, la guerre est toujours la poutre maîtresse de l'histoire. La domination des hommes par d'autres hommes tisse la trame des livres d'histoire, au détriment des réussites de l'homme pour repousser le voile de l'ignorance et de la superstition.

Le plaidoyer de Noyes est repris ici car il est essentiel de comprendre que, de nos jours encore, il y a une lacune énorme dans la littérature historique. L'histoire de la science n'est nulle part disponible. Cela ne veut pas dire que l'histoire du pouvoir politique doive être rayée du souvenir, qu'elle ne concerne qu'un des aspects du drame historique et, peut-être, à lointaine échéance, son aspect le moins mémorable. Aujourd'hui, alors que la science joue un rôle croissant dans la vie de chaque homme, de chaque femme et de chaque enfant, il est primordial de savoir quelque chose de ses origines et de son développement à travers le monde civilisé. C'est seulement de cette manière que nous voyons l'aventure glorieuse de l'intelligence de l'homme dans sa véritable perspective. Car la science est apparue dans toutes les civilisations sur la Terre, elle est née naturellement de la curiosité spontanée de l'homme à l'égard du monde où il vit. La crainte à l'égard de la science est fondée sur l'ignorance et sur une conception erronée de sa nature et de sa genèse.

Dans un ouvrage de cette dimension, il est évidemment impossible de couvrir dans le détail tout le savoir scientifique et technique de toutes les époques et de toutes les civilisations : tenter un tel travail exigerait l'introduction d'une grande quantité d'informations qu'un lecteur non initié aux disciplines scientifiques ne pourrait comprendre. C'est pourquoi nous avons dû tracer une limite entre ce qu'il fallait inclure et ce qu'il fallait exclure. La première décision, fondamentale, a été de couvrir ce qu'on a coutume d'appeler «la science pure» plutôt que la technologie, c'est-à-dire de traiter les idées scientifiques qui ont été développées au profit du «savoir» plutôt que celles conçues en vue d'applications pratiques définies. Bien entendu, il est aussi impossible de tirer une ligne de partage nette et rigide entre les deux lorsque l'on traite de l'Égypte ancienne que lorsque l'on étudie la chimie moderne : mais, d'une façon générale, notre règle a été de concentrer notre attention sur les progrès de la science qui ont conduit à un changement conceptuel plutôt qu'à un changement technique. Parfois aussi, la question de savoir si tel ou tel domaine relève ou non de «la science» reçoit une réponse différente d'une époque à une autre. La médecine en est un exemple; dans de nombreuses civilisations anciennes, elle a été traitée comme une science parce qu'elle nous a fourni des jalons valables sur l'état du savoir biologique de cette époque, tandis qu'au XXe siècle, elle s'est développée comme une discipline en soi, plus proche d'une technologie que d'une science conceptuelle. La troisième décision qui a présidé à l'établissement du plan de cet ouvrage a été la volonté d'accorder une place égale aux sciences rendues obsolètes par la révolution scientifique et au développement de la «science» moderne. Cette décision reflète en partie la nature relativement familière de l'essentiel de l'histoire de la science depuis la Renaissance; il semble tout aussi désirable de porter au crédit des civilisations anciennes des travaux créateurs, audacieux et originaux dont, pour beaucoup, la valeur n'a été reconnue que récemment.

Tel est donc le but de cet ouvrage : proposer une vue d'ensemble du développement de la science et de la pensée scientifique à travers le monde depuis les premiers temps jusqu'à nos jours. Ce sera une aventure exaltante parce que le frisson de la découverte est excitant et parce que cette histoire nous transportera dans des époques passionnantes, éloignées de la nôtre, lorsque la perspective d'ensemble, toute différente, se basait sur des croyances peu familières à l'homme moderne et faisait souvent partie d'une civilisation différente de la nôtre. Il nous faudra nous dépouiller d'idées reçues et faire preuve d'imagination pour nous projeter dans les temps anciens. Ce ne sera pas toujours facile, mais cela en vaut toujours la peine : nous en tirerons maintes surprises et une compréhension renouvelée.

1. Les origines de la science

La science s'est imposée comme une grande aventure intellectuelle. Il faut, pour s'y engager, une brillante imagination créatrice, tempérée par une discipline stricte, fondée sur un noyau solide d'observations concrètes; la science a attiré certains des meilleurs esprits dans toutes les civilisations qui se sont développées jusqu'au stade où elles étaient capables de relever par cette voie le défi de la Nature. Car la science ne se réduit pas à une simple collecte de faits, bien que celle-ci soit une nécessité; c'est un système de corrélations logiques de ces faits, permettant d'étayer une hypothèse ou un corps de théorie. Cette théorie est elle-même affectée par la perspective générale de l'époque où elle est formulée. La théorie doit être assez robuste pour attirer des esprits habitués à la pensée logique et, en même temps, assez ouverte pour laisser place à des développements et ajustements, à la lumière de découvertes ultérieures. Comme nous le verrons, une telle théorie, parfois appelée paradigme, se modifie de temps en temps, pour une multitude de raisons. Dans la mesure où ces changements sont causés par une expérience toujours plus complexe, la science est un corps de connaissances en continuelle expansion; mais, quand ces changements sont déterminés par des raisons religieuses, philosophiques, sociales ou économiques, l'histoire de la science est en prise sur les fluctuations d'une histoire plus générale.

Il est impossible de discuter d'une histoire ou d'une théorie de la science sans se trouver confronté à la magie. La magie était une façon de considérer le monde qui mêlait de façon complexe la croyance au monde des esprits et le savoir ésotérique. Pour quiconque se refuse à croire que la science moderne n'est qu'une faiseuse de miracles à grande échelle, le seul fait de mentionner la magie dans ce contexte peut paraître étrange et même inacceptable. Et cependant, ces approches de la Nature, qui semblent à première vue tout à fait différentes, ont en fait beaucoup de points communs. La vision magique était une façon légitime d'exprimer une synthèse du monde naturel et de la relation de l'homme avec ce monde. Dans une société primitive, lorsque le magicien, le chaman ou le sorcier accomplit un rite pour provoquer la pluie, il exprime sa croyance qu'il existe un lien entre la pluie et la croissance des cultures, entre un aspect de la Nature et un autre, et son sentiment que la survie de l'homme dépend du fonctionnement du monde naturel. Il appréhende un certain rapport entre l'homme et le monde qui l'entoure et manifeste une compréhension primitive du fait que, moyennant une bonne procédure, l'homme peut contrôler les forces de la Nature et les amener à travailler à son profit.

Quelles étaient les croyances essentielles de la magie, telle qu'elle fonctionna chez les peuples les plus anciens et telle qu'elle persiste parmi certaines cultures primitives contemporaines? *Grosso modo*, la magie exprime une vision animiste de la Nature. Le monde était peuplé et contrôlé par des esprits et par des forces spirituelles cachées qui résidaient peut-être dans les animaux ou les arbres, dans la mer ou dans le vent, et le devoir du magicien était de plier ces forces à son projet, d'obtenir la coopération des esprits. Il procédait à des incantations, jetait des sorts et préparait des potions, en fonction de sa vision d'un monde d'affinités et de sympathies. Ce point de vue pouvait conduire à une magie sympathique, ou imitative, qui poussait les hommes à manger la chair d'un animal, afin de s'approprier certaines de ses qualités, ou à se vêtir comme les animaux et à mimer leur capture et leur mort afin que leurs chasses soient couronnées de succès. Dessiner et peindre des images d'animaux ou exécuter des figurines à leur ressemblance revenait à s'approprier une partie de leur puissance; c'était aussi les affaiblir et faciliter leur capture. Le monde magique était un monde de rapports plutôt que d'objets indépendants; il était basé sur les interrelations de l'homme avec la vie et avec les conditions qu'il trouvait autour de lui, dans un monde où les forces étaient personnifiées et où chaque chose exerçait une influence spécifique.

Illustration page 25.

Le magicien pouvait avoir une vue pénétrante et très subtile des relations générales de la nature et, bien qu'elles fussent parfois erronées, ses manipulations aboutissaient inévitablement à un certain savoir empirique sur des substances variées. Il se peut, par exemple, que les ingrédients des potions aient été choisis à l'origine pour leurs associations magiques, mais, progressivement, les succès et les échecs désignèrent ceux qui étaient naturellement efficaces et ceux qui ne l'étaient pas. Lentement, un corps de savoir pratique fut recueilli, utilisé et interprété à la lumière de l'expérience, de telle sorte que le magicien devint peu à peu le premier de la lignée des chercheurs expérimentaux et l'ancêtre très lointain du scientifique moderne. Et quand vint le temps où l'homme entreprit des actions plus réalistes pour accroître son bien-être, par exemple en établissant des réseaux d'irrigation, il entama, consciemment ou inconsciemment, le processus qui consistait à reléguer les pouvoirs du monde des esprits dans un rôle de coopération plus que d'intervention directe. Pendant des milliers d'années, les deux approches coexistèrent, non sans frictions, non sans conflits latents; puis, lorsque les techniques de l'homme pour contrôler la Nature devinrent plus puissantes, le monde des esprits fut forcé de redéfinir son rôle.

Quand on pensait que le monde était constitué d'affinités et contrôlé par des esprits et des forces animistes, la perspective magique était un moyen approprié pour relier les phénomènes du monde naturel. Mais lorsque la société se développa dans le Moyen-Orient de l'Antiquité, un intérêt pour les détails des phénomènes naturels donna naissance à une forme plus «solide» de savoir. Dans le même temps, la magie se dégradait lentement : on mésusa de ses qualités mystiques soit à des fins personnelles, ce qui déboucha sur la sorcellerie, soit à des fins publiques, d'où la création d'une puissante caste sacerdotale et la complaisance envers les ignorants et les crédules. A son tour, cette dégradation conduisit les philosophes de la Grèce antique à adopter une approche absolument non magique. C'est ainsi qu'ils suscitèrent l'attitude d'esprit qui prévaut toujours au cœur de la culture scientifique occidentale.

Certains nieront l'existence d'une science authentique au cours des temps préhistoriques. Pour eux, la médecine primitive, la chirurgie et la technologie préhistoriques étaient purement pratiques et dénuées de principes de base abstraits. Pourtant, il ressort clairement de ce que nous avons dit de la magie qu'il existait en fait une doctrine sous-jacente et un ensemble de principes de base. Ils établissaient que le monde était peuplé non seulement d'une collection visible d'êtres humains, d'animaux, de plantes et de minéraux, mais aussi d'un monde invisible d'esprits et de forces spirituelles. Tout le monde pouvait voir ces forces en action à l'occasion d'un éclair ou d'un coup de tonnerre, d'un tremblement de terre ou d'une inondation. De même qu'elles frappent les hommes ou les animaux, les maladies et les épidémies étaient considérées comme une manifestation évidente des esprits mauvais. Ainsi, les phénomènes naturels du monde physique étaient reliés au monde des esprits, et des procédures furent développées pour traiter avec l'un et l'autre mondes. Bien entendu, de nos jours, ces principes de base ne seraient pas considérés comme scientifiques, mais, dans les temps primitifs, postuler de telles interventions était un acte rationnel; elles offraient un paradigme acceptable pour expliquer les divers phénomènes que l'homme expérimentait.

Tant que le concept d'un monde divin agissant sur le monde de la Nature fut la vision courante, le savoir du prêtre et du prêtre-magicien avait un aspect scientifique; d'une part, le prêtre détenait les connaissances de la Nature et, de l'autre, il avait accès aux dieux. Il n'existait pas de conflits entre la science et la religion; toutes deux concouraient à relier les divers aspects du monde réel. Dans les civilisations préhistoriques et primitives, la science était un mélange d'explications naturelles et spirituelles. Elle est décrite ici comme une science, à la fois parce que c'était une façon rationnelle de relier les faits observés et parce qu'elle contenait quelques pépites de vérité, quelques observations ou explications qui seraient progressivement rattachées les unes aux autres et aboutiraient un jour à une vue non magique.

Les prêtres prirent souvent le pouvoir à travers leur rôle de gardiens du savoir scientifique, comme ce fut le cas dans l'Égypte ancienne. Comme nous le verrons, dans la plupart des contrées, le savoir scientifique était étroitement associé au calendrier et à l'année agricole; un tel savoir, par conséquent, signifiait un pouvoir sur le peuple par l'intermédiaire de règlements et de contrôles, si bien que certains aspects de la science – l'astronomie, par exemple – étaient parfois des secrets d'État, jalousement gardés. La détention de tels savoirs, secrets ou non, était la marque d'un haut statut social. Dans certaines sociétés plus tardives, telles que la société grecque, cela conduisit à mettre en relief le côté intellectuel de la science par rapport à ses aspects plus pratiques, manuels et expérimentaux.

Quelle était l'essence de la «nouvelle approche», dont on pressent les signes à l'époque babylonienne tardive, par exemple? En quoi différait-elle du savoir ésotérique et manipulatoire qu'elle supplanta? La nouvelle synthèse était une corrélation rationnelle de l'expérience, un schéma d'explication des phénomènes naturels qui n'avait pas recours à des éléments occultes ou surnaturels. Elle renonçait à l'intervention d'êtres divins : le tonnerre n'était pas la manifestation de la colère divine de Mardouk mais le résultat de quelque «force aveugle», qui agissait sans aucune implication surnaturelle. Il y avait des dieux – la nouvelle vision n'impliquait pas nécessairement l'athéisme, bien que ses adeptes en fussent parfois accusés –, mais la déité, ou les déités étaient maintenues à leur place. Comme Galilée aimait à le rappeler, des millénaires plus tard : «La Bible montre la voie qui mène au Ciel et non la façon dont les cieux fonctionnent.» Les événements naturels étaient considérés comme le résultat de causes naturelles. On recherchait des types de fonctionnement généraux et inexorables, justes pour le passé, le présent et l'avenir, et qui n'étaient pas sujets aux fantaisies d'esprits capricieux mais dus seulement à la façon dont le monde est construit. En soi, cette vision scientifique n'est pas nécessairement plus logique que le point de vue magique; c'est simplement une manière différente de regarder la Nature et elle est fondée sur des prémisses différentes. Cependant, la perspective scientifique a fourni des moyens beaucoup plus puissants pour expliquer, prévoir et contrôler le monde que tous les sentiers battus par les magiciens.

Le combat pour comprendre le monde étrange où nous vivons est un noble combat. Il se poursuit de nos jours. Notre synthèse scientifique présente est une autre étape sur la voie d'une représentation plus étendue mais ce n'est pas la dernière. Nos paradigmes actuels céderont un jour la place à des corps de théorie nouveaux et améliorés, tout comme les paradigmes que nous acceptons aujourd'hui ont remplacé ceux qui les précédaient. Par exemple, alors qu'il fut à une époque universellement admis par les philosophes scientifiques de l'Occident que les étoiles et les planètes étaient fixées à des sphères de cristal dont le centre était la Terre – une croyance si lourde d'énigmes relatives aux mouvements célestes qu'elle mettait à l'épreuve les plus brillants esprits –, cette théorie fut remplacée par un concept de mouvement dans un espace vide, lequel à son tour présenta de nouveaux problèmes qui défiaient l'intellect. A présent, nous penchons pour un mouvement guidé par l'attraction universelle dans l'espace-temps d'un univers relativiste; cette conception représente le pinacle de la pensée cosmologique moderne. Elle est nettement supérieure et de bien des façons à la doctrine des sphères mais ce n'est pas le dernier mot. Elle sera sans aucun doute remplacée par un nouveau paradigme de portée plus vaste.

Ce nouveau paradigme ne comportera pas de magie, telle qu'elle se présentait autrefois, parce que la magie est désormais discréditée. Mais il est sûr que certains chercheront un nouveau paradigme, avec des harmoniques magiques d'associations, d'interrelations et même de croyance au monde des esprits. Certaines personnes croient qu'il existe des aspects du monde qui s'étendent au-delà ou hors de la portée de la science moderne et, cependant, elles essaient de leur donner des explications scientifiques. Elles parlent de forces ou d'influences qui ne peuvent être définies, soit parce que l'idée de ces forces n'a pas été correctement explorée, soit parce que leur existence est une question de foi plutôt qu'une affaire de raison. Aujourd'hui, de telles suggestions sont généralement rejetées par la science, en partie parce que les paradigmes actuels sont pratiquement indiscutés et toujours productifs, et plus encore parce qu'aucune autre théorie proposée à ce jour n'est assez large et n'a engendré des idées nouvelles qui peuvent être testées séparément et prouvées comme étant justes ou fausses sur la pierre de touche de l'expérience. Les théories contemporaines proches de la magie ont échoué jusqu'à présent, non parce qu'elles ne cadrent pas avec les théories modernes, mais parce qu'elles ne sont pas le résultat d'une investigation intellectuelle ou expérimentale suffisamment disciplinée. Car la science aujourd'hui n'est rien si elle n'est pas une discipline pratique et mentale sévère, et les hypothèses indémontrables n'y survivent que si elles s'avèrent extrêmement fertiles.

La science primitive

La flamme de la science, telle que nous l'avons décrite, brilla pour la première fois il y a quelque dix mille ans ou plus au Moyen-Orient. Elle s'alluma lorsque l'homme commença de rassembler un savoir – savoir essentiellement utile à sa vie quotidienne mais qui visait au-delà. Il dressa la liste des particularités de plantes dont certaines n'avaient pas d'usage médical ou alimentaire mais qu'il décrivait pour leur intérêt intrinsèque. De même, il captura et catalogua des animaux, y compris ceux qui ne pouvaient être domestiqués. Au fil des âges, les exigences de la vie apportèrent elles aussi un savoir supplémentaire : on trouva des moyens pour soulever les charges lourdes; on imagina la poulie, le cabestan et la roue; on développa des techniques agricoles; on tanna les peaux; on inventa le tissage; on fabriqua des poteries et certains matériaux furent fondus. L'homme faisait preuve parfois de beaucoup d'ingéniosité; le premier usage qui fut fait du manioc en Amérique centrale en est un exemple remarquable. La plante

Illustration page 26.

est cultivée pour ses racines tubéreuses dont on fait de la farine, du pain, du tapioca, de l'amidon et une boisson alcoolisée, bien qu'à l'état naturel ses racines tubéreuses soient vénéneuses. Le toxique, une sorte de cyanure, est supprimé par un procédé qui combine le grattage, la compression et la fermentation des racines tubéreuses. Mais comment les Indiens d'Amérique centrale découvrirent-ils cela? S'apercevoir que les racines étaient vénéneuses n'était peut-être pas difficile mais le fait de supprimer le toxique et de découvrir que la partie restante était non seulement comestible mais qu'elle pouvait servir de nourriture de base témoigne qu'une logique investigatrice était à l'œuvre. Cette logique investigatrice fut d'abord bâtie dans des modèles de relations purement matérielles et, plus tard, dans des idées ou théories plus générales.

Dans les temps préhistoriques, l'homme découvrit l'usage des drogues végétales et il ajouta parfois d'autres matériaux à ses pharmacopées primitives, tandis que les bergers et les éleveurs qui gardaient du bétail – les débuts de la domestication d'animaux datent de 7000 avant J.-C. environ – durent apprendre beaucoup sur la façon dont les animaux se reproduisent et un peu sur leurs maladies, sur la guérison des maux bénins et par certaines techniques, comme celle qui consiste à remettre un membre brisé. Les soins prodigués par la sage-femme durent être l'un des premiers services médicaux et le métier de médecin une des premières professions, bien qu'il fût indubitablement lié à l'observance religieuse.

Le médecin primitif devait appliquer des remèdes végétaux et animaux mais ses soins ne s'arrêtaient sans doute pas là. Il devait également user de charmes pour chasser les esprits mauvais qui hantaient son patient et pratiquer la divination. Celle-ci prenait vraisemblablement des formes nombreuses mais elle pouvait impliquer que l'on administrât à un animal une potion puissante pour voir s'il y survivrait; le résultat indiquait si les bons esprits étaient avec le magicien et si sa magie et ses plantes pouvaient conduire à la réussite ou devaient être modifiées. Le magicien pouvait aussi essayer de chasser la maladie en la faisant passer dans quelque autre créature vivante, un exemple primitif du principe du bouc émissaire. Mais, quels que fussent ses moyens, il ne pouvait manquer d'acquérir de l'expérience et de dresser un recueil de traitements.

Un des aspects les plus surprenants des traitements primitifs de la santé était la pratique chirurgicale de la trépanation, qui consiste à pratiquer un orifice dans le crâne. Nous ne pouvons qu'émettre des suppositions quant à son but : peut-être était-elle pratiquée pour soulager la pression causée par une commotion, peut-être pour permettre aux esprits mauvais de s'échapper. Mais, quelle qu'en fût la raison, cette opération était pratiquée sur des personnes vivantes et nous pouvons seulement présumer qu'on avait administré au patient une sorte d'anesthésique végétal ou une solide dose d'alcool, car perforer un os avec un trépan en pierre devait être une opération de longue haleine. La trépanation, jointe à d'autres actes chirurgicaux simples, ainsi qu'à la suture de plaies, a dû conduire à certaines connaissances concernant l'intérieur du corps.

Néanmoins, le savoir de l'homme dans ce que nous appellerions aujourd'hui les sciences biologiques fut lent à s'instituer en science. Pendant longtemps, l'homme ne put que recueillir des faits épars et amasser ici et là des détails probants, mais combiner tous ces éléments en un système cohérent de connaissances était une autre histoire. Il y avait tant de différences, même parmi les animaux et les plantes d'une même espèce, qu'il était difficile de savoir comment les classer. Il était malaisé de dire avec certitude ce qui dépendait de quoi. Mais il en allait autrement quand on abordait le monde de la physique. Là, il était beaucoup plus aisé d'observer la cause et l'effet, et possible de trouver une idée fondamentale qui pouvait être appliquée à une grande variété de cas. L'idée de nombre en est un exemple.

On a dû réaliser très tôt que le nombre peut être appliqué à une grande diversité de choses, à toutes les choses. L'homme est un individu, il est un. Il a une bouche, un nez, une tête, un corps. Il a aussi deux yeux, deux oreilles, deux bras et deux jambes. Il existe deux sexes, qui formaient une dualité, tout comme certaines qualités, telles que le chaud et le froid, l'humide et le sec, le sombre et le clair. Une famille – un homme, sa femme et leur enfant – formait une trinité, une triade. Un tabouret tripode exprimait lui aussi l'idée de triple. La main, avec son pouce et ses quatre doigts, était une unité (le pouce, la main), mais les doigts faisaient un quatre, un quatuor d'unités. Tous ensemble, le pouce et les doigts faisaient cinq : un quatre et une unité. Ainsi naquirent les fondements de l'arithmétique.

Donc, ce qui vint en premier fut l'idée de compter : une idée abstraite à laquelle on pouvait penser sans qu'aucun objet matériel fût présent. Vous pouviez penser à l'unité, au deux ou à n'importe quel autre nombre de votre choix. Qui plus est, ces «nombres» semblaient posséder des propriétés par eux-mêmes. Le nombre un entrait dans tous les autres; il était universel. Le deux pouvait aussi entrer dans beaucoup de nombres, dans toute la classe des nombres «pairs». Mais il y en avait aussi d'autres, les nombres «impairs», dont certains n'étaient pas divisibles, si ce n'est par un. Ces derniers semblaient être des nombres spéciaux, dotés d'une individualité unique, d'une signification mystérieuse et puissante; de là, une sorte de magie des nombres, de numérologie mystique allait bientôt naître.

La technique utile et puissante de l'arithmétique se développa parallèlement à la numérologie et les nombres dépassèrent bientôt de beaucoup ceux qui pouvaient être comptés sur les doigts et les orteils. Avant l'invention de l'écriture, cela présentait certaines difficultés. Ce n'était pas un grand problème de tailler dans un morceau de bois autant d'encoches qu'il était nécessaire, mais il était fastidieux d'avoir à les compter une à une chaque fois que l'on voulait connaître le total.

La solution consistait à utiliser des groupes. On reconnaissait facilement des groupes de cinq; des ensembles de cinq encoches, suivis d'un espace précédant la prochaine encoche, étaient faciles à identifier et dispensaient de la nécessité de compter un à un. Et, bien entendu, cinq n'était qu'un des groupes possibles : il y en avait d'autres. Comme nous le verrons plus loin, les Mayas choisirent le vingt, mais le groupe le plus fréquemment utilisé fut celui de dix, fondé sur le nombre de doigts ou des orteils.

Une fois que le groupement, ou «base», d'un système de numération avait été inventé, il permettait le développement plus facile des quatre opérations principales de l'arithmétique : addition, soustraction, multiplication et division. Il aidait en particulier pour le concept de soustraction car, une fois qu'il y avait une base, il pouvait être plus commode d'exprimer le fait qu'on avait, par exemple, un nombre inférieur de quelques unités à vingt, trente ou n'importe quel autre multiple du groupe, plutôt que de spécifier le nombre en comptant à partir de un. Ainsi, 29 est (30 – 1), 47 est (50 – 3), etc. Avec des groupes d'encoches ou des brindilles en faisceau, cette façon d'opérer les soustractions pouvait être très commode. Et, bien sûr, le fait de compter par groupes entiers conduisit bientôt de l'addition à la multiplication, qui est essentiellement une extension de l'addition, avec l'avantage, lorsque les nombres sont élevés, d'être plus facile et plus rapide.

Il se peut que l'astronomie ait été la première étude distincte qui intégra l'application des mathématiques. Pour uti-

Illustration page 26.

liser le ciel comme une horloge ou comme un calendrier, des nombres sont nécessaires. Il en faut également pour mesurer les distances entre la Lune ou les étoiles et l'horizon. Mais ce problème présentait une dimension supplémentaire. Si quelqu'un voulait savoir à quelle hauteur la Lune se trouvait au-dessus de l'horizon, il avait à mesurer une distance qui lui était inaccessible. Il était donc contraint de trouver cette distance par un moyen nouveau, soit en allongeant le bras et en voyant combien de travers de doigts il pouvait placer entre la Lune et l'horizon, soit en tenant un fil entre ses mains tendues pour déterminer ainsi la distance. Il devait tendre complètement les bras pour le faire, sinon il aurait obtenu un résultat différent. La mesure obtenue était donc différente d'une longueur ordinaire : ce fut le premier pas vers la mesure des angles, un type de prise de mesures qui se révéla par la suite extrêmement important.

Tout cela semble parfait mais il s'agit surtout de conjectures. Nous ignorons quand l'homme mesura les angles, bien que nous sachions qu'on les mesurait en Mésopotamie primitive et qu'on les connaissait lors de l'édification de Stonehenge, au cours du deuxième millénaire avant J.-C. Les positions de la Lune et des étoiles étaient très importantes pour l'homme préhistorique et déterminer ces positions impliquait que l'on puisse mesurer les angles. Aujourd'hui, beaucoup de gens vivent dans un milieu urbain et regardent rarement le ciel nocturne, si tant est même qu'ils le fassent; la Lune et les étoiles n'y font aucun effet. Mais à la campagne et loin des lumières artificielles, la situation est toute différente et, au Moyen-Orient, le ciel étoilé est une caractéristique particulièrement remarquable et inoubliable. Il est hors de doute que l'homme préhistorique regardait le ciel nocturne et il dut le faire avec autant de crainte que de curiosité.

Illustration page 60.

En ces temps-là, le spectacle grandiose et changeant du ciel ne pouvait manquer de captiver l'esprit et l'imagination de l'homme primitif. La lente et majestueuse rotation du ciel tout au long de la nuit, qui transportait les étoiles d'une extrémité à l'autre de l'horizon, valait la peine qu'on la contemplât. De même les mouvements de la Lune qui, non seulement se levait et se couchait comme les étoiles, mais, de surcroît, changeait de forme : le mince croissant du début du mois s'élargissait jusqu'à devenir un globe parfait dans le ciel avant que la Lune décroisse à nouveau. Elle était aussi un chronomètre presque idéal, auquel il ne fallait pas plus de 29 jours et demi pour accomplir son cycle de phases. Tous les calendriers primitifs étaient fondés sur la Lune.

Les étoiles elles-mêmes se déplaçaient comme un ensemble à travers le ciel, comme si toute la voûte céleste tournait et, nuit après nuit, année après année, des figures très reconnaissables demeuraient identiques. Certaines de ces figures pouvaient être identifiées de façon différente par des communautés différentes, mais le principe sous-jacent au choix était le même : rassembler les étoiles en groupes figurant des animaux, des héros ou des héroïnes, voire les dieux. Il y avait aussi quelques étoiles vagabondes qui apparaissaient de temps à autre dans le ciel – ce que nous appelons les planètes (du mot grec *planêtês* qui signifie «errant»). Leur comportement, fantasque en apparence, fut probablement une source d'émerveillement pour l'astronome préhistorique et leurs mouvements allaient agir comme un stimulant puissant sur la recherche scientifique.

Les cieux offraient alors un spectacle perpétuellement changeant, un mélange de régularité et de surprise apparente car, outre les planètes, d'autres phénomènes célestes semblaient tout aussi capricieux : l'apparition d'étoiles qui semblaient se précipiter vers la Terre (les étoiles filantes), l'arrivée inattendue d'étoiles flamboyantes (les comètes), ainsi que des arcs-en-ciel et des halos autour du Soleil et de la Lune. Nul ne pouvait les ignorer, ni échapper à leur fascination. En fait, le ciel a toujours séduit l'imagination, si bien que les croyances changeantes des hommes à son égard et le développement de leurs idées quant à sa nature ont tissé un fil conducteur qui nous guidera dans le labyrinthe des différences culturelles à travers les diverses civilisations. Qui plus est, les idées relatives au ciel agissent comme un miroir qui reflète la croissance des attitudes scientifiques de l'homme; elles nous seront particulièrement utiles au fur et à mesure que notre histoire se déroulera.

L'Égypte

Entre 4000 et 3000 avant J.-C., la civilisation du Néolithique, ou âge de la pierre polie, s'établit solidement en Mésopotamie – qui correspond à l'ouest et au sud-ouest de l'actuel Irak – et en Égypte. C'est là que s'implantèrent les premières villes et les premiers États organisés, mais ces deux contrées donnèrent naissance à des civilisations sensiblement différentes.

L'Égypte était une région centrée sur le Nil et bordée au sud et sur ses frontières orientale et occidentale par un environnement hostile. En fait, on l'a comparée à une île, limitée par la mer au nord, par le désert sur ses autres frontières, et la civilisation égyptienne témoigne à bien des égards d'une certaine insularité. Elle était conservatrice et repliée sur elle-même, guère soucieuse d'expansion ou de conquête d'autres territoires. Pour un Égyptien de l'Antiquité, l'Égypte était un univers en soi : elle avait ses propres dieux et une façon de vivre unique. La langue égyptienne et l'écriture hiéroglyphique allaient de pair; le système même des hiéroglyphes était insulaire et ne pouvait convenir pour exprimer aucune autre langue; pour la correspondance diplomatique avec d'autres pays, il fallait utiliser un système d'écriture différent. En réalité, les Égyptiens de l'Antiquité vivaient dans l'isolement culturel.

Mais si l'isolement était la note dominante de l'Égypte ancienne, sa civilisation était néanmoins magnifique; elle était considérée avec envie par les étrangers et seuls les déserts environnants la préservaient de devenir victime de voisins jaloux. En fait, quelques nomades y pénétraient et s'installaient dans la zone peu peuplée du Delta mais ils ne troublaient pas la nature fondamentalement paisible du pays qui était essentiellement une nation d'agriculteurs et de scribes.

L'inondation annuelle du Nil, qui avait généralement lieu en juillet, était le fondement de la vie égyptienne. Un système bien ordonné d'irrigation était constamment maintenu et l'on veillait avec un soin particulier sur les eaux disponibles à l'époque de la crue annuelle. Les bonnes récoltes, souvent trois par an, étaient la règle et il y avait aussi de beaux troupeaux de bétail dont la plupart paissaient dans le Delta. Jamais alors les Égyptiens n'eurent à arracher à une terre hostile ou aride leurs moyens de subsistance, bien que leurs méthodes agricoles fussent primitives et figées. Les cultures maraîchères avaient également atteint chez eux un haut niveau et produisaient en abondance.

Illustration page 28.

L'Égypte devint un royaume uni pendant le IVe millénaire avant J.-C. et, à l'exception de deux périodes d'instabilité, elle demeura unie pendant plus de deux mille ans. Les principales périodes de gouvernement unifié sont connues sous les noms d'Ancien Empire, Moyen Empire et Nouvel Empire. Précédées de la période des dynasties primitives et entrecoupées de périodes d'instabilité, voici comment elles se succédèrent :

Dates approximatives

Première période dynastique	dynasties I et II	3100 à 2686 av. J.-C.
Ancien Empire	dynasties III-VI	2686 à 2160 av. J.-C.
Période d'instabilité	dynasties VII-X	2160 à 2040 av. J.-C.
Moyen Empire	dynasties XI et XII	2040 à 1786 av. J.-C.
Période d'instabilité	dynasties XIII-XVII	1786 à 1567 av. J.-C.
Nouvel Empire	dynasties XVIII-XX	1567 à 1085 av. J.-C.
Décadence et domination étrangère	dynasties XXI-XXXI	1085 à 332 av. J.-C.

Les souverains étaient les pharaons, dont le despotisme était tempéré par un idéal de responsabilité à l'égard du peuple et, si l'on considère l'époque reculée à laquelle ils vécurent, ils veillaient à ce que la vie de leurs sujets fût raisonnablement confortable et heureuse, sous le gouvernement de la loi qui semble avoir été généralement considérée comme juste.

L'Égypte avait une administration abondante et efficace. Il semble qu'une bonne partie de celle-ci ait été sous la dépendance centrale d'un grand temple, bien que, de temps à autre, les pharaons eux-mêmes se soient révélés de grands administrateurs, plus particulièrement à Thèbes pendant la XIIe dynastie, avec Amenemhat et ses successeurs. L'administration standardisa les poids et mesures, cependant que ses fonctionnaires, les scribes, écrivaient soit en hiéroglyphes, soit dans l'écriture hiératique plus cursive (ainsi appelée parce que *hieraticos* signifie «sacerdotal» en grec et que, tout compte fait, les scribes étaient des clercs). Les Égyptiens écrivaient sur du papyrus, qui fut fabriqué en Égypte à une époque très reculée; il semble qu'on l'utilisait déjà avant 3500 avant J.-C. pendant la période prédynastique. Fait à partir de la moelle de la tige d'un long roseau *(cyperus papyrus)* qui abondait dans les marais proches du Delta, sa transformation en feuilles était simple. C'était un matériau idéal sous le climat sec du Moyen-Orient et, plus tard, il fut abondamment utilisé à Rome. Sous le climat plus humide de l'Europe, le papyrus était moins stable, mais en Égypte il était supérieur à tout autre support et il y demeura en usage jusqu'au IXe siècle après J.-C. (Notons à ce propos que les Grecs, qui considéraient les Égyptiens comme une nation d'une immense sagesse, appelaient une bande de papyrus : *biblion,* dont notre mot «bible» est dérivé; notre mot «papier» vient aussi de papyrus, bien que le papier soit en fait un matériau très différent et qu'il ait été inventé non par les Égyptiens mais par les Chinois.)

Sur la diffusion du papier à travers le monde, voir page 354.

Le fait que les Grecs surestimaient la sagesse égyptienne était peut-être dû, en partie au moins, à l'impression ressentie par ceux qui visitaient l'Égypte et que ses magnifiques édifices impressionnaient. Cependant, l'effet produit par la grandeur des constructions égyptiennes monumentales est assez compréhensible, car bâtir était une des plus puissantes formes d'expression des Égyptiens. En soi, la vallée du Nil est une vaste carrière et, bien qu'ils aient dû importer de Libye ou de Syrie tout le bois d'œuvre dont ils avaient besoin, les Égyptiens excellèrent bientôt dans les arts associés aux matériaux autochtones : ils furent de magnifiques tailleurs de pierre et des sculpteurs superbes; ils peignaient bien et traitaient magistralement les métaux, en particulier l'or.

La construction monumentale égyptienne commença tôt, longtemps avant l'Ancien Empire, bien que ce ne fût pas avant la IIIe dynastie qu'Imhotep, principal ministre du roi Djoser, dessinât et bâtît le premier grand tombeau en pierre, la pyramide à degrés de Saqqarah. Cette pyramide et la grande pyramide de Chéops, qui lui est légèrement postérieure et se compose de plus de 2 300 000 blocs de calcaire dont chacun pèse 2,5 tonnes, sont des exemples éloquents non seulement de l'imagination des Égyptiens et de leur technique de construction, mais aussi de leurs compétences administratives pour organiser une grande armée de bâtisseurs; selon l'historien grec Hérodote, ils étaient cent mille. C'était certainement un exploit, sans les méthodes modernes d'hygiène, de préserver de la dysenterie, du choléra et de la typhoïde une main-d'œuvre si nombreuse dans des camps qui devaient être surpeuplés. D'après des recherches récentes, il apparaît que le régime alimentaire y était pour beaucoup car il comprenait des radis, de l'ail et des oignons, qui sont des inhibiteurs naturels des bactéries propres à ces maladies. Bien entendu, cela ne signifie pas que les Égyptiens connaissaient les bactéries, mais cela montre que leurs connaissances médicales pratiques étaient assez développées pour qu'ils fussent informés de l'utilité de certains aliments végétaux dans une situation de ce genre.

Illustration page 26.

La capacité des Égyptiens de construire d'immenses statues et édifices n'est pas en soi une science : elle impliquait ce que nous appellerions aujourd'hui les principes de la mécanique, mais il semble qu'il n'existait pas alors de corps de connaissances scientifiques, ou théorie, auquel les constructeurs auraient pu se référer. Leurs prouesses de bâtisseurs étaient fondées sur une solide expérience pratique et sur leur flair pour les techniques de la construction. Il semble en effet que

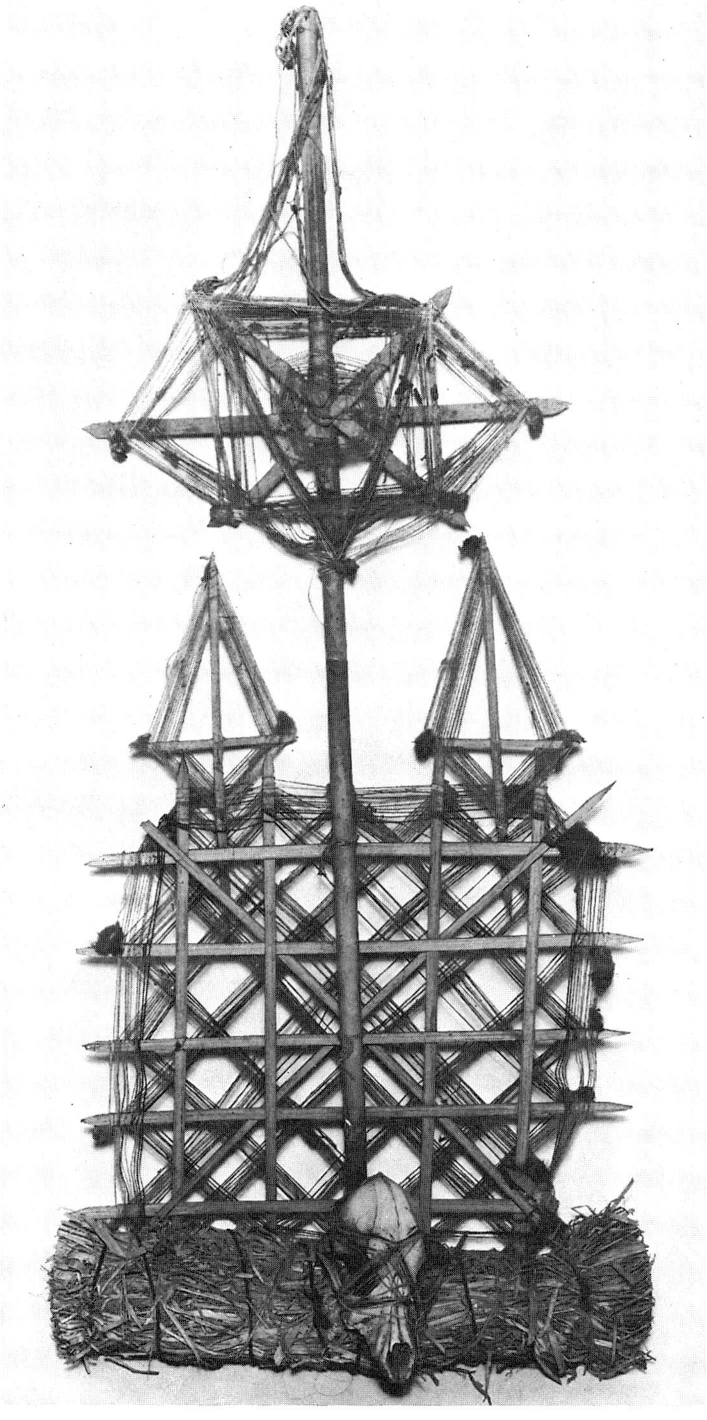

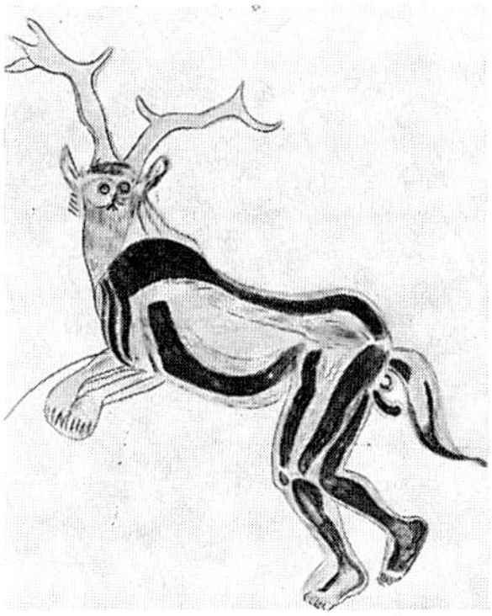

Ci-dessus. Un sorcier portant des cornes de cerf, un masque de hibou, des oreilles de loup, des pattes antérieures d'ours et une queue de cheval endosse les qualités de ces animaux, par magie imitative. Reconstitution d'après Henri Breuil, caverne dite des Trois-Frères (France) du Paléolithique supérieur.

A gauche. Piège à esprits tibétain en bois, paille, corde et crâne d'animal, fixé au sommet d'un toit pour protéger des démons venus du ciel. Un exemple typique de prophylaxie contre les dangers de l'univers. Coll. De Otto Samson.

Ci-dessous. Bison blessé par des flèches. Peinture du Paléolithique supérieur dans une caverne du site archéologique de Niaux dans l'Ariège, au sud de la France. Cette peinture date d'environ dix mille ans; la propension à dessiner de telles scènes de chasse correspondait probablement au vœu d'acquérir une force magique en vue de la chasse, cependant que la justesse du dessin témoigne du savoir anatomique complexe que l'homme préhistorique tirait de son expérience pratique.

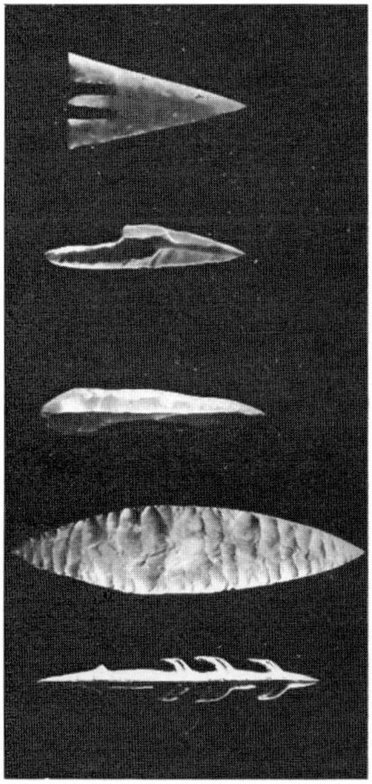

Ci-dessus. Harpons et pointes de flèche en silex du Paléolithique supérieur. La capacité de tailler la pierre avec précision pour lui donner des formes complexes relève d'une longue expérience. Néanmoins, ce savoir était pratique et technologique et ne devait rien à une étude de la nature de la pierre elle-même. Musée des Antiquités nationales, Saint-Germain-en-Laye.

En haut, à droite. Les hommes d'une tribu de Bornéo mesurent la longueur de l'ombre à midi; beaucoup de peuples primitifs procédaient à de telles mesures afin de déterminer le mouvement du ciel et la durée de l'année. D'après une photographie prise vers 1910 par Kose et McDougal.

A droite. Les pyramides de Chéops, Chéfren et Mykérinos à Guizèh, en Égypte. Symbolisant la colline primordiale dont le monde fut engendré, les pyramides révèlent une grande exactitude mathématique et sont orientées vers les différents points cardinaux.

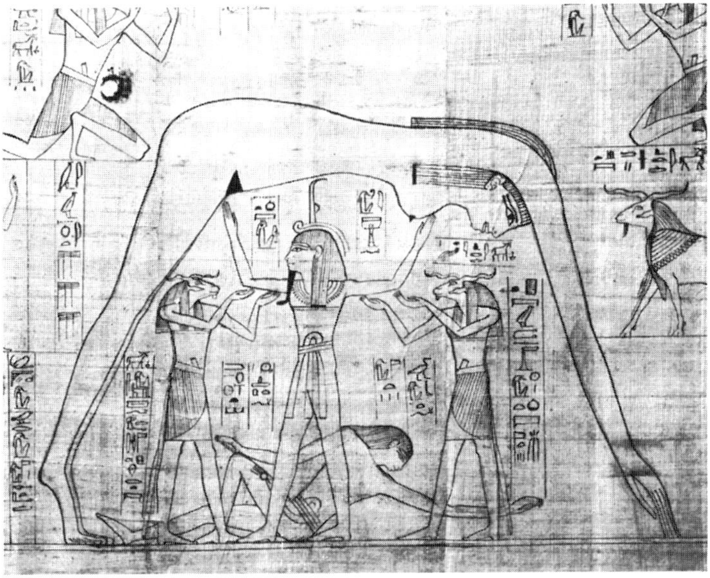

Ci-dessus. Le pharaon Akhenaton et sa femme Néfertiti offrent un sacrifice à Atoum, le dieu-soleil qui, à son tour, dispense ses dons à l'humanité. Akhenaton abolit les dieux anciens pour ne garder que le culte d'Atoum, mais il échoua à établir une nouvelle représentation du monde qui soit durable. Musée égyptien du Caire.

En haut, à gauche. Nout, la déesse égyptienne du ciel, soutenue par Chou, le dieu de l'air, avec Geb, un dieu de la terre, allongé sur le côté. Comme beaucoup d'autres cosmogonies primitives, l'explication des Égyptiens à propos de l'origine de l'univers impliquait que le ciel et la terre avaient été arrachés à leur étreinte originelle. Greenfield Papyrus, British Museum, Londres.

A gauche. Quelques constellations égyptiennes représentées sur le toit de la tombe de Séthi Ier (vers 1318 - 1304 av. J.-C.).

A *droite.* Rouleau de cuir égyptien où figure une série de sommes, y compris une addition de fractions. Vers 1700 avant J.-C. British Museum, Londres.

A *droite.* Scènes de la vie agricole et fluviale en Égypte ancienne qui témoignent de l'usage précoce de l'araire, une invention essentielle pour l'agriculture et donc pour toutes les civilisations sédentaires. British Museum, Londres.

les Égyptiens furent essentiellement un peuple très pratique, plus concerné par les résultats effectifs que par la réflexion philosophique sur les principes de base impliqués. A court terme, une telle attitude conduit à des succès mais, à long terme, elle n'encourage pas la spéculation, ni les idées nouvelles. Cela signifie, par exemple, que lorsque Akhenaton construisait son grand temple à Karnak, dans les années 1370 avant J.-C., les techniques utilisées n'étaient fondamentalement pas différentes de celles employées par Chéops quelque treize siècles plus tôt.

L'astronomie égyptienne

Le manque d'intérêt des Égyptiens pour la spéculation philosophique et leur penchant pour la pratique se manifestèrent même en astronomie. Pour eux, l'astronomie était une base utilitaire nécessaire pour mesurer le temps, car ils étaient plus qu'aucun autre peuple de l'Antiquité préoccupés par le calcul du temps. Ce fut peut-être la conséquence d'une vaste administration qui était tenue de s'occuper d'événements survenant à dates fixes et d'impôts exigibles à une période précise. Quelle qu'en soit la raison, l'astronomie égyptienne ne se préoccupait pas de théories relatives au Soleil et à la Lune et n'avait pas d'idées particulières sur les mouvements des planètes, bien qu'elle sût que les planètes voyageaient au milieu des étoiles fixes. Les astronomes égyptiens avaient certainement leur manière spécifique de regrouper les étoiles, mais leur façon de les cataloguer était si imprécise qu'il est aujourd'hui impossible, excepté dans quelques cas, de savoir avec certitude lesquelles de leurs constellations correspondent à celles qui relèvent de traditions postérieures. Ainsi, parmi les constellations boréales, la Grande Ourse, ou Chariot, est la seule que nous puissions identifier aujourd'hui.

La représentation de l'univers, telle qu'elle figure sur le papyrus de Greenfield, nous fournit un exemple de l'approche égyptienne. Sur ce papyrus funéraire de la princesse Nesitanebtashu, prêtresse d'Amon Râ à Thèbes vers 970 avant J.-C., qui est donc un document très postérieur au Nouvel Empire, nous découvrons une représentation purement symbolique de l'univers, peuplé d'une nuée de dieux et de déesses. Le ciel est le corps de la déesse Nout, sous laquelle la Terre est figurée par le dieu Geb, allongé sur le côté; Chou, le dieu de l'air, qui a aidé Nout à prendre sa bien peu confortable position, se tient debout au milieu. Sur d'autres

Illustration page 27.

dessins illustrant ce même sujet, deux petits bateaux, dont l'un porte le Soleil et l'autre la Lune, se déplacent sur le corps de Nout. De tels dessins avaient une signification religieuse, ce qui n'est pas étonnant puisque les astronomes égyptiens étaient également des prêtres. Mais ici, les dessins ont peu de rapport avec l'apparence physique du ciel. Ils montrent que les Égyptiens, dont le pays était étroit et allongé, avaient tendance à voir le ciel au-dessus d'eux comme un long coffre étroit – en effet, un autre dessin de Nout dans le cénotaphe de Séthi Ier, de la XIXe dynastie, à Abydos, présente la déesse comme un corps très allongé –, mais il semble qu'il n'y ait là aucun autre élément de croyance relatif à l'univers matériel que nous puissions déduire de telles images.

La raison de ce manque apparent d'intérêt pour la nature de l'univers physique était que presque toute l'attention des prêtres-astronomes se concentrait ailleurs; leur intérêt se portait sur l'au-delà de la vie. C'est en cela seulement que les images de Nout, Chou et Geb du papyrus de Greenfield sont importantes. Nous nous trouvons là devant une cosmogonie religieuse, une représentation mythologique des débuts de l'univers. Il est vrai que les premiers Égyptiens eurent une représentation nettement plus physique des débuts de l'univers : celle d'une inondation primordiale dont émergeait une colline portant les premiers éléments vivants. Mais cette simple projection vers l'origine des temps de l'inondation annuelle du Nil céda progressivement la place à une description religieuse plus élaborée. Connue aujourd'hui sous le nom de cosmogonie d'Héliopolis, elle expliquait que le dieu primordial Atoum (à l'origine un dieu local de l'antique cité d'On, connue des Grecs sous le nom d'Héliopolis) cracha le premier couple divin, Chou et Tefnout (l'air et l'humidité), et que ce fut Chou qui sépara le Ciel (Nout) de la Terre (Geb). A ces cinq dieux s'ajoutèrent ceux du mythe d'Osiris : le dieu de la fertilité des enfers, Osiris lui-même, sa femme Isis et son frère et meurtrier Seth, dont la femme Nephthys était l'«Hôtesse de la Maison». Il y avait aussi le dieu-faucon, Horus, fils d'Osiris et Isis, dont le pharaon régnant était l'incarnation. Le mythe d'Osiris, le mythe du dieu mort qui engendra un fils des enfers, était à l'origine lié au culte des premiers rois d'Abydos, où la mort d'Osiris était rejouée tous les ans. Associée à Atoum (une des manifestations du dieu créateur du soleil) et à ses quatre dieux secondaires créés, la famille d'Osiris devint les «Enfants de Nout», si bien que la signification de la représentation cosmologique était détachée de ce monde et beaucoup plus importante pour le prêtreastronome que n'aurait pu l'être une description purement physique de l'univers. Les prêtres-astronomes n'étaient nullement poussés à se livrer à des recherches sur les positions exactes des étoiles et ils étaient apparemment peu incités à spéculer à propos de leur nature; ils se concentraient sur le monde spirituel, non sur le monde physique. Et ils étaient puissants : le clergé d'Amon veilla à ce que tous les documents d'État, toutes les pierres commémoratives et les reliefs sculptés du pharaon «hérétique» Akhenaton (qui avait aboli les anciens dieux) fussent supprimés, et à ce que sa mémoire fût profanée. Les vieux gardiens du savoir et leur vision bien établie de l'univers prévalurent. Pour l'Égyptien moyen, l'arbre généalogique qui allait d'Atoum au pharaon, le «vivant Horus» était porteur de l'espoir d'une vie après la mort; pour les Grecs des périodes ultérieures, tout cela faisait partie du savoir mystérieux et merveilleux attribué aux Égyptiens anciens.

Pour les prêtres-astronomes de l'Égypte antique, le ciel avait cependant une utilité pratique, celle de déterminer le temps. Ils se servirent essentiellement des constellations pour découvrir le mouvement du Soleil à travers le ciel au fil de l'année. Et ils inventèrent un calendrier extrêmement satisfaisant; il n'était pas astronomiquement sophistiqué mais ce fut le calendrier civil le plus évolué des temps anciens.

Illustration page 27.

On s'aperçut très tôt que l'inondation annuelle du Nil coïncidait avec un événement astronomique frappant : l'apparition avant l'aube, à l'horizon oriental, de Sirius, l'étoile la plus brillante du ciel (que les Égyptiens appelaient Sothis); son apparition à cette époque faisait suite à une longue période d'invisibilité et son arrivée devait être très impressionnante dans le ciel clair de l'Égypte. Ce lever avant l'aube, ou héliaque, de Sirius fut appelé l'«Inaugurateur de l'an», et le calendrier civil était fixé d'après lui. Ainsi, le premier calendrier se composait de douze mois de 29 ou 30 jours chacun et, étant ainsi lié au cycle des phases de la Lune de 29 jours et demi, il avait un total de 354 jours seulement. Un mois supplémentaire, ou intercalaire, y était donc ajouté tous les trois ans, ou parfois tous les deux ans. Le calendrier démarrait donc en même temps, ou presque en même temps, que l'arrivée de l'Inaugurateur de l'an et les fêtes qui y étaient associées. Tout cela fut mis au point au cours de la période prédynastique, puis, lorsque le pays eut un système administratif plus rigide, on réclama un calendrier des saisons plus précis, sans mois de longueur variable, ni mois intercalaires ajoutés à des intervalles irréguliers.

En conséquence, on mesura l'année tropique, la période qui s'écoule d'un solstice d'été au suivant, et l'on obtint le chiffre de 365 jours. Prendre cette mesure était possible en utilisant un bâton vertical fiché dans le sol et en observant, chaque jour à midi, la longueur variable de son ombre. Au fil des saisons, le Soleil monte plus haut dans le ciel et l'ombre relevée à midi raccourcit jusqu'à ce qu'elle parvienne à son minimum au solstice d'été; puis, lorsque le Soleil baisse à nouveau, l'ombre relevée à midi s'allonge jusqu'à ce qu'elle atteigne sa plus grande longueur au solstice d'hiver. Ce phénomène était bien connu de toutes les civilisations établies, et le fait que certains édifices monumentaux fussent orientés d'après le ciel – par exemple d'après le lever de Sirius au moment du nouvel an égyptien ou d'après le lever du Soleil au solstice d'été – prouve bien que les Égyptiens le connaissaient aussi. Par ailleurs, le compte des jours a pu être fait entre un lever avant l'aube, ou héliaque, de Sirius et le suivant. Au bout de quelques années, la période de 365 jours dut être aisément trouvée.

En dressant le nouveau calendrier, les administrateurs gardèrent les trois saisons égyptiennes que la coutume avait depuis longtemps établies : l'Inondation, l'Émersion et la Récolte, mais on attribua à chacun des quatre mois de chacune des trois saisons une durée de 30 jours. Le calendrier établit aussi une série de semaines de 10 jours. Cela faisait un total de 360 jours, auquel on ajouta une petite période intercalaire de 5 jours. C'était pratique, administrativement valide et ce fut le premier calendrier fondé sur les saisons que conçut l'homme civilisé.

Comme dans d'autres civilisations, les premiers hommes établis en Égypte avaient utilisé un calendrier lunaire et les fêtes religieuses étaient toujours fixées d'après cette base, même lorsque le calendrier civil de 365 jours fut adopté (nous faisons de même aujourd'hui quand nous fixons la fête de Pâques). Cependant, bien que le calendrier civil égyptien fût un triomphe administratif et qu'il eût été mis en service à une époque où les calendriers lunaire et civil (solaire) coïncidaient, probablement entre 2937 et 2821 avant J.-C., il n'était pas tout à fait correct. L'année réelle comprend 365 jours un quart et le nouveau calendrier civil se dérégla progressivement par rapport aux saisons, le décalage atteignant jusqu'à 50 jours après deux siècles. La façon la plus simple de rectifier ce décalage aurait été d'ajouter 50 jours après la période de deux cents ans mais ce ne fut pas fait – peut-être, comme on l'a suggéré, parce que les scribes n'approuvaient pas cette formule –, si bien qu'une nouvelle année lunaire fut établie qui courait parallèlement au calendrier civil et coïncidait avec lui.

A partir de 2500 avant J.-C. environ, l'Égypte avait donc trois calendriers : le calendrier civil de 365 jours, son équivalent lunaire et l'année lunaire originelle, maintenue à sa vraie place par les levers héliaques de Sirius. Le calendrier civil coïncidait avec Sirius tous les 1460 ans (parce qu'il y a un jour complet supprimé tous les quatre ans et que 4 × 365 = 1460) : le fait était connu sous le nom de cycle de Sothis. Les calendriers mouvants coïncident toujours à nouveau, après une longue période évidemment et, au cours du ve siècle avant J.-C. semble-t-il, un cycle calendaire qui intégrait les calendriers civil et lunaire fut établi, mais il s'agit d'un développement tardif qui intervint longtemps après la période classique de la civilisation égyptienne.

Le jour égyptien allait du lever du Soleil à son lever suivant et était divisé en deux périodes de douze heures. Les Égyptiens furent non seulement le premier peuple à pratiquer une telle division mais aussi le premier qui attribua aux heures une durée égale. Le chiffre de douze heures avait été choisi parce qu'il s'accordait au mouvement des étoiles dans le ciel, depuis leur lever jusqu'à leur coucher au cours de la nuit. Il semble, en effet, qu'un scribe instruit examina en détail le calendrier civil et choisit une étoile, ou peut-être un groupe d'étoiles, qui se levait juste avant l'aube le premier jour de chacune des semaines de 10 jours de l'année. Après avoir fait ce choix, il appela «heure» le temps qui s'écoulait entre le lever d'une de ces étoiles, ou d'un groupe d'étoiles (connu sous le nom de «décan»), et le lever du groupe suivant. Aux alentours de 2150 avant J.-C., le nombre des heures fut fixé à douze, car, bien que le schéma donnât 18 décans par «nuit», certains se perdaient dans le crépuscule, après le coucher du Soleil, et avant l'aube. Nous le savons d'après l'examen d' «horloges à étoiles», peintes sur les toits des tombes de l'époque. Il est probable qu'on adopta un jour de douze heures pour faire pendant aux douze heures de la nuit.

Les heures du jour étaient mesurées par des cadrans solaires, ou, plus exactement, par des horloges à ombre. Celles-ci pouvaient être très simples, comme en témoigne celle de l'époque de Thoutmosis III (1490 à 1436 av. J.-C.). C'était un morceau de bois rectiligne, portant cinq divisions, et un bras horizontal dressé à son extrémité. A midi, il était retourné pour mesurer l'ombre du soleil car, après midi, elle tombe dans une direction différente; cependant, il indiquait seulement dix heures en tout, la première et la dernière se perdant au crépuscule. Une horloge hydraulique, ou clepsydre, égyptienne pour mesurer les heures, du règne d'Amenhotep III (1397 à 1360 av. J.-C.), a été conservée mais, comme elle présente la situation du calendrier de 1540 avant J.-C., il se peut que de telles horloges aient été inventées au cours de la XVIIIe dynastie. Quoi qu'il en soit, leur invention annonçait un nouveau type d'horloges à étoiles peintes, construites selon les méthodes plus précises que les clepsydres pouvaient fournir. Telles sont les horloges à étoiles sur les tombeaux de Ramsès VII (vers 1142 av. J.-C.) et des autres souverains ramessides.

Sur le plafond de la chapelle orientale d'Osiris, au temple d'Hathor à Denderah, en Haute-Égypte, figurait un zodiaque circulaire (la suite des constellations entre lesquelles le Soleil, la Lune et les planètes paraissent se déplacer). Il est très connu mais date seulement de 30 avant J.-C.; c'est donc une importation tardive dans le savoir astronomique égyptien. Il semble que ce zodiaque et bien d'autres ne furent introduits qu'après la conquête de l'Égypte par les Grecs, au IIIe siècle avant J.-C., car jamais les Égyptiens ne s'intéressèrent assez aux mouvements planétaires pour mettre au point par eux-mêmes quoi que ce soit de ce genre. Un autre apport relativement tardif à l'astronomie égyptienne accompagna l'invasion du pays par les Perses, au VIe siècle avant J.-C. : la croyance aux horoscopes individuels. Bien que les planètes eussent été observées dès les premiers temps, les Égyptiens anciens ne s'intéressèrent pas beaucoup à leurs mouvements exacts, seulement à leur signification spirituelle. Toutes étaient considérées comme des aspects d'Horus : Jupiter était «Horus qui illumine les Deux Terres» ou «Horus qui perce le mystère», Saturne était «Horus le Taureau» ou «Horus, Taureau du Ciel», et Mars était «Horus le Rouge» ou «Horus de l'Horizon», pour n'en citer que quelques exemples; on pensait sans doute que les planètes avaient une sorte d'impact sur la vie du pays : en effet, Mercure était considérée comme malveillante en tant qu'étoile du soir, mais il semble qu'elle avait un autre aspect en tant qu'étoile du matin. Néanmoins, toutes ces croyances différaient sensiblement de la procédure qui consiste à dresser un horoscope personnel, fondé sur la situation des étoiles et des planètes à l'heure de la naissance; à l'origine, cette pratique fut élaborée en Mésopotamie, et elle était basée sur une cosmologie très différente de celle que connaissaient les Égyptiens.

Sur les origines de l'astrologie, voir pages 58-59.

Les mathématiques égyptiennes

Si l'astronomie égyptienne ancienne s'intéressait essentiellement à l'art pratique de mesurer le temps, les anciennes mathématiques égyptiennes se limitaient à l'arithmétique, et même à l'arithmétique pratique. Les mathématiques n'étaient pas considérées comme une forme de savoir en soi, indépendamment de leurs applications, contrairement à ce qui se passera en Grèce. Ainsi, la recherche de principes mathématiques était-elle négligeable. Il n'y avait pas de théorie fondamentale des mathématiques et pas de système théorique de géométrie : les mathématiques servaient seulement à compter : addition, soustraction, multiplication et division, mais elles étaient bien adaptées aux types de problèmes que les scribes rencontraient dans leur administration.

L'arithmétique égyptienne était essentiellement fondée sur la table de multiplication par deux, ainsi que sur la possibilité de trouver les deux tiers de n'importe quel nombre, que ce soit un nombre entier ou une fraction. Les scribes écrivaient la plupart de leurs calculs en écriture hiératique, bien que l'on ait trouvé sur des reliefs sculptés quelques nombres écrits sous forme de hiéroglyphes. Les symboles des différents nombres varièrent beaucoup et la nécessité d'écrire les nombres en rangées soigneusement alignées était moins impérieuse pour les Égyptiens qu'elle ne l'est pour nous, mais comme nous, ils comptaient par dix. La soustraction se faisait en posant la question : «5, plus combien font 9?» de préférence à : «5 ôtés de 9 font?». De cette façon, les tables d'addition pouvaient servir à la soustraction.

Illustration page 49.

La multiplication nécessitait simplement l'emploi d'une table de multiplication par deux. Ainsi, pour multiplier 8 par 7, le scribe devait écrire :

1	8
2	16
4	32
7	56

Si le multiplicateur était un nombre comme 21, il devait donc aligner une série de duplications plus longue, puis y prélever les chiffres appropriés (désignés par un *); 21 × 8 aurait donc été écrit de la façon suivante :

* 1	8
2	16
* 4	32
8	64
*16	128
21	168

La multiplication était aussi faite par 10 et par un dixième. Il y avait également des règles pour multiplier les inverses (c'est-à-dire multiplier par «un divisé par un nombre», par exemple : 1/21 ou 1/17, etc.), en utilisant leurs fractions de l'unité de la même façon que les nombres entiers utilisés en multiplication. Pour les additions de fractions, les Égyptiens disposaient de tables, bien qu'elles puissent être effectuées. Les Égyptiens n'utilisaient jamais que des fractions de l'unité (c'est-à-dire 1/2, 1/3, 1/4, 1/5, etc.), la seule exception étant la fraction 2/3. La division se faisait de la même façon que la soustraction, en utilisant la table de multiplication par deux pour obtenir le résultat. Des tables de multiplications usuelles étaient disponibles.

En ce qui concerne la géométrie, les seuls résultats recherchés étaient purement pratiques. Quand les arpenteurs voulaient lotir des terres et mesurer des angles droits, ils utilisaient la «règle du 3-4-5» et traçaient un angle droit en utilisant un triangle de corde dont les côtés avaient 3, 4 et 5 unités. Il s'agit là d'un cas particulier du théorème de Pythagore; cependant, le théorème plus général n'était pas connu en Égypte. On a émis l'idée que, pour construire certains de leurs monuments, les Égyptiens auraient eu besoin de connaître la valeur de π (pi), c'est-à-dire le rapport constant du périmètre du cercle à son diamètre. Mais, pour tous les cas pratiques, cette valeur a pu être obtenue en faisant rouler un disque sur le sol et en mesurant la longueur de la marque obtenue, et il n'existe aucune preuve, quelle qu'elle soit, que les Égyptiens aient jamais calculé le rapport mathématique.

La science égyptienne dans son ensemble

L'astronomie de l'Égypte ancienne est demeurée gravée sur les tombes et les monuments, ses mathématiques sur les registres des temples et les papyrus des palais, mais qu'en est-il de tout le reste de la science égyptienne ? Les Égyptiens étaient des maîtres dans beaucoup d'arts et d'artisanats et tous les maîtres artisans durent amasser une profusion d'informations précises. Par exemple, ceux qui s'occupaient de mines et de métallurgie avaient sûrement observé les strates géologiques et les veines de minerai de métal; ils devaient connaître les températures de fusion des métaux et savoir comment obtenir une chaleur suffisante dans leurs fours; ils devaient également avoir des connaissances sur les alliages, la fabrication de moules et la façon de couler le métal. Autrement dit, ils étaient vraisemblablement instruits de faits fondamentaux relatifs à la géologie, la physique et la chimie des matériaux. La fabrication du verre, à laquelle ils excellaient, nécessite ce genre de savoir.

En médecine, les Égyptiens étaient des chirurgiens compétents ; leurs dentistes, en particulier, étaient habiles à vider les abcès (une situation probablement due à la fréquence élevée de l'artériosclérose), et les obturations avec de l'or étaient aussi largement pratiquées, au moins chez la clientèle aisée, tout ceci dès la IVe dynastie. Deux importants papyrus médicaux qui nous sont parvenus témoignent d'un bon sens, d'une justesse de vue et d'une absence de superstition remarquables; les hommes qui les rédigèrent étaient non seulement expérimentés mais avisés. Sur un de ces papyrus, figure la description d'un homme «ayant une blessure béante à la tête», dont les détails montrent nettement que le médecin avait observé les membranes qui enveloppent le cerveau, les circonvolutions de celui-ci et le liquide qui l'entoure; il est aussi manifeste que l'auteur pensait que le cerveau est le centre de contrôle du corps.

La pratique égyptienne de l'embaumement fut à l'origine de connaissances étendues concernant l'anatomie humaine. Conserver toutes les parties d'un mort était une affaire sérieuse pour un peuple qui croyait à une vie matérielle au-delà de la mort. L'idée générale était que, à l'instar d'Osiris qui avait été tué et dépecé par Seth et se releva lorsque son corps fut reconstitué, un individu ressusciterait lorsque les différentes composantes de sa personne vivante – l'âme, l'ombre, le nom, le cœur et le corps – seraient à nouveau réunies. Concernant sa partie physique, ces éléments devaient être non seulement soigneusement préservés, mais il fallait encore que ce travail fût exécuté avec goût pour que ces éléments physiques séduisent et ramènent à eux les composantes spirituelles. A l'origine, les méthodes les plus élaborées étaient réservées aux personnages de sang royal et elles impliquaient des interventions chirurgicales. Le cerveau, les intestins et d'autres organes vitaux étaient prélevés et, après les avoir lavés dans du vin, on les plaçait avec des herbes dans des canopes. Les cavités du corps étaient remplies de parfums et de résines odorantes, et le corps recousu. Ensuite, il était immergé pendant 70 jours dans du salpêtre, avant d'être lavé et enveloppé dans des bandelettes trempées au préalable dans une sorte de gomme (résineuse ?). Enfin, le corps était placé dans son sarcophage et scellé. Une méthode beaucoup moins élaborée consistait à injecter dans le corps de l'huile de cèdre, à l'immerger dans du salpêtre pendant 70 jours, puis, après l'avoir retiré de la solution, à en soustraire l'huile et les chairs pour ne laisser que la peau et les os. Pour les pauvres, les intestins étaient simplement purgés et le corps recouvert de salpêtre pendant une période de 70 jours. Mais, grâce aux deux premières méthodes de traitement, les embaumeurs acquirent une très bonne connaissance du corps humain et de ses parties et, grâce à leur expérience chirurgicale, ils engrangèrent un savoir considérable sur l'anatomie. Mais, il ne semble pas que ces connaissances aient stimulé la recherche sur la façon dont le corps fonctionne réellement.

Le statut social du médecin dans l'Égypte ancienne est mal défini. Le premier grand médecin que nous connaissions est Imhotep, qui fut le ministre du roi Djoser et l'architecte de la Pyramide à degrés; ainsi, les médecins égyptiens avaient un noble ancêtre qui, en fait, devint le dieu de la médecine. Quant à la situation sociale de ses successeurs, nous ne pouvons cependant que hasarder une supposition; comme il semble qu'ils n'aient été que de simples praticiens, sans collège médical officiellement constitué qui leur décernât l'autorisation d'exercer, il se peut qu'ils aient été tenus à l'écart de la Cour et des cercles sacerdotaux, et considérés simplement comme des artisans habiles, comme c'était le cas dans la proche Mésopotamie. Quant à la nature des animaux et des plantes, les sculptures prouvent que les Égyptiens étaient des observateurs attentifs et compétents de la Nature, bien que leurs représentations soient souvent stylisées. La relation entre le Soleil et la croissance des cultures était également exprimée dans des sculptures et jamais aussi bien peut-être que dans les bas-reliefs commandés par Akhenaton, le pharaon hérétique que son culte monothéiste du Soleil conduisit à souhaiter être représenté avec sa famille, offrant des sacrifices symboliques au Soleil dont les nombreux bras rayonnants apportent à l'humanité toutes sortes de faveurs.

Illustration page 27.

Les Égyptiens étaient aussi d'excellents jardiniers; ils aimaient les jardins ordonnés, parfois dotés d'un vaste bassin qui servait de vivier et où ils cultivaient des plantes avides d'humidité. Ils domestiquaient aussi des animaux, en parti-

Sur l'intérêt similaire des Chinois pour le jardinage, voir page 241.

culier le chat. Ils avaient certainement enregistré une somme importante de connaissances fondamentales en matière de botanique et de zoologie. De même, grâce à l'usage des cosmétiques, des peintures et des teintures, leur habitude de mariner et saler le poisson et, plus généralement, de conserver les aliments, sans oublier leur pratique et leur science de l'embaumement, ils rassemblèrent un trésor de savoir en matière de chimie. Rien de tout cela n'était une science, au sens où le savoir grec devint une science, mais c'était un commencement indispensable. Il fallait que les faits fussent recueillis, collationnés et séparés des légendes, des mythes et des fables.

C'est ce que firent les Égyptiens; il y eut parmi eux quelques esprits curieux, tels Imhotep, dont les connaissances étaient universelles, et le scribe Ahmose qui rédigea un superbe traité mathématique (le papyrus Rhind) sous le règne d'Auserre Apopi Ier (1607 à 1566 av. J.-C.). Ce traité n'est pas seulement un ensemble de tables mathématiques, mais aussi un cours d'arithmétique qui comprenait l'addition, la soustraction, les fractions et les inverses, ainsi que quelques problèmes géométriques relatifs aux mesures de surfaces et de volumes, mais, une fois encore, tous les résultats étaient pratiques; ce traité ne comportait pas de raisonnement théorique. Mais, bien que l'esprit d'investigation ait été déprécié après le XVIe siècle avant J.-C., les Égyptiens anciens recueillirent certainement de nombreux faits qui allaient pour le moins contribuer au développement de la science à l'état naissant.

Illustration page 49.

La Mésopotamie

La Mésopotamie, le pays «entre les fleuves», occupe la plaine alluviale située entre le Tigre et l'Euphrate où se trouve aujourd'hui l'Irak. Avec les régions situées au nord et à l'ouest, qui s'allongent en courbe depuis le Tigre jusqu'aux côtes de la Syrie, du Liban et du nord d'Israël, elle formait ce que l'on a appelé le «Croissant fertile». Entre l'actuelle Bagdad et le golfe Persique, les terres descendent doucement et la différence totale d'altitude ne dépasse pas 10 mètres; de ce fait, les fleuves coulent lentement, déposent de grandes quantités de limon, inondent leurs rives et, de temps à autre, modifient légèrement leur cours. A l'extrémité sud se trouvent des marais et des zones très humides, couvertes de roseaux. L'apport d'eau est irrégulier et les précipitations sont faibles, si bien que les cultures ne peuvent se faire qu'à proximité des cours d'eau ou grâce à l'irrigation. Au nord du croissant, la terre des plaines est ingrate et impropre à la culture pendant les deux tiers de l'année.

Bien que la région ne fût pas aussi facile à cultiver que l'Égypte, elle offrait une réserve abondante de matières premières – les ressources agricoles comprenaient des animaux, des poissons, des palmiers-dattiers et, très tôt, l'industrie du roseau apparut qui fournissait des produits en fibre ainsi que des roseaux. De plus, il y avait des sources de goudron minéral et de la pierre à chaux à quelque 55 kilomètres à l'ouest; en revanche, il n'y avait pas d'autre bois que celui, très grossier, qui provient du palmier-dattier et ne convient que pour des poutres brutes, pas de roches dures et fort peu de métaux. Tout au long de son histoire, la Mésopotamie fut contrainte de commercer et la partie sud du pays, en particulier, devint un immense marché et, en conséquence, un centre d'échange et de dissémination des idées.

Entre 10000 et 5000 avant J.-C., de grands établissements permanents se développèrent. Au début, ce furent simplement des lieux où les chasseurs et les éleveurs de bétail commencèrent à pratiquer l'agriculture et évoluèrent vers un mode de vie plus sédentaire mais, au fil du temps, on bâtit des habitations permanentes et même les dieux s'installèrent dans des temples construits à leur intention. On modela des récipients d'argile, cuits à des températures toujours plus élevées pour qu'ils soient plus solides, des artisanats spécialisés se développèrent et l'on découvrit et travailla les métaux; le Néolithique céda la place au Chalcolithique («âge du bronze» – ou «âge du cuivre»). Vers 4000 avant J.-C., des civilisations bien définies surgirent au bord du Tigre, à Samara, dans la région qui entoure Jazira, au sud d'Our (près de l'actuelle Nasiriyya) et à Hadj Mohammed (à quelque 240 kilomètres au sud-ouest de Bagdad).

Les nouvelles civilisations avaient leurs villes, car il y avait eu des villes pendant un certain temps au sud de la Mésopotamie (bien que la première de toutes les villes dont la mention subsiste soit Jéricho, située assez loin à l'ouest et qui remonte à environ 8000 avant J.-C.). Aucune de ces villes n'était entourée de murs, la ville enceinte de murailles la plus anciennement connue étant Ourouk, dans le sud, près de l'Euphrate. La région comprise entre les deux fleuves était peuplée par les Sumériens qui, en 3000 avant J.-C., consignèrent par écrit qu'ils se considéraient supérieurs aux nomades et aux montagnards du nord «qui ne connaissent pas les maisons et ne cultivent pas le blé». Les Sumériens étaient certainement très différents des peuples sémitiques du nord qu'ils critiquaient : bien avant 3000 avant J.-C., ils avaient asséché les marais dans le sud, irrigué les terres, domestiqué le bœuf, l'âne, le mouton et la chèvre; ils utilisaient des chariots à roues et vivaient dans des maisons construites en brique d'argile. Il semble qu'ils aient été les héritiers d'une civilisation dont les origines remontaient à un millier d'années au moins.

L'invention de l'écriture

Les Sumériens et la mention de leur langue nous conduisent à l'invention de l'écriture, d'une importance vitale pour la croissance d'une science abstraite et sa transmission. Car il semble que ce furent les Sumériens qui, les premiers, imaginèrent ce développement du langage en inventant des signes spéciaux, spécifiquement adaptés à un support d'écriture, en l'occurrence des tablettes d'argile. Il semble que les premiers enregistrements effectués de la sorte furent le fait des prêtres de la première civilisation sumérienne (avant 3000 avant J.-C.), qui devaient préparer les registres des excédents de grain et d'autres produits, gardés dans les temples pour l'État. Ces produits s'inscrivaient très certainement sous forme d'images-symboles : le blé entreposé était enregistré sous la forme d'un épi de blé, les bœufs sous celle d'une tête de bœuf, etc. Une tablette où figurent les comptes d'un temple représente probablement une quittance pour du matériau fourni. Les premiers hiéroglyphes égyptiens étaient une autre forme d'écriture composée d'images-symboles, ou pictogrammes, ce que fut aussi la première forme du chinois écrit.

Les images-symboles signifiaient les objets, comme le font les sons dans le langage parlé; l'invention géniale des Sumériens fut d'identifier les images-symboles aux sons. Puis, à l'usage, quand on s'aperçut que les pictogrammes originels étaient trop limités, on les modifia afin d'étendre le vocabulaire écrit. Pour y parvenir, les Sumériens y ajoutèrent des traits supplémentaires; par exemple, des traits sous le menton de l'image-symbole d'une tête signifient que seule la bouche est concernée (ils changèrent ainsi le symbole du son «sag» en celui du son «ka»). Au fil des besoins, environ 2 000 signes représentant des syllabes apparurent, alors que la langue égyptienne, plus simple, n'avait que 732 signes environ jusqu'à l'époque relativement tardive du Moyen Empire. Peu à peu, lorsque l'usage de l'écriture se répandit plus largement, les symboles commencèrent à représenter seulement les sons, et non plus les objets. Toutefois, un symbole pouvait désormais représenter plusieurs mots ayant les mêmes sons (c'est-à-dire des homonymes, des mots tels que foi, foie et fois) : des exemples sumériens d'homonymie remontent à 3000 avant J.-C.; la portée expressive des symboles augmentait mais au prix d'une certaine ambiguïté, spécialement dans une langue monosyllabique. Pour surmonter ce problème, d'autres symboles furent placés avant ou après le symbole originel pour aider à désigner un sens particulier; par exemple, un symbole pour «bois» pouvait être placé devant le symbole du son, afin de spécifier à quelle sorte d'objet on se référait.

Bien que les terres marécageuses au-dessus du golfe Persique fussent parsemées de roseaux, leur fibre ne convenait pas à la fabrication de papyrus; les Sumériens avaient donc besoin d'un autre matériau aisément disponible sur lequel écrire. Leur choix se porta sur la réserve inépuisable d'argile dont ils disposaient et ils modelèrent l'argile en tablettes, en cylindres et même en prismes sur lesquels ils écrivaient avec un morceau de roseau taillé en pointe. Les métaux et la pierre ne servaient de support à l'écriture que pour les monuments, jamais pour le travail quotidien. On utilisa pour commencer un roseau à la tige taillée en pointe, mais tracer des courbes dans l'argile n'était pas facile et, progressivement, les scribes en vinrent à tailler l'extrémité de leurs roseaux en forme de coin et leurs symboles devinrent de plus en plus stylisés et seulement composés de lignes droites. Ainsi, la syllabe «sag», qui avait commencé comme le pictogramme d'une tête, devint de plus en plus un assemblage de marques cunéiformes et qui penchaient en raison de la manière dont le scribe tenait sa tablette d'argile. En Égypte, les scribes utilisaient une plume de roseau car la surface lisse du papyrus permettait de développer une écriture plus cursive mais, pas plus que leurs hiéroglyphes, elle ne pouvait être adaptée à l'usage d'autres langues. Par ailleurs, le cunéiforme était utilisé dans les États hittites syriens et devint bientôt la langue diplomatique du Moyen-Orient.

Illustration page 60.

Ni l'écriture hiéroglyphique ni l'écriture cunéiforme n'étaient alphabétiques; elles étaient syllabiques, chaque signe représentant une syllabe. L'écriture alphabétique semble être née chez les peuples des côtes qui sont aujourd'hui celles de la Syrie, du Liban et d'Israël; ces écritures sont appelées ougaritique et phénicienne. L'écriture ougaritique fut ainsi nommée parce qu'on la découvrit lorsque l'on procéda à des fouilles dans la ville ancienne d'Ougarit (aujourd'hui Ras Shamra) en 1929. Ses habitants parlaient un dialecte qui ressemble à l'hébreu et au phénicien, et les fouilleurs découvrirent dans son temple à la fois des tablettes en cunéiforme et un manuscrit en alphabétique cunéiforme dans lequel l'ordre des signes correspondait à celui de l'hébreu et du phénicien. Cependant, l'écriture ougaritique contenait plus de signes que les deux autres, et correspondait par bien des aspects à l'arabe ultérieur. La ville connut son apogée entre 1800 et 1200 avant J.-C. Les Phéniciens vivaient un peu plus au sud où ils occupaient les régions côtières de l'actuel Liban et une petite partie des terres qu'occupent aujourd'hui la Syrie et Israël; leurs premières inscriptions datent de 1700 à 1500 avant J.-C. Franchement alphabétiques, elles comprennent 22 lettres, dont chacune représente un seul son, et qui peuvent être combinées pour former des syllabes, les mots étant écrits de droite à gauche. Cet alphabet phénicien se répandit à travers la Syrie, l'Arabie et la Palestine et même au-delà, car les Phéniciens étaient de grands commerçants et ils fondèrent de nombreuses colonies et des comptoirs commerciaux sur les côtes méditerranéennes. Des inscriptions en alphabet phénicien trouvées à Chypre, Malte, Carthage, Marseille et en Sardaigne ont été datées du ve siècle avant J.-C.

La civilisation mésopotamienne

L'exposé sur les origines de l'écriture nous a entraînés jusqu'à une époque relativement avancée. Nous devons retourner vers le Croissant fertile et le IIIe millénaire avant J.-C., lorsque le sud de la région comprise entre le Tigre et l'Euphrate était sous le contrôle des Sumériens. Leur souveraineté dura jusque vers 2350 avant J.-C. environ, époque à laquelle les Akkadiens conquirent le pays. Les Akkadiens, qui étaient à l'origine un peuple nomade, prirent le pouvoir à Sumer et furent néanmoins «conquis» par leurs sujets car ils n'apportaient avec eux aucune lumière nouvelle, et ils se contentèrent de promouvoir ce qu'ils trouvèrent, tout en s'intitulant fièrement rois de Sumer et d'Akkad.

La Mésopotamie et le Croissant fertile n'étaient pas aussi paisibles que l'Égypte et connurent beaucoup de luttes pour le pouvoir, d'incursions et de conquêtes, dont la plus importante fut celle des Assyriens, au XIIe siècle avant J.-C. Cependant, la civilisation éclairée que les Sumériens avaient promue se poursuivit; il semble qu'elle déclina au cours du VIe siècle avant J.-C., avec l'invasion des Perses.

A l'origine, Sumer comptait beaucoup de villes importantes qui contrôlaient les régions environnantes et dont la plus fameuse est peut-être Our; mais l'ancienne ville de Lagash, fondée au IVe millénaire avant J.-C., ne l'était pas moins. Elle connut l'apogée de sa grandeur et de sa réputation vers 2125 avant J.-C., sous Goudéa qui semble avoir été un gouverneur plutôt qu'un roi. Our, la ville dont on pense qu'elle a été le berceau d'Abraham, fut la capitale sumérienne de 2800 à 2300 avant J.-C. Fondée vers le IVe millénaire avant J.-C. par un peuple originaire du nord de la Mésopotamie, il semble que la première Our fut détruite par un déluge (le Déluge de la Bible?), l'Euphrate coulant alors plus près de la ville qu'il ne le fait de nos jours. C'était le lieu où les rois étaient enterrés, avec une suite imposante de personnages de la cour, d'officiels, de femmes et de domestiques choisis pour servir le monarque dans la vie qui suit la mort. Les Akkadiens l'adoptèrent pour capitale et c'est là que régna le presque légendaire roi Sargon Ier. Our était aussi le cadre de nombreuses architectures monumentales, dont la principale était la ziggourat, imposante tour pyramidale à degrés, construite en étages successifs et couronnée d'un autel relié au sol par de gigantesques escaliers. La plus remarquable était la ziggourat dédiée à la déité patronne d'Our, la déesse de la Lune, Innana ou Sin, dont les dimensions au sol étaient 64 mètres sur 46 mètres et la hauteur 12 mètres. Trois de ses côtés avaient des murs à pic et trois grands escaliers, de cent marches chacun, escaladaient le quatrième. Cet édifice prouve clairement que, dès le IIIe millénaire, les Sumériens maîtrisaient aisément toutes les formes fondamentales de l'architecture: colonne, arc, dôme et voûte. Qui plus est, chacun des murs géants était légèrement renflé vers l'extérieur à la fois de la base au sommet et d'une extrémité à l'autre, ce qui lui conférait une allure très puissante, alors qu'un mur rectiligne aurait semblé fléchir légèrement sous la grande superstructure qui le surmontait. Techniquement, il s'agit du principe de l'«entasis», ou renflement, qui sera redécouvert quinze siècles plus tard par les bâtisseurs du Parthénon à Athènes. L'entasis fut essentiellement une découverte artistique, plutôt qu'une découverte scientifique, mais elle souligne la sophistication du savoir sumérien. Vers 2000 avant J.-C., Our déclina et subit quelques destructions au cours d'insurrections mais, plus tard, grâce à sa situation géographique, elle reconquit une part de son ardeur et de son activité en tant que centre de commerce étranger. Elle retrouva également quelque chose de sa prééminence religieuse passée.

On a trouvé aussi à Babylone les traces d'un établissement préhistorique, mais son développement comme grande cité survint plus tard. Elle fut pendant un temps un satellite provincial d'Our puis, après l'effondrement de cette ville, Babylone devint en 1894 avant J.-C. le centre d'un petit royaume, un des nombreux royaumes instaurés dans la région par une grande fédération tribale originaire d'Arabie – les Amorites ou Sémites de l'Ouest – qui, comme les Akkadiens avant eux, semblent avoir été subjugués par la culture sumérienne. Les derniers rois de Babylone étaient également issus de la souche de Canaan; l'un d'eux, le justement célèbre Hammourabi (1792-1750 avant J.-C.), conquit les cités-États environnantes et fit de Babylone le centre d'un royaume, la Babylonie, qui comprenait tout le sud de la Mésopotamie et une partie de l'Assyrie (le nord de l'Irak). La croissance et la prospérité de Babylone suscitèrent bientôt l'envie des princes étrangers et, vers 1570 avant J.-C., le contrôle de la cité passa aux Kassites – un peuple du Nord venu peut-être de l'Iran – qui fondèrent une dynastie dont la durée dépassa quatre cents ans. Puis le pouvoir changea plusieurs fois de main : domination assyrienne, retour du pouvoir kassite, nouvelle destitution, avant que, vers 1124 avant J.-C., le roi amorite, Nabuchodonosor, ne prît le contrôle du royaume et fondât sa propre dynastie. Par la suite, il semble que la cité soit passée alternativement de la domination des Assyriens à celle des Chaldéens, un peuple venu de la région méridionale qui borde le golfe Persique. Avec la chute des Assyriens au VIIe siècle avant J.-C., une dynastie chaldéenne s'établit enfin sous Nabopolassar; avec son fils Nabuchodonosor II, Babylone retrouva sa réputation et «Babylonie» devint synonyme de «Chaldée». A cette époque, Babylone était la plus grande ville du monde.

Illustration page 49.

Nous pouvons étudier la civilisation de Sumer, Akkad et Babylone grâce à la multitude de tablettes d'argile couvertes de cunéiforme qui subsistent. Bien qu'il fût impossible de les rouler comme des papyrus ou de les relier en livre, elles étaient néanmoins rassemblées dans des bibliothèques et mises en archives. Un historien de la science est allé jusqu'à dire : «Les Égyptiens ont inventé les livres mais les Sumériens ont inventé les bureaux d'archives!» Quoi qu'il en soit, nous sommes très redevables aux Sumériens de leur bibliophilie car l'immense collection de 25 000 tablettes de Ninive et celles non moins importantes de Tell el-Amarna et de Nippour nous permettent de reconstituer quelque chose de la pensée sumérienne et de celle de ses successeurs concernant l'homme et son environnement. Nous disposons encore de deux autres sources d'information : les reliefs sculptés sur les murs des palais et monuments et les données que l'on peut déduire des sceaux. Tout homme important avait son propre sceau, dont il imposait l'empreinte sur les tablettes écrites de sa main, ou écrites pour lui par un scribe, et ces sceaux étaient souvent minutieusement gravés d'inscriptions ou d'images, soit encore des deux. Il en existe une grande quantité et quelques milliers d'entre eux ornent aujourd'hui les vitrines des musées.

La médecine mésopotamienne

Comme pour l'Égypte, un coup d'œil sur la médecine permettra de mieux saisir ce qu'était le savoir biologique des Mésopotamiens. Il nous entraînera aussi vers la magie et la divination, car des moyens magiques aussi bien que scientifiques étaient utilisés pour traiter un malaise ou soigner une maladie : tout en appliquant ses remèdes médicaux, un médecin recourait à la divination pour prédire le succès probable de ses soins.

De même que toutes les premières civilisations, les Mésopotamiens firent grand usage de drogues végétales. Racines, tiges, fruits et feuilles étaient utilisés; malheureusement, il est difficile d'identifier avec certitude dans chaque cas la drogue prescrite pour une maladie particulière. Néanmoins, il est clair que les médecins mésopotamiens connaissaient l'hydropisie, la fièvre, les hernies, la gale et la lèpre, de même que plusieurs maladies de peau, les atteintes affectant les cheveux, la gorge, les poumons et l'estomac, et qu'ils avaient des médicaments pour tous ces cas. Les médications ne se limitaient pas aux remèdes végétaux; on prescrivait aussi des minéraux : alun, pierre concassée, sel, et des médicaments qui contenaient des fragments animaux. Et comme dans certaines médecines médiévales et plus tardives en Europe occidentale, le traitement était influencé par une prédilection pour les chiffres magiques. Le trois, le sept et leurs multiples étaient les nombres favoris et les prescriptions ordonnaient trois grains de sésame, par exemple, ou sept, ou vingt et un, ou n'importe quelle autre combinaison semblable qui semblait appropriée; on évitait les quantités non magiques. De même, une dose pouvait être administrée sept fois, une cautérisation appliquée trois fois, etc. On recourait toujours aux nombres, en raison de leurs pouvoirs cachés qui pouvaient accroître l'efficacité du médicament. A cette époque régnait aussi l'idée, commune à beaucoup de civilisations primitives, que les drogues végétales devaient provenir de spécimens récoltés à une date favorable – lors de la pleine lune, par exemple, ou sept jours avant ou après elle. On tenait parfois compte des mêmes considérations quand on prélevait sur un animal les parties destinées à entrer dans la composition d'un remède. Et, au moment de composer une potion, on jugeait parfois nécessaire la présence d'une personne particulière, un enfant ou une vierge, peut-être, dont la pureté ou l'innocence pourrait influencer la combinaison même des ingrédients.

Bien qu'il soit prouvé qu'on disposait alors de textes et de manuels médicaux, il semble que l'exercice de la médecine dépendait beaucoup de l'expérience du médecin. Si on la compare à celle de l'Égypte, on ne pratiquait que la petite et moyenne chirurgie et il semble que les spécialistes étaient rares. Le statut du médecin est intéressant : il était classé avec les devins, les aubergistes et les boulangers! Cette classification est cependant moins étrange qu'il n'y paraît; elle indique, en fait, que le médecin n'était pas un personnage officiel de la cour mais un individu qui vivait de ses gains, grâce aux honoraires qu'il demandait. A l'époque d'Hammourabi (vers 1750 avant J.-C.), ces honoraires suivaient un tarif précis, de même que les amendes en cas d'échec. Dans l'ensemble de lois codifiées par ce roi, il est écrit que si un médecin parvenait à obtenir que l'os brisé d'un noble se ressoude, ses honoraires s'élevaient à cinq sicles d'argent; mais si le patient n'était qu'un homme du peuple, le tarif descendait à trois sicles, et à deux sicles lorsqu'il s'agissait de l'esclave d'un noble. Les honoraires pour une opération chirurgicale étaient plus élevés et également progressifs, tout comme les sanctions en cas d'échec; celles-ci allaient du remplacement d'un esclave, si le traitement avait abouti à la mort de celui-ci, jusqu'à la perte d'une main pour la mort d'un membre de la noblesse. La chirurgie a toujours été lourde de risques pour le patient; en Babylonie, ses praticiens avaient eux aussi, semble-t-il, de bonnes raisons d'être circonspects, du moins lorsqu'ils avaient pour clients des membres de l'aristocratie.

La chirurgie vétérinaire était un autre aspect de la médecine mésopotamienne. Pour aider le vétérinaire, aussi bien que le médecin des humains, diverses incantations et malédictions pouvaient être employées puisque, à l'instar de toutes choses, les maladies étaient considérées comme la création des dieux. Les drogues agiraient comme des palliatifs mais le médecin, un homme, n'atteindrait le foyer du mal qu'en apaisant le dieu qui avait causé la maladie. Comme dans les temps plus primitifs, le médecin praticien avait quelque chose du prêtre.

La croyance en l'origine divine des maladies implique, bien entendu, que la divination – une forme de communication entre les dieux et les hommes – avait une importance considérable pour le médecin. En devinant la volonté des dieux, il pouvait acquérir d'abord une vision utile des raisons de l'apparition surnaturelle de la maladie; en contemplant le futur (qui était connu des dieux), il pouvait obtenir des conseils sur les effets des traitements. Différentes formes de divination étaient utilisées : le vol des oiseaux, la naissance d'animaux monstrueux ou bizarres, l'aspect des étoiles, tout était examiné et les rêves avaient eux aussi une place particulière. Du fait de leur vivacité et de l'impression de réalité qui les accompagne, du fait aussi de leur absurdité, les rêves étaient considérés comme des messages directs des dieux, bien que la compréhension de leur langage requît souvent l'interprétation professionnelle du prêtre ou du médecin. La célèbre histoire biblique du rêve du pharaon sur les sept vaches grasses et les sept vaches maigres et son interprétation par Joseph en sont un exemple typique car, en ce domaine, les Hébreux et les Égyptiens obéissaient à des croyances semblables à celles des Babyloniens et d'autres peuples anciens. Mais la différence entre les Babyloniens et leurs voisins tenait au fait qu'ils avaient adopté la technique de l'hépatoscopie. C'était une forme de divination qui s'exerçait au moyen de l'examen de foies d'animaux, généralement ceux de moutons ou de chèvres. Les devins observaient les cinq lobes du foie et fondaient leurs prédictions sur l'état de ceux-ci; nous le savons à la fois par de nombreux textes et grâce aux modèles de foies divinatoires, exécutés en argile, qui portaient des instructions et des explications. Ces modèles ont été trouvés non seulement en Babylonie mais aussi très loin de là, avec des inscriptions dans différentes langues; il est donc évident qu'ils étaient utilisés pour transmettre l'information sur les techniques divinatoires. Ce sont des preuves intéressantes d'un moyen grâce auquel les idées pouvaient se propager d'un centre de civilisation vers un autre.

Illustration page 50.

L'idée d'utiliser des foies d'animaux fournit quelques indications sur le savoir babylonien relatif au fonctionnement du corps de l'homme et de l'animal. Manifestement, les Babyloniens étaient conscients de l'importance du sang : le sang était la vie. Si un homme perd du sang, il s'affaiblit; s'il en perd

A gauche. Papyrus traitant de mathématiques, en écriture hiératique égyptienne, datant de 1575 avant J.-C. environ, copie d'un papyrus antérieur de trois siècles. Il traite de la mesure de la surface du triangle et de la pente des pyramides. British Museum, Londres.

Ci-dessous. Reconstitution de la ziggourat et de l'enceinte du temple de Babylone. Situés au cœur des cités mésopotamiennes, ces édifices ne s'ouvraient qu'aux prêtres, symbolisant ainsi la nature ésotérique et sacerdotale du savoir en ces temps anciens. Vorderasiatisches Museum, Berlin.

A gauche. Bas-relief assyrien du IXe siècle avant J.-C. représentant une lionne. La sophistication des connaissances des Assyriens en anatomie apparaît ici dans la paralysie des pattes postérieures, causée par la flèche fichée dans l'épine dorsale. British Museum, Londres.

Ci-dessus. Modèle babylonien d'un foie pour la pratique de l'hépatoscopie. Chaque partie du foie (généralement celui d'un mouton) était censée signifier un événement particulier; par exemple, un long canal cystique signifiait un long règne pour le roi. L'examen des entrailles d'animaux à des fins divinatoires se poursuivit au moins jusqu'à l'époque romaine et servit de base à de nombreux travaux en anatomie animale. British Museum, Londres.

A droite. Déité assyrienne fertilisant un palmier-dattier. Bas-relief du temple d'Assurbanipal à Nimroud. Musée du Louvre, Paris.

A droite. Carte-disque babylonienne du monde où la Babylonie, l'Assyrie et les contrées environnantes sont représentées comme une plaine circulaire, entourée par le golfe Persique. Babylone est située au centre. British Museum, Londres.

Page 51. Provenant de Lagash, statue de Goudéa (2250 av. J.-C.) portant sur ses genoux un plan de la cité, la plus ancienne carte au monde qui nous soit parvenue. Musée du Louvre, Paris.

trop, il meurt. Or, le foie étant l'organe du corps le plus chargé de sang, il était évidemment de la plus haute importance et les Babyloniens en vinrent à conclure que le foie était le siège des émotions, comme de la vie en soi. Ils classèrent le cœur comme le siège de l'intelligence, une idée qui fut reprise par les Hébreux. Il semble aussi que les Babyloniens avaient réalisé que les maladies pouvaient se transmettre d'une personne à une autre (mais nous n'en avons pas la preuve formelle). En ce cas, il se pourrait que l'injonction biblique, qui condamne à l'isolement les individus malades et leurs biens, vînt de Babylone.

Connaissances biologiques et géographiques des Mésopotamiens

Illustration page 49.

Il semble que les Mésopotamiens aient recueilli une somme considérable d'informations sur les espèces animales et, à l'époque babylonienne, si ce n'est plus tôt, ils firent une tentative pour ordonner le chaos des innombrables espèces différentes d'animaux en essayant une classification systématique. Le marché aux poissons de Lasra sur l'Euphrate, en 1910 avant J.-C., fournit un exemple de l'identification quotidienne de différentes espèces : quelque 30 variétés y étaient en vente. Toutefois, le savoir scientifique des Mésopotamiens débordait la classification des espèces nécessaires à l'alimentation. On a trouvé des tablettes en cunéiforme qui énumèrent des centaines d'animaux différents, dont elles précisent les noms en sumérien et en akkadien, et d'autres qui décrivent plus de 250 variétés de végétaux. Certaines de ces tablettes ne portent pas simplement des énumérations mais aussi une classification primitive : les animaux sont répartis en poissons et autres créatures aquatiques – des coquillages tels que les moules et les huîtres y avaient une classification particulière –, puis une différenciation est faite entre les serpents, les oiseaux et les quadrupèdes. Les groupes les plus vastes étaient analysés plus en détail : les chiens, les hyènes et les lions figuraient dans un sous-groupe, les chameaux, les chevaux et les ânes dans un autre. Les plantes étaient également divisées en arbres, céréales, herbes, épices, plantes médicinales, et les végétaux qui portent des fruits relativement semblables, tels que les pommes et les figues, étaient classés ensemble.

Illustration page 50.

Il est probable que l'on sut très tôt, au moins dès l'époque babylonienne, qu'un végétal, le palmier-dattier, se reproduit sexuellement. Du moins savait-on que le palmier ne peut se reproduire seul et qu'il faut deux plants de sexe différent, dont l'un porte des fruits et l'autre est apparemment stérile, pour obtenir une récolte. Comment les hommes l'avaient-ils appris? Probablement par l'expérience car, si des plants mâles apparemment stériles avaient été arrachés, il serait bientôt devenu évident que les arbres jusqu'alors féconds ne produisaient plus. Plus tard, l'idée de la sexualité des végétaux fut étendue (par les Assyriens) au cyprès et à la mandragore.

Comme d'autres peuples dans d'autres parties du monde, les Mésopotamiens connaissaient l'existence d'autres pays et d'autres régions; c'est ce qui apparaît sur des tablettes qui énumèrent, par exemple, les conquêtes du roi Sargon ou sur les répertoires géographiques que les Sumériens préparaient pour leurs scribes, et l'on a également retrouvé des listes des lieux où ils commerçaient. On ne s'étonnera donc pas qu'il en soit résulté des essais de cartographie. Des deux cartes parvenues jusqu'à nous, l'une, celle de la cité de Nippour, est suffisamment précise pour avoir aidé les archéologues qui fouillèrent le site à la fin du siècle dernier. L'autre est une carte du monde, assortie d'une description en cunéiforme. La Babylonie, la Syrie et d'autres territoires y sont représentés comme une surface circulaire, entourée par le golfe Persique; Babylone est placée au centre. C'est la première des «cartes-disques» du monde dont le modèle sera copié plus tard par les Arabes et par l'Europe médiévale. Elle illustre la conviction, si souvent reprise dans les cartes d'autres civilisations et de civilisations ultérieures, que les cartographes vivaient au centre du monde. Les autres pays étaient vus comme des zones environnantes (ce qu'ils étaient) et les distances, fondées sur la durée du voyage plutôt que sur des mesures géométriques, n'étaient que des approximations. De telles cartes donnaient à l'individu une image de son propre pays et de ses environs immédiats, ce qui était leur but. On peut considérer aussi qu'elles avaient une portée cosmologique plus générale, car elles présentaient la vision d'une Terre aplatie, avec des océans à ses extrémités, et décrivaient ainsi la place de l'homme sous la voûte du ciel, le concept général de l'époque.

Illustrations pages 50,51.

Commerce, poids et mesures

En Mésopotamie, le commerce et les affaires se traitaient sans l'aide d'un système monétaire officiel, bien que des pièces de métal précieux fussent utilisées pour les échanges et pour l'usure qui se pratiquait à un taux élevé. Mais, s'ils n'avaient pas de frappe officielle de monnaie – celle-ci n'apparaîtra pas avant le VIIe siècle, soit en Assyrie, soit plus probablement en Lydie (ouest de l'actuelle Turquie) –, très tôt les Sumériens mirent au point un remarquable système de poids et mesures. Comme pour toutes les premières mesures, les longueurs standardisées se référaient aux parties du corps : les mains ou les paumes, les doigts (travers de doigt) et les pieds. Les Égyptiens avaient deux sortes de coudées, la coudée royale de 7 paumes et la petite coudée de 6 paumes; à Sumer, il n'y avait qu'une coudée de 495 millimètres de longueur qui tenait le milieu entre les deux mesures égyptiennes.

La pesée fut d'abord utilisée pour mesurer des quantités de poudre d'or, et non pour un usage commercial, bien que les Sumériens (de même que les peuples de la civilisation de la vallée de l'Indus, au nord de l'Inde) se soient servis de poids pour commercer aux environs de 2500 avant J.-C., plus d'un millénaire avant que cette pratique n'apparaisse en Égypte. L'unité pondérale de base était le sicle; au pays de Sumer, il était de 8,36 grammes (180 grains); une unité plus élevée, la mine, de 502 grammes, équivalait à 60 sicles. L'unité de volume était le log de 541 centimètres cubes; avec des variations, il fut adopté par les Phéniciens, les Israélites, les habitants de la Judée et, vers 1400 avant J.-C., par les Égyptiens.

Les Sumériens utilisaient un diviseur standard basé sur 60 et ses multiples. Ainsi, la mine était 60 fois plus grande que le sicle et le homer 720 (12 × 60) fois plus grand que le log. Même le pied sumérien était exactement les deux tiers (quarante soixantièmes) de la coudée. Ce fut le premier peuple qui disposa d'un système de mesures standardisées absolument cohérent, et ceci pas plus tard que deux mille ans avant J.-C., peut-être même plus tôt. Le facteur standard 60 était commode car il était divisible exactement par beaucoup de nombres : 2, 3, 4, 5, 6, 10, 12, 15, 20 et 30; de nos jours, il reste d'une grande utilité, pour mesurer les angles et le temps, par exemple. Comme les Sumériens disposaient seulement de deux signes cunéiformes pour écrire tous les nombres, il y avait quelque ambiguïté. Le signe ◁ seul pouvait signifier 10, ou 600, ou 36000 ou même de plus grands multiples de 10 × 60; le signe ▽ pouvait signifier 1, 60, 3600 et d'autres multiples de 60 car il n'y avait pas de symbole pour le zéro. Les choses devenaient encore plus ambiguës lorsqu'il s'agissait de fractions car toutes les fractions étaient exprimées comme des multiples de 1/60. En conséquence, 1 1/2 s'écrivait comme 1,30 (c'est-à-dire 1 et 30/60), ou ▽◁◁◁, qui pouvait aussi bien signifier 60 + 30 ou 90. Le nombre correct dépendait du contexte et c'est pourquoi il est si difficile de nos jours de déchiffrer ces tablettes.

Les opérations arithmétiques usuelles, addition, soustraction, multiplication et division se faisaient à l'aide de tables qui donnaient les valeurs par unité jusqu'à 20, puis par dizaine jusqu'à 60. Il fallait donc procéder à des calculs répétés, ce qui devait être fastidieux mais avait au moins l'avantage d'éviter que les tablettes en cunéiforme où les tables étaient gravées ne fussent trop encombrantes.

Les Babyloniens de l'Ancien Age (ainsi appelés pour les distinguer de la civilisation néo-babylonienne des VIIe et VIe siècles avant J.-C.) inventèrent ce que nous appellerions aujourd'hui l'algèbre; ils étaient donc capables de résoudre des équations mathématiques. Ces équations, qui étaient nécessaires pour trouver la solution de problèmes posés par la construction, l'arpentage et le commerce, étaient écrites en mots, et leurs résolutions détaillées point par point selon quelques règles éprouvées. Les Babyloniens savaient résoudre non seulement des équations du premier degré mais aussi du deuxième et même du troisième degré.

La géométrie était une autre discipline mathématique que les Babyloniens de l'Ancien Age, voire les Sumériens, étudièrent. Ils ne construisirent pas un système logique semblable à celui qu'Euclide élabora quelque mille ans plus tard, mais ils étaient capables de calculer la surface des figures planes et le volume de nombreux corps solides, dont la pyramide, le cylindre et le cône. Ils connaissaient les triangles isocèles et l'ensemble des relations entre les côtés du triangle rectangle, que les Égyptiens ne connaissaient pas, comme nous l'avons vu. En revanche, leur estimation de π était moins précise que celle des Égyptiens.

Malheureusement, les acquis mathématiques des Sumériens et des Babyloniens ne furent pas repris et poursuivis aux époques postérieures. Leur algèbre fut oubliée et, exception faite d'une période où, comme nous le verrons, quelques Grecs reprirent cette discipline pendant un court laps de temps, l'algèbre resta en sommeil jusqu'à ce que les mathématiciens islamiques la fassent revivre au IXe siècle après J.-C. Leur adoption d'une division par 10 comme base de toutes les mesures officielles ne fut pas reprise dans le monde occidental avant l'avènement du système métrique, vers la fin du XVIIIe siècle. Enfin, leur façon de placer les symboles numériques pour indiquer leur valeur fut aussi perdue et ne regagna l'Occident qu'au Xe siècle, avec l'arrivée des chiffres indo-

Sur les chiffres indo-arabes, voir page 257.

arabes que nous utilisons encore aujourd'hui. Dire que les Sumériens et les Babyloniens firent beaucoup progresser les mathématiques est en deçà de la vérité : il semble qu'ils aient posé les fondements réels de toute cette discipline.

L'astronomie mésopotamienne

Les archives, demeurées longtemps ignorées, de tablettes en cunéiforme, qui témoignent des exploits mathématiques des Babyloniens de l'Ancien Age, nous ont aussi révélé l'astronomie suméro-babylonienne et ses développements chaldéens. Elles prouvent, par exemple, que ces peuples créèrent l'art de l'observation astronomique scientifique. Et même dans un domaine aussi spéculatif que la cosmologie – la nature de l'univers –, ils parvinrent à dresser un tableau qui n'était pas exclusivement un exercice d'imagination mythique.

L'univers sumérien était peuplé de dieux et de déesses, les enfants d'Apsu et de Tiamat, dont l'union engendra également l'humanité et le monde animal. Mais leur conception de l'univers était plus matérialiste et descriptive de la Nature que ne l'était la conception égyptienne. La Terre avait plus ou moins la forme d'un gufa retourné (un bateau en forme de coracle), dont les bordages retombaient vers une mer salée. Au-dessus le ciel s'étendait, vaste voûte à jamais inaccessible. Que se passait-il là où ils se rencontraient? Pareille question aurait semblé tout à fait incongrue à des Égyptiens mais, pour un esprit sumérien ou babylonien, elle était parfaitement légitime. On pensa d'abord à une structure en forme de remblai ou de crête, placée au bord de la mer salée, et l'on imagina que la voûte céleste reposait dessus. Plus tard, à l'Ancien Age babylonien, la crête devint une chaîne de montagnes qui non seulement soutenait le ciel mais donnait accès au paradis. Dans les deux cas, leur explication était physique et non métaphysique.

Le jour, le Soleil traversait le ciel, la nuit il repassait sous la Terre; la Lune faisait de même.

Quand ils en vinrent à débattre des phases de la Lune, les Babyloniens eurent soin de les relier à la position du Soleil. Non seulement ils organisèrent les étoiles en constellations mais, comme les Égyptiens, ils leur attribuèrent des apparitions saisonnières.

La voûte du ciel avait sa couleur, le bleu, parce qu'elle était faite de pierre précieuse bleue, car, dans l'*Épopée de Gilga-*

mesh, le ciel dans son ensemble était imaginé comme composé de trois couches, toutes faites d'une pierre précieuse, et reflétant la construction tripartite de la Terre : les montagnes peuplées par les dieux, les terres basses par les hommes et le sous-sol par les morts. L'idée que le ciel était fait de pierre précieuse reparaîtra plus tard dans la Bible (dans les livres de l'Exode et de l'Apocalypse, par exemple), comme aussi l'idée que la pluie était accumulée dans le ciel, puis relâchée quand les ouvertures de la voûte céleste étaient débouchées. Il existait cependant une autre conception selon laquelle la pluie tombait des nuages. Si l'on tient compte de l'état général du savoir à l'Ancien Age babylonien et avant lui, leur représentation donne une description très rationnelle de l'univers.

L'observation était très certainement pratiquée. On observait les levers et les couchers héliaques des astres, avec un intérêt particulier pour les planètes dont les positions étaient relevées non seulement aux moments du lever et du coucher mais aussi à d'autres moments spécifiques, tels que l'opposition (à cette date, une planète parvient à son point le plus élevé dans le ciel nocturne vers minuit). On s'intéressait beaucoup aussi aux mouvements de Jupiter, qui est la planète la plus brillante du ciel nocturne et, dès les temps du roi Ammisaduga (vers 1921-1901 avant J.-C. ou 1646-1626 avant J.-C. selon les auteurs), à Vénus qui apparaît dans le ciel le soir ou tôt le matin; elle est alors encore plus brillante que Jupiter. Bien que nous ne sachions pas avec précision quels instruments d'observation les Babyloniens utilisaient, il est manifeste que ceux-ci comprenaient les cadrans solaires, les horloges hydrauliques et, à l'époque du roi Tukulti-Ninurta Ier (1260-1232 ou 1244-1208 avant J.-C.), un type de mire méridienne servant à déterminer le moment où un astre se trouve au méridien. D'autres phénomènes célestes, tels que les étoiles filantes et les comètes, étaient observés et enregistrés, de même que les éclipses de Soleil et de Lune. Ces observations se faisaient souvent du sommet d'une ziggourat.

Illustration page 60.

On considérait que les étoiles et les planètes, le Soleil et la Lune avaient été placés là par les dieux dans l'intérêt de l'humanité. Ils étaient destinés à répandre la protection des dieux, à donner des indications sur la destinée de la nation et à procurer les éléments de base d'un calendrier, grâce auquel le peuple pourrait régler son agriculture et préparer en temps voulu les différentes fêtes religieuses consacrées à Mardouk et à ses autres dieux. Tout d'abord, les Sumériens pensèrent, comme les Égyptiens, que la durée de l'année était de 360 jours – une glorieuse confirmation de leur système sexagésimal – et ils divisèrent chaque jour en six parties, trois pour le jour et trois pour la nuit. Ces parties étaient de durée inégale puisqu'elles variaient avec les saisons, au cours desquelles, bien entendu, la durée du jour et de la nuit varie. Elles s'avérèrent impropres sur le plan astronomique et, finalement, le jour tout entier fut divisé en douze périodes égales de 30 «gesh» chacune : c'était une autre division qui donnait un total de 360 unités.

L'année de 360 jours avait donc des consonances mathématiques pour les Sumériens, mais elle était aussi liée à un calendrier lunaire ayant une suite régulière de mois de 30 et 29 jours pour coïncider avec le cycle des phases lunaires. Il y avait douze mois, donnant un total de 354 jours, et un mois supplémentaire (intercalaire) était ajouté quand c'était nécessaire pour que l'année continue de coïncider avec les saisons. Le mois intercalaire dut être introduit très tôt, car à Our, pendant la période comprise entre 2294 et 2187 avant J.-C., il était déjà admis que l'introduction de mois intercalaires suivait un cycle de huit ans. Le calendrier babylonien servit de base au calendrier hébreu ainsi qu'aux premiers calendriers grec et romain.

Nous voici parvenus à la dernière période de l'astronomie mésopotamienne. On l'appelle chaldéenne parce que ce fut une dynastie chaldéenne qui gouverna le royaume néo-babylonien pendant les VIIe et VIe siècles avant J.-C. et que, dans les temples, des prêtres chaldéens observèrent le ciel et poursuivirent leur travail scientifique pendant cette période et au-delà, après la conquête perse (VIe siècle au IVe siècle avant J.-C.) et la conquête d'Alexandre le Grand, qui eut lieu en 332-323 avant J.-C. Au cours de la période post-alexandrine, les Chaldéens réalisèrent un immense progrès en appliquant l'analyse mathématique à l'astronomie, d'une façon très différente de celle de leurs contemporains, les Grecs.

Les Chaldéens avaient hérité le zodiaque de leurs prédécesseurs, les Babyloniens de l'Ancien Age, et ils procédèrent à des séries prolongées d'observations, particulièrement de la Lune et des planètes. Contrairement aux Grecs, ils ne formulèrent pas de théorie à propos des planètes; en revanche, ils dressèrent des tables détaillées des mouvements planétaires passés, de telle sorte qu'ils pouvaient «prédire», ou anticiper, leurs mouvements futurs sur de nouvelles tables. Ils y parvinrent en utilisant l'arithmétique pour exprimer les vitesses variables auxquelles les planètes semblent se déplacer dans le ciel. Leur méthode est facile à comprendre en dessinant un diagramme qui montre comment ils figuraient la façon dont le mouvement varierait en fonction du temps. Leurs premières tentatives pour prévoir les mouvements du Soleil, par exemple, étaient basées sur l'hypothèse qu'il avait deux vitesses, l'une plus rapide en hiver et l'autre plus lente en été. Plus tard, entre 181 et 49 avant J.-C., disposant d'une somme plus importante d'observations expérimentales, ils réalisèrent qu'ils avaient trop simplifié la situation. En effet, la vitesse du Soleil dans le ciel ne se modifie que graduellement, comme il apparaît sur le second schéma ci-contre. Une ligne en zigzag représente les changements de vitesse et ce furent ces «fonctions zigzag» que les Chaldéens calculèrent mathématiquement, en utilisant leur arithmétique, pour le Soleil, la Lune et les planètes. C'était un travail nouveau et réellement scientifique, qui ne sera pas repris avant très longtemps sous cette forme en Europe occidentale.

Ce furent aussi les Chaldéens qui contribuèrent à introduire l'astrologie sous la forme qu'elle a gardée de nos jours. C'était une forme dégénérée, d'après laquelle la situation du ciel lors de la naissance était censée indiquer non seulement les caractéristiques personnelles de l'individu, mais aussi son destin futur. Aux temps où tous les hommes croyaient à l'existence de deux mondes – celui des esprits et des dieux qui gouvernent et celui du monde physique –, l'idée que le ciel pouvait dépeindre à grands traits l'attitude des dieux à l'égard du bien-être d'un peuple était tout à fait acceptable. Le fait d'appliquer ces indications générales à tout individu était une extension de cette idée, mais son extrapolation ultérieure vers la prescription du destin futur d'une vie individuelle était d'une validité douteuse. En fait, on peut la qualifier de dégénérée, car elle conduisit à une superstition dénuée de fondement. Néanmoins, vers 410 avant J.-C., il existait des horoscopes retraçant la situation du ciel au moment de la naissance d'un individu et, plus tard, lorsque les Chaldéens furent en mesure de calculer les positions futures des planètes, tout le dispositif de l'astrologie prophétique fut en place. Mais, bien que la Bible et les sources grecques considèrent les Chaldéens comme des magiciens, des astrologues et des devins, une grande partie du développement de l'astrologie utilisant les horoscopes ne fut accomplie que vers le IIIe siècle avant J.-C. et même plus tard, et elle fut réalisée en Égypte, souvent par des Égyptiens d'origine grecque. C'était fausser la situation que de blâmer les seuls Chaldéens pour toutes les pratiques superstitieuses qui découlèrent de l'extension de l'astrologie au niveau individuel. C'était une erreur encore plus grande de méconnaître, comme on l'a fait, leur contribution scienti-

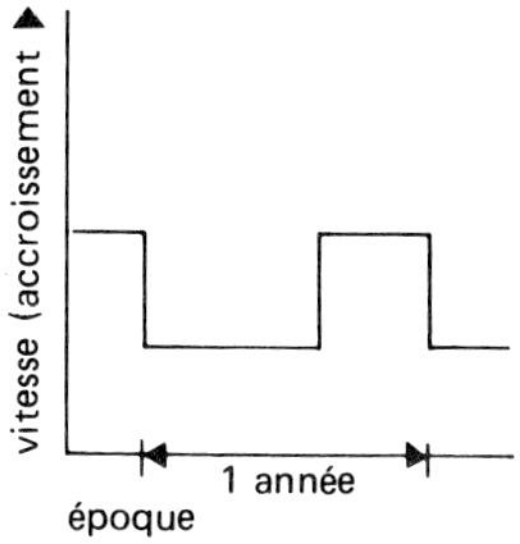

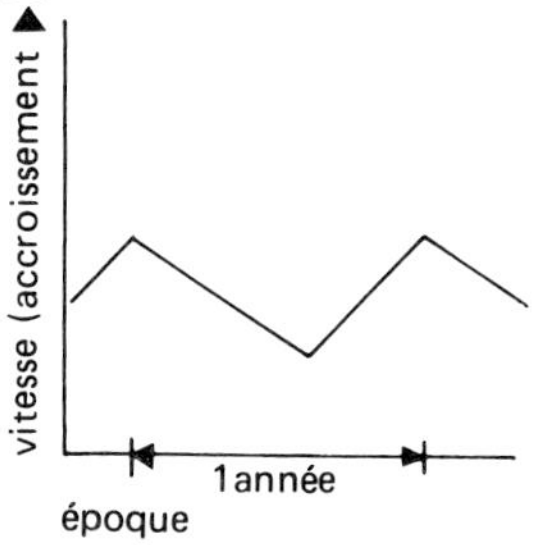

Le déplacement du Soleil dans le ciel; *en haut,* le premier aperçu proposé par les Chaldéens; *dessous,* l'aperçu tel qu'il fut modifié plus tard pour coïncider avec l'observation expérimentale.

Sur l'astrologie de l'Égypte ancienne, voir page 34; sur la contribution de Platon à l'astrologie, voir pages 121-122; et sur le développement islamique de ce sujet, voir page 279.

fique très réelle à l'astronomie. Les véritables réalisations des Chaldéens furent oubliées, jusqu'au jour où les tablettes en cunéiforme traitant d'astronomie et de mathématiques furent découvertes et analysées à notre époque.

L'astronomie en Europe occidentale

On a cru pendant longtemps que les premiers développements de l'astronomie scientifique eurent lieu en Babylonie et, dans l'ensemble, cela paraît exact. Mais des développements s'accomplirent ailleurs, aidés peut-être par des informations qui s'étaient infiltrées, soit en suivant les voies commerciales, soit par le biais de rapports de voyageurs et d'explorateurs. On sait que la Chine, où se développait une grande civilisation intéressée par la science, bénéficia de telles informations, cependant que l'astronomie progressait aussi dans quelques régions d'Europe. Peut-être ces premiers Européens réalisèrent-ils quelque chose dans d'autres branches de la science, mais il semble qu'il n'en subsiste aucune preuve matérielle.

L'exemple le mieux connu de cette période mégalithique, ainsi appelée parce que d'énormes blocs de pierre étaient employés en construction, est Stonehenge. Bien que l'ensemble ait été édifié par étapes au long des siècles, la construction fondamentale était chose faite dès 2800 avant J.-C., l'époque du Néolithique. Les dernières phases de son développement ne furent pas achevées avant 1100 avant J.-C, soit au début de l'âge du bronze. Il est évident que les techniques de construction, utilisant des pierres soigneusement alignées dont la hauteur atteignait 9 mètres et le poids 50 tonnes, ainsi que la pratique de l'entasis, provenaient d'origines indépendantes; mais, ces dernières années, il est devenu tout aussi évident que, loin d'être unique, Stonehenge faisait partie d'une foule de structures mégalithiques qui couvrait la Grande-Bretagne (en particulier l'ouest de l'Écosse) et la Bretagne. On a démontré depuis longtemps que la vieille idée selon laquelle Stonehenge aurait été un temple druidique est sans fondement, mais les archéologues estiment toujours qu'il s'agissait d'un édifice religieux. D'après une hypothèse moins largement partagée, Stonehenge aurait été aussi un observatoire astronomique, conçu pour recueillir des informations destinées au calendrier et, probablement, pour prévoir les éclipses à venir. C'est pourtant une évidence.

L'examen attentif de Stonehenge et d'autres cercles ou

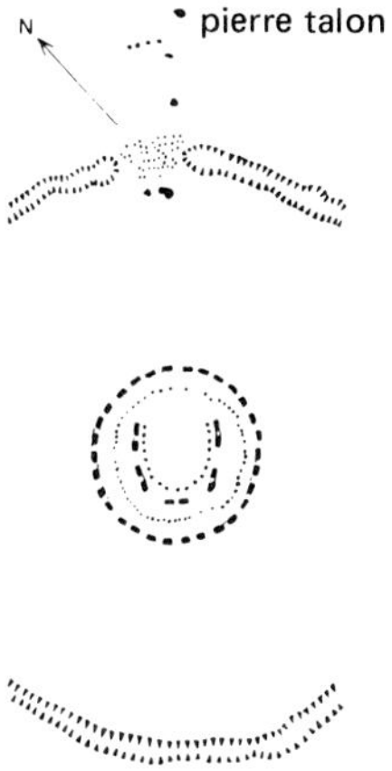

Stonehenge : pour un observateur situé au fond du fer à cheval de pierres le plus central, la pierre talon marque le lever du Soleil au solstice d'été, tandis que les positions relatives de nombreuses autres pierres pouvaient être utilisées pour déterminer le lever et le coucher du Soleil et de la Lune à différentes périodes de l'année.

Page 60, en haut. Vue aérienne de Stonehenge, dans le sud de l'Angleterre. Cet ensemble mégalithique comporte des alignements pour observer les levers et les couchers aux points orientaux et occidentaux extrêmes de l'horizon.

En bas à gauche. Tablette babylonienne en cunéiforme portant des informations détaillées sur les apparitions de la planète Vénus. IIe millénaire avant J.-C. British Museum, Londres.

En bas à droite. Alignements de pierres dressées à Carnac, en Bretagne. Cet ensemble est le plus vaste des nombreux sites mégalithiques d'Europe occidentale où l'on pouvait se livrer à des observations astronomiques très précises.

anneaux de pierres et l'analyse statistique approfondie des résultats laissent peu de doute sur le fait qu'ils furent en fait des observatoires astronomiques, conçus et bâtis sur la base de l'expérience, pour répondre à la nécessité d'observer les levers et les couchers du Soleil et de la Lune, afin de déterminer un calendrier saisonnier. Ils étaient nécessaires car, sous les latitudes où ils sont situés, les levers et les couchers héliaques ne peuvent être observés de façon aussi satisfaisante qu'ils le sont en Égypte ou en Mésopotamie. Sous les latitudes plus hautes, le Soleil et la Lune ne plongent pas aussi vite derrière l'horizon, ni ne se lèvent aussi rapidement. Lorsqu'ils se couchent ou qu'ils se lèvent, leurs courses apparentes sont plus obliques, avec cette conséquence que les turbulences de l'air et d'autres facteurs rendent plus difficile de déterminer le moment où ils disparaissent ou réapparaissent, une difficulté qu'accroît encore le crépuscule de plus longue durée sous ces latitudes. Bien entendu, le crépuscule n'affecte pas les observations des levers et des couchers du Soleil et de la Lune, mais il rend pratiquement impossible l'observation des étoiles et des planètes au niveau de l'horizon.

L'anneau de pierres permet de surmonter ce problème en utilisant uniquement le Soleil et la Lune comme indicateurs pour le calendrier, et en observant les points de leurs levers les plus et les moins orientaux et les points occidentaux équivalents de leurs couchers. En été, les jours allongent et le Soleil se lève à des points situés plus au nord sur l'horizon oriental et se couche à des points également situés plus au nord sur l'horizon occidental. Au solstice d'été, le jour le plus long de l'année, le Soleil atteint ses points de lever et de coucher les plus septentrionaux. En hiver, l'inverse se produit et, au solstice d'hiver, ses points de lever et de coucher atteignent leur limite méridionale. Ces points extrêmes peuvent être observés en utilisant des repères fichés verticalement dans le sol, de telle façon que les points de lever et de coucher les plus septentrionaux et les plus méridionaux puissent être déterminés par les positions des deux repères. Un accident naturel de terrain à l'horizon – une déclivité entre deux flancs de montagne escarpés, par exemple – était parfois utilisé comme l'un des repères, si bien qu'il suffisait d'édifier un seul repère de pierre; on connaît quantité d'exemples de ce type. Bien entendu, on utilisait principalement des pierres parce qu'elles résistaient mieux que n'importe quel autre matériau naturel au climat humide.

Il est hors de doute qu'une longue expérience précéda l'idée de dresser des observatoires sous forme d'anneaux de pierres et c'est certainement aussi une longue expérience qui conduisit à édifier des repères spéciaux pour la Lune, car il était devenu évident, après des siècles d'observation, que les éclipses se produisaient seulement quand le Soleil et la Lune se trouvaient dans certaines positions l'un par rapport à l'autre. Vu la disposition complexe de l'un de ces cercles de pierres à Stonehenge, il est par ailleurs possible qu'il ait été, entre autres choses, un «calculateur d'éclipses», bien qu'il eût été construit par un peuple qui n'avait en fait pas de langue écrite. Cependant, nous devons nous garder de déclarations trop catégoriques quant à la somme de connaissances – infime ou considérable – que détenaient les constructeurs de cercles de pierres. On a trouvé sur certaines pierres des signes non encore déchiffrés, et il existe des preuves que ces hommes aient pu avoir un calendrier saisonnier de 365 jours, divisé en seize «mois» solaires. Il est sûr que les cercles de pierres, les tombes et les poteries qu'ils ont laissés prouvent qu'il s'agissait là d'une civilisation qui mérite une étude plus approfondie.

Illustration page 60.

On a dit aussi que, pour construire tous les cercles de pierres sur une contrée en fait très étendue, ces constructeurs utilisèrent une mesure standard, le mètre mégalithique. On discute actuellement de l'existence possible de cet étalon, supposé être de 0,829 mètre, mais des arguments statistiques et autres confèrent à son existence une probabilité croissante. Ainsi, il se peut que nous soyons là devant une civilisation qui atteignit au moins le stade où elle était capable d'établir un système organisé d'unités de mesure.

La civilisation méso-américaine ancienne

Pendant une partie de la période qui vit s'épanouir les civilisations égyptienne et babylonienne, d'autres civilisations se développaient en Méso-Amérique, c'est-à-dire l'aire géographique du Mexique actuel et quelques régions adjacentes, situées plus au sud. L'origine des peuples qui créèrent ces civilisations est obscure; il semble que, partis du nord-est de la Sibérie, quelques groupes de chasseurs mongols traversèrent le détroit de Béring, en utilisant peut-être un pont de terre qui existait alors. On ignore à quelle époque cette migration se produisit mais on a la preuve que, vers 11000 avant J.-C., ces groupes avaient occupé la majeure partie du Nouveau Monde au sud de la calotte glaciaire qui couvrait le nord de l'Amérique du Nord. Toutefois, il se peut que des migrations aient eu lieu beaucoup plus tôt : une pointe taillée dans l'obsidienne (une roche volcanique vitreuse) trouvée près de Pueblo, au Mexique, a été datée de 21800 avant J.-C. au carbone 14. Le climat se réchauffa aux alentours de 7000 avant J.-C. et, vers 6500 avant J.-C., une agriculture naissante était pratiquée dans la vallée de Tehuacán, en Méso-Amérique; on y faisait pousser du maïs, des haricots et des piments, de même que des courgettes (une plante de la famille de la courge, qui peut être utilisée comme légume et comme aliment pour le bétail). Entre 5000 et 3500 avant J.-C., des espèces mutantes de maïs, pourvues de téguments, étaient cultivées parallèlement aux espèces sauvages. On a trouvé dans ces régions des poteries datant de 2300 avant J.-C., dont il est possible qu'elles se répandirent vers le nord-ouest, à partir de la Colombie et de l'Équateur. La domestication d'animaux fut relativement tardive; vers 1500 avant J.-C., seul le chien était domestiqué. Les progrès furent lents, et les années 1500 à 900 avant J.-C. sont appelées «Période de formation» de cette région.

Les hautes terres mexicaines étaient arides, mais les basses terres plus hospitalières, en particulier dans la zone proche des rivages du Pacifique, près du Chiapas et du Guatemala. Il y avait là une civilisation rurale qui réalisa des statuettes féminines en poterie extrêmement élaborées, d'après lesquelles il est fort probable que, à cette époque, ces hommes étaient capables de pratiquer des accouchements par césarienne. Mais nous nous intéresserons surtout à la civilisation olmèque, qui existait à la même époque que cette civilisation rurale, et dura jusque pendant la «Période moyenne de formation», de 900 à 300 avant J.-C.

Les Olmèques occupaient les basses terres humides de l'autre côté de l'isthme de la Méso-Amérique, donnant sur le golfe du Mexique, près de l'actuel Veracruz et s'étendant vers l'ouest, aussi loin que le Tabasco. Dans la région de San Lorenzo, sur un plateau resserré, une communauté fondée sur la propriété terrienne prit le contrôle des terres environnantes, où les pluies étaient abondantes, et dont le sol alluvial était fertile, une zone que l'on a qualifiée d'«équivalent écologique du Croissant fertile de Mésopotamie». C'est là qu'ils bâtirent une ville qui comprenait des maisons d'habitation et un grand centre destiné aux cérémonies. Mais l'aspect de cette civilisation qui a le plus captivé l'imagination populaire est sa sculpture, et surtout les têtes énormes qu'elle produisit. Ces têtes, qui pèsent 44 tonnes, sont en basalte, un matériau probablement trouvé dans les coulées de lave des montagnes de Cerro Cintepec, à quelque 80 kilomètres au nord-ouest.

Remarquables par leurs dimensions, les têtes olmèques sont également uniques pour une autre raison : toutes représentent des hommes arborant ce qui ressemble à un casque de football américain. Plus surprenant encore, c'est exactement ce qu'elles devaient être : des têtes de joueurs pourvus d'un couvre-chef protecteur, car les Olmèques pratiquaient un jeu de ballon national rapide qui exigeait des vêtements de protection. On y jouait en utilisant un gros ballon de caoutchouc, dont le matériau provenait de l'hévéa. Plus tard, ce caoutchouc fut également utilisé pour faire des vêtements, et adopté en médecine comme le matériau idéal pour confectionner des emplâtres. Au XVIIe siècle après J.-C., les Espagnols relatèrent qu'ils l'avaient vu mouler sur des gabarits de terre cuite pour fabriquer des chaussures et des bottes, mais on ignore à quelle époque remontent ces pratiques. Est-ce les Olmèques qui étendirent l'usage du caoutchouc? Nous sommes réduits à des conjectures.

Entre 800 et 400 avant J.-C., le centre olmèque le plus important était situé à La Venta, dans le Tabasco (au sud-ouest de l'actuelle Tonala). A cette époque, les Olmèques réalisaient des sépultures très élaborées; dans le centre de La Venta se trouve une vaste motte artificielle, faite de terre et d'argile et haute d'une trentaine de mètres, qui abrite peut-être un tombeau, tandis qu'au nord de cette zone, quelques tombes ont effectivement été fouillées, dont l'une contenait les restes de deux enfants, entourés de magnifiques ornements de jade. A cette époque aussi, la poterie était plus élaborée et un certain nombre de comptoirs commerciaux étaient en place qui importaient le jade, le minerai de fer, le cinabre (le principal minerai de mercure), la serpentine et d'autres marchandises, mais les usages précis que les Olmèques faisaient de tous ces matériaux ne sont pas clairs. De même n'y a-t-il aucune preuve certaine de l'existence d'une science théorique chez les Olmèques, si tant est qu'ils en eurent une. Comme d'autres cultures primitives, ils avaient un panthéon de dieux, bien que les leurs eussent une apparence qui tenait pour moitié de l'homme, pour l'autre du jaguar. Certains dieux s'occupaient des phénomènes du monde naturel qui comptent tant pour la vie quotidienne; c'étaient les dieux du feu, de la pluie et celui qui veillait à la croissance du maïs, la culture principale. Mais il s'agit là tout au plus d'une extension de l'adoration primitive de la Nature. Cependant, les fouilles archéologiques ont mis au jour un fait intéressant : la présence d'un type de colliers, faits de petits miroirs concaves en fer, dont tous sont percés d'un trou au milieu. L'existence même de tels miroirs doit signifier que la réflexion était partiellement connue et que les miroirs ardents l'étaient probablement aussi. Mais à quels autres usages avaient-ils bien pu servir?

En traçant le développement de la civilisation et d'une science éventuelle en Méso-Amérique, il convient de rappeler que, dans cette zone, le développement se fit de façon discontinue et dispersée; des civilisations s'épanouissaient dans certaines régions, tandis que d'autres demeuraient primitives. Pendant l'époque de la civilisation olmèque, il y avait encore quantité de villages qu'aucune civilisation évoluée n'avait jamais effleurés. Mais cela ne doit pas nous surprendre : le Vieux Monde a connu une situation similaire. Alors que les civilisations méditerranéennes fleurissaient à l'âge du bronze, la plus grande partie de l'Europe demeurait à la frange de la barbarie néolithique. Et, tout comme en Occident l'Europe fut infiniment redevable aux premières civilisations méditerranéennes, de même en Méso-Amérique toutes les civilisations ultérieures durent beaucoup aux Olmèques. Ce fut le cas d'Izapán – où l'on façonna des objets d'une rare beauté, et dont les rites religieux étaient relevés par l'usage de champignons hallucinogènes –, et de deux civilisations qui nous retiendront plus longtemps, en raison de leur intérêt scientifique : celle des Zapotèques et celle des Mayas.

Le centre de la civilisation zapotèque, qui recouvrit la civilisation olmèque dans les années postérieures à 800 avant J.-C., était à Monte Albán, une suite ininterrompue de collines, proches d'Oaxaca, au sud de l'aire qu'occupaient les Olmèques. L'intérêt que présentent les Zapotèques tient aux hiéroglyphes (ou plus exactement aux «glyphes»), et aux reliefs qu'ils sculptaient sur des dalles de grès entourant une vaste cour sur la *plaza* principale. Ces sculptures sont connues sous le nom de *danzantes,* car elles semblent représenter des figures humaines dans des postures propres à la danse, et témoignent clairement d'une étude des mouvements humains, tandis que les glyphes sont de toute évidence une écriture. L'écriture elle-même apparaît sur divers sites zapotèques, et elle décrit aussi un calendrier cyclique de cinquante-deux ans, où les jours et les mois sont exprimés par un système de chiffres représentés par des barres et des traits. Ce cycle de cinquante-deux ans, ou «Retour du calendrier», fut adopté parce que après 52 répétitions du calendrier de 365 jours, un jour spécifique occupe à nouveau la même position dans l'année. Nous voici donc, une fois de plus, devant ce qui semble être un calendrier sophistiqué qui, comme celui des Égyptiens, dut être admirable du point de vue administratif, et prouve une claire connaissance du fait que la période de 365 jours n'est pas exacte. Ce fut le premier calendrier écrit de Méso-Amérique et il fut adopté par les Mayas.

La civilisation maya

Les débuts de la civilisation maya, qui remontent à 300 avant J.-C. environ, se situèrent dans la partie méridionale de leur pays, près de Seibal et d'Altar de Sacrificios; il est possible que les Mayas aient été à l'origine des Olmèques qui avaient émigré après l'effondrement de San Lorenzo, vers 900 avant J.-C. Plus tard, les Mayas se répandirent sur toute la péninsule du Yucatán, et créèrent la plus grande civilisation du Nouveau Monde, qui dura de 100 avant J.-C. environ, jusqu'à son effondrement à la fin du IXe siècle de notre ère.

Très tôt au cours de son développement, certains traits apparurent et, à l'époque «protoclassique maya», à partir de 100 après J.-C., ils s'affirmèrent plus nettement. Ainsi, leur architecture, qui atteignit rapidement un niveau élevé, avait des caractéristiques spécifiques : ils construisaient de grands temples à terrasses, en utilisant un noyau de maçonnerie cimentée et revêtue d'épaisses couches de plâtre; les édifices terminés formaient de gigantesques pyramides à degrés. Comme les ziggourats mésopotamiennes, ces pyramides portaient un temple à leur sommet et leur vaste escalier était bordé de chaque côté par des masques figurant les dieux. La plus grande ville maya – ce fut aussi la plus grande ville de Méso-Amérique jusqu'à l'époque de la conquête espagnole – était Teotihuacán, dont le plan initial comprenait quatre zones, séparées par deux grandes avenues. A l'apogée de son développement (vers la fin du VIe siècle ap. J.-C.), sa population dépassait 150 000 habitants, et le temple et ses dépendances étaient couronnés par une pyramide à degrés qui n'avait pas moins de 60 mètres de haut.

Une autre ville maya remarquable de l'époque «classique tardif» (600 à 900 après J.-C.) était Palenque, dont on a dit qu'elle fut le plus beau de tous les sites mayas, avec ses gracieux temples en forme de pyramide et ses palais aux toits en mansarde, embellis de sculptures qui représentaient des dieux, des souverains et des cérémonies. Son édifice principal, le «palais», comprenait non seulement un vaste réseau de galeries, mais aussi une haute tour de quatre étages, qui a pu être à la fois un poste de guet et un observatoire.

L'image que les Mayas se faisaient de l'univers était en même temps conservatrice et primitive. Le monde comprenait quatre «directions», dont chacune était associée à une couleur et à un arbre portant un oiseau perché à son sommet. Les directions émanaient du «grand arbre d'abondance», situé au centre du monde, et l'on y parvenait par des routes, peut-être les pendants des chaussées de pierre trouvées sur quelques sites mayas. Les cieux s'étageaient en treize couches et le monde souterrain, associé au jaguar, en comprenait neuf. La Terre elle-même était considérée comme le dos d'un lézard géant ou d'un crocodile, étendu dans un grand étang parmi les nénuphars et les poissons, une description pittoresque mais guère scientifique de l'isthme où vivaient les Mayas. Leur classe gouvernante, dont tous les membres étaient sensiblement plus grands que les paysans qui les servaient, était censée avoir été créée séparément.

On adorait les ancêtres et, comme en Égypte, on prodiguait une grande attention aux souverains décédés, dont on pensait qu'ils descendaient des dieux, et il est possible qu'il y ait eu un clergé héréditaire. Toutefois, en dépit d'affirmations contraires, la religion maya avait indéniablement un côté sinistre et macabre. Les Mayas pratiquaient l'automutilation et les sacrifices humains, des sacrifices auxquels on procédait en usant de la torture, suivie d'une décapitation, ou en extrayant le cœur de la victime encore en vie.

Les nombres et le calendrier mayas

La Lune, le Soleil et Vénus étaient soigneusement observés à des fins astrologiques. Toutefois, les Mayas avaient des calendriers élaborés et, à partir de 300 après J.-C., ils étaient en mesure d'enregistrer les événements astronomiques et historiques en utilisant un système de glyphes qu'ils développèrent bientôt, et dont ils firent un instrument très souple pour exprimer des mots et des phrases.

Illustration page 73.

Chez les Mayas, le calcul était beaucoup plus avancé que dans n'importe quel autre territoire de Méso-Amérique; il semble qu'il ait débuté en 300 ou en 200 avant J.-C. et il était bien développé à l'époque «classique» de la civilisation maya, au IIIe siècle après J.-C. Ils utilisaient le système vigésimal, avec 20 pour unité. Ainsi, ils désignaient le nombre 41 par l'expression «un dans la troisième vingtaine» parce qu'il contient deux vingtaines (c'est-à-dire 40) plus un. De même, 379 était exprimé par «dix-neuf dans la dix-neuvième vingtaine» (c'est-à-dire 19 + [18 × 20] ou 19 + 360). Cependant, les Mayas avaient aussi une seconde manière de voir les choses, encore plus proche de notre système, d'après laquelle 41 était «deux vingtaines plus un», au lieu de «un dans la troisième vingtaine», et 51 «deux vingtaines et onze», plutôt que «onze dans la troisième vingtaine». Tout comme nous avons des noms pour les chiffres 1 à 10, les Mayas en avaient pour les vingt premiers nombres. Pour décrire des nombres relativement bas, ils utilisaient des symboles fondés sur le bâton incisé d'encoches ou sur le comptage à l'aide des doigts, mais des symboles spéciaux furent introduits pour les chiffres plus élevés.

Les Mayas ne nous ont pas laissé de traité de mathématiques et il semble qu'ils n'aient pas eu non plus de théories astronomiques ; nous n'avons même pas le moindre indice sur les méthodes qu'ils utilisaient en astronomie. Aussi sommes-nous probablement dans le vrai si nous disons qu'ils n'élaborèrent pas une astronomie scientifique ni des mathématiques formelles, bien que, naturellement, ils durent utiliser leur système numérique pour le commerce et l'administration. Cependant, la numération maya est parvenue jusqu'à nous à travers deux contextes astronomiques pratiques : l'établissement de calendriers et leur intérêt pour les éclipses.

Les calendriers mayas sont le fondement de tous les calculs de dates ultérieurs en Méso-Amérique mais eux-mêmes se fondèrent sur le «Retour du calendrier» des Olmèques, à savoir une année de 365 jours, associée à un cycle de cinquante-deux ans. Cependant, les Mayas avaient aussi un «Calcul des jours», parfois désigné aujourd'hui sous le nom de «tzolkin»; c'était une période de 260 jours, basée sur l'engrenage de deux cycles plus courts, l'un de 13 jours, la «treizaine», et l'autre de 20 jours, la «vingtaine». Ce calendrier de 260 jours était essentiellement utilisé pour la divination, les 20 jours de la «vingtaine», tous pourvus d'un nom spécifique, étant considérés comme liés au destin, d'une façon ou d'une autre.

Le calendrier de 365 jours était divisé en dix-huit mois de 20 jours chacun et les 5 jours restants étaient qualifiés de «jours de mauvais augure». Évidemment, une telle année civile n'était pas exacte, puisqu'elle n'incluait pas le quart de jour supplémentaire qui l'aurait maintenue en accord avec les saisons, et les Mayas la laissaient se décaler; pour faire coïncider à nouveau le calendrier et les saisons, le circuit complet aurait dû comprendre 29 «Retours de calendrier», soit un total de 1508 années civiles (29 × 52 années).

Les Mayas avaient aussi un calendrier lunaire qui courait parallèlement au tzolkin et à l'année civile. Sur ce calendrier lunaire, les jours étaient comptés en fonction de l'âge de la Lune (c'est-à-dire de sa phase) et les demi-années lunaires étaient comptées comme les années entières. Les Mayas avaient aussi un cycle lunaire spécial, relatif à la prévision des éclipses de Soleil, qui dut être fondé sur la seule expérience puisque les Mayas ne disposaient pas d'une astronomie théorique pour calculer ces événements spectaculaires. L'expérience cependant leur aura appris qu'après certaines périodes de temps (mesurées en mois lunaires), associées à un cycle fondé sur les phases de la Lune et relié au tzolkin, l'on pouvait s'attendre à la survenue d'éclipses de Soleil. Ils parvinrent ainsi à un cycle de 405 mois lunaires (11960 jours), ou 46 tzolkins, qui fut divisé en périodes de cinq et six mois lunaires.

Illustration page 74.

Les Mayas se livrèrent à deux autres calculs intéressants relatifs au calendrier : les cycles de Vénus et une méthode qu'ils mirent au point pour exprimer les longues périodes de temps. Vénus brille d'un tel éclat dans le ciel, le soir et avant l'aube, qu'il n'est pas étonnant qu'elle ait fait l'objet d'une attention particulière, spécialement chez un peuple qui s'intéressait davantage à l'astrologie qu'à l'astronomie proprement dite. Les Mayas donc observèrent Vénus et enregistrèrent les cycles réguliers de ses apparitions; en termes modernes, ils mesurèrent sa période «synodique», autrement dit le temps qui s'écoule entre son apparition à un point précis dans le ciel (son premier lever héliaque) et son apparition suivante au même point. Ils trouvèrent que cette période était de 584 jours (l'estimation actuelle est de 583,92 jours) et, de là, ils élaborèrent un cycle de 2 920 jours – un chiffre qui est égal à 8 × 365 jours et 5 × 584 jours –, reliant ainsi leur année à la période synodique de la planète. Ils avaient une période encore plus étendue, un «grand cycle» de 37960 jours, qui intégrait tous les autres cycles : le tzolkin, le calendrier de 365 jours et la période synodique de Vénus.

Sur le calendrier chinois et ses cycles exceptionnellement longs, voir page 206.

On ne saurait donc douter désormais de l'intérêt des Mayas pour les longs cycles de temps, une caractéristique propre à beaucoup d'inventeurs de calendriers. Cela signifie, bien sûr, qu'ils avaient à traiter de longues périodes de temps et que, s'intéressant à l'histoire et à des événements historiques tels qu'ils les connaissaient, ils réalisèrent qu'ils avaient besoin d'un meilleur moyen de calculer le temps qu'en utilisant des années et des divisions d'années ce qui, avec tant de calculs calendaires en usage, pouvait conduire à des ambiguïtés et même à la confusion. Ils imaginèrent alors un comptage à long terme des jours, qui fut censé débuter quelque part au cours du troisième millénaire avant J.-C., et, à partir de là, ils comptèrent les jours les uns après les autres sans discontinuer. C'est un excellent système pour dater les événements astronomiques et historiques passés et cette intuition pénétrante est tout à l'honneur des Mayas. Un système semblable, appelé «Ère, ou période julienne» fut inventé en Europe occidentale par Joseph Scaliger en 1583, pas moins de six siècles après l'invention maya.

Les dernières civilisations de Méso-Amérique

Vers la fin du IXe siècle après J.-C., la civilisation maya dégénéra, mais d'autres civilisations surgirent et la remplacèrent; toutes lui étaient redevables à un degré plus ou moins grand. Une de ces civilisations fut celle des Toltèques, qui s'épanouit probablement entre 900 et 1519 après J.-C. Elle relevait du néolithique tardif, car l'usage des métaux se limitait encore à la fabrication d'ornements et, fait intéressant, elle ignorait celui des animaux de trait ; tous les travaux de force étaient accomplis par l'homme. Néanmoins, les Toltèques avaient une agriculture très productive; le maïs était leur source principale de protéines et la gamme étendue des produits secondaires comprenait tomates, piments, coton, tabac, cacao, ananas, arachides, avocats et manioc. Dans les basses terres, ils pratiquaient sans difficulté une culture intensive, mais sur les hautes terres, ils durent entreprendre la culture extensive en terrasses, l'irrigation et l'assèchement de marais, un ensemble de mesures nécessaires pour pouvoir nourrir une population très dense.

Cependant, si les Toltèques ne disposaient que d'une technique fondée sur la pierre, ils étaient néanmoins capables d'écrire sur de l'écorce d'opuntia, ou figuier de Barbarie; en effet, il existe des enregistrements d'observations astronomiques, faites à des fins astrologiques. Ils avaient aussi un calendrier de 260 jours et un autre de 365 jours qui, vraisemblablement, venaient tous deux des calendriers mayas; leur univers à niveaux multiples était quant à lui incontestablement maya. Il semble qu'ils aient été un peuple profondément religieux, du moins si on les juge d'après l'art et l'architecture de leur pays. Mais les historiens ne sont pas encore certains de l'existence d'une civilisation toltèque originale et distincte à cette époque. L'histoire des Toltèques, telle qu'elle se présente, est si pétrie de magie et de mythe qu'il se peut qu'elle ne soit qu'une fabrication postérieure. Toutefois, l'archéologie apporte la preuve de l'existence d'un Empire, quel qu'il ait été, à cette époque et dans cette région.

Les Toltèques mis à part, la grande civilisation qui suivit celle des Mayas en Méso-Amérique fut celle des Aztèques. Croyant être le peuple élu du dieu du soleil, Huitzilopochtli ou Tonatiuh, cette pauvre tribu nomade des territoires du Nord fut conduite par un prêtre-magicien dans le bassin de Mexico et s'établit sur un groupe d'îles du lac Texcoco. De là, au cours du XIVe siècle après J.-C., ils essaimèrent jusqu'à peupler une grande partie du Mexique.

Une bonne proportion du territoire aztèque était montagneuse et soumise à l'érosion, et le quart des plaines qu'ils occupaient se composait de chapelets de lacs aux rives détrempées. En dépit de ces désavantages, ils firent de la culture intensive, en employant des engrais végétaux et animaux et en exploitant les techniques de la culture en terrasses et de l'assèchement; grâce à cette dernière, ils réussirent à coloniser des lacs qu'ils transformèrent en terres extrêmement fertiles. Ils utilisaient des couteaux d'obsidienne – une roche volcanique vitreuse qu'ils se procuraient vraisemblablement dans la région du Popocatepetl –, des meules en basalte, et ils extrayaient du sel du lac Texcoco. Cependant, en dépit de leur agriculture intensive, il y avait quantité de produits qu'ils ne pouvaient obtenir : tabac, caoutchouc, coton, papier, légumes et fruits tropicaux, cacao, miel; ils se les procurèrent par la conquête, de même que des marchandises précieuses, telles que jade et turquoises.

La sinistre religion aztèque était centrée sur la croyance que le Soleil devait être nourri, sous peine de disparaître du ciel. Elle exigeait le sacrifice du sang et du cœur vivant d'individus et de tels sacrifices représentaient la partie la plus importante du rituel. Le rôle de l'homme sur la Terre était de combattre et de mourir pour les dieux, pour préserver l'ordre du monde, et la vie dépendait de l'accomplissement de ce rôle par les hommes. La magie noire dominait la vie quotidienne, bien que la sorcellerie fût interdite et punie de mort.

La civilisation aztèque n'apparaît guère séduisante, mais

A gauche. Le Caracol, ou observatoire de Chichén Itzá, au Mexique. Les ouvertures pratiquées dans les murs sont orientées pour permettre l'observation du Soleil, de la Lune et des étoiles. L'édifice date de l'époque maya.

Ci-dessous. La «pierre du soleil» aztèque, utilisée pour régler le calendrier; son diamètre est de 3,7 mètres. Les sculptures représentent les mouvements cycliques des corps célestes. Museo nacional de Antropologia, Mexico.

A droite. Détail du «calendrier de Vénus», du manuscrit maya connu sous le nom de Codex de Dresde. Ses hiéroglyphes et ses illustrations traitent de prévisions astrologiques liées aux levers héliaques de Vénus. Sächsische Landesbibliothek, Dresde.

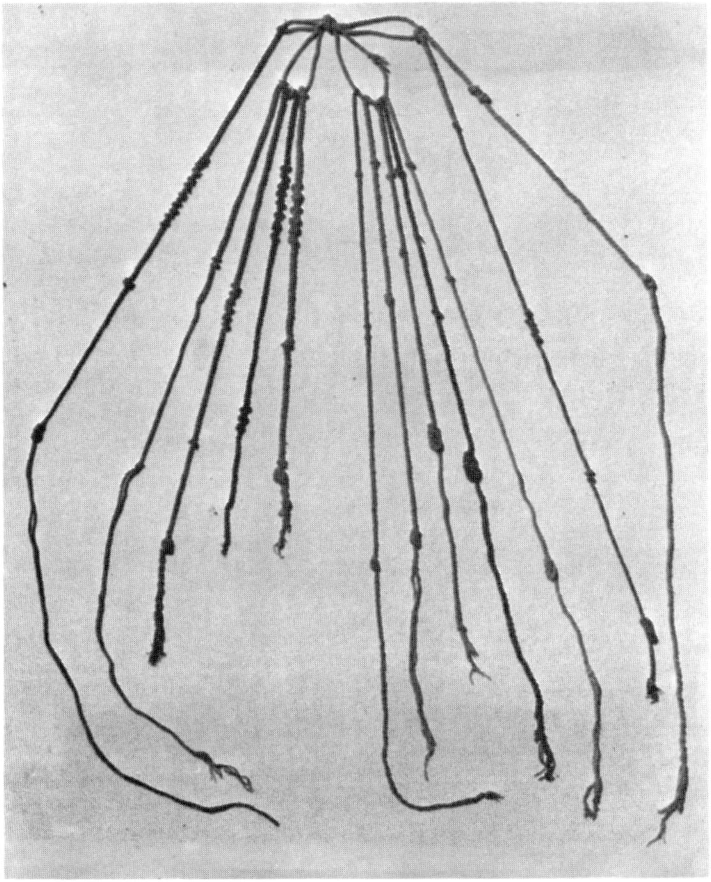

A droite. Un *quipu* inca, provenant du Pérou. Ces cordelettes à nœuds, utilisées pour les comptes et calculs, servaient aussi d'instruments mnémoniques pour les événements historiques, les légendes et toutes sortes d'enregistrements. American Museum of Natural History, New York.

elle apporta l'unité politique au Mexique et ses prêtres s'efforcèrent de rationaliser une vaste collection de dieux et une grande variété de cultes. Dans leur étude de la Nature, cependant, il semble que les Aztèques n'aient apporté aucune contribution nouvelle. Ils préservaient le calendrier maya, en accordant une importance particulière au tzolkin de 260 jours, et faisaient grand cas de leur corps médical qui souscrivait à la croyance mésopotamienne, vieille de trois millénaires, selon laquelle les maladies sont provoquées par les dieux; les traitements médicaux étaient donc des palliatifs jusqu'à ce que les dieux appropriés puissent être persuadés de procéder eux-mêmes à la guérison. Les lueurs de science qui avaient surgi dans les civilisations olmèque et maya étaient éteintes.

Illustration page 73.

La civilisation de l'Amérique du Sud

Tandis que les établissements primitifs pratiquant une forme d'agriculture débutaient en Méso-Amérique, les Indiens d'Amérique du Sud s'installaient dans la partie des Andes qu'occupent aujourd'hui le Chili et le Pérou. Les premiers établissements côtiers furent fondés autour de 3500 avant J.-C. par des peuples qui pêchaient dans la mer au moyen de filets, d'hameçons et de lignes, et cultivaient le haricot, la courgette, le coton et le piment. A partir d'une époque comprise entre 2100 et 1800 avant J.-C., ils fabriquèrent de la poterie et pratiquèrent le tissage. Les débuts de la civilisation de Chavin, dont les vestiges ont été trouvés à Chavin de Huántar, se situent dans une période comprise entre 1400 et 1000 avant J.-C. On a trouvé des temples dotés de terrasses de pierre et de murs maçonnés, formés de lits horizontaux réguliers. Ils étaient alvéolés de galeries à différents niveaux et ventilés par des cheminées. C'étaient des lieux de cérémonie et ils témoignent des très vives dispositions des constructeurs pour la sculpture; dans l'un deux, un rayon de lumière naturelle éclaire un bas-relief, sculpté dans le granit, blanc et haut de quelque 4,6 mètres; ce «dieu souriant», qui a la forme d'une figure humaine, des serpents en guise de cheveux et d'énormes crocs plantés dans la mâchoire supérieure, inspire toujours la terreur.

Les successeurs de la civilisation de Chavin furent les Huari et les Tiahuanaco, beaucoup plus tardifs, qui nous amènent à la période comprise entre 200 avant J.-C. et 1000 après J.-C.

Toutefois, avant qu'ils ne disparaissent, la civilisation inca, la plus grande civilisation de l'Amérique du Sud précolombienne, existait déjà. Dès ses stades les plus reculés, elle se signala par quelques caractéristiques remarquables : un motif félin largement utilisé en décoration et un travail du métal très diversifié qui comprenait le brasage et la soudure de l'or finement martelé, des ornements de cuivre, des pointes de lance, le façonnage de l'argent et la préparation d'alliages. Le moulage à la cire perdue était aussi connu. Vers 600 après J.-C., la momification était pratiquée et, deux siècles plus tard, les Incas avaient développé une civilisation à la technologie avancée. Ils pratiquaient l'irrigation et l'aménagement des eaux sur une échelle plus étendue que leurs prédécesseurs; ils inventèrent une méthode de construction en maçonnerie sans mortier, utilisèrent la pince à levier et d'autres outils de métal et avaient une balance à fléau pour peser. Cependant, en dépit de ces prouesses mécaniques, jamais ils ne s'intéressèrent aux principes impliqués; toute invention était la solution d'un problème particulier et non une invitation à formuler une science de la mécanique.

Les Incas avaient des unités de poids et mesures fondées sur les parties du corps humain, comme ce fut le cas pour toutes les mesures anciennes; les leurs étaient donc l'empan et la brasse (les bras étendus) et des baguettes à ces dimensions étaient utilisées pour arpenter le sol. Pour les distances, il y avait le pas et le «topo», qui faisait 6 000 pas (7,2 kilomètres); le topo était très employé pour leur vaste réseau routier qui, au XVe siècle, comprenait deux routes principales, l'une côtière de 3 600 kilomètres de long environ, et l'autre d'une longueur identique, courant à l'intérieur des terres le long des Andes. Ces routes n'étaient destinées qu'aux voyageurs à pied et aux bêtes de somme, puisque les Incas ne connaissaient pas les véhicules à roues.

Comme d'autres civilisations de la Méso-Amérique, les Incas pratiquaient les sacrifices animaux et humains; ces derniers étaient accomplis surtout lors de désastres nationaux tels que les famines et les épidémies mais, semble-t-il, sans la cruauté dont ils étaient assortis chez les Mayas et les Aztèques; il était important pour les Incas qu'un sacrifice humain fût accompli sans souillure. Le Soleil était adoré, de même que les autres corps célestes. L'argent était désigné comme «les larmes de la Lune» et, dans la constellation d'étoiles que nous appelons la Lyre, les Incas voyaient un lama dont ils invoquaient la protection en toute occasion. Le calendrier inca, dont beaucoup d'éléments restent à découvrir, était étroitement lié au culte et à l'agriculture. Néanmoins, on estime actuellement que les Incas avaient un calendrier lunaire et un autre calendrier fondé sur les saisons. La façon dont ces deux calendriers étaient reliés n'est pas claire mais, dans une région inca au moins, chaque troisième année tropique était complétée par un treizième mois du calendrier lunaire, un système qui faisait que le calendrier lunaire coïncidait presque avec le calendrier saisonnier. L'année tropique comprenait douze mois, dont chacun avait trois semaines de 10 jours, auxquels étaient ajoutés 5 jours pour les cérémonies religieuses incas les plus importantes, ce qui faisait un total de 365 jours. L'année commençait au solstice d'été, qui tombait en décembre puisque les Andes sont situées dans l'hémisphère Sud. Les observations pour déterminer le solstice se faisaient sur une terrasse érigée au milieu de la grande place de Cuzco, à l'aide de repères disposés à l'avance.

Les Incas inventèrent aussi le *quipu,* un appareil servant à compter qui est toujours en usage dans certaines régions des Andes. Il se compose d'une corde principale à laquelle est suspendu un certain nombre de cordelettes (généralement 48) de couleurs différentes. Des nœuds pratiqués sur les cordelettes libres désignent des chiffres; un nœud plus éloigné de la corde principale désigne les unités, un nœud plus proche les dizaines, etc. L'absence de nœuds signifie zéro. C'était un instrument simple, utile pour compter mais incommode pour calculer.

Illustration page 74.

Conclusion

Nous avons vu que les premières civilisations firent preuve d'une inventivité remarquable pour créer des systèmes – en y intégrant souvent des constructions mathématiques bien au-delà de tout intérêt pratique – destinés à forger un lien entre les phénomènes naturels que les hommes observaient et leur perception cosmologique de l'univers. Même chez les Égyptiens, dont la science paraît plus réaliste que celle de beaucoup d'autres peuples anciens, la splendeur conventionnelle des pyramides semble refléter le sentiment que les mathématiques proposent une clé aux relations entre l'homme et l'univers.

Cependant, dans leur majorité, les activités des anciens astronomes et mathématiciens se sont révélées en fait mal dirigées. Le travail qu'ils fournirent pour observer et calculer les mouvements du ciel est souvent étonnant, mais il s'est avéré pour une grande part de faible importance pour le développement ultérieur de la science. Faute de s'enquérir avec plus de soin de la nature des corps célestes et de la nature des mécanismes qui les dirigent à travers le ciel, ils débouchèrent sur cette impasse. Néanmoins, l'ingéniosité de leurs travaux est un bel hommage à l'inspiration issue d'une religion animiste et de la croyance en une forme de magie qui considère les relations entre les phénomènes plutôt que la nature des objets eux-mêmes.

2. La science grecque

Nous arrivons maintenant à une civilisation dont la culture a profondément marqué la nôtre et dont les essais pour comprendre le monde naturel environnant ont influencé plus que n'importe quelle autre notre façon de penser. La perspective adoptée par les Grecs, leur science et leur littérature sont les fondations mêmes de notre conception du monde.

Parmi tous les peuples de l'Occident antique, ce furent les Grecs qui non seulement recueillirent et collationnèrent les faits, mais aussi les relièrent en un vaste ensemble et expliquèrent l'univers sans recourir à la magie ou à la superstition. Ils furent les premiers philosophes de la Nature qui conçurent des idées et imaginèrent des interprétations qui tenaient par elles-mêmes, sans invoquer les dieux pour voiler les faiblesses et les obscurités de leurs explications. Bien entendu, cela ne s'est pas fait du jour au lendemain : à l'encontre d'Athéna, les Grecs n'ont pas surgi tout armés du front de Jupiter! Ils étaient les héritiers des civilisations qui les avaient précédés en Méditerranée orientale et ce n'est que progressivement qu'ils développèrent une attitude d'esprit scientifique.

La civilisation égéenne

La civilisation grecque fut redevable aux Égyptiens, aux Phéniciens et, plus tard, aux Mésopotamiens, mais elle fut surtout le produit de deux cultures antérieures : la culture minoenne et la culture mycénienne. Ces deux dernières se situèrent dans la mer Égée, limitée à l'ouest par la Grèce et à l'est par la Turquie. Là, entre 3000 et 2200 avant J.-C. – époque contemporaine de celle des Sumériens et de l'Ancien Empire égyptien –, l'âge du bronze débuta chez les peuples néolithiques qui occupaient la Crète et les Cyclades, les nombreuses petites îles situées au sud-est de la Grèce continentale. En 2500 avant J.-C., la métallurgie artisanale prospérait en Crète, dans les Cyclades et dans la partie méridionale de la Grèce continentale. On y bâtissait alors des maisons de plusieurs pièces, dotées d'un toit de tuile, mais il existait entre les deux civilisations principales des différences dont la plus importante concernait les pratiques funéraires : on utilisait en Crète des tombes communes et, dans les Cyclades, des petites tombes qui ne recevaient jamais plus de six défunts et généralement moins. Les deux régions commerçaient ensemble; par exemple, de belles statues de marbre blanc passaient des Cyclades en Crète contre des objets d'or ou d'argent. Certains bijoux crétois de cette période portent la marque d'une inspiration mésopotamienne et témoignent qu'il existait sûrement un lien important entre les deux cultures.

Entre 2300 et 2000 avant J.-C., l'unité générale du mode de vie propre aux Cyclades et à la Crète fut brisée par l'afflux d'envahisseurs nomades. Un peuple vraisemblablement originaire d'Anatolie (Turquie occidentale) arriva dans les Cyclades tandis que, après 2300 avant J.-C., la Grèce continentale fut submergée par des envahisseurs qui semblent avoir été les Kourganes, originaires des Balkans et du sud de la Russie. Les Kourganes étaient un peuple indo-européen de pasteurs et d'éleveurs de chevaux. Comme beaucoup de groupes migrateurs, ils adoptèrent la civilisation qu'ils trouvèrent, mais lui apportèrent néanmoins des idées nouvelles, telles que l'utilisation du cheval et des coutumes funéraires différentes. A cette époque cependant, la civilisation de la Grèce continentale était en retard par rapport à celle des Cyclades et surtout à celle de la Crète. En effet, la Crète semble avoir été peu atteinte par les bouleversements survenus au nord-ouest et poursuivit sans encombre son développement jusqu'à ce qu'il atteignît son apogée, vers 1500 avant J.-C.

La Crète est une île de dimensions modestes : 55 kilomètres de large à son point le plus large et 245 kilomètres de longueur. Et cependant, une puissante civilisation s'y édifia, dont les centres étaient Phaestos dans le Sud, Mallia sur la côte nord et surtout Knossos, à quelques kilomètres à l'intérieur des terres et à 25 kilomètres de Mallia. Les Crétois furent la première puissance maritime dans le bassin méditerranéen, mais ils ont surtout laissé le souvenir de leur puissant souverain, le roi Minos. Fils légendaire de Zeus et d'Europe, Minos accéda au trône crétois grâce à l'aide de Poséidon, le dieu de la mer : une façon pittoresque de souligner le fait que les Crétois étaient un peuple de marins très impressionnant.

Des fresques et des poteries historiées attestent que les Minoens étaient des observateurs très subtils de la Nature; ils peignirent avec beaucoup de réalisme quantité de plantes et une multitude d'animaux, parmi lesquels le poisson volant, des pieuvres et le canard sauvage.

L'apogée de la culture minoenne fut suivi d'une série de catastrophes. En 1500 avant J.-C. d'abord, une violente éruption volcanique sur l'île de Théra, située à quelque 110 kilomètres au nord de la Crète, ensevelit les établissements de l'île sous des mètres de cendre et provoqua un énorme raz de marée dont les vagues atteignirent les rives nord de la Crète et les Cyclades; il semble en effet qu'une partie de l'île de Melos fut entièrement submergée. Il est possible que l'éruption de Théra soit à l'origine de l'histoire de l'Atlantide, racontée par Platon, qui, si le philosophe ne l'a pas inventée, est peut-être l'écho d'une relation égyptienne du désastre. Il semble que l'essentiel de la civilisation crétoise n'ait pas subi de dommages définitifs consécutifs à l'éruption mais, à peine plus d'une génération plus tard, au milieu du XVe siècle avant J.-C., la plupart des villes principales du centre et du sud de la Crète furent subitement détruites par le feu.

Les Cyclades furent elles aussi envahies par des peuples venus du continent sitôt après la destruction de la Crète et, là encore, les établissements furent anéantis par le feu. Puis une autre vague de destruction fondit sur la Crète, à une époque comprise entre 1400 et 1150 avant J.-C.; cette fois, le palais de Knossos fut détruit et ne sera jamais plus rebâti. Le centre du pouvoir de la mer Égée gravitait autour de Mycènes, dans le Péloponnèse, bien que Tyrinthe, sur le golfe d'Argolide, et Athènes fussent aussi des centres importants. Cependant, vers la fin du XIIIe siècle avant J.-C., les places principales du Péloponnèse furent ravagées par une invasion «barbare» venue du Nord, une invasion qui annonce l'effondrement de toute la civilisation égéenne.

L'arrivée des Grecs

La langue grecque classique se compose de deux dialectes, l'un oriental, l'autre occidental, ce qui peut refléter deux migrations de peuples d'expression grecque dans la région que nous appelons aujourd'hui la Grèce. Les origines du dialecte oriental sont assez discutées; cependant, nous pouvons tenir pour certain qu'entre le Xe et le XIe siècle avant J.-C. des Grecs doriens du nord-ouest et du centre nord du continent, et qui parlaient le dialecte occidental, pénétrèrent dans le Péloponnèse. Ils descendirent par vagues successives vers le sud et s'établirent non seulement dans le Péloponnèse mais aussi dans les îles du sud de la mer Égée ainsi que dans les îles du Dodécanèse (situées au large de la côte sud-ouest de l'actuelle Turquie) et dans le sud-ouest (turc) du continent. Excepté en Attique et en Argolide, la venue des Doriens fut suivie d'un dépeuplement, mais dans quelle mesure fut-il dû aux invasions et dans quelle mesure à un changement (probable) du climat qui entraîna la sécheresse et la famine, nous l'ignorons.

Les Doriens apportaient avec eux de nouvelles attitudes mentales qui, lorsqu'elles se heurtèrent à la civilisation mycénienne, conduisirent à ce qu'on appelle parfois la culture «proto-géométrique». Ce nom est dû au fait que la poterie et les autres formes d'art qui fleurissaient à Athènes portèrent désormais la marque d'une sensibilité particulière à la forme et aux proportions : les formes et les modèles anciens furent retravaillés avec une précision que les Mycéniens n'avaient jamais atteinte lorsqu'ils avaient adapté l'art minoen. Ce fut, en fait, le commencement de ce que nous considérons comme l'art grec classique et révèle une vision qui aura bientôt des effets de la plus haute importance sur la science et la philosophie grecques.

Le monde d'Homère et d'Hésiode

Homère et Hésiode étaient des poètes et nous trouvons dans leurs œuvres le premier jaillissement de cette nouvelle culture grecque, bien qu'il en émane encore des parfums mycéniens et minoens, car ces hommes furent à la fois les héritiers des vieilles civilisations méditerranéennes et les ancêtres de l'âge nouveau. Comme héritiers des cultures antérieures, ils suivirent la tradition ancestrale des aèdes et des conteurs. C'est une tradition aussi vieille que l'humanité, car les hommes ont toujours ressenti le besoin d'expliquer les origines et de commémorer les grands événements, de se souvenir des gloires passées et d'exalter les époques historiques.

On ne sait rien de l'existence d'Homère, pas même s'il

s'agissait d'un ou de plusieurs individus, mais il est vraisemblable qu'il vécut en Ionie, sur la côte occidentale de la Turquie, la région dont sont issus les premiers philosophes grecs.

En apparence, *l'Iliade* est le récit d'événements de la légendaire guerre de Troie, au cours de laquelle les armées de Troie, à l'ouest de la Turquie continentale, combattirent les Grecs continentaux. Incertaine, la date de cette guerre peut se situer à n'importe quel moment entre 1280 et 1180 avant J.-C.; l'épopée fut composée probablement quelque trois ou quatre cents ans plus tard, au milieu du IXe siècle avant J.-C. Très vraisemblablement, *l'Odyssée* fut composée un siècle plus tard, ce qui signifie bien entendu que l'auteur de *l'Iliade* n'a pu écrire *l'Odyssée*; les érudits désignent souvent *l'Odyssée* comme étant l'œuvre d'Homère II. Ce qui expliquerait son ton différent, car, alors que *l'Iliade* est une histoire de guerre et de conflits, *l'Odyssée* parle de la paix, de colons, de voyageurs, de marchands et de vie domestique; elle est, d'emblée, plus romanesque et plus morale.

Illustration page 84.

Ces deux épopées eurent une grande importance aux premiers temps de la civilisation grecque et elles figurent ici en raison de ce qu'elles enseignent. Il est clair qu'elles aidèrent à unifier la langue grecque ainsi qu'à préserver quelque chose de la façon de voir et des comportements de l'époque mycénienne. Elles contiennent le savoir géographique acquis par les marins égéens et phéniciens qui avaient atteint l'Atlantique et ramené chez eux l'idée que la Terre, qui avait la forme d'un disque, était entourée par un vaste océan circulaire. Nous y trouvons aussi l'écho de leurs croyances concernant le monde naturel et même des indications sur les connaissances médicales d'alors, car les guerres entraînent des blessures et les blessures nécessitent un traitement médical. Nous y apprenons encore certaines données concernant l'agriculture et l'agronomie, les arts, les métiers et les comportements considérés comme bons ou mauvais, braves ou lâches. Bref, ces œuvres nous permettent une plongée dans les attitudes morales et la vision du monde propres à Homère et à son époque.

Hésiode était un maître de la poésie éducative; il vécut à Ascra, en Béotie, la partie centrale de la Grèce continentale, et nous a laissé deux poèmes : *la Théogonie* et *les Travaux et les Jours. La Théogonie* pourrait être présentée comme «une généalogie des dieux», et un poème sur les mythes du panthéon grec des dieux et des déesses n'entre pas dans notre sujet. *Les Travaux et les Jours* traite tout d'abord de règles

d'agronomie et de navigation, bien qu'il fournisse également un calendrier des jours fastes et des jours néfastes et propose aussi bien une homélie morale. Ayant vécu les suites de la guerre, à une époque où la morale était en déclin, Hésiode s'intéresse aux problèmes du bien et du mal, de la justice et de l'injustice; il se rappelle un âge d'or et exalte l'amour de la tradition et le sens d'une bonne conduite. Néanmoins, les règles de navigation et d'agronomie occupent plus d'un tiers de l'ouvrage et se composent d'instructions simples, telles que : «Quand les Pléiades, filles d'Atlas, se lèvent, commence ta moisson, et quand elles sont près de se coucher, commence à labourer. Elles demeurent cachées pendant quarante nuits et quarante jours et apparaissent à nouveau lorsque l'année recommence et que tu aiguises ta faucille. Telle est la loi pour les plaines et pour ceux qui vivent près de la mer.» En fait, cette partie est essentiellement un almanach du paysan. Ce n'était pas le premier : un millier d'années plus tôt, les Sumériens disposaient déjà d'un tel almanach et Hésiode suit une vieille et solide tradition qui nous montre très exactement à quoi ressemblait la routine quotidienne du paysan. Comme le calendrier, ses règles de navigation sont simples mais pas moins efficaces pour autant. La dernière partie sur les jours fastes et néfastes n'est que superstition et nullement en rapport avec le rationalisme et la puissance poétique du matériau précédent; il est possible qu'elle soit une addition postérieure.

La première science ionienne

Page 84, en haut. Une amphore grecque représentant Ulysse et les sirènes dans une scène de l'Odyssée. De nombreux érudits ont tenté d'expliquer des images poétiques, telles que celle des sirènes, par des phénomènes naturels ou géographiques, sans résultats marquants. British Museum, Londres.

En bas. Le temple d'Asklépios à Cos, un séduisant ensemble où la guérison était obtenue grâce au rituel et à l'intervention divine. Hippocrate aurait fait là son apprentissage avant d'entreprendre ses voyages à travers la Grèce.

Le lecteur a sans doute été frappé par le fait que, pour la première fois, nous sommes en mesure de nommer nos auteurs. Désormais, nous n'avons plus à nous appuyer sur des textes anonymes; nous avons directement affaire à l'homme qui les a engendrés, tout au moins en ce qui concerne Hésiode. Lui et Homère furent les précurseurs d'une nouvelle culture, d'un âge devant lequel on s'émerveille encore de nos jours, bien qu'il s'agît encore d'un âge plus littéraire que scientifique. Mais, parvenus au VIIe siècle avant J.-C., nous pénétrons dans un âge différent, un âge scientifique. Bien que la religion grecque fût au moins aussi animiste que d'autres religions antiques et qu'elle reposât sur les sacrifices aux dieux et l'intervention divine dans les affaires des hommes, la science grecque parvint au résultat remarquable de séparer l'investigation des lois de la Nature de toutes les questions religieuses ayant trait aux relations entre l'homme et les dieux. Nous voici enfin face à face avec les débuts de l'étonnant phénomène de la science grecque.

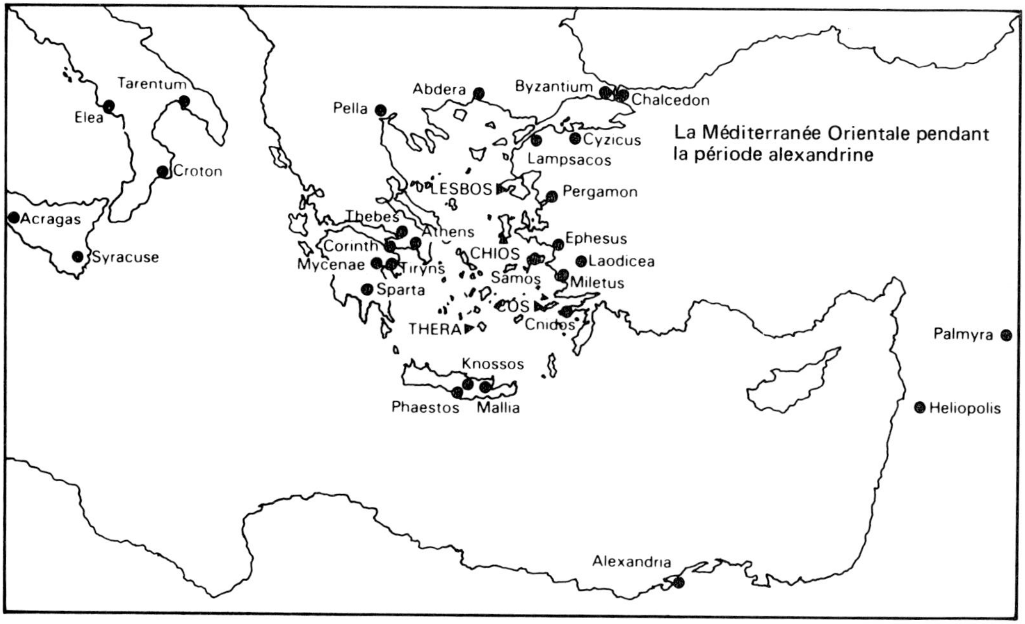

Pourquoi la science a-t-elle soudain commencé de s'épanouir là, sur la côte orientale de la Méditerranée? C'est une question à laquelle on ne peut donner une réponse catégorique. Il semble qu'il n'y ait aucune raison géographique ou raciale pour qu'il en ait été ainsi; tout ce que nous pouvons dire est que, sur cette côte, des colons vivaient dans un environnement politique nouveau, d'après un système choisi par eux, que nul ne leur imposait de l'extérieur, et dans une région qui était, elle aussi, nouvelle pour eux. Ils furent forcés de se poser des questions et d'y chercher des réponses, ce qu'ils n'auraient peut-être pas fait s'ils étaient demeurés enracinés dans un mode de vie traditionnel. Ils purent s'apercevoir qu'il existe souvent plus d'une solution à un problème donné et qu'il n'est pas toujours souhaitable de faire les choses comme elles ont toujours été faites. Un regard nouveau posé sur les choses pouvait entraîner toutes sortes d'améliorations. De plus, l'Ionie était une région très commerçante, un centre pour les marchands venus de l'est et du sud-est, du Croissant fertile et de plus loin encore, de l'Iran, de l'Inde et même de la Chine. Les Ioniens vivaient donc dans un environnement stimulant et nulle part il ne l'était davantage qu'à Milet, leur port principal et leur marché le plus riche.

Thalès de Milet

Thalès est né vers 624 avant J.-C., de parents qui étaient peut-être d'origine phocéenne, bien qu'il fût généralement considéré comme d'ascendance purement milésienne. Homme politique, mathématicien, astronome et redoutable homme d'affaires, il était aussi l'un des Sept Sages traditionnels de la Grèce antique. Il appliqua sa science du gouvernement à persuader les villes ioniennes de s'unir contre les Perses dont la puissance croissante était pour lui un souci permanent. Finalement pourtant, elles furent impuissantes à repousser l'attaque perse. Quant à la clairvoyance de Thalès, homme d'affaires, Aristote raconte que lorsqu'il fut en butte à des critiques portant sur son manque de réalisme et sur le fait qu'il passait trop de temps à la philosophie au lieu de faire de l'argent, Thalès décida de confondre ses détracteurs. Prévoyant une surproduction d'olives pour l'été suivant, il versa des provisions à tous les pressoirs à olive de Milet et des environs de Chio, et les loua à bas prix car personne ne fit d'offres supérieures aux siennes. Quand vint le temps de la récolte des olives, on eut besoin de tous les pressoirs au même moment et Thalès les céda au prix qu'il voulut. «Ainsi, conclut Aristote, il démontra au monde que les philosophes peuvent être riches s'ils le désirent, mais que leur ambition est d'un autre ordre.» Cependant, une autre histoire raconte que, Thalès étant tombé dans un puits alors qu'il observait les étoiles, une jolie servante thrace se moqua de lui pour avoir essayé de découvrir ce qui se passe dans le ciel et s'être montré incapable de voir ce qui se trouvait à ses pieds. Ainsi, deux traditions coexistent, dont l'une nous dit à quel point un philosophe pouvait être réaliste, et l'autre combien il était irréaliste. Mais la philosophie de Thalès avait un côté pratique – il étudia les moyens de déterminer les distances en mer, par exemple – et, pendant le siècle qui suivit sa mort, survenue vers 547 avant J.-C. environ, on louait en lui un modèle d'ingéniosité pratique. Peut-être y a-t-il plus à dire à propos de l'histoire racontée par Aristote qu'à propos de l'autre.

La réputation de Thalès repose d'abord sur son astronomie

et sur un exploit qu'il n'a pu réellement accomplir! On a dit qu'il avait prédit l'éclipse totale de Soleil qui se produisit le 28 mai 585 avant J.-C. et qui entraîna la cessation des hostilités ouvertes depuis six ans entre la Lydie et les Mèdes. Thalès est supposé avoir obtenu ce résultat en utilisant un cycle d'éclipses – le «saros» – bien connu des Babyloniens et qu'il aurait étudié au cours de ses voyages en Égypte. En fait, les Babyloniens ignoraient tout d'un tel cycle; tout ce qu'ils pouvaient faire était de voir si une éclipse était probable en observant la Lune vers la fin de son dernier quartier, quand la nouvelle lune était proche. Thalès connaissait-il cette pratique et, si oui, a-t-il pu l'exploiter? La plupart des historiens de la science sont convaincus qu'il ne le pouvait, du moins de la façon dont Hérodote, historien grec du Ve siècle, le décrit, car celui-ci déclare que Thalès fut capable d'en fixer l'époque «dans les limites de l'année» où elle se produisit. Nous pouvons certainement éliminer l'hypothèse d'une chance extraordinaire et devons conclure, à regret pourtant, qu'il s'agit là d'un exploit qui lui fut attribué à titre posthume. C'était d'ailleurs tout à fait le genre de choses qui se produisait autrefois, et qui n'arriva pas seulement à Thalès : un siècle plus tard, le philosophe Anaxagore fut censé avoir prédit la chute d'un énorme météorite, à Aegos Potamos, un événement aléatoire et tout à fait impossible à prévoir.

Les Grecs prétendaient qu'ils avaient reçu leurs mathématiques de l'Égypte par l'entremise de Thalès : Hérodote, Aristote et son élève Eudème, qui écrivit une histoire des mathématiques, tous assurent que Thalès, «après une visite en Égypte, rapporta cette discipline en Grèce». En fait, Eudème alla jusqu'à spécifier ce que Thalès en rapporta, à savoir un certain nombre de propositions de géométrie théorique. Cependant, nos connaissances présentes des mathématiques égyptiennes ne nous laissent aucune raison de supposer que les Égyptiens détenaient réellement une géométrie théorique; la leur était purement empirique et pratique. Mais, si Thalès n'a pas ramené d'Égypte une telle géométrie, est-il possible qu'il l'ait inventée? Il est sûr que la géométrie fut une des branches des mathématiques où les Grecs allaient exceller et leur art témoigne de l'amour de la symétrie et des formes élégantes mais, bien qu'ils eussent manifesté par la suite leur génie de la géométrie, il n'existe aucune preuve formelle du fait que Thalès amorça ce processus. Il fit très certainement de la géométrie mais qui semble avoir été surtout une géométrie pratique, exactement le type de géométrie qu'il aurait pu rapporter d'Égypte. Mais, bien entendu, c'est à partir de cette géométrie pratique que, plus tard, les structures théoriques se développeront.

Bien que Thalès n'ait sans doute pas inventé la géométrie théorique, ni prédit une éclipse totale de Soleil, il était de toute évidence doté d'un esprit pénétrant. Il réfléchit à la nature du monde et conclut que l'eau était l'élément premier de toutes choses. La Terre, croyait-il, était un disque plat flottant sur l'eau. Aujourd'hui, cette idée peut sembler simpliste et naïve mais, pour quelqu'un qui avait parcouru l'Égypte et vu ses étendues arides fertilisées par les eaux du Nil, cela pouvait paraître une proposition logique et rationnelle. C'était bien mieux encore. Car Thalès ne faisait pas appel aux dieux pour rendre compte de la fertilité de la terre; il cherchait une explication physique naturelle. Autrement dit, il adopta un point de vue aussi scientifique qu'il lui était possible. Ce fut même cette approche qu'il emprunta pour expliquer les tremblements de terre, en se fondant sur son idée d'une Terre flottante, puisqu'il postula qu'ils commençaient par des éruptions d'eau chaude dans les océans environnants qui ébranlaient la Terre. En tout cas, il semble clair que Thalès fut le premier à manifester les qualités qui allaient caractériser la science grecque : donner du monde des explications naturelles, et non surnaturelles, et essayer de déduire des faits d'observation et d'expérience les théories sous-jacentes.

Anaximandre, Anaximène, Hécatée et Héraclite

Contemporain de Thalès, Anaximandre était un peu plus jeune que lui; né vers 610 avant J.-C., il mourut peu après 547. Comme pour Thalès, nous ne disposons à son sujet que des relations discutables des philosophes grecs ultérieurs. Ainsi, on a souvent attribué à Anaximandre la détermination des équinoxes et de l'obliquité de l'écliptique, c'est-à-dire le fait que la course apparente du Soleil dans le ciel est inclinée d'un certain angle par rapport à l'équateur céleste (cette ligne imaginaire à travers le ciel est tirée à la latitude de 90° du pôle céleste, le point autour duquel semble s'effectuer la rotation du ciel). Mais cela paraît peu probable, d'abord parce que ces données étaient déjà connues en Babylonie, ensuite parce qu'un tel travail eût été plutôt contraire à d'autres idées que nous lui connaissons.

En revanche, Anaximandre dressa une carte du monde habité et écrivit un ouvrage pour expliquer la Terre et ses habitants : il pensait qu'il existait un nombre infini de mondes, dont tous s'étaient détachés d'un univers infini auquel ils retourneraient un jour pour s'y absorber à nouveau. Il poursuivait en expliquant que le matériau, dont la Terre et son environnement avaient été formés, fut séparé et mis en mouvement giratoire; de ce fait, les matériaux les plus lourds tombèrent au centre, constituant la Terre elle-même, tandis que le feu et l'air demeuraient à la périphérie et formèrent les corps célestes. Le Soleil et la Lune étaient, pensait-il, des cercles de feu entourés d'air. Dans cet air s'ouvraient des conduits en forme de tuyau par lesquels la lumière du feu s'échappait. Ainsi, les phases de la Lune s'expliquaient par la variation de l'angle sous lequel était vue l'ouverture du tuyau de la Lune. Anaximandre expliquait les éclipses de la même façon.

Selon lui, la Terre elle-même était comme un court cylindre et l'homme vivait à la surface de l'une de ses extrémités. L'eau tenait également une place importante dans ce schéma car tous les animaux étaient faits de substances marines, activées par la lumière du Soleil. L'homme lui-même tirait ses origines du poisson. Ici donc, presque à la même époque que celle de Thalès, nous trouvons un schéma cohérent de l'ensemble de la création, expliquée dans sa totalité à partir d'une prémisse fondamentale : l'engendrement de la Terre et du ciel à partir de quelque matière primordiale. Ce n'est sans doute pas un schéma auquel on souscrirait aujourd'hui, mais il met en relief une approche (l'invention d'hypothèses et l'étude de leurs corollaires) qui n'est pas très éloignée de celle dont on use de nos jours, bien que nos théories modernes soient plus exactes.

Il se peut qu'Anaximène ait été l'élève d'Anaximandre et sa vision du cosmos était très proche de la sienne. Il souscrivait également à la croyance selon laquelle l'infini était la source de la Terre et des cieux mais, d'après lui, l'air était la substance fondamentale dont toute chose provient : il s'étendait à l'infini. Anaximène fut amené à cette conception de l'air parce qu'il avait remarqué les processus de raréfaction et de condensation : lorsque l'air est réparti autour de nous, disait-il, il est invisible, mais lorsqu'il se condense, il devient de l'eau, et lorsqu'il est chauffé, il se transforme en feu. Pour appuyer ces affirmations, il proposait cette observation – ou pouvons-nous parler ici d'expérience? – : lorsque nous soufflons, l'air qui sort de notre bouche est froid, tandis que si nous ouvrons largement la bouche et, ce faisant, cessons de comprimer l'air, celui-ci est chaud. D'après Anaximène, cette substance primordiale était essentiellement composée de particules minuscules. Il utilisa aussi le mot «air» pour désigner la substance primordiale parce que, comme l'air véritable, elle était partout et imprégnait tout. Le souffle était identifié à l'âme – une idée qui semble avoir été largement répandue dans de nombreuses civilisations anciennes – et c'était l'âme, le souffle, qui maintenait la cohésion du corps physique de l'homme. De plus, Anaximène croyait que la création tout entière, le cosmos dans son ensemble, respirait et qu'il était, de ce fait, l'âme de toutes choses.

En ce qui concerne la Terre en forme de disque, Anaximène pensait, comme Anaximandre, que tout le monde matériel était formé par la condensation d'une masse d'air en rotation. La Terre flottait sur l'air. Le Soleil et la Lune étaient des disques de feu qui tournaient autour de la Terre et devenaient invisibles lorsqu'ils s'éloignaient et disparaissaient derrière les parties élevées du nord de la Terre. Or, si nous regardons une carte, nous constatons que des montagnes s'étendent loin au nord de Milet, le massif montagneux du Rhodope, en Bulgarie. Dans son approche, donc, Anaximène suivait pas à pas les traces de son mentor, Anaximandre, et tentait à nouveau de bâtir une image du monde à partir de faits rigoureusement scientifiques.

Hécatée, dont la vie est fort peu connue, est évoqué de nos jours comme un des premiers prosateurs grecs dans certains milieux, comme l'auteur du premier ouvrage grec de géographie dans d'autres cercles. Malheureusement, son texte original de géographie a disparu mais, d'après des descriptions ultérieures, il semble qu'il s'accompagnait d'une carte et comprenait deux parties, une sur «l'Europe», l'autre sur «l'Asie et l'Afrique». Il semble qu'il traitait en détail de peuples et de lieux, spécialement de régions côtières. Hécatée pensait lui aussi que le monde habité avait la forme d'un disque et qu'il était entouré par les eaux d'Océanos mais, à l'intérieur de ces limites, sa carte proposait, semble-t-il, un tracé général de la zone méditerranéenne, indiquait de surcroît l'existence de la Libye, de l'Égypte, de la Mésopotamie et d'une partie de l'Inde, et désignait même une fraction de l'Europe; les pays des Celtes et des Scythes (un peuple nomade du sud de la Russie et de la Crimée) y étaient signalés. Comme on pouvait s'y attendre d'une géographie fondée principalement sur le ouï-dire et sur les rapports de marins et de marchands, le fabuleux et l'authentique s'y côtoient : la chasse au crocodile, l'hippopotame et le phénix y sont décrits avec la même conviction. Cependant, dans son ensemble, l'ouvrage est solide, même si Hécatée attache trop d'importance à Océanos, le cercle d'océans, qu'il invoque, par exemple, pour expliquer les inondations annuelles du Nil, au lieu d'adopter l'opinion plus réaliste d'Anaxagore, d'après qui ces inondations étaient dues aux eaux provenant de la fonte des neiges dans les montagnes de Libye.

Héraclite, dont on pense qu'il fut le contemporain d'Hécatée, était natif d'Éphèse, un port situé à 50 kilomètres au nord de Milet. Sévère critique des autres philosophes, il passait, dit-on, pour un misanthrope arrogant et son œuvre est à la fois abstruse et pimentée de remarques tranchantes sur le manque d'intelligence de ses lecteurs; malgré ces faiblesses, elle contient quelques idées utiles. Héraclite soutenait que l'univers est en équilibre entre des opposés et en état perpétuel de tension, comme la corde d'un instrument de musique; cette façon de voir colore toutes ses explications, en particulier celles des conduites humaines. Il se peut qu'à travers elles, il ait essayé de transmettre un message relatif à l'âme humaine mais, si tel était le cas, il échoua. Sa réputation présente, comme celle dont il jouit de son vivant, tient à son enseignement concernant le monde de la nature. Il y voyait toutes ces choses dans un état instable et soumises à des changements continuels, si bien que ce que l'homme en perçoit par les sens est quelque chose de transitoire et n'est pas un savoir authentique. Plus tard, cette conception sera largement répandue et exploitée comme un argument destiné à limiter l'importance accordée à l'observation pratique.

Dans l'univers d'Héraclite, le feu tient la première place comme agent de changement : le feu consume les choses, il les transforme jusqu'à ce qu'elles-mêmes deviennent du feu, alors que, sans lui, les substances peuvent se condenser et se solidifier. Les corps célestes sont des bassins contenant du feu et les phases de la Lune sont dues à la façon dont son ouverture est orientée par rapport à nous; dans un ciel très clair et à une haute altitude par-dessus l'horizon, le disque de la Lune peut en effet donner l'impression que sa surface est l'intérieur d'un récipient; si bien que l'idée n'est pas aussi hasardeuse qu'il y paraît.

Pythagore

De tous les membres de l'école ionienne, Pythagore est celui dont l'influence sera la plus profonde sur les générations à venir. Né vers 560 avant J.-C. sur l'île de Samos, à quelque

50 kilomètres au nord-ouest de Milet, Pythagore était à la fois un chef religieux et le prototype de l'homme de science; quantité de légendes gravitent autour de lui. Il est sûr en tout cas qu'il participa au renouveau religieux qui survint dans la Grèce entière pendant le VIe siècle avant J.-C., puis qu'il prit la direction d'une confrérie qui inventa une nouvelle sorte de sainteté. Les disciples du pythagorisme étaient tenus de se livrer à des exercices d'ascèse, de s'abstenir d'accomplir certains actes et d'absorber certains aliments; il semble qu'ils pratiquaient un régime végétarien, sans alcool, et qu'ils devaient s'abstenir de porter des produits animaux, tels que la laine. Les femmes comme les hommes pouvaient appartenir à ce mouvement et tous portaient des vêtements distinctifs, marchaient nu-pieds et menaient une existence simple et pauvre.

Les pythagoriciens croyaient que l'âme peut quitter le corps pour une durée passagère ou de façon permanente et s'introduire dans le corps d'un autre être humain vivant. Il est possible qu'une telle conception ait eu une origine orientale, mais le mouvement pythagoricien lui-même était probablement une réaction contre les excès du culte de Dionysos, le dieu du vin. Avec le temps, des idées politiques se joignirent étroitement aux idées religieuses, comme on pouvait s'y attendre de la part d'un mouvement qui se tenait à l'écart de l'ensemble de la communauté, et Pythagore fut effectivement contraint de quitter Samos. Il se rendit alors à Croton (aujourd'hui Crotone), dans le sud de l'Italie, où il fonda une académie éthico-politico-philosophique qui préconisait un gouvernement aristocratique. Elle fut d'abord bien accueillie par ceux qui s'opposaient à la montée de la démocratie mais, plus tard, ses doctrines furent jugées inacceptables et Pythagore fut contraint de quitter la ville. Il partit vers le nord-ouest, jusqu'à Métaponte, sur le golfe de Tarente, où il mourut vers 500 avant J.-C. Lorsque, quelque cinquante ans plus tard, une violente révolution démocratique se produisit dans les villes grecques situées sur les côtes sud de l'Italie, le mouvement pythagoricien fut attaqué et ses lieux de rencontre détruits. Cependant, nombre de ses membres purent se réfugier soit vers le nord-est, à Tarente, soit à Philé, en Grèce continentale. A Tarente, les pythagoriciens demeurèrent une force politique jusque vers 350 avant J.-C.

Actuellement, les historiens de la science ne sont pas d'accord quant au contenu précis de l'enseignement de Pythagore et au public auquel il le dispensa; il est très probable qu'il s'adressait seulement à un cercle restreint de disciples initiés.

Qui plus est, il est peut-être impossible de décider quelles sont les doctrines pythagoriciennes dues à Pythagore lui-même et celles qui émanent de ses proches disciples. Malgré tout, au IVe siècle avant J.-C., d'autres philosophes grecs croyaient, à tort peut-être, que certaines idées venaient de Pythagore, une hypothèse qu'il serait vain de discuter ici; après tout, c'est l'influence plutôt que l'origine précise de ces idées qui compte pour nous.

Dans sa jeunesse, Pythagore avait visité l'Égypte et la Babylonie et ces séjours ont peut-être suscité l'élan qui le poussa vers l'étude des mathématiques et lui fit déclarer que «tout est nombre». Il est sûr que Pythagore et ses disciples s'intéressaient beaucoup aux nombres et indéniable qu'ils développèrent une théorie générale des nombres. Il semble que cette théorie fut fondée sur trois sortes d'observations. Ils notèrent tout d'abord qu'il existe un rapport mathématique entre les notes de la gamme musicale et la longueur d'une corde ou d'une colonne d'air en vibration, comme dans une flûte ou une flûte de Pan. Une colonne d'air ou une corde d'une longueur donnée produira une note; si sa longueur est réduite de moitié, elle donnera une note supérieure d'une octave. Un rapport de longueur de 2 à 3 donnera l'intervalle musical connu sous le nom de quinte et un rapport de 3 à 4 donnera une quarte. Ainsi, si l'on prend une corde en vibration portant 12 unités de longueur (pouces, millimètres, etc.) et que l'on réduit sa longueur à 8 unités, elle produira un son supérieur d'une quinte à la note originelle; réduite à 6 unités, elle produira l'octave. A partir de là, comme l'octave et la quinte étaient considérées comme des sons harmonieux, Pythagore déclara que les nombres 12, 8 et 6 étaient en «progression harmonique»; ce fait lui parut si important qu'il étendit l'idée à la géométrie, avec ce résultat, entre autres exemples, qu'il affirma qu'un cube est en harmonie géométrique parce qu'il a 6 faces, 8 angles et 12 arêtes.

Illustration page 95.

Sur la comparaison avec l'étude des sons par les Chinois, voir page 227.

La deuxième observation concernait les triangles rectangles. Pythagore avait dû apprendre en Égypte la règle des 3, 4, 5 relative aux longueurs des côtés, mais la recherche moderne a démontré qu'il dut découvrir à Babylone ce que nous appelons le théorème de Pythagore. En effet, les Babyloniens avaient réalisé que les nombres pouvaient être 3, 4, 5 ou 6, 8, 10 ou n'importe quelle autre combinaison où le carré du plus grand nombre est égal à la somme des carrés des deux autres. C'était un très net pas en avant dont les pythagoriciens allaient faire bon usage. Leur troisième observation était qu'il existait des rapports numériques définis entre les temps néces-

Ci-dessus. Gravure sur bois du Moyen Age tardif : Pythagore évalue le rapport mathématique entre les notes de la gamme musicale et les longueurs ou les tailles de cordes en vibration, de cloches ou de colonnes d'air dans des instruments à vent.

A gauche. Mosaïque romaine de Pompéi représentant probablement des philosophes de l'Académie. Assis au centre sous un arbre, Platon enseigne la géométrie; avec une baguette il dessine des figures sur le sable. Museo archeologico nazionale, Naples.

A gauche. La tour des Vents, à Athènes, date du Iᵉʳ siècle avant J.-C. A son sommet se trouvaient des cadrans solaires et, à l'intérieur, une clepsydre, ou horloge à eau, complexe qui donnait l'heure sur un cadran. Bien qu'elle soit un exemple rare de dispositif mécanique grec, son ingéniosité laisse à penser que d'autres appareils semblables ont pu être construits.

saires aux différents corps célestes pour décrire leur orbite autour de la Terre.

Les pythagoriciens tirèrent de leurs études la conclusion raisonnable que «tout est nombre». Le mathématicien moderne, surtout depuis le développement récent de l'informatique, peut arriver à une conclusion tout à fait identique, mais une différence cruciale sépare ces deux conclusions. L'idée pythagoricienne, fondamentalement mystique, attribuait aux nombres et à leur rapport un statut absolu et même divin. Aujourd'hui, bien que quelques philosophes affirment que les mathématiques représentent une forme de savoir plus pure qu'aucune autre, le scientifique utilise les nombres non comme des principes divins, mais comme un outil remarquablement souple et efficace pour décrire et prévoir toute espèce de phénomènes naturels.

A l'époque de Pythagore, on utilisait souvent des billes pour compter et, les pythagoriciens ayant comme tous les Grecs un goût inné pour la forme, il n'est pas étonnant que les nombres figurés aient captivé leur intérêt. Les nombres figurés sont exactement ce qu'implique leur nom : des nombres dessinés en comptant en figures. Commençons, par exemple, avec une bille puis comptons en formes triangulaires; cela donnera les nombres figurés . ou 1, ∴ ou 3, ∴̣ ou 6, ∴̣̣ ou 10, etc. Les nombres de cette série étaient considérés comme ayant une signification spéciale car ils donnaient le nombre «parfait» 10, puisque $1 + 2 + 3 + 4 = 10$; parce qu'il comprenait quatre points sur chacun de ses côtés, ce nombre était appelé «tetractys»; les pythagoriciens le tenaient pour sacré et ne juraient que par lui. Il y avait un second groupe de nombres également appelés «parfaits»; c'étaient des nombres qui étaient égaux à la somme de leurs facteurs (distincts du nombre lui-même). Tels étaient le 6 (parce que $6 = 1 + 2 + 3$), le 28 ($1 + 2 + 4 + 7 + 14$), etc. Les nombres parfaits suivants sont 496, puis 8128, puis 2096128 ... Manifestement, il n'était pas facile de les calculer à l'époque des pythagoriciens mais, un siècle plus tard, Euclide inventa une formule générale pour les calculer.

Une recherche semblable des pythagoriciens conduisit aux nombres «amiables». On appelle ainsi une paire de nombres dont chacun est égal à la somme des facteurs de l'autre. Ainsi la paire 220 et 284 était amiable (parce que les facteurs de 284 sont 1, 2, 4, 71 et 142 et qu'ils donnent au total 220, tandis que 220 a pour facteurs 1, 2, 4, 5, 10, 11, 20, 22, 44, 55 et 110 dont le total est 284). Les nombres 220 et 284 sont supposés avoir été découverts par Pythagore lui-même et ils formèrent certainement la seule paire de nombres «amiables» connue dans l'Antiquité.

Les nombres figurés étaient très importants dans l'arithmétique pythagoricienne et, bien entendu, il en existait de nombreuses formes, en plus des nombres triangulaires déjà mentionnés. Il y avait les nombres carrés, . :: ::: , etc. (1, 4, 9), les nombres pentagonaux, les nombres formés par des rectangles aux côtés inégaux (nombres hétéromèques), les nombres formés par des pyramides aux bases carrées ou aux bases triangulaires, les nombres cubiques et même les nombres «autels» (des nombres formés par des pyramides dont les bases étaient des rectangles et les côtés inégaux).

Un autre aspect des nombres qui intrigua les pythagoriciens était les «moyennes». Pour commencer, ils s'intéressèrent à la «moyenne arithmétique» (c'est-à-dire le nombre médian de trois nombres en progression «arithmétique» : ainsi, dans la progression 4, 5, 6, la moyenne arithmétique est 5; dans la progression 4, 8, 12, elle est 8, etc.), dont il est probable que Pythagore l'apprit lors de son séjour en Babylonie. Plus tard, leur intérêt se porta vers la «moyenne géométrique» (c'est-à-dire le nombre médian de trois nombres en progression «géométrique» telle que 2, 4, 8, où la «moyenne» est 4, ou 3, 9, 27, où cette moyenne est 9), puis à la «moyenne harmonique» (dans la série 6, 8, 12, mentionnée plus haut, la moyenne harmonique est le 8). Mais que signifiaient tous ces exercices? En premier lieu, sur un plan purement pratique, ils signifient que ceux des pythagoriciens qui s'intéressaient aux nombres étaient capables de développer l'arithmétique et les techniques de manipulation des quantités numériques. *Secundo,* dans la mesure où l'aspect religieux était impliqué, cette recherche révèle une forte dose de mysticisme et quantité de rapports occultes supposés entre les nombres eux-mêmes, une sorte de numérologie magique qui n'avait rigoureusement aucune signification scientifique.

La mémoire populaire a gardé le souvenir de Pythagore à cause du théorème sur les triangles rectangles, encore que l'on ne sache pas avec exactitude si le théorème général fut démontré de son vivant ou plus tard; en effet, on ne sait pas avec précision quelles furent les contributions que lui-même et ses disciples apportèrent à la géométrie. Nous savons cependant que la figure à cinq côtés, le pentagone, avait une signification mystique de la plus extrême importance, car lorsque ses côtés sont prolongés pour tracer une étoile à cinq branches, ils se croisent dans la figure selon des proportions qui engendrent la «section d'or». (La section d'or est une proportion que l'Antiquité classique estimait agréable à l'œil et qui était fréquemment utilisée en architecture; c'est la division d'une longueur telle que le rapport entre la grande et la petite section est le même que la relation entre le tout et la grande section.) Entre eux, les pythagoriciens utilisaient le pentagone comme signe de reconnaissance, mais ils ne l'avaient pas inventé; on le connaissait déjà en Babylonie.

De toutes les connaissances mathématiques attribuées aux pythagoriciens, la plus importante était celle qui découle du théorème de Pythagore, c'est-à-dire le fait que toutes les quantités ne peuvent être exprimées en nombres entiers. Car, bien que le grand côté, ou hypoténuse, d'un triangle rectangle puisse avoir une longueur qui s'exprime en nombres entiers, le plus souvent, tel n'est pas le cas : qu'elle puisse ou non s'exprimer ainsi dépend de la longueur des deux autres côtés. Ainsi, si les petits côtés sont 3 et 4, l'hypoténuse sera le nombre entier 5 (parce que $3^2 + 4^2 = 25$ et que la racine carrée de 25 est 5); mais si les petits côtés sont 4 et 5, la longueur de l'hypoténuse n'est pas un nombre entier mais 6,4031242... Les premiers philosophes grecs en furent très affligés, les pythagoriciens et les mathématiciens des époques ultérieures très contrariés, car ce fait menaçait l'idée que la géométrie était le fondement des mathématiques, mais il conduisit à des travaux plus soigneux et, en ce sens, agit comme un stimulant.

Sur l'approche grecque ultérieure du problème, voir page 127; sur l'attitude des Chinois face aux nombres irrationnels, voir page 198.

Les pythagoriciens étaient probablement capables de construire trois des cinq volumes «réguliers» (des volumes comme le cube dont toutes les faces et tous les angles sont égaux entre eux). Ils connaissaient le cube, la pyramide, le dodécaèdre à douze faces, et nul doute que cette symétrie enchantait leurs esprits mystiques. La croyance en l'importance fondamentale des nombres influençait aussi leur attitude à l'égard de la musique. Nous avons déjà vu comment les nombres étaient utilisés pour exprimer les intervalles musicaux; ce travail fut étendu de telle sorte que des gammes musicales entières, couvrant de nombreuses octaves, pouvaient être construites. Plus tard encore, au milieu du IVe siècle avant J.-C., Archytas de Tarente développera ce travail pour en bâtir une théorie musicale complexe. Les pythagoriciens croyaient aussi à l'existence d'un aspect musical du ciel, appelé «musique des sphères», une conception qui s'appuyait à la fois sur leurs connaissances des mathématiques des sons et sur leurs études des périodes orbitales des planètes.

Sur cette idée dans l'œuvre de Kepler, voir page 440.

L'astronomie pythagoricienne devait évidemment beaucoup aux Babyloniens; comme eux, elle tenait les corps célestes pour divins, bien qu'elle admît aussi l'idée que les planètes se trouvaient à des distances différentes de la Terre et plus proches d'elle que les étoiles. L'amour que les pythagoriciens portaient aux nombres les conduisit à étudier ces distances en déterminant les mouvements périodiques des planètes et, finalement, ils adoptèrent pour elles un ordre de distance fondé sur la vitesse à laquelle elles se déplacent sur leur orbite apparente autour de la Terre. Ce qui leur donna l'ordre que voici : Terre, Lune, Mercure, Vénus, Soleil, Mars, Jupiter et Saturne; plus tard, n'ayant observé le passage d'aucune planète sur le disque du Soleil, ils modifièrent cet ordre et placèrent Mercure et Vénus après le Soleil. Nous savons aujourd'hui que de tels passages se produisent, bien qu'ils soient rares et ne puissent être vus qu'à l'aide d'un télescope; mais, comme la séquence modifiée des distances était celle que nous savons aujourd'hui être correcte (lorsqu'elle est mesurée à partir du Soleil et non de la Terre et en omettant la Lune), on peut se féliciter que les pythagoriciens aient ignoré ces passages.

L'amour des pythagoriciens pour la beauté et la symétrie et leurs préoccupations relatives aux nombres les conduisirent à quelques conceptions importantes au sujet de l'univers. La première était que toutes les planètes doivent se déplacer régulièrement autour de la Terre selon la plus simple des courbes, c'est-à-dire en cercles; cette conception aura, nous le verrons, des effets très profonds sur l'astronomie grecque, puis sur l'astronomie médiévale en Europe. La seconde était que le ciel et la Terre étaient sphériques. La raison pour laquelle cette conception fut adoptée est incertaine, mais la symétrie y entre peut-être pour quelque chose; un ciel sphérique est beaucoup plus élégant que le ciel hémisphérique qu'Homère avait décrit. Quant à la Terre, il est très possible que Pythagore ait observé un navire disparaissant au-delà de l'horizon et qu'il en ait conclu que la Terre était courbe, et non plate; mais, même s'il en fut ainsi, accepter une sphère plutôt qu'un disque plat a dû être un acte de foi, foi dans la beauté essentielle de la Création.

Toutefois, la plus surprenante de toutes les conceptions pythagoriciennes de l'univers fut leur idée que la Terre était une planète, en orbite comme les autres planètes. On attribue généralement cette opinion à Philolaos, un des disciples de Pythagore qui naquit à Crotone et mena ses travaux pendant la seconde moitié du ve siècle avant J.-C., et il est très possible que Philolaos en soit l'auteur. La base de cette théorie d'une Terre en mouvement repose sur la signification du nombre

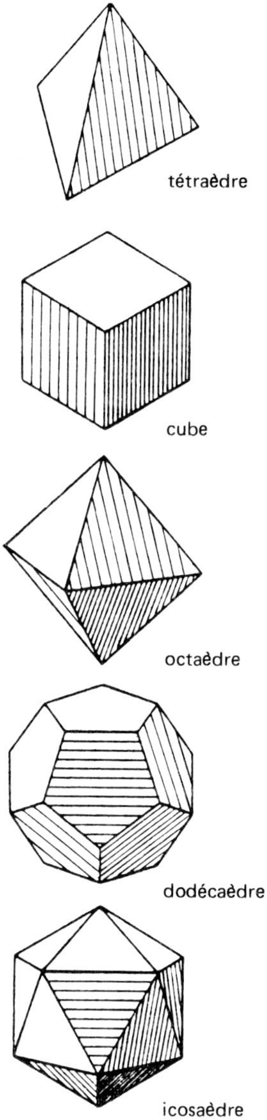

Les cinq volumes réguliers appréciés des pythagoriciens pour leur unité de forme et d'angles.

10, la «tetractys», dont on croyait qu'il devait exprimer le nombre des còrps en mouvement dans l'univers. Pour obtenir un nombre aussi élevé de corps, quelques aménagements furent nécessaires; on commença par placer, non pas la Terre, mais un «feu central» au cœur de l'univers, et on disposa tous les autres corps en orbite autour de lui. Ainsi, il y avait le feu central (immobile), autour duquel la Terre, la Lune, le Soleil, les cinq planètes et la sphère des étoiles au lent mouvement décrivaient leur orbite. Cependant, cela ne faisait encore que neuf corps en mouvement, et non dix. Pour résoudre cette difficulté, Philolaos, s'il s'agit bien de lui, proposa l'existence d'une «antikhthon» ou «Antiterre» qui traçait elle aussi son orbite autour du feu central, exactement à la même vitesse que la Terre. En conséquence, l'Antiterre se trouvait toujours entre la Terre et le feu central (dont la lumière était réfléchie par le Soleil), si bien que lorsque les parties habitées de la Terre s'écartaient du Soleil pour nous donner la nuit – car Philolaos pensait que la Terre tournait –, le feu central ne pouvait toujours pas être vu directement.

Le schéma d'ensemble était fort ingénieux; il résolvait le problème esthétique et mystique qui exigeait l'existence de dix corps en orbite; en même temps, non seulement il justifiait les observations des mouvements planétaires, mais il expliquait aussi pourquoi le feu central était invisible. Bien qu'elle fût erronée, c'était en 450 avant J.-C. une tentative hardie pour formuler une image de l'univers; avec sa Terre en rotation et en orbite, elle exercera une grande influence sur quelques philosophes ultérieurs.

La science en Grèce continentale

Anaxagore, Parménide, Zénon et Empédocle

La pensée scientifique grecque débuta en Ionie mais n'y resta pas longtemps confinée. Comme nous l'avons vu, Pythagore quitta Samos pour se rendre en Italie du Sud et propagea ainsi l'approche scientifique sur une autre partie des côtes méditerranéennes. Ce que fit aussi Anaxagore, qui naquit soixante ans environ après Pythagore, à Clazomènes en Lydie, à 65 kilomètres au nord-est de Samos et guère plus loin de Milet; Anaxagore quitta sa ville natale à l'âge de 20 ans pour visiter Athènes où il demeura en fait pendant trente ans. Là, il se lia d'amitié avec Périclès, l'homme d'État grâce auquel la démocratie athénienne parvint à son apogée et devint pour un temps la puissance dominante parmi les cités-États. Cette amitié eut pourtant ses inconvénients car les opposants politiques qui ne pouvaient pas grand-chose contre Périclès s'en prirent à son ami Anaxagore; ayant accusé de sacrilège le «philosophe de l'athéisme», ils obtinrent son bannissement.

Anaxagore n'écrivit qu'un ouvrage qu'il termina peu après 467 avant J.-C. Il y soutenait qu'à l'origine l'univers était un mélange uniforme et immobile. Puis, «l'esprit» le pénétra et fut cause que tout le système se mit à tournoyer. Dans le tourbillon qui s'ensuivit, la matière sombre, dense et froide tomba au centre et forma la Terre en forme de disque, tandis que toute la matière chaude, sèche et raréfiée était projetée vers l'extérieur. Le Soleil, la Lune, les étoiles et les planètes furent, pensait-il, arrachés à la Terre et réchauffés par friction alors qu'ils étaient entraînés dans un maelström de matière. Il croyait que le Soleil n'était rien de plus qu'un caillou chauffé au rouge. Sa vision était très rationnelle et logique, bien qu'elle manquât de l'inspiration propre aux idées des pythagoriciens, et elle joua aussi son rôle en influençant quelques penseurs ultérieurs.

Parménide et Zénon étaient natifs d'Élée, un port de la côte occidentale de l'Italie où s'était réfugié un peu auparavant le philosophe ionien, Xénophane, qui s'était enfui lorsque les Perses avaient envahi Phocée, la plus septentrionale des cités ioniennes. Xénophane avait cru à une forme de monothéisme et défendu l'idée d'un dieu supérieur à tous les autres dieux et supérieur aux hommes, un dieu qui était à l'origine de tout mouvement. Il enseigna aussi que la terre et la mer étaient confondues à l'origine des temps et assura que les coquillages trouvés dans les régions montagneuses venaient à l'appui de son affirmation; il semble en effet qu'il ait reconnu les fossiles pour ce qu'ils sont, d'authentiques vestiges d'animaux. Il est très possible que Parménide ait été son élève. Parménide a pour nous de l'importance non parce qu'il adopta l'idée de monothéisme, mais parce qu'il essaya de voir la «réalité» ultime derrière les phénomènes naturels, l'essentiel qui gît derrière ce que nous observons. Il affirme que l'«Être» est l'essence de toute chose; l'Être remplit tout l'espace, si bien que l'univers doit être un et illimité. Bien entendu, il est possible de concevoir le non-Être, c'est-à-dire des espaces totalement inoccupés, le vide, mais ce n'est pas la réalité. L'Être est immuable, éternel et immobile; le changement, l'éphémère et le mouvement sont du non-Être; ils sont irréels et illusoires.

Manifestement, Parménide est parvenu à des conclusions radicalement opposées à celles d'Héraclite, pour qui changement et mobilité étaient la vraie réalité. Mais l'importance réelle de Parménide tient à son approche d'un problème spécifique : comment expliquer la continuité essentielle de l'univers? Sa conception exerça pendant un temps une influence considérable.

Zénon était l'ami et le disciple de Parménide; en sa compagnie, il visita sans doute Athènes vers 450 avant J.-C. La légende veut qu'il soit mort de façon tragique quelque vingt-cinq ans plus tard, torturé puis exécuté par le tyran d'Élée ou de Syracuse contre lequel il aurait comploté. Zénon est resté dans l'histoire non pour ses activités politiques, mais pour ses célèbres paradoxes, imaginés pour prouver la vérité de la philosophie de Parménide, d'après laquelle l'univers serait une entité continue et immuable. Le plus connu de ses paradoxes est celui d'Achille et de la tortue, par lequel Zénon «prouve» qu'Achille ne peut jamais dépasser la tortue, même s'il court cent fois plus vite qu'elle. L'argumentation de Zénon est que lorsque Achille atteint le point de départ de la tortue, celle-ci a progressé d'un centième de la distance; et quand Achille aura couvert cette centième partie, la tortue aura couvert un autre centième de cette distance, si bien qu'elle sera toujours en avant, et cela *ad infinitum.* Un autre paradoxe célèbre est celui de la flèche. Ici, Zénon soutient qu'à tout moment une flèche ne peut occuper qu'une place égale à sa taille. Elle ne peut occuper un plus grand espace, pas plus qu'elle ne peut se trouver au même moment dans deux lieux différents. Puisque entre un instant et l'instant suivant il ne peut rien y avoir, absolument aucun intervalle, il s'ensuit que la flèche ne peut bouger. Aristote s'essaya longtemps à réfuter ces arguments et, par la suite, d'autres philosophes et mathématiciens s'y acharnèrent. On a compris aujourd'hui que ces deux paradoxes, qui sont de loin les plus profonds et les plus difficiles de ceux que Zénon inventa, reposent sur la confusion entre deux aspects très différents d'un problème particulier. Soit nous considérons le cours continu du mouvement, soit nous pensons aux objets : la flèche, la tortue et Achille, occupant diverses positions au long de leur course. Dans le second cas, nous sommes contraints de fixer l'objet à un point précis et de l'immobiliser pendant un instant. Les deux façons de considérer le problème s'excluent mutuellement et ne devraient donc pas être confondues.

Sur l'usage de paradoxes dans la pensée chinoise, voir page 186.

Zénon tient une place importante dans le développement des mathématiques grecques, car ses paradoxes soulignent l'étrange phénomène découvert par les pythagoriciens dans leur théorème sur les triangles rectangles, le phénomène de l'incommensurabilité, le fait que certaines valeurs ne peuvent être exprimées en nombres entiers. Zénon voulait un continuum, une continuité entre une unité de temps ou de distance et la suivante. Il repoussa l'idée de résoudre le problème de l'incommensurabilité en utilisant un nombre infini de très petites unités, ce qu'avaient fait les pythagoriciens, parce qu'elle ne s'accordait pas avec la conception de Parménide, et les paradoxes étaient destinés à réfuter l'approche pythagoricienne. Bien entendu, les paradoxes révoquent en doute quelques idées géométriques et numériques fondamentales, en particulier celle qui considère qu'une ligne droite est faite d'une quantité de points consécutifs : Zénon l'attaqua également au moyen d'un paradoxe.

Parménide et Zénon étaient des philosophes plus que des hommes de science et certaines de leurs idées peuvent paraître assez étranges; mais Empédocle d'Acragas (aujourd'hui Agrigente) fut un personnage encore plus surprenant. Située sur la côte sud de la Sicile, Acragas fut une très belle ville et un centre de culture grecque jusqu'à sa destruction par les Carthaginois, vers la fin du ve siècle avant J.-C. Empédocle y naquit vers 492 avant J.-C.; il vécut et poursuivit ses travaux dans cette ville jusqu'à sa mort, quelque soixante ans plus tard, et de multiples légendes tournent autour de lui. Il est mentionné comme étant médecin par les écrivains de l'histoire de la médecine et on lui attribua la paternité d'un traité médical; on le tient aussi pour être l'auteur d'ouvrages sur d'autres sujets, mais nous ne savons rien de ces ouvrages et il est possible qu'ils n'aient jamais existé. Cependant, Galien, le grand chirurgien grec des gladiateurs romains du IIe siècle après J.-C., invoque Empédocle, le fondateur de l'école sicilienne de médecine, et, un siècle seulement après l'époque où Empédocle est censé avoir vécu, Aristote lui attribue l'invention de la rhétorique.

On dit aussi qu'il accomplit plusieurs prodiges, tels que mettre fin à une épidémie en dérivant deux fleuves de façon que leurs eaux puissent se mélanger, et améliorer le climat d'une région en installant un brise-vent en travers d'une gorge. Dans un registre encore plus merveilleux, il aurait ressuscité une femme qui n'avait plus de pouls et ne respirait plus depuis trente jours, et apaisé les vents estivaux de la Méditerranée en les piégeant dans des sacs. Il existe plusieurs versions de sa mort : pour certains, il se jeta volontairement dans un cratère de l'Etna; à moins qu'il n'y ait glissé au cours de ses observations... D'autres affirment qu'il s'éleva dans le ciel. Il est sûr que la poésie dont il usait pour communiquer ses idées témoigne d'une imagination brillante, d'une belle éloquence, de vitalité et d'une pointe de théâtralité. Mais y eut-il une raison objective à la reconnaissance que lui témoignèrent les hommes de science grecs postérieurs? Ou bien Empédocle fut-il à peine plus qu'une légende?

En fait, il apporta quelques contributions originales à la science grecque, dont la plus importante est sa doctrine des quatre éléments. Il semble qu'il ait modifié les conceptions excessives de Parménide pour parvenir à l'idée de quatre substances immuables – ou éléments, ou encore, comme il les appelait, «racines de toutes choses» – et de deux forces fondamentales. Les éléments étaient désignés comme la terre, l'air, le feu et l'eau, et les deux forces, plus poétiquement comme l'amour et la haine, c'est-à-dire l'attraction et la répulsion. Les éléments ne doivent pas être considérés comme identiques aux substances ordinaires généralement désignées par ces mots, mais plutôt comme identiques à leurs caractéristiques essentielles et permanentes. Cependant, toute substance matérielle en est faite : ainsi, un morceau de bois contient de l'élément terrestre (c'est pourquoi il est lourd et solide), de l'élément aquatique (c'est pourquoi, s'il est chauffé, il commence par exsuder de l'eau), tout comme il contient de l'air (il dégage de la fumée) et du feu (il émet des flammes lorsqu'il brûle). La proportion relative de ces éléments détermine l'espèce particulière de ce bois. Comme nous le verrons bientôt, la théorie des quatre éléments se révélera d'une importance capitale.

Il semble qu'Empédocle se soit également livré à quelques recherches expérimentales. Ainsi, il utilisa la clepsydre (l'horloge à eau) pour prouver que l'élément air a une existence matérielle réelle, en observant la façon dont des bulles sont émises quand de l'air est prisonnier sous l'étendue d'eau, une observation importante pour pouvoir continuer de soutenir l'idée de Parménide que la vacuité apparente ne signifie pas le vide. Il étudia la question de la lumière et de la vision et ses observations le conduisirent à l'idée que les corps lumineux émettent quelque chose qui rencontre des rayons provenant des yeux; l'idée était incorrecte mais c'était un progrès par rapport à la croyance pythagoricienne d'après laquelle la vision était seulement due à quelque chose qu'émettaient les yeux. Empédocle enseigna également qu'il faut du temps pour que la lumière parcoure l'espace; il dut parvenir à ce résultat par le seul raisonnement car la première preuve expé-

Sur la démonstration qu'en fit Römer, voir page 479.

rimentale n'en fut apportée que plus de deux mille ans plus tard.

En ce qui concerne l'univers, Empédocle croyait qu'il s'était développé en quatre étapes. D'abord, les quatre éléments furent intimement mêlés à l'intérieur d'un univers sphérique; puis les éléments se séparèrent toujours davantage par répulsion (par la force «haine»). La troisième étape fut celle de la séparation totale des éléments et la quatrième, celle d'un mélange partiel et croissant des éléments sous l'emprise de l'attraction («l'amour»). Empédocle considérait-il ce processus comme étant un processus cyclique ou comme un processus qui s'était accompli une fois pour toutes ? La chose n'est pas claire et l'on en discute toujours. Ce qui est sûr, c'est qu'il croyait non seulement que l'univers était sphérique et rempli de matière, mais aussi qu'il était contenu dans un globe transparent. A cette époque, le seul matériau réellement transparent que l'on connût était le cristal de roche (une variété de quartz); d'où la croyance que l'univers était une sphère de cristal, une idée que les générations ultérieures révisèrent et qui devint celle d'une série de sphères emboîtées les unes dans les autres. Les étoiles étaient fixées sur la sphère de cristal; comme les planètes, elles étaient des masses de feu. Néanmoins, Empédocle avait compris que la Lune brille parce qu'elle réfléchit la lumière du Soleil, une conception soutenue par Parménide. Puis Empédocle étendit cette théorie au Soleil qu'il pensait être une image de tout le ciel diurne réfléchi par la surface de la Terre, car, à l'encontre des pythagoriciens, il ne semble pas avoir considéré la Terre comme une sphère. Il donna cependant une explication correcte des éclipses de Soleil comme étant dues à la disparition de la lumière du Soleil derrière la Lune.

Une autre idée intéressante d'Empédocle avait trait à la quatrième étape de l'évolution de l'univers : celle de la création des animaux. Il croyait qu'à l'origine différentes parties d'animaux – des membres et des organes – se formèrent et qu'elles s'assemblèrent par la suite. Aux premiers âges, il en résulta la création de monstres, d'où les légendes à leur sujet, mais ces monstres n'étaient guère adaptés à leur environnement et ne pouvaient survivre ni se reproduire. Par la suite, cependant, des formes satisfaisantes, en harmonie avec l'environnement, surgirent; elles réussirent à engendrer des petits et, de ce fait, elles survécurent. C'était, dans un sens, une doctrine de l'évolution et de la sélection naturelle que Darwin citera d'ailleurs dans la préface à son célèbre ouvrage *De l'origine des espèces.* Mais, chez Empédocle, la sélection s'arrête

Sur le développement de la théorie de l'évolution au XIXe siècle, voir pages 534-554.

sitôt après l'apparition de créatures adaptées et aptes à se reproduire, soit exactement là où commence la théorie de l'évolution de Darwin qui prit en compte les conséquences de l'hérédité.

Notons, pour terminer, que c'est Empédocle qui avança l'idée du flux et du reflux du sang dans le corps, en prenant exemple sur la façon dont l'eau se comporte dans la clepsydre. Cette conception fut généralement tenue pour exacte jusque vers 1630.

Les atomistes grecs

La théorie atomiste grecque est née à Abdère, un port florissant de la côte nord de la mer Égée, fondé par des gens qui avaient fui devant l'invasion de la Lydie par les Perses. C'est là qu'après avoir quitté Milet, Leucippe, le premier atomiste grec, s'établit aux alentours de 478 avant J.-C. Cependant, bien qu'il soit certain que Leucippe ait exprimé sa théorie à Abdère, nous ne savons pas avec précision ce qu'il enseignait, ni quelle fut la source de ses idées. Rien, pas un livre, pas même des fragments écrits de son enseignement n'ont survécu, et la théorie, telle que nous la connaissons, fut transmise par son élève, Démocrite, le plus habile défenseur de ce nouvel enseignement. Mais, d'après ce qu'en dit Démocrite, il semble que Leucippe professait de nombreuses idées de la philosophie ionienne, particulièrement sur la formation de l'univers.

Il existe deux traditions à propos de Démocrite : la première veut qu'il soit né à Abdère vers 500 avant J.-C. et qu'il mourut très âgé vers 404 avant J.-C.; d'après la seconde, qui est aussi la plus vraisemblable, il serait né après 460 avant J.-C., ce qui ferait de lui le contemporain de Socrate. Il a dit d'ailleurs s'être rendu à Athènes pour rencontrer Socrate mais il semble qu'il fut trop timide pour se présenter à lui. Quoi qu'il en soit, ayant fait un bel héritage, il décida d'aller faire des recherches à l'étranger, une démarche qui n'avait rien d'inhabituel; des Grecs à l'esprit philosophique voyageaient souvent à travers la Méditerranée à la recherche du savoir, mais quelques commentateurs ont affirmé que Démocrite se dirigea vers l'est, pour se rendre en Perse, ou même plus loin, jusqu'en Inde. Il semble que ces rumeurs soient nées pour essayer de démontrer que les origines de la théorie atomiste viennent de l'Orient mais, d'après des recherches récentes, la chose est peu probable. Il est reconnu qu'il exis-

Sur la théorie atomiste en Inde, voir page 260.

tait en Inde une «théorie atomiste», mais elle était plus semblable à un équivalent de la théorie grecque des quatre éléments qu'à celle que Leucippe et Démocrite allaient élaborer. En effet, il semble que nous ayons maintenant toutes les raisons de supposer que l'atomisme grec était autochtone et qu'il fut un développement naturel des idées qui le précédèrent, la poussée d'une réaction contre certains aspects de l'enseignement de Parménide et de Zénon. C'est certainement ce qu'Aristote supposa plus tard et il est fort possible qu'il ait eu raison car, vers le milieu du ve siècle avant J.-C., il apparut à un certain nombre de penseurs que Parménide avait montré que les essais pour expliquer les commencements de l'univers étaient voués à l'échec.

Parménide avait démontré, à sa propre satisfaction et sans aucun doute à la satisfaction de beaucoup d'autres, que rien ne pouvait exister à partir du non-Être, c'est-à-dire de rien. Mais cette idée était associée à son enseignement selon lequel l'Être, l'essence des choses, ne peut changer (s'il avait changé, il serait devenu non-Être). Ainsi, toute explication de l'origine du cosmos qui fait appel aux substances primaires était vouée au fiasco parce qu'elle aurait impliqué un changement. C'était un état de choses très dérangeant, et Anaxagore – d'autres aussi, sans doute – avait vainement cherché comment sortir de cette impasse. Une théorie atomiste semblait être le seul moyen de résoudre le dilemme.

Le principe de base de la théorie de Leucippe et de Démocrite est l'existence de deux choses : les atomes et le vide; ainsi, le monde est composé de blocs de matière dans un océan de vide total. Les atomes sont une substance solide, dont le nombre et les formes sont infinis, et la plupart d'entre eux, si ce n'est tous, sont trop petits pour être visibles; en fait, dans une forme ultérieure de la théorie, soutenue au siècle suivant à Athènes par le Ionien Épicure, il était certain que les atomes étaient petits au point d'être invisibles. Un atome ne peut être sectionné ou divisé d'aucune manière et il est totalement impénétrable. Tous les atomes sont perpétuellement en mouvement dans le vide.

Quand un groupement d'atomes est divisé, un vide se produit et, comme les atomes ont tendance à s'assembler, ils forment une sorte de pellicule lorsqu'ils s'agrègent les uns aux autres. Cette pellicule est une enveloppe de forme sphérique qui contient tout notre univers. Cependant, cette bulle sphérique n'est pas unique. Étant donné qu'il n'y a pas de limites à l'étendue du vide ni, comme nous l'avons vu, au nombre des atomes, beaucoup d'autres bulles sphériques, beaucoup d'autres univers peuvent exister à côté du nôtre et ils varient beaucoup par la taille et le contenu : l'un peut ne pas avoir de Soleil, l'autre pas d'animaux, etc. Et, de temps à autre, ces univers peuvent entrer en collision et être détruits.

Tout ce que nous voyons autour de nous est composé d'atomes et de vide : il doit en être ainsi parce que rien d'autre n'existe. Les substances sont différentes les unes des autres parce que leurs atomes diffèrent soit par leur forme, soit par la façon dont ils sont combinés. De plus, les atomes peuvent être proches au point de se toucher – ils donnent alors une matière dense et rigide – ou rester à une certaine distance les uns des autres et donner dans ce cas une matière molle et flexible. Assez bizarrement, il semble que Démocrite n'ait pas postulé que les atomes ont un poids intrinsèque; cette proposition fut émise par Épicure. Par ailleurs, Démocrite croyait que les atomes n'interrompaient pas leurs mouvements individuels après s'être intégrés à un corps; cette intégration restreignait seulement la liberté de leurs mouvements, conséquence d'une «nécessité» qu'il estimait être une cause inhérente, indépendante des conditions extérieures.

Assurément, la gamme d'expériences quotidiennes que la théorie atomiste pouvait expliquer était très vaste. Le goût, l'odorat, le toucher, la vue et l'ouïe étaient tous des résultats du fonctionnement atomiste : le goût avait pour cause le contact direct entre les atomes d'une substance et ceux de la bouche, les sons étaient engendrés par des atomes qui s'imprimaient sur les atomes ambiants de l'air, lesquels portaient cette empreinte jusqu'à l'oreille; la vue et l'odorat étaient des empreintes identiques, transmises par l'air, tandis que le toucher était un mécanisme de contact, comme le goût. Et ce n'était pas tout! La théorie atomiste pouvait expliquer une série bien plus étendue de phénomènes. Le feu et l'âme humaine étaient tous deux atomistes, l'un et l'autre composés d'atomes sphériques extrêmement rapides qui ne pouvaient se lier entre eux. A la mort, les atomes de l'âme se séparaient du corps mais ils le faisaient très lentement, c'est pourquoi les cheveux et les ongles continuaient encore de pousser pendant quelque temps. Les atomes de l'âme avaient pour tâche de produire de la chaleur dans un corps et de lui donner la capacité de bouger; en fait, ils étaient une force vitale, la véritable essence de la vie. Mais, une fois qu'ils s'étaient séparés, c'était la mort et, qui plus est, il ne restait rien. Les atomes de l'âme se dispersaient et tout était terminé. Il n'y avait pas de vie au-delà de la mort car il n'y avait pas d'âme pour la vivre.

Il s'agissait non seulement d'une doctrine nouvelle, mais d'une doctrine matérialiste. Pour Démocrite, tout était prédéterminé, en ce sens que tout résultait de la pure et simple relation de cause à effet parmi les atomes. Le hasard jouait certainement son rôle mais cela ne changeait rien à la prédétermination des événements, seulement à notre incapacité de les prédire. C'était une théorie logique et ingénieuse, qui expliquait de nombreux phénomènes, mais elle relevait essentiellement d'un exercice de spéculation scientifique. Elle diffère de façon très prononcée de la théorie atomique moderne parce que notre théorie, dont les fondements furent jetés au XIXe siècle, est basée sur des mesures soigneuses et sur une analyse chimique précise; la théorie atomiste grecque ne peut donc être confondue avec elle car, si brillante soit la première sur le plan intellectuel, elle n'était pas l'aboutissement de techniques expérimentales.

Sur l'élaboration de la théorie atomique par Dalton au XIXe siècle, voir pages 562-563.

En dépit de leurs nombreux et indéniables attraits, les atomes de Démocrite n'occupèrent pas une place durable dans le grand courant de la science grecque. Épicure admit très certainement leur existence et ils faisaient partie de sa philosophie matérialiste. De même, ils font partie intégrante du long exposé poétique, le *De natura rerum (De la nature des choses)*, du Romain Lucrèce (Titus Lucretius Carus), écrit au Ier siècle avant J.-C. Ce n'était pas vraiment un poème scientifique mais il recommandait aux Romains la philosophie épicurienne; cependant, c'est dans la doctrine philosophique d'Épicure que la théorie atomiste demeura enfouie et, finalement, ensevelie.

Socrate et ses successeurs

Il nous faut à présent faire une pause sur la voie du développement de la science grecque pour nous arrêter un moment sur Socrate (470-399 av. J.-C.), qui est peut-être le plus célèbre des philosophes grecs et «le meilleur, le plus sage et le plus juste des hommes», comme disait son disciple Platon. C'est en effet un personnage si éminent et il marque une telle rupture dans la pensée grecque, que les philosophes grecs sont couramment désignés comme pré ou postsocratiques; rien d'étonnant donc à ce que Démocrite ait souhaité le connaître. D'une laideur légendaire et pourvu d'une femme, Xanthippe, qui est le prototype de la mégère, Socrate semble avoir inspiré à des générations de penseurs athéniens des valeurs morales élevées et l'amour de la vérité. Il était fortement opposé aux sophistes, les enseignants et écrivains professionnels grecs, dont les honoraires élevés montrent que leur clientèle se recrutait parmi les fils de gens aisés et ambitieux, soucieux de réussir dans la vie publique. L'opposition de Socrate à leur égard n'était cependant pas due à leurs tarifs exorbitants, bien qu'il jugeât cette pratique méprisable, mais à leur manque de sérieux, à leur scepticisme et au fait que, selon lui, ils échouaient à inculquer des valeurs morales absolues. L'intégrité et la modération étaient les vertus que Socrate enseignait grâce à sa «méthode socratique», une technique dialectique par laquelle il guidait ses élèves, au moyen de questions qui appelaient des réponses auxquelles on pouvait parvenir à partir d'un savoir préalable. Mais Socrate se montrait souvent cynique et toujours intrépide dans sa critique et il se fit nombre d'ennemis, en dépit de sa bienveillance; il ne faut peut-être pas s'étonner qu'il ait été traduit devant un tribunal sous le coup de plusieurs inculpations, dont celle d'avoir «corrompu» la jeunesse athénienne, qui entraînèrent sa condamnation à mort.

Les circonstances de la mort de Socrate, en particulier sa dignité et son absence d'amertume, ont largement contribué à sa gloire ultérieure. Platon et Xénophon transmirent sa pensée à la postérité et le martyre de Socrate consacra son enseignement. Mais, quel fut l'effet de cet enseignement sur la science de son époque et celle des philosophes postsocratiques? Socrate s'éleva contre les astronomes et les météorologistes; il n'avait pas de temps à perdre avec ceux qui essayaient de sonder la nature du monde physique; ils auraient mieux fait, pensait-il, d'étudier l'éthique et les relations entre l'homme et l'homme, de telle sorte que les hommes puissent apprendre à vivre satisfaits et paisibles, comme de bons citoyens. A première vue, son influence fut catastrophique mais, en pratique, elle ne fut pas aussi mauvaise que cela.

On a toujours considéré que Socrate représentait une rupture dans l'histoire de la philosophie grecque, et même mondiale. Effectivement, il découvrit la dialectique, une méthode de discussion par laquelle l'individu commence par un énoncé irrécusable, fondé sur la simple expérience, et, à partir de là, construit une argumentation complexe au moyen de quelques règles claires et logiques. Le résultat fut que l'enquête sur le monde naturel, selon les préceptes socratiques que Platon développa, eut tendance à prendre la forme d'arguments abstraits et théoriques, inspirés des différentes exigences de l'homme, plutôt que celle d'une investigation soigneuse des phénomènes eux-mêmes et de l'émission conséquente d'hypothèses pour les expliquer. C'est du fait de la propagation de cette méthode de logique – qui est inappréciable en mathématiques – que l'on a souvent accusé l'œuvre de Socrate et de Platon d'avoir nui au développement des sciences naturelles. En effet, ce fut seulement au XVIe siècle que la science occidentale se libéra de cette méthode et que l'on développa une autre méthode qui comprenait l'observation, l'hypothèse, la prévision et l'expérimentation.

Au cours de la description des conceptions scientifiques des philosophes ioniens et de ceux qui les suivirent, nous avons détecté les débuts d'une description scientifique du monde naturel, mais c'était une science fort peu disciplinée et la spéculation y était quasiment effrénée; toutefois, il faut admettre qu'à ce stade précoce du développement des idées scientifiques, une forte dose de pensée spéculative était inévitable, car, sans elle, peu de progrès eussent été accomplis. Mais on peut arguer aussi que le temps était venu que cessât la seule spéculation : les choses avaient atteint le stade où une certaine prudence devenait nécessaire. La spéculation avait besoin d'être atténuée par une observation attentive et il est possible que l'un des résultats de l'attitude de Socrate fut de rendre les futurs philosophes plus observateurs et nettement plus critiques. Mais nous allons voir que, de toute évidence, cela ne provoqua aucun temps d'arrêt dans le développement de la science grecque.

Hippocrate de Chio

Pour la plupart des lecteurs, le nom d'Hippocrate évoque quelque vague image de la médecine grecque, probablement associée à la déontologie de la pratique médicale et au «serment d'Hippocrate». Cependant, au Ve siècle avant J.-C., deux hommes de science grecs portèrent ce nom : le mathématicien Hippocrate, né dans l'île ionienne de Chio, et un autre Ionien, le médecin Hippocrate, originaire de l'île de Cos, à quelque 220 kilomètres plus au sud.

Contemporain de Socrate, Hippocrate de Chio fonda une école de mathématiques à Athènes qui, sous son influence, devint bientôt le foyer mathématique le plus avancé du monde grec, une position qu'elle maintint jusqu'à l'essor d'Alexandrie deux siècles plus tard. Hippocrate fut d'abord un commerçant qui perdit beaucoup d'argent, soit parce qu'il fut capturé par des pirates, soit, nous dit Aristote, parce que ce naïf se fit escroquer par des officiers des douanes à Byzance (aujourd'hui Istanbul). Qu'il ait été victime ou crédule, ses dons pour la géométrie n'en sont pas moins patents.

A l'époque où Hippocrate se rendit à Athènes pour la première fois, les mathématiciens affrontaient trois problèmes : la duplication du cube, la quadrature du cercle et la trisection de l'angle. Il analysa le premier et fit progresser la recherche concernant la résolution du second. La duplication du cube était une autre façon de désigner le problème de la détermination des côtés d'un cube dont le volume est le double de celui d'un cube donné. Il n'est pas nécessaire d'entraîner le lecteur dans la description détaillée et fastidieuse de la façon dont Hippocrate discuta ce problème, sauf à dire qu'il utilisa une méthode mathématique connue sous le nom de réduction géométrique; c'est-à-dire qu'il réduisait le problème à un problème plus simple, puis il utilisa ce résultat pour analyser le problème plus difficile, objet de sa recherche initiale. Nous ignorons si c'est Hippocrate qui découvrit cette méthode ou s'il la tenait des pythagoriciens.

Le second problème, la quadrature du cercle, consiste à trouver la surface d'un cercle. Hippocrate décida que la meilleure façon de l'aborder était de trouver la surface d'une lunule, , ainsi appelée à cause de sa ressemblance avec la Lune à son premier ou son dernier quartier. Ici encore, le détail de la méthode employée par Hippocrate est superflu, bien que ce succès ait été la raison principale de sa réputation. Il vaut la peine de noter cependant que la méthode qu'il adopta consistait à trouver la surface d'une figure limitée par des lignes droites, puis à prouver géométriquement que cette surface était égale à celle de la lunule. Ce n'était pas facile et Hippocrate dut mettre sa méthode au point en passant par quantité d'étapes intermédiaires, strictement démontrées; mais, finalement, il atteignit son but. Cependant, prétendre que ces résultats lui permirent de mesurer la surface du cercle serait faux. Une solution partielle à ce problème – mais dont Aristote parla en termes peu élogieux – fut inventée à Athènes par Antiphon le Sophiste, qui trouva cette surface en mesurant les surfaces de polygones tracés à l'intérieur d'un cercle. Le premier mathématicien qui parvint à un résultat strictement géométrique fut Hippias, quelque cinquante ans plus tard. Archimède, de son côté, découvrit une autre solution.

Sur la méthode chinoise de calcul de la surface d'un cercle, voir page 200; sur le calcul de π par Archimède, voir page 144.

La réputation d'Hippocrate ne repose pas seulement sur ses succès face aux problèmes qui se posaient aux mathématiciens de son temps, mais aussi sur le fait qu'il rassembla le savoir géométrique grec de son époque et qu'il l'organisa en système. Ce fut le premier essai accompli pour classer la multitude des théorèmes et des preuves qui avaient proliféré au cours des dernières décennies du ve siècle avant J.-C.; cependant, le premier exposé formel complet de géométrie ne sera pas rédigé avant l'époque d'Euclide, soit plus d'un siècle plus tard.

Hippocrate de Cos et la médecine grecque

D'après la tradition, le fondateur de la médecine grecque était Asklépios, auquel Homère se réfère dans *l'Iliade.* A l'époque d'Homère, Asklépios n'était encore qu'un médecin irréprochable; plus tard, il fut déifié : fils d'Apollon, il aurait appris l'art de guérir sous l'égide du centaure Chiron et aurait été foudroyé par Zeus car, grâce à la pratique de son art, il aurait pu rendre tous les hommes immortels. Asklépios est généralement représenté tenant un bâton autour duquel s'enroule un serpent mais, curieusement, le symbole médical plus moderne du bâton ailé, portant deux serpents entrelacés, est sans rapport avec le premier. En effet, celui-ci n'a pas de signification médicale mais représente le caducée magique d'Hermès, ou Mercure, dieu du commerce et messager des dieux.

Asklépios a-t-il réellement existé ? Nous l'ignorons, mais son culte était florissant : célébré dans des temples spécialement consacrés, il comprenait un traitement de type rituel que l'on considérait alors comme adapté à de nombreuses formes de maladie. Le bain purificatoire était suivi d'une «incubation», période de repos qui s'accompagnait de rêves, ensuite interprétés par les prêtres d'Asklépios. Les gens guéris faisaient des dons au temple. Il semble que l'on utilisait peu de drogues dans ces temples – elles étaient prescrites ailleurs, par des médecins –, et l'on n'y pratiquait pas la chirurgie; le traitement était essentiellement psychologique. De tels traitements, auxquels on se soumettait dans des temples, n'étaient pas une invention des Grecs; il s'en était pratiqué en Égypte et il est possible que la coutume en soit venue de ce pays. Néanmoins, nous ne devons pas perdre de vue le fait que la médecine grecque accorda toujours une attention particulière à l'aspect psychologique.

Illustration page 84.

Les médecins grecs utilisaient des drogues végétales qui, pendant des siècles, furent récoltées par les *rhizotomoi,* ou ramasseurs de racines. Ils recueillaient plantes et racines pour la sorcellerie aussi bien que pour la médecine et, au cours des âges, ils avaient amassé un trésor de connaissances sur leur efficacité. Ils croyaient aussi que la cueillette devait être faite à des époques appropriées – de nuit ou pendant une phase précise de la Lune – et s'accompagner parfois d'incantations. On estimait que leur tâche n'était pas dénuée de danger. Selon la formule heureuse d'un historien, couper des plantes et arracher des racines à la Terre Mère était «analogue au fait d'arracher des poils au pelage d'un tigre endormi»; l'opération n'était exempte de danger que si les précautions appropriées avaient été prises. Bien entendu, il était du devoir du médecin de rassembler ce savoir et de déterminer les dosages adéquats et les applications correctes.

Naturellement, l'esprit grec ne se satisfaisait pas de la seule pratique médicale; il lui fallait aussi un peu de théorie. Comme nous l'avons déjà vu, les différentes écoles de pensée grecques avaient tendance à considérer le monde chacune à sa manière et l'on ne s'étonnera pas de découvrir qu'il en fut de même en médecine. Dès les débuts de son histoire, la médecine grecque fut divisée en quatre écoles principales. L'une était pythagoricienne et son maître, Alcméon de Crotone, enseignait que la santé était due à un équilibre de forces dans le corps; contrairement aux croyances de son temps, il considérait le cerveau comme le siège des sensations. L'astronome Philolaos, qui s'intéressait aussi à la théorie médicale, appartenait à cette même école et se distingua en séparant pour la première fois les fonctions sensorielles, animales et «végétatives».

La seconde école grecque de médecine fut l'école sicilienne, apparemment fondée par Empédocle d'Agrigente, que nous avons déjà rencontré à propos de la théorie des quatre éléments. Il eut deux disciples, Acron et Philistion, qui tous deux soulignèrent l'importance de l'air à l'intérieur et à l'extérieur du corps; on attribue également à Acron la rédaction d'un ensemble de principes pour conserver la santé. Dans la troisième école, ionienne, on pratiquait un peu la dissection anatomique. Dans la quatrième, située à Abdère, on insistait énormément sur l'usage médicinal de la gymnastique et de la diététique. Un de ses maîtres, l'atomiste Démocrite qui, soit dit en passant, pourrait avoir connu Hippocrate de Cos, s'intéressait beaucoup à ce que nous appellerions aujourd'hui la médecine psychosomatique, tout en s'occupant également de nombreux autres aspects de la science médicale. Hérodicos était un autre membre de cette école et l'on dit qu'il aurait été le maître d'Hippocrate.

Les quatre écoles de pensée médicale apparurent très tôt et, à l'époque d'Hippocrate, vers la fin du ve siècle et pendant les premières décennies du IVe siècle avant J.-C., elles cédèrent la place à deux principaux centres d'étude médicale, situés l'un à Cnide, l'autre à Cos, distants de quelques kilomètres et seulement séparés par le golfe de Cos. La confrérie médicale de Cnide se concentra sur l'étude de certaines maladies et forma des spécialistes dans les domaines de la gynécologie et de l'obstétrique. L'école de Cos avait une approche plus générale, ainsi qu'un registre plus étendu, et il semble juste de dire qu'elle fut alors le premier centre de la médecine classique. C'est là qu'Hippocrate naquit vers 460 avant J.-C.

Son enseignement et celui de ses confrères et disciples de Cos sont contenus dans un recueil de quelque soixante textes importants, connu sous le nom de *Corpus hippocratique,* mais il est difficile aujourd'hui de savoir avec certitude quelles parties en furent écrites par Hippocrate et lesquelles sont d'une autre main. Ces textes datent des dernières décennies du ve siècle avant J.-C. et il semble qu'ils aient été finalement rassemblés par des érudits grecs à Alexandrie. Certains de ces traités semblent provenir de l'école de Cnide plutôt que de celle de Cos, et le célèbre texte intitulé *la Nature de l'homme* est presque certainement de Polybe, le gendre d'Hippocrate; toutefois, il semble que bon nombre de ces traités soient l'œuvre d'Hippocrate.

Le présent ouvrage n'est pas une histoire de la médecine mais de la science en général, aussi n'est-ce pas ici le lieu de décrire le contenu de chacun de ces livres et d'entrer dans leur détail. Mais, du fait de l'immense prestige d'Hippocrate et des effets durables de son enseignement, qui se prolongèrent sans interruption jusqu'au Moyen Age, nous devons parler ici des attitudes mentales qui présidaient à l'école de médecine de Cos. D'abord et avant tout, il faut se rendre compte que le savoir anatomique y était rudimentaire. On connaissait les os, mais les médecins de Cos n'avaient qu'une très vague idée des organes internes. Cependant, il leur fallait disposer d'une approche générale du fonctionnement du corps s'ils voulaient soigner leurs patients avec méthode; ils formulèrent donc la doctrine des «humeurs» ou liquides, une idée qui n'était pas neuve mais à laquelle ils donnèrent une base rationnelle. A l'origine, ce fut indéniablement grâce à l'observation que l'on découvrit que le corps de l'homme et celui de l'animal contenaient des liquides différents, tels que le sang et la bile qui avaient manifestement beaucoup d'importance. En effet, certains états physiques s'accompagnent de l'excrétion de liquides : un nez qui coule est le symptôme d'un rhume de cerveau, des vomissements et des diarrhées prouvent à l'évidence un état physique différent. Associées à la conception pythagoricienne de la santé, effet de l'équilibre dans le corps, ces observations conduisirent à la doctrine. Les quatre éléments d'Empédocle jouèrent aussi un rôle dans l'interprétation hippocratique où ils s'accompagnaient des «quatre qualités» : sécheresse, humidité, chaleur et froid. En conséquence, on pensait que le corps contenait quatre humeurs : le sang, la pituite, la bile et l'atrabile. Les quatre qualités leur étaient associées et, chez une personne en bonne santé, toutes se trouvaient en état d'équilibre; un excès de l'une ou de deux d'entre elles aurait entraîné quelque désordre physique. Plus tard, au IIe siècle après J.-C., le médecin Galien étendit cette doctrine pour y inclure les quatre tempéraments, une forme de classification des hommes en sanguins (chaleureux et aimables), flegmatiques (lents et apathiques), mélancoliques (tristes et déprimés) et colériques (emportés et prompts à réagir). Cette classification aura cours en médecine jusqu'au XVIIe siècle, de même que les quatre humeurs et les quatre qualités d'Hippocrate.

Sur la carrière et l'enseignement de Galien, voir pages 321-324.

Les fièvres et les maladies étaient donc imputées à un déséquilibre des humeurs et qualités, mais on avait grand soin d'en distinguer les différents types, spécialement les maladies de poitrine et les effets divers de la malaria. Celle-ci, quant à elle, posait au médecin de sérieuses difficultés car un accès de malaria peut masquer d'autres maladies, ou du moins dénaturer leurs symptômes; elle sévissait sur le pourtour méditerranéen, si bien que les médecins hippocratiques étaient souvent confrontés à ces difficultés. Cependant, bien qu'ils examinassent leurs patients avec un soin extrême, on est surpris d'apprendre qu'apparemment ils n'avaient pas remarqué que la vitesse du pouls se modifie avec la fièvre; il apparaît en effet que prendre le pouls était une phase de l'examen à laquelle ils se livraient rarement, peut-être parce qu'ils se préoccupaient moins de diagnostiquer une fièvre que de prévoir son évolution (pronostic). Après tout, le travail des médecins hippocratiques consistait à utiliser le pouvoir de guérison de la nature et c'est dans cette optique que le traitement était prescrit. Aussi, bien que le médecin eût à sa disposition les purgatifs et les émétiques, la diète absolue et même la saignée, il prescrivait aussi des bains et des massages, de la tisane d'orge, du vin et des infusions de miel pour essayer de calmer les souffrances et apporter détente et confort afin que la guérison naturelle pût se produire; le médecin se souciait également du bien-être mental du patient.

Hippocrate est l'auteur du premier ouvrage de climatologie médicale. Son *Traité des airs, des eaux et des lieux* décrit les effets du climat et de l'environnement sur l'état de santé, spécialement sur la diffusion des épidémies, et s'intéresse à la nature de l'eau et des aliments du lieu, et à la nature des peuples eux-mêmes. C'était ouvrir un domaine totalement nouveau. Mais, de tous les livres du *Corpus hippocratique,* le plus célèbre fut certainement le recueil d'aphorismes. Aujourd'hui encore, plus de deux mille trois cents ans après sa rédaction, la plupart des gens connaissent celui qui débute ainsi : «La vie est courte, l'Art est lent, l'occasion fugitive, l'expérience trompeuse et le jugement difficile.» En revanche, le second aphorisme est moins connu : «Le médecin doit être prêt non seulement à accomplir lui-même son devoir mais aussi à s'assurer la coopération du patient, des assistants et de l'entourage.» Il fait penser à ce qu'on a appelé «le serment d'Hippocrate», adopté comme la règle de conduite de tous les médecins à travers les âges et qui met en relief le devoir du praticien de travailler pour le bien de ses patients et le caractère sacré de la confiance entre eux et lui.

Il est clair que l'école hippocratique visait des buts élevés, bien que les détracteurs d'Hippocrate l'aient parfois accusé de s'intéresser davantage aux connaissances générales qu'aux soins individuels. Cependant, il est vrai que nous trouvons chez Hippocrate et ses successeurs la première manifestation évidente en Occident de la médecine en tant que science. Hippocrate inculqua un point de vue scientifique et employa des méthodes scientifiques dans un champ d'activité envahi par la magie et la crédulité. Ses opinions étaient prudentes et modérées et il rejetait aussi bien la philosophie et la rhétorique, quand elles n'étaient pas pertinentes, que la nuée des superstitions qui régnaient alors. De surcroît, Hippocrate a décrit en détail l'histoire de ses traitements, consignant ses échecs aussi bien que ses succès d'une manière strictement scientifique. En fait, il fut en Occident l'inventeur des rapports médicaux; malheureusement, son exemple ne fut pas suivi et cette pratique ne reprit qu'au IXᵉ siècle après J.-C. en Islam, et pas avant le XVIᵉ siècle en Europe.

Platon

Nous voici maintenant parvenus à l'époque des philosophes postsocratiques dont le premier fut Platon, un élève et un intime de Socrate, un homme qui exerça une influence considérable sur les hommes qui vinrent après lui, en Grèce et partout ailleurs. Platon est né en 427 avant J.-C., probablement à Athènes, et il y mourut en 348 ou 347 avant J.-C., si bien qu'il vécut une très longue période de troubles. De 431 à 404 avant J.-C., la guerre du Péloponnèse opposa Athènes et Sparte et s'acheva par la défaite totale d'Athènes. En 403 avant J.-C., un an après sa défaite, Athènes était à nouveau une démocratie indépendante, bien que sa structure sociale eût quelque peu changé. Par suite des ravages dont avaient souffert les campagnes environnantes, les grands propriétaires terriens n'étaient plus l'aristocratie dominante; la classe commerçante qui montait était à la fois puissante et riche, et Athènes bénéficia au siècle suivant d'une période de grande prospérité matérielle. L'éloquence y atteignit son apogée avec Démosthène et la pensée créative avec Platon et Aristote.

Aristocrate, Platon fut toujours très conscient de ses origines nobles; pourtant, il décida de ne pas se mêler des affaires publiques, peut-être parce qu'il se méfiait des hommes au pouvoir, peut-être parce qu'il attachait trop de prix aux principes moraux et à la bonté de l'homme, comme ç'avait été le cas de son maître Socrate, soit encore tout simplement parce qu'il était trop captivé par l'étude et l'investigation philosophique. Quoi qu'il en soit, vers l'âge de 30 ans, il décida de voyager et partit d'abord vers l'Occident pour visiter l'Italie et les pythagoriciens encore que, d'après Cicéron, il aurait commencé par visiter l'Égypte. Il paraît sûr qu'il se soit rendu à Syracuse où il se serait fâcheusement égaré dans les affaires politiques locales. Pendant ce séjour en Sicile, Platon rencontra Archytas de Tarente, un homme politique compétent qui, par ailleurs, apporta d'importantes contributions à la théorie des «moyennes» et des proportions en mathématiques et à la théorie musicale, y compris l'observation que plus un son est aigu, plus grande est la fréquence de vibration de la corde ou de la colonne d'air qui le produit. Archytas s'intéressa beaucoup également aux fondements des différentes sciences et parvint à la conclusion que l'art de calculer est la base de toute science et qu'il est encore plus fondamental que la géométrie. Cependant, en dépit de son intérêt dominant pour les calculs et les nombres, Archytas se livra à des travaux de géométrie et sa célébrité est due à la solution qu'il proposa au problème de la duplication du cube. Tout cela donna beaucoup d'éclat à la conviction qu'il exprima plus tard que l'étude des mathématiques, grâce aux aperçus qu'elle permet sur le rapport entre la raison et le savoir, est nécessaire à tout homme qui aspire à gouverner.

Sur la duplication du cube, voir page 112.

Platon revint à Athènes vers 388 avant J.-C. et il semble qu'il était alors pleinement engagé dans sa carrière philosophique et que son désir d'enseigner s'était confirmé. Vers 387 avant J.-C., il fit l'acquisition d'un terrain sur le rivage de Cephissos, au-delà de la porte occidentale de la ville; à l'origine, ce site avait été la propriété d'Akadêmos, le héros légendaire qui avait aidé Castor et Pollux à ramener Hélène de Sparte dans sa patrie, et il était connu sous le nom d'Académie. Sans doute comprenait-il quelques bâtiments, peut-être un «museum» (c'est-à-dire un temple des Muses), une salle de réunions, un réfectoire et quelques autres pièces; il s'y trouvait aussi une oliveraie et il est probable que l'enseignement se faisait là, ou à l'ombre du portique d'un des bâtiments. L'existence d'une telle école n'avait rien de nouveau; il y en avait eu d'autres en Grèce, en Égypte et en Mésopotamie, mais la singularité de l'Académie résidait dans le type d'enseignement «supérieur» qu'elle dispensa, non seulement au temps de Platon mais longtemps encore après lui. En effet, l'Académie dura quelque neuf cents ans et fut fermée en 529 après J.-C., sur l'ordre de l'empereur byzantin, Justinien.

Illustration page 95.

La théorie des Idées sous-tend tout le système philosophique de Platon et domine toutes ses spéculations scientifiques. Fondamentalement, elle postule que tout ce que nous voyons, tout ce que nous observons grâce à nos sens n'est rien de plus qu'une apparence. Bien qu'il existe une réalité fondamentale, nous ne pouvons la voir. La vraie réalité est une forme essentielle, ou Idée; elle est permanente et immuable. Ce que nous observons n'a pas cette même permanence, c'est toujours une imitation inadéquate de l'essence vraie, de la forme, de l'Idée. Ainsi, quand nous voyons un chat, ce que nous observons est un exemple imparfait du Chat essentiel : notre chat vieillira et mourra, alors que l'Idée essentielle de chat sera toujours là. Et c'est cette idée essentielle qui détient la réalité vraie et permanente; le monde observé n'est que son ombre. Platon lui-même utilisa la comparaison d'un homme dans une caverne, enchaîné de telle sorte qu'il ne peut regarder que le mur; il voit le monde défiler en ombres sur le mur. Il en est de même pour nous lorsque nous observons la Nature; la vraie réalité échappe à nos sens. La vraie réalité est quelque chose que nous ne pouvons jamais observer; elle ne peut être contemplée que par l'esprit. Selon Platon, tel est le véritable but de la science : étudier et comprendre les Idées.

La théorie des Idées de Platon, parfois dite «réalisme», ce qui entraîna une confusion, a exercé à long terme sur l'histoire de la science un effet beaucoup plus profond qu'aucune autre de ses théories plus spécifiquement scientifiques. Car son argument selon lequel le monde naturel ne fournit pas un guide adéquat pour étudier la réalité «vraie» ou «parfaite», qui ne peut être découverte que par la contemplation ou la révélation, devint, à travers l'enseignement de saint Paul, une pierre angulaire de la pensée chrétienne. Pour Platon, encore plus que pour Socrate, l'expérimentation et l'observation étaient non seulement non pertinentes mais certainement trompeuses dans la recherche du savoir; et les théories de l'univers devaient être jugées non pas sur leur pouvoir d'expliquer ou de prévoir la Nature, mais sur leur justesse dans l'expression de la perfection divine. Même si le platonisme devait être surclassé dans l'Église médiévale par l'enseignement d'Aristote pour ne revivre que lors de la Renaissance, les postulats de Platon à propos du savoir vrai hantèrent au Moyen Age les discussions sur les rôles relatifs de la foi et de la raison. Platon contribua également à la fascination tenace que la géométrie exerça sur l'esprit médiéval, comme elle l'avait déjà exercée sur l'esprit grec : car la géométrie était le grand exemple de la méthode «déductive» de raisonnement – de quelques propositions de départ, elle permet de déduire de nombreuses conclusions différentes – opposée à la méthode «inductive», plus expérimentale, qui consiste à observer les phénomènes naturels nombreux et variés, puis à tenter d'utiliser ces connaissances pour construire une seule explication unifiée qui les reliera tous.

Les théories politiques de Platon figurent dans trois ouvrages : *la République, le Politique* et *les Lois*. Il y prône une société élitiste où un groupe composé d'un cinquième de la population, «les gouvernants et gardiens», contrôlait tous les autres. La classe des dirigeants s'autoperpétuait et ses membres partageaient tout entre eux, y compris les femmes et les enfants. La masse du peuple, pensait Platon, n'avait pas d'idéaux mais uniquement des désirs : marchands, commerçants, artisans et travailleurs manuels devaient avant tout être dirigés. Bien entendu, Platon se méfiait des désirs et des passions; il abhorrait l'amour de l'argent et même l'amour de la famille et refusait l'amour sexuel. Bizarrement pourtant, il semble avoir ignoré complètement la passion qui dévore le politicien, l'amour du pouvoir; mais, comme son élite dirigeante devait être spécialement éduquée, peut-être pensait-il qu'un tel apprentissage, associé à la mise en communauté, pour lui essentielle, de la propriété et de la famille, rendrait le pouvoir inoffensif. Soit dit en passant, il est intéressant de voir que Platon insistait pour que les mathématiques soient partie intégrante de l'éducation, non seulement pour elles-mêmes, mais à cause de leur utilité pour la formation de l'esprit. Mais, si les mathématiques étaient bénéfiques pour l'État, Platon était tout aussi certain que d'autres choses ne l'étaient nullement : la liberté de pensée, l'accueil favorable de nouvelles religions, la critique du système politique et la permission accordée à la jeunesse d'envisager des idées nouvelles auraient été des fautes capitales. Bref, Platon était un réactionnaire aristocratique qui prônait un État totalitaire idéalisé.

Cette digression à propos des idées politiques de Platon était nécessaire parce que la politique occupe une place centrale dans ses intérêts; elle imprègne toute sa philosophie et affecte même son approche du monde de la Nature et ses idées sur le cosmos, comme on peut s'en rendre compte dans son plus grand ouvrage scientifique, *Timaios,* le *Timée.*

Cet ouvrage est essentiellement un dialogue en trois parties dont la première, une introduction, contient un récit du mythe de l'Atlantide. Elle est suivie de «l'âme du monde», où figure la théorie des quatre éléments, la théorie de la matière elle-même et des objets observés par les sens; c'est de loin la partie la plus longue du livre. Enfin, la dernière partie traite un peu de physiologie et propose une discussion sur l'âme de l'homme et sur son corps. Quant à l'univers de Platon, c'est un lieu raisonnable et ordonné, comme le proclament les mouvements réguliers des corps célestes. L'âme de l'univers est comparable à l'âme de l'homme. Les planètes et les étoiles sont les représentations les plus sublimes de la réalité essentielle; ce sont des exemples des «Idées» de Platon; elles sont peut-être même des dieux. Les mathématiques expriment les mouvements divins des étoiles qui émettent une musique céleste lorsqu'elles se déplacent et, quand les hommes meurent, c'est vers leurs étoiles natales que leurs âmes retournent.

Illustration page 131.

Derrière cette conception gît la doctrine du microcosme et du macrocosme, du petit monde des hommes, écho du vaste monde de l'univers. Démocrite avait utilisé ce thème, dont les philosophes du monde entier eurent l'idée et qui trouva sa plus éminente expression dans la pensée de l'Europe médiévale. Platon le développa de telle façon qu'il lui permit de s'adonner à une astrologie sereine et spiritualiste, très probablement issue des sources babyloniennes. Cependant, sa présentation dans le *Timée* était malencontreuse car ceux qui lurent cet ouvrage aux époques ultérieures ne comprirent pas la vision platonicienne et utilisèrent la doctrine du micro-

Sur l'astrologie chaldéenne, voir page 59; sur son développement en Islam, en partie sous l'influence des idées de Platon, voir pages 274-278.

cosme et du macrocosme pour justifier l'astrologie prédictive individuelle de l'horoscope.

Cependant, toutes les idées de Platon sur l'astronomie ne sont pas contenues dans le *Timée;* on en trouve dans d'autres livres, y compris dans *la République* et dans *les Lois,* car Platon pensait que l'astronomie, en tant que description de l'univers, était une partie de l'éducation nécessaire à son élite dirigeante; en fait, il estimait qu'elle devait être enseignée à tous. Ce qu'aurait dû être cet enseignement n'est pas toujours clair, car Platon use souvent d'images fantastiques qui relèvent d'une imagination visionnaire. Ainsi, lorsqu'il écrit que les mouvements planétaires se produisent parce que les corps planétaires sont fixés à des «volants», dont chacun porte une sirène assise sur son rebord et qui tournoient ensemble autour de l'axe central de l'univers, un axe que les Parques, les trois déesses Clotho, Lachésis et Atropos, maintiennent en mouvement. Il est difficile de décider de la nature exacte des «volants» : du temps de Platon, on utilisait de grands disques tournants, en guise de volants, pour conserver une vitesse régulière aux fuseaux employés pour filer à la main; mais il serait imprudent de pousser cette analogie, voire de trop se soucier de ce que Platon voulait dire exactement. Lorsque Platon voulait être précis, il l'était. Lorsqu'il utilisait une langue plus imagée, il le faisait dans l'intention de créer une impression et non pour donner une description scientifique détaillée. Heureusement pour l'histoire future de l'astronomie, le sens exact voulu par Platon, s'il y en eut un, n'est pas très important.

Sa conception de l'univers doit beaucoup aux pythagoriciens, exception faite de Philolaos, car Platon était fermement convaincu que la Terre sphérique était fixée au centre de l'univers, tandis que le Soleil, la Lune et les planètes tournaient autour d'elle à des vitesses différentes. Il acceptait cependant l'ordre de rangement par rapport à la Terre que Philolaos avait assigné aux planètes. Il n'y avait qu'un univers; Platon rejetait l'idée des atomistes d'une pluralité d'univers et croyait que tous les différents corps étaient formés des quatre éléments : le feu pour les corps célestes divins, l'air pour les créatures ailées, l'eau pour celles qui vivent dans l'eau et la terre pour les habitants des terres fermes. Les corps célestes étaient non seulement divins, mais ils étaient pourvus d'une âme.

Que pouvons-nous dire de l'astronomie de Platon? Ses idées ne contenaient en fait aucune conception nouvelle, pas de nouvelle théorie de l'univers et elles étaient souvent embrouillées. Mais le thème qui parcourt toutes ces idées, à savoir l'importance qu'il attachait aux mathématiques, allait s'avérer scientifiquement fécond. Cependant, il y avait un autre thème qui aura exactement l'effet contraire; le manque de confiance de Platon dans l'observation, car il croyait que les données de l'intellect sont supérieures à celles perçues par les sens. La spéculation philosophique concernant l'univers était plus éclairante que l'observation précise des mouvements apparents. Les vraies révolutions des corps dans l'univers devaient être saisies par l'esprit et non par la vue. C'était cependant un exemple supplémentaire de l'idée grecque aristocratique que la recherche du savoir scientifique était une activité philosophique noble où le raisonnement était plus important que les activités terre à terre que sont l'observation et l'enregistrement détaillé, la même attitude d'esprit qui entrava les applications pratiques de tant de leurs découvertes.

Platon a-t-il été un bien ou un mal pour la science ? Son œuvre l'a-t-elle ou non fait avancer ? Il est indubitable que son influence sur les philosophes ultérieurs fut immense, du fait des efforts déployés par ses élèves, de la puissance de ses écrits et des commentaires innombrables qu'ils ont suscités. L'importance que Platon accordait aux mathématiques fut favorable mais, d'un autre côté, il ne fit pas progresser d'un iota la science expérimentale; en fait, il la méprisait ouvertement. Il est certain que la science grecque a toujours été davantage tournée vers la spéculation philosophique que vers les essais pratiques, mais cette faiblesse fut exacerbée par la théorie des Idées de Platon. Tout bien pesé, nous devons conclure que l'influence de Platon sur la science fut plus inhibitrice qu'inspiratrice.

Eudoxe de Cnide

Eudoxe fut pendant une brève période l'élève de Platon. Né à Cnide, en Ionie, vers 408 avant J.-C., il étudia la géométrie avec Archytas de Tarente dont il hérita peut-être l'intérêt pour la musique et pour les nombres. Il étudia également la médecine avec Philistion, un anatomiste distingué, disciple d'Empédocle. Jeune homme plein d'avenir mais sans fortune, Eudoxe fut à l'Académie un étudiant désargenté qui ne put voyager à l'étranger que grâce aux fonds donnés par ses amis. Il se rendit d'abord en Égypte et séjourna à Héliopolis (à 11 kilomètres environ au nord-est du Caire), où l'on dit qu'il calcula un cycle calendaire de huit ans. A son retour d'Égypte, il fonda sa propre école en Ionie, à Cyzique, au nord-ouest de l'actuelle Turquie, où il rencontra un grand succès; lors de sa seconde visite à Athènes, en compagnie de quelques élèves, Platon donna un banquet en son honneur. Finalement, il retourna à Cnide où il enseigna la théologie, l'astronomie, la météorologie et les mathématiques, écrivit ses ouvrages, contribua à la rédaction des lois de sa cité et devint, comme on pouvait s'y attendre, un citoyen très respecté. Comme homme de science, il éclipse manifestement Platon.

Aujourd'hui encore, le plus célèbre de ses travaux est sa théorie des sphères homocentriques, un concept astronomique qui devait exercer une immense influence pendant les mille huit cents années à venir. Mais, avant de développer cette thèse, il faut dire un mot de ses recherches en mathématiques, car ce fut un autre domaine qu'il fit considérablement progresser. *Primo,* il mit au point la façon formelle de présenter les théorèmes et les axiomes géométriques, la technique que nous appelons «euclidienne». *Secundo,* il étudia tout le champ des proportions mathématiques et avança une nouvelle théorie. *Tertio,* il développa les proportions de la section d'or et, chose plus importante bien que moins prestigieuse, la méthode de l'exhaustion.

Depuis que les pythagoriciens avaient découvert «les nombres irrationnels», une nouvelle approche des proportions était devenue nécessaire parce que ces nombres (tels que la racine carrée de 2) ne pouvaient être exprimés comme des proportions simples. Cela voulait dire qu'il fallait soit rejeter toute correspondance entre l'arithmétique et la géométrie, soit admettre que les nombres irrationnels étaient une nouvelle sorte de nombres. Eudoxe opta pour la seconde proposition, ce qui l'obligeait à convaincre les autres mathématiciens qu'il était dans le vrai. L'entreprise n'était pas simple; elle impliquait qu'il apportât la preuve rigoureuse que de tels nombres existent, ensuite qu'ils peuvent être maniés exactement de la même façon que les autres nombres, plus une démonstration absolument irréfutable qu'il existe une justification géométrique de ces nombres. Il ne suffisait donc pas d'accepter l'idée. Quant à la méthode d'exhaustion, c'était une technique qu'Eudoxe développa pour calculer le volume des corps solides, comme le cône et la sphère. Sa méthode consistait à utiliser des sections infinitésimales, à calculer le volume de chacune d'elles, puis à additionner ces volumes. Parvenu là, Eudoxe fut contraint de définir avec précision ce qu'il entendait par fragment infinitésimal et, ce faisant, il accomplit un progrès sensible vers le type de mathématiques qui, deux millénaires plus tard, seront connues sous le nom de «calcul intégral» et qui sont aujourd'hui associées aux noms de Newton et de Leibniz.

Sur le développement du calcul intégral par Leibniz et Newton, voir pages 471-472.

Eudoxe étudia également la géométrie des lignes et des cercles sur la sphère et ces travaux lui permirent d'émettre son importante théorie des sphères homocentriques. C'était un moyen d'expliquer les mouvements du Soleil, de la Lune et des planètes, tels qu'ils avaient été observés, en utilisant un certain nombre de sphères qui étaient toutes homocentriques, c'est-à-dire concentriques les unes aux autres, à la façon des séries chinoises de boules d'ivoire gravées qui s'emboîtent les unes dans les autres. Cette combinaison était très ingénieuse car elle rendait compte du fait qu'en apparence les planètes ne suivent pas de simples trajectoires dans le ciel, mais semblent se déplacer sur l'arrière-fond des étoiles, parfois dans une direction, parfois dans une autre, et qu'elles ont même des périodes d'immobilisation. Depuis Pythagore, on tenait pour établi que tous les corps célestes tournaient en cercle autour du Soleil et le défi qu'Eudoxe se lança à lui-même était d'expliquer ces observations («Sauver les apparences», comme disaient les Grecs) en utilisant les mouvements circulaires ou, plutôt, les mouvements sur la surface de sphères. Il parvint à son objectif en utilisant des sphères concentriques qui se déplaçaient à des vitesses différentes et tournaient autour d'axes différents. La combinaison finale était complexe et il est inutile de l'explorer en détail; un exemple suffira pour montrer comment elle fonctionnait.

Illustration page 131.

Considérons le mouvement de la Lune. Chaque jour elle accomplit le tour de la Terre, si bien qu'elle se lève et qu'elle se couche comme n'importe quel autre corps céleste. Elle se déplace aussi sur l'arrière-plan des étoiles, accomplissant chaque mois un circuit entier. Enfin, elle se déplace – ou son orbite se déplace – de telle façon qu'elle passe par un cycle d'éclipses qui dure un peu plus de dix-huit ans. Aussi, la combinaison d'Eudoxe nécessitait-elle trois sphères : une pour rendre compte du mouvement journalier, une seconde pour régler la question du mouvement mensuel et la troisième pour le cycle d'éclipses, bien que, naturellement, il n'était pas nécessaire que les sphères fussent dans cet ordre précis. En effet, il semble qu'Eudoxe ait commencé par considérer le mouvement journalier et qu'il l'ait expliqué au moyen d'une sphère qui exécutait une rotation en 24 heures : l'axe de cette sphère était orienté d'après les pôles Nord et Sud de la Terre immobile d'Eudoxe. Une autre sphère se trouvait à l'intérieur de cette sphère diurne. Cette seconde sphère était celle des éclipses et son axe passait par les «pôles de l'écliptique», c'est-à-dire à angle droit par rapport à la trajectoire apparente du Soleil dans le ciel; elle ne tournait que très lentement, sa révolution complète s'accomplissant en dix-huit ans. La troisième sphère devait rendre compte de l'orbite mensuelle de la Lune, ce à quoi Eudoxe parvint en faisant accomplir à la sphère intérieure une rotation complète par mois et en disposant son axe selon un angle de 5° par rapport à l'axe de la sphère du milieu (parce que l'orbite de la Lune est inclinée de 5° par rapport à l'orbite apparente du Soleil).

J'ai dit que telle semble avoir été la méthode adoptée par Eudoxe, car personne ne peut en être sûr; il ne reste aucune trace de son travail effectif sur ce sujet et nous ne disposons à ce propos que des remarques de commentateurs tels qu'Aristote. Récemment, des érudits ont émis des doutes à propos de la sphère du milieu (celle qui concerne les éclipses), car ils se demandent jusqu'à quel point Eudoxe connaissait réellement l'orbite de la Lune. Toutefois, Eudoxe n'avait pas besoin de disposer d'une théorie très développée; il avait seulement besoin de connaître le cycle, mais non sa cause, encore que, de l'avis général, les relevés d'observations devaient fournir une information suffisante. Mais, même si doute il y a, il ne doit pas nous troubler : ce qui importe, en ce qui nous concerne, c'est le fait qu'Eudoxe ait inventé un système pour «sauver les apparences», une combinaison assez souple pour rendre compte des mouvements planétaires et de ceux du Soleil et de la Lune sur une base mathématique parfaitement solide. Certains de ses contemporains ont sûrement critiqué ses sphères homocentriques et déploré qu'elles n'expliquassent pas le fait que l'éclat des planètes se modifie tandis qu'elles se déplacent sur leur orbite; mais il devait s'écouler encore bien des siècles avant qu'une théorie susceptible d'expliquer ce phénomène pût être imaginée.

Sur un exemple de l'ingéniosité mise en œuvre pour «sauver les apparences», conformément au système d'Eudoxe, voir page 286.

Il est indéniable que les travaux astronomiques et mathématiques d'Eudoxe produisirent un impact impressionnant sur sa génération et celles qui suivirent. Ses sphères homocentriques devinrent les sphères de cristal des astronomes occidentaux de l'époque médiévale, et ses mathématiques exercèrent une influence profonde sur les mathématiciens ultérieurs. Eudoxe vécut à une époque que l'on a souvent définie comme «l'âge de Platon»; mais un historien de la science au moins a soulevé la question de savoir si l'expression «l'âge d'Eudoxe» ne serait pas plus appropriée.

Aristote

Avec Aristote, nous abordons le personnage le plus important de la science grecque. Sa naissance, en 384 avant J.-C., annonçait un âge nouveau. Aristote a vu le jour à Stagire, en Chalcidique, sur la péninsule du mont Athos, sur la côte nord de la mer Égée, colonisée à l'origine par des Grecs venus de Chalcis, à quelque 230 kilomètres plus au sud. La Chalcidique était proche de la Macédoine et, quand le père d'Aristote fut nommé médecin personnel d'Amyntas III de Macédoine, le grand-père d'Alexandre le Grand (parfois désigné sous le nom d'Amyntas II), sa famille s'installa dans la capitale, Pella. Les Macédoniens avaient progressivement noué des relations plus amicales avec les Grecs et, à l'époque dont nous parlons, ils se considéraient comme hellénisés; en effet, pendant le règne d'Archélaos (413-399 av. J.-C.), la capitale devint un centre de culture grecque et c'est là qu'Euripide écrivit sa grande tragédie, *les Bacchantes.* Des luttes internes pour le pouvoir suivirent la mort d'Archélaos mais, en 359, Philippe II rétablit la paix, annexa la Chalcidique puis, en usant simultanément de force et de diplomatie, il prit le contrôle de toute la Grèce. Cette domination macédonienne aura d'importantes conséquences pour la civilisation grecque, comme nous le verrons plus loin.

Les parents d'Aristote moururent lorsqu'il était enfant et, quand il atteignit l'âge de 17 ans, son tuteur, Proxenos, l'envoya terminer son éducation à Athènes. Aristote s'inscrivit à l'Académie de Platon où l'on apprécia sa précocité et son enthousiasme; Platon l'appelait «le lecteur» et «l'esprit». Officiellement, Aristote demeura à l'Académie pendant vingt ans, jusqu'à la mort de Platon, mais il semble que son esprit curieux l'ait amené à étudier l'éloquence et les sciences politiques auprès d'autres maîtres que Platon. Au fil des années, ses idées commencèrent de diverger d'avec celles de Platon sur de nombreux points et, d'après Diogène Laërce, un historien grec plus tardif, Aristote quitta en fait l'Académie avant la mort de Platon, provoquant chez ce dernier la remarque suivante : «Aristote me repousse comme un poulain qui lance des ruades à la mère qui l'a porté.» A la mort de Platon, son neveu Speusippe prit la direction de l'Académie et, peut-être pour cette raison, peut-être à cause de la montée d'un courant antimacédonien dans la ville, Aristote quitta Athènes. Accompagné de Xénocrate, un autre académicien, il traversa la mer Égée pour se rendre à la cour d'Atarnée, près de

Lesbos, en Ionie; les deux amis y furent accueillis par Hermias, le souverain, qui avait été lui aussi un élève de l'Académie; au cours de ce séjour, Aristote épousa sa première femme, Pythias, une nièce d'Hermias.

Aristote demeura près d'Assos pendant trois ans et visita l'île voisine de Lesbos où il rencontra le naturaliste Théophraste avec lequel il se lia d'amitié; il y fit également pour son propre compte quantité d'intéressantes observations biologiques. En 343 avant J.-C., Philippe de Macédoine invita Aristote à venir à Pella pour être le précepteur de son fils Alexandre. Aristote accepta et dirigea l'éducation du prince pendant trois ans, en fait jusqu'à ce que le jeune homme prenne la régence du royaume pendant l'absence de son père, retenu au loin par des expéditions militaires. Aristote demeura en Macédoine jusqu'en 335 puis, lorsque Alexandre monta sur le trône, il retourna à Athènes pour y fonder sa propre école et un centre de recherche. Il s'installa dans un verger, autrefois dédié à Apollon Lycéen, aussi l'école pritelle le nom de Lycée, un terme qui serait plus approprié que celui «d'académie» pour désigner les institutions scientifiques modernes. Comme Aristote avait l'habitude de se promener dans le verger lorsqu'il dispensait son enseignement, les philosophes, ses élèves, prirent le nom de «marcheurs en rond» ou de «péripatéticiens». Aristote vécut et travailla au Lycée pendant les trente années suivantes; il fonda une école et une bibliothèque très vivantes, ainsi qu'un musée d'objets naturels de toute espèce; son approche était très différente de celle de Platon qui aurait repoussé de tels recours car il estimait que l'on ne peut se faire une image de l'univers que par la seule pensée. Pour Aristote, au contraire, il était nécessaire de rassembler le maximum de faits bruts avant de pouvoir pénétrer le monde naturel. Alexandre lui-même équipa le musée et versa également des fonds destinés au Lycée mais, lorsqu'il mourut en 323, l'hostilité du parti antimacédonien d'Athènes se réveilla. Accusé d'athéisme, Aristote se réfugia à Chalcis où il mourut quelques mois plus tard. Théophraste lui succéda à la direction du Lycée.

Pour plus de commodité, on peut diviser l'œuvre d'Aristote en deux périodes : les travaux conçus lorsqu'il était à l'Académie et ceux qu'il réalisa après l'avoir quittée. La première période est caractérisée par des ouvrages où se manifeste l'influence de Platon, la seconde par un esprit plus indépendant.

Qu'enseignait donc Aristote? Ses premiers travaux témoignent d'un grand respect pour les mathématiques mais traitent principalement de l'usage de la dialectique des questions-réponses pour formuler des axiomes. Ils montrent qu'Aristote accepte certaines idées platoniciennes : l'immortalité de l'âme et la nature divine des corps célestes. Mais, dès cette époque et c'est intéressant, Aristote voyait ces derniers comme des corps tangibles et non comme des archétypes; il estimait qu'ils n'étaient pas des Idées, mais les mouvements visibles d'étoiles et de planètes réelles, de vrais corps physiques. Néanmoins, il admettait qu'ils avaient quelque chose de différent et c'est à cette époque qu'il examina mentalement la possibilité qu'ils soient composés d'une cinquième essence, incorruptible, quelque chose de différent qui viendrait s'ajouter aux quatre éléments d'Empédocle.

En admettant que la matière physique était aussi importante que sa Forme, ou Idée, Aristote définit une sphère d'influence au cœur de laquelle un travail véritablement scientifique pouvait être accompli. Dans ce domaine, il fut un homme de science, beaucoup plus que Platon qui ne faisait aucun cas de l'étude de la matière. En conséquence, Aristote construisit une somme de connaissances dans toutes sortes de disciplines, parmi lesquelles la biologie, l'astronomie et la physique. Pour toutes ces observations, il appliquait sa méthode logique et rigoureuse, qui examinait les origines variées des objets observés; de toutes ces causes, seul «le premier moteur» était, selon lui, hors de portée de l'investigation raisonnée.

On peut aisément étudier le fonctionnement de la méthode scientifique d'Aristote dans le domaine de la logique, l'instrument de précision du discours philosophique. Dans un grand nombre d'ouvrages, tels que *les Catégories* et les deux livres des *Analytiques,* Aristote commence par poser les lois du raisonnement. Propositions, sophismes, procédure du raisonnement correct et système déductif d'argumentation formelle (syllogisme), tout y est précisé dans le détail. On s'accorde à trouver sa façon d'écrire très prolixe, selon les normes de la logique symbolique moderne qui exprime les conditions et les relations au moyen de symboles algébriques particuliers et non en mots, mais c'est là un développement relativement récent. Ce que fit Aristote, et ce ne fut pas son moindre succès, fut de poser fermement les fondements du sujet.

Illustration page 131.

Aristote n'apporta pas beaucoup de contributions directes aux mathématiques ; dans ce domaine, son apport durable est la discussion des concepts de continuité et d'infini. L'infini, signala-t-il, n'existe que potentiellement et non réellement, un point que de nombreux commentateurs présents sur la scène

Page 131, en haut à gauche. Une illustration, du XVIIe siècle, de l'univers, selon Platon et ses disciples. La Terre et ses quatre éléments sont au centre, la sphère où sont fixées les étoiles à l'extérieur et les planètes, la Lune et le Soleil entre les précédents. Giambattista Riccioli, *Almagestum Novum,* 1651.

En haut, au centre. Une illustration du XVIe siècle des sphères homocentriques ou concentriques proposées par Eudoxe. Dessous, diagrammes des éclipses de Soleil *(à gauche)* et de Lune *(à droite).* Biblioteca Estense, Modène.

En haut à droite. D'après le *De sphæra,* un manuscrit du XVIe siècle : la démonstration d'Aristote de la courbure de la Terre combine l'observation d'objets à l'horizon et sa conception des éclipses de Lune. Biblioteca Estense, Modène.

En bas à gauche. Fragment d'un manuscrit ancien des *Analytiques* d'Aristote; ce texte sur la logique formelle atteste que l'esprit grec associait étroitement logique et géométrie. Universitäts Bibliothek, Bâle.

En bas à droite. Une page de la géométrie d'Euclide contenant quatre théorèmes différents. *Euclidis Megaresis Philosophi Platomy,* 1505.

scientifique actuelle auraient intérêt à se rappeler. Mais les fruits réels de l'enseignement d'Aristote sur ces deux sujets apparaîtront bientôt dans les œuvres d'Archimède et d'Apollonius; plus tard, au XVIIe siècle après J.-C., ils seront une aide appréciable pour ceux qui, comme Newton et Leibniz, inventeront le calcul infinitésimal.

On ne s'étonnera pas qu'Aristote ait consacré beaucoup de temps à discuter de questions que nous classifierions aujourd'hui comme relevant de l'astronomie et de la physique. L'attirance qu'exerçaient ces deux disciplines scientifiques tenait au fait qu'elles présentaient des problèmes clairement tranchés, qui pouvaient être isolés et auxquels on pouvait apporter des réponses spécifiques. Ainsi, l'on pouvait s'essayer à expliquer les mouvements réguliers des planètes, à estimer leurs dimensions et leur distance par rapport à la Terre; on pouvait entamer des recherches sur les mouvements des corps sur la Terre; pourquoi l'eau coule-t-elle sur une pente ? Pourquoi les flammes s'élèvent-elles vers le haut? Et bien sûr, cette spécificité était la raison pour laquelle ces deux disciplines étaient tellement en vue lorsque la science débuta. On avait sur elles une prise bien réelle.

Pour Aristote, l'univers était une sphère au centre de laquelle la Terre était fixée; ses dimensions étaient limitées car, disait-il, s'il était infini, il ne pourrait avoir un centre. Aristote n'accepta pas d'emblée l'opinion que la Terre était fixe; il étudia la possibilité qu'elle pût se mouvoir, comme l'avait suggéré Philolaos. Finalement, il rejeta cette hypothèse car, à son avis, la Terre n'était pas sujette aux types de phénomènes – tels que des vents impétueux ou l'instabilité – auxquels on aurait dû s'attendre si elle se déplaçait ; il est exact que ces effets ne pouvaient se produire que dans le cadre des lois du mouvement propres à Aristote et décrites plus loin ; mais, à l'époque, ces arguments et ces lois semblaient raisonnables, conséquence logique des faits d'évidence disponibles.

Aristote était d'accord sur le fait que les étoiles et les corps célestes se déplacent sur des trajectoires circulaires. Esthétiquement, la chose était satisfaisante et, avec un mécanisme comme celui des sphères homocentriques pour l'expliquer, elle semblait donner raison aux observations. Cependant, Aristote semble avoir pensé aux sphères comme ayant une existence physique réelle; une explication mathématique immatérielle ne lui convenait pas. C'est ainsi que l'idée d'un univers de sphères de cristal transparent commença de circuler. Mais qu'est-ce qui les faisait se mouvoir? Et pourquoi curio Martem, huic Iouem, Ioui Saturnum, Saturno Fixas ſuperponit. Auctor tamen de Mundo ad Alexandrū, *Porphyrius, Apuleius, Marſilius Ficinus*, & quidam Platonici Mercurium ſupra Venerem collocarunt, reliquis retentis: ideòq. duas ſeries in ſequenti diagrammate vides. Sed de hoc ſyſtemate plura lib.9. ſect.3. cap.3.& 5.

II. Syſtema Platonis, aut Platonicorum.

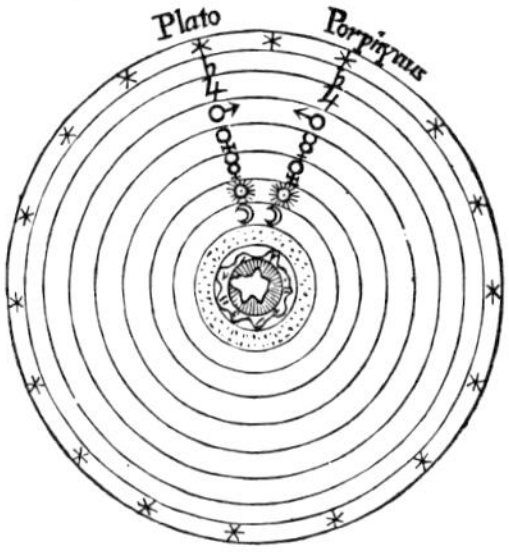

Non deſunt tamē rationes & authoritates, quibus probabile fieri poſſet Eudoxum, Calippum & Ariſtotelem ſecutos fuiſſe ſyſtema Pythagoræ, de quibus ſuo loco. Interim falſum eſt, quod ait *Clauius* in ſphæra, ſolum eſſe Authorem libelli de Mundo ad Alexādrum, qui Mercurium ſub Ioue ac ſupra Venerem ponat. Demum Plato concedit in Timæo, Terram verti circa ſuum centrum, quod negat Ariſtoteles.

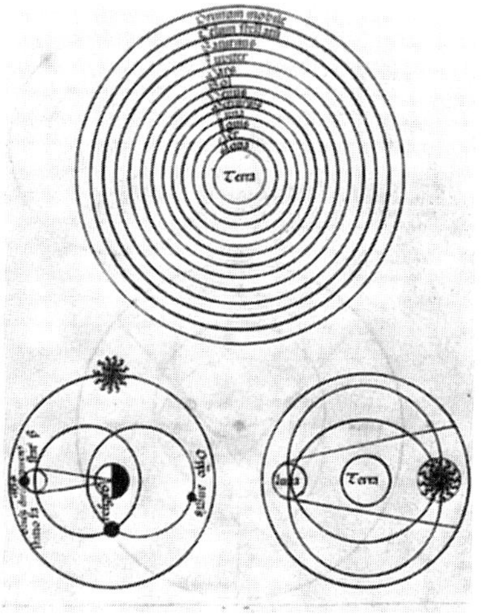

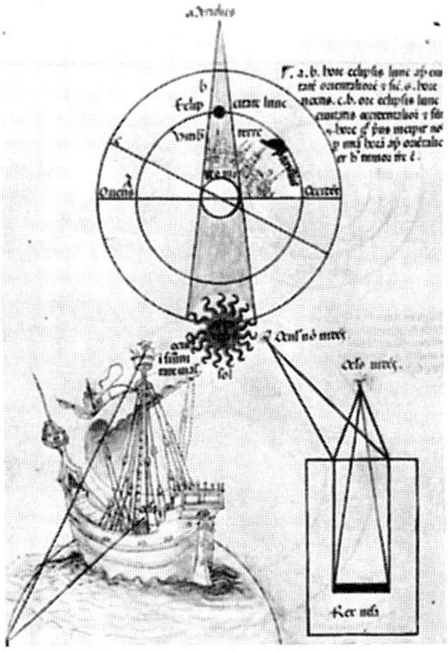

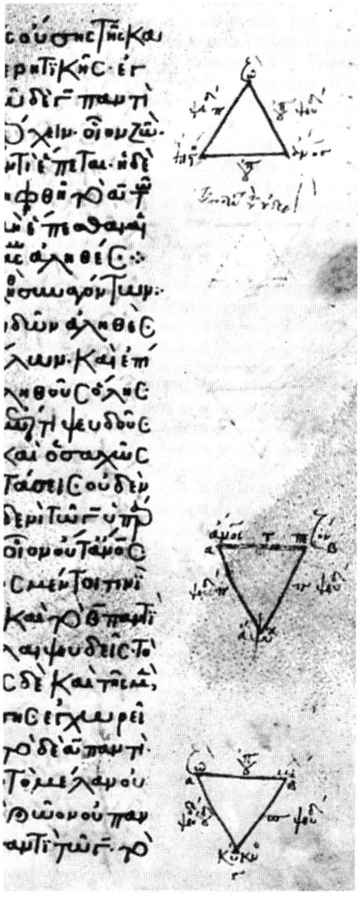

Specularia

Sit rurſus craſſitudo.ae.ſpeculū uero conuexū ſit.adc.oculus aūt ſit.b.uiſus aūt refracti in.eh.ſint.bce.bdh.reliqua uero ſicut & in planis.

Theorema nonum.

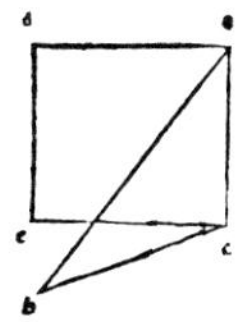

Bliq̄ lōgitudines a planis ſpeculis ſicut ſe hn̄t:ſic videt̄.
Sit oculus.b.longitudo aūt obliqua ſit.de.ſpeculum uero ſit.ac.igit̄ refractis uiſibus uidet̄ quidem.d.in.a.&.e.ſup.c.ſicq̄ ſe hēt in pnataſia ſicut uero ſe hēt:propius propius:& remotius remotius.

Theorema decimum.

Bliquae longitudies a cōuexis ſpecul' ſicut ſūt vere:ſic ſpectāt̄.
Sit longitudo.ed.oculus aūt b.ſpeculū uero cōuexū.ac.aſpect⁹ porro refracti in.ed.ſint.ba.bc.reliq̄ uero eadem.

Theorema vndecimum.

Elſitudines & craſſitudies ī cauis ſpeculis quaecūq; ſunt i[...] a coincidentiam viſuum conuerſa videntur:quēadmodū in planis & conuexis ſpeculis:quaecunq; autem extra coincidentiam ſicut ſunt:ſic & ſpectantur.

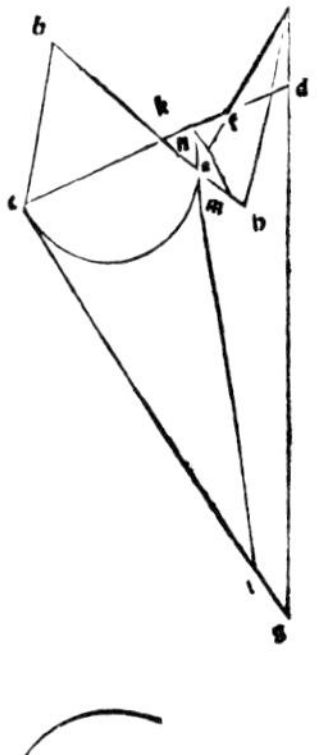

Sit cauum ſpeculū.ac.oculus aut ſit.b.uiſus uero refracti ſint.ba.bc.eorū coicidētia porro ſit.f.celſitudo ſit.de.&.kn.&.kn.qdē itra.f.coicidētiā ſit at.de.ſit extra coincidentiā igit̄.productis uiſib⁹ ſicut in planis & cōuexis ſpeculis apparet.k.ſup.m.&.n.ſup.l.quare conuerſæ uident̄:rurſus ſuper exteriorem coincidentiam celſitudinis apparet quidem.d.ſuper.g.&.e.ſuper.h.ſicut ſe habet ſic ſpectatur.

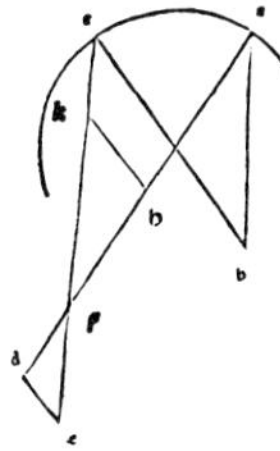

In craſſitudinibus.

Rurſus craſſitudo qdē ſit.de.&.kh.cauū autē ſpeculū ſit.ac.oculus uero ſit.b.uiſus aūt refracti ſint & cōcurrentes in.f.ba.bc.igitur productis uiſibus ſimiliter.kh.conuerſæ apparet.k.quidem per.c.&.h.per.a.Sicut eſt in planis & conuexis ſpeculis ad.de.ſicut ipſum quidē.e.infra per.a.&.d.ſup.c.

Theorema.xij.

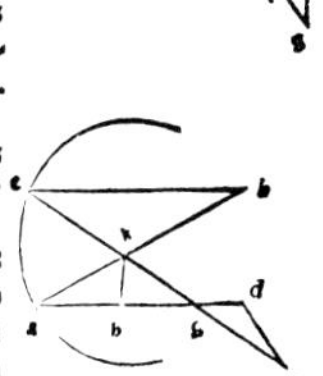

Bliquae longitudines a cauis ſpeculis quaecunq; intra coincidentiā viſuū iacent:vt vt ſunt ſic ſpectantur:quaecunq; vero extra:conuerſae.
Sintq; inq̄ longitudines obliquę.ed.hk.cauum uero ſpeculū ſit.ac.oculus aūt ſit.b.uiſus refracti & cōcurrētes in.g.ſint.bad.bce.& ip̄a quidem.hk.obliqua longitudo ſit intra coincidētiam.g.&.de.ſit extra.Igitur.hk.iuxta naturam apparet:ſicut & in planis & conuexis ſpeculis.Sed.ed.conuerſa:nā ip̄m

A droite. Le grand phare, ou Pharos, d'Alexandrie représenté sur un vase trouvé à Begram, en Afghanistan. Il symbolisait la permanence et l'étendue de la culture alexandrine. Musée de Kaboul.

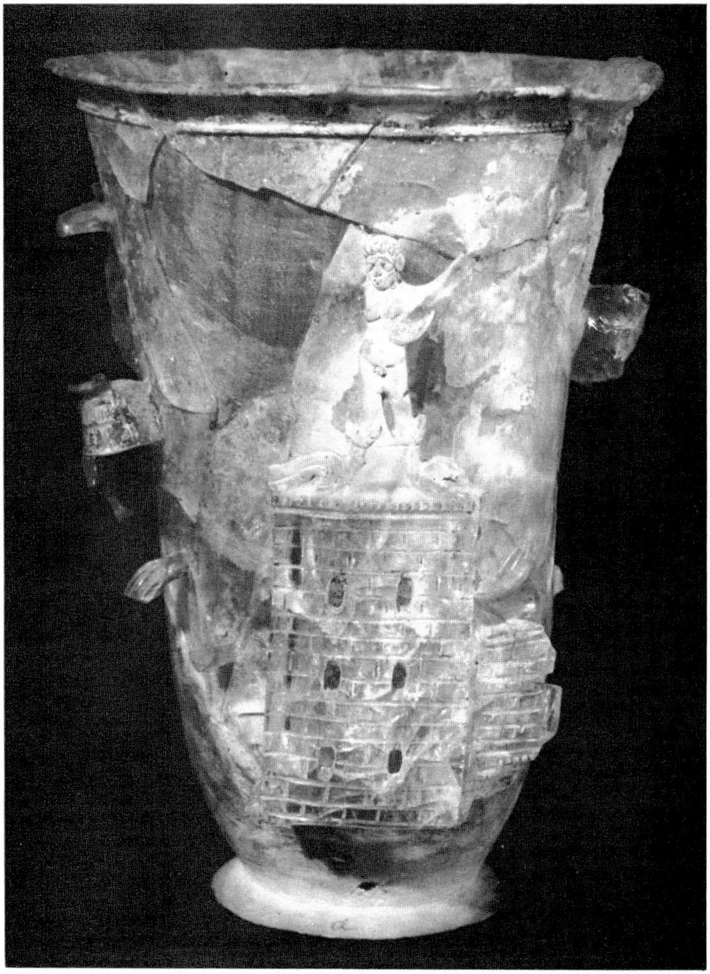

Ci-dessous, à droite. Illustration du XVIe siècle : Archimède dans son bain réfléchit au problème de la couronne de Hiéron. Gaultherius Rivins, *Architecktur... Matematischen... Kunst,* 1547.

Ci-dessous. Illustration du XVIIe siècle de la trajectoire d'un boulet de canon, d'après les lois du mouvement d'Aristote. Celles-ci enseignent qu'un corps ne peut être soumis qu'à un mouvement à la fois : d'où les deux mouvements distincts montrés par les lignes droites. Daniel Satbech, *Problematum Astronomicorum,* Bâle, 1561.

toutes ces sphères tournaient-elles? Ces questions à nouveau dépendaient des lois du mouvement d'Aristote, d'après lesquelles une force constante est indispensable pour maintenir un corps en mouvement; finalement, Aristote conclut que la sphère extérieure, celle des étoiles, était «le premier moteur»; il alla même plus loin lorsqu'il suggéra que, derrière tout cela, il existait un «moteur immobile» qui dirigeait tout le système. Mais nous quittons ici le domaine de la physique pour pénétrer dans celui de la métaphysique; nous avons glissé de la science vers une interprétation divine et de l'explication physique à une motivation supraphysique.

Pour Aristote, le ciel était incorruptible et immuable, un postulat raisonnable si l'on considère le fait qu'on n'y avait jamais observé aucune altération. Depuis des générations innombrables, les mêmes étoiles et les mêmes planètes y étaient apparues. En revanche, les choses sur la Terre étaient tout à fait différentes ; là, le changement et l'altération faisaient partie de la scène quotidienne. Aristote expliqua ce contraste en affirmant que le changement était limité à la partie de l'univers contenue dans la sphère située sous la Lune, c'est-à-dire dans la sphère la plus intérieure qui avait la Terre pour centre. Les corps célestes étaient formés d'une cinquième essence, elle-même éternelle et sans défaut; le changement et les transformations n'affectaient que les quatre éléments ordinaires.

Sur les conséquences pour l'astronomie lorsque cette idée fut enfin réfutée, voir page 434.

Grâce au clivage opéré dans l'univers entre le changeant et l'immuable, Aristote pouvait s'attaquer à des questions telles que la nature des «étoiles filantes», ou météores, qui apparaissent comme des éclairs dans le ciel nocturne et dont la durée varie entre une fraction de seconde et quelques secondes, et l'arrivée des comètes à la tête nébuleuse et à la longue queue brillante, qui s'installent dans le ciel pour des semaines ou même des mois avant de s'évanouir aussi mystérieusement qu'elles ont surgi. Il était clair qu'elles ne pouvaient être de vrais corps célestes car elles étaient des phénomènes transitoires et éphémères; elles devaient exister dans l'air supérieur, dans la sphère sublunaire. Étoiles filantes et comètes étaient comme des météores ou, comme nous dirions, météorologiques. Mais, bien entendu, c'était déjà un grand progrès d'expliquer les comètes et les météores comme des corps physiques plutôt que comme des dieux ou des démons. Les nuages, la pluie et les vents faisaient également partie de cet ensemble de choses sublunaires et météorologiques.

Sur le calcul de la circonférence de la Terre par Aristote et ses successeurs, voir page 152.

La Terre était sphérique : Aristote n'avait aucun doute là-dessus. Les raisons de sa sphéricité étaient pour partie esthétiques – une sphère est une figure absolument symétrique – et pour partie physiques. Les raisons physiques étaient le résultat de l'observation. Il y avait d'abord la façon dont un bateau semble plonger derrière l'horizon, une conséquence naturelle d'une Terre sphérique ou courbe, en aucun cas d'une Terre plane. Venait ensuite l'observation que, où que l'on se rendît, d'une extrémité à l'autre de la mer Égée, les objets tombaient toujours verticalement sur le sol. Il était admis que cela pût se produire dans le cas d'une Terre plate aussi bien que dans celui d'une Terre sphérique, mais pas si la Terre était seulement courbe. Conjointes, ces deux évidences étaient concluantes. Mais pourquoi les objets tombaient-ils sur le sol? Pourquoi l'eau trouvait-elle toujours «son propre niveau» ? Pourquoi l'air se répandait-il dans l'espace environnant? Pourquoi les flammes brûlaient-elles toujours vers le haut? Autant de questions de physique qui appelaient une réponse qu'Aristote fut capable de fournir, et c'est là son génie.

Illustration page 131.

Sa solution était que toute chose avait sa place naturelle. La place naturelle des matériaux terreux était le centre de la Terre, et plus un corps contenait d'élément terreux, plus fortement il tendait à l'atteindre. C'est pourquoi, d'après Aristote, les objets «absolument lourds», c'est-à-dire plus terreux, tombaient au sol plus vite que les objets «absolument légers». L'eau se répandait sur le sol si elle y était versée parce que la place naturelle de l'élément aquatique était la surface de la Terre. La place naturelle de l'élément air était autour de la Terre, qu'il enveloppait comme une couverture, et celle de l'élément feu se trouvait dans une sphère au-dessus de nos têtes. Les flammes s'élançaient vers le haut parce qu'elles cherchaient à retrouver leur domicile naturel. C'était un système très complet et très cohérent.

Sur l'idée indienne, plus satisfaisante, d'impulsion, voir page 260.

Quant aux mouvements des corps, Aristote en distinguait trois sortes. D'abord, le mouvement «naturel»; on l'observait, par exemple, lorsqu'un corps tombait au sol en vertu de sa «gravité», ou qu'il s'élevait, comme la fumée, en vertu de sa «légèreté». Le second était le mouvement «forcé»; il était causé par des forces extérieures et interférait avec le mouvement naturel, comme lorsque quelqu'un soulève une charge ou lance une flèche. Troisièmement, il y avait le mouvement «volontaire» qui était accompli par la volonté de créatures vivantes. Une force était toujours nécessaire pour engendrer un mouvement forcé, la vitesse imprimée étant proportionnelle à cette force; une conséquence qui, soit dit en passant, rendait le vide impossible parce que alors, une vitesse infini-

Illustration page 132.

ment grande aurait résulté d'une force finie. C'est pourquoi Aristote rejeta carrément les idées des atomistes. Tout cela semblait assez logique mais présenta de grandes difficultés quand on en vint à considérer le mouvement forcé d'un projectile, comme le réalisèrent les hommes de science de l'Europe du Moyen Age.

La biologie d'Aristote

C'est seulement au cours du XIXe siècle que l'on commença d'apprécier réellement les travaux biologiques d'Aristote qui avaient été éclipsés jusqu'alors par ses réalisations dans le domaine des sciences physiques. Et, bien que nous ne puissions faire avec précision le partage entre ses observations personnelles du monde naturel et celles de ses contemporains ou de ses prédécesseurs, il fut de toute évidence un grand biologiste. Il mentionna environ 500 espèces animales et fit preuve d'une extrême prudence à l'égard des récits de voyageurs, tel celui qui concernait la «mantichore», un monstre probablement né de comptes rendus fantaisistes sur le tigre de l'Inde. Mais il décrivit l'apparence du lion et sa démarche, comme celles de l'éléphant, ce qui prouve qu'il les avait observés de ses yeux; en effet, dans le second cas, un examen des jointures des pattes lui permit de discréditer une croyance courante, d'après laquelle l'éléphant devait s'appuyer contre un arbre pour dormir.

Il est prouvé que ses observations comprenaient des dissections et il a laissé des descriptions complètes du caméléon, de crabes, du homard, de céphalopodes – calmar, poulpe, etc. –, ainsi que de nombreux poissons et oiseaux. Ses observations étaient toujours méticuleuses: il étudia l'accouplement des insectes, les comportements amoureux, la construction des nids et la couvaison chez les oiseaux, mais se consacra surtout à la vie marine. Il nota comment la seiche s'amarre à un rocher lors des tempêtes et sa description des différentes parties de la bouche d'un oursin est si détaillée que ces parties sont toujours désignées par l'expression «lanterne d'Aristote»; sa notation sur les œufs d'oursin, plus gros selon lui lors de la pleine lune, a été confirmée très récemment pour les espèces qu'il observa. Aristote nota aussi que la femelle du poisson-chat abandonne ses œufs après les avoir pondus et que c'est le mâle qui en prend soin; par la suite, cette observation fut discréditée et même tournée en dérision; c'est en 1856 seulement que l'on découvrit qu'elle était en fait exacte en ce qui concerne le comportement des espèces particulières qu'il avait observées. Enfin, Aristote ne se contentait pas d'une observation passive et d'une dissection; il pratiqua aussi des tests de perception sensorielle sur des coquilles Saint-Jacques, des couteaux et des éponges.

Les Grecs utilisaient le miel pour sucrer leurs aliments et il n'est guère étonnant qu'Aristote ait étudié les abeilles avec un soin particulier. Il ne s'est pas rendu compte que les ruches sont dirigées par une femelle, une reine, et non par un mâle, mais il décrivit la naissance des abeilles dans la ruche, le comportement des mâles, celui des ouvrières, la façon dont le miel est recueilli, et donna des détails sur le dard des abeilles. Un travail d'autant plus remarquable si l'on songe qu'il ne disposait pas de loupe qui l'aidât à percevoir les détails qu'il décrivit.

L'embryologie était un autre de ses terrains d'étude. Il décrivit la croissance de l'embryon de poulet, nota les battements du cœur et le fait que le cœur apparaît avant les autres organes; cette observation fut peut-être à l'origine de son idée que le cœur est le siège de l'âme ou de l'esprit; à moins qu'elle ne l'ait confirmée. Il savait que la plupart des poissons portent leurs petits sous la forme «potentielle» d'œufs, mais établit également qu'un certain groupe de poissons donne naissance à des jeunes pleinement développés et déjà actifs. En fait, ce qu'il décrivit était la naissance de la roussette, mais le phénomène parut si extraordinaire aux zoologistes ultérieurs que ses observations furent longtemps ignorées; elles ne furent confirmées que vers les années 1840. Il observa aussi l'hectocotylisation, le procédé par lequel le céphalopode mâle utilise un de ses bras pour féconder les œufs de la femelle; encore une observation qui ne reçut confirmation qu'au cours du XIXe siècle.

Aristote fit une tentative heureuse pour classer les êtres vivants, bien que son principe ne soit pas de ceux que nous utiliserions aujourd'hui. Pour Aristote, «l'âme est le premier degré d'actualité d'un corps naturel ayant potentiellement la vie en lui». Tous les êtres vivants avaient, croyait-il, une âme nutritive, qui présidait à la consommation de nourriture et au bien-être matériel, et les animaux avaient également une âme sensitive, si bien qu'ils pouvaient ressentir. Quelques créatures plus élevées avaient aussi une âme appétitive et locomotrice, tandis que l'homme avait une âme rationnelle. Bien que nous puissions aujourd'hui nous refuser à cet usage du mot «âme», c'est ainsi qu'Aristote progressait à tâtons vers les questions éternelles : qu'est-ce qui fait qu'un être vivant est vivant? Qu'est-ce qui sépare l'animé de l'inanimé? Son expression «actualité» faisait partie de sa doctrine du «devenir», selon laquelle ce qui est «potentiel» devient «actuel», une réalité vraie; appliqué aux animaux, cela signifie que les différentes parties étaient organisées pour le plus grand bien des créatures. A partir de ces fondements, Aristote édifia une «échelle de la Nature» qui, en essence, était une échelle de complexité croissante de l'«âme». A partir de la matière inanimée, le plus bas degré, elle s'élevait vers les plantes, puis les éponges, les méduses, les mollusques et ainsi de suite; au sommet de l'échelle figuraient les mammifères et l'homme. Il s'agissait assurément d'un schéma statique – Aristote n'envisageait pas une évolution en marche –, et les bases de sa classification n'étaient pas de nature à recevoir l'agrément des futurs hommes de science. Mais elle ouvrit un champ nouveau; c'était une tentative courageuse pour ordonner le chaos et, sur ce point, ce fut un succès. Elle jouira d'une grande faveur pendant l'époque médiévale, surtout dans le monde islamique, et servira de prototype pour les classifications qui surgiront au XVIIIe siècle, plus de vingt et un siècles après Aristote.

Sur l'idée de «l'échelle des âmes» de Confucius, voir pages 178 et 194.

Aristote travailla sur l'anatomie animale et humaine et sur les fonctions des organes du corps. Ses études étaient dans une large mesure comparatives, comme on pouvait s'y attendre de la part d'un homme dont le travail était orienté vers la zoologie; on peut dire *grosso modo* qu'il était habile s'agissant de l'étude des animaux et médiocre s'agissant de celle de l'homme car il ne fit pas de dissection du corps humain. Il commit aussi une erreur à propos des fonctions du cerveau et de celles du cœur; il croyait que le premier était un organe qui refroidissait le sang et que le cœur était le siège de la conscience. Bien plus, dans sa répartition des fonctions du corps, il adopta la doctrine erronée des humeurs qu'il combina avec les quatre qualités. Comparées à ses résultats éclatants en zoologie, l'anatomie et la physiologie d'Aristote n'étaient pas brillantes, et sa botanique ne valait guère mieux. On sait que des questions de botanique étaient discutées au Lycée mais l'intérêt pour les plantes se concentrait sur leur valeur pratique. Aristote fit certainement quelques observations botaniques mais son réel intérêt se portait vers les animaux. Son ami Théophraste, qui lui succéda à la tête du Lycée, était un meilleur botaniste. En fait, nous pourrions baptiser Théophraste «le père de la botanique», à condition qu'Aristote soit appelé «le père de la zoologie».

Un esprit véritablement universel, tel était Aristote. Il n'est

Sur son influence particulière sur la pensée islamique, voir page 285.

pratiquement pas de domaine de la recherche scientifique auquel il n'ait apporté des contributions appréciables ou dans lequel il n'ait tracé des voies que d'autres allaient suivre. Son influence sur les futures générations de penseurs et de scientifiques occidentaux fut immense, plus grande que celle de n'importe quel autre philosophe ou homme de science grec.

Théophraste

Né à Érésos, dans l'île de Lesbos, vers 371 avant J.-C., Théophraste avait trente ans de moins qu'Aristote; il travailla auprès de lui pendant plus de vingt ans avant de prendre la direction du Lycée qu'il garda pendant les trente-cinq ans qui suivirent. Il forma quelque 2 000 étudiants, parmi lesquels le fameux médecin Érasistrate. La réputation qu'il avait acquise à Athènes était telle que, plus tard, les poursuites engagées contre lui pour cause d'athéisme furent abandonnées et qu'on abrogea une loi contre les philosophes.

Théophraste n'adopta pas d'emblée tout l'enseignement d'Aristote; sur certains sujets, il avait des idées personnelles et il semble qu'il ait toujours critiqué certaines des théories aristotéliciennes. Bien entendu, c'est ainsi que les choses doivent être – aucun progrès scientifique ne se ferait si chaque élève suivait aveuglément toutes les théories de son maître, si brillant soit celui-ci –, mais le fait qu'elles aient pu se produire sans entraîner d'amertume ou de rancœur donne la mesure de la grandeur d'Aristote et de son Lycée, et explique leur succès. Qu'est-ce que Théophraste remettait en cause? Un certain nombre d'idées d'Aristote concernant l'univers éveillaient le doute dans son esprit : par exemple, si la sphère la plus extérieure du ciel était mue par un «premier moteur», comment se faisait-il que certains corps célestes se déplaçaient plus vite que d'autres? Et pourquoi la rotation des corps célestes ne s'étendait-elle pas aux corps situés dans la sphère sublunaire? Il contestait aussi l'explication d'Aristote sur le but de certains phénomènes qu'il observa : quel était, par exemple, le but des marées? Et pourquoi, si la Nature voulait ce qui était le meilleur pour ses créatures, les cerfs portaient-ils des bois qui leur étaient nuisibles?

De telles questions soulevaient parfois des points intéressants pour une recherche plus poussée, mais Théophraste ne se contentait pas de remettre en question les vieilles idées et il est aujourd'hui reconnu pour ses apports scientifiques féconds. Malheureusement, seule une partie de ses écrits a subsisté; néanmoins, ceux dont nous disposons suffisent à prouver qu'il fut un pionnier dans au moins trois domaines d'étude. Tout d'abord, il fut un des initiateurs de l'histoire de la science : son ouvrage *Opinions des philosophes de la Nature* (connu aussi sous le titre *Opinion d'histoire naturelle*) servira de livre de référence à de nombreux écrivains ultérieurs. En second lieu, Théophraste était un minéralogiste compétent qui poursuivit sur les minéraux, les minerais et les roches des recherches suggérées par Aristote, bien que des expériences l'eussent conduit à remettre en question la classification fondamentale que Platon et Aristote avaient adoptée. Il est également l'auteur d'une description complète d'une large variété de substances – dont il précisa l'odeur, la couleur, la façon dont elles réagissaient au feu, ainsi que d'autres caractéristiques –, et rédigea le premier traité méthodique de minéralogie de l'Occident.

Le troisième domaine de recherche et le plus important auquel Théophraste s'adonna est la botanique. Ses travaux sont rassemblés dans son *Histoire des plantes;* il y énumère quelque 550 espèces et variétés originaires de l'aire qui s'étend de l'Atlantique, à l'ouest, jusqu'aux rives orientales de la Méditerranée, plus quelques autres végétaux provenant de régions aussi lointaines que l'Inde; l'information était soit recueillie par lui-même, soit rapportée par des voyageurs. Bien entendu, cela signifie que l'*Histoire* contient quelques légendes concernant les plantes; par ailleurs, certaines des observations présentées sont manifestement limitées, faute d'équipement : pas plus qu'Aristote, Théophraste ne disposait de loupe. Néanmoins, une différence fondamentale distingue son ouvrage de botanique de ceux qui avaient été écrits avant lui : la façon dont il classa les plantes. Il inventa une méthode qui sera d'une utilité inappréciable pour les botanistes à venir. Qui plus est, non seulement il assembla ces données avec impartialité, mais il les discuta sur le mode critique et se retint de juger chaque fois qu'il était embarrassé par l'insuffisance des faits.

Les végétaux étaient classés en arbres, arbrisseaux, sous-arbrisseaux et herbes, et les différences générales et spécifiques entre les variétés sauvages et cultivées étaient notées. Théophraste étudia également les sucs végétaux, les plantes médicinales, les types de bois fournis par différents arbres et les usages qu'il convenait d'en faire. Mais surtout, il donna un sens technique défini à quelques mots – par exemple, il utilisa *pericarpion* (notre «péricarpe») pour la formation contenant la graine – ce qui était une étape capitale pour qu'une science botanique puisse voir le jour. Ses descriptions de plantes sont remarquables et certaines de ses descriptions d'organes et de fonctions ont gardé jusqu'à nos jours tout leur intérêt : péricarpe, fleurs avec pétales et apétales, tissus présents dans les végétaux supérieurs (tissus parenchyme et prosenchyme), façon exacte dont une enveloppe florale se développe et mode de développement et de disposition des fleurs sur une plante (inflorescence). De plus, il décrivit et distingua les angiospermes (plantes dont les graines sont enfermées), les gymnospermes (plantes telles que les conifères dont les graines sont nues), les monocotylédones (plantes comme l'orge et le blé dotées d'un seul cotylédon) et les dicotylédones (celles qui ont deux cotylédons, telles que les pois et les haricots). Les descriptions qu'il fit de ces dernières restèrent jusqu'au XVIIe siècle les plus précises dont on disposa.

Alexandrie et la science hellénistique

L'indépendance de la Grèce prit fin en 338 avant J.-C. avec la conquête macédonienne. Deux ans plus tard, Philippe de Macédoine était assassiné et son fils, Alexandre, qui avait été l'élève d'Aristote, lui succéda. On a dit très justement que l'accession d'Alexandre au trône marqua la fin d'une époque et le début d'une autre : avec elle commence le nouveau grand Empire qui s'étendra des rives occidentales de la Méditerranée jusqu'à l'Indus, et de l'Égypte et la Babylonie jusqu'à la mer Caspienne et au-delà. Cet Empire gigantesque apporta la culture grecque vers l'Orient jusqu'à l'Inde et ramena vers l'Occident des influences orientales. Cependant, peu de facteurs d'union rassemblaient l'empire d'Alexandre. A la mort du roi, en 323 avant J.-C., l'Empire éclata en trois royaumes qui furent gouvernés par ses lieutenants et leurs descendants : la Grèce et la Macédoine revinrent à Antigone et à sa dynastie (les Antigonides), la Perse et la Babylonie échurent à Séleucos et à sa dynastie (les Séleucides), tandis que l'Égypte fut attribuée à Ptolémée Sôter, fondateur de la dynastie des Ptolémée, celle qui nous intéresse ici. En Égypte, Alexandre avait créé le port d'Alexandrie, que Ptolémée Sôter termina, et il y avait fondé le Musée et la Bibliothèque. Ces deux fondations constituaient un centre d'études supérieures qui allait devenir le foyer de la nouvelle culture hellénistique, un lieu qui attirera des hommes tels qu'Euclide et Archimède et qui restera florissant pendant sept siècles.

Illustration p. 132.

Il ne subsiste pas de vestiges formellement reconnus comme tels du Musée, mais le géographe grec Strabon, qui vécut au Ier siècle avant J.-C., l'a décrit comme un prolongement des palais royaux, eux-mêmes proches du port, doté d'une promenade publique, d'une colonnade couverte pourvue de sièges, et d'un grand réfectoire. Il est probable cependant qu'il s'y trouvait aussi d'autres salles pour les cours et les expériences pratiques, ainsi que le Musée proprement dit et la Bibliothèque. Il devait posséder de surcroît des instruments astronomiques. Le Musée fut principalement développé par Ptolémée II Philadelphe, le fils de Ptolémée Sôter; ces deux monarques bénéficièrent de l'aide des Grecs Démétrius et Straton. Démétrius venait d'Athènes; cet écrivain et homme d'État avait été l'élève de Théophraste; sa collection de livres forma probablement le noyau de la Bibliothèque. Straton était originaire de Lampsaque, dans les Dardanelles; d'une génération plus jeune que Démétrius, il avait reçu lui aussi l'enseignement de Théophraste. Il fut appelé à Alexandrie vers 300 avant J.-C. pour être le précepteur de Ptolémée Philadelphe et il y demeura pendant douze ans, jusqu'à la mort de Théophraste; il revint alors à Athènes pour prendre la direction du Lycée. Le Musée lui est en partie redevable de son orientation scientifique.

Euclide

Un des plus grands hommes de science attachés au Musée d'Alexandrie dès sa première époque fut Euclide, qui travailla à Alexandrie entre 320 et 260 avant J.-C. environ. Il y fonda la grande école mathématique du Musée. La réputation d'Euclide repose en grande partie sur les *Éléments,* une synthèse systématique de la géométrie grecque qui, jusqu'à une époque relativement récente, fut la base de tout l'enseignement de la géométrie en Occident. En fait, son influence fut encore beaucoup plus grande; on a dit que ses méthodes de synthèse – axiomes, postulats, théorèmes et preuves – ont contribué à modeler l'esprit occidental plus que n'importe quel autre livre, exception faite de la Bible. Cette méthode a exercé une influence profonde sur la façon d'aborder les problèmes, car la démarche logique par laquelle Euclide fait découler chaque proposition de celles qu'il a précédemment démontrées est magistrale, au sens premier du terme. Ses démonstrations, dont certaines sont remarquablement ingénieuses, témoignent de l'efficacité intellectuelle de sa technique. La

Illustration page 131.

preuve du théorème de Pythagore en est un excellent exemple. On raconte que, lorsqu'il lut pour la première fois la proposition, le philosophe anglais du XVIIe siècle Thomas Hobbes s'écria : «Seigneur, c'est impossible !» et, qu'après avoir lu la démonstration, «il tomba amoureux de la géométrie». Mais, dès leur rédaction, les *Éléments* avaient acquis une réputation légendaire. Une autre histoire raconte en effet que Ptolémée Philadelphe (ou Sôter?), un jour qu'il discutait de géométrie avec Euclide, lui demanda s'il n'y avait pas un moyen plus rapide d'apprendre cette discipline qu'en piochant ainsi toutes les propositions. Et Euclide répliqua : «Il n'y a pas de voie royale vers la géométrie.» Un résultat n'était possible que si l'on s'astreignait à suivre pas à pas la démarche logique qu'il avait mise au point. Cependant, nous ne devons pas en conclure que les *Éléments* représentent toute l'œuvre d'Euclide; il se livra à des recherches originales dans le domaine de la géométrie et écrivit sur l'astronomie mathématique, la théorie mathématique de la musique et l'optique, encore que, dans ce dernier domaine, il semble s'être peu écarté des conceptions de Platon et de l'Académie.

Sur le développement d'une géométrie nouvelle au XIXe siècle après la remise en question de deux postulats fondamentaux d'Euclide, voir pages 608-609.

Apollonius

Apollonius était un autre membre célèbre de l'école alexandrine de mathématiques. Né à Perga, une ville située au sud de l'actuelle Turquie, entre 246 et 221 avant J.-C., il se rendit très certainement à Éphèse et à Pergame, où se trouvait une autre grande bibliothèque, et l'on est sûr qu'il travailla quelque temps à Alexandrie.

Comme pour Euclide, le souvenir d'Apollonius est aujourd'hui associé à son ouvrage *Sur les coniques*, une étude sur les courbes obtenues quand des sections sont pratiquées dans un cône pour produire l'ellipse, la parabole et l'hyperbole. Plus tard, l'ellipse deviendra une courbe d'une importance capitale pour les mathématiciens qui, comme Kepler et Newton, travailleront sur les orbites planétaires, mais, au IIIe siècle avant J.-C., l'étude de ces courbes était encore très fragmentaire. Apollonius parvint à engendrer toutes les courbes à partir d'un double cône oblique circulaire; c'était une approche nouvelle qui conférait aux mathématiques une portée plus générale et donc une application plus large qu'il n'était possible auparavant. En résumé, il posa les fondements d'une matière qui sera d'une grande importance pour les mathématiciens européens du XVIIe siècle.

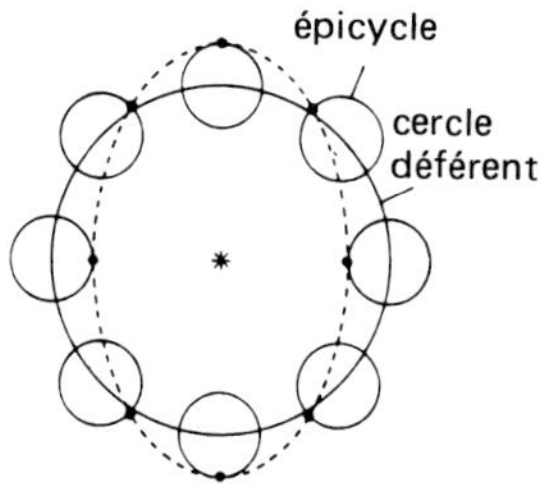

Diagramme de la théorie des épicycles développée par Apollonius pour montrer comment un ensemble de mouvements circulaires (dont les astronomes grecs appréciaient l'élégance) peut produire un mouvement elliptique. Jusqu'à la révolution scientifique, cette théorie domina les idées concernant la course de la Lune et des planètes.

Apollonius s'intéressa également à d'autres branches des mathématiques, particulièrement aux procédés susceptibles d'exprimer les très grands nombres; il travailla sur les nombres irrationnels et, s'agissant de ses recherches en astronomie, il consacra beaucoup de temps à la Lune; en fait, il reçut même le surnom d'Epsilon (parce que la forme de l'epsilon grec (ε) ressemble à celle du croissant de Lune). Selon toute apparence, nous lui devons aussi les importants systèmes géométriques de l'épicycle, le cercle déférent et le cercle excentrique mobile, que nous rencontrerons bientôt lorsque nous parlerons des mouvements des planètes et de l'œuvre de l'astronome alexandrin, Ptolémée.

Archimède et l'école alexandrine de mécanique

Nous avons à peine plus de renseignements sur la vie d'Archimède que sur celle d'Apollonius. Nous savons cependant qu'il naquit à Syracuse, en Sicile, vers 287 avant J.-C., et qu'il y mourut en 212 avant J.-C., tué par un soldat romain. On a tout lieu de penser qu'Archimède séjourna quelque temps à Alexandrie. Aujourd'hui, son nom reste lié à la vis sans fin, dite aussi vis d'Archimède, et à l'histoire de la couronne du roi Hiéron.

La vis d'Archimède est un moyen efficace et commode pour élever l'eau. C'est un cylindre dont l'intérieur est cloisonné en spirale et une extrémité plongée dans l'eau; lorsque le cylindre tourne, l'eau s'élève. L'histoire de la couronne du roi Hiéron a trait à la question de la pesée hydrostatique. Tyran de Syracuse et ami d'Archimède, Hiéron suspectait qu'une couronne d'or pur qu'il avait commandée avait été faite en réalité d'un alliage d'or et d'argent, bien qu'elle pesât le même poids que la quantité d'or confiée à l'orfèvre. Il demanda à Archimède comment, sans abîmer la couronne, il pourrait savoir si l'or avait été mélangé, et l'on raconte qu'Archimède eut l'intuition de la réponse alors qu'il prenait un bain. Il s'aperçut que la quantité d'eau qui débordait du bassin quand il y entrait était égale à la partie de son corps qui était immergée. Il réalisa que si la couronne était en or pur, elle devrait déplacer une quantité d'eau égale à celle qu'aurait déplacée un lingot d'or du même poids. Si, au contraire, il s'agissait d'un alliage d'or et d'argent, la densité de ce dernier métal étant inférieure à celle de l'or, la couronne aurait un volume plus important et déplacerait une plus grande quantité d'eau que n'en aurait déplacé de l'or pur. On dit qu'Ar-

Illustration page 132.

Sur l'étude du principe du fluide déplacé, par Simon Stevin à la fin du XVIe siècle, voir page 403.

chimède fut si heureux de sa trouvaille qu'il sauta hors du bassin et, tout nu, se rua vers sa maison en criant à travers les rues : «Eurêka» («J'ai trouvé»). L'histoire est-elle vraie? Nous l'ignorons; le premier qui la consigna fut l'architecte et ingénieur romain Vitruve, au Ier siècle avant J.-C. Toujours est-il qu'Archimède poursuivit son idée dont il vérifia la justesse par une démonstration mathématique.

On a raconté d'autres histoires à propos d'Archimède. D'après l'une d'elles, Hiéron lui ayant demandé l'ordre de grandeur d'un poids que pourrait déplacer une petite force, Archimède lui démontra comment il pouvait à lui seul tirer un trois-mâts qui avait été halé à terre par une équipe d'hommes. Pour sa démonstration, Archimède utilisa des poulies multiples, ou moufles, et bien qu'il semble qu'il ait inventé la moufle, l'histoire, qui date du Ier siècle après J.-C., dégage un léger parfum de fantaisie! Tout comme l'exclamation attribuée au même Archimède : «Donnez-moi un point d'appui et je déplacerai la Terre!», qui se réfère au principe du levier. Cependant, quelle que soit l'authenticité des nombreuses anecdotes qui courent sur Archimède, toutes mettent en relief sa belle réputation d'inventeur dans le domaine de la mécanique. En effet, il est même censé avoir dessiné les plans d'immenses miroirs ardents, grâce auxquels il mit le feu aux navires de la flotte romaine qui plus tard assiégèrent Syracuse, un siège qui entraîna l'occupation romaine et la mort d'Archimède. Néanmoins, le récit selon lequel il conçut et construisit des globes célestes décrivant le ciel et une sorte de planétarium pour visualiser les mouvements planétaires a de grandes chances d'être vrai puisque Cicéron (106-43 av. J.-C.) s'y réfère et qu'il avait vu les instruments.

De nos jours, les inventions mécaniques d'Archimède sont la raison essentielle de sa célébrité, mais il semble que lui-même s'intéressait fondamentalement aux principes qu'elles impliquaient, à ce que nous appellerions aujourd'hui les sciences de la mécanique et de l'hydrostatique. Après tout, Archimède était surtout un géomètre et un mathématicien : il étudia les problèmes de la surface des figures courbes, en utilisant la méthode efficace de l'exhaustion, inventée par Eudoxe, et calcula le rapport de la circonférence d'un cercle à son diamètre – π (pi) – avec une précision jamais atteinte antérieurement (selon Archimède, sa valeur se situait entre 3,1408 et 3,1429; elle est aujourd'hui estimée à 3,1416). En fait, du VIe au Xe siècle après J.-C., les mathématiques d'Archimède firent l'objet d'études approfondies de la part des érudits de Byzance, lorsque cette cité fut devenue un des

Sur Eudoxe, voir pages 123-126; sur les calculs plus précis de la valeur de π en Chine et dans l'Islam, voir pages 200 et 288.

grands centres de l'enseignement chrétien. Mais quelle valeur Archimède attribuait-il à ses propres découvertes? Quelle image souhaitait-il laisser de lui-même à la postérité? Curieusement, ce sont des questions auxquelles nous pouvons répondre. Il semble qu'Archimède exprima le vœu que sa pierre tombale fût ornée d'un de ses triomphes géométriques : un cylindre contenant une sphère qui lui est parfaitement ajustée, et une inscription qui donne le rapport selon lequel le volume du cylindre dépasse celui de la sphère. En 75 avant J.-C., Cicéron se rendit sur la tombe d'Archimède et, après que ses esclaves l'eurent dégagée des broussailles, il vit que le vœu d'Archimède avait été exaucé : la sphère et le cylindre étaient là, de même que l'inscription «dont la moitié des lignes à peu près étaient lisibles, la dernière partie étant usée».

Archimède était à la fois un mathématicien et un homme doué d'esprit pratique et il semble que cette combinaison d'aptitude à la théorie et d'ingéniosité pratique ait caractérisé certains des hommes de science qui travaillèrent à Alexandrie. La perspective platonicienne traditionnelle, qui voulait que le philosophe ne s'abaissât pas à s'occuper des apparences, du monde transitoire et terre à terre des objets, pour garder au contraire l'œil fixé sur les Idées essentielles, n'était plus ici la ligne de conduite dominante. En fait, l'atmosphère intellectuelle était si différente à Alexandrie qu'on ne sera pas surpris d'apprendre qu'Archimède se livra à des expériences pratiques et qu'il ne fut pas le seul philosophe porté vers la mécanique qui travailla dans cette ville. Il y eut aussi Ctésibius.

Cette fois encore, très peu d'informations personnelles nous sont parvenues concernant l'homme. Ctésibius était le fils d'un barbier, mais nous ignorons les lieux et dates de sa naissance et de sa mort; nous savons qu'il travailla à Alexandrie vers 270 avant J.-C., parce que des documents parlent d'une corne d'abondance chantante qu'il inventa pour une statue de la femme de Ptolémée Philadelphe. A coup sûr, la célébrité de Ctésibius repose sur ses inventions dont la première fut, semble-t-il, un miroir réglable pour la boutique de son père, le barbier. Ce miroir pouvait être ajusté dans n'importe quelle position parce qu'il était muni d'un contrepoids manœuvré par une corde attachée à une bille de plomb, laquelle bille se déplaçait à l'intérieur d'un tube dont elle chassait l'air à grand bruit lors de ses déplacements. Cette invention amena Ctésibius à étudier l'ensemble du principe pneumatique qu'elle impliquait; ce principe est toujours appliqué dans de nombreux appareils modernes, tels que le ressort de rappel communément utilisé pour la fermeture des portes. Probablement d'après les mêmes raisonnements, Ctésibius inventa une pompe à air à valves, reliée à une série de tuyaux d'orgue commandés par un clavier. Il inventa aussi une pompe à eau foulante, des catapultes manœuvrées par des ressorts de bronze et une autre qui fonctionnait à l'air comprimé, mais, en dépit de cette incursion dans le domaine des engins guerriers, ses principaux travaux portaient sur des appareils dont l'usage pratique semble limité. Ainsi, son invention la plus célèbre fut celle des clepsydres (horloges à eau) pourvues d'un débit d'eau constant, qui actionnaient toutes sortes de jaquemarts et automates : cloches qui carillonnaient, marionnettes animées et oiseaux chanteurs, ces derniers étant manifestement les précurseurs des coucous! Ces automates exerçaient une véritable fascination et suscitèrent beaucoup d'écrits, notamment ceux de l'ingénieur mécanicien Philon de Byzance qui visita Alexandrie vers 250 avant J.-C. Heureusement, cependant, la description d'une autre clepsydre conçue par Ctésibius est aussi parvenue jusqu'à nous; elle contenait un engrenage mû par l'eau, qui actionnait un cylindre tournant sur lequel étaient inscrites les durées inégales des jours et des nuits, un dispositif moins pittoresque mais plus pratique que l'horloge à oiseau chanteur.

Il semble que l'école de mécanique d'Alexandrie ait duré longtemps encore, bien que son représentant le plus remarquable, dont l'existence soit historiquement prouvée, ait été Héron l'Ancien, ou d'Alexandrie, qui vivait et travaillait en 62 après J.-C., quelque trois siècles après Ctésibius. Mais nous ne disposons d'aucun détail personnel sur Héron et ne le connaissons qu'à travers ses inventions et travaux. Ses inventions consistèrent surtout en jouets mécaniques : un théâtre miniature automatique dont les personnages étaient animés par des poids, équilibrés par des récipients dont on faisait couler des grains de millet; une maquette de temple dont les portes s'ouvraient lorsqu'on allumait un feu sur son autel miniature et se fermaient quand le feu s'éteignait, des boîtes à surprise, des trompettes mécaniques et bien d'autres encore. Cependant, comme Ctésibius, Héron inventa également des équipements militaires – en particulier une arbalète que l'archer pouvait tendre en faisant simplement porter son poids sur la monture – et, dans un domaine plus pratique, un odomètre pour mesurer les distances le long des routes. Il inventa aussi la «dioptre», un instrument destiné aux arpenteurs qui fonctionnait en partie comme un théodolite (pour mesurer les angles) et en partie comme un niveau.

Pourquoi une institution savante comme le Musée encourageait-elle ce qui semble avoir été une succession de fabricants de jouets et d'appareils mystérieux et un peu magiques? Il est sûr que quelques inventions utiles y furent mises au point, mais la plupart des comptes rendus sur l'œuvre de Ctésibius et les manuscrits où sont consignés les travaux de Héron sont pleins d'inventions mécaniques destinées à distraire plus qu'à instruire. Quel était le but de tout ceci, si tant est qu'il y eût un but? La réponse n'est pas difficile à trouver; en fait, les ouvrages rédigés par Héron nous mettent sur la piste. Il est l'auteur de plusieurs textes sur la pneumatique, sur la mécanique, sur la dioptre, sur les arbalètes et sur les principes optiques de la réflexion. Autrement dit, Héron écrivit une série d'ouvrages traitant principalement de ce que nous appellerions des questions de physique, et il semble que de nombreux appareils que lui-même et d'autres avant lui construisirent étaient destinés soit à vérifier des principes physiques, soit à en faire la démonstration devant un public plus vaste. Ainsi, lorsque nous apprenons qu'Héron appliquait ses connaissances des miroirs plans et courbes pour susciter des illusions d'optique, nous n'avons pas à nous étonner; il est manifeste que pareille expérience devait être la démonstration idéale de certains principes d'optique. On peut se demander, bien entendu, pourquoi les mécaniciens d'Alexandrie ne se contentaient pas d'expériences fondamentales en laboratoire plutôt que de recourir à des jouets élaborés, mais il n'y avait alors aucune tradition de démonstration formelle en physique, bien qu'il existât une preuve mathématique formelle, et les ingénieux appareils pouvaient exercer une influence profonde en introduisant dans les foyers certains principes. Les jeux éducatifs de ce type furent un moyen d'enseignement très prisé à la fin du XIXe siècle. Qui plus est, l'époque qui nous occupe n'était nullement habituée aux merveilles mécaniques et peut-être que les physiciens ressentaient le besoin d'embellir de leur mieux les principes qu'ils démontraient, tout comme plus tard, aux XVIIe et XVIIIe siècles, les fabricants d'appareils scientifiques sentirent qu'il était de leur devoir de faire de leurs instruments des objets d'art autant que des instruments d'usage pratique.

Cependant, il semble qu'il existait aussi une tradition de fabrication d'instruments scientifiques en Grèce. On ne peut invoquer à ce propos aucune référence littéraire mais un objet façonné important fournit à ce propos un indice significatif; il s'agit d'un calculateur de calendrier, retrouvé au XXe siècle dans une épave, près de l'île d'Anticythère, au large de la côte nord-ouest de la Crète. Dans le chargement, qui date de la première décennie du Iᵉʳ siècle avant J.-C., un des appareils de bord était un calculateur mécanique; tout récemment, l'étude approfondie à laquelle s'est livré le professeur Derek Price a montré sa complexité : il comportait un dispositif élaboré d'engrenages pour calculer et indiquer les résultats. C'est une découverte importante car il serait tout à fait invraisemblable que ce calculateur de calendrier précis eût été seul de son espèce; il est beaucoup plus probable que c'était un exemplaire parmi d'autres d'un appareil bien connu des marins et de tous ceux qui pouvaient faire un usage pratique de l'information astronomique. De plus, cette tradition de fabrication d'instruments pourrait être également confirmée par la reconstitution récente, effectuée par le professeur Price, de la tour des Vents à Athènes, qui fut construite entre 100 et 50 avant J.-C. par l'astronome Andronicos, originaire de Cyrrhos dans le Croissant fertile. Cet édifice octogonal, dont les figures sculptées représentaient les huit vents principaux, était équipé d'une girouette. Il portait à l'extérieur des cadrans solaires et, à l'intérieur, une horloge astronomique à eau dans laquelle un disque rotatif montrait la course des étoiles, sur lequel une boule représentant le Soleil enregistrait les mouvements saisonniers du Soleil à travers les constellations. Il se pourrait donc que, à l'époque hellénistique, les engins mécaniques destinés à faire connaître l'information scientifique aient été moins rares qu'on pourrait le supposer d'après les sources littéraires qui n'en mentionnent pas.

Illustration page 158.

Illustration page 95.

L'école alexandrine de médecine

Le Musée d'Alexandrie s'enorgueillissait d'une éminente école de médecine, fondée au début du IIIᵉ siècle avant J.-C. par le médecin Hérophile. Nous ignorons la date de sa naissance, mais il semble qu'Hérophile soit venu de Chalcédoine, une ville située à l'entrée du Bosphore, en face de Byzance. Nous savons qu'il étudia la médecine à Cos, puis qu'il fut invité à se rendre à Alexandrie par Ptolémée Sôter et qu'il y poursuivit ses travaux sous le règne de Ptolémée Philadelphe. Il s'acquit une grande réputation comme praticien et comme professeur, et les étudiants affluaient pour bénéficier de son enseignement.

Il est intéressant de noter qu'à Alexandrie la dissection du corps humain ne soulevait aucune désapprobation, contrairement à ce qui se passait dans les autres villes grecques; c'était un grand avantage pour la recherche médicale et Hérophile en profita pleinement. Sa théorie et sa pratique médicales se fondaient sur les quatre humeurs, mais c'est en anatomie qu'il accomplit ses plus grands travaux médicaux; il étudia le cerveau, le système nerveux, le système des veines et des artères (qu'il distingua les unes des autres), les organes génitaux et l'œil. Il identifia correctement le cerveau – et non le cœur – comme étant le centre du système nerveux, et il suivit le trajet des nerfs depuis le cerveau et le long du cordon médullaire; toutefois, il écrivit aussi à propos du *rete mirabile,* le «réseau merveilleux», un ensemble de vaisseaux sanguins et de nerfs présent chez les animaux mais non chez l'homme. Certaines parties de l'anatomie humaine portent toujours le nom dont il les désigna : ainsi, une cavité du cœur s'appelle *calamus Herophili* et le point de rencontre des sinus et de l'enveloppe dure et fibreuse du cerveau (la dure-mère) *torcular Herophili.* Il souligna aussi l'importance du pouls, suivant sur ce point la voie tracée par son professeur Praxagoras, et fut peut-être le premier à utiliser une clepsydre pour prendre le pouls. Il repéra le trajet du nerf optique de l'œil au cerveau et s'intéressa beaucoup au foie et aux intestins. C'est lui qui forgea le mot «duodénum» (ou plutôt son équivalent grec) pour une partie de l'intestin grêle, et il fut le premier à isoler à cet endroit les vaisseaux chylifères. Il fit également progresser la gynécologie et découvrit les trompes de Fallope; plus tard, cette découverte tomba dans l'oubli et, au XVIIe siècle, ces organes firent l'objet d'une redécouverte par l'anatomiste italien Gabriele Fallopio. Enfin, pour faire bonne mesure, Hérophile écrivit sur la diététique et recommanda la gymnastique comme une forme salutaire d'exercice.

Sur Gabriele Fallopio, voir page 384.

Malheureusement, les disciples d'Hérophile à Alexandrie et à Laodicée, où il avait fondé un autre centre médical, eurent tendance à se perdre en débats, plutôt qu'à consacrer leur temps à la dissection et à l'observation, à l'exception du très remarquable médecin Erasistrate. Né vers 304 avant J.-C. d'une famille de médecins établie sur l'île ionienne de Chio, Erasistrate étudia d'abord la médecine à Athènes puis, vers l'âge de 25 ans, il se rendit à l'école médicale de Cos. Plus tard, il séjourna à Alexandrie où il subit l'influence du médecin attaché à la cour de Ptolémée Philadelphe; dans sa vieillesse, Erasistrate abandonna la pratique médicale pour prendre la direction de la recherche au Musée où il effectua des travaux d'une grande portée.

Il est l'auteur de nombreux ouvrages qui traitent non seulement d'anatomie mais aussi de l'abdomen, des fièvres, de la goutte, de l'hydropisie, des vomissements de sang et de l'hygiène. La plupart de ces ouvrages ont disparu, mais nous savons néanmoins partiellement ce que furent ses travaux anatomiques et ses études sur les fonctions du corps; parmi ses innovations à Alexandrie, mentionnons l'autopsie qu'il pratiqua afin d'étudier les causes du décès. Il fut également le premier à mener des expériences qui aboutirent à la découverte de la déperdition énergétique du corps, posant ainsi les bases de l'étude du métabolisme, un travail qui ne sera pas repris avant que le médecin italien Santorio ne s'y attelle au XVIIe siècle. Les recherches d'Erasistrate sur le métabolisme l'amenèrent à supposer que toutes les parties du corps des créatures vivantes sont un tissu composé de veines, d'artères et de nerfs, un résultat stupéfiant à une époque antérieure à l'invention du microscope. Il fit également un sort à la croyance erronée selon laquelle la digestion serait une sorte de cuisson, ou de fermentation, et décrivit l'action des muscles de l'estomac; de surcroît, il montra comment le larynx se ferme lorsque l'on avale, prouvant ainsi qu'il est impossible que les boissons pénètrent dans les poumons, comme certains médecins le croyaient.

Illustration page 521.

Les études d'Erasistrate sur la respiration marquèrent une amélioration considérable sur celles qui avaient été menées avant lui; il alla plus loin qu'Hérophile et établit la distinction entre les nerfs sensitifs et les nerfs moteurs. Il comprit également que le cœur fonctionne comme une pompe, mais n'identifia pas la circulation; tel qu'il voyait le système, un côté du cœur aspirait de l'air et l'autre côté aspirait du sang dont il pensait qu'il était fabriqué par le foie. Il rejeta la théorie des quatre humeurs et émit l'hypothèse que les maladies sont dues à un excès de sang. Curieusement cependant, il ne pratiquait presque jamais de saignées, à la différence de ses contemporains, mais prescrivait des rations alimentaires très réduites.

Comme Hérophile, Erasistrate avait des disciples mais il semble que ceux-ci n'aient rien découvert. Cependant, ces deux hommes furent importants car tous deux posèrent les bases de l'anatomie et de la physiologie dans le monde occidental. Il est sûr qu'une partie de leurs travaux fut oubliée, mais, si l'on songe aux désastres qui fondirent sur le Musée aux IIIe et Ve siècles après J.-C., et à sa destruction totale au cours du VIIe siècle, l'étonnant est que tant d'éléments y aient survécu. Nous le devons à un chirurgien grec, Galien, qui vécut à Pergame au IIe siècle après J.-C. et séjourna à Alexan-

Sur la carrière et l'enseignement de Galien, voir pages 321-324.

drie où il consigna une bonne partie des travaux réalisés par l'école médicale.

L'astronomie à Alexandrie

L'étude de l'univers est un thème récurrent dans la science ancienne et moderne, et Alexandrie pouvait se targuer de son école d'astronomie très active et très efficace. Elle la devait pour partie à l'influence de Straton et à celle d'Ératosthène qui devint conservateur de la Bibliothèque vers 235 avant J.-C. Géographe et mathématicien, Eratosthène était né à Cyrène (aujourd'hui Shahhat, en Libye), probablement en 276 avant J.-C., mais il passa la plus grande partie de sa vie active à Alexandrie où il mourut en 195 avant J.-C. Il fut l'un des premiers savants de son temps et rédigea des textes philosophiques et littéraires en plus de ses ouvrages plus scientifiques. En tant que mathématicien, il résolut le problème de la duplication du cube, auquel il apporta une solution qu'il estima supérieure à toutes les solutions précédentes; en arithmétique, il inventa une méthode pour trouver les nombres premiers, méthode toujours connue sous le nom de «crible d'Ératosthène». Il jouissait auprès de ses contemporains d'une immense réputation – Archimède lui dédia un de ses ouvrages –, mais ses travaux de géographe surtout lui ont valu de passer à la postérité.

Sur les tentatives antérieures de duplication du cube, voir pages 112 et 118.

Son traité intitulé *Géographie* fut longtemps un ouvrage classique : plus d'un siècle après sa rédaction, Jules César le consultait encore. Bien que des peuples et des lieux y soient décrits, c'est le premier ouvrage dont l'auteur cherchait à donner à la géographie une base mathématique et considéra la Terre comme un globe qu'il divisa en zones; il décrivit aussi les variations du relief et écrivit beaucoup sur la cartographie, donnant de nombreuses distances mesurées d'après ce que nous appellerions les parallèles ou méridiens. Pour base de sa cartographie, Ératosthène utilisa un parallèle qui, parti de Gibraltar, courait jusqu'à l'Himalaya à l'est en traversant le milieu de la Méditerranée. Cette précision est importante parce que l'un de ses buts était de corriger les cartes grecques antérieures, qui toutes étaient centrées sur Delphes et montraient un océan circulaire entourant toute la masse de la Terre (une thèse qu'il justifia en notant les similitudes entre les marées dans l'océan Indien et celles de l'Atlantique), tandis que son nouveau parallèle de référence divisait en deux parties égales le monde alors connu. En utilisant les informations fournies par des voyageurs, Ératosthène fut en mesure d'introduire d'autres parallèles et plusieurs méridiens, ce qui l'aida lorsque, plus tard, il divisa le globe en trois zones : glaciale, tempérée et torride.

Il fut le premier à évaluer de façon presque exacte la longueur de la circonférence de la Terre, son travail le plus célèbre. Il découvrit, probablement grâce à des rapports qui lui étaient adressés, qu'au solstice d'été, dans la ville de Syène (aujourd'hui Assouan), le Soleil éclairait directement le fond d'un puits, sans aucune ombre portée. Cela signifiait que le Soleil devait se trouver exactement au-dessus de cette ville. Si donc l'altitude du Soleil était mesurée à Alexandrie à la même heure du même jour, cet angle permettrait de déterminer la différence de latitude entre Syène et Alexandrie. La différence trouvée était de près de 7° un quart, c'est-à-dire 1/50ᵉ de la circonférence de la Terre. Ensuite Ératosthène détermina la distance entre Syène et Alexandrie, probablement grâce aux services d'un *bemetatistes,* un arpenteur entraîné à marcher d'un pas égal. En tout cas, il semble avoir utilisé un chiffre arrondi à 5 000 stades, ce qui lui donna donc 50 × 5 000, soit 250 000 stades pour la circonférence de la Terre; selon d'autres sources, il aurait adopté le chiffre de 252 000 stades, ce qui équivaut à 46 660 kilomètres. Ce résultat est très proche de l'estimation actuelle de la circonférence polaire de la Terre, soit 39 941 kilomètres, et c'était un progrès considérable par rapport aux résultats nettement surévalués d'Aristote (400 000 stades) et d'Archimède (300 000 stades).

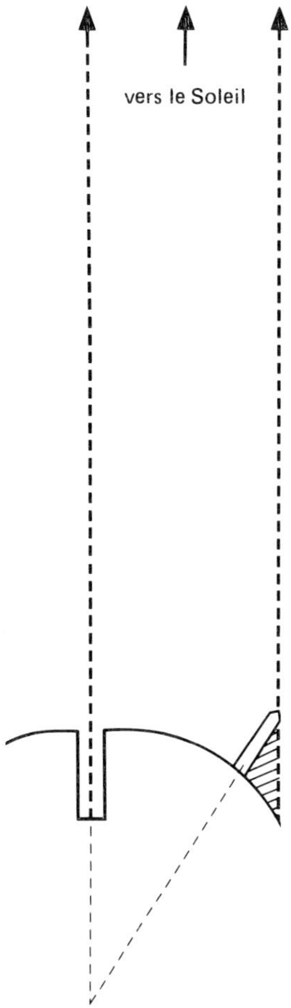

L'observation de la courbure de la Terre faite par Eratosthène, d'après la longueur de l'ombre à différentes latitudes. Grâce à des mesures soigneuses, il put calculer la circonférence de la Terre avec une précision satisfaisante.

Aristarque de Samos

Aristarque fut l'élève de Straton; si l'on en juge d'après ses travaux, ce fut probablement à Alexandrie et non à Athènes où Straton dirigera le Lycée à une époque ultérieure. Nous ignorons en quel lieu Aristarque a poursuivi ses travaux d'astronomie; en fait, tout ce que nous savons à son propos est qu'il naquit à Samos et vécut pendant une période comprise entre 310 et 230 avant J.-C. Mais, si nous sommes mal informés sur sa vie, ses travaux nous sont bien connus. Aristarque déploya beaucoup d'énergie pour essayer de déterminer les dimensions et les distances du Soleil et de la Lune, et fut aussi le premier astronome à proposer une théorie héliocentrique précise, où le Soleil, et non un feu central, occupait le centre de l'univers.

Le traité d'Aristarque sur les distances et les dimensions du Soleil et de la Lune fut réellement un exercice de géométrie astronomique. Postérieur à Euclide et précédant Archimède d'une génération, Aristarque détermina la distance de la Lune par une méthode ingénieuse : en observant l'angle du Soleil au moment où exactement la moitié du disque de la Lune apparaît illuminée. En pratique cependant, la méthode n'était pas très satisfaisante, à la fois parce qu'il est difficile dans cette configuration particulière de mesurer avec précision l'angle entre le Soleil et la Lune, et parce qu'il est virtuellement impossible d'être sûr du moment exact où une moitié du disque de la Lune est éclairée par la lumière du Soleil. L'observation aurait dû donner le rapport des distances du Soleil et de la Lune à la Terre mais, à cause d'inexactitudes inhérentes à la méthode, les calculs d'Aristarque aboutirent à la conclusion que le Soleil était seulement de 18 à 20 fois plus éloigné que la Lune, alors que le vrai chiffre est presque 400 fois. Mais c'est le principe mathématique qui semble avoir intéressé Aristarque; ses observations sur l'angle étudié et sur le diamètre apparent de la Lune étaient grossièrement erronées. Toutefois, bien qu'il fût un piètre observateur, il développa une méthode géométrique utile pour les calculs impliquant de très petits angles, et manifestement il comprit comment aborder les problèmes dont les réponses ne pouvaient être données que dans une fourchette comprise entre certaines limites, et non en chiffres exacts.

Quant à sa théorie héliocentrique, elle différait de l'idée précédemment émise par Philolaos, qui pensait que la Terre et le Soleil traçaient une orbite autour d'un feu central. Aristarque adopta la théorie de la rotation quotidienne de la Terre sur son axe, qui fut probablement avancée pour la première fois par Héraclide du Pont, mais l'idée de placer le Soleil immobile au centre de l'univers lui appartient. Cette théorie soulevait un problème d'observation, à savoir que si la Terre était en orbite autour du Soleil, il devrait sembler à un observateur que les étoiles modifiaient constamment leurs positions relatives, dans une petite mesure. Or, aucun changement de ce genre n'était observé. Aristarque mit la chose au compte des dimensions immenses de la sphère céleste qui contenait les étoiles; en fait, il donna même un nombre destiné à exprimer l'immensité présumée de cette sphère. Nous savons aujourd'hui qu'un tel changement se produit mais il est extrêmement faible; pour l'observer, il faut un télescope et une technique d'observation extrêmement raffinée, si raffinée qu'il ne fut pas détecté avant les années 1830, plus de

Sur Philolaos, voir pages 99 et 100.

deux mille ans plus tard. En dépit du plaidoyer d'Aristarque et de son ingéniosité mathématique, sa théorie tomba bientôt dans l'oubli. Elle paraissait une solution très invraisemblable au problème des mouvements planétaires et il faudra attendre dix-sept siècles avant qu'elle ne reparaisse avec succès.

Hipparque de Nicée

Nous arrivons à présent à un personnage d'une importance capitale, dont les travaux influencèrent l'école alexandrine mais qui, pour autant que nous le sachions, ne se rendit jamais à Alexandrie. Né à Nicée pendant le premier quart du IIe siècle avant J.-C., il semble qu'il ait passé à Rhodes la plus grande partie de sa vie active, si ce n'est toute son existence; les très minces données dont nous disposons sur sa vie nous furent transmises par Ptolémée, un astronome alexandrin postérieur. Nous devons également à Ptolémée ce que nous savons des travaux d'Hipparque car le seul texte original de cet auteur qui ait survécu est un court commentaire sur les travaux astronomiques du poète stoïcien Aratus. Néanmoins, d'après l'information en notre possession il est clair qu'Hipparque réalisa de vrais exploits dans plusieurs domaines de l'astronomie : mouvements planétaires, comportement des étoiles fixes, longueur de l'année et distances du Soleil et de la Lune. Qui plus est, Hipparque mit au point une table mathématique des cordes des arcs circulaires; c'était un travail fastidieux mais il était de la plus haute importance pour calculer les positions des corps célestes à une époque où l'on ignorait la trigonométrie.

Hipparque n'apporta pas de contribution de réelle importance dans le domaine des mouvements planétaires, mais il mit le doigt sur certaines faiblesses de l'usage fait par Apollonius de son système d'épicycles et sur la façon dont tous les systèmes antérieurs avaient été appliqués. Ainsi, il dégagea la voie pour une nouvelle théorie des mouvements planétaires qui «sauverait les apparences» avec une précision mathématique, une réalisation qui sera l'œuvre de Ptolémée. Sur ce terrain donc, Hipparque fut un précurseur, pas un conquérant, mais il en va tout autrement de ses travaux d'observation : excellent observateur, très méticuleux de surcroît, Hipparque a parfois été qualifié de plus grand astronome observateur de l'Antiquité classique. Pour l'essentiel de ses observations, il employa les instruments courants de son

Illustration page 157.

époque – la sphère armillaire et le cadran solaire portatif –

des instruments faits d'anneaux de métal qui fonctionnaient comme des échelles graduées, et ajustés à une ligne de visée que l'astronome orientait vers le corps céleste observé. A ces instruments, Hipparque ajouta «l'astrolabe plan», un disque sur lequel une carte mobile du ciel permettait de calculer les heures des levers et des couchers des corps célestes; cet instrument pouvait également être utilisé pour mesurer les angles. De plus, il utilisa la dioptre, une planche de bois le long de laquelle pouvait coulisser un prisme en bois; on l'utilisait pour mesurer la dimension apparente des disques du Soleil et de la Lune.

Avec ces instruments, Hipparque dressa un catalogue des positions des étoiles, le premier du monde occidental, rapportant les positions comme des angles mesurés le long de la course apparente du Soleil (écliptique) et au nord et au sud de celle-ci. Le point de départ des mesures angulaires le long de l'écliptique était le point où cette ligne coupe l'équateur céleste (grand cercle de la sphère céleste aligné sur l'équateur de la Terre); c'est le point qui marque un équinoxe car, lorsque le Soleil l'atteint au cours de son circuit annuel dans le ciel, le nombre des heures de la nuit est égal à celui des heures du jour. Au fil de ses observations, Hipparque découvrit que cet équinoxe, ce point de croisement, n'était pas fixe; ce point et son pendant de l'autre côté de la sphère céleste reculaient lentement. Bien entendu, cette découverte de la «précession des équinoxes» sera d'une grande importance pour toute l'astronomie de précision qui suivra. Hipparque mesura aussi avec une grande exactitude la durée de l'année qu'il estima à 365,2467 jours (l'estimation actuelle est de 365,2422 jours).

Les mesures des dimensions et des distances du Soleil et de la Lune, effectuées par Hipparque, furent plus précises que celles d'Aristarque. Pour déterminer la distance de la Lune, il fit preuve d'esprit pratique en fondant ses observations non sur un phénomène difficile à mesurer avec précision, mais sur un phénomène qu'il pouvait déterminer avec exactitude. Il se servit de l'éclipse totale de Soleil qui eut lieu en 190 avant J.-C. et qu'il fit observer de deux lieux situés sur le même méridien : Alexandrie et l'Hellespont. Au second lieu choisi, la Lune éclipsa totalement le Soleil, mais, à Alexandrie, le Soleil ne fut caché qu'à 80%. La raison en était que la Lune est plus proche de la Terre que ne l'est le Soleil, et le fait d'observer le phénomène de deux lieux différents provoquait un changement apparent de sa position dans le ciel. Connaissant les différentes latitudes des deux lieux et prenant en compte les erreurs possibles de mesure, Hipparque fut capable de donner la distance de la Lune en fonction de la dimension de la Terre. Il trouva que la distance de la Lune devait être supérieure à 59 fois et inférieure à 67,33 fois le rayon de la Terre. D'après des études ultérieures d'éclipses de Soleil et de Lune, il calcula que la distance du Soleil est 2500 fois le rayon de la Terre et, plus tard, il fut en mesure de préciser 60,5 fois pour la distance de la Lune. Ces évaluations étaient de qualité très supérieure aux estimations précédentes et, bien que la distance du Soleil indiquée par Hipparque fût environ dix fois trop petite, celle de la Lune était quasiment correcte (évaluation moderne 60,25). Son calcul de la dimension de la Lune était lui aussi d'une précision satisfaisante, alors que le chiffre qu'il donna pour celle du Soleil était beaucoup trop petit.

Ptolémée

Hipparque fut à coup sûr le meilleur observateur de l'astronomie grecque et il est manifeste que les résultats qu'il obtint stimulèrent les travaux des astronomes d'Alexandrie. Trois siècles plus tard, ses travaux furent sauvegardés par l'astronome alexandrin Ptolémée, qui les discuta dans son grand traité d'astronomie qui nous est parvenu sous son titre latino-arabe d'*Almageste.* En grec, l'ouvrage fut d'abord connu sous le titre *Mathematike Syntaxis* (Composition mathématique) et, plus tard, sous celui de *He Megiste Syntaxis* (La plus grande composition); c'est ce dernier titre que les Arabes traduisirent par *Al* (le) *Majisti,* qui fut ensuite altéré et devint *Almageste.* Mais, quel que soit le nom que nous lui donnions, ce livre marque le sommet de l'astronomie grecque; il résume et met en relief ce qu'elle produisit de meilleur. Évidemment, il n'est pas dénué d'erreurs – aucun livre n'en est totalement exempt –, mais les critiques qui accusèrent Ptolémée d'avoir faussé délibérément ses mesures astronomiques sont sans fondement et tiennent à un grave malentendu. En fait, l'*Almageste* devint la base de l'astronomie mathématique jusqu'au XVIIe siècle et fut utilisé avec succès par des astronomes de la classe de Copernic et de Kepler.

Ptolémée n'avait rien à voir avec les Ptolémée qui régnèrent sur l'Égypte – en fait, le nom Ptolémée signifiait simplement qu'il venait d'Égypte –, mais quelques érudits médiévaux et d'autres ultérieurs s'y trompèrent et l'on représentait toujours Ptolémée affublé d'une couronne! Pour autant que nous puissions le savoir, son vrai nom était Clau-

Illustration page 157.

Ci-dessus. La «règle» de Ptolémée pour mesurer la distance au zénith des corps célestes. William Cuningham, *The Cosmographical Glasse,* 1559.

Ci-dessus, à gauche. Illustration du XVIe siècle : Ptolémée (arborant une couronne car on le croyait à tort de la famille royale des Ptolémée), guidé par la muse Astronomie, utilise un quadrant. En bas à gauche figure une sphère armillaire. *Margarita Philosophica,* Gregor Reisch, 1508.

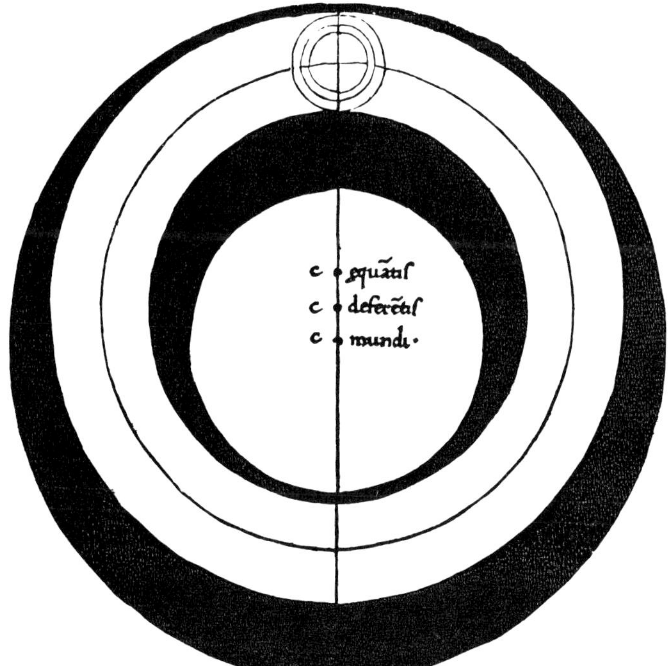

A gauche. Schéma de la théorie de Ptolémée sur les mouvements des planètes supérieures (Mars, Jupiter et Saturne) et de Vénus. Georg Peuerbach, *Theoricæ Novæ Planetarum,* 1472.

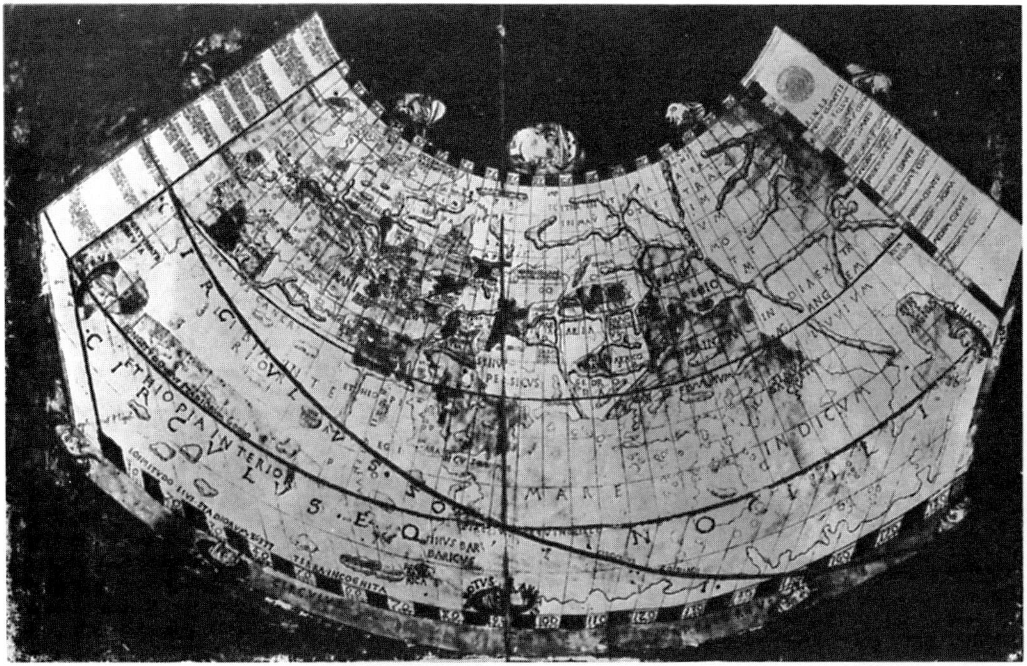

Ci-dessus. Une reconstitution de la carte du monde de Ptolémée, reproduite sur une projection conique avec les latitudes et les longitudes, 1486. British Library, Londres.

A droite. L'anticythère grecque, une machine à calculer à engrenage, pour montrer les positions du Soleil, de la Lune et peut-être des planètes. Elle date de 80 avant J.-C. environ.

dius; il naquit vraisemblablement à Ptolemais Hermiou, en Haute-Égypte, vers 100 après J.-C., mais il semble qu'il passa l'essentiel de son existence à Alexandrie; c'est là en tout cas que s'écoula sa vie active et que, vraisemblablement, il mourut vers 170 après J.-C. Nous n'avons aucun détail sur son existence, si ce n'est qu'il travailla (à Alexandrie?) avec l'astronome Théon de Smyrne.

La réputation de Ptolémée repose essentiellement sur l'*Almageste* mais, avant d'aborder cet ouvrage monumental, il est préférable que nous examinions ses autres travaux. Il écrivit un livre dans lequel il appliqua les mathématiques à l'art de construire des cadrans solaires et un autre qui traitait de la délicate affaire qui consiste à représenter les cercles de la sphère céleste sur une surface plane, le problème fondamental de toute la cartographie. Bien entendu, c'était une carte de ce type, ou projection, qu'Hipparque avait utilisée pour son astrolabe plan. Ptolémée écrivit aussi sur l'astrologie; son ouvrage sur ce sujet comprend quatre «livres» ou parties; c'est pourquoi il reçut dans l'Antiquité tardive le nom de *Tetrabiblos,* bien que son titre grec *Apotelesmatika* (Influences astrologiques) soit plus explicite. Chose intéressante, Ptolémée considérait que l'influence des corps célestes est quelque chose de purement physique; il avait déduit ce point de vue des effets physiques manifestes du Soleil et de la Lune sur la Terre. L'ouvrage est également dénué de fatalisme – l'auteur ne considérait l'influence astrologique que comme l'une parmi toutes celles qui affectent l'humanité –, mais il reflète la superstition et la crédulité qui régnaient dans l'Empire romain du IIe siècle après J.-C. et auxquelles même de grands esprits, tels que Ptolémée et Galien, ne pouvaient échapper.

Ptolémée écrivit aussi un traité d'optique; l'original a été perdu, mais il en reste une traduction postérieure. Il contient l'idée intéressante que la couleur est une propriété inhérente des corps, une étude de la vision stéréoscopique, ainsi que les données courantes sur la réflexion et sur les miroirs. Ptolémée avait adopté l'idée fausse, proposée par les Grecs, selon laquelle la vision était causée par une sorte de «flux visuel» émis par l'œil; néanmoins il semble qu'il ait fait quelques expériences pour déterminer les dimensions de notre champ visuel et prouvé que la vision «voyage» en ligne droite. Il travailla aussi sur la réfraction de la lumière et fit des expériences pour démontrer son existence; il prouva, par exemple, qu'une pièce de monnaie, placée au fond d'un récipient mais cachée par son rebord, devient visible quand on remplit d'eau le récipient. Sur ce point, il fut tout près de trouver la loi correcte de la réfraction qui ne sera pleinement définie qu'en 1621, par le Hollandais Willebrord Snel. Ptolémée était de toute évidence un physicien de talent, et un autre de ses ouvrages, sur la musique, combine judicieusement l'analyse mathématique et les données évidentes fournies par l'oreille; jamais il n'oublia l'importance de l'évidence empirique.

En plus de ces livres et de l'*Almageste,* Ptolémée rédigea un vaste et précieux traité de géographie qui fut intitulé *Geographike syntaxis.* Dans cette *Géographie,* Ptolémée a essayé de dresser la carte du monde connu et l'essentiel du texte consiste en une liste de lieux, avec leur latitude et leur longitude, un système de coordonnées qui remontait au moins à l'époque d'Eudoxe, mais qui n'avait jamais encore été appliqué sur une si vaste échelle. L'ouvrage était accompagné de cartes mais, étant donné le nombre de fautes qui pouvaient s'y introduire quand elles étaient recopiées à la main, comme elles l'étaient obligatoirement aux époques qui précédèrent l'invention de l'imprimerie, prudent, Ptolémée donna des instructions qui permettraient à un copiste de les reconstituer. Comme on pouvait s'y attendre de la part de l'auteur d'un traité mathématique sur ce sujet, il donna également quelques judicieux conseils pratiques pour les projections cartographiques, c'est-à-dire la façon de représenter la surface courbe de la Terre sur une carte plane. Bien entendu, l'ouvrage contenait des erreurs et toutes les cartes de Ptolémée qui décrivaient des régions extérieures aux limites de l'Empire romain étaient insuffisantes, mais cela ne diminue en rien le mérite de cette compilation monumentale, beaucoup plus étendue qu'aucune de celles qui l'avaient précédée.

Illustration page 158.

Sur les réalisations des Chinois en matière de cartographie, voir page 215.

En dépit de la valeur et de l'étendue de la *Géographie,* l'*Almageste* demeure le fleuron de l'œuvre de Ptolémée. C'était d'une part un vaste résumé de l'astronomie grecque jusqu'à son époque mais, d'autre part, l'ouvrage contenait aussi les nouvelles découvertes dues à ses travaux originaux sur la théorie des mouvements planétaires, un catalogue des positions des étoiles et une nouvelle table complète des cordes des arcs. En utilisant les observations d'Hipparque, celles d'Aristyllus et de Timocharis, deux astronomes alexandrins, ainsi que des données vérifiées d'origine grecque et babylonienne, Ptolémée construisit une description mathématique détaillée des mouvements planétaires et de ceux du Soleil et de la Lune qui sera la base de toute l'astronomie occidentale pendant les quatorze siècles qui suivront, si ce n'est plus. Une partie de ce nouveau travail était de qualité inégale; en élaborant la théorie des mouvements du Soleil, Ptolémée fit trop confiance aux observations d'Hipparque (qui, dans ce cas précis, contenaient beaucoup d'erreurs), allant jusqu'à écarter les siennes quand elles s'en éloignaient trop. Son travail sur les mouvements de la Lune était très supérieur, bien que le comportement de la Lune soit beaucoup plus complexe dès que l'on commence à tenir compte de détails précis. Principalement fondé sur les données babyloniennes, il marque une amélioration sensible sur la théorie d'Hipparque et, en l'utilisant conjointement à sa propre théorie des mouvements solaires, Ptolémée fut en mesure d'expliquer avec précision comment calculer les dates des futures éclipses de Soleil et de Lune.

Quant aux cinq planètes, Ptolémée défrichait là un terrain quasi vierge dans la mesure où les élégants et efficaces instruments géométriques de l'excentrique mobile, de l'épicycle et du déférent étaient concernés. Apollonius les avait imaginés, c'est un fait, mais jamais personne ne les avait encore employés avec une telle minutie que le fit Ptolémée. Dans sa théorie de la Lune, Ptolémée avait modifié l'épicycle et le déférent en utilisant deux épicycles; lorsqu'il en vint aux planètes, il eut à prendre en compte leurs moments d'immobilité et leurs mouvements rétrogrades apparents, et il inventa un élément supplémentaire : «l'équant». C'était un point supplémentaire, autour duquel le mouvement était uniforme, mais ce n'était pas le point pivot habituel de l'épicycle, ni un point au centre de la Terre. En fait, dans ce système considéré d'un point de vue moderne, Ptolémée était parvenu à attribuer aux planètes des orbites légèrement elliptiques centrées sur la Terre, ainsi qu'une approximation presque exacte de leurs variations de mouvement. Et cependant, tout cela fut réalisé en utilisant les mouvements circulaires habituels, à une allure régulière et invariable, un véritable chef-d'œuvre d'art mathématique.

Sur Apollonius et sa théorie des épicycles, voir page 142.

Illustration page 157.

La réussite de Ptolémée, qui sut «sauver les apparences» fut reconnue de ses contemporains et de toutes les générations d'astronomes qui suivirent. Il se laissa même convaincre d'écrire un abrégé populaire des théories contenues dans l'*Almageste*. Mais, bien entendu, ses successeurs utilisèrent le texte intégral chaque fois qu'ils le purent, car non seulement il offrait une somme considérable de travaux originaux mais il fournissait aussi les meilleurs résultats jamais atteints par les Grecs, dans un texte qui était un modèle de clarté et de présentation systématique. En fait, dans l'immense cohorte des ouvrages scientifiques produits depuis cette époque, peu de textes égalent l'*Almageste*.

Le sort de la science grecque

Avec Ptolémée, nous sommes parvenus à la dernière des grandes figures de la science hellénistique et à la fin d'un développement intellectuel étonnant qui, à son origine, était grec. Comme nous l'avons vu, il débuta avec des philosophes qui souhaitaient comprendre le monde physique dans lequel ils vivaient. Naturellement, jamais ils ne se seraient attribué le qualificatif de scientifique – le mot, d'ailleurs, date du XIXe siècle –, mais ils auraient accepté le terme de philosophes de la Nature, du XVIIe siècle. Cependant, c'était bien de science dont ils s'occupaient; non pas la science expérimentale orientée vers les mathématiques, qui est aujourd'hui la nôtre, mais néanmoins la science, une tentative de compréhension du monde de l'expérience naturelle sans recours à l'intervention divine. Nous avons retracé son histoire depuis Thalès jusqu'à ses points culminants au Lycée d'Athènes et à la Bibliothèque et au Musée d'Alexandrie. Elle marque le premier grand effort concerté de l'homme occidental pour comprendre le fonctionnement de la Nature et cette immense réalisation fut reconnue dès l'époque de son apparition. La science romaine ne fit que consolider et confirmer la science grecque, sans y ajouter de contributions originales : les réalisations romaines furent d'un autre type. Aujourd'hui, nous pouvons regarder en arrière et voir en elle les fondements de l'idéal scientifique – la poursuite de la science dégagée de toute entrave d'ordre religieux ou politique –, et la base de notre culture scientifique actuelle. Et pourtant, il s'en est fallu de très peu qu'elle ne nous parvienne que dans une version affreusement mutilée.

Sur les rapports entre les civilisations grecque et romaine, voir pages 319-329.

Il est certain que la Bibliothèque et le Musée d'Alexandrie poursuivirent leurs activités après l'époque de Ptolémée, encore que la recherche originale ait alors dépéri. A l'origine, la Bibliothèque s'était développée selon la réglementation de Ptolémée, qui voulait que tous les livres introduits à Alexandrie y fussent déposés pour être copiés, et elle contenait quelques centaines de milliers de rouleaux de papyrus. On a dit que la collection s'augmenta vers 40 avant J.-C., lorsque Marc Antoine fit don à Cléopâtre des 200000 rouleaux de la bibliothèque de Pergame, mais, il semble qu'après la mort de Ptolémée, deux siècles plus tard, peu d'ouvrages nouveaux y furent ajoutés. En fait, la collection subira bientôt des dommages dus aux invasions et aux insurrections. En 269 après J.-C., la Bibliothèque brûla partiellement lorsque la belle et impitoyable Zénobie, reine de Palmyre, conquit l'Égypte, et elle souffrit encore plus en 415 après J.-C., quand elle fut attaquée par des émeutiers. Il semble que cette émeute fut provoquée, ou du moins tolérée, par Cyrille, l'évêque d'Alexandrie, qui défendait l'orthodoxie contre ceux qu'il considérait comme des chrétiens hérétiques et contre l'enseignement païen. Hypatie, une mathématicienne et philosophe néo-platonicienne qui dirigeait le Musée, fut brutalement assassinée par des moines, tandis qu'une populace enragée faisait brûler la Bibliothèque. Après ces événements, Alexandrie ne retrouva jamais son prestige comme centre d'enseignement et tomba dans l'oubli total après un dernier incendie survenu pendant l'invasion islamique de l'Égypte, en 640 après J.-C. Mais, longtemps avant cette époque, les érudits avaient fui, emportant avec eux de précieux manuscrits. Comme nous le verrons (chapitre 5), c'est en Islam que l'enseignement grec fut préservé jusqu'à ce qu'il soit récupéré par l'Europe du Moyen Age.

LE SORT DE LA SCIENCE GRECQUE

Sur les conséquences de ces événements pour la science arabe, voir page 267; sur le développement du néo-platonisme, voir page 272.

3. La science chinoise

Jusqu'aux années 1960, l'histoire de la science chinoise fut très peu connue en Occident. Quelques idées étaient monnaie courante parmi les historiens de l'astronomie et l'on disposait de certaines informations sur la botanique, la médecine, la physique et l'ingénierie chinoises, mais, d'une façon générale, l'évaluation de la culture scientifique chinoise était tristement inadéquate. Par suite de malentendus certains et très répandus, soit on attribuait aux Chinois presque toutes les inventions et découvertes anciennes jamais faites, soit, au contraire, on doutait qu'ils eussent effectivement apporté les contributions importantes et de tout genre que d'aucuns leur attribuaient.

Le problème tenait avant tout à la barrière des langues. Jusqu'à une époque très récente, la plupart des Occidentaux qui connaissaient le chinois ignoraient les sciences naturelles; leur savoir, spécialisé, concernait d'autres domaines. Aujourd'hui, grâce aux efforts de Joseph Needham, à Cambridge, et de ses collègues du monde entier, la situation se modifie. Le travail de ces savants, qui disposent d'une formation scientifique, est encore incomplet mais un bref résumé des résultats auxquels ils sont parvenus à ce jour nous donnera un aperçu de la science chinoise jusqu'au XVIIe siècle, époque à laquelle elle se transforma irrévocablement en fusionnant avec la science universelle. En 1582, le jésuite Matteo Ricci était arrivé à Macao; quelque vingt ans plus tard, il pénétrait à Pékin. Là, ce savant, qui était à la fois linguiste, mathématicien et homme de science, accomplit sa mission religieuse et, de surcroît, pour gagner la confiance de la Cour, il y fit connaître les résultats de la nouvelle révolution scientifique en Occident. Après la mort de Ricci, en 1610, les jésuites poursuivirent leur mission et d'autres missionnaires dotés d'une formation scientifique reprirent son rôle. La science chinoise autochtone ne pouvait pas maintenir plus longtemps une identité séparée et, par la suite, les découvertes chinoises s'intégrèrent à la science internationale.

Sur l'impact des rapports des missionnaires tels que Ricci sur la pensée européenne, voir page 528.

Lorsqu'ils étudièrent la science chinoise ancienne, les historiens s'aperçurent qu'ils bénéficiaient d'un avantage que l'on ne rencontre jamais lorsqu'on étudie la science d'autres peuples, un avantage qui tient à la façon dont la langue chinoise s'écrit. Le chinois écrit, qui utilise toujours des idéogrammes pour représenter des objets, n'a pas fondamentalement changé depuis les temps anciens et, de nos jours, il est aussi facile de lire un texte ancien qu'un texte récent.

Les raisons pour lesquelles les idéogrammes sont toujours utilisés en Extrême-Orient ne sont pas claires, mais le fait même que jamais une écriture alphabétique ne s'y développa souligne un point que nous devons garder à l'esprit quand nous considérons la science chinoise: nous nous trouvons devant une explication du monde naturel construite au sein d'une culture très différente de la nôtre, une culture qui demeura très longtemps isolée de l'Occident et se développa presque entièrement par elle-même. Il y eut certainement des contacts, longtemps avant et longtemps après Marco Polo au XIIIe siècle, mais ils étaient rares et, à l'époque, les Chinois n'encourageaient nullement les étrangers.

L'isolement de la Chine était et demeure en partie géographique. Bien qu'elle ait un long littoral qui s'étend sur 5000 kilomètres environ, ses côtes sont en majeure partie orientées vers l'est, face au Pacifique, tandis que, dans la partie méridionale du pays, les côtes, qui s'ouvrent sur la mer de Chine, s'étendent sur 1600 kilomètres environ. Dans les temps très anciens, la mer constituait un obstacle infranchissable, du moins en ce qui concerne l'Occident. Par voie de terre, la situation se présentait un peu mieux. Au nord s'étendent la Mongolie et le désert de Gobi, à l'ouest la grande chaîne de montagnes de T'ien-Chan et le massif du Tibet; en fait, l'exploration de l'Occident implique l'ascension de ce qui est en pratique un escalier de montagnes. D'un point de vue géographique, l'étonnant n'est pas que la Chine fût presque isolée, mais qu'il y ait eu des communications, fussent-elles irrégulières, avec l'Occident.

Quant au pays lui-même, il apparaît au premier coup d'œil partagé en trois parties, les lignes de séparation étant les deux grands fleuves : le fleuve Jaune, ou Huanghe, et le Yangzi Jiang, qui coulent d'ouest en est. Il s'agit là bien sûr d'une simplification exagérée car le pays est très montagneux. Cependant, dans les zones situées de part et d'autre du fleuve Jaune, se trouvent les plaines de Hebei et Hunan, ainsi que la montagne sacrée Tai Shan. On trouve davantage de plaines vers l'est, dans le Shanxi, sur la rive nord du fleuve. Des

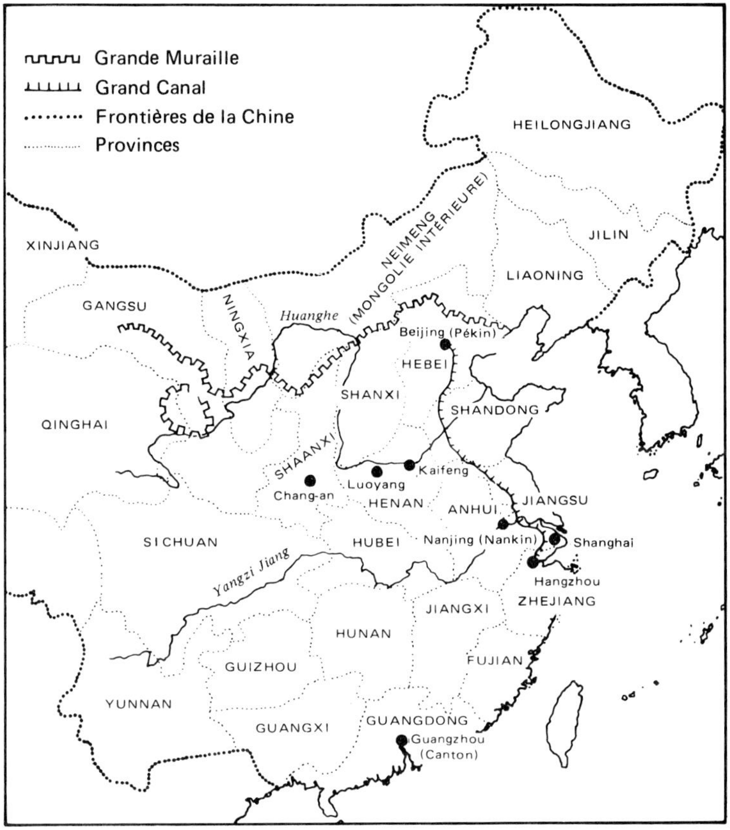

affluents se jettent dans le fleuve Jaune : le Luo, sur les rives duquel était située la vieille capitale de Luoyang, et le Wei, dans le Shanxi. Vers le nord de la vallée du Wei, le sol se compose de poussière que, depuis des millénaires, les vents ont apportée des déserts du Nord; cette région fut le centre de la première civilisation chinoise.

Le Yangzi Jiang se jette dans le Pacifique, juste au nord de Shanghai; il est plus aisément navigable que le fleuve Jaune et on peut le remonter au-delà des trois grands lacs de Tai, Boyang et Dong-ting, et, de là, vers la province de Sichuan, entre des gorges comparables au Grand Canyon ou au Grand Rift en Afrique orientale. Un coup d'œil général sur la carte de la Chine montre qu'en dépit de ses deux grands fleuves, comme si souvent en Asie centrale, c'est néanmoins un pays où les plaines sont séparées par des régions montagneuses dont certaines sont particulièrement hautes et escarpées. De grandes fractions du pays ne sont pas directement accessibles et l'unification de la culture chinoise ne fut pas une tâche facile.

Sur une contrée qui présente de tels contrastes, la gamme des climats est naturellement étendue, depuis le Sud chaud et humide, entre les latitudes de 20 à 25° nord – qui sont aussi celles de la Birmanie, l'Inde, l'Égypte, le Sahara, le Mexique et Cuba –, jusqu'au Nord plus tempéré, vers 40° de latitude, à la même hauteur que la Turquie, la Grèce, Madrid, Philadelphie et Denver. A l'ouest, se déploient les hautes terres montagneuses et glacées, à l'est les montagnes arides du Shandong où les hivers sont très froids. Les vallées elles-mêmes sont également différentes. La plaine de la Chine du Nord, proche du Shandong, faite du limon apporté par le fleuve Jaune, est prodigieusement fertile, à condition d'être traitée par les engrais. C'est une région très peuplée en dépit des inondations périodiques. Au nord et au nord-est, dans les provinces de Shanxi, Shaanxi et Gansu, les plaines recouvertes de lœss sont exceptionnellement fertiles car le sol garde bien l'humidité et, malgré des précipitations limitées, les belles récoltes sont la règle. La vallée du Yangzi Jiang inférieur peut aussi être productive mais elle a besoin d'être irriguée; là, le génie des Chinois en matière de canaux et de voies d'eau s'est affirmé très tôt. Si bien que dans le Sichuan, une population dense occupe le bassin proche du Yangzi Jiang où la capacité de production alimentaire est importante : on y obtient parfois trois récoltes par an. A l'extrémité sud, les forêts fournissent en abondance du bois d'œuvre et la pêche est très développée : les marins chinois venaient traditionnellement de cette région qui, dans les temps anciens, était assez isolée du reste du pays.

En résumé, qu'il s'agisse des climats ou des reliefs, la Chine est une terre de contrastes, un pays qui comprend des concentrations de population et de vastes espaces où seuls des nomades parviennent à subsister. Elle a pu être isolée, mais représente en soi un microcosme du reste du monde. Avec son territoire immense, plus vaste que celui des États-Unis, et sa population grouillante, elle fut en fait une civilisation indépendante, un continent qui poussa très loin sa propre culture, étonnante par l'ampleur de sa vision et l'originalité de ses réalisations.

L'histoire de la Chine

Malgré l'existence de «l'Homme de Pékin», dont les os fossiles remontent à 350000 avant J.-C. ou même plus tôt, et celle d'une culture néolithique, ou de l'âge de la pierre, en Chine vers 12000 avant J.-C., la première civilisation qui nous concerne est celle de Yangshao dont l'époque, beaucoup plus tardive, se situe vers 2500 avant J.-C.; elle est donc contemporaine de la civilisation de la vallée de l'Indus en Inde, de l'Ancien Empire en Égypte, et postérieure d'un millénaire à la première construction de la ville d'Our, dans le pays de Sumer. A l'époque du Yangshao, des milliers de villages étaient disséminés le long d'une bande qui bordait le fleuve Jaune, depuis le Gangsu et le Shaanxi jusqu'au Shanxi, au Henan et au Shandong. Des textiles, des poteries peintes et une économie agricole sont caractéristiques de cette période qui, fait intéressant, coïncide avec une communauté de culture qui se déployait à travers l'Asie et l'Amérique septentrionales. La preuve en est fournie par différents objets façonnés par l'homme, dont un exemple est un couteau rectangulaire en pierre, qui ne ressemble à rien de ce que l'on a pu trouver au Moyen-Orient ou en Europe, mais que l'on a trouvé chez les Esquimaux et les Amérindiens et chez les peuples de Sibérie et de Chine. Il est probable que des migrations par le détroit de Béring furent à l'origine de cette migration culturelle largement répandue. Cependant, les Chinois ne faisaient pas seulement partie de cette culture; ils avaient déjà des inventions qui leur étaient propres. Parmi celles-ci, les plus remarquables sont deux récipients servant à la cuisson, le *li* et le *zeng*. Le *li* était un pot dont les trois pieds creux augmentaient la surface que la chaleur pouvait atteindre, et le *zeng* un récipient de cuisine qui pouvait tenir sur le *li* et permettait de cuire des aliments à la vapeur. Le pot double, connu sous le nom de *xian*, permettait de cuire plusieurs aliments en même temps et, lorsque le travail du bronze commença, il se répandit largement en Chine; plus tard, il fut à la base des appareils caractéristiques utilisés en Asie orientale pour distiller les liquides.

Il existe plusieurs systèmes de translitération pour exprimer les mots chinois dans l'alphabet occidental. Le plus usité jusqu'à ces derniers temps était le système «Wade-Giles»; mais un système nouveau, unifié et international, le Pin-yin a été introduit en 1962. Dans cet ouvrage, c'est ce dernier système qui a été utilisé, sauf pour certains noms familiers comme Pékin, Canton...

Illustration page 236.

Vers 1600 avant J.-C., une culture de l'âge du bronze s'était pleinement développée en Chine; elle dura tout au long de la période de la dynastie Shang (1520 à 1030 av. J.-C.). On connaît cette période grâce aux fouilles archéologiques entreprises dans la capitale Anyang, située dans l'actuelle province de Henan. Les preuves de son existence sont des «os divinatoires» qui furent découverts grâce à un coup de chance. Vers la fin du XIXe siècle, des fermiers de la région d'Anyang déterraient de singuliers fragments d'os qu'ils vendaient aux pharmaciens locaux comme des «os de dragon», et ceux-ci les pilaient pour un usage médicinal. Heureusement, peu après que cette pratique se fut répandue, on montra ces os à des érudits chinois qui visitaient la région et qui s'aperçurent avec stupeur qu'ils portaient des inscriptions. Vers 1902, on réalisa que ces os, qui étaient des omoplates de bovins, avaient été utilisés pour prédire l'avenir. La technique, appelée «scapulimancie», pour laquelle on pouvait utiliser des carapaces de tortue aussi bien que des omoplates, était assez naïve : un tisonnier chauffé au rouge était appliqué sur l'omoplate et les craquelures ainsi provoquées étaient interprétées comme la réponse des dieux à des questions spécifiques. C'est une méthode de divination particulière à l'époque Shang et ses praticiens, fort bien organisés, gardaient l'enregistrement de leurs résultats sur ces os. Écrits dans une forme primitive d'idéogrammes, ils prouvent qu'une histoire, apparemment très légendaire, reposait solidement sur des événements réels, et sont de ce fait d'une grande importance pour éclairer les premières ères de l'histoire chinoise.

Illustration page 179.

La période Shang de la culture chinoise fut remarquable par la beauté du travail du bronze, l'usage extensif du bambou, parfois préparé en bandes, puis façonné pour faire des livres, et l'usage de cauris (petits coquillages) en guise de monnaie. Le lieu d'origine de ces coquillages est incertain mais il s'agissait peut-être de la côte pacifique, près de l'embouchure du Yangzi Jiang.

Vers 1027 avant J.-C., les Shang furent conquis par les Zhou, un peuple venu de l'Ouest, des provinces qui sont aujourd'hui le Gansu et le Shaanxi. Les conquérants éprouvèrent de l'admiration et du respect pour la civilisation qu'ils découvrirent, mais cette admiration ne les empêcha pas de déporter une bonne partie de la population Shang dans leurs propres fiefs – en fait, elle put les y inciter – et ils créèrent une vigoureuse société féodale. Cependant, en 771 avant J.-C., l'empereur fut tué au cours d'une bataille, la capitale déplacée vers l'est, à Luoyang, et, pendant les trois siècles qui suivirent, différents États vassaux conquirent graduellement leur indépendance sous le gouvernement de princes. Ce fut une période de développement intellectuel et technologique, en particulier parce qu'elle vit le début d'une importante métallurgie du fer, cependant que les lettrés et leurs «disciples» adoptaient une existence péripatéticienne, voyageant de capitale en capitale pour conseiller les princes féodaux. Des académies de lettrés furent fondées et, dans la capitale de l'État de Qi, le prince Xuan en établit une qui fournissait le logement et l'entretien des étudiants venus de tout le pays; cette création eut lieu en 318 avant J.-C., quelque soixante-dix ans après la fondation de l'Académie de Platon à Athènes. Différents autres changements techniques et économiques se produisirent à cette époque, dont l'usage extensif de l'irrigation, si bien que cette époque des «Royaumes combattants» est considérée comme l'âge «classique» de la Chine.

L'unification de la Chine

En 221 avant J.-C., l'État féodal des Qin était devenu plus puissant et organisé de façon plus efficace que ses voisins qu'il contraignit à la soumission. Cet «Empire de tous sous le ciel» était dirigé par un système féodal et bureaucratique élaboré qui servit de modèle à tous les gouvernements chinois ultérieurs; il divisa le pays en provinces, entama une standardisation de grande envergure (poids et mesures, largeur des routes, taille des chars, etc.) et réunit un grand nombre de petites structures défensives pour former la Grande Muraille, qui est probablement le plus énorme projet de construction jamais réalisé. La Grande Muraille, qui se déroulait sur plus de 2 400 kilomètres, était destinée non seulement à écarter les «Barbares» des économies pastorales du Nord mais aussi à retenir les Chinois dans les régions cultivées; c'était autant une barrière contre l'émigration qu'un rempart contre l'invasion. L'empereur Qin Shi Huangdi poussa ses conquêtes jusqu'au Japon mais, et c'est à son honneur, il ne s'intéressait pas seulement au pouvoir militaire. Il parcourut tout son Empire, concourut à l'unification de la langue chinoise et s'intéressa vivement à l'alchimie. A sa mort, son fils lui succéda, mais il se révéla incapable de gouverner et l'Empire s'effondra. En 202 avant J.-C., le pouvoir passa aux mains des dynasties Han qui allaient régner pendant quatre siècles et demi.

Illustration page 179.

Sous la dynastie Han, la bureaucratie se développa mais elle était désormais recrutée par voie de concours, selon les principes du service public de Kongfuzi (Confucius). Le plus grand des empereurs Han fut Han Wu Di qui stabilisa le pays, prit les mesures nécessaires pour assurer l'efficacité de l'administration et mena une politique étrangère éclairée. Au cours de son règne, des Romains et des Syriens romains visitèrent le pays par voie de mer et une mission diplomatique tout à fait extraordinaire fut conduite par voie de terre en Afghānistān du Nord, en Tadjikistan et en Ouzbékistan. Celle-ci devait conduire plus tard à l'expansion de l'Empire chinois vers l'ouest et à l'établissement d'une voie commerciale vers l'Iran, connue sous le nom d'ancienne route de la soie. La stabilité du gouvernement Han fut un encouragement pour la science et la technologie, et c'est au cours de cette période que le papier fut inventé; mais il faudra six siècles et demi avant que cette innovation ne parvienne jusqu'en Asie centrale et douze siècles pour qu'elle atteigne l'Europe occidentale. C'est également sous le règne des Han que le bouddhisme, venu de l'Inde, pénétra en Chine; il y consolida ses positions lorsque le pays fut divisé pour former les Trois Royaumes car, au cours de ces bouleversements, nombreux furent ceux qui trouvèrent un refuge spirituel dans une religion aussi détachée de ce monde.

En 265 après J.-C., après une période d'instabilité, la dynastie Wei s'assura le contrôle du pays, bien que la famille dirigeante fût celle de Jin, un des généraux des Wei. Mais les troubles persistaient. Des invasions venues du Nord conduisirent les Jin au sud du Yangzi Jiang et une grande attention fut alors accordée au développement de la technologie militaire; mais ceux qui n'avaient pas de goût pour elle orientèrent leur énergie plutôt vers la spéculation et la science, si bien que l'époque fut très féconde sur le plan scientifique. Pendant la dernière partie du ve siècle, le pays fut à nouveau divisé en deux et il ne sera pas réunifié avant un siècle, avec la dynastie éphémère des Sui, puis celle des Tang, dont le gouvernement dura jusqu'au début du xe siècle. Sous les Sui furent construits les principaux tronçons du Grand Canal qui formaient un vaste réseau de communication, quadrillant les vieux champs de bataille où les forces des Jin avaient combattu. Ce canal se révélera un avantage énorme pour la Chine, car il permit d'approvisionner les armées et de transporter efficacement les contributions en grain qui remplissaient un rôle important en cas de famine. Toutefois, il fut construit au prix de bien des souffrances ; on dit, en effet, que des 5,5 millions d'individus engagés comme main-d'œuvre, 2 millions ne revinrent jamais.

Sous la dynastie Tang, les frontières de la Chine s'élargirent et son influence s'étendit. Les Tang pénétrèrent au Tibet et devinrent les vrais maîtres de la Mandchourie, de la Corée et d'une partie du Turkestan. Cependant, leur pénétration vers l'ouest fut stoppée en 751 après J.-C., en Ouzbékistan, à la bataille de la rivière Talas, où les Chinois affrontèrent un peuple musulman. Bien qu'elle marquât la fin de l'expansion chinoise vers l'ouest, cette bataille stoppa également la poussée islamique vers l'est. Ce fut une des batailles décisives de l'histoire mondiale qui eut naturellement des répercussions sur l'Empire chinois lui-même, car elle incita quelques satellites, tels que la Mongolie, à se battre pour leur indépendance et à l'obtenir. De plus, les relations avec le Tibet se détériorèrent mais, finalement, les Tibétains devinrent aussi gênants pour l'Islam qu'ils l'étaient pour la Chine. En définitive, l'empereur Tang conclut un traité avec le calife Hārūn al-Rachīd, celui-là même que les contes des *Mille et Une Nuits* ont immortalisé.

Sous les Tang, les étrangers furent à nouveau bien accueillis. Des érudits arrivèrent de Perse, de Syrie et d'autres parties du monde musulman et ce devint une mode chez les Chinois riches d'employer dans leurs demeures quelques spécialistes étrangers (en particulier des valets d'écurie et des amuseurs). Les Chinois eux-mêmes voyageaient aussi à l'étranger. Des religions étrangères furent introduites – christianisme, manichéisme et zoroastrisme –, tandis que le bouddhisme s'épanouissait comme jamais auparavant. En fait, le bouddhisme devint si populaire qu'il formait presque un contre-État, face auquel les autorités Tang réagirent en 845 : plus de 250 000 moines et religieuses bouddhistes furent contraints de reprendre une vie séculière et plus de 4500 temples et 40 000 oratoires furent détruits.

Pendant la période Tang, l'art et la littérature fleurirent et la loi chinoise fut codifiée, mais la science était pauvre. C'étaient principalement les taoïstes, que nous retrouverons bientôt, qui pratiquaient l'alchimie, et les confucéens s'adonnaient à la cartographie mais, bien qu'un moine bouddhiste, I-Xing, fît progresser un peu les mathématiques et l'astronomie, la perspective générale était fortement orientée vers les humanités. Cependant, des progrès technologiques furent accomplis : la véritable porcelaine apparut alors pour la première fois et l'on découvrit la poudre à canon, mais elle ne sera pas utilisée sur un champ de bataille avant 919, à une époque où le pouvoir des Tang avait déjà pris fin et où la Chine était une fois de plus divisée.

La réunification se fit à nouveau en 960, avec la dynastie Song qui dura jusqu'en 1126, date à laquelle une invasion tartare la chassa; la Cour et les fonctionnaires s'enfuirent vers le sud et ils établirent leur capitale à Hangzhou. Cependant, en dépit des bouleversements, les deux périodes du gouvernement des Song – dans le Sud, un régime Song dura jusqu'au dernier quart du XIIIe siècle – furent des époques de grande activité culturelle, pendant lesquelles la science et la technologie furent particulièrement à l'honneur.

La dynastie Song fut finalement renversée au XIIIe siècle par le choc entre la culture nomade des lointaines régions septentrionales et l'agriculture bien établie et très prospère de la partie principale de la Chine. En 1204, des hordes mongoles avaient fait leur unité et elles fondirent sur le Sud, assoiffées de conquête, mais il leur fallut trois quarts de siècle pour venir à bout des Song, en 1279. Les Mongols découvrirent alors un pays d'une richesse agricole incroyable dont leurs conseillers chinois les persuadèrent de profiter plutôt que de les détruire. Le territoire que cette conquête mongole apportait à la nouvelle dynastie Yuan était immense, couvrant de grandes parties de l'Asie centrale, et posait des problèmes d'administration. Comme ils se méfiaient des Chinois, ils confièrent les postes les plus importants à des musulmans qualifiés ou, si les Mongols compétents faisaient défaut pour certains postes, à des Européens. De ce fait, la Chine fut à cette époque mieux connue de l'étranger qu'elle ne l'avait encore jamais été. Le Vénitien Marco Polo (1254-1324) visita la Chine et y séjourna environ dix-sept ans, tenant à la Cour un rôle officiel.

La dynastie Yuan améliora les routes et les voies d'eau et encouragea les explorations géographiques; c'est également pendant cette période que Zhu Siben rédigea un grand atlas, le *Yu Tu,* et qu'un important observatoire astronomique fut installé à Pékin. Mais l'administration des Yuan se dégrada progressivement; l'élite chinoise cultivée revint aux postes administratifs, le confucianisme gagna du terrain et l'esprit nationaliste se réveilla. En 1368, les Mongols furent chassés et la dynastie Ming s'instaura.

Illustration page 181.

En 1403, la capitale fut déplacée de Nankin à Pékin et ce fut le début d'une période d'exploration maritime. Les jonques de mer chinoises poussaient jusqu'à Sumatra, au Sri Lanka et en Afrique orientale, dont elles rapportèrent un nouveau savoir géographique, une grande variété de produits étrangers, ainsi qu'un bataillon d'animaux exotiques, tels que les autruches et les girafes. Il est possible que le projet des Ming ait été l'exploration géographique d'une zone spécifique car ces voyages cessèrent aussi soudainement qu'ils avaient commencé, sans entraîner aucune tentative de contrôle de l'océan Indien qui demeura le fief des Arabes et, bientôt, des Portugais.

Certains travaux scientifiques furent accomplis sous les Ming, particulièrement en botanique. Quelques membres de la famille impériale s'intéressaient aux végétaux et l'on créa près de Kaifeng un grand jardin botanique, tandis que paraissait un ouvrage sur l'usage des plantes sauvages en guise de nourriture en temps de famine. Mais la plus vaste réalisation fut peut-être la rédaction par Li Shi-zhen d'une importante pharmacopée, le *Ben Cao Gang Mu,* qui parut en 1596. Elle comprenait la description d'un millier de plantes environ et d'autant d'animaux, ainsi que plus de huit mille prescriptions médicales qui les utilisaient et, pour faire bonne mesure, des exposés sur différentes questions médicales.

Les Ming furent renversés en 1644 par un chef rebelle Li Zhi-zheng, mais les troubles civils qui s'ensuivirent l'amenèrent à demander l'aide de la Mandchourie pour rétablir l'ordre; une fois qu'ils furent installés, les Mandchous refusèrent de quitter la place; ils s'emparèrent du gouvernement du pays et restèrent au pouvoir pendant presque trois siècles, sous le nom de dynastie Qing. Avec le pouvoir mandchou, notre court exposé historique s'achève car les jésuites étaient arrivés en Chine au cours des dernières décennies de l'époque Ming et ils avaient apporté à ce pays la science européenne. Dès les premières décennies du gouvernement mandchou, les hommes de science chinois assimilèrent puis utilisèrent ce nouveau savoir et, progressivement, la Chine devint membre de la communauté scientifique internationale. Si bien que retracer le développement de la science chinoise après les Mandchous revient à décrire celui de la science universelle, cette tentative d'exploration du monde naturel qui, à dater du XVIIe siècle, devint une véritable entreprise internationale.

La conception chinoise du monde

Avec la civilisation chinoise, nous avons affaire à une vision du monde et de la science très différente à bien des égards de celle qui caractérise l'Occident. Nous verrons cette différence se manifester de maintes façons lorsque nous étudierons la science chinoise ancienne dans les pages qui suivent. Mais il nous sera beaucoup plus aisé de comprendre ses réalisations si nous prenons conscience du fait que, dès les temps très reculés, les Chinois considéraient l'univers entier comme un grand organisme dont l'homme et le monde naturel faisaient également partie. Cette conception eut un impact puissant sur la manière dont ils expliquèrent les phénomènes qu'ils observaient; dans certains cas, elle les aida à trouver des explications longtemps avant que l'Occident n'y parvienne; dans quelques autres, elle les empêcha de trouver la véritable explication à la façon dont le monde fonctionne. Un autre facteur a joué aussi un rôle très important : les Chinois rejetaient ou ne pouvaient pas croire à une déité toute-puissante, quelle qu'en soit la forme, qui aurait été le pouvoir ultime qui préside à tout l'univers. Nous examinerons plus tard certaines conséquences de cette attitude.

Les Chinois firent toujours preuve d'un sens pratique frappant et d'une habileté extrême à appliquer n'importe quel savoir à des fins pratiques. De tous les peuples anciens, ils furent par excellence les hommes de la science appliquée mais, cet ouvrage n'étant pas une histoire des technologies, nous ne nous attarderons pas au détail de leurs innombrables développements techniques : modèles efficaces de soufflets et de pompes, métallurgie du fer et de l'acier, méthodes de sondage, construction navale, fabrication de porcelaine, ni aux nombreuses autres manifestations de l'ingéniosité mécanique et de l'inventivité grâce auxquelles, dans quelques cas, la Chine précéda l'Occident de plus d'un millénaire. Seules deux inventions chinoises – l'horloge mécanique et la boussole – feront l'objet d'un commentaire. Néanmoins, comme nous le verrons très clairement, ce n'est pas seulement dans le domaine de la technologie que les Chinois furent des pionniers; ils émirent aussi certaines idées scientifiques très en avance sur l'époque, bien que celles-ci fussent fréquemment formulées en termes pratiques.

Le confucianisme

La conception chinoise de la vie – la philosophie chinoise – était partagée en deux camps : les confucéens et les taoïstes, encore que les partisans de Mo Di, ou mohistes, les logiciens, les légistes et les naturalistes exercèrent aussi quelque influence à certaines époques. Les confucéens suivaient l'enseignement de Maître Kong, en chinois Kongfuzi, que nous connaissons sous la forme latinisée de Confucius. Il naquit en 552 avant J.-C. dans ce qui est aujourd'hui l'État de Shandong et il était apparenté à la famille des Shang, qui régna pendant un temps. Toute sa vie, Confucius développa et s'efforça de répandre sa philosophie de l'harmonie et de la justice dans les rapports sociaux. Il fut exilé pendant un temps de sa province natale et erra d'une cour féodale à l'autre, entouré d'une petite troupe de disciples, avant de retrouver sa terre d'origine où s'écoulèrent les trois dernières années de sa vie. Confucius mourut en 479 avant J.-C. ; ses disciples et sa famille le pleurèrent mais, aux yeux du monde, il avait, semblait-il, échoué car ses idées philosophiques n'avaient guère été acceptées. Cependant, son enseignement allait être repris par les générations ultérieures, au point qu'il devint la philosophie dominante des fonctionnaires et de toute l'énorme bureaucratie que la Chine allait mettre sur pied. Le surnom d'«empereur non couronné de Chine» attribué plus tard à Confucius n'est pas loin d'exprimer la réalité.

Qu'était le confucianisme? On l'a désigné à juste titre comme une doctrine d'harmonie dans le corps social; son ambition était de promouvoir la justice sociale, en dépit du fait que celle-ci était bien entendu limitée dans les États féodaux et bureaucratiques de la Chine du VIe siècle avant J.-C. Confucius rechercha l'ordre dans un pays en proie au chaos politique et prêcha le respect de l'individu à une époque où la vie humaine ne valait pas grand-chose. Il voulait une éducation universelle et enseignait que les postes administratifs et diplomatiques devaient être attribués à des gens qualifiés, au sens universitaire du terme et non au sens social, une proposition absolument incongrue et inacceptable à l'époque où il la proféra. Mais, bien que le confucianisme penchât en faveur de l'académisme, il n'était pas orienté vers la science. Confucius pensait que l'univers avait un ordre moral et que l'homme avait pour devoir d'apprendre cet ordre et de l'appliquer. Le véritable objet d'étude de l'humanité était l'homme, et non l'analyse scientifique du monde naturel. Les idées du confucianisme étaient certainement rationnelles, mais elles portaient uniquement sur des problèmes d'ordre social et accordaient fort peu d'importance à l'étude de la Nature.

Le disciple le plus influent de Confucius fut Mengzi, plus connu sous son nom latinisé de Mencius. Né plus d'un siècle après Confucius, Mencius, qui était conseiller près des États de Ling et de Qi, mit l'accent sur les éléments démocratiques du confucianisme. Il avait une très haute idée de la nature humaine et pensait que tout homme a naturellement tendance à faire le bien. Plus tard cependant, l'opinion d'une partie des confucéens divergea de la sienne sur ce point; certains croyant même au contraire que les hommes naissent avec des intentions naturellement mauvaises. Plus tard encore, au IIIe siècle avant J.-C., on assura que l'homme naît porteur d'éléments bons et mauvais, mais qu'aucun homme n'a une tendance inhérente à se comporter de l'une ou l'autre façon.

Un autre élément du confucianisme était son «échelle des âmes». Comme nous l'avons vu au chapitre précédent, au IVe siècle avant J.-C., Aristote avait parlé des différentes sortes d'âmes – végétative, sensitive et rationnelle – pour rendre compte des différentes sortes d'êtres vivants. Les confucéens disposaient d'un système similaire : le feu et l'eau avaient un esprit subtil, mais pas la vie; les plantes et les arbres avaient un esprit vivant, mais pas de perception; les oiseaux et les animaux pouvaient percevoir, mais seul l'homme détenait un sens (ou esprit) de justice. Le système chinois était subtilement différent de celui d'Aristote et, bien qu'il lui soit postérieur d'un siècle, il ne semble pas qu'il en ait été dérivé. En Chine, cette doctrine était l'œuvre de Xuanzi (IIIe siècle avant J.-C.), qui présenta une conception de la vie très humaniste et sceptique. Il niait l'existence d'êtres spirituels, démons et ogres, et, bien qu'il ne ratifiât aucune logique scientifique formelle, il serait considéré aujourd'hui comme un esprit éclairé qui rejetait la superstition. Cependant, dans la vraie tradition confucéenne, il pensait qu'étudier la Nature et négliger l'homme, c'était méconnaître l'univers. Il détourna donc lui aussi les hommes de la science, en soulignant trop l'importance de l'étude de la société; étant donné les connaissances de l'humanité à l'époque, c'était prématuré.

Sur la classification des âmes par Aristote, voir p. 137.

Sous la dynastie Han, l'empereur offrait des sacrifices importants à la famille de Kong, en l'honneur de Confucius; puis la pratique de tels sacrifices s'étendit; Confucius devint le saint patron de l'administration et le culte religieux du confucianisme progressa. Une religion d'État et un empereur, grand-prêtre de toute la nation, avaient été les caractéristiques d'époques plus reculées, mais il s'agissait ici d'une chose tout à fait indépendante.

Le taoïsme

Le plus grand des premiers mouvements scientifiques et philosophiques en Chine fut celui qui apparut sous le nom de taoïsme. C'était un mélange de religion, de philosophie et de science magique et primitive; son nom vient du mot *Tao* qui

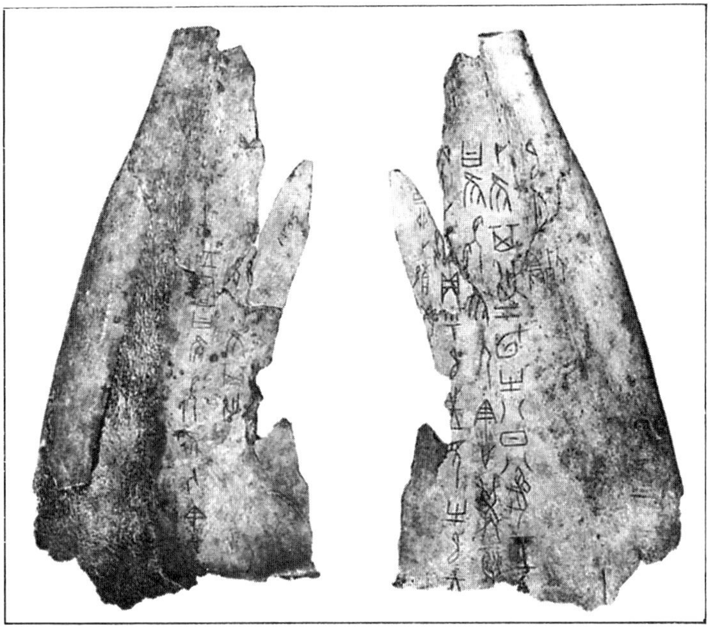

A gauche. Un os divinatoire chinois de la dynastie Shang provenant d'Anyang; l'inscription qu'il porte est une demande de conseil aux esprits; IIe millénaire avant J.-C. Royal Ontario Museum, Toronto.

Ci-dessous. Une partie de la Grande Muraille de Chine, construite aux IIIe et IVe siècles avant J.-C.

A droite. Un abaque chinois. Science Museum, Londres.

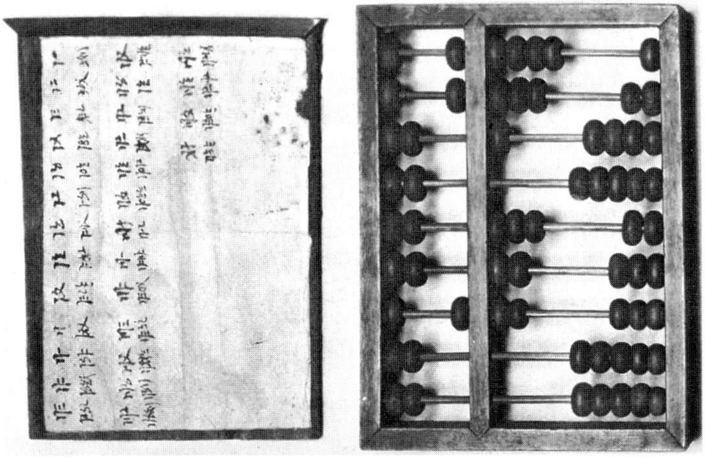

A droite. Carte des étoiles du manuscrit Dunhuang (940 ap. J.-C.) dressée grâce à la projection de «Mercator». A gauche, les constellations du Petit Chien, du Cancer et de l'Hydre; à droite, Orion, le Grand Chien et le Lièvre. British Library, Londres.

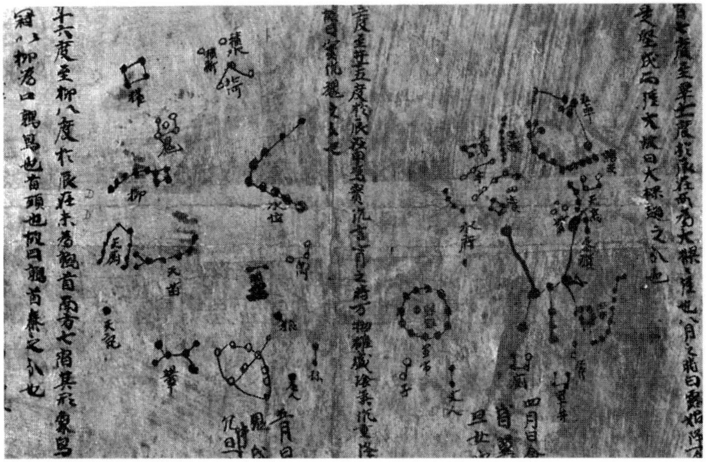

A droite. Les cartes des étoiles du manuscrit Dunhuang montrent (à gauche) les étoiles circumpolaires et notre constellation de la Grande Ourse et (à droite) celles du Sagittaire et du Capricorne. British Library, Londres.

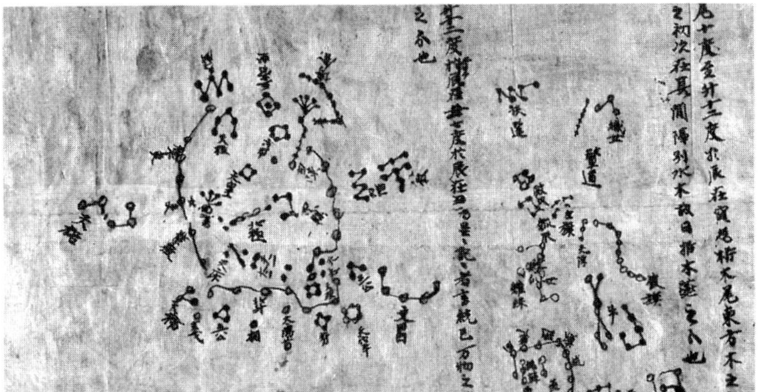

A gauche. La sphère armillaire équatoriale de l'observatoire de Pékin de 1279. A l'origine, un tube de visée était inséré entre les deux anneaux du cercle de déclinaison. Aujourd'hui à l'observatoire de la montagne de Pourpre à Nankin.

A gauche et ci-dessous. La sphère armillaire réduite de Nankin, qui date de la fin du XIIIe siècle. En séparant l'ascension droite des cercles de déclinaison, l'observation était plus commode qu'avec une sphère armillaire conventionnelle.

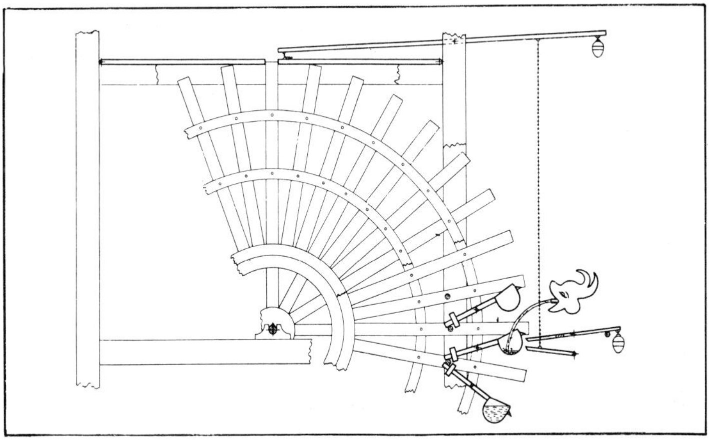

A droite. Tour-horloge astronomique construite à Kaifeng vers 1090 après J.-C. A son sommet se trouve une sphère armillaire; les personnages situés dessous indiquent les heures et les saisons. A leur droite, les boîtes constituent le système de siphon destiné à l'échappement de l'eau. *Au-dessus,* le diagramme de cet échappement, le premier qui fut conçu pour une horloge. La tête de dragon (à droite) est alimentée par un courant d'eau continu.

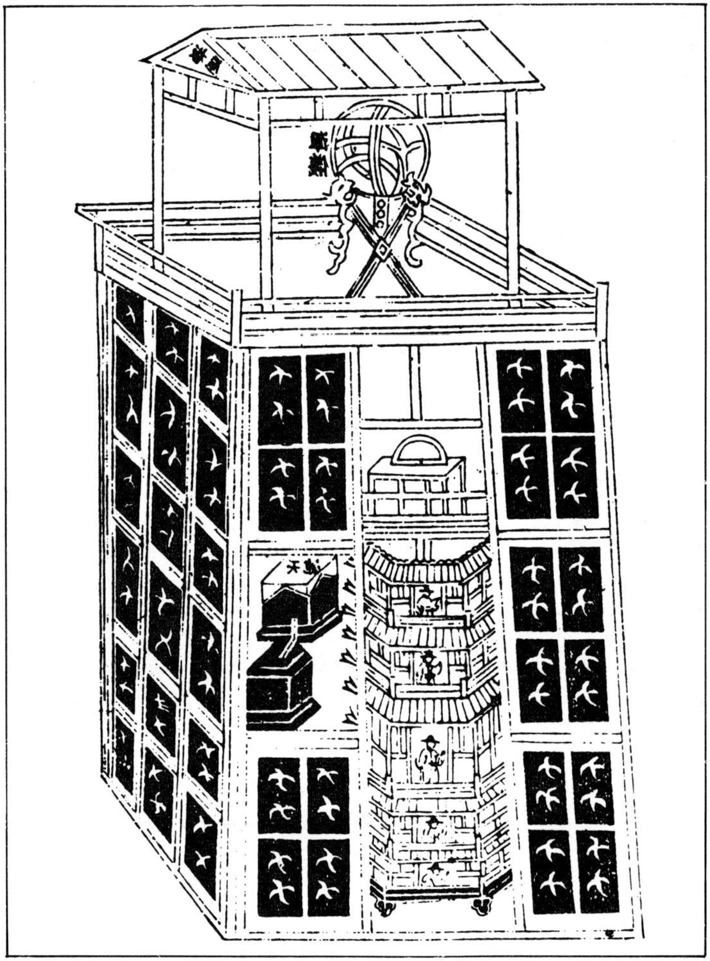

désignait le but poursuivi par ses adeptes. Qu'est-ce que le *Tao?* Il est difficile de le définir car il n'existe pas de terme équivalent en français, mais on s'en approche en disant que ce terme philosophique et spirituel désignait «la Voie», ou peut-être «l'Ordre de la Nature», dans le sens du pouvoir fondamental de l'univers. Il convient aussitôt de préciser qu'il ne s'agissait pas du pouvoir d'un souverain personnalisé, d'essence divine et tout-puissant, mais du pouvoir immanent de l'immense organisme qui comprenait à la fois l'homme et l'univers. Le mieux est donc de nous en tenir au terme chinois *Tao*.

Les origines du taoïsme sont doubles. Il s'édifia en partie au milieu des philosophes qui, pendant les guerres du VIIIe au Ve siècle avant J.-C., ne s'attachèrent pas à la Cour de princes féodaux pour les conseiller dans leur gouvernement, mais renoncèrent pratiquement à toute vie sociale pour contempler et étudier le monde de la Nature. Cependant, ses origines doivent aussi quelque chose aux magiciens, sorciers et chamans, qui croyaient à une multitude d'esprits et de divinités mineurs du monde naturel et les priaient afin d'assurer de bonnes récoltes et de guérir des maladies de toutes sortes. A partir de ces influences, le taoïsme devint une croyance en un Ordre de la Nature, lequel donnait naissance à toutes choses et gouvernait chaque action, en vertu d'une justesse naturelle inhérente et non d'une force imposée.

Ces croyances stimulaient le désir de s'informer sur les causes des phénomènes, d'observer le monde naturel et même de mener des expériences. Le taoïste devait contempler la Nature non pas avec une curiosité nonchalante, mais avec la conviction que le savoir ainsi acquis lui apporterait la paix intérieure. Au lieu d'utiliser ses connaissances pour imposer sa domination sur la Nature (le mobile qui inspira une bonne partie de la recherche scientifique occidentale), le taoïste n'aurait jamais entrepris ce qui aurait été considéré comme une action «contraire» pour user de force contre la Nature. Les taoïstes s'intéressaient aux changements cycliques et songeaient souvent à un âge passé, plus simple et plus «pur», où les choses étaient meilleures, la croyance vieille comme le monde en un «âge d'or» depuis longtemps révolu.

Au contraire des confucéens, les taoïstes ne se sentaient pas concernés par l'étude sociale de l'homme en soi, pas plus qu'ils ne se préoccupaient d'idées relatives aux classes sociales. Ils admiraient tout autant la technique de l'artisan que l'art du dessinateur ou les idées du théoricien, et c'est indéniablement grâce à cette attitude qu'ils furent capables de se livrer à des expériences, tout en préservant leur qualité de philosophes, chose que les confucéens ne purent jamais faire. Ils défendaient l'individualisme et croyaient à la possibilité de l'immortalité de l'individu, y compris à celle de son corps. C'est dans cette perspective qu'ils encourageaient la pratique d'une gymnastique spéciale et d'exercices similaires et que, parfois, ils s'adonnèrent aux drogues. Les leurs contenaient des minéraux (l'or était considéré comme particulièrement efficace), et cette alchimie entraîna l'acquisition de nombreuses connaissances, en particulier d'ordre biologique, comme ce fut aussi le cas en Occident. (En Chine, le but essentiel de l'alchimie était la découverte de l'élixir d'immortalité; en Occident, ce fut la transmutation des métaux en or.)

Sur l'alchimie chinoise, voir aussi pages 230-231; sur une comparaison avec l'alchimie islamique, voir pages 312-317; et avec l'alchimie en Europe pendant la Renaissance, voir pages 388-389.

Il en alla de même du confucianisme et du taoïsme : tous deux devinrent des religions. La religion taoïste se développa d'abord en réaction contre l'établissement du confucianisme comme religion. Ce phénomène fut lié à la famille des Zhang, dévouée au taoïsme; au IIe siècle après J.-C., celui-ci se développa jusqu'à former ce qu'on ne peut désigner autrement que comme une église taoïste, laquelle existe toujours. Mais, après les XIe et XIIe siècles, le pouvoir de la religion taoïste déclina, en grande partie par suite d'aigres disputes avec les bouddhistes. Mais le sort du taoïsme est une question mineure en ce qui nous concerne. L'essence du taoïsme – la recherche du *Tao* – est le thème que l'on retrouvera à travers de nombreux courants de la pensée chinoise.

Les taoïstes Tang et le néo-confucianisme Song

L'aspect scientifique du premier taoïsme ne fut pas très apprécié et ce fut la partie de l'enseignement taoïste qui la première déclina, faute de soutien. En conséquence, aux IIIe et IVe siècles après J.-C, la science taoïste était effectivement morte et les confucéens, qui étaient alors en position de suprématie, encouragèrent une interprétation religieuse et mystique de ce qui demeurait de l'enseignement taoïste. Il en résulta l'éclosion d'écoles de pensée mixtes, c'est-à-dire à la fois confucéennes et taoïstes, dont les noms – groupes de l'«Esprit philosophique» ou de «Conversation pure» – démentaient l'attitude. Toutefois, elles attirèrent les meilleurs esprits du temps, des esprits qui bientôt commencèrent à réagir vigoureusement contre la conception officielle du monde, que ces écoles entretenaient, et adoptèrent les idées politiques plus libérales et la mentalité des anciens taoïstes.

Certains écrits de ces intellectuels révoltés contenaient pas mal d'alchimie et de chimie médicinale, un fait qui entraîna des prolongements intéressants. En effet, entre 389 et 404 après J.-C., l'empereur des Wei du Nord institua un professorat de taoïsme et un laboratoire taoïste pour la préparation de remèdes, en dépit des objections formulées par les médecins impériaux orthodoxes.

On prêtait également une vive attention au *Yijing (Livre des Mutations),* qui sera brièvement décrit et, sous les Tang, il y eut une renaissance de l'ancienne philosophie taoïste, avec des philosophes qui cherchaient des explications de l'univers plus fondamentales que les vagues discours sur le fond et la forme des premiers taoïstes. Cette appréhension nouvelle et plus profonde s'accomplit lentement et ne se manifesta en Chine qu'au Moyen Age avec les néo-confucéens Song.

Il semble que la renaissance du taoïsme fit que les confucéens ressentirent avec beaucoup d'acuité leur manque d'idées concernant l'univers et le monde naturel, une lacune intellectuelle que soulignaient les bouddhistes qui avaient leurs propres conceptions dans ces différents domaines. Les conséquences en furent les premières tentatives de quelques confucéens pour élargir leur perspective en empruntant divers concepts au bouddhisme et au taoïsme. Comme on pouvait s'y attendre, l'expansion du confucianisme fut progressive, certains penseurs étant plus imprégnés de taoïsme que d'autres; elle atteignit son apogée sous les Song, avec Zhu Xi. Né en 1131 après J.-C. et mort en 1200, Zhu Xi employa sa puissante intelligence non pas à des découvertes, mais à réaliser une immense synthèse des pensées taoïste et confucéenne. En effet, son œuvre est comparable au travail auquel saint Thomas d'Aquin se livra un siècle plus tard en Occident pour réaliser la fusion entre le christianisme et les sciences grecque et arabe. Le résultat de l'œuvre de Zhu Xi fut la propagation d'une conception de l'univers parfaitement naturaliste, opposée à une conception magique et mystique. Il prépara la voie pour d'autres néo-confucéens Song qui feront une analyse du monde naturel et, surtout, il contribua à créer l'atmosphère intellectuelle de ce qui mérite réellement le nom d'âge d'or de la science chinoise à l'époque des Song.

Sur saint Thomas d'Aquin, voir pages 343-345.

Les mohistes et les logiciens

Les mohistes, ainsi appelés d'après leur fondateur Mo Di (ve siècle av. J.-C.), et les logiciens étaient deux écoles anciennes de penseurs chinois qui essayèrent d'édifier une logique scientifique fondamentale. Mo Di, qui fut probablement un fonctionnaire des Song, prêcha l'amour universel de l'homme pour l'homme et condamna la guerre offensive (mais non la guerre défensive). Ses disciples étaient entraînés aux arts martiaux afin de pouvoir aider les victimes de l'oppression. Leur intérêt pour les fortifications et pour la stratégie défensive les conduisit à l'étude des méthodes fondamentales de la science et ils réalisèrent quelques travaux essentiels en mécanique et en optique. En fait, il semble que les mohistes avaient un penchant pour les sciences physiques, tout comme les taoïstes en avaient un pour les sciences biologiques.

Dans leurs analyses de la science expérimentale, les mohistes discutèrent beaucoup de logique fondamentale. Ils abordèrent des problèmes tels que la façon dont l'esprit travaille pour ordonner ce qu'il observe et les problèmes de la cause et de l'effet; il semble qu'au cours de ces recherches, ils soient parvenus aux deux importants processus de pensée : la déduction (ou raisonnement du général au particulier) et l'induction (ou raisonnement du particulier vers le général). Ils utilisèrent aussi l'idée de modèles conceptuels.

Les écrits des logiciens, qui ne furent jamais très nettement distingués des mohistes, ont été perdus, à l'exception d'un livre partiellement préservé, *le Livre de Maître Gongsun Long,* et d'un recueil de paradoxes, *le Livre de Maître Zhuang*. Le premier, qui passe pour le sommet de l'écriture philosophique chinoise, s'attache à distinguer les concepts – c'est-à-dire «blanc», «dur», «cheval», etc. – des choses particulières. Il contient également un exposé sur le changement, une question très importante en biologie. Une série de paradoxes fut rédigée par Hui Shi, qui vécut au IVe siècle avant J.-C., environ un siècle plus tard que le philosophe grec Zénon. Probablement conçus indépendamment de ceux de Zénon, les paradoxes de Hui Shi étaient destinés à surprendre, afin que le lecteur se posât les questions fondamentales. Ainsi, les paradoxes : «Le feu n'est pas chaud» et «Les yeux ne voient pas» confrontaient le lecteur aux problèmes de la perception; le feu n'est pas «chaud» en soi, bien que ce soit ainsi que nous l'interprétions, et les yeux ne voient pas par eux-mêmes, quoi qu'en aient dit les Grecs anciens. «Un œuf a des plumes» souligne le fait qu'un œuf est un poulet potentiel. Cette technique contribua au développement des recherches sur le monde naturel et, de ce fait, à la naissance de la science chinoise.

Sur Zénon, voir page 102.

Les légistes

Comme leur nom l'indique, les légistes étaient une école de philosophes partisans de l'autorité. L'humanité et l'amour prêchés par les confucéens et les mohistes leur faisaient défaut, et ils n'avaient pas davantage la sensibilité et le goût pour la paix des taoïstes. Leur mouvement débuta au IVe siècle avant J.-C. et exerça sa plus vive influence une centaine d'années plus tard; c'était l'école des conseillers qui contribuèrent à aider le dernier prince Qin à devenir le premier empereur de la Chine unifiée.

L'attitude des légistes était assez simple. Ils estimaient que l'ensemble des coutumes que les confucéens administraient de façon très paternaliste était trop faible; un système plus fort et plus dur, fondé sur des lois élaborées et non sur l'usage coutumier, était nécessaire et devait être appliqué avec rigueur. La loi, enseignaient-ils, est ce qui modèle les peuples. Si la loi était forte, le pays serait fort. Les sanctions devaient être sévères pour détourner les gens de transgresser les lois; s'il ne se produisait pas de petits délits, les grands crimes ne suivraient pas. En fait, il fallait qu'il fût pire pour le peuple de tomber entre les mains de sa propre police qu'entre celles d'un ennemi en guerre. Les légistes prônaient un système de délation et de dénonciation, y compris entre les membres d'une même famille. L'État réclamait l'obéissance et non la vertu.

Les rudes méthodes des légistes n'étaient pas seulement impopulaires; elles provoquèrent un écœurement naturel et, quelque vingt ans après que Qin Shi Huang Di eut pris le pouvoir, avec l'autorité solidement établie des Han, une autorité plus douce s'instaura, avec le retour à l'éthique confucéenne. Mais, si sévères et intransigeants qu'aient été les légistes, leurs efforts furent importants dans l'histoire de la science chinoise car ce furent eux qui lancèrent l'habitude de détailler chaque chose avec précision et de quantifier en chiffres toutes les matières concevables, depuis la largeur des roues des chars jusqu'à la conduite des hommes. Il n'était rien, pensaient-ils, qui ne puisse être spécifié et institué sous forme d'un règlement et, des poids et mesures jusqu'aux émotions, rien n'échappait à leur compétence. En fait, ils innovaient en promouvant cette idée, et il semble bien qu'ils furent incités à l'adopter, en partie au moins, en raison des nouveaux progrès technologiques de l'époque. Si elle avait été suivie, leur idée aurait pu introduire la quantification dans la science, cette attitude d'esprit qui consiste à exprimer les choses en nombres et non en mots. Comme nous le verrons, cette attitude sera l'une des pierres angulaires de la révolution scientifique en Europe aux XVIe et XVIIe siècles. Peut-être la révolution scientifique aurait-elle pu débuter en Chine dix-sept siècles avant qu'elle ne se produise en Occident. Cela n'a pas été et l'une des raisons, mais ce n'est sûrement pas la seule, en est l'échec politique des légistes; l'essentiel de leur enseignement et de leur mentalité disparut avec eux.

En mettant l'accent sur l'autorité d'une loi préordonnée, les légistes avaient approché le concept, si puissant en Europe, de Lois de la Nature. C'était un concept naturel dans le monde occidental parce qu'on y avait toujours cru à des divinités tutélaires et le plus souvent toutes-puissantes. Elles gouvernaient les hommes et le monde qui les entoure, si bien que l'on pouvait s'attendre à l'idée que les créatures, vivantes et inanimées, se comportaient en fonction d'une loi divinement établie. Mais il n'en était pas de même en Chine où la croyance en une divinité personnelle, directive et législatrice, n'existait pas. L'univers était un organisme : il fonctionnait parce que chaque chose était adaptée à sa place naturelle et agissait selon sa nature. Quand les légistes furent renversés et qu'avec eux leur projet s'effondra, l'incitation à exprimer les processus en nombres ne pouvait être remplacée. La loi chinoise était inopérante sur ce point, car elle était très différente d'une loi prédéterminée, au sens où les légistes l'entendaient, où tous les délits et toutes les sanctions étaient quantifiées : la loi chinoise ne connaissait que la «loi naturelle» de la coutume et de l'usage, modérée par les notions du bien et de l'humainement désirable. Cela ne signifie pas que la Chine était dépourvue de codes de lois, mais ses codes étaient empreints d'humanisme. Ils reflétaient l'attitude chinoise à l'égard de l'univers où tout arrive en raison d'une justesse universelle inhérente, de l'harmonie et de coutumes bien établies. Les délits et les conflits juridiques étaient essentiellement considérés comme des perturbateurs des relations entre l'homme et la Nature. En effet, dans le recueil des lois Tang, il était spécifiquement établi qu'il était dangereux de s'écarter de ce type de loi naturelle pour se rapprocher d'une loi où les sanctions auraient été légalement fixées.

Dans une telle perspective, il n'y avait pas de place pour une loi au sens où la prônaient les légistes ou au sens qui fut concrétisé en Occident par la loi romaine. En Chine, les droits des individus n'étaient pas garantis par la loi; il n'y avait que des devoirs et des obligations. L'idéal suprême était de démontrer la justesse; pas tellement pour décider de la responsabilité, sur la base du qui a fait quoi, mais pour évaluer la nature de ce qui s'était passé. En Occident surgirent l'idée d'une Loi naturelle, qui fonctionnait pour tous les hommes, et celle d'un ensemble de Lois de la Nature, auquel le monde matériel obéissait. En Chine, ces concepts ne sont pas apparus. Les taoïstes ne développèrent jamais une véritable idée des Lois de la Nature : les forces naturelles, comme le yin et le yang (que nous aborderons plus loin), leur suffisaient.

Quelques idées fondamentales de la science chinoise

Chez les Chinois, comme chez les Grecs, quelques concepts scientifiques fondamentaux étaient utilisés pour expliquer le monde naturel. L'un d'eux, présent dans les deux civilisations, concerne les propriétés fondamentales de la matière. Comme nous l'avons vu, il y eut chez les Grecs quelques philosophes partisans d'une théorie atomiste mais, pour l'immense majorité des gens, cette théorie était inacceptable et il était préférable de postuler quatre éléments fondamentaux (la terre, l'air, le feu et l'eau) et de les allier aux quatre qualités (le chaud et le froid, le sec et l'humide).

Sur les théories grecques des quatre éléments et sur l'atomisme, voir pages 104-108.

Jamais les Chinois n'émirent une théorie atomiste, car ce type de vision ne s'accordait pas au concept d'un univers naturel qui était un organisme dont le fonctionnement était issu de l'interaction de comportements justes et naturels. Les mohistes, il est vrai, semblent avoir flirté avec une conception atomiste mais leurs idées orientées en ce sens n'eurent pas d'influence. Comme les Grecs, les Chinois en général optèrent pour une théorie qui faisait appel à un petit nombre d'éléments de base; dans leur cas, il y en avait cinq et non quatre. La théorie des cinq éléments remonte au moins à l'époque comprise entre 350 et 270 avant J.-C.; elle reçut sa forme définitive et systématique du naturaliste Zou Yan, que l'on a parfois qualifié de fondateur de la pensée scientifique chinoise et qui fut le membre le plus influent de l'importante académie Zhi-Xia du prince Xuan. Zou Yan appartenait à la secte des philosophes chinois qui, sans fuir la cour des princes comme les taoïstes, se préoccupaient néanmoins de trouver un sens au monde naturel.

Les cinq éléments originels chinois étaient l'eau, le métal, le bois, le feu et la terre; bien entendu, on ne devait pas les considérer comme de simples substances (ce qu'ils n'étaient pas), mais plutôt comme des principes actifs. Les éléments avaient à voir avec les processus présents dans la nature et avec ceux qui se déroulaient dans les laboratoires. Ainsi, l'eau mouillait, s'égouttait, descendait, et le goût du sel lui était associé; telles étaient ses caractéristiques. Celles du feu étaient qu'il brûlait, chauffait, s'élevait vers le haut, et le goût qui lui était associé était l'amertume. Le bois recevait les formes imposées par la coupe et la sculpture, et l'aigreur lui était associée. Le métal prenait les formes imposées par le moulage, lorsqu'il était liquide ou refondu, et il était astringent. Enfin, la terre était caractérisée par la production d'une végétation comestible et sa saveur était douce.

Bientôt ces éléments se trouvèrent combinés en un système cyclique qui devint très stylisé à l'époque Han. Différents «ordres» des éléments furent élaborés. L'un d'eux exprimait l'ordre selon lequel les différents éléments étaient censés être apparus, l'eau étant l'élément primordial. D'un autre ordre, celui de la «Production mutuelle», on pensait qu'il montrait comment un élément peut en engendrer un autre. Il y avait aussi l'ordre de la «Conquête mutuelle», dans lequel chaque élément était censé pouvoir en conquérir un autre. Par exemple, le bois conquiert la terre (parce qu'une bêche de bois peut retourner le sol); le métal conquiert le bois (il peut le tailler et le sculpter); le feu conquiert le métal (il peut le fondre) et l'eau conquiert le feu (elle peut l'éteindre). Pour compléter le cycle, la terre conquiert l'eau qu'elle peut endiguer et contenir, ce dont les Chinois, inventeurs de systèmes d'irrigation efficaces et souvent très élaborés, étaient très conscients. L'ordre de la Conquête mutuelle n'était pas seulement utilisé par la science mais aussi dans le domaine de la politique car, selon une croyance très répandue, la conduite du prince ou de l'empereur et de ses courtisans, si elle était bonne, pouvait être guidée par l'ordre de la Conquête mutuelle des éléments, du fait surtout que ces éléments étaient associés aux saisons et aux manifestations du monde naturel.

Les cinq éléments étaient associés à toutes les expériences. Ils symbolisaient le changement, la quantité (ils étaient censés contrôler un processus qui dépendait de la quantité d'un élément présent) et, au fil des temps, ils furent liés aux odeurs et aux goûts, aux points cardinaux de la boussole, aux fonctions physiques et mentales de l'homme, et aux animaux. Ils étaient reliés également au temps, à la place des étoiles et des planètes et même à certains aspects du gouvernement. Bref, les cinq éléments étaient associés à toutes les activités de la Nature comme à celles de l'homme.

Une autre idée essentielle de l'explication chinoise du monde naturel était celle des deux forces fondamentales : le yin et le yang. Elle fut utilisée dans une perspective philosophique au début du IVe siècle avant J.-C. Le yin était associé aux nuages et à la pluie, au principe féminin et à ce qui est intérieur, froid et sombre; au contraire, le yang s'alliait aux idées de chaleur, d'ardeur, de rayonnement solaire et de virilité. On ne pouvait trouver le yin et le yang séparément car ils étaient la contrepartie essentielle l'un de l'autre; il se trouvait seulement que, dans toute situation, l'un ou l'autre prenait le pas, un de ces facteurs était dominant et l'autre récessif (une idée analogue surgira beaucoup plus tard, à notre époque, dans la terminologie de la génétique).

Sur l'utilisation des idées de dominance et de récessivité en génétique, voir page 615.

Ensemble, les cinq éléments et les deux forces fondamentales pouvaient s'associer de multiples façons dans le monde naturel. Ils pouvaient englober toutes les choses susceptibles d'une combinaison quintuple et celles qui n'entraient pas dans le schéma furent adaptées ultérieurement à d'autres associations par quatre, neuf, vingt-huit, etc. En d'autres termes, les Chinois pratiquaient ce qu'on appelle la pensée «associative»; ils recherchaient les liaisons et les rapports entre une chose et une autre.

Illustration page 220.

Les cinq éléments et les deux forces fondamentales furent un atout pour la science chinoise; grâce à eux, des rapports purent être définis et, une fois qu'ils furent définis, on put les étudier. Ils montraient comment les choses pouvaient entrer en «résonance» les unes avec les autres ou, comme un scientifique moderne l'exprimerait, ils permettaient aux hommes de science chinois d'envisager une action à distance entre un corps et un autre. Beaucoup moins utile, en revanche, fut la façon mystique de considérer ces rapports qui se répandit largement et fut recueillie dans le *Yijing*, le *Livre des Mutations*. A l'origine, cet ouvrage fut probablement un recueil de conjurations paysannes (formules à dire en cas d'anomalies constatées chez les hommes ou les animaux, d'intempéries, etc.), et d'une masse de matériaux utilisés pour la divination, avant de se muer en un système élaboré de rapports symboliques et d'explications en fonction de ces rapports. Les cinq éléments et les deux forces fondamentales furent intégrés dans les appendices profus de l'ouvrage, bien que l'idée des deux forces imprègne souvent aussi le texte principal. Celui-ci est assorti d'un ensemble de schémas symboliques, dont chacun est composé de séries de trois ou de six traits, continus ou discontinus. Chacun de ces schémas est à prédominance yin ou yang et ils sont disposés de façon à produire tour à tour ce

Illustration page 238.

résultat. Bref, il s'agit d'un texte plein de résonances magiques qui fait le bonheur des gens épris d'un certain mysticisme lié aux nombres.

Le texte date probablement du IIIe siècle avant J.-C., bien que ses origines puissent remonter à trois siècles plus tôt. S'il avait été employé comme un simple texte pour aider à deviner le futur, nous n'en aurions pas parlé; mais ses appendices, qui sont d'un niveau intellectuel bien supérieur à celui du texte principal, semblèrent de grande importance à beaucoup de gens. En dépit de leur nature abstraite, ils paraissaient contenir un si grand nombre de rapports que l'on supposait qu'ils pouvaient éclairer tous les faits naturels observés et fournir une explication à tous les phénomènes. Le *Livre des Mutations* semble avoir été l'ouvrage de référence normal des érudits de l'époque Han qui s'attaquèrent au problème des marées ou à celui des effets du magnétisme; malheureusement, il ne fournissait que de pseudo-explications et fourvoyait le lecteur plutôt qu'il ne l'éclairait. Certaines découvertes ayant une valeur scientifique furent faites malgré lui mais, plus tard, grâce à une forte dose de sagesse rétrospective, on déclara souvent qu'elles étaient présentes dans le *Livre des Mutations*. Bien entendu, ces subterfuges semblaient confirmer la crédibilité de l'ouvrage.

Le vrai danger du *Livre des Mutations* était sa tendance à fonctionner comme une éponge; il absorbait toute nouvelle observation, comme s'il recherchait les associations appropriées, de façon que les nouveaux faits puissent être limés et ajustés. Ce qui avait, entre autres effets, celui de décourager une observation plus poussée et d'ôter toute valeur aux idées. En dépit de ce livre, la science chinoise progressa. Il semble qu'aucune autre civilisation n'ait eu à souffrir d'un texte comme le *Yijing*, mais peut-être ne faut-il pas s'en étonner. L'ouvrage est essentiellement un énorme et complexe système de classement des rapports et il était fatal qu'il séduisît l'esprit chinois qui, après tout, a développé la bureaucratie la plus énorme et la plus efficace qui soit au monde.

La tradition sceptique

L'époque Han, pendant laquelle on fit un usage illimité du *Livre des Mutations*, fut aussi celle du développement de la tradition sceptique, qui fut naturellement d'un grand secours pour la science, à ce moment et par la suite. C'était un mouvement de doute et de dénigrement à l'égard de la bonne aventure et de la masse des pratiques superstitieuses qui avaient cours à l'époque. Il n'a pas commencé sous la dynastie Han – ses origines remontent à cinq siècles plus tôt au moins –, mais c'est à l'époque Han qu'il devint une grande tradition chez certains confucéens. Sa figure la plus représentative fut Wang Chong (27-97 ap. J.-C.), auteur d'un ouvrage important, *Discours pesés dans la balance*, qui est essentiellement un classique du rationalisme. Wang Chong fut un sceptique tous azimuts : il s'attaqua à la croyance générale aux revenants et aux esprits malins, et à quantité d'autres superstitions, mais son ouvrage n'était pas seulement une succession d'assauts contre les idées et les pratiques superstitieuses; il avait également un côté positif. Wang Chong parla, par exemple, de la place de l'homme dans l'univers et adopta une attitude mentale étonnamment «moderne» : loin d'accepter l'opinion courante selon laquelle l'homme est le centre de tout, il comparait les hommes vivant sur la Terre à des poux dans les plis d'un vêtement. Il éprouvait certainement un grand respect pour l'homme, la plus intelligente de toutes les créatures, mais il ne considérait pas que sa position fût unique. Dans son argumentation apparaissent souvent des faits statistiques, ou du moins numériques, et il s'arrangea pour introduire un souffle de logique bien revigorant à une époque où les croyances magiques et superstitieuses étaient largement répandues.

Wang Chong s'en prit aussi à ceux qui croyaient que les signes dans les cieux, les tempêtes et les désastres naturels étaient des blâmes adressés par le ciel. On tenait pour assuré que, si l'empereur ou ses fonctionnaires faillaient à leurs devoirs ou suivaient une politique mauvaise, l'univers se disloquerait, les cieux manifesteraient le fait et même que des événements désastreux pourraient arriver. En pratique, cette croyance erronée, connue sous le nom de phénoménalisme, avait incité les gens à observer le ciel mais les attaques de Wang Chong concernant cette attitude étaient nécessaires et opportunes. Il n'était pas seul à émettre de telles critiques et l'ensemble du mouvement sceptique produisit quelques effets utiles durables. Dans les années qui suivirent, il encouragea l'intérêt pour l'archéologie et le développement de la critique des textes, faisant de la Chine le premier foyer de ces sciences humanistes. Ainsi, la tradition sceptique ne fut pas un vain mouvement purement destructeur et il conduisit les confucéens vers des champs d'étude que, sans lui, ils n'eussent peut-être pas connus. Il est communément admis qu'il n'encouragea pas la science, ni une approche scientifique et expérimentale du monde – qui, de toute façon, n'auraient pas convenu à l'éthique confucéenne –, mais il engendra une étude de l'histoire, forte et critique, qui fut sans équivalent dans le reste du monde jusqu'aux deux derniers siècles.

La Chine et l'Occident

Sur la conception d'Aristote, voir page 137; sur son équivalent chinois, voir page 178.

Évaluer dans quelle mesure le savoir scientifique fut transmis de l'Occident vers la Chine et vice versa n'est pas toujours facile car des lignes de recherche et d'invention parallèles et indépendantes pouvaient se dessiner dans ces deux parties du monde, ce qui advint effectivement. Par exemple, il est probable que l'idée de l' «échelle des âmes», que l'on rencontre à la fois chez Aristote et chez Xuanzi, surgit spontanément en Grèce et en Chine, car, bien que ces idées fussent apparues ici et là à moins d'un siècle de distance, elles jaillirent à une époque où les conditions de voyage entre l'Orient et l'Occident n'étaient guère commodes. Qui plus est, il est vraisemblable que le concept global, qui est en réalité une expression de la complexité qui différencie les êtres vivants, est de ceux dont on pouvait attendre qu'ils apparussent naturellement chez quiconque s'essayait à expliquer et ordonner le monde de la Nature. Malgré tout, les communications entre la Chine et l'Occident n'étaient pas aussi rares qu'on pourrait le penser.

Dès l'âge du bronze (avant 1500 av. J.-C., c'est-à-dire avant les Shang), les contacts se faisaient sur une grande échelle, comme en témoignent les vestiges archéologiques : haches cérémonielles, épées, harnais et autres objets, dont les formes sont d'une analogie frappante. De même, quantité de plantes dont on pensait qu'elles détenaient des pouvoirs magiques figurent dans les croyances de peuples aussi distants les uns des autres que la Chine, la Gaule et le Mexique. Il est clair que l'information était diffusée par l'intermédiaire des migrations, des conquêtes et surtout du commerce. Le commerce avec la Chine s'établit très tôt, particulièrement l'exportation de la soie vers l'Occident; en effet, la Chine fut parfois appelée *Seres* ou *Sina*, des noms dérivés du mot chinois *si*, qui signifie soie.

Sur le rôle joué par l'Inde dans la transmission des idées chinoises, voir pages 251-262.

Les voyages vers la Chine ou à partir d'elle se faisaient soit par les routes terrestres, soit par mer, *via* l'Inde; en fait, les premières connaissances sur la Chine dont les Grecs bénéficièrent leur parvinrent par la route de l'Inde, au ve siècle avant J.-C. Les contacts maritimes avec la Chine elle-même remontent peut-être au IIIe siècle après J.-C. et c'est certainement peu après que les navires chinois poussèrent jusqu'à l'Inde et peut-être au-delà. Les contacts devinrent plus fréquents au cours du VIIIe siècle grâce aux Arabes, qui étaient alors les maîtres des mers et qui, au IXe siècle, établirent leurs propres colonies commerciales à Canton et Hangzhou. Plus tard, au XIIIe siècle, l'énorme empire asiatique des Mongols facilita beaucoup les contacts entre la Chine et l'Asie occidentale, et même, pendant un temps, avec la chrétienté.

Les routes terrestres se développèrent en même temps que les voies maritimes. En 100 avant J.-C., un commerce régulier de la soie s'était établi par plusieurs voies; les unes partaient du nord-ouest de la Chine pour se diriger ensuite vers l'ouest par Tachkent et Samarkand; d'autres, parties de Lanzhou, se dirigeaient vers le sud-ouest et Patna, puis vers le nord-ouest et Merv, dans la région qui est aujourd'hui la République soviétique fédérée des Turkmènes. C'était la vieille route de la soie qui demeura en usage longtemps après le VIe siècle, époque où le secret de fabrication de la soie passa frauduleusement de la Chine à Byzance. Mais il fallait s'y attendre, car la soie n'était pas le seul produit d'exportation chinois, et les routes étaient empruntées par des immigrants originaires de la Syrie romaine et de la Perse, par des ambassades et même pour les transports de prisonniers de guerre. D'une façon générale cependant, il semble que les Occidentaux aient été plus audacieux que les Chinois, et il y avait plus de mouvements de l'Occident vers la Chine qu'en sens inverse.

En dépit donc de son isolement relatif, la Chine n'était pas complètement coupée des influences extérieures. Bien entendu, comme nous l'avons vu dans l'exposé historique, les étrangers y furent plus ou moins bien accueillis selon les époques; pendant certaines périodes aussi, les soulèvements et les guerres dans les régions de l'Asie centrale ou dans les pays méditerranéens et arabes dissuadèrent les gens de voyager. Malgré tout, l'information filtrait hors de Chine, comme le prouve l'adoption par l'Occident de certaines inventions chinoises. Que les échanges n'aient pas eu lieu aussi aisément en ce qui concerne la science pure, il fallait s'y attendre, mais certaines idées furent échangées, ainsi qu'il ressort d'une description des débuts de la science chinoise.

Les mathématiques

Comme nous l'avons vu (chapitre 2), les Grecs avaient le génie de la géométrie. Ce n'était pas le cas des Chinois qui manifestèrent en revanche un talent particulier pour l'algèbre et pour les façons d'écrire les nombres. L'écriture des nombres est plus importante qu'il y pourrait sembler à première vue, de même la façon de poser les opérations mathématiques, comme la multiplication ou la division, sans parler des opérations d'un type plus complexe que l'on rencontre dans les mathématiques supérieures. Ainsi, dans l'Europe du XVIIIe siècle, bien qu'Isaac Newton et Wilhelm Leibniz aient inventé indépendamment l'un de l'autre le calcul infinitésimal, ce n'est pas en Angleterre qu'il progressa aussitôt après, mais plutôt en France et en Allemagne, essentiellement parce que Leibniz posait les opérations d'une façon beaucoup plus claire que ne le faisait Newton. L'écriture des nombres eux-mêmes est également importante pour le progrès mathématique. Que celui qui n'en est pas convaincu essaie seulement de diviser CXLIV par XXIV en utilisant tout au long les chiffres romains; l'incommodité de l'entreprise lui apparaîtra immédiatement!

La méthode chinoise d'écriture des nombres se développa progressivement au cours des siècles, bien entendu, mais elle avait atteint un haut niveau de simplification dès le IIIe siècle avant J.-C. quand elle utilisa la numération positionnelle. Que nous en soyons ou non conscients, la numération positionnelle nous vient automatiquement aujourd'hui lorsque nous écrivons 1, 11, 111, etc., en utilisant l'ordre des chiffres pour signifier les dizaines, les centaines, etc. Cela nous paraît évident. Mais certaines civilisations ne l'ont jamais découverte. Et qu'en était-il des chiffres eux-mêmes?

Toujours au IIIe siècle avant J.-C., des formes de chiffres qui utilisaient des traits droits étaient d'usage courant. Le mieux est de les imaginer comme des ensembles de bâtonnets : un bâtonnet pour un, deux bâtonnets pour deux, etc., la façon dont ils étaient posés changeant de direction selon chaque puissance de dix. Ainsi, le nombre que nous écrivons 11 236 apparaîtrait en chinois sous la forme que voici : |—||≡⊤
Notons que, tandis que le chinois s'écrit du haut de la page vers le bas, les nombres chinois s'écrivent comme les nôtres, horizontalement. Apparemment, les nombres sont nés de

l'usage de tablettes à compter. Ce sont des tableaux plats où sont tracées des lignes sur lesquelles des petits bâtonnets, ou jonchets, sont placés. Les jonchets enregistrent un nombre; puis, lorsqu'une autre opération est effectuée – addition, soustraction, multiplication ou division –, les jonchets changent de position, ou sont retirés, ou encore, d'autres y sont ajoutés. C'est un système souple qui, entre les mains des Chinois, permit des développements considérables, non seulement en arithmétique, mais aussi en algèbre. L'époque de son apparition est incertaine, mais les tablettes à calcul peuvent remonter à 1000 avant J.-C. et les chiffres composés de bâtonnets que nous avons décrits étaient peut-être en usage deux siècles plus tard.

Le signe pour désigner zéro, pour désigner une place vide sur la tablette à calcul, apparut plus tard. On trouve le zéro imprimé pour la première fois au XIIIe siècle après J.-C., mais il se peut qu'il ait été adopté une centaine d'années plus tôt. On a émis l'hypothèse qu'il était venu de l'Inde au IXe siècle, mais les recherches récentes donnent à penser que les choses ne furent peut-être pas aussi simples. Peu après 683 après J.-C., les premières inscriptions où figure un zéro apparurent simultanément au Cambodge et à Sumatra et, pour plusieurs raisons, il n'est pas impossible que le pays d'origine du zéro ne soit pas l'Inde, mais une zone frontière entre la civilisation indienne et la civilisation de l'Extrême-Orient. Il se peut que l'espace vide sur les tablettes à calcul chinoises ait joué un rôle spécifique dans son apparition, de même que certains concepts, tels le «vide» des philosophes indiens et la «vacuité» du mysticisme taoïste.

Types de nombres

Dans la plupart des civilisations anciennes, on avait tendance à éviter les fractions chaque fois que c'était possible. Rien de tel en Chine; à l'époque des Han, les Chinois les maniaient avec habileté. Un système décimal leur était également familier, qui semble avoir pris naissance très tôt car on en trouve des rudiments dans les écrits mohistes du IVe siècle avant J.-C. Plus tôt encore, à l'époque des os divinatoires Shang, les Chinois étaient capables d'exprimer de très grands nombres – ce dont peu de civilisations anciennes peuvent se flatter –, et, au IIe siècle après J.-C., ils utilisaient ce que nous appellerions aujourd'hui des «puissances de 10». Ainsi, 100 est 10^2, 1000 est 10^3, 10000 est 10^4, etc. (le petit nombre ou «exposant» désigne le nombre de zéros, c'est-à-dire combien de fois dix est multiplié par lui-même). Bien entendu, les Chinois n'écrivaient pas 10^4 de cette façon mais ils avaient des caractères pour exprimer la même idée.

En Occident, on éprouva toujours beaucoup de difficultés avec les nombres «irrationnels» (ce qu'exprime bien d'ailleurs l'adjectif choisi pour les qualifier). Les nombres irrationnels sont ceux qui, comme la racine carrée de 2, ne peuvent être exprimés par un rapport de deux nombres entiers, ce que peuvent des fractions telles que 1/2 ou 3/4. Exprimée en décimales, la racine carrée de 2 est 1,4142136..., mais il semble que cette incommensurabilité n'ait pas posé de problème pour un esprit chinois, alors qu'elle paraissait foncièrement irrationnelle à l'esprit grec parce qu'on ne pouvait pas en déduire un rapport simple. Les Chinois n'éprouvèrent non plus aucune gêne face aux nombres négatifs; sur leurs tablettes à calcul, les jonchets rouges représentaient les chiffres positifs et les jonchets noirs les chiffres négatifs, cela dès le IIe siècle après J.-C., si ce n'est plus tôt. De tels nombres n'apparurent pas en Inde avant le VIIe siècle et en Europe avant le XVIe siècle.

Sur les difficultés éprouvées sur ce point par les pythagoriciens, voir page 98.

L'arithmétique

Tout en pratiquant les processus fondamentaux de l'arithmétique et en étudiant les carrés, les cubes et les racines, comme nous l'avons vu, les Chinois étaient intrigués par les rapports entre les nombres. En cela, ils suivirent la même voie que beaucoup de civilisations anciennes. A un stade très précoce de l'histoire chinoise, on pensait que les nombres impairs étaient néfastes mais, malgré tout, certains étaient fastes. Des ensembles de points étaient étudiés, comme ils l'avaient été par Pythagore et ses disciples en Grèce, pour en tirer des séries de nombres, et les Chinois découvrirent quelques rapports numériques inconnus des Grecs. Ils savaient, par exemple, que la somme d'une suite de nombres impairs est toujours un carré.

Les Chinois furent également séduits par l' «analyse combinée», comme en témoigne leur intérêt pour les «carrés magiques», des carrés dont les cases sont occupées par des nombres qui aboutissent au même total, que l'on additionne les nombres d'une rangée verticale, ceux d'une rangée horizontale ou même ceux d'une diagonale. Le carré magique lui-même pouvait être plus élaboré : on inventa même des carrés à trois dimensions mais, sous sa forme la plus simple, il semble que le carré magique remonte au moins à 100 avant J.-C.; peut-être même plus tôt, bien que cette question n'ait été réellement développée que quatorze siècles plus tard environ.

Les Chinois ne cessèrent d'inventer d'ingénieux moyens pour faciliter les calculs. Comme dans les autres civilisations, ils comptèrent sur leurs doigts et ils employèrent même la technique plus complexe qui consiste à assigner des nombres non seulement aux doigts, mais aussi aux jointures. Ils utilisèrent aussi la corde à nœuds, semblable au *quipu* péruvien, mais, vraisemblablement, celle-ci servait à enregistrer les résultats d'un calcul plutôt qu'à effectuer des calculs. Toutefois, leur appareil à calculer primitif le plus efficace fut les baguettes à calculer. Il semble qu'elles aient été utilisées très tôt et elles étaient idéales pour les calculs semi-mécaniques; beaucoup d'histoires parlent de la rapidité de calcul que pouvaient atteindre ceux qui avaient l'habitude de les utiliser. On raconte qu'au XIe siècle, l'astronome Wei Po les manipulait si rapidement qu'elles paraissaient voler. Mais, après les derniers Ming, on ne parla plus guère des baguettes car elles avaient été remplacées par l'abaque, plus performant.

Illustration page 74.

L'abaque chinois portait le nom de *suan pan* (table à calculer) ou de *zhu suan pan* (boulier); avec son cadre rectangulaire et ses fils verticaux sur chacun desquels sont enfilées sept boules légèrement aplaties, il est sans doute familier à beaucoup de lecteurs. La première description qui en fut faite sous une forme moderne n'apparaît pas avant 1593 après J.-C.; aussi, l'on a parfois pensé qu'il fut inconnu en Chine jusqu'au XVIe siècle. Cependant, il existe d'autres textes qui prouvent clairement que la description de 1593 est tardive; il est communément admis qu'en fait ils ne se réfèrent pas à l'abaque et ce qu'ils décrivent est le «calcul par boules», un type de calcul effectué sur un cadre de bois sur lequel des fils sont tendus et des billes se déplacent le long de ces fils. Celui-ci apparaît dans un livre du VIe siècle après J.-C. et l'on assure que l'information qu'il donne remonte à la fin du IIe siècle après J.-C. Étant donné qu'il existe d'autres références à des appareils de ce genre, il semble que l'abaque remonte au moins au VIe siècle en Chine, peut-être même au IIe siècle après J.-C. Dans d'autres civilisations anciennes, il existait des appareils où des cailloux étaient déplacés dans des rainures, et non des billes le long des fils. La méthode des cailloux a pu venir de l'Inde au IIIe ou au IVe siècle après J.-C., elle-même étant un développement des très vieux plateaux de sable ou

Illustration page 180.

de poussière que les Méditerranéens utilisaient pour faire leurs calculs. Ils étaient bien connus des Grecs, des Égyptiens et même des Babyloniens.

La géométrie

Bien que les Chinois ne fussent pas des géomètres – ils ne parvinrent jamais à une géométrie déductive semblable à celle des Grecs –, ils s'intéressèrent à quelques problèmes de géométrie. En fait, au cours du IVe siècle avant J.-C., les mohistes parvinrent à formuler quelques définitions géométriques des points, des lignes et de certaines figures géométriques, à peu près à l'époque où Euclide rédigeait ses *Éléments* à Alexandrie. Mais ce fut un épisode isolé. Les Chinois ne poursuivirent jamais ces recherches, bien qu'ils eussent inventé une preuve originale à propos des côtés du triangle rectangle, une preuve qui n'était pas la même que celle découverte par Pythagore. Au IIe siècle après J.-C., ils savaient aussi calculer la surface de toutes sortes de figures et le volume de nombreux corps solides, en utilisant probablement des modèles réels pour guider leurs recherches, une méthode qu'en bons philosophes les Grecs n'auraient jamais songé à exploiter.

Un problème fondamental de géométrie, auquel toutes les anciennes civilisations furent confrontées, est celui de la surface du cercle, car c'est une quantité qui entre dans la solution de nombreux autres problèmes. Réduit à l'essentiel, le problème consiste à déterminer combien de fois le rayon d'un cercle est compris dans sa circonférence. Ce rapport est un nombre aujourd'hui exprimé par la lettre grecque pi (π). La valeur réelle de π est 3,1415926536... Les Égyptiens ne purent jamais parvenir à une valeur précise et les Babyloniens pas davantage; les Grecs la situèrent entre 3,1408 et 3,1429 mais les Chinois firent mieux. Du Ier siècle après J.-C. datent leurs premiers essais pour obtenir une valeur exacte, en calculant les surfaces du plus grand polygone régulier qu'ils pouvaient inscrire à l'intérieur d'un cercle et du plus petit polygone régulier qu'ils pouvaient tracer à l'extérieur de ce cercle. Plus le nombre de côtés des polygones était grand, plus leurs surfaces se rapprochaient l'une de l'autre et plus elles se rapprochaient de la vraie valeur de π. Un grand progrès fut accompli au Ve siècle après J.-C. grâce aux calculs de Zu Chong-zhi et de son fils Zu Geng-zhi qui obtinrent finalement une valeur située entre 3,1415926 et 3,1415927. Cette valeur fut vérifiée neuf siècles plus tard par Zhao Yu-qin, qui utilisa

Sur le calcul de π par Eudoxe, voir pages 124-125; par Archimède, voir pages 144-145; et par al-Kashi à Samarkand au début du XVe siècle, voir pages 288-289.

des polygones de 16 382 côtés pour y parvenir. En Occident, cette valeur ne fut pas obtenue avant le XVIIe siècle.

Avant d'abandonner le sujet de la géométrie, il vaut la peine de noter que les Chinois firent les premiers pas dans le développement de la géométrie analytique, une forme de géométrie où les lignes et les courbes sont représentées par des formules algébriques. Les Chinois inventèrent les coordonnées fondamentales, vraisemblablement à partir de leur cartographie et de la compilation des tables historiques dans lesquelles les entrées étaient inscrites selon un système de coordonnées, comme pour une carte. Ils comprirent aussi qu'une formule algébrique peut exprimer une relation géométrique de façon exclusive, caractère qu'ils découvrirent parce que c'était précisément la façon dont souvent ils abordaient les problèmes géométriques. Les Chinois étaient parvenus à ce point au IIe siècle après J.-C., mais c'est seulement au XVIIe siècle qu'une telle géométrie analytique se développera en Occident où elle sera poussée beaucoup plus loin qu'elle ne l'avait été par les Chinois.

L'algèbre

Aujourd'hui, quand nous pensons à l'algèbre, nous pensons à l'usage de combinaisons de lettres et de nombres, à des équations telles que $x^2 - 5x - 6 = 0$. Très tôt, les Chinois pratiquèrent l'algèbre; ils écrivaient leurs résultats entièrement avec des mots, les mots qu'ils utilisaient ayant un sens spécifique dans leur contexte mathématique. Ce n'est que rarement et beaucoup plus tard qu'ils utilisèrent des symboles mathématiques. Cependant, ils utilisaient aussi la tablette à calcul pour l'algèbre et, à l'époque des Song, cela fut développé en une méthode de notation si complète qu'elle recouvrait des équations de puissances élevées : des équations comportant x^9 pouvaient être résolues. Mais, bien que cet ensemble fût excellent – et il est indéniable que ce fut le sommet final de l'algèbre chinoise –, ses progrès cessèrent pour la raison que les Chinois n'avaient pas de théorie générale des équations, semblable à celle qui se développa en Occident, qui leur eût permis d'aller de l'avant.

Cependant, l'absence d'une théorie algébrique ne freina pas les capacités des Chinois qui abordèrent quantité de problèmes en utilisant l'algèbre. A l'époque des Han, ils étaient en mesure de résoudre des équations linéaires simultanées (des équations avec deux ou trois inconnues, voire davantage), et plus tard, au IVe siècle après J.-C., des équations indéterminées (où il y a plus d'inconnues qu'il n'y a d'équations pour les résoudre directement). Très tôt aussi, les équations du second degré (avec x^2) purent être résolues, et les Chinois connaissaient ce que nous appelons aujourd'hui la méthode des différences finies, une méthode qui peut être utilisée, comme elle le fut par les Chinois du VIIe siècle, pour résoudre les problèmes en rapport avec le mouvement apparent du Soleil dans le ciel. Au XIVe siècle, ils avaient poussé cette méthode à un degré auquel l'Occident ne parviendra que trois ou quatre siècles plus tard.

Les algébristes chinois étudièrent les séries mathématiques (des séries de nombres reliés les uns aux autres d'une façon spécifique), et explorèrent également les moyens mathématiques d'exprimer des permutations et des combinaisons de choses. Qui plus est, pour résoudre leurs équations de degré élevé, ils utilisèrent ce que nous appelons aujourd'hui le théorème de Newton. Il concerne les expressions à deux termes (binômes) comme $(x + 1)$ qui, si elles sont multipliées l'une par l'autre, donnent une série de termes. Voyons, grâce à deux exemples, comment cela se passe; par exemple $(x + 1)^2 = (x + 1)(x + 1) = x^2 + 2x + 1$ et $(x + 1)^3 = (x + 1)(x + 1)(x + 1) = x^3 + 3x^2 + 3x + 1$. Ainsi, il est clair que plus nous avons de multiplications (ou puissances), plus le nombre de termes dans la série est grand. Mais, si l'on regarde les nombres qui précèdent les x (c'est-à-dire les coefficients), on s'aperçoit qu'il en ressort un modèle. Ceux du degré 1 [c'est-à-dire $(x + 1)$] sont 1, 1 ; ceux du degré 2 [c'est-à-dire $(x + 1)^2$] sont 1, 2, 1; ceux du degré 3 [c'est-à-dire $(x + 1)^3$] sont 1, 3, 3, 1; et ainsi de suite. En fait, ils peuvent être disposés sous forme de table

degré 1					1		1				
degré 2				1		2		1			
degré 3			1		3		3		1		
degré 4		1		4		6		4		1	
degré 5	1		5		10		10		5		1
etc.											

Depuis le XVIIe siècle après J.-C., ce tableau numérique est connu sous le nom de «triangle de Pascal», parce que Blaise Pascal l'établit, bien qu'il fût apparu un siècle plus tôt dans un ouvrage de Peter Apian. Ce triangle est utilisé dans l'analyse mathématique des probabilités : ainsi, le second rang (puissance 2) exprime le nombre total de façons, ou combinaisons, selon lesquelles 2 pièces de monnaie peuvent tomber (il y a

Sur Pascal, voir page 474.

une chance d'obtenir deux faces, deux chances d'obtenir une face et une pile et une chance d'obtenir deux piles); le rang 3 (puissance 3) exprime le nombre de façons dont trois pièces peuvent tomber, et ainsi de suite. Cependant, le fait qui nous intéresse en ce moment est que les Chinois connaissaient ce système au moins cinq siècles avant Pascal ; il fut expliqué en 1100 par Jia Xian, un mathématicien de l'époque Song, et apparut probablement un peu avant cette date. En Chine, cependant, ce triangle de nombres se présente basculé à 90°, un indice qui montre aux historiens que les méthodes algébriques de pointe de l'époque Song étaient en fait dérivées de l'usage des baguettes à calcul sur une tablette à calcul.

Illustration page 217.

Que pouvons-nous conclure à propos des mathématiques chinoises ? D'abord, il semble tout à fait clair que les Chinois ne développèrent jamais des preuves aussi rigoureuses que celles élaborées par Euclide dans ses *Éléments,* peut-être parce qu'ils ne conçurent jamais une logique formelle selon des règles strictes, semblables à celles qu'Aristote formula en Grèce; il semble que leurs esprits ne fonctionnaient pas sur ce mode. En Chine, les mathématiques étaient liées à la solution de problèmes particuliers, elles étaient utilitaires, et jamais les Chinois ne pratiquèrent les mathématiques pour l'amour de l'art. Mais cela ne signifie pas qu'ils n'aient pas abouti à des résultats dans ce domaine; de toute évidence, ils en obtinrent. Ils savaient extraire les racines carrées et les racines cubiques, ils utilisaient les fractions (dont ils écrivaient les nombres en colonnes verticales comme nous le faisons), de même que les nombres négatifs. Ils firent la preuve des rapports des côtés du triangle rectangle et déterminèrent les surfaces et les volumes de nombreux types de figures géométriques; ils inventèrent une façon de trouver les proportions (la règle de trois) et la méthode de la «fausse position» pour résoudre les équations; ils pratiquèrent l'analyse indéterminée, calculèrent les différences finies et connaissaient le triangle de Pascal.

L'astronomie

L'idée que le ciel était affecté par la conduite des hommes, ou plutôt par celle de leurs dirigeants et de leur administration, faisait partie intégrante de la conception chinoise du cosmos comme un organisme; la maladie ou la santé d'une de ses parties devait affecter le reste. Cette idée agissait comme un stimulant sur l'administration qu'elle poussa à créer des observations astronomiques et à nommer des astronomes officiels pour observer le ciel et enregistrer ce qu'ils y voyaient. Mais l'administration avait besoin de l'astronomie pour une autre raison encore : il fallait que le calendrier fût correctement déterminé. Accepter le calendrier officiel faisait partie des obligations imposées à ceux qui faisaient serment d'allégeance à l'empereur. Mais, bien entendu, ce calendrier devait être suffisamment exact et les dates devaient coïncider avec les saisons. Pour ces deux raisons, l'astronomie fut toujours une science officielle – une science «confucéenne», comme on l'a parfois appelée –, contrairement à l'alchimie, par exemple, qui était une science «non orthodoxe» et non officielle, très liée au taoïsme.

D'après les relations de Matteo Ricci et de ses collègues vers 1600, l'astronomie chinoise était une bien pauvre discipline, très inférieure à l'astronomie occidentale, même à celle de la fin du XVIe siècle. Cette piètre opinion reposait sur un certain nombre de malentendus, en particulier sur le fait que, pour décrire les positions des corps célestes, les Chinois utilisaient une méthode différente de celle des astronomes occidentaux. Que la méthode chinoise fût également valable ne semble pas avoir modéré l'opinion des jésuites. Ironie de l'histoire, le système occidental, que Ricci tenait pour le seul correct, a depuis longtemps été abandonné; en fait, on était tout près de l'écarter à l'époque où Ricci faisait part de ses critiques. Le système «chinois» a été universellement adopté, non que l'approche chinoise ait été importée en Occident – cela ne se fit jamais –, mais parce qu'elle y fut découverte indépendamment et s'avéra supérieure quant à la précision de l'observation.

La différence entre ces deux méthodes peut s'expliquer grâce à un simple diagramme. Si l'on imagine les étoiles fixées à l'intérieur d'une sphère – et c'est toujours la façon la plus commode d'aborder les choses quand on mesure une position, car ces mesures sont toujours prises sous forme d'angles –, il y a deux façons de spécifier la position. L'une consiste à mesurer la position par rapport à la course apparente du Soleil dans le ciel, c'est-à-dire l'écliptique. L'autre consiste à spécifier les positions par rapport à l'équateur céleste (qui est en réalité l'extension de l'équateur de la Terre à la sphère céleste). Les deux cercles, équateur céleste et écliptique, se croisent en deux points (A et D sur la figure). Ces points où le Soleil se trouve sur l'équateur céleste correspondent aux époques où le jour et la nuit sont d'égale durée – les équinoxes –, le point où le Soleil se déplace vers les régions septentrionales de la sphère céleste étant l'équinoxe de printemps. Supposons maintenant que nous voulions déterminer la position d'une étoile située en X. Nous pouvons le faire en utilisant des coordonnées fondées sur l'écliptique, comme le firent Ptolémée et les Grecs. Nous dirons alors que X a une longitude céleste de tant de degrés, mesurée de A jusqu'à C sur l'écliptique. La latitude céleste est alors la distance de C jusqu'à X. L'autre moyen consiste à prendre les mesures le long de l'équateur céleste, de A à B, puis, vers le haut, de B jusqu'à X. C'est ce que font aujourd'hui les astronomes. Ils appellent la distance AB «ascension droite» et non longitude céleste (alors même que CA est l'équivalent céleste de la longitude terrestre), et la distance angulaire BX (l'équivalent de la latitude terrestre) est appelée «déclinaison». Les Chinois utilisaient cette méthode moderne, encore que, au lieu de déterminer la déclinaison d'une étoile, ils utilisaient «la distance au pôle Nord», c'est-à-dire la distance NX. En effet, ils faisaient grand cas du pôle céleste.

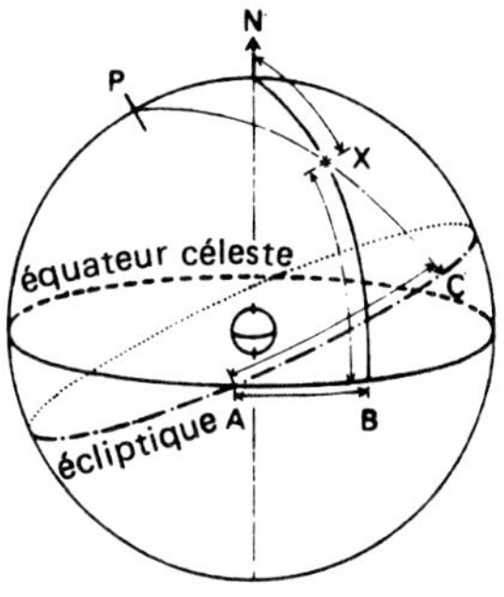

Méthodes de description de la position d'un corps céleste (X).

Pour les Chinois, le pôle nord céleste symbolisait l'empereur, situé au centre de son gouvernement. Le pôle nord céleste était le pivot du ciel, tout comme l'empereur était le pivot de l'empire. Pour un pays comme la Chine, situé dans l'hémisphère Nord, le pôle nord céleste est évidemment toujours dans le ciel. Bien entendu, on ne peut le voir le jour; néanmoins, il est toujours là. Il en est de même des étoiles circumpolaires. Elles ne se couchent jamais et demeurent toujours au-dessus de l'horizon. Pour ces raisons, le pôle Nord du ciel et les étoiles circumpolaires revêtaient une importance suprême et cela influençait la façon dont les Chinois considéraient toutes les constellations et la façon dont ils mesuraient la position du Soleil dans le ciel.

Pour déterminer un calendrier tropique, connaître la position du Soleil est absolument indispensable, comme nous l'avons vu au premier chapitre. Comme nous l'avons vu aussi, les premières civilisations méditerranéennes y parvinrent en observant les levers et les couchers héliaques, tandis que les peuples qui vivaient en Europe sous des latitudes plus septentrionales utilisèrent des alignements de pierres. Mais il y a une troisième façon bien différente de déterminer la position du Soleil au milieu des constellations. Elle consiste à observer quelles étoiles sont visibles plein sud à minuit parce qu'elles sont situées dans le ciel exactement à l'opposé du Soleil. C'est la méthode que les Chinois adoptèrent. Pour cela, ils utilisèrent un ensemble de 28 constellations ou «maisons du ciel»,

Sur ces deux techniques, voir pages 31 et 49.

à travers lesquelles la Lune semble passer (la Lune et le Soleil suivent presque la même trajectoire apparente dans le ciel). Une fois qu'ils les eurent déterminées, ils rattachèrent les positions d'ascension droite du commencement de chaque maison à une étoile circumpolaire précise qui avait la même ascension droite. Cette étoile circumpolaire était souvent très pâle mais c'était sans importance; on pouvait toujours l'observer à la faveur d'une nuit claire.

Comme toutes les premières civilisations, les Chinois avaient un calendrier lunaire, mais ils utilisaient un calendrier solaire pour les saisons. Vers 1400 avant J.-C., ils savaient que la durée de l'année solaire est de 365 jours un quart et qu'une lunaison (le temps compris entre deux nouvelles lunes) dure 29 jours et demi. Ils utilisaient un cycle de douze lunaisons (354 jours) et y ajoutaient de temps en temps un mois supplémentaire de 29 ou 30 jours pour qu'il coïncide avec les saisons. Plus tard, ils élaborèrent un cycle de dix-neuf années (une période souvent appelée en Occident cycle métonien parce qu'il fut inventé en 430 avant J.-C. par l'astronome grec, Méton d'Athènes, et un autre Athénien, Euctémon). Ce cycle comporte 235 lunaisons et donne une période de douze années de douze mois lunaires et sept années de treize mois; après cette période, les calendriers solaire et lunaire coïncident presque (en fait, ils sont décalés de cinq jours seulement ou, en d'autres termes, l'erreur moyenne n'est qu'à peine supérieure à un quart de jour par an). Il semble que les Chinois utilisaient ce cycle un siècle avant les travaux de Méton. Ce cycle de dix-neuf ans était supérieur au premier et il l'avait pratiquement remplacé au IIIe siècle avant J.-C. Ces calculs étaient assortis d'un cycle «météorologique» en vingt-quatre points – «Début du Printemps», «Eau de pluie», «Insectes excités», «Équinoxe de Printemps», etc.; chaque point signifiait un mouvement du Soleil d'environ 14° en ascension droite et d'à peine plus de 15° le long de l'écliptique. S'il arrivait qu'un mois lunaire ne contînt pas de point météorologique – et cela pouvait se produire de temps en temps –, le fait était interprété comme indiquant la nécessité d'insérer un mois supplémentaire. Ainsi, les Chinois avaient un calendrier luni-solaire efficace.

En plus de ce calendrier luni-solaire, ils utilisaient un simple décompte des jours. Pour cela, leur méthode ne dépendait ni du Soleil ni de la Lune, mais elle était fondée sur une combinaison de 12 «troncs terrestres» et de 10 «branches célestes» (un système de diseur de bonne aventure) qui donnait deux cycles de 60 jours que l'on utilisa dès l'époque Shang. Le cycle pouvait être divisé en six périodes de 10 jours et la semaine de 10 jours était habituelle dans la Chine ancienne. La semaine de 7 jours y fut introduite tardivement – à l'époque Song, aux alentours de l'an 1000 après J.-C. – par les Perses ou par des marchands venus d'Asie centrale.

Très tôt aussi, on observa et enregistra en Chine les mouvements des planètes. Mercure, Vénus, Mars, Jupiter et Saturne, les seules planètes connues des Chinois, étaient associées aux cinq éléments mais, contrairement aux Grecs, les astronomes chinois ne formulèrent jamais de théorie des mouvements planétaires. Pourtant, ils s'intéressèrent particulièrement à Jupiter, parce que le temps qu'il lui faut pour accomplir une révolution sur orbite stellaire est 11,86 années, c'est-à-dire presque douze années, ce qui semblait correspondre de très près aux 12 «troncs terrestres» cycliques ainsi qu'au nombre (12) de lunaisons d'une année. On connaissait encore d'autres cycles, comme ce fut le cas dans d'autres civilisations, et la période de douze années de Jupiter était souvent utilisée. Le cycle chinois le plus long, la «Grande origine suprême et ultime», qui combinait tous les autres cycles, atteignait 23 639 040 années; c'était la période après laquelle toutes les variations des positions relatives de tous les corps célestes se répéteraient.

L'enregistrement des observations célestes

En plus d'observer les planètes, les Chinois étudièrent et enregistrèrent une grande variété de phénomènes astronomiques. Aujourd'hui, leurs observations sont d'une utilité considérable pour les astronomes lorsqu'ils ont besoin de connaître les antécédents d'événements cycliques, comme les éclipses, ou l'apparition de comètes, ou même des événements plus rares, comme les supernovae. Dès les temps très anciens, on attribuait une importance extrême aux éclipses de Soleil et les enregistrements d'éclipses par les Chinois remontent à 720 avant J.-C., soit trois cents ans avant ceux que Ptolémée introduisit dans son *Almageste;* ils sont très fiables et remarquablement détaillés. Cependant, les éclipses étant alors considérées comme un avertissement du ciel lorsque le gouvernement menait une politique défectueuse, on avait tendance à ne pas enregistrer les éclipses observées au cours des règnes très appréciés des fonctionnaires de la Cour; cette attitude d'esprit explique pourquoi les enregistrements astronomiques étaient considérés comme des secrets d'État.

Si une inhibition retenait les Chinois d'enregistrer les éclipses pour la postérité au cours des règnes populaires, aucune idée préconçue sur la stabilité et l'immutabilité du ciel n'entravait leur observation et les relations qu'ils en faisaient, contrairement à ce qui se passa en Occident. Aussi observèrent-ils et enregistrèrent-ils les taches du Soleil qui, en Europe, ne furent jamais enregistrées avant le XVIIe siècle, à cause de la croyance générale en la perfection des corps célestes, une perfection qui interdisait que le Soleil pût apparaître porteur de taches. Les enregistrements des taches du Soleil par les Chinois, qui débutèrent en 28 avant J.-C., sont les plus complets dont nous disposions.

Le cas des novae et des supernovae est un autre exemple de l'absence d'inhibition des Chinois dans l'observation, comparée à l'attitude occidentale. Nous savons aujourd'hui que les novae sont des étoiles qui explosent, en s'entourant d'une enveloppe de gaz chaud et extrêmement brillant. Aussi peuvent-elles apparaître là où l'on n'avait observé jusqu'alors aucune étoile, pour la simple raison qu'elles étaient trop faibles pour pouvoir être observées; d'où leur nom de novae (nouvelles). À partir du milieu de la période Han, les Chinois leur donnèrent le nom tout à fait adéquat de *Ke xing,* qui signifie «étoiles invitées». En Occident, l'existence de ce type d'étoiles n'aurait pas été admis, du moins pas officiellement, car le ciel étant parfait et accompli, les étoiles nouvelles étaient une impossibilité théorique. Les explosions puissantes des supernovae sont rares, mais les enregistrements chinois signalent de telles apparitions en 1006, 1054, 1572 et 1604. Les deux dernières se produisirent après que la croyance européenne en un cosmos parfait et immuable se fut dissipée et elles furent enregistrées en Occident comme en Orient. Pour la supernova de 1006, il existe quelques comptes rendus occidentaux, car elle fut exceptionnellement brillante, et il semble qu'on l'ait généralement prise pour une comète; ce qui dut calmer les consciences, car les comètes pouvaient apparaître brusquement, puisqu'on pensait qu'elles étaient des vapeurs enflammées dans l'air supérieur, soit un phénomène situé «sous la sphère de la Lune» et, de ce fait, transitoire. Cependant, il semble que l'explosion de la supernova de 1054 n'ait été enregistrée qu'en Chine et au Japon. Ses vestiges, toujours visibles aujourd'hui, plus de neuf siècles après l'explosion, sont appelés par les astronomes modernes la nébuleuse du Cancer et font l'objet d'études poussées, pour lesquelles les enregistrements chinois sont inappréciables. Ils sont précieux aussi car ils ne sont pas limités aux supernovae;

les novae, qui sont beaucoup plus faibles et beaucoup moins remarquables et excitantes que les supernovae, y figurent également. En effet, les Chinois observèrent et notèrent de façon détaillée 75 «étoiles invitées» entre 352 avant J.-C. et 1604 après J.-C.

Les Chinois observaient avec soin les comètes lorsqu'elles apparaissaient, et leurs comptes rendus sont fort utiles, car les enregistrements provenant d'autres civilisations sont loin d'être complets. La liste totale des apparitions de comètes qu'ils dressèrent couvre la période comprise entre 613 avant J.-C. et 1621 après J.-C., soit plus de vingt-deux siècles. De toutes ces apparitions, celles de la comète de Halley sont les plus importantes (du fait de leur fréquence relative et de leur côté frappant), et c'est aux enregistrements chinois que les astronomes se réfèrent aujourd'hui lorsqu'ils veulent reconstituer les premiers mouvements de cette comète. De plus, l'astronomie contemporaine a montré qu'il existe un lien entre les comètes et les «étoiles filantes» (météores), qui n'apparaissent qu'une fraction de seconde lorsqu'elles fulgurent au cours d'une nuit sombre. Ce sont des fragments de roche et de métal, venus de l'espace intersidéral, qui s'échauffent par friction lorsqu'ils pénètrent dans l'atmosphère de la Terre; généralement, ils sont complètement pulvérisés au cours de ce processus mais, parfois, ils sont trop importants pour être complètement détruits et tombent sur le sol; on les appelle alors météorites. Les comptes rendus anciens de telles retombées sont importants. Heureusement, les Chinois les enregistraient et, quand la chose était possible, ils examinaient les météorites et notèrent à leur propos des détails scientifiques, longtemps avant que de tels comptes rendus objectifs soient disponibles en Occident. Ils enregistrèrent également les pluies périodiques de météores.

Sur la comète de Halley, voir page 459.

La cartographie du ciel

Étant donné ce qui précède, on ne s'étonnera pas d'apprendre que les Chinois furent, semble-t-il, les premiers astronomes qui dressèrent des catalogues systématiques des étoiles. Dès le IVe siècle avant J.-C., trois astronomes – Shi Shen, Gan De et Wu Xian – établirent des catalogues si détaillés qu'ils étaient encore en usage mille ans plus tard. En Occident, le premier catalogue fut dressé au IIe siècle avant J.-C. Les trois catalogues chinois furent utilisés séparément pendant longtemps, puis ils fusionnèrent au IVe siècle après J.-C., lorsque

Chen Zhuo dressa, d'après eux, une carte des étoiles. En fait, un siècle plus tôt, on avait déjà commencé à faire de telles cartes, bien que cette époque ne fût pas celle où l'on commença à dessiner les constellations : des cartes en relief de l'époque Han sont connues. Ce sont les Chinois qui inventèrent la méthode des «points et des traits» pour dessiner les constellations, une méthode que l'on emploie toujours pour les atlas célestes destinés au grand public.

Une des plus étonnantes de toutes les cartes des étoiles anciennes apparut pour la première fois en 940 après J.-C. Fondée sur la carte des étoiles de Qian Luo-zhi, «l'astronome royal» chinois du ve siècle après J.-C., son caractère exceptionnel ne tient pas à ce qu'elle est très détaillée – des cartes détaillées existaient depuis des siècles –, et pas davantage au fait que les étoiles des catalogues des trois astronomes Shi Shen, Gan De et Wu Xian y sont différenciées grâce à trois couleurs, mais à cause de la façon dont les étoiles y sont effectivement situées. Reporter correctement sur une surface plane les étoiles, comme si elles étaient vues à l'intérieur d'une sphère – ce qui équivaut à essayer de représenter la surface courbe de la Terre sur une feuille plane –, a toujours été un problème. Il existe diverses façons de tourner la difficulté et différentes formes de projection peuvent être utilisées, comme le savait Ptolémée et comme il l'expliqua au IIe siècle après J.-C. La chose surprenante dans la carte des étoiles «Dunhuang» de Qian Luo-zhi est le type de projection qu'il utilisa : une projection de «Mercator». Le lecteur connaît certainement cette méthode grâce aux cartes et aux atlas courants; elle fut inventée par le grand cartographe flamand, Gerhard Mercator, en 1596 après J.-C., soit six siècles après la carte des étoiles Dunhuang. Mercator connaissait-il cette pratique chinoise de la projection qui, très certainement, se répandit largement en Chine après 940? Nous l'ignorons; mais, de toute évidence, l'Occident n'a manifestement pas la priorité dans ce domaine, contrairement à ce qu'on a longtemps cru.

On a également employé des globes et des planisphères pour dresser la carte du ciel. Un planisphère est une carte circulaire ou presque circulaire où le pôle céleste figure au centre; c'est une carte du globe céleste, tel qu'il serait vu par un observateur planant au-dessus du pôle céleste, une projection différente de celle de Mercator. Les Chinois connaissaient également cette projection et leur plus important planisphère apparut au XIIe siècle; gravé sur la pierre, il montrait le pôle, l'écliptique, l'équateur, les maisons du ciel, la «route

Illustration page 180.

blanche» de la Lune, et donnait un compte rendu exact des éclipses de Soleil et de Lune. Les raisons réelles des éclipses – la Lune masquant la lumière du Soleil lors de l'éclipse de Soleil, et la Terre interceptant la lumière du Soleil lors de l'éclipse de Lune – étaient connues de quelques astronomes chinois, un millénaire avant l'apparition du planisphère de pierre; cependant, quelques philosophes chinois continuèrent pendant quelque temps de préférer l'explication fondée sur la croissance et la décroissance des deux forces, le yin et le yang.

Un globe céleste sur lequel les étoiles pouvaient être représentées est une invention ancienne dont on retrouve les traces à l'époque de l'Antiquité grecque; peut-être même ses origines remontent-elles à la Babylonie. Un globe solide, sur lequel les étoiles étaient tracées, existait en Chine au ve siècle après J.-C., à peu près à l'époque de Qian Luo-zhi. Peut-être remonte-t-il à une date antérieure, bien que les Chinois aient pu estimer précédemment qu'une sphère armillaire convenait parfaitement à leurs besoins. Une sphère armillaire est composée d'anneaux (du latin *armillæ*) dont chacun représente un cercle sur la sphère céleste, tel que l'écliptique, l'équateur, etc.; la Terre est censée être située en son centre. Il s'agit, en d'autres mots, d'un squelette de globe céleste. Lorsque les cercles sont gradués et qu'une tige portant des viseurs est fixée sur un cercle mobile, l'instrument peut être utilisé pour mesurer les positions.

Illustration page 181.

Les instruments d'observation

Les Chinois utilisaient une grande variété d'instruments d'observation, dont certains étaient de même conception que ceux en usage dans d'autres civilisations, tels que le gnomon (une tige verticale) et la sphère armillaire. Plus tard, conseillés par les Arabes, ils construisirent d'énormes instruments astronomiques en maçonnerie. A Gaochang, dans la province de Henan, se trouve la tour de Zhou Kong, destinée à mesurer l'ombre du Soleil; c'est une tour d'environ 12 mètres de haut, dotée d'un niveau horizontal gradué en maçonnerie de plus de 36 mètres de long. Une ombre était projetée le long de cette graduation par un gnomon de 12 mètres. Restaurée à l'époque Ming, cette tour avait été érigée pour la première fois en 1276 après J.-C. Mais tous les instruments qu'utilisaient les Chinois n'étaient pas inspirés d'instruments conçus ailleurs; ils en avaient un certain nombre qui étaient entièrement de leur invention.

L'un des premiers fut l'étalon à ombre du gnomon, un morceau de jade ou de terre cuite, étalonné et gradué, que l'on plaçait contre l'ombre projetée par un gnomon. Il date du IIᵉ siècle après J.-C., peut-être même de plus tôt. Un autre instrument était «l'étalon des constellations circumpolaires», qui dérivait du disque de jade percé d'un trou central (le *pi*); cet appareil pouvait être utilisé pour identifier certaines étoiles proches du pôle céleste et pour repérer le pôle céleste lui-même. Il pouvait également indiquer les angles sous lesquels ces étoiles apparaissent, agissant de ce fait comme un instrument pour déterminer leurs «maisons du ciel» par l'observation des étoiles circumpolaires. De tels étalons remontent au moins à 600, peut-être même à 1000 avant J.-C.

Les Chinois prêtèrent aussi une grande attention au chronométrage – un complément important de l'astronomie –, et ils firent progresser la clepsydre, ou horloge à eau, vers un nouveau stade de développement. La clepsydre n'a pas été inventée par les Chinois – ses origines remontent à la Mésopotamie et à l'Égypte –, mais les Chinois en firent un instrument relativement précis. Ils équipèrent de siphons ses réservoirs d'eau, ou utilisèrent plusieurs réservoirs qui s'alimentaient l'un l'autre, ou même combinèrent ces deux méthodes dans la même horloge pour lui assurer à tout moment un afflux d'eau régulier. Ils inventèrent aussi une clepsydre «à contrepoids», en utilisant des réservoirs à eau suspendus aux bras d'un fléau de balance articulé près de l'une de ses extrémités (peson à contrepoids), et, pour mesurer de courtes périodes de temps, ils construisirent même des petites clepsydres de jade et utilisèrent du mercure à la place d'eau. Mais leur trouvaille la plus importante dans ce domaine fut l'invention d'une clepsydre mécanique, pourvue d'un «échappement». L'échappement – l'appareil qui fait que la rotation d'un arbre se produit à une cadence régulière en permettant à un engrenage de ne «libérer» qu'une seule dent à la fois – est le principe fondamental de toutes les horloges mécaniques. Il fut inventé par l'astronome Yi Xing, un moine bouddhiste chinois, et par l'ingénieur Liang Ling-Zan, vers 723 après J.-C. L'application astronomique la plus remarquable qui en fut faite en Chine est la grande tour-horloge de Kaifeng, élevée au XIᵉ siècle par l'astronome Su Song. Cette tour-horloge indiquait l'heure et, ce qui était beaucoup plus important du point de vue astronomique, elle portait à son sommet une sphère armillaire actionnée par l'échappement de l'horloge hydraulique, si bien qu'elle suivait le mouvement apparent du Soleil et des étoiles dans le ciel. Cependant, la tour-horloge de Su Song n'était pas

Illustration page 182.

la première structure qui fut équipée d'une sphère armillaire actionnée par une horloge. Au VIIIe siècle, Zhang Heng avait appliqué de cette façon l'échappement inventé par Yi Xing et Liang-Zan. L'idée, semble-t-il, n'était pas tant de faciliter l'observation en fournissant un instrument qui représenterait automatiquement la rotation quotidienne du ciel, mais plutôt de fournir un étalon grâce auquel la rotation en cours (observée à l'aide d'une autre sphère armillaire) pourrait être contrôlée. De cette façon, les différences dans le ciel seraient aisément remarquées, différences qu'il était du devoir des astronomes d'enregistrer. Dans tous ces domaines, les Chinois précédèrent les Occidentaux; les horloges mécaniques n'apparurent pas en Europe avant le début du XIVe siècle, soit sept cents ans après l'invention de l'échappement par les Chinois, et la construction d'instruments d'observation à commande mécanique en Occident date du XVIIIe siècle.

L'intérêt des Chinois pour les coordonnées fondées sur l'équateur céleste, et non simplement sur l'écliptique, comme il était d'usage en Occident, entraîna deux effets. D'une part, les sphères armillaires chinoises furent souvent plus simples que celles du monde occidental puisqu'elles n'avaient pas d'anneau pour l'écliptique; plus important encore, ce choix conduisit les Chinois à inventer le «montage équatorial». Lorsqu'un observateur regarde le ciel, celui-ci semble tourner autour du pôle mais, comme le pôle ne se trouve jamais au-dessus de sa tête (sauf s'il fait ses observations de l'un des pôles de la Terre), tous les corps célestes semblent effectuer un parcours courbe à travers le ciel. Pour suivre ce mouvement avec un instrument de visée – un astrolabe, par exemple –, l'observateur doit le tourner dans deux directions, d'une part parallèlement à l'horizon, de l'autre vers le haut ou vers le bas. Au cours du XIIIe siècle après J.-C., les Chinois réalisèrent que si l'on inclinait de côté l'axe de l'instrument jusqu'à ce qu'il soit aligné sur le pôle céleste, un seul mouvement serait nécessaire pour suivre le mouvement quotidien des étoiles. Un tel instrument, à «montage équatorial» fut mis au point par Guo Shoujing, dont le «*torquetum* équatorial» date de 1270 après J.-C. Bien que le montage équatorial soit aujourd'hui utilisé en Occident pour la plupart des grands télescopes, les instruments armillaires n'en furent pas équipés avant la fin du XVIe siècle, soit trois siècles après son apparition en Chine.

Illustration page 181.

Avant de quitter le domaine de l'astronomie chinoise ancienne, il est important d'étudier les conceptions chinoises de l'univers dans son ensemble. Il y eut en Chine trois théories principales, dont la première et la plus ancienne semble avoir été un héritage de la Babylonie. Elle avait pour nom *Gai Tian,* ou théorie «des dômes hémisphériques», qui dit bien ce qu'elle signifie : le dôme du ciel surmontant le dôme de la Terre, entouré d'un océan circulaire. La seconde conception, *Hun Tian,* ou théorie «de la sphère céleste», bien qu'elle fût plus tardive, était néanmoins connue dès le IVe siècle avant J.-C. Elle marquait un progrès sur le concept de dôme hémisphérique et représentait une description idéale de la façon dont l'univers apparaît; à cette théorie était liée l'idée de la Terre en forme de sphère.

La troisième théorie chinoise – *Xuan Ye,* ou théorie de «l'espace vide infini» – était la plus avancée et la plus inventive des trois. Elle est associée à Qi Meng, qui vécut à la fin de la dynastie Han (25 à 220 ap. J.-C.). D'après cette conception, «le ciel était vide de substance... car il n'avait pas de limites». Le Soleil, la Lune et les étoiles flottaient librement dans l'espace. Mais qu'est-ce qui les guidait sur leur trajectoire? Sur ce point, les Chinois faisaient appel au concept de «vent puissant», emprunté aux taoïstes et qui avait peut-être pour origine les puissantes souffleries utilisées pour la fusion des métaux. Quoi qu'il en soit, cette théorie dans son ensemble était une idée entièrement nouvelle. En effet, un univers vide et infini où des corps flottaient, actionnés ou non par un vent puissant, était un concept très avancé, non parce qu'il s'accorde mieux à nos conceptions modernes de l'univers (comme c'est le cas), mais parce qu'il était moins restrictif que le seul autre concept de l'époque, la rigide croyance grecque en des sphères solides. C'était une vue grandiose du cosmos, et elle encouragea les Chinois à développer une conception plus large de l'ensemble de la Nature.

Les sciences de la Terre

Les sciences de la Terre (géologie, géophysique, météorologie et océanographie) sont des disciplines récentes, qui ne remontent pas plus loin que le XVIIIe siècle. La géographie est évidemment plus ancienne; les Grecs la pratiquaient mais, en fait, plus comme un art que comme une science. Toutefois, il est intéressant de découvrir que, longtemps avant les temps modernes, les Chinois furent en mesure d'imprimer à ces disciplines une apparence quelque peu scientifique.

Cartographie

En géographie, l'approche rationnelle des Chinois se manifesta dans la façon dont ils abordèrent le problème de la cartographie de la Terre. En Occident, un hiatus se produisit entre l'époque de Ptolémée et les alentours de 1400 après J.-C., un intervalle au cours duquel la cartographie européenne subit une éclipse presque totale. Les cartes du monde y devinrent le véhicule des idées religieuses et ressemblaient fort peu au monde réel, tandis qu'en Chine, une tradition de cartographie scientifique se poursuivait. A l'époque Han, vers 100 après J.-C., Zhang Heng introduisit le système du quadrillage – un système de lignes droites se coupant à angles droits – pour spécifier la position des points géographiques et, à l'époque Tang, l'accroissement de l'Empire fut accompagné de l'extension d'une cartographie précise à l'intérieur des frontières élargies. A l'époque Song également, les cartographes furent très actifs et, au cours du XIIe siècle, ils produisirent deux cartes magnifiques, toutes deux gravées dans la pierre; l'une d'elles portait un quadrillage précis et leur exactitude était telle qu'elles soutiennent avantageusement la comparaison avec les cartes modernes. Fait intéressant, le nord s'y trouvait en haut, une convention universellement admise de nos jours, mais que les Chinois étaient alors seuls à appliquer. Zhu Siben, le plus grand de tous les cartographes chinois, vécut pendant la période mongole. Non seulement il dressa des cartes exactes et superbes, mais il dénonça le danger d'insérer dans les cartes des régions à propos desquelles on ne disposait pas de détails précis, un conseil qui ne fut pas toujours suivi, pas plus en Chine qu'ailleurs. C'est encore aux Chinois que nous devons les premières cartes en relief. A l'époque Song, elles étaient taillées dans le bois, mais il semble que leur origine remonte à une époque bien antérieure au Xe siècle. Sous la dynastie Han au Ier siècle après J.-C., on les utilisait à des fins militaires, mais leur origine est incertaine. Des maquettes en relief de statistiques démographiques furent utilisées très tôt en Chine et il existait également, au Ier siècle avant J.-C., des «brûle-parfum en forme de colline» – des

Illustrations pages 315, 355.

Illustration page 218.

Illustration page 218.

récipients modelés en forme de montagne sacrée où l'on brûlait l'encens –, liés à la tradition bouddhiste et probablement aussi à la tradition taoïste; peut-être furent-ils les précurseurs des cartes ultérieures.

La météorologie et les marées

L'intérêt des Chinois pour la nature physique du monde et de l'environnement les conduisit à étudier le temps et le phénomène des marées. Bien entendu, le temps était lié au comportement du ciel et à la conduite des affaires gouvernementales; après tout, les phénomènes météorologiques se produisent dans le ciel, au-dessus de la Terre. Cette relation, de même que l'administration quotidienne de l'État pour laquelle il était nécessaire de connaître les conditions météorologiques particulières ou désastreuses, telles que les inondations, enneigements paralysants, sécheresses, etc., conduisit à un système général d'enregistrements météorologiques. De ce fait, bien que, en Chine comme dans tout le monde antique et le monde médiéval, la prédiction du temps ne dépassât jamais le stade du savoir paysan en ce domaine, les enregistrements météorologiques étaient une tout autre affaire. A dater de l'époque Han sinon plus tôt, on enregistra régulièrement la température – non pas sur une échelle de température, bien entendu, cette idée date du XVIIe siècle –, mais en notant les étés anormalement chauds et les hivers anormalement froids; ces rapports sont encore utiles aux météorologistes contemporains. Dès l'époque Shang, voire plus tôt, on enregistra les chutes de pluie et le vent; sur ces points, des enregistrements remontent à 1216 avant J.-C.; ils fournissent des informations sur la pluie, le grésil, la neige et le vent, avec des détails sur les chutes de pluie et la direction des vents. On utilisait des jauges à neige, de grandes cages en bambou que l'on plaçait près des cols et dans les hautes terres; des fonctionnaires étaient censés faire des rapports au gouvernement central pour aider à prévoir quels travaux d'entretien et de réparation des digues et quels autres travaux publics seraient nécessaires.

On évaluait aussi l'humidité : le premier hygromètre pour mesurer l'humidité de l'air fut inventé au IIe siècle avant J.-C. Il pesait du charbon de bois sec et du charbon de bois humide, puis comparait les résultats. Comme on pouvait s'y attendre, le tonnerre et les éclairs étaient interprétés en terme de yin et de yang à une époque où aucune explication scientifique n'était possible; mais on retrouve une manifestation de la

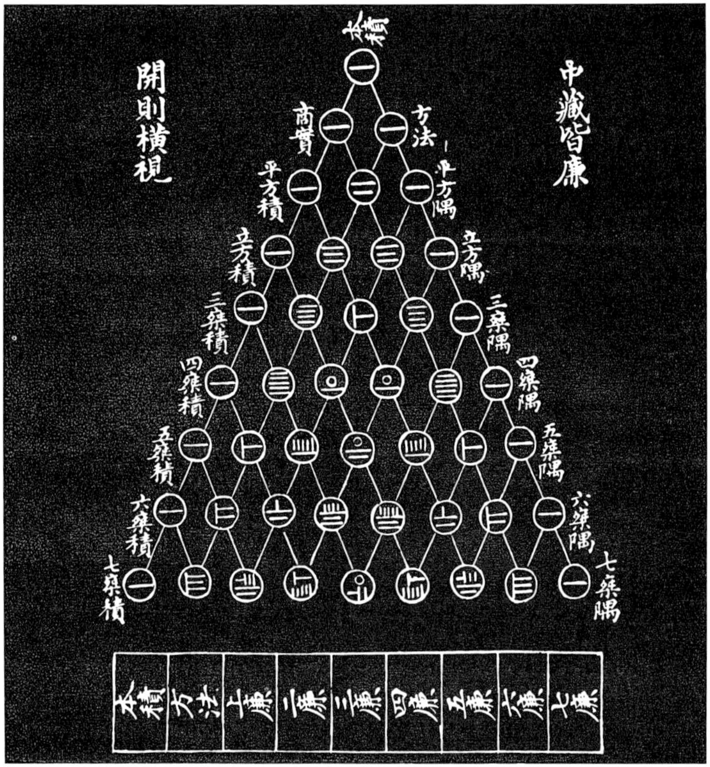

A gauche. Le triangle de Pascal tel qu'il fut représenté par Zhu shijie dans le *Précieux Miroir des quatre éléments.* 1303 après J.-C.

A gauche. Revers d'un miroir de bronze du VIIIᵉ siècle après J.-C., représentant la Terre, les quatre points cardinaux, les cinq éléments et l'océan primordial. Seattle Art Museum, Washington, Eugene Fuller Memorial Collection.

A droite. Carte quadrillée schématique du nord-ouest de la Chine, extraite de l'*Histoire des Institutions de la dynastie Yuan* (1329 ap. J.-C.); le nord se trouve dans le coin en bas à droite.

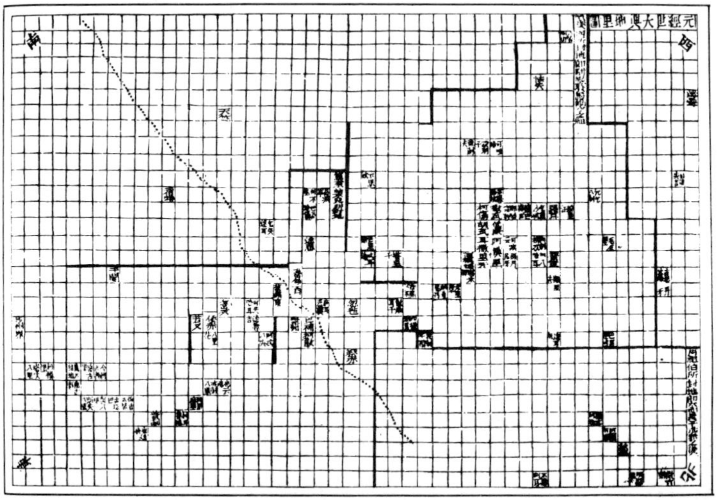

A droite. Une jarre mortuaire de la dynastie Han (environ 200 av. J.-C.-200 ap. J.-C.); sur le couvercle figurent des montagnes. On peut y voir un précurseur des cartes en relief. Museum of Fine Arts, Boston, Massachusetts.

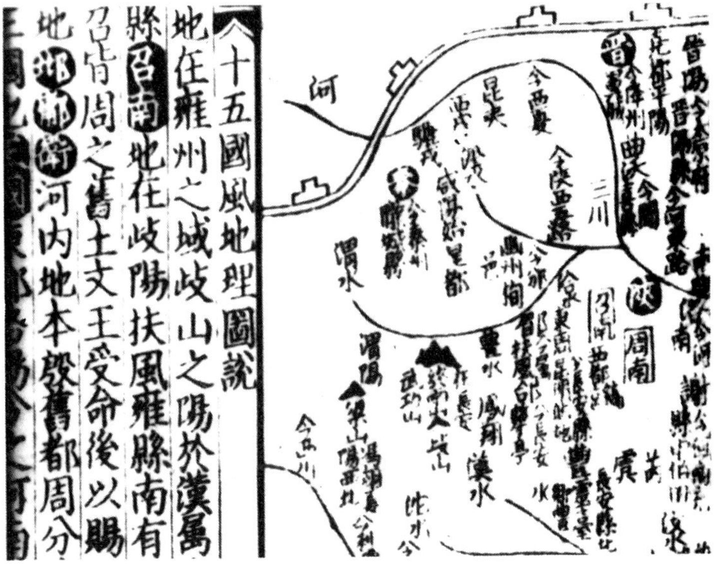

A gauche. La plus vieille carte imprimée au monde; elle date de 1155 après J.-C. et représente l'ouest de la Chine. Extraite de *Illustrations des objets mentionnés dans les six classiques.*

A gauche. Reconstitution du sismographe de Zhang Heng (VIIe siècle ap. J.-C.).

Ci-dessus. Costume funéraire en jade de la dynastie des Han de l'Ouest (IIᵉ siècle av. J.-C.). C'était une des différentes méthodes utilisées par les taoïstes pour atteindre à l'immortalité physique.

En haut, à droite. Cloche de bronze, probablement du VIᵉ siècle avant J.-C. Danske Kunstindustrimuseum, Copenhague.

A droite. Cette gravure de la période Ming, qui représente une des cinq montagnes sacrées, témoigne d'un intérêt pour les formations géologiques spectaculaires.

pensée rationnelle chinoise dans le fait que, dès la fin du IVe siècle avant J.-C., les Chinois avaient pris conscience du cycle de l'eau. L'idée que la pluie, après être tombée, s'évapore pour former les nuages avant d'être ainsi recyclée, était également connue dans la Grèce du VIe siècle; on peut y voir peut-être un cas de transmission des idées, bien que la chose soit improbable étant donné les difficultés de l'échange d'informations à cette époque.

Les Chinois observèrent et enregistrèrent beaucoup d'autres phénomènes météorologiques, ou apparemment météorologiques, tels que les arcs-en-ciel et les halos autour de la Lune, de même que les halos, beaucoup plus spectaculaires, et les parélies qui apparaissent parfois près et autour du Soleil. En Chine, on observa les parélies un millénaire avant qu'ils ne fussent dûment enregistrés en Europe. Enfin, les aurores boréales faisaient aussi l'objet d'observations et de rapports dont les premiers remontent au IIIe siècle avant J.-C.

Mais le phénomène à propos duquel il semble que les Chinois firent preuve de la plus vive pénétration est le mouvement des marées. De toute évidence, ce qui lui valut cette attention particulière est l'amplitude très considérable que les marées atteignent en Chine : au printemps, à l'embouchure du Yang-Zi Jiang, l'amplitude de la marée dépasse 3 mètres, tandis que dans la rivière Qian-Tang, près de Hang-Tcheou, le mascaret provoqué par la marée est sans équivalent dans le monde, exception faite de l'Amazone. Au IIe siècle avant J.-C., on en savait assez pour prévoir les marées hautes à la pleine lune, mais il fallut encore deux siècles avant que l'on réalisât que la Lune était effectivement à l'origine des marées. Au XIe siècle, on s'aperçut que le Soleil lui aussi jouait son rôle et, peu après, l'astronome et ingénieur Shen Gua découvrit ce que nous appelons «l'établissement du port», c'est-à-dire le retard de la marée haute, dû aux accidents du littoral en ce lieu.

Sur les premières études du même phénomène en Europe, voir page 328.

La conception que les Chinois se firent des marées doit être considérée dans une perspective d'ensemble. Vers 200 avant J.-C., le philosophe grec Antigone de Carystos avait émis l'hypothèse que la Lune exerçait la principale influence sur les marées et la compréhension grecque de ce phénomène était plus avancée que celle des Chinois. Mais ces connaissances ne furent pas développées en Europe, et même la découverte de «l'établissement du port» y fut faite un siècle plus tard qu'en Chine. En Occident, l'influence de la Lune sur la marée ne fut pleinement acceptée que cinq siècles plus tard. Cependant, si les Chinois ne furent pas les premiers à établir une relation entre la Lune et les marées, ils furent les pionniers de l'élaboration de tables de marées; leur établissement systématique remonte chez eux au IXᵉ siècle après J.-C. au moins.

Géologie

L'art chinois témoigne que les Chinois évaluaient de façon très claire les structures géologiques. En effet, les artistes chinois étaient extrêmement fidèles à la Nature et, pendant plusieurs centaines d'années, des guides du tracé des collines et des montagnes, des affleurements de rochers et des étendues d'eau figurèrent au nombre de leurs manuels de référence. Et dès le XIIᵉ siècle après J.-C., Zhu Xi, un érudit néo-confucéen, comprit que les montagnes s'étaient érigées à partir de terres précédemment immergées, une conception qui n'apparaîtra pas en Europe avant le début du XIXᵉ siècle. Mais Zhu Xi ne fut pas le premier à s'en rendre compte en Chine, on trouve trace de cette idée bien avant le XIᵉ siècle, à une époque indéterminée comprise entre les IIᵉ et VIᵉ siècles.

Illustration page 220.

Il semble que les Chinois aient été les premiers à reconnaître les fossiles pour ce qu'ils sont : les vestiges d'une matière autrefois vivante. S'agissant de l'appréciation de la vraie nature des fossiles végétaux, ils furent des pionniers incontestés. Il semble que leur connaissance des pins fossilisés remonte au IIIᵉ siècle après J.-C.; plus tard, au XIᵉ siècle, ils découvrirent et décrivirent des bambous fossilisés; entre-temps, ils avaient procédé à d'autres identifications, dont toutes n'étaient pas correctes; il y eut parfois confusion entre des fossiles végétaux et des roches veinées de matériaux qui ressemblaient beaucoup à des vestiges de végétaux fossilisés. Les Chinois avaient également découvert les fossiles animaux, mais ils n'identifièrent pas toujours correctement les espèces; ils confondirent, par exemple, un oiseau, l'hirondelle, avec le *Spirifer,* un mollusque d'une espèce disparue, parce que les coquilles de ce mollusque ressemblent beaucoup à des ailes d'oiseau. Les «poissons de pierre» furent identifiés dès le VIᵉ siècle après J.-C. et minutieusement décrits mais, au Iᵉʳ siècle avant J.-C., les Chinois avaient compris que les fossiles sont les restes de créatures vivantes, une idée qui, bien qu'elle eût été émise par quelques Grecs, fut totalement oubliée et ignorée en Occident jusqu'après la Renaissance.

Sur la prise de conscience progressive dans la science occidentale de la signification des vestiges fossiles, voir pages 508, et 539-541.

Minéralogie

Dès les temps les plus reculés, toutes les civilisations s'intéressèrent aux roches, aux minerais et aux minéraux. Les Chinois firent de même, mais leur intérêt s'accompagna d'une contribution supplémentaire et très appréciable. Il était communément admis que les minéraux devaient être le résultat de lents changements qui se passaient sous l'écorce terrestre et, parmi les mécanismes qui les provoquaient, figuraient les «exhalaisons» de la Terre; Aristote en suggéra deux : l'une provenait de l'humidité à l'intérieur de la Terre, l'autre de la Terre sèche elle-même. Vers la même époque, les Chinois eurent les mêmes idées et l'on est tenté de croire que la source première, commune à ces deux courants, a pu être la Babylonie.

En Chine, les minéraux furent classés en fonction de leur dureté, de leur couleur, de leur apparence et de leur saveur, et une distinction était faite entre les métaux et les roches. Tout comme Théophraste l'avait observé, les Chinois découvrirent que certains métaux fondaient à la chaleur et d'autres pas. Ils portèrent également une grande attention à l'association entre les gisements de minerais et différents types de roches. Bien entendu, la minéralogie chinoise bénéficia de l'intérêt particulier des taoïstes pour les minéraux; ceux-ci avaient toujours prescrit des minéraux, de même que des drogues végétales, soit pour faciliter l'accès à l'immortalité physique, soit pour des usages médicaux plus orthodoxes. En Occident, au IIe siècle après J.-C., Galien s'était résolument opposé à toutes les drogues autres que végétales; en Chine, de telles inhibitions n'existaient pas.

Les Chinois identifièrent et utilisèrent de nombreuses substances minérales. Ils employaient l'alun – pour les teintures, pour quantité d'autres procédés industriels, ainsi qu'en médecine –, le sel ammoniac (chlorure d'ammonium) et, beaucoup plus tard, ils utilisèrent le borax. Ils connaissaient et utilisaient l'amiante, cet étrange métal fibreux, et les propriétés du jaspe dont ils se servaient comme pierre de touche pour distinguer l'or et l'argent; bien entendu, ils connaissaient aussi les pierres précieuses. Toutefois, on découvre avec étonnement que, bien que les diamants et leur dureté leur fussent familiers, ils ne les taillèrent ni ne les polirent avant le XVIe siècle, époque à laquelle les Portugais leur apportèrent des diamants taillés. Pour les Chinois, le minéral décoratif *par excellence** était le

* En français dans le texte.

jade, qui est un aluminosilicate de sodium. Malgré sa dureté, on le sculptait déjà à l'époque Shang et, plus tard, on le tailla en utilisant des abrasifs. Des lames circulaires rotatives étaient en usage dès le XIIe siècle après J.-C., et il paraît vraisemblable qu'elles apparurent longtemps avant cette époque.

Un aspect intéressant de la minéralogie chinoise concerne ce que nous appellerions aujourd'hui la prospection géo-botanique et bio-géo-chimique. Dans les temps anciens, les mineurs devaient se fier à leur intuition et à leur expérience pour localiser la présence de minerai. Ils observaient la configuration du terrain, l'apparence de certains affleurements rocheux, etc. En Chine, où l'on se basait aussi sur ces facteurs, les ingénieurs des mines se rendirent compte de surcroît que certains végétaux étaient associés à certains minéraux; une sorte d'échalote indiquait la présence probable d'or et le gingembre était un indice de celle de cuivre et d'étain. Ils s'aperçurent aussi que l'état des végétaux avait son importance et, comme nous savons aujourd'hui que certaines espèces de plantes absorbent effectivement certains métaux, il faut reconnaître que les Chinois ont posé les premiers jalons d'une technique promise à un bel avenir. En effet, ils savaient que l'on peut effectivement extraire des métaux de certaines plantes. Bien sûr, nous pouvons supposer que, dans d'autres civilisations, d'autres mineurs eurent également connaissance de ces faits, mais nous n'en avons aucune preuve. En Occident, la prospection géo-botanique demeura inconnue jusqu'en 1650, voire au-delà.

Sismologie

La Chine fait partie d'une des régions du monde soumises aux plus graves tremblements de terre et, comme on pouvait s'y attendre, les Chinois enregistrèrent minutieusement toutes les perturbations. L'une des premières qui furent notées date de 780 avant J.-C.; elle arrêta le cours de trois fleuves. L'ensemble des enregistrements fait apparaître douze maxima de fréquences d'apparition de perturbations entre la fin de l'époque Song et le début du gouvernement mandchou. L'un des pires tremblements de terre de l'histoire eut lieu en Chine, en 1303 après J.-C., et fit plus de 800 000 victimes.

Les Chinois ne firent pas progresser la sismologie en élaborant une théorie des tremblements de terre, mais aucune autre civilisation antique ou médiévale n'en proposa. Pourtant, les Chinois s'illustrèrent dans le domaine de la sismologie en construisant l'ancêtre de tous les sismographes. Conçu au début du IIe siècle après J.-C. par Zhang Heng, la «girouette à tremblements de terre» comportait l'élément fondamental d'un tel appareil : un pendule très lourd qui n'était pas affecté par les perturbations locales légères, mais qui réagissait à la résonance profonde et très grave d'un tremblement de terre.

Le remarquable appareil de Zhang Heng se composait d'une jarre à vin en bronze, d'environ 2 mètres de diamètre, équipée d'un couvercle. Sur les parois de la jarre étaient disposées huit têtes de dragon, dont chacune tenait une boule. Au sol, autour de la jarre, huit crapauds de bronze se tenaient assis, bouche béante. Lorsqu'un tremblement de terre se produisait, la gueule d'un des dragons s'ouvrait et laissait tomber la boule dans la bouche du crapaud situé sous le dragon. Ce dragon qui avait craché la boule indiquait de quelle direction le tremblement était venu et, comme l'appareil se bloquait alors automatiquement de telle façon qu'aucune autre boule ne pouvait être libérée, l'information fournie n'était pas modifiée. L'administration comprit l'utilité de l'appareil et l'on a la preuve que des enregistreurs semblables furent construits par la suite. Il semble que de tels appareils étaient connus à l'observatoire de Maraghah, en Perse, au XIIIe siècle, mais comme cet observatoire était en contact étroit avec les Chinois, il paraît hors de doute que les appareils persans furent importés de Chine.

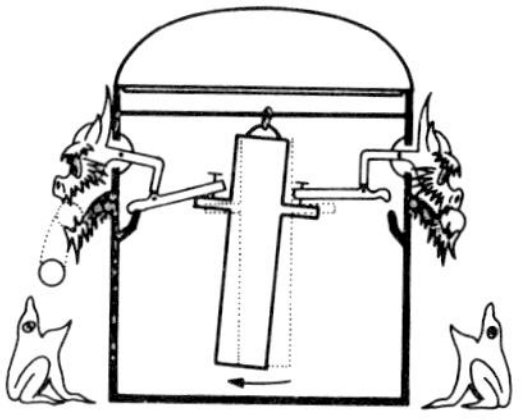

Le sismographe de Zhang Heng. Lorsqu'un tremblement de terre se produit, le poids suspendu bascule en direction des tremblements et l'écart est enregistré par la chute d'une boule. Voir aussi l'illustration page 219.

La physique

Les physiciens chinois ne manifestèrent jamais un véritable intérêt pour les atomes ou pour une théorie des atomes. Il semble qu'au IVe siècle avant J.-C., les mohistes aient eu quelque penchant en ce sens, puis au Ier siècle après J.-C., le bouddhisme introduisit en Chine des idées atomistes mais la conception générale chinoise était centrée sur la croissance et la décroissance réciproques des deux puissances, le yin et le yang. C'était une vision cyclique qui conduisait à un univers parcouru par de continuelles vagues de changements. Aujourd'hui, dans la science moderne occidentale, un mouvement ondulatoire cyclique fait partie intégrante de notre explication des changements au sein de l'univers. Ce n'est qu'un des aspects d'une théorie atomique, élaborée et efficace, mais cela ne change rien à son importance dans la pensée scientifique. Il est donc intéressant de prendre conscience que, depuis des temps très reculés, les Chinois utilisèrent eux aussi une forme de théorie ondulatoire pour rendre compte des changements dans le monde naturel : lorsque le yin augmentait, le yang diminuait et quand, par la suite, le yin décroissait, le yang croissait à nouveau. Ce concept chinois est si puissant que certains physiciens atomiques modernes recourent à l'imagerie chinoise pour essayer d'expliquer leurs théories sur le comportement des particules subatomiques.

Les Chinois étaient aussi des experts dans le domaine des mesures pratiques, comme on pouvait peut-être le prévoir de la part d'une nation qui connut tant de succès dans tous les domaines de l'ingénierie. Ils eurent très tôt un système métrique et furent aussi parmi les premiers à affronter les problèmes de la statique – forces, poids, leviers, balances, etc. –, puisque, au IVe siècle avant J.-C., les mohistes y apportaient déjà des contributions de valeur. Ils tentèrent aussi l'étude des corps en mouvement, mais cette entreprise ne fut pas poursuivie en Chine comme elle le fut en Occident où les Grecs se livrèrent aux premières études sur les mouvements. De plus, ce furent les mohistes qui commencèrent l'étude de l'optique en Chine, s'intéressèrent aux ombres et découvrirent très tôt que la lumière se propage en ligne droite. Ils firent également des expériences avec la *camera obscura* et savaient que l'image d'un objet lointain s'inverse lorsque la lumière passe par une petite ouverture. Cependant, en Chine comme dans l'Islam, les particularités de la chambre noire ne furent véritablement explorées qu'au XVIIIe siècle après J.-C. Les miroirs plans et concaves firent l'objet d'études et les mohistes connaissaient ce que nous appelons l'image «réelle» et l'image «virtuelle», obtenues grâce à un miroir concave. Sur tous ces points, il semble qu'ils aient précédé les Grecs qui, comme nous l'avons vu au chapitre précédent, avaient des idées fondamentalement erronées sur la lumière et la vision. Il est vrai qu'à peu près à l'époque où les mohistes s'activaient en Chine, Euclide établissait à Alexandrie une série de théorèmes sur l'optique; mais ce qu'il avait à dire à propos des miroirs fut perdu et n'atteignit probablement pa[s] le stade de compréhension auquel les mohistes parvinrent, à cause des idées fausses qui régnaient alors chez les Grecs.

Sur les conceptions de Ptolémée sur ce sujet, voir page 159.

En Chine, on utilisait des miroirs ardents concaves à des fin[s] pratiques et, à l'époque Han, les grands miroirs de méta[l] étaient courants; mais, comme en Occident, les miroirs e[n] verre y étaient inconnus; ce sera une invention du XIXe siècle. Les Chinois employaient aussi couramment des lentille[s] ardentes. Au xe siècle, ils avaient des lentilles façonnées de formes variées et savaient que, tandis que certaines lentilles agrandissent l'image, d'autres peuvent donner une image réduite (lentilles concaves), mais cela ne les a pas conduits à porter des lunettes, ni à inventer le télescope. Les lentilles chinoises étaient taillées dans du cristal de roche, tel qu'il se présente à l'état naturel, bien qu'il paraisse vraisemblable que le verre ait également été utilisé, au moins à dater de l'époque Han, car la Chine avait une industrie du verre dès le VIe siècle avant J.-C.

Dans toutes les premières civilisations, la musique stimula l'étude des sons mais le caractère scientifique de ces études dépendait de l'attitude d'esprit qui présidait aux recherches de ce genre, lesquelles pouvaient demeurer à un niveau purement artistique. Mais, en Chine comme en Grèce, ces travaux s'attachèrent particulièrement à des mesures précises. Cependant, il y avait une différence entre eux ; tandis que les Grecs s'intéressaient principalement à l'analyse des sons, les premiers Chinois s'occupèrent surtout de leurs rapports, cette façon de procéder étant plus proche de leur façon de penser et plus accordée à leur conception organique de l'univers, où chaque chose était reliée à toutes les autres. Ainsi, alors que les Grecs examinaient pourquoi la forme d'une flûte altérait la hauteur du son émis, les Chinois s'occupèrent davantage des sons qui vibrent par résonance ou, en termes modernes, de la résonance. On entend de tels sons, par exemple, lorsqu'en pinçant une corde d'un instrument de musique, on éveille des vibrations dans d'autres cordes. Pour les Chinois, il s'agissait tout simplement d'un exemple de relations naturelles dans un monde naturel et ils n'y voyaient rien de merveilleux. Étant donné que les notes sur lesquelles les cordes étaient accordées étaient en relations spécifiques les unes avec les autres, elles étaient obligées d'entrer en résonance, car telle était la façon dont le monde était construit.

Sur les conceptions des pythagoriciens, voir page 94.

En Chine, au cours des âges les plus reculés, les sons eurent également des relations non scientifiques : les Chinois les reliaient aux goûts et aux couleurs, lors de cérémonies religieuses. Mais cela n'empêcha pas la permanence d'une attitude scientifique parallèle. Les sons étaient classés en fonction de leur timbre et de leur hauteur, et différentes gammes musicales furent construites. Celles-ci, à leur tour, rendaient nécessaire un accordage précis que l'on obtenait en partie grâce à la résonance : une cloche correctement accordée pouvait être utilisée comme modèle et ferait entrer en résonance une seconde cloche lorsque celle-ci serait correctement accor-

Illustration page 220.

dée. De même, des récipients remplis ou partiellement remplis de quantités d'eau déterminées étaient utilisés comme résonateurs pour donner les tons repères, et l'on utilisait parfois des cloches pour aider à l'accordage des cordes. Rien de tout cela ne fut l'apanage exclusif des Chinois, mais ils se distinguèrent par la précision à laquelle ils parvinrent; elle était due en partie à l'utilisation de graines de millet pour mesurer la capacité des flûtes de même calibre. Cet usage découlait peut-être d'un souci plus général d'évaluer la capacité de récipients de différentes sortes mais, certainement, à partir dc l'époque Han, il devint la méthode habituelle pour accorder les flûtes. Les Chinois découvrirent également que le son est une vibration; ils ne furent pas les seuls à faire cette découverte, mais ils y apportèrent une contribution particulière qui résultait de leurs travaux scientifiques sur le son : la mise au point d'une gamme tempérée. C'est le type de gamme que l'Occident moderne a adoptée; elle permet au musicien de passer aisément d'une clé à l'autre. Elle fut utilisée et – pourrait-on même dire – révélée au public par J.-S. Bach, grâce à son *Clavecin bien tempéré*. En effet, au début du XVIIIe siècle, une telle gamme était encore relativement nouvelle en Occident, où elle avait été introduite vers 1620. Cependant, elle avait été découverte et mise au point en Chine par Zhu Zai-yu, en 1585, et il y a de bonnes raisons de penser que la gamme occidentale découle de la gamme chinoise.

Sur sa publication par Simon Stevin au début du XVIIe siècle, voir page 404.

De tous les travaux de physique réalisés par les Chinois – et il est clair qu'il s'agit d'un domaine auquel ils apportèrent d'importantes contributions –, celui qui eut la plus grande portée fut l'invention de la boussole. Cette invention est particulièrement intéressante dans la mesure où, dans ce cas précis, des procédés magiques menèrent à une découverte scientifique. Il semble que tout commença au IIIe siècle avant J.-C., avec l'usage de tables de divination. Utilisées par les devins qui s'occupaient des affaires de l'État, elles comprenaient deux parties, une supérieure et une inférieure. Le disque supérieur, qui représentait le ciel, tournait autour d'un pivot au-dessus d'un plateau inférieur qui représentait la Terre. La partie supérieure portait la constellation circumpolaire nord du Chariot ou Grande Ourse, et les deux parties étaient marquées de «points d'orientation», ou directions distants de 15°. Pour la divination, des pièces qui symbolisaient différents objets, étaient jetées sur la table et le devin lisait l'avenir d'après leurs positions. Une des pièces symboliques avait la forme d'une cuiller qui, elle-même, symbolisait la Grande

Ourse. Elle pouvait tourner très facilement et, à une époque qui ne fut certainement pas postérieure au Iᵉʳ siècle après J.-C., les cuillers tournantes avaient totalement remplacé la partie supérieure de la table de divination.

De même que beaucoup d'autres civilisations anciennes, les Chinois connaissaient les propriétés magnétiques naturelles de la pierre d'aimant (un oxyde naturel de fer, dit aussi magnétite) et, dans les temps reculés, son pouvoir d'attraction sur le fer était considéré comme magique. Au cours du IIᵉ ou du Iᵉʳ siècle avant J.-C., cette propriété incita les devins à fabriquer en magnétite certaines pièces de leurs tables de divination et, bientôt, les cuillers furent également façonnées dans ce matériau. Aussitôt après et lorsque la cuiller eut remplacé le «ciel» de la table, sa position, qui était désormais le centre du plateau, se transforma en objet réellement magique aux yeux des devins, car son manche pointait toujours dans la même direction. Au fil du temps, elle prit le nom de «cuiller indiquant le sud». Naturellement, une telle cuiller bougeait par à-coups – du fait de la friction –, si bien que la pratique s'instaura progressivement de faire des cuillers de bois qui contenaient un morceau de magnétite; plus tard encore, cet objet, qui n'avait désormais plus aucune ressemblance avec une cuiller, fut monté sur un pivot ou même flotta sur l'eau. Telle fut donc la première forme de boussole qui s'orientait vers le sud plutôt que vers le nord; elle était déjà courante au Iᵉʳ siècle après J.-C. Au VIᵉ siècle, les Chinois avaient découvert qu'on pouvait magnétiser de petites aiguilles de fer en les frottant avec un morceau de pierre d'aimant; plus tard encore, au XIᵉ siècle, ils découvrirent comment magnétiser le fer en le chauffant au rouge puis en le refroidissant tout en le gardant orienté sud-nord.

La boussole «magique» fut utilisée dans des buts autres que divinatoires en premier lieu pour faire les tracés de travaux publics et d'édifices privés. Au fil du temps, elle fut adoptée par les marins et elle était d'usage courant dans la navigation chinoise peut-être dès le Xᵉ siècle et très certainement au XIᵉ siècle; l'usage maritime qu'en firent les Chinois est donc antérieur d'un siècle au moins à son adoption par l'Occident. Mais ce n'est pas tout. L'usage d'une aiguille magnétique conféra à la boussole une plus grande précision pour l'observation magnétique des directions et, dès l'époque de la dynastie Tang, cela conduisit les Chinois à découvrir que le nord et le sud magnétiques ne coïncident pas avec le nord et le sud géographiques; en Occident, cette découverte n'aura lieu que sept siècles plus tard.

Illustration page 235.

Sur les premières recherches européennes sur le magnétisme, voir pages 405-406.

La chimie

La chimie, en tant que discipline scientifique, est relativement récente; en Occident, c'est seulement au XVIIe siècle que la chimie scientifique se développa et c'est au siècle suivant qu'elle atteignit la Chine. Au long des âges, bien entendu, les Chinois accumulèrent une vaste somme de connaissances chimiques d'ordre pratique, comme tous les peuples d'autres civilisations, et ce savoir n'est pas à dédaigner. Avec ses techniques et ses applications à la médecine, il forma l'arrière-plan essentiel sans lequel la chimie en tant que science n'aurait jamais pu se développer.

La première chimie chinoise – peut-être devrions-nous l'appeler «protochimie» ou tout simplement «alchimie», bien qu'elle fût plus que cela – apporta nombre de contributions utiles au savoir de base de ce qui deviendra la chimie en tant que science. Elle commença, comme probablement la chimie débuta partout ailleurs, comme un développement de l'art de la cuisine, et c'était une étude qui convenait tout à fait aux taoïstes; elle avait un aspect mystique, du moins de la façon dont ils la pratiquaient, et elle leur permettait non seulement de philosopher, mais aussi de faire usage de leurs mains. La chimie est une science éminemment pratique, fondée sur les travaux de laboratoire, et le travail pratique qu'elle exige permettait aux taoïstes de démontrer clairement la différence entre leurs conceptions et celles des confucéens, lesquels adoptaient une attitude de supériorité à l'égard de tous les travaux pratiques ou artisanaux. Mais il y avait plus. Le but principal poursuivi par les taoïstes était celui, fort ambitieux, de l'immortalité physique; ils recherchaient les moyens grâce auxquels ils pourraient prévenir le vieillissement. Pour y parvenir, ils prônaient diverses méthodes qui incluaient la gymnastique, les exercices respiratoires et l'ingestion de médicaments spéciaux, souvent à base de minéraux. Ils étaient également très attentifs à la façon dont les corps étaient enterrés.

Illustration page 220.

L'immortalité leur échappa toujours, mais, en la cherchant, ils amassèrent de nombreuses connaissances en chimie. Des travaux archéologiques récents ont révélé un aspect de ces connaissances. Les fouilles d'une tombe dans la province de Henan ont mis au jour un cercueil qui fut ouvert; il contenait le corps d'une femme, «la Dame de Tai». Bien qu'elle soit morte vers 186 avant J.-C. – il y a plus de deux mille ans –, son corps était semblable à celui d'une personne dont la mort remonterait à environ une semaine; par exemple, la chair était encore assez souple pour revenir à la normale après avoir subi une pression. Et cependant, le corps n'avait été ni embaumé, ni momifié, ni tanné, ni même congelé; il avait été préservé par immersion dans un liquide de couleur brune contenant du sulfure de mercure, à l'intérieur d'un cercueil, lui-même placé dans un second cercueil hermétiquement clos par des couches de charbon de bois et d'une argile blanche visqueuse. L'atmosphère dans les cercueils contenait principalement du méthane et elle était sous pression. Ainsi, la sépulture avait préservé le corps dans ce que nous appellerions aujourd'hui des conditions anaérobies; elle était imperméable à l'air, imperméable à l'eau, et la chambre funéraire avait assuré une température relativement constante de 13° environ. Beaucoup d'histoires circulent à propos de taoïstes qui auraient atteint l'incorruptibilité physique; la découverte qu'ont permise les fouilles dans le Henan prouve bien qu'il ne s'agit pas simplement d'un mythe; les connaissances sur la préservation chimique des corps étaient déjà très avancées dès le IIe siècle avant J.-C.

Les taoïstes qui se livraient à leur alchimie mystique partageaient les idées des protochimistes d'Alexandrie, de l'Inde et, en fait, de toutes les civilisations dont les essais avaient pour but non seulement la connaissance de la chimie des substances naturelles, mais aussi la transmutation des métaux, peu chers et courants, en or, beaucoup plus rare et plus beau. Bien entendu, le mot «alchimie» vient de l'arabe mais, et la chose est fort intéressante, des recherches récentes montrent que l'arabe lui-même est dérivé du chinois et non de sources grecques, égyptiennes ou même hébraïques comme on le pensait autrefois. Il se peut donc que l'influence des taoïstes se soit étendue bien au-delà de leur environnement proche; l'attitude alchimique générale que nous rencontrons partout – une attitude qui impliquait une conception «organique» de nombreuses substances et concevait les expériences comme une reproduction de leur gestation au sein de la Terre – leur doit peut-être quelque chose. C'était, très certainement, une conception qui s'accordait avec la vision chinoise de l'univers comme un organisme. Mais les taoïstes furent également aidés par d'autres aspects de la philosophie chinoise; la théorie des cinq éléments les aida pour classer les différentes substances et se livrer sur elles à des expériences qui poursuivaient un but

Sur l'influence possible des idées taoïstes sur l'alchimie en Inde, voir page 259; sur l'alchimie en Islam, voir pages 312-317; et sur celle de l'Europe de la Renaissance, pages 388-389.

précis, tandis que la doctrine des deux forces les conduisit à l'idée de flux et de reflux, au concept de changement cyclique, selon lequel sitôt qu'un processus atteint son apogée, son contraire doit commencer à s'affirmer.

L'expérimentation conduisit les taoïstes à inventer quantité d'appareils spécifiques, tels que des fours et des fourneaux spéciaux, et des récipients où les réactions chimiques pouvaient se produire dans des conditions d'isolement. De telles réactions impliquent souvent que de hautes pressions soient atteintes et l'on utilisait fréquemment des récipients de métal très résistants, parfois fermés à l'aide de fils métalliques pour éviter que toute la cornue n'explose. Bien que les Chinois n'aient jamais inventé de thermomètres, au sens propre du mot, leurs alchimistes et protochimistes savaient certainement combien il est important que certaines réactions se produisent à une température déterminée; ils inventèrent donc le bain-marie et d'autres stabilisateurs de température. Ils se servaient de balances romaines pour les pesées et utilisèrent fort ingénieusement des tuyaux de bambou pour relier les différentes parties des appareils.

De tous les appareils qu'ils inventèrent, le plus important est peut-être l'alambic. Fondamentalement, il découlait du pot à cuire néolithique, le *li.* Celui-ci avait trois pieds creux et plus tard il se transforma en un type particulier de double récipient à vapeur, le *zeng,* qui comportait, en effet, un second récipient posé au sommet du premier dont il était séparé par une grille perforée. Pour les expériences chimiques, le second récipient était surmonté d'un bassin refroidisseur empli d'eau, de façon que les substances qui s'évaporaient refroidissent en se condensant avant de s'écouler goutte à goutte et d'être recueillies dans une petite coupe. Cet appareil, qui sera utilisé dans toute l'Asie orientale, était différent du type d'alambic que l'on fabriquait à Alexandrie, où les substances distillées étaient évacuées sur le côté de l'appareil et passaient par un tube jusqu'au récipient collecteur; dans ce cas, le refroidissement était exclusivement dû à l'air qui entourait le tuyau extérieur. Le modèle de base de l'alambic chinois a perduré jusqu'à nos jours dans les alambics moléculaires modernes, utilisés pour extraire de petites quantités de composés complexes, mais il est possible qu'il soit un développement plus tardif que le modèle alexandrin ou hellénistique. Ce dernier date d'une époque antérieure à 300 après J.-C., tandis que le modèle chinois remonte probablement au IVe siècle après J.-C. ou, bien qu'il soit impossible de situer sa première apparition, peut-être à une époque antérieure. Ce qui est

Illustration page 236.

certain cependant, c'est que la distillation était largement pratiquée au VIIe siècle dans la Chine des Tang. De plus, le refroidissement immédiat des matières distillées auquel les Chinois étaient parvenus était chimiquement important; un tel procédé de refroidissement ne fut disponible en Occident que quatre ou cinq siècles plus tard.

Une des techniques que l'alambic chinois permit aux protochimistes d'exploiter fut la distillation de l'alcool qui exige un système de refroidissement, sinon l'alcool est perdu. Ils employèrent aussi un procédé spécial de congélation, une méthode grâce à laquelle l'eau gèle la première, libérant ainsi l'alcool. Cette technique, qui ne nécessite pas d'alambic, donne un alcool très concentré; il semble que les Chinois la connaissaient dès le IIe siècle avant J.-C.

Sur l'emploi de la même technique par Paracelse au XVIe siècle, voir page 398.

Les connaissances en matière de chimie s'accrurent au fil des temps. On prépara certains minéraux sous une forme adaptée à un usage médicinal – des sulfures d'arsenic, par exemple – bien avant qu'un tel usage en fût fait en Occident où les minéraux ne furent pas introduits dans les traitements médicaux avant le XVIe siècle. L'industrie minière chinoise opta pour l'extraction du cuivre par la méthode de la précipitation de ce métal en solution et les protochimistes utilisèrent aussi de l'acide nitrique faible pour obtenir des substances qui n'étaient pas solubles dans des conditions normales. Ces travaux les familiarisèrent avec le nitrate de potassium, ou salpêtre, qu'ils utilisèrent pour des expériences où ils le combinèrent avec du charbon de bois et du soufre, une substance qu'ils avaient extraite depuis très longtemps. Ces expériences devaient être faites, et furent probablement faites, en vue d'obtenir un élixir qui aiderait à atteindre l'immortalité mais, quel qu'ait été le projet initial, elles conduisirent les Chinois à la découverte de la poudre à canon. On l'utilisait pour des pièces d'artifice et dans des buts militaires et elle fut employée pour la première fois au cours de combats au Xe siècle, pendant une période où le pays était une fois de plus divisé entre plusieurs factions en guerre. Au cours des deux siècles suivants, la poudre à canon joua régulièrement son rôle au cours des actions militaires en Chine, mais elle ne fut pas connue hors de ses frontières avant le XIIIe siècle, où elle fut utilisée en Islam; elle atteignit l'Europe au XIVe siècle.

Que pouvons-nous dire, en résumé, de la chimie chinoise? Dans ses aspects les plus mystiques et magiques, elle conduisit à une méthode unique de préservation des morts; dans ses aspects les plus pratiques, elle entraîna des progrès dans les domaines industriel, militaire et médical. Du point de vue de la science, les Chinois réalisèrent aussi de sérieux progrès, car ils comprirent très tôt que les réactions chimiques pouvaient produire non seulement des mélanges, mais aussi des substances entièrement nouvelles et leurs protochimistes dressèrent des tables des substances et de leurs modes de réactions et parvinrent ainsi à une compréhension préliminaire de l'idée occidentale d'affinités chimiques, qui évolua au XVIIe siècle. De surcroît, il semble que les chimistes chinois aient procédé à de nombreuses pesées et mesures des proportions des substances qui entraient dans les réactions; ils y gagnèrent une compréhension de ce que les chimistes modernes appelleraient la combinaison des poids et des proportions, un aspect important de la recherche moderne. Enfin, leur souci de précision relevait d'une certaine attitude qui présageait celle qui, dans l'Europe du XVIIIe siècle, fut un des facteurs de la naissance de la chimie moderne.

Biologie et science agronomique

La recherche est loin d'être achevée à propos des sciences biologiques en Chine mais, heureusement, nous disposons d'ores et déjà d'une information suffisante pour pouvoir apprécier une partie des réalisations chinoises. Bien entendu, les Chinois avaient une très grande variété d'animaux dans leur vaste pays, y compris des espèces rares, telles que le grand panda, la grande salamandre et le gibbon. Très tôt ils en surent assez pour entreprendre des élevages sélectifs; c'est ainsi qu'ils élevèrent le buffle, qu'ils utilisaient pour labourer les rizières et, dans un milieu social plus élevé, le pékinois et une grande variété de poissons rouges. Les Chinois s'intéressèrent aussi aux chevaux; ils élevaient des poneys de Mongolie et l'empereur Han, Han Wu Ti, s'acharna à conquérir la Ferghana (aujourd'hui dans la République socialiste soviétique d'Ouzbékistan) dans le but de capturer les chevaux de cette région «qui suaient le sang». Il s'agissait de fort beaux chevaux, peut-être les ancêtres des fameuses races arabes, mais ils étaient victimes de parasites qui provoquaient des saignements cutanés; l'empereur les convoitait pour des raisons mystiques plutôt que pour en faire les coursiers de sa cavalerie.

Les Chinois écrivirent beaucoup à propos des animaux et les descriptions abondent, surtout dans les nombreuses ency-

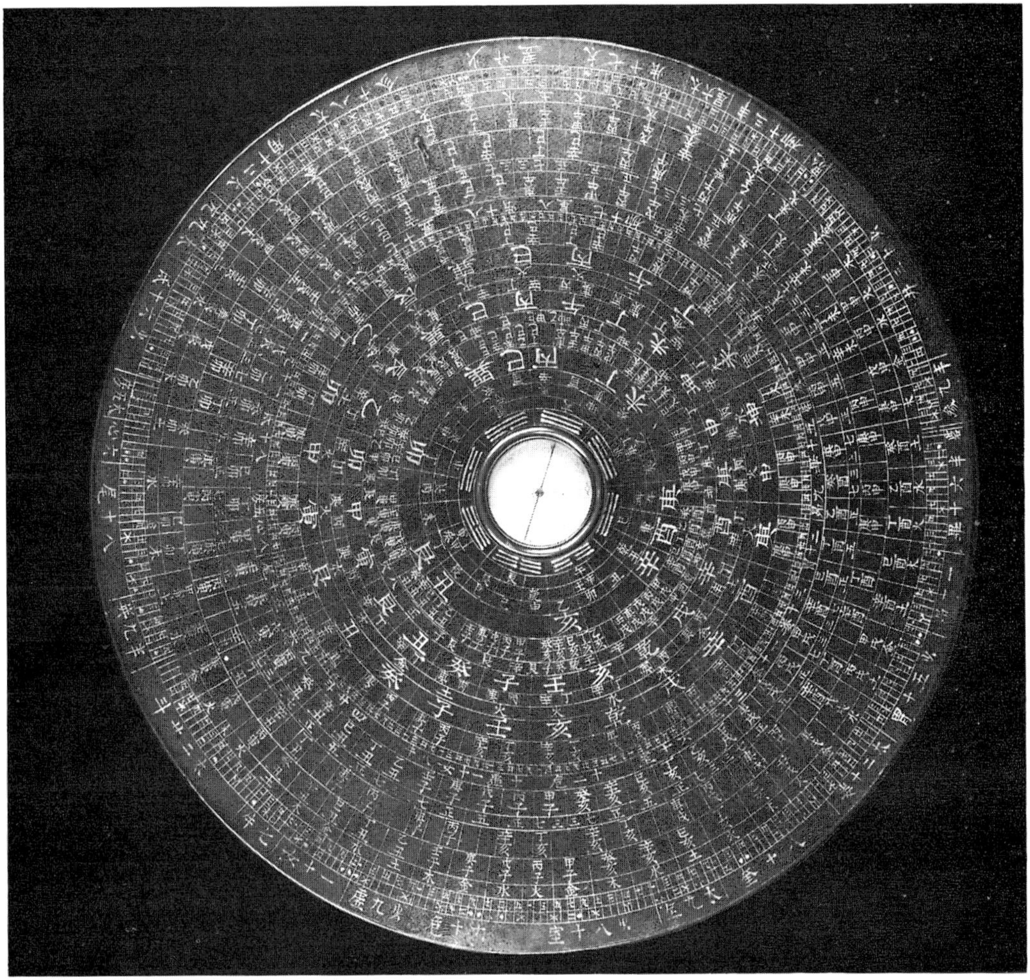

Ci-dessus. Une boussole chinoise utilisée pour la géomancie et pour tracer les plans des édifices publics. La géomancie était un moyen de divination, basé sur des chiffres ou des lignes. Science Museum, Londres.

A gauche. Boussole maritime chinoise du XIXe siècle. Science Museum, Londres.

A droite. Récipient rituel tripode destiné à recevoir le vin. Bronze fait d'un alliage de plomb et d'antimoine, de la dynastie Shang. Rijksmuseum, Amsterdam.

Ci-dessous et ci-dessous à droite. Le raffinage, ou coupellation, pour débarrasser l'argent du plomb et d'autres impuretés. Cette technique remonte au moins au IIIᵉ siècle avant J.-C. C'est un des nombreux procédés chimiques dont les Chinois eurent très tôt une bonne expérience pratique. Extrait de *L'Exploitation des œuvres de la Nature,* 1637 après J.-C.

A gauche. Peinture sur soie du début du XVe siècle représentant deux mainates. Les Chinois observaient avec pénétration l'anatomie et les végétaux; ils s'intéressèrent beaucoup aussi aux comportements animaux et aux relations entre les phénomènes individuels. Fogg Art Museum, Harvard University, Cambridge, Massachusetts. Don du Dr Denman W. Ross.

A gauche. Peinture de deux grues, datant du début du XVe siècle. La sensibilité artistique rivalise avec la finesse de l'observation. Museum für Ostasiatische Kunst, Cologne.

A droite. Robe de prêtre taoïste du IXe siècle après J.-C. Parmi les motifs figurent, au centre, le symbole du yin et du yang, les deux forces fondamentales, et les huit tangrams mystiques, tirés du *Yijing* et reliés aux cinq éléments. Metropolitan Museum of Art, New York. Don de Joseph J. Asch, 1936.

A droite. Peinture des cinq montagnes sacrées. Elles étaient associées aux cinq éléments, et les quatre montagnes des points cardinaux étaient censées être disposées dans un carré parfait. National Palace Museum, Taipei.

clopédies qui furent composées dès le IVe siècle avant J.-C. et dans un genre littéraire particulier, que l'on pourrait appeler «histoires naturelles pharmaceutiques». Les premières datent du VIe siècle avant J.-C. et recensent et décrivent les connaissances croissantes des Chinois sur le monde de la Nature. Il existait aussi de courts traités spécialisés, consacrés à des animaux déterminés et, bien sûr, à ceux qui étaient particulièrement typiques de la Chine, tel le ver à soie. Dès l'époque Shang (vers 1500 av. J.-C.), les Chinois élevèrent des vers à soie mais ce n'est qu'un peu plus tard, sous la dynastie Zhou, qu'un programme d'élevage réellement bien organisé fut mis en place. Cet élevage demeura un monopole chinois jusqu'au milieu du VIe siècle après J.-C., époque à laquelle ses secrets furent divulgués hors de Chine et introduits en Europe. Néanmoins, le ver à soie n'était pas le seul insecte que les Chinois domestiquèrent. Dans le Sichuan, ils élevaient aussi des coccidés, qui prolifèrent dans les frênes, parce que ces insectes sont couverts d'écailles blanches cireuses et que la femelle exsude de la manne. On employait ces produits à des usages médicinaux et pour faire des chandelles. D'autres coccidés, comme la cochenille, étaient élevés pour le produit colorant qu'ils fournissent et que l'on utilisait en teinture.

En fait, il semble que les Chinois avaient une prédilection particulière pour les insectes. Ils élevaient des grillons pour le sport : enfermés dans des cages, les grillons étaient relâchés pour se livrer à des combats assez semblables aux combats de coqs. Bien entendu, les Chinois élevaient également des abeilles, dont le miel était surtout utilisé à des fins médicales. Mais, indéniablement, l'idée la plus étonnante des Chinois fut d'employer des insectes pour protéger les récoltes des ravages dus à d'autres insectes nuisibles. Un ouvrage, rédigé au IIIe siècle après J.-C., décrit comment, dans le Sud, les producteurs de citrons suspendaient des sacs de fourmis dans leurs arbres, pour protéger ceux-ci contre les araignées, les mites et autres insectes nuisibles. C'est le premier exemple connu de protection biologique des végétaux et son efficacité est indéniable; les espèces de fourmis en question ont été identifiées et la pratique se poursuit de nos jours.

Les études que les Chinois consacrèrent aux végétaux furent aussi étendues que leurs travaux sur les animaux et se poursuivirent de façon continue. Après les Grecs et jusqu'à la Renaissance, la botanique se développa très peu dans le monde occidental. La Chine n'a pas connu un tel hiatus. De plus, les Chinois avaient sur les botanistes occidentaux l'avantage d'une variété infiniment plus riche de plantes, depuis les forêts de conifères dans le Nord jusqu'à celles de feuillus et aux zones boisées plus au sud, en passant par des zones de désert et de brousse. Et comme si cela ne suffisait pas, les botanistes chinois étaient stimulés dans leurs études par l'administration car les bureaucrates veillaient de près à l'exploitation de la terre et ils avaient besoin de connaître les différentes espèces d'arbres et de plantes, et les milieux qui leur étaient favorables. Cette politique, à son tour, incita les Chinois à se livrer à une étude soigneuse des sols, un intérêt qui, semble-t-il, fut sans équivalent dans les civilisations méditerranéennes. Cette étude fut très précoce en Chine puisque les conditions des sols étaient déjà rapportées par écrit vers le IVe siècle avant J.-C.; d'après certaines indications, cette science primitive des sols serait antérieure de trois siècles à ces écrits.

Tout au long de leur histoire, les Chinois eurent à faire face aux problèmes inhérents à une population dense et en croissance continuelle. Ce fait entraîna des conséquences pour l'agriculture et influença également la botanique chinoise car il encourageait les tentatives pour faire pousser certaines cultures en dehors de leur habitat normal et même pour élever des espèces qui auraient pu être productives dans des conditions différentes. Des travaux très utiles furent entrepris en ce sens du Xe siècle au XIVe siècle après J.-C. Une autre étude, suscitée par le danger permanent de famine dans certaines régions, est parfois désignée par l'expression «mouvement esculentiste». Ce mouvement, qui couvrit la période comprise entre le XIVe et le XVIIe siècle, étudia les actions qu'il convenait d'entreprendre en cas de famine. Il s'attaqua au problème en dressant une liste détaillée de toutes les plantes sauvages qui pouvaient être utilisées comme aliments et fut, au vrai sens du terme, un précurseur de toutes les tentatives faites de nos jours pour étendre les ressources naturelles des réserves alimentaires de l'humanité.

Les écrits du mouvement esculentiste ne furent qu'une partie de la littérature botanique extrêmement étendue, produite par les Chinois. Le matériel botanique figurait dans leurs encyclopédies et dans les histoires naturelles pharmaceutiques déjà mentionnées, mais il existait aussi, comme pour la zoologie, des brochures spécialisées, traitant de plantes définies. Leur nombre, qui excédait de beaucoup celui des traités zoologiques, s'explique en partie par le besoin impérieux de bien connaître les plantes qui pourraient être utilisées en médecine. Lorsque des ouvrages imprimés furent disponibles en Chine, dès le IXe siècle, les textes se multiplièrent et, trois cents ans plus tard, quand l'art de préparer des planches en bois pour les illustrations eut progressé, ils portèrent des illustrations très précises et minutieuses des espèces végétales.

La botanique scientifique exige un système de classification des plantes, comme nous le verrons quand nous arriverons aux travaux de Linné, dans l'Europe du XVIIIe siècle. Bien avant cette époque, les Chinois avaient déjà posé d'importants jalons sur cette voie. La langue chinoise en est elle-même grandement responsable; aux premiers temps, les symboles picturaux se prêtaient à la représentation de choses telles que troncs, branches, tiges, feuilles de formes différentes et même fruits; lorsque ces symboles se transformèrent et devinrent les idéogrammes du chinois écrit, cette facilité subsista. De nouveaux signes furent inventés chaque fois que c'était nécessaire et les Chinois n'eurent jamais à recourir à une autre langue, comme ce fut le cas plus tard pour les botanistes occidentaux; en effet, les Chinois ne disposaient pas de langues «mortes» vers lesquelles se tourner. Tout cela signifie que les noms botaniques naissaient naturellement; bien entendu, il y avait également des noms vulgaires mais, dès le IIIe siècle avant J.-C., les Chinois utilisèrent des noms techniques en deux mots pour les plantes. Ce qui accrut leur capacité de classer et de reconnaître des familles naturelles de plantes, peu différentes de celles qui furent établies en Occident.

Le plus grand de tous les écrivains botanistes chinois, Li Shi-zhen, naquit en 1518 et travailla sous la dynastie Ming. Il avait acquis une culture et une érudition très vastes lorsqu'en 1583, à près de 70 ans, il posa la touche finale de sa grande histoire naturelle pharmaceutique – *la Grande Pharmacopée* – dont toutes les données étaient assorties d'une évaluation critique soigneuse; il indiquait le nom technique que lui-même préférait pour chaque plante mentionnée, mais le faisait suivre d'une liste d'autres noms; en cela, il annonçait la nomenclature moderne.

Les Chinois furent aussi de merveilleux jardiniers et nous leur devons bien des fleurs qui parent aujourd'hui les jardins occidentaux : la rose, le chrysanthème et la pivoine, pour ne citer que celles-là. Pour le Chinois, le jardin était un lieu de quiétude et de contemplation, et c'est dans cet esprit qu'il était dessiné et cultivé. Cependant, c'est pour leurs techniques de jardinage que les Chinois ont été parfois critiqués, au moins dans la mesure où leur agriculture est concernée; mais, si les méthodes qu'ils utilisèrent pour la production à

BIOLOGIE ET SCIENCE AGRONOMIQUE

Sur l'expansion de l'imprimerie en Chine et en Occident, voir page 354.

grande échelle d'aliments semblaient plus appropriées à des jardins maraîchers qu'à l'exploitation agricole, elles leur donnèrent certains avantages lorsqu'ils passèrent à la culture intensive. Car la nécessité, en Chine, de produire des quantités suffisantes de nourriture les conduisit à des méthodes qui, depuis l'époque Han, donnèrent un rendement à l'hectare bien supérieur à ceux obtenus en Occident. Cela tenait en partie au fait que les graines étaient semées de telle façon que chaque plant soit accessible et puisse être traité individuellement, cependant que dans la Chine du Sud, à l'époque plus tardive de la dynastie Han, les graines étaient semées dans les sillons, puis repiquées en temps voulu. Bien entendu, on recourait beaucoup à l'irrigation et, autour des mares d'irrigation des rizières, on faisait pousser des châtaignes d'eau, des haricots et des concombres, et l'on élevait des canards. De plus, on y plantait des mûriers pour l'élevage du ver à soie et les buffles qui piétinaient à l'ombre des mûriers nivelaient le sol et le raffermissaient. Rien n'était perdu.

Les Chinois pratiquaient aussi l'assolement. Contrairement aux Romains, qui laissaient le sol en jachère une année sur deux, après l'époque Han, les Chinois ne recoururent à cette méthode qu'en dernière extrémité. Le fumier humain et animal était employé comme engrais et l'on utilisait également de la vase draguée dans le Yangzi Jiang. Avec l'accroissement de la population, la demande en terre devint plus pressante et, du IXe au XIIIe siècle après J.-C., des terres furent aménagées en terrasses et des lacs asséchés et entourés de murs de terre, une technique qui plus tard sera appliquée en Europe avec grand succès par les Hollandais; les Chinois utilisèrent aussi des radeaux de bambou, couverts de terre et de plantes aquatiques, un moyen supplémentaire d'accroître la surface cultivable. De surcroît, ils n'étaient nullement opposés à l'importation de nouvelles cultures en provenance de contrées voisines : très tôt ils importèrent du blé et de l'orge d'Asie occidentale et, du VIe au VIIIe siècle après J.-C., du coton provenant de l'Inde; au XIe siècle, des espèces particulières de riz importées de l'ancien royaume de Champa permirent l'obtention de deux récoltes par an et, grâce aux méthodes de sélection, celle d'une espèce qui venait à maturité en 60 jours ou moins. Enfin, dernier atout, les Chinois inventèrent quelques machines agricoles bien adaptées qui, étant donné leurs méthodes maraîchères, pouvaient être construites au moyen de la technologie simple alors disponible. Du fait que les techniques agronomiques européennes nécessitaient des engins plus robustes, une révolution industrielle fut nécessaire avant que les machines agricoles ne deviennent réellement efficaces en Occident.

La médecine

Les Chinois développèrent une agriculture intensive pour nourrir une population en perpétuelle augmentation. Mais comment la maintenait-on en bonne santé? Certains aspects des traitements médicaux chinois et certaines idées chinoises concernant le fonctionnement du corps méritent que nous nous y attardions un moment, d'autant qu'à présent l'acupuncture est acceptée par des corps médicaux non chinois et qu'elle est parfois utilisée dans d'autres pays comme moyen de traitement.

Les origines de l'acupuncture remontent très loin dans l'histoire de la Chine. Les premiers documents datent d'environ 600 avant J.-C. et, depuis cette époque, cette technique a toujours été pratiquée, bien qu'elle soit désormais utilisée en Chine conjointement à la médecine moderne occidentale, par exemple comme anesthésique pour les interventions chirurgicales. La technique est à présent étudiée à la lumière des connaissances modernes, mais c'est un système subtil qui semble être une méthode pratique destinée à stimuler les réactions naturelles de l'organisme aux assauts de la maladie. En Chine, l'acupuncture était utilisée non seulement en médecine, mais également pour les traitements vétérinaires. L'idée qui préside à cette méthode doit être cherchée dans la croyance chinoise en un lien étroit entre les hommes, les choses de ce monde (le microcosme) et l'univers dans son ensemble (le macrocosme). Elle faisait écho pour partie à la conception de l'univers comme un organisme : à l'origine, les points d'acupuncture étaient en relation spécifique avec les points cardinaux et avec la disposition du ciel, et reflétaient aussi le concept d'une sorte d' «esprit vital» ou «air», qui se déplaçait au sein des choses vivantes et dont les mouvements étaient facilités par l'implantation d'aiguilles. En effet, l'«esprit vital» jouait un rôle important dans la médecine chinoise; par la suite, il se développa pour donner la théorie d'une circulation «pneumatique» dans le corps, actionnée par les poumons. Cependant, cette circulation n'était que l'un des deux types de circulation que les Chinois reconnaissaient; la seconde, actionnée par le cœur, concernait le sang, dont on pensait qu'il transportait un «suc» vital. Il semble que ces deux idées sur la circulation aient été fondées sur un examen attentif du corps, de ses branchements nerveux, de ses veines et de ses artères. Ces idées remontent probablement au début de l'époque Han et précèdent donc de plus de mille six cents ans l'apparition de l'idée de circulation en Occident.

Sur une description des capillaires faite en Islam, voir page 311; sur l'explication du système sanguin par Galien, voir pages 323-324; et sur la démonstration de la circulation du sang par William Harvey, voir pages 522-523.

L'intérêt des Chinois pour les «deux circulations» amena leurs médecins à faire grand cas du pouls de leur patient. Mais la fréquence du pouls n'était pas la seule préoccupation du médecin chinois; il se souciait également de l'état médical général du patient, y compris de l'odeur de son haleine, de la propreté et de la couleur de sa langue et des battements de son cœur. Pour guide, le médecin disposait d'un grand traité médical, le *Manuel de la médecine corporelle*, qui était l'équivalent du *Corpus* du Grec Hippocrate, à la fois par son ampleur et par l'autorité qui lui était reconnue. Le médecin y trouvait les traitements bien expliqués; parmi ceux-ci figurait une autre méthode, typiquement chinoise, appelée moxibustion. Ce mot désigne la combustion du bois d'armoise *(Artemisia moxa)* qui pouvait être brûlé de différentes façons, près de la peau ou parfois sur la peau, l'application se faisant sur des points spécifiques, comme pour l'acupuncture. Il se peut que la moxibustion ait d'abord été utilisée en Chine pour soulager les douleurs rhumatismales aux articulations et à d'autres fins analgésiques, mais ce n'était pas sa seule fonction. Les médecins chinois l'utilisaient aussi comme une forme de traitement pour certains désordres et il est aujourd'hui reconnu que les moxas ont certains pouvoirs curatifs spécifiques, liés surtout aux maladies de peau. Bien entendu, la moxibustion et l'acupuncture étaient utilisées parallèlement à la prescription de médicaments.

Comme il fallait s'y attendre dans un État puissamment bureaucratisé comme la Chine, la pratique médicale y était une profession strictement réglementée. Pour les études générales aussi bien que pour celles de médecine, il fallait passer des examens. Au ve siècle après J.-C., il y avait déjà des postes d'enseignement de la médecine et, à l'époque Tang, il existait un collège impérial de médecine. Il semble également que ce soit en Chine que surgit pour la première fois l'idée d'hôpitaux. Il en existait avant l'époque de la dynastie Han et leur nombre s'accrut avec l'arrivée du bouddhisme. Après avoir été à l'origine des fondations taoïstes et bouddhistes, les hôpitaux furent repris par l'État à partir de la fin de l'époque Tang. Il existait également des règlements de mise en quarantaine, certainement dès le IVe siècle après J.-C., si ce n'est plus tôt, et, deux cents ans plus tard, des colonies de lépreux avaient été établies.

Conclusions

Comme beaucoup d'autres aspects de la science chinoise, la médecine avait fait progresser jusqu'à un niveau élevé la prévention et le traitement des maladies. Dans ce domaine, l'État joua son rôle en imposant des règlements bureaucratiques efficaces. D'une manière générale, en Chine, ce fut l'engagement de l'État dans la science – aide à la collecte de faits, organisation et mise en application du savoir ainsi recueilli d'un bout à l'autre de cet énorme pays, exploitation des facultés perceptives des hommes de science pour accroître ses revenus et sa capacité de financer la guerre – qui fit de l'histoire de la science chinoise une histoire très différente de celle de la science ancienne en Occident. En Chine, les études avaient une envergure beaucoup plus étendue, elles étaient moins sporadiques, et les idées avaient beaucoup plus de chances d'être menées jusqu'à leur terme que les travaux des hommes de science, relativement isolés, du Moyen Age chrétien.

Malgré cela, et malgré le fait que dans de très nombreux domaines la science chinoise atteignit très tôt un niveau de connaissances égal ou supérieur à celui des Européens en 1500, il n'y eut pas de «révolution scientifique» en Chine : la percée vers la puissante science moderne advint en Europe, et non en Orient. Pourquoi en fut-il ainsi? Il est manifestement impossible de donner une réponse catégorique à cette question, mais elle est peut-être liée en partie à cette même étroite association entre science et bureaucratie d'État. En Chine, l'ardent besoin d'explorer et de découvrir des nouveautés pour elles-mêmes ne s'est jamais développé, contrairement à ce qui s'est passé dans l'Europe de la Renaissance; en Chine, on n'aspirait pas à briser le moule des orthodoxies en place, volonté qui inspira des hommes tels que Galilée. Et l'une des raisons doit en être la prédominance de la bureaucratie chinoise, efficace mais traditionaliste, ses règles et ses conceptions définies par Confucius plusieurs siècles auparavant. Même ainsi, il est impossible de penser à la science chinoise et à ses intuitions sans se sentir redevable envers elle, et beaucoup de ses idées et méthodes ont été par la suite vigoureusement développées. De même, dans certains domaines, l'Occident commence à se tourner vers ses intuitions, en particulier vers l'attitude holistique chinoise à l'égard de l'univers, qui est aujourd'hui considérée comme moins destructrice que ne le sont certains aspects de l'approche occidentale de la Nature.

4. La science hindoue et indienne

L'histoire de la science hindoue – la science du sous-continent indien avant l'arrivée de l'Islam, avec la dynastie moghole du XVIe siècle – requiert encore de nombreuses recherches. En réalité, le travail moderne très fouillé qui a été accompli à propos de la Chine doit également être fait pour la civilisation qui s'est épanouie au sud-ouest de la Chine mais le sujet est hérissé de difficultés. Il se heurte à de graves problèmes de datation et de disponibilité des sources écrites, et, dans un domaine où tant d'éléments sont obscurs, les questions de la culture et des contacts scientifiques avec d'autres civilisations ou du développement indépendant des idées, sont très difficiles à résoudre. En raison de ces incertitudes, ce chapitre doit être bref, bien qu'il soit possible d'esquisser plusieurs aspects de la science en Inde, qui sont intéressants par eux-mêmes, et d'autres qui furent importants dans les échanges d'idées entre la Chine, l'Islam et l'Occident avant la révolution scientifique.

L'histoire des origines

L'histoire de la civilisation en Inde remonte aussi loin que celle de la Chine proche-orientale, et elle nous a été révélée grâce aux fouilles effectuées dans les villes principales de la civilisation de la vallée de l'Indus. Ces villes, essentiellement Mohenjo-Daro et Harappa, situées dans l'actuel Pākistān, datent de la période 2300-1750 avant J.-C., et témoignent d'un urbanisme et d'une ingénierie complexes, ainsi que d'une économie bien développée. Elles étaient pourvues de bains publics et d'un système d'égouts, leurs rues étaient pavées et, à bien des égards, leurs cultures étaient plus avancées que les cultures mésopotamiennes contemporaines. Les populations de ces villes ont laissé une langue écrite, qui n'a

Illustrations pages 248, 249.

A droite. Les ruines de Mohenjo-Daro, dans l'actuel Pākistān. Vieille de quatre mille ans, cette ville de la vallée de l'Indus était soigneusement dessinée; ses rues étaient pavées et ses maisons équipées d'égouts.

A droite. La colonne de fer de Delhi, qui date du IVe siècle de notre ère, est toujours exempte de rouille. On ne sait pas au juste si c'est là le résultat d'un hasard heureux ou celui de connaissances poussées à un point inusité en matière de métallurgie. Quoi qu'il en soit, à la même époque, on était incapable en Occident de couler une pièce d'une telle dimension.

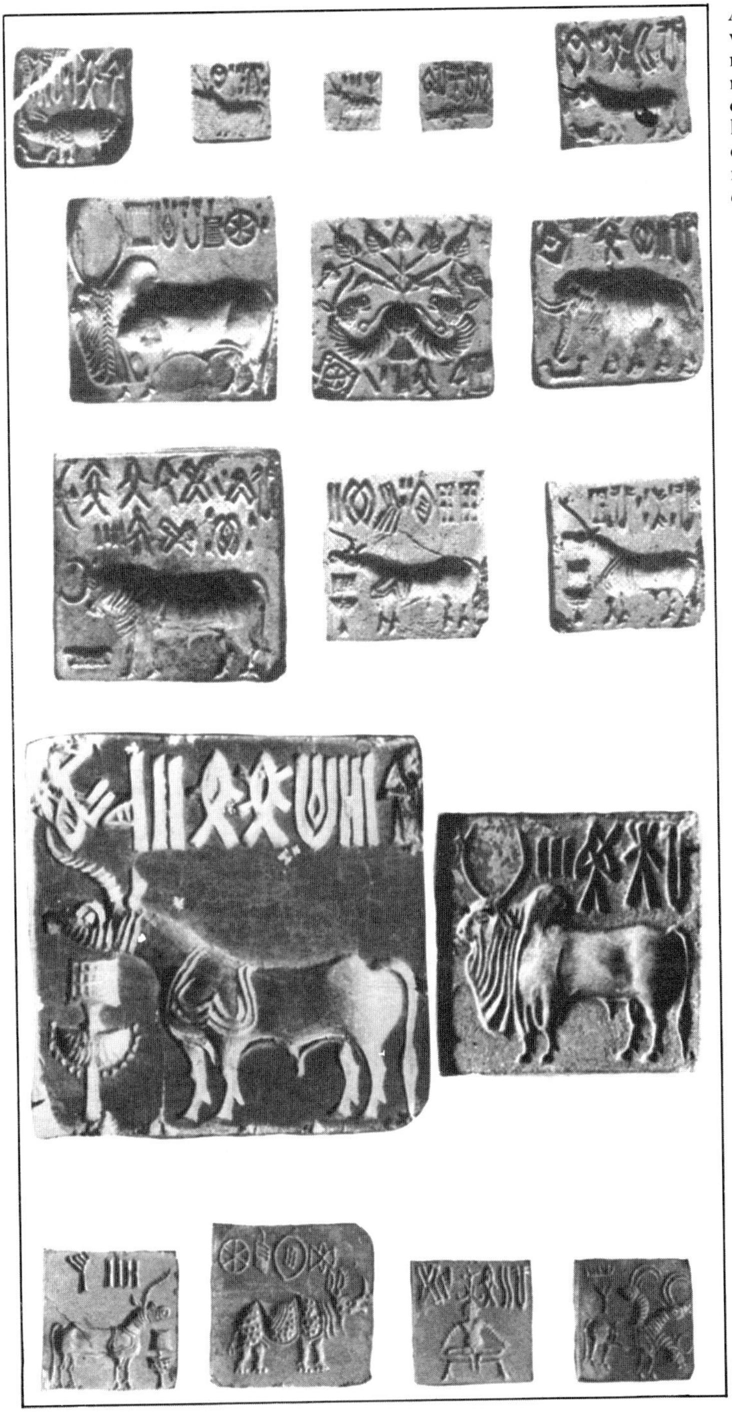

A gauche. Choix de sceaux provenant de Mohenjo-Daro; ils représentent une série d'animaux, traités avec précision, dans un style naturaliste et réaliste. (En haut, musée national d'Archéologie, Karachi. En bas, musée des Antiquités d'Asie centrale, New Delhi.)

pas encore été déchiffrée, et des documents très vivants, sous forme d'une grande quantitié de sceaux qui révèlent une conscience et une connaissance très riches de la vie animale et végétale.

Les origines de la culture plus ou moins continue de l'Inde hindoue peuvent être trouvées dans une série d'invasions par des cultures indo-européennes de l'âge du fer, venues du Nord au XVIIIe siècle avant J.-C. Finalement, ces cultures envahirent tout le sous-continent où elles introduisirent les éléments précurseurs du système des castes, en divisant la société en quatre groupes rigides : les guerriers, les prêtres, les commerçants et les manœuvres. Ce fut aussi la période pendant laquelle les croyances védiques, qui formèrent les fondements de l'hindouisme ultérieur, se développèrent et furent rédigées; comme le contenu de ces croyances a contribué à orienter le développement futur de la science indienne, il peut être utile, à ce stade, de les expliquer.

Le fondement de l'hindouisme est une religion animiste, dotée d'un grand nombre de dieux différents, qui ont certaines analogies avec les dieux égyptiens, et les activités religieuses des hindous sont consacrées à des pratiques rituelles qui permettent que tous les aspects de la vie soient en harmonie avec les différents dieux et esprits. Car il est reconnu que l'univers est menacé de destruction par le chaos, et les sacrifices offerts par les hommes peuvent aider à fortifier les dieux. Cette idée est liée à la croyance en des correspondances entre microcosme et macrocosme, au fait que l'homme et les choses de ce monde sont le reflet d'un univers plus vaste, et réciproquement. Cette croyance a joué un rôle important dans le mélange entre études physiques et spirituelles, tel qu'on peut l'observer dans les pratiques largement répandues du yoga et d'autres formes d'ascétisme. La religion hindoue a encouragé la recherche spirituelle et développé les concepts élevés de l'unité de la Nature et du Principe divin; on y trouve aussi la doctrine du *karma;* cette force, engendrée par les actions de l'individu, influence à la fois ses actes humains futurs et la forme sous laquelle l'esprit de cet individu se réincarnera après la mort.

Les idées de l'hindouisme combinent le respect pour toutes les formes de la vie et un certain dédain à l'égard des aspects matériels de l'existence. Ces tendances furent poussées jusqu'à des formes extrêmes par l'enseignement de Siddhartha Gautama (564-483 av. J.-C.), connu sous le nom de Bouddha ou l'Illuminé. Il enseignait que le seul but de la vie est d'atteindre au *nirvāna,* ou libération du cycle des renaissances et de la souffrance qui est l'essence profonde et inévitable de la vie. Rien dans le monde matériel n'a de réalité égale à ce fait, et le renoncement au monde et à l'individualité sont tous deux essentiels pour les disciples du Bouddha.

Le bouddhisme n'était guère plus favorable à la recherche que l'hindouisme, bien que certaines de ses croyances, telle l'idée des cycles cosmiques, aient eu quelque effet sur les mathématiques. Mais il a une place dans l'histoire de la science, car il exerça un attrait beaucoup plus puissant que l'hindouisme, et prit une grande importance dans toute l'Asie du Sud-Est, surtout en Chine, au Japon et en Corée. En conséquence, il joua le rôle d'un canal par lequel les idées et les connaissances purent s'écouler d'une culture à l'autre.

Illustration page 253.

Les dirigeants autochtones de l'Inde ne furent jamais capables d'atteindre à l'unification permanente et totale de leur énorme pays – la tentative la plus notable ayant été celle d'Açoka, dans la vallée du Gange, au IIIᵉ siècle avant J.-C. –, et le sous-continent fut pendant longtemps la proie d'envahisseurs venus du Nord. Bien que l'Inde n'eût pas été absorbée au cours de la première grande expansion de l'Islam au VIIIᵉ siècle après J.-C., une dynastie islamique conquit, en pratique, tout le pays aux XVIᵉ et XVIIᵉ siècles. Ces dirigeants islamiques entretinrent avec la Perse des contacts beaucoup plus étroits et, lorsque leur pouvoir déclina, les Européens, et plus particulièrement les Britanniques, pénétrèrent en Inde et revêtirent les traditions autochtones de nombreuses caractéristiques de la science et de la civilisation occidentales.

Astronomie et mathématiques

Pendant la période védique, qui va du XVᵉ siècle avant J.-C. environ au XIᵉ siècle après J.-C., les astronomes se livrèrent à l'observation du ciel, et l'univers fut divisé en trois régions distinctes – la Terre, le firmament étoilé et le ciel –, dont chacune était partagée en trois autres subdivisions; La trajectoire du Soleil fut probablement étudiée, comme elle le fut en Chine, en notant quelles étoiles se trouvaient au sud à minuit, soit donc à l'opposite du Soleil dans le ciel; on observait également la Lune, et des calendriers furent élaborés à partir des mouvements de ces deux astres.

Il semble qu'il y ait eu deux façons de calculer le mois, l'une en comptant d'une nouvelle lune à la suivante, l'autre en comptant d'une pleine lune à la suivante. Puis, vers 1000 avant J.-C., on utilisa une année de 360 jours, divisée en douze mois de 27 ou 28 jours; pour ce calcul, on observa vraisemblablement la course de la Lune sur l'arrière-plan des étoiles (27-32 jours). Bien entendu, 12 × 27 donne un total inférieur de 36 jours à l'année de 360 jours, mais, si le calcul est fait d'une pleine lune à la suivante (ou d'une nouvelle lune à l'autre), un mois de 30 jours aurait été plus vraisemblable et mieux accordé à la période de 360 jours. Les hymnes védiques parlent des deux premières valeurs (27 et 28) mais il semblerait que la période eût été altérée au fil des années car, en 100 avant J.-C., un texte védique «sur les astres» cite également le mois «théorique» de 30 jours. Celui-ci aurait également donné un calendrier auquel il aurait manqué 5 jours un quart par rapport à l'année solaire, et les hindous védiques eurent alors deux méthodes à leur disposition : soit ajouter un mois supplémentaire à intervalles réguliers, soit ajouter 5 ou 6 jours à un ou plusieurs mois. Ils essayèrent les deux solutions et, finalement, optèrent pour la première.

Il semble que les planètes n'aient pas suscité grand intérêt mais, cependant, elles intriguaient sur un point. Cinq planètes brillantes sont visibles à l'œil nu, mais les hindous imaginèrent qu'il existait aussi deux autres «corps», Râhu et Ketu, qu'ils introduisirent pour expliquer les éclipses de Soleil. Comme de telles éclipses ne peuvent se produire que lorsque le Soleil est à un point où son orbite apparente (l'écliptique) croise l'orbite de la Lune, Râhu et Ketu étaient censés, probablement, se trouver à ces points, bien que le sens précis des termes soit difficile à déterminer, puisque le mot *ketu* est également utilisé pour parler de phénomènes inhabituels, tels que les comètes et les météores.

Apparemment, les astronomes de l'Inde ancienne ne s'intéressèrent guère aux étoiles pour elles-mêmes; contrairement aux Grecs et aux Chinois, ils ne dressèrent pas de catalogues des étoiles, et ils semblent n'avoir considéré les étoiles qu'en tant que points de repère des mouvements solaire et lunaire dont, bien entendu, ils avaient besoin pour établir leurs calendriers. Si bien que les seules étoiles auxquelles ils prêtèrent attention étaient celles situées le long de l'écliptique, qu'ils divisèrent en 28 *nakshatra*, dont chacune avait une longueur de 13° environ. Néanmoins, en dépit de cette approche utilitaire, ils connaissaient quelques constellations et donnèrent un nom à certaines étoiles parmi les plus

A gauche. Statue de Bouddha prêchant, du IIᵉ siècle après J.-C. Les apports du bouddhisme à la science se réduisent à quelques connaissances médicales et à une théorie atomique. Musée indien, Calcutta.

Ci-dessous. Un des quadrants de pierre de l'observatoire de Jai Singh à Jaipur, construit entre 1727 et 1734, qui contenait d'autres instruments, tels qu'un grand cadran solaire, exact à 15 secondes près, et deux bassins de 5,4 mètres de diamètre pour aider à déterminer la position des étoiles et des planètes.

brillantes : les Pléiades, Castor et Pollux, Antarès, Véga et Spica, par exemple.

Les conceptions que nous avons évoquées jusqu'ici furent modifiées par les jaïnistes, adeptes de la religion, fondée au VIe siècle avant J.-C. par Vardhamana Mahavira pour protester contre le rituel orthodoxe védique ancien. Cette religion avait pour objectif la perfection de la nature de l'homme – à laquelle on atteignait principalement grâce à une vie monastique et ascétique –, rejetait l'idée d'un dieu créateur et prêchait la non-violence à l'égard de tous les êtres vivants. Cette religion dualiste considérait la réalité comme constituée de deux entités et, en astronomie, ses disciples pensaient qu'il existait deux Soleils, deux Lunes et deux ensembles de *nakshatra,* une conséquence de leur croyance selon laquelle la Terre était en réalité une série d'anneaux concentriques de terre, séparés par des anneaux concentriques d'océan. Le cercle central, ou *Jambudvipa,* était divisé en quatre continents et la montagne sacrée, Meru, se dressait au milieu; l'Inde était le continent le plus méridional et, d'après les jaïnistes, le Soleil, la Lune et les étoiles traçaient leurs trajectoires circulaires autour du mont Meru, qui servait de pivot, et se déplaçaient parallèlement à la Terre. Théoriquement, le Soleil aurait dû prodiguer la lumière diurne successivement à chaque continent mais, comme un jour durait douze heures, il ne pouvait illuminer que deux continents en vingt-quatre heures. C'est pourquoi deux Soleils, deux Lunes et deux ensembles d'étoiles étaient nécessaires.

Afin que le lecteur n'imagine pas cependant que toute l'astronomie indienne ancienne était quelque peu vague et imprécise et que le calcul des calendriers était la seule préoccupation des astronomes, il faut souligner qu'ils s'intéressèrent à l'application de méthodes et de mesures numériques à l'étude du ciel. A la fin du Ve siècle avant J.-C., lorsque la dynastie perse des Achéménides contrôlait le nord-ouest de l'Inde, l'astronomie et la littérature mésopotamiennes y affluèrent; elles furent suivies, au IIe siècle après J.-C., par l'astrologie grecque et, plus tard encore, d'autres données astronomiques grecques (originaires d'Alexandrie) y parvinrent. Ce qui permit de dresser des tables des positions planétaires et de poursuivre les travaux sur la théorie grecque des planètes, tandis que des essais étaient entrepris pour mesurer les dimensions et les distances du Soleil et de la Lune. Cette approche plus mathématique se développa avec vigueur à partir du VIe siècle après J.-C. et il semble que le chef de file en ait été Âryabhata Ier, qui naquit en 476 et accomplit ses travaux dans la région de Patna. (On l'appelle Âryabhata Ier pour le distinguer d'un autre astronome, Âryabhata II, dont la période d'activité chevaucha la fin du Xe siècle et le début du XIe siècle.) Il semble que les tentatives d'Âryabhata Ier pour procéder à ces mesures se fondèrent sur les méthodes d'Hipparque et furent vraisemblablement inspirées de l'*Almageste*. Les valeurs auxquelles il parvint n'étaient guère différentes, un petit peu trop élevées pour la Lune et beaucoup trop petites pour le Soleil, en fait, presque 28 fois trop petites, et même les mesures calculées ultérieurement par Bhaskara II, qui naquit environ six cents ans après Âryabhata, étaient également erronées ; en effet, elles étaient moins exactes que celles d'Âryabhata pour la Lune, tandis que la mesure trouvée pour le Soleil n'était plus que 19 fois trop petite. Le schéma de Ptolémée sur les mouvements planétaires fut ici aussi adopté au cours des premiers siècles qui suivirent la rédaction de l'*Almageste,* bien qu'Âryabhata Ier ait avancé l'idée d'une Terre en rotation.

Sur Hipparque, voir pages 154-156.

Les astronomes hindous se servaient des instruments d'observation qui furent en usage tout au long de l'Antiquité : le gnomon, les cercles et demi-cercles pour trouver la distance des corps célestes au-dessus de l'horizon et le long de l'écliptique, la sphère armillaire et les horloges à eau; ils adoptèrent également l'astrolabe et les instruments géants, construits en maçonnerie, qu'ils héritèrent plus tard des astronomes musulmans. Dans le domaine des techniques d'observation donc, ce ne furent pas de grands innovateurs; en effet, les célèbres et superbes observatoires dotés d'instruments en maçonnerie, construits à Delhi et à Jaipur sous la direction de Jai Sing au XVIIIe siècle, étaient dans une grande mesure anachroniques. Ils obéissaient à une tradition vieille de plus de trois cents ans et ne tenaient pas compte des mesures célestes effectuées en Europe, à l'aide de télescopes, mesures qui permettaient un précision impossible à obtenir avec des instruments en maçonnerie, si énormes fussent-ils.

Illustration page 253.

Un autre aspect de l'astronomie hindoue mérite d'être brièvement évoqué : l'intérêt pour les longs cycles de temps. L'un de ces cycles était le *mahâyuga,* une période de 4 320 000 années, c'est-à-dire quatre fois 1 080 000, qui était le plus petit nombre d'années contenant un nombre entier de jours civils, sur la base d'une année de 365, 25 874 jours (ce chiffre est proche du chiffre moderne de 365, 25 964 jours pour l'année mesurée depuis le point de l'orbite de la Terre le plus proche du Soleil jusqu'au retour au même point). Plus tard, Âryabhata Ier assigna le nombre de 1 728 000 à ce qui fut appelé l'«Age d'or» et le nombre 1 296 000 à l'«Age d'argent»; la moitié et le quart de l'Age d'or correspondaient à d'autres cycles. La dernière de ces périodes, qui comptait 432 000 ans, l'«Age du fer», avait commencé, estimait-on, le 17 ou le 18 février 3102 avant J.-C., lorsque toutes les planètes s'étaient trouvées pour la dernière fois en conjonction (toutes ensemble dans le ciel); on pensait que cette période était un cycle à l'issue duquel toutes les planètes seraient à nouveau en conjonction.

Les bouddhistes utilisaient également de longs cycles de temps, leurs périodes données pour la destruction et la renaissance cycliques de l'univers. Ils conçurent également une pluralité d'univers, tous construits sur le modèle de l'univers babylonien : une Terre entourée d'un océan, au-delà duquel une chaîne montagneuse soutenait le ciel. Mais, qu'ils fussent bouddhistes ou hindous, les cycles supposaient l'emploi de très grands nombres, et pouvoir écrire et manipuler ces chiffres était une des exigences de l'astronome indien à l'égard des mathématiques.

Les mathématiques indiennes étaient dans une large mesure numériques et algébriques, assez semblables aux mathématiques chinoises; cependant, quelques travaux furent également accomplis en géométrie, essentiellement sur les volumes de différents corps solides. Au début, les mathématiques indiennes étaient purement pratiques : les poids et mesures étaient uniformisés à Mohenjo-Daro et il est probable que toutes les villes de la civilisation d'Harappa avaient un étalonnage semblable, si ce n'est identique. Les premiers chiffres écrits qu'ils utilisèrent étaient des traits verticaux, rassemblés en groupes, mais il semble que ces chiffres en «bâtons à calculer», si c'est bien ce qu'ils étaient, n'étaient pas affectés d'un changement systématique à dix, bien que les hindous védiques aient certainement compté par dix. Ils disposaient de mots spécifiques pour les très grands nombres – jusqu'à 10^{12}, ou un million de millions –, des multiples supérieurs à celui-ci étant indiqués par plusieurs mots, exactement comme nous l'avons fait pour écrire 10^{12}. Cependant, le jaïnisme et le bouddhisme faisaient appel à des nombres encore supérieurs et des termes spéciaux furent conçus pour 10^{29} et 10^{53}, car ces chiffres revenaient dans la renaissance cyclique de l'univers.

Il semble que, pas plus que les Chinois, les hindous n'éprouvèrent de difficultés à propos des nombres irrationnels et ils calculaient les racines carrées de deux et de trois jusqu'à un certain nombre de décimales; bien entendu, ils savaient que leurs valeurs ne pouvaient être tout à fait exactes. Les mathématiciens hindous connaissaient aussi les rapports entre la diagonale d'un carré et ses côtés; en d'autres termes, ils étaient familiarisés avec le théorème de Pythagore relatif aux côtés d'un triangle rectangle. On dit aussi que, dès le IIIe siècle avant J.-C., ils connaissaient les expressions binomiales et les coefficients qui en résultent, et qu'ils étaient capables de les poser, en utilisant des syllabes courtes et longues. Pour certains, ils auraient donc connu le triangle de Pascal dès cette époque, mais il semble qu'il n'existe aucun texte qui le présente sous forme de diagramme; aussi, pour le triangle et peut-être même pour la découverte de la combinaison des coefficients, la priorité demeure aux Chinois.

Sur les nombres irrationnels en Chine, voir page 198; sur la découverte du triangle de Pascal, voir page 202.

Comme pour l'astronomie hindoue, de grands progrès furent accomplis dans les mathématiques hindoues au VIe siècle et pendant les siècles qui suivirent. Comme nous l'avons vu au chapitre précédent, vers cette époque, les hindous avaient un signe pour le zéro, bien qu'ils ne l'aient sans doute pas véritablement inventé. La notation des valeurs décimales était établie et les chiffres sanscrits avaient une forme très commode, proche de notre façon présente d'écrire les nombres. Ces chiffres hindous furent adoptés pour les mathématiques musulmanes par Al-Khwārizmī au IXe siècle après J.-C., et, trois siècles plus tard, ils pénétrèrent en Europe lorsque Adélard de Bath commença de traduire des ouvrages arabes en latin; c'est pour cette raison qu'on les connaît sous l'expression de chiffres arabes, alors qu'en réalité, leur origine est hindoue. Beaucoup de mathématiciens remarquables étaient à l'œuvre à cette époque, en particulier Âryabhata Ier et Brahmagupta, qui vécut un siècle après lui. Âryabhata calcula la valeur de π jusqu'à quatre décimales et établit les tables des cordes et des arcs d'un cercle, pour des droites faisant entre elles des angles de degrés différents. Ces tables étaient utiles, spécialement pour les calculs astronomiques; plus tard, avec le développement de la trigonométrie par les Arabes, elles furent remplacées par des valeurs trigonométriques encore plus pratiques : sinus, cosinus et tangentes, dont nous nous servons encore. Âryabhata et ses successeurs étudièrent également les relations entre des triangles tracés sur une sphère plutôt que sur une surface place et approchèrent de très près le domaine de la trigonométrie sphérique.

Sur l'origine du concept de zéro, voir page 197; sur la transmission des chiffres hindous à l'Islam, voir page 295; et à l'Europe, voir page 415.

Brahmagupta produisit une somme considérable de travaux mathématiques et il est peut-être le plus connu de tous les mathématiciens hindous. Ses principaux titres de gloire sont les règles qu'il établit pour trouver le volume d'un prisme et celui du tétraèdre inscrit à l'intérieur d'un cercle ou circonscrit autour de lui et, surtout, pour la somme des séries. Concernant cette dernière, il mit au point des règles pour trouver les totaux des sommes de nombres élevés au carré et au cube, et la somme de n'importe quel nombre de termes d'une progression arithmétique simple, dont le premier terme est 1 (par exemple, une progression comme 1, 2, 3, 4, 5...). Ainsi, quel que soit le nombre de termes dont il s'agit, Brahmagupta donna une formule pour calculer le résultat lorsque le premier et le dernier termes sont connus, ainsi que la différence entre un terme et le suivant.

Les mathématiques hindoues étaient orientées vers les chiffres plus que vers les formes, vers l'arithmétique et l'algèbre plus que vers la géométrie; quant à l'astronomie hindoue, elle s'intéressa principalement aux résultats pratiques du travail théorique de ses astronomes. On avait besoin de tables pour le calendrier et pour l'astrologie. Étant donné ces objectifs, il n'y a sans doute pas lieu de s'étonner qu'aucune découverte originale retentissante n'ait eu lieu. Le travail accompli consista à assimiler et modifier le savoir astronomique hérité d'autres civilisations extérieures à l'Inde et, le temps venu, de le transmettre à l'Islam qui sut admirablement l'exploiter.

La chimie et la physique

En matière de chimie, les premières connaissances qui apparurent en Inde concernaient des domaines purement pratiques. On façonnait et cuisait des poteries et l'on préparait des pigments, mais la plus importante de ces premières utilisations du savoir en chimie fut la fusion du fer qui, en Inde, commença probablement entre 1050 et 950 avant J.-C. Un millénaire et demi plus tard, les fondeurs hindous étaient en mesure de couler leurs célèbres colonnes de fer. L'une d'elles, qui se trouve toujours à Delhi, dépasse 7 mètres de hauteur, plus 50 centimètres dans le sol, et son diamètre va de 40 centimètres à un peu plus de 30 centimètres; elle pèse plus de 6 tonnes et fut façonnée en fer forgé. En Europe, jusqu'à des temps relativement récents, on aurait tenu pour impossible de couler une pièce aussi grande. Mais la qualité peut-être la plus remarquable propre à toutes les colonnes de cette sorte est

Illustration page 248.

l'absence d'altération et de la moindre trace de rouille. Quelle en est la raison ? On l'ignore encore aujourd'hui, mais il semble probable qu'elle soit due à la formation sur la surface d'une pellicule d'oxyde magnétique de fer qui résulterait d'un traitement appliqué dès l'origine à la surface.

Jusqu'ici, rien n'indique qu'il y ait eu des tentatives de recherche en chimie; malgré la fonte du fer, la poterie, la teinture, la fabrication du verre, de pigments, et tous les autres usages pratiques du savoir chimique, il n'existait pas de théorie sous-jacente et nulle tentative n'était faite pour s'enquérir de la nature des processus. L'intérêt se focalisait sur le produit et sur lui seul. Il semble que les choses changèrent au cours du VIIe siècle après J.-C., lorsque les bouddhistes tantristes trouvèrent un appui dans toutes les couches de la société, car c'est alors que l'alchimie entra en scène; une entrée très tardive, comparée à celle qu'elle fit dans d'autres civilisations et, manifestement, une importation étrangère. Néanmoins, les esprits hindous et bouddhistes s'abandonnèrent à leur penchant particulier pour l'alchimie, dont le développement fut rapide, et qui se concentra d'une part, sur le symbolisme masculin-féminin, de l'autre sur l'importance du mercure. La quête d'un élixir d'immortalité ne semble pas avoir attiré les alchimistes indiens autant qu'elle séduisit les alchimistes taoïstes en Chine, encore que de telles idées apparurent dans la médecine indienne, où des efforts considérables furent accomplis pour préparer des substances qui soulageraient les maux dont souffrait l'humanité. Il est intéressant de noter que, bien que des minéraux fussent utilisés de façon intensive en alchimie, leur usage dans les préparations médicinales devait, selon les hindous, toujours être tempéré par des ingrédients végétaux qui «digéraient» les minéraux. L'apparition de l'alchimie s'accompagna de celle de laboratoires alchimiques, pourvus de fourneaux, de cornues et surtout d'alambics pour extraire les essences, et il est peut-être significatif que ce soit l'alambic d'Asie orientale que les alchimistes indiens semblent avoir utilisé plutôt que celui de type alexandrin. Cela peut être une preuve capitale de l'origine de l'alchimie indienne; il y avait eu des contacts entre l'Inde et la Chine par l'intermédiaire des institutions du bouddhisme dès le Ier siècle après J.-C.

Sur les concepts taoïstes, voir pages 178-184.

Illustration page 336.

A partir du IVe siècle après J.-C. et jusqu'au XIe siècle environ, la science indienne accomplit ses plus grands progrès; vers la fin de cette période, les idées jaïnistes et bouddhistes stimulèrent le développement de ce qui était alors un concept nouveau dans la science indienne : une théorie atomique. Une théorie des quatre éléments, associée à une cinquième essence céleste, avait longtemps prévalu – elle était d'origine grecque – mais, désormais, la formation des corps présents dans le monde naturel fut décrite dans un contexte atomique. La théorie atomique indienne postulait que chacun des quatre éléments avait sa propre classe d'atomes qui étaient tous indivisibles et indestructibles. Des atomes différents ne pouvaient se combiner entre eux, mais des atomes semblables le pouvaient, à condition qu'ils fussent en présence d'un troisième. Deux atomes pouvaient provoquer un «effet» (une dyade) et trois de ces «effets» pouvaient produire un «effet» d'une autre sorte (une triade). Ainsi, une cause produisait un effet, mais elle était immédiatement intégrée dans l'effet auquel elle donnait lieu, lequel, à son tour, jouait le rôle de cause, si bien que la séquence se poursuivait. La façon dont les premiers effets (dyades) étaient combinés dans une triade donnait lieu, pensait-on, aux qualités différentes d'une substance.

Sur les atomistes grecs, voir pages 106-109.

En Occident, comme nous le savons, Démocrite et Leucippe avaient proposé une théorie atomique qui fut reprise et soutenue avec beaucoup de perspicacité par Lucrèce, mais la théorie indienne, avec ses dyades et ses triades, était à la fois plus complexe et plus subtile. Sa description des causes et des effets la distinguait de toutes les premières conceptions atomiques et elle attira les penseurs et les hommes de science indiens jusqu'au XVIIIe siècle.

Un autre aspect de la physique indienne qu'il convient de mentionner est la théorie de l'*impetus,* ou force vive, qui fut proposée pour rendre compte du mouvement continu d'un corps. C'était un des problèmes auxquels les Grecs s'étaient attelés, sans aboutir sur ce point à leur succès coutumier. En raison de ses concepts de mouvement naturel et de mouvement forcé, Aristote avait été contraint de considérer la pression de l'air comme le moyen grâce auquel le mouvement d'un corps se poursuit après que la poussée initiale lui a été imprimée. Le concept indien suggérait, lui, que lorsqu'un corps enregistre pour la première fois la force qui le met en mouvement, l'application même de cette force lui communique une qualité, *vega* ou force vive, qui fait que ce corps continue de se mouvoir de la même façon. Quand un corps rencontre un obstacle, soit il s'arrête, soit il continue de se déplacer mais plus lentement; ce ralentissement est fonction de l'importance de la neutralisation de la force vive par l'obstacle; bien entendu, une neutralisation complète aboutit à l'arrêt.

Cette doctrine de la force vive était une contribution remarquable aux réflexions et explications concernant le mouvement des corps. En Occident, malgré ses défauts, la doctrine aristotélicienne a prévalu jusqu'au XIVe siècle après J.-C., bien qu'il y ait eu, il est vrai, quelques esprits assez courageux pour oser la remettre en question. Au XIVe siècle, une théorie de l'impétus se développa mais ce qu'elle doit réellement à la théorie indienne n'est pas clair. Il est clair, en revanche, que le concept proposé par les Indiens était précurseur de ce qui sera plus tard développé mathématiquement en Occident, lors de la révolution scientifique.

Sur une critique de la théorie aristotélicienne du mouvement à la fin du Moyen Age, voir pages 346-347.

Les sciences biologique et médicale

En ce qui concerne la médecine, les peuples de la vallée de l'Indus faisaient grand cas de l'hygiène, comme en témoignent les fouilles de Mohenjo-Daro et, par la suite, les médecins védiques développèrent des techniques pour traiter une vaste gamme de maladies, probablement en faisant progresser des enseignements anciens. Ils pensaient que les maladies ont souvent une cause héréditaire, tout en enseignant aussi que les changements de saison entraînent certaines formes de maladies et, ce qui est plus intéressant, que d'autres maladies sont dues à des organismes minuscules présents dans le corps; malheureusement, ils ne firent aucune tentative pour classer les maladies. Les traitements recouraient à des remèdes végétaux, auxquels s'ajoutaient parfois des substances minérales et animales et, bien entendu, les rituels, les charmes et les incantations y tenaient également leur place. De surcroît, à partir du IIe siècle avant J.-C., la pratique du yoga devint une forme reconnue de traitement physique. Cependant, il ressort clairement de tout ceci que, bien que l'effort de systématisation médicale eût été très mince, ceux qui pratiquaient la médecine firent de nombreuses observations et inventèrent leurs propres termes techniques, si bien que le matériel rassemblé au fil des temps s'avéra suffisant pour mettre au point le grand traité médical fondamental hindou, *l'Âyurveda*, dont il semble qu'il fut composé il y a deux mille ans environ.

L'idée que la maladie est un déséquilibre dans le corps est le thème central de *l'Âyurveda*, mais l'ouvrage fit l'objet de nombreuses modifications, à la lumière de l'expérience ultérieure, et il représente un véritable compendium de la pra-

Page 263, en haut. Quatre cerfs sculptés dans le mur du temple-caverne bouddhiste d'Ajantā, dans l'État de Mahārāshtra, en Inde, creusé entre le Iᵉʳ et le VIIᵉ siècle après J.-C.

En bas. Combat de taureaux; peinture murale d'Ajantā.

tique médicale, un Corpus hippocratique hindou. Le traitement de la maladie est un processus double, qui comprend l'élimination des éléments qui provoquent le déséquilibre dans le corps et leur remplacement par des éléments harmonieux. Le texte témoigne aussi d'une certaine compréhension du système digestif : la nourriture est absorbée, brûlée (par «du feu dans l'estomac»), puis transformée en sang, en muscle, en graisse, en moelle des os ou en sperme. Peut-être est-ce cette conception qui fit surgir l'idée de soigner les maladies en éliminant et en remplaçant les substances nuisibles. Le texte comporte également des indications sur des traitements chirurgicaux, et de nombreuses opérations étaient pratiquées, en particulier dans l'abdomen et dans la vessie (pour retirer les calculs); on pratiquait également l'ablation de la cataracte. De plus, les médecins hindous savaient comment obturer les vaisseaux sanguins après une excision et ils pratiquaient la cautérisation. Il semble, en fait, que c'était dans les traitements chirurgicaux que la médecine hindoue excellait.

Tout prouve que, dans le domaine de la biologie, les hindous védiques amassèrent un ensemble considérable de faits à propos de la forme, de la structure et de la structure interne des végétaux. Ils disposaient de noms pour la racine, les rejetons, la tige, les feuilles, les fleurs, les fruits et les branches, et divisèrent les végétaux en trois groupes principaux : les arbres, les herbes et les plantes grimpantes. Les herbes, dont on faisait grand usage en médecine, étaient subdivisées en sept classes, en fonction de leur forme précise, de leur structure et d'autres caractéristiques. Et ce qui fut fait pour les végétaux fut également appliqué au règne animal; la littérature védique contient plus de 260 noms d'animaux : mammifères, oiseaux, reptiles, poissons et insectes, de même que des listes des espèces venimeuses qui provoquent des maladies chez l'homme et chez le bétail. Les animaux domestiques comprenaient la vache, le buffle, le cheval, le mouton, la chèvre, le chat, le chien et l'éléphant qui fut domestiqué uniquement dans le sous-continent indien.

Illustration page 263.

Plus tard, les connaissances en biologie englobèrent des études plus approfondies de la vie végétale et animale, ce dont témoignent abondamment les poèmes et la littérature dramatique, aussi bien que les sources plus habituelles, telles que les encyclopédies et les ouvrages dont le propos est plus philosophique. On étudia la germination des végétaux et, au Vᵉ siècle après J.-C., Prasastapada proposa une classification des végétaux, fondée sur la reproduction sexuée ou non sexuée. Plus tard encore, au XIIIᵉ siècle, on publia de nom-

breuses descriptions d'animaux dont l'étude était stimulée par la passion des princes pour la chasse. Au début du XVIe siècle, les empereurs moghols, qui étaient fascinés par de nombreuses espèces d'animaux, tant sauvages que domestiques, furent à l'origine d'une large extension des connaissances zoologiques et encouragèrent l'expérimentation en matière d'élevage. L'accroissement du savoir biologique concernait également les végétaux.

Conclusion

Pendant la période qui précéda la révolution scientifique, la science hindoue apporta un certain nombre de contributions originales qui reçurent par la suite des développements importants en Chine, dans l'Islam et en Europe. Néanmoins, peut-être à cause de l'ambiance religieuse qui prévalait dans la civilisation hindoue, jamais elle ne développa une science pleinement autonome et, au cours des deux cents dernières années, une atmosphère nettement occidentale régna sur la science dans le sous-continent indien. Au cours du XXe siècle, parmi les apports importants de l'Inde à la science, les plus notables sont les travaux mathématiques sur la théorie des nombres, de Srinivas Ramanujan (1887-1920), et les travaux du physicien Chandrasekhara Raman (1888-1970). Les travaux de Raman sur la diffusion de la lumière dans les cristaux ouvrirent des aperçus nouveaux, sur le comportement de leurs molécules et lui-même fit beaucoup pour encourager la croissance de la science moderne en Inde.

5. La science arabe

L'histoire de la science arabe est pour une grande partie l'histoire de la science dans les territoires islamiques. Cependant, il n'en est pas tout à fait ainsi car la science a débuté quelques siècles avant l'époque de Mahomet dans la région qui allait être le berceau de la civilisation islamique, et certains des hommes qui la pratiquèrent appartenaient à d'autres races et avaient d'autres croyances.

La religion islamique est née dans la péninsule d'Arabie et fut imprégnée de culture arabe et de la langue arabe tout au long de son histoire. Néanmoins, elle recouvre aujourd'hui une vaste zone qui comprend le Moyen-Orient, l'Asie centrale, l'Afrique du Nord et des parties de l'Asie du Sud-Est, cependant qu'à d'autres époques elle fut florissante en Espagne et dans les Balkans. L'Islam a donc joué un rôle capital dans l'histoire mondiale, à la fois comme une civilisation importante en elle-même et comme un intermédiaire entre les civilisations de l'Antiquité et celles du début du monde moderne. Ce double aspect de la contribution de l'Islam se reflète dans l'histoire de la science.

Étant donné notre objectif, nous nous concentrerons principalement sur l'époque appelée l'âge d'or de l'Islam, du VIIIe au XIe siècle après J.-C., lorsque des cultures islamiques s'épanouissaient en Espagne, en Afrique du Nord, en Syrie et en Iran. La fin de cet âge d'or fut marquée par un renouveau de la chrétienté qui chassa les Arabes d'Espagne lors de la *Reconquista*, laquelle débuta vers l'an 1000 pour s'achever vers 1500. Ce fut l'époque où les travaux scientifiques les plus créateurs de l'Islam furent accomplis.

L'histoire de l'Islam ancien

Les origines de l'Islam sont étroitement mêlées à l'histoire de la péninsule d'Arabie qui, avec le déclin de l'Empire romain d'Occident, devint un important carrefour de routes commerciales entre la Méditerranée et l'océan Indien et entre l'Afrique du Nord et l'Asie occidentale. Sa population comprenait un certain nombre de tribus nomades rivales et une série de comptoirs commerciaux, dont l'ambiance était souvent cosmopolite. Parmi ces comptoirs, il y avait La Mecque, qui était déjà un centre de pèlerinages, et Médine.

La religion islamique naquit lorsque Mahomet, fils d'une famille de commerçants, eut une vision de l'ange Gabriel, dont il rassembla les révélations dans le *Coran,* et accepta le rôle de prophète du vrai dieu unique, Allah. Pour des raisons diverses, son enseignement était inacceptable pour l'élite qui gouvernait La Mecque et, en 622 après J.-C., Mahomet quitta cette ville pour Médine. Désigné par le mot *hijrah,* ou hégire, ce voyage est traditionnellement considéré comme le début de l'ère islamique. A Médine, Mahomet convertit beaucoup de gens et, lorsqu'il marcha sur La Mecque en 630, il prit la ville pratiquement sans effusion de sang. Il mourut deux ans plus tard, mais ses disciples, exploitant l'élan jailli de son enseignement, vinrent rapidement à bout de la tâche formidable qui consistait à unir les tribus disparates de la péninsule arabe. Ils entamèrent ensuite une extraordinaire expansion en Syrie, puis à travers l'Asie occidentale et l'Afrique du Nord, et parvinrent à attirer ces peuples assujettis, épuisés par les longues luttes entre l'Empire byzantin et la dynastie perse des Sassanides. L'idée de *jihad,* ou guerre sainte, lancée par Mahomet, animait cette expansion et, vers 750 après J.-C., les musulmans contrôlaient un empire qui s'étendait sans interruption de l'Espagne à l'Indus.

En dépit de leur zèle missionnaire et de leur enseignement souvent empreint de hauteur puritaine, les conquérants islamiques étaient prêts à faire preuve d'une certaine tolérance à l'égard des cultures autochtones de leurs nouvelles conquêtes, si bien que les Cours qu'ils établirent furent les lieux d'une fusion remarquable entre les arts et les savoirs indigènes et les manières arabes de l'Islam. De cette façon, ils héritèrent, entre autres choses, la science grecque de nombreuses cités hellénistiques, ainsi que la culture de la Perse des Sassanides. Lorsque l'âge de l'expansion fut clos, un âge d'or lui succéda, cependant qu'un autre épanouissement aura lieu plus tard, à Istanbul, après que les Turcs Ottomans se seront emparés de la vieille capitale byzantine en 1453.

L'Islam ne fut jamais une entité totalement unifiée, ni religieusement ni politiquement. Très tôt, les croyants se divisèrent en deux sectes principales, les Sunnites et les Chi'ites : à l'origine de cette division, une querelle à propos du successeur de Mahomet comme calife, ou commandeur des croyants. Plus tard, cette division revêtit une dimension théologique et géographique parce que les Chi'ites furent principalement confinés en Iran où ils reçurent l'héritage de la vieille culture persane. D'autres divisions survinrent après que le trône, détenu par la dynastie des Omeyyades, qui avait conduit la grande expansion de l'Islam au-delà de l'Arabie, fut usurpé par les Abbassides qui édifièrent une nouvelle capitale à Bagdad. Néanmoins, une dynastie omeyyade florissait toujours en Espagne et la dynastie des Fatimides gouvernait l'Égypte. Plus tard, les envahisseurs mongols, venus d'Asie centrale au XIIIe siècle, se convertirent également à l'Islam, tout comme les Turcs ottomans qui, peu de temps après, jouèrent un rôle prépondérant.

Malgré ces différences, l'Islam maintint entre ses cultures une unité fondamentale qui fut préservée en partie grâce à la religion elle-même et en partie par la conscience des origines arabes communes au mouvement; celles-ci furent préservées par l'usage de la langue et de l'écriture arabes dans tout le monde islamique. Cette langue se révéla un véhicule extrêmement souple et approprié pour exprimer les concepts scientifiques.

La science ancienne en Arabie

Il existe deux aspects de la science islamique; d'une part, les idées scientifiques qui furent souvent importées de l'extérieur, de l'autre, la contribution des Arabes eux-mêmes à l'ensemble du savoir scientifique. On a souvent négligé cette dernière ou glissé rapidement sur la contribution des Arabes au bénéfice des progrès plus stimulants qui allaient advenir en Europe occidentale à partir du XVIe siècle. Trop souvent on a considéré que la science en Arabie n'était rien de plus qu'une opération de fixation. On voyait cette région comme un entrepôt géant de découvertes scientifiques antérieures où elles furent conservées jusqu'à ce qu'elles pussent être transmises à l'usage de l'Occident. Bien entendu, il s'agit là d'une caricature des faits réels. Il est certain que les Arabes héritèrent de la science grecque – ainsi d'ailleurs que des sciences indienne et chinoise –, et, plus tard, ils la transmirent à l'Occident. Mais leur rôle dépassa de loin ce simple transfert. Ils interprétèrent les divers héritages, ils les commentèrent et apportèrent à leurs contenus de précieuses analyses; et surtout, ils y ajoutèrent beaucoup de contributions originales. En effet, l'Arabie fut la terre natale de quelques esprits scientifiques originaux; elle les nourrit et les encouragea à produire leurs contributions personnelles. Aussi, lorsque nous pensons à ce que l'Occident doit à la culture arabe, il importe d'apprécier ses deux aspects : les œuvres originales aussi bien que les idées héritées et transmises.

Depuis les travaux de Ptolémée à Alexandrie au milieu du IIe siècle après J.-C., la science grecque n'avait pratiquement fait que stagner. Il semble que seuls deux mathématiciens de valeur aient brillé à Alexandrie : Diophante, un siècle environ après Ptolémée, et Pappus, une centaine d'années plus tard. Diophante avait écrit son *Arithmetica,* une méthode de calcul destinée à résoudre tous les problèmes pratiques et qui témoignait d'une grande ingéniosité pour résoudre tous les types d'équations, y compris celles où le nombre d'inconnues dépasse celui des équations. Pappus, quant à lui, avait rédigé un manuel de géométrie et d'arithmétique grecques, auquel il avait ajouté des éléments nouveaux, tels qu'une méthode pour diviser un angle en trois parties égales et un exposé sur les solutions géométriques de problèmes liés aux courbes, un travail qui sera repris en Occident quelque treize siècles plus tard. Mais ce fut avant les dommages très sévères que la Bibliothèque et le Musée subirent au cours de la deuxième décennie du Ve siècle. Bien que c'eût été une émeute chrétienne qui détruisit l'Institut d'Alexandrie, c'est en partie grâce aux érudits chrétiens que les pertes ne furent pas plus sévères et qu'une partie du savoir grec fut préservée. A cela, deux facteurs principaux. D'abord, les savants de la Bibliothèque avaient pris conscience depuis longtemps de l'éventualité d'une telle destruction : l'attaque, lancée au milieu du IIIe siècle par la reine Zénobie, avait mis en évidence la situation vulnérable de la Bibliothèque, et l'émeute, dont l'évêque Cyrille encouragea la violence contre le savoir païen, le confirma. Si bien que tous les érudits, quelles que fussent leurs croyances et leurs tendances philosophiques, commencèrent à s'éloigner, emportant avec eux des documents ou des copies de documents.

Sur la destruction de la Bibliothèque d'Alexandrie, voir page 163.

L'autre facteur fut l'établissement d'un collège à Édesse, une cité gréco-romaine sise au sud de la Turquie, près de la frontière syrienne. Ce collège théologique, à l'origine principalement destiné aux Syriens, était devenu un havre pour les chrétiens nestoriens. Fidèles à l'enseignement de Nestorius – le patriarche de Constantinople (Istanbul) du Ve siècle qui affirma la séparation des natures humaine et divine du Christ –, les nestoriens avaient été condamnés comme hérétiques par les orthodoxes au concile d'Éphèse. Néanmoins, en Iran, l'église chrétienne accepta cette doctrine et rejeta la condamnation prononcée à Éphèse, si bien que les nestoriens trouvèrent la sécurité à Édesse. L'importance qu'ont pour nous les nestoriens ne tient pas seulement à ce qu'ils furent parmi les érudits qui contribuèrent à la survie de l'enseignement scientifique grec, mais aussi à ce qu'ils lui assurèrent une plus large diffusion en traduisant en syriaque un certain nombre d'ouvrages. Plus tard, ils aidèrent à traduire ces versions en arabe car, lorsque l'Islam s'établit, leur réputation de savants se maintint.

Lorsque le collège d'Édesse fut fermé en 489, quelques nestoriens s'installèrent dans le grand centre intellectuel de Jundya'Saḥur. Celui-ci avait été fondé par le monarque sassanide Sapor II pour le savant grec Théodore, qui avait écrit un traité médical en pahlavi (un système d'écriture iranien, inventé au IIe siècle avant J.-C.), mais ce fut l'afflux des nestoriens qui lui conféra ce qui allait être une réputation enviable. D'autres chrétiens des Églises d'Orient apportèrent également leurs contributions : au VIe siècle, Serge, un prêtre monophysite et, théoriquement, un autre «hérétique» (les monophysites ne reconnaissaient au Christ qu'une seule nature) traduisit en syriaque les ouvrages philosophiques d'Aristote, ainsi que ceux du philosophe Porphyre (IIIe siècle après J.-C.), les œuvres de Galien et divers traités d'agriculture. Puis, au Ve siècle, Sévère, un évêque syrien, fit l'éloge de l'astronomie indienne et nota l'excellente qualité des calculs de ses astronomes, due au fait qu'ils utilisaient neuf signes différents pour les neuf premiers chiffres; autrement dit, au fait qu'ils employaient les chiffres hindous. C'était en effet important; ainsi débuta l'introduction en Arabie de ce qu'on appellera plus tard les chiffres arabes, le type de chiffres que nous utilisons aujourd'hui, bien que leur acceptation dans les mathématiques et l'astronomie arabes par Al-Khwārizmī ne sera chose faite que deux siècles plus tard.

Sur le développement des chiffres hindous, voir page 257.

Sévère expliqua également que les éclipses de Lune sont dues à son passage dans l'ombre de la Terre et, dans un autre traité syriaque dont l'auteur est peut-être un autre érudit, figure une description de l'astrolabe grec. Un siècle plus tard, un autre évêque syriaque, George, écrivit à propos du calendrier. Mais c'était le siècle de l'avènement de Mahomet et du début de l'ère islamique, une période dont les commencements ne furent pas marqués par la progression culturelle mais par une révélation religieuse, des conversions et, sous la première dynastie musulmane des Omeyyades, le début d'une guerre sainte qui engloutit la Syrie et tout le Moyen-Orient, et s'étendit encore au-delà, à l'est comme à l'ouest. Mais, bien entendu, pareille expansion ne pouvait durer indéfiniment et, quand les Abbassides prirent le pouvoir, on revint à la culture des arts de la paix.

Le principal architecte de ce renouveau fut le second calife abbasside, Manṣūr, qui démantela les derniers vestiges de la résistance omeyyade et que l'on considère généralement comme le véritable fondateur de la dynastie abbasside. Cet homme, décrit comme grand, maigre et à la barbe rare, posa les fondations de la nouvelle capitale à Bagdad. Le célèbre Harūn al-Rashīd fut un de ses successeurs. Pendant la période de formation du califat, des textes d'astronomie mathématique nouveaux arrivèrent de l'Inde; eux aussi contenaient des chiffres hindous et, une fois traduits en arabe, ils exercèrent une influence puissante. Ce fut Al-Ma'mūn, le second fils d'Harūn al-Rashīd, qui y veilla.

Arrivé au pouvoir en 813, Al-Ma'mūn fut un souverain avisé. Après les quelques troubles qui marquèrent le début de son règne, il s'établit à Bagdad et se montra favorable au mouvement des mu'tazilites, un groupe de partisans musulmans qui pensaient que la foi pouvait être étayée par des arguments rationnels et fondaient leur mode de raisonnement sur les méthodes qu'avaient précédemment utilisées les philosophes grecs et ceux d'Alexandrie. La nécessité de traduire davantage d'ouvrages grecs et alexandrins joua elle aussi en faveur des mu'tazilites et Al-Ma'mūn fonda à Bagdad la Bayt al-Ḥikma, ou «Maison de la Sagesse», pour laquelle on recruta un corps complet de traducteurs, dont beaucoup étaient chrétiens. Lorsque les manuscrits d'ouvrages très importants n'existaient pas, Al-Ma'mūn les faisait venir de Byzance. Il fit édifier aussi des observatoires, afin que les érudits musulmans pussent vérifier les connaissances astronomiques contenues dans les textes anciens. Avec Al-Ma'mūn, nous sommes donc parvenus au début de la renaissance culturelle en Arabie qui, plus tard, se révélera si importante pour l'Occident et, par conséquent, pour le développement des conceptions scientifiques modernes.

En plus des traductions, une large gamme de travaux furent accomplis à la Maison de la Sagesse et l'un des premiers et des plus influents des savants à l'esprit fort ouvert qui travaillaient là fut Abū Yūsuf al-Kindī, parfois qualifié de «premier philosophe arabe». Né en 801 et issu d'une lignée noble de la tribu

Kindu du Yémen, il attira l'attention d'Al-Ma'mūn probablement parce que le souci constant de ce dernier d'avoir de bonnes traductions des ouvrages grecs et hellénistiques rejoignait celui d'Al-Kindī, lequel voulait que l'étude de la philosophie fût améliorée et plaidait en faveur d'un accès complet à la sagesse scientifique accumulée dans le monde antique. Al-Kindī ne se limitait pas à la philosophie pure et s'intéressait vivement à diverses branches de la science. Il étudia l'optique, sous son aspect géométrique plutôt qu'expérimental, en traçant le trajet des rayons lumineux, et semble avoir accepté les idées grecques anciennes, tout en insistant sur la propagation linéaire, le fait que la lumière se propage toujours en ligne droite. Il effectua également certains travaux en géographie, géologie, météorologie, astronomie et astrologie, des recherches sur les horloges et les instruments astronomiques, et s'intéressa beaucoup aussi à la fabrication des épées. Il écrivit sur les remèdes et leur composition, notant que leur efficacité était liée aux proportions de leurs parties constituantes et, remarque intéressante, que leur effet ne pouvait être réduit à l'action d'un seul des constituants à l'exclusion des autres. S'agissait-il d'une appréciation des «effets secondaires» ? En tout cas, Al-Kindī estimait que les effets qualitatifs étaient dus aux quantités des constituants utilisés et son enseignement sur ce point produira grand effet en Europe occidentale pendant le Moyen Age. Bien entendu, Al-Kindī ne put approfondir tous les sujets qui l'intéressaient, mais il encouragea ses collègues et, bien qu'il ne fût pas un expert en langue grecque, il en savait assez pour aider au développement d'une terminologie arabe des mots techniques grecs. Il croyait à l'extension infinie de l'univers et à l'étude des mathématiques – qui, pour lui, semblent avoir été essentiellement la géométrie – comme préliminaire nécessaire à l'acquisition de tout autre savoir.

C'est dans le champ de la philosophie pure que le vrai génie d'Al-Kindī s'appliqua. Après avoir lu Aristote et Platon, il étudia également Plotin, un philosophe du IIIᵉ siècle après J.-C., fondateur de l'école connue plus tard sous le nom de néo-platonisme. C'était la forme finale de la philosophie païenne grecque, un développement assez partiel d'idées émises par Platon, relevé de quelques données d'Aristote et des stoïciens (qui concevaient l'univers comme étant à la fois gouverné par le destin et cependant totalement rationnel), et nuancé d'un zeste de gnosticisme (une forme ancienne de théosophie qui considérait que la matière est la source du mal). Plotin lui-même semble avoir été opposé à l'intégralité des croyances gnostiques, mais sa philosophie contenait certainement des éléments propres à cette conception. Non seulement le néo-platonisme exerça son influence dans le monde arabe, mais il pourrait même y avoir exprimé ses principes majeurs. Cette philosophie, ou cette forme de philosophie que Plotin imagina, enseignait qu'il y a une hiérarchie des sphères d'existence, dont la plus élémentaire existe dans le temps et l'espace, et peut être perçue par les sens. Les autres sphères, qui découlent les unes des autres, sont toutes situées hors de l'espace et du temps. Chacune d'elles établit sa propre réalité en se tournant vers la sphère supérieure dans un désir contemplatif, ce désir étant implanté en elle par sa supérieure. Ainsi, l'univers néo-platonicien est-il caractérisé par un mouvement double : la sortie et le retour. On y trouve aussi un degré décroissant d'unité depuis la sphère la plus haute jusqu'aux plus basses, car chaque sphère est une image, à un niveau inférieur, de celle qui est au-dessus d'elle; et quand on descend l'échelle, un degré plus grand de multiplicité, de séparation et de limitation croissantes devient évident; au niveau le plus bas apparaît la séparation en atomes de notre monde spatio-temporel. La sphère d'être la plus haute, dont tout est dérivé, découle elle-même du principe ultime. Celui-ci transcende tout; il est «au-delà de l'être» et peut être appelé «le Bien ultime». Il est absolument simple et dénué de tout trait spécifique. Il ne peut être connu que lorsqu'il élève l'esprit pour l'unir à lui, et ne peut être imaginé ni décrit.

Sur le rôle du néo-platonisme dans la pensée hermétique pendant la Renaissance, voir pages 362-366.

La conception néo-platonicienne exerça un attrait immédiat et Al-Kindī l'unit fermement et sûrement aux idées islamiques. A la Maison de la Sagesse et à Bagdad, où l'enseignement des Grecs revivait à présent, un mariage des philosophies était absolument nécessaire si l'on voulait que les musulmans orthodoxes ne s'opposent pas à l'assimilation du savoir païen. Il fallait qu'une soudure fût faite entre les diverses conceptions et c'est ce que réalisa Al-Kindī. Comme précepteur du fils du futur calife, Al-Muʿtaṣim, son influence était immense dans les milieux de la Cour et, bien qu'il eût été évincé à la fin de sa vie de sa position prééminente par des jalousies mesquines, il avait à cette époque accompli sa tâche. Peut-être n'a-t-il été qu'«un innovateur empanaché d'archaïsme», selon l'expression d'un historien, mais il réussit à mettre en marche le grand mouvement intellectuel qui allait s'épanouir dans la science islamique.

L'astronomie

Avec la fondation d'observatoires, celle d'une bibliothèque riche de 40 000 volumes à Cordoue, en Espagne, celles de la Maison de la Sagesse d'Al-Ma'mūn à Bagdad et d'un centre d'enseignement au Caire sous le calife Al-Hakim, grâce enfin à l'afflux des traités d'astronomie grecs, tout était en place pour permettre le grand développement de l'astronomie proprement islamique, qui fut étroitement associé à l'avance des mathématiques islamiques. En effet, dès que la Maison de la Sagesse eut été fondée, les astronomes se mirent à l'ouvrage. Certains, comme Ḥabash al-Ḥāsib et Al-'Abbās al-Jawāhirī, s'intéressèrent davantage à ses aspects mathématiques, bien qu'Al-Jawāhirī se livrât aussi à l'observation. Un des astronomes les plus importants du début du IXe siècle fut Abu Ja'afr Muḥammad ibn Mūsa al-Khwārizmī. Ses principaux apports concernèrent les mathématiques, mais il écrivit également sur l'astronomie et connaissait bien l'*Almageste* de Ptolémée. Il élabora un ensemble de *zij* (c'est-à-dire de tables astronomiques) des positions futures des étoiles et des planètes, appelé le *Zij al-sindhind* car il fut établi à partir de tables hindoues, ou *siddhanta,* qui étaient parvenues à Bagdad. Influencé par les tables originales de Ptolémée, il constitue le premier travail astronomique de l'Islam qui subsiste dans son intégralité. Al-Khwārizmī écrivit également sur l'astrolabe grec, un instrument que l'Islam devait s'approprier. Fait de cuivre, il était plat et rond. Un disque, où étaient gravés les axes directionnels déterminés mathématiquement, était placé en son centre. Ce disque pivotait sur un support qui portait sur une de ses faces une frette constituée de minces pièces de cuivre qui se terminaient par des points représentant les étoiles. En faisant tourner le disque intérieur, il était possible de déterminer le coucher et le lever des corps célestes, ainsi que la survenue d'autres événements astronomiques. A cet égard, l'astrolabe était un calculateur graphique. L'autre face du support portait des graduations et un bras de visée. Grâce à celui-ci, l'utilisateur pouvait déterminer l'altitude des corps célestes et, en maintenant l'instrument à l'horizontale, l'azimut de ces corps (c'est-à-dire leur position sur l'horizon, mesurée à partir du nord géographique). Cette façon de repérer les positions célestes en utilisant l'altitude et l'azimut était une technique spécifiquement arabe; notre mot «azimut» est d'ailleurs d'origine arabe.

Illustration page 275.

Un autre des premiers astronomes de Bagdad fut Abū-al-'Abbas al-Farghānī, qui écrivit également sur l'astrolabe; son solide ouvrage, qui marque une amélioration sur celui d'Al-Khwārizmī, donnait la théorie mathématique sur laquelle se fonde l'appareil et corrigeait les constructions géométriques erronées du disque central, qui étaient fréquentes à l'époque. Al-Farghānī écrivit également un ouvrage plus général sur l'astronomie, un commentaire critique du *Zij* d'Al-Khwārizmī, et un commentaire de l'*Almageste*. Ce dernier fut le plus important car il donnait, en arabe, un compte rendu minutieux de l'astronomie ptolémaïque, dans un texte limpide et bien structuré qui connut un grand succès.

Al-Farghānī fut un théoricien plus qu'un observateur et il en fut de même pour un autre astronome-mathématicien de la Maison de la Sagesse, l'Arabe Thābit ibn Qurra, originaire de Mésopotamie. Il était plus mathématicien qu'astronome et, dans ce contexte, nous aurions pu le passer sous silence, s'il n'avait écrit sur l'astronomie et révélé une solide connaissance du grec, du syriaque et de l'arabe. Dans sa jeunesse, il avait été changeur à Ḥarran, sa ville natale en Mésopotamie, mais un mathématicien islamique, Ibn Shākir, qui passait par cette ville fut si impressionné par ses dons qu'il le persuada de se rendre à Bagdad. Là, Ibn Qurra écrivit sur le cadran solaire, et fit une étude approfondie du mouvement apparent du Soleil dans le ciel, relevant en particulier ses accélération et décélération à différentes époques de l'année. Il étudia également le mouvement de la Lune sur l'arrière-plan des étoiles et parvint à la conclusion qu'il existait un mouvement, jusqu'alors inconnu, de la trajectoire du Soleil. Celui-ci influait à la fois sur la précession des équinoxes et sur l'angle entre la trajectoire du Soleil (l'écliptique) et l'équateur céleste. On pourrait décrire les changements qu'Ibn Qurra pensait avoir découverts en disant que les équinoxes parcouraient dans le ciel un petit cercle une fois tous les quatre mille ans; ainsi, l'écliptique semblait osciller et c'est pourquoi le phénomène fut appelé «trépidation des équinoxes». Le cercle de trépidation ayant un diamètre angulaire de 8°, ce nouveau facteur affecta considérablement toutes les tables astronomiques ultérieures, non seulement en Arabie, mais également dans l'Occident chrétien, pendant le Moyen Age. C'est seulement à la fin du XVIe siècle, lorsque de nouvelles observations astronomiques beaucoup plus précises furent réalisées au Danemark par Tycho Brahé, que l'oscillation de l'écliptique, présumée par Ibn Qurra, se révéla être une chimère.

Sur Tycho Brahé, voir pages 433-436.

De tous les premiers astronomes arabes, le plus grand et le

A gauche. Un bel exemple d'astrolabe, réalisé en Iran au XVIIIe siècle. Perfectionné par les astronomes arabes, l'astrolabe pouvait servir à calculer l'altitude et l'azimut du Soleil, de la Lune, des étoiles et des planètes, à calculer le temps et à mesurer les distances et les hauteurs. Museum of the History of Science, Oxford.

Ci-dessous, à gauche. Astronomes utilisant divers instruments pour mesurer la position de corps célestes, à l'observatoire fondé en 1575 à Istanbul. Cet observatoire fut fermé peu après parce que ses prédictions astrologiques étaient impopulaires. Istanbul Üniversitesi Kütüphanesi.

Ci-dessous. Constellation du Sagittaire, *Livre des constellations d'étoiles fixes* d'Al-Ṣūfī, Xe siècle, British Library, Londres.

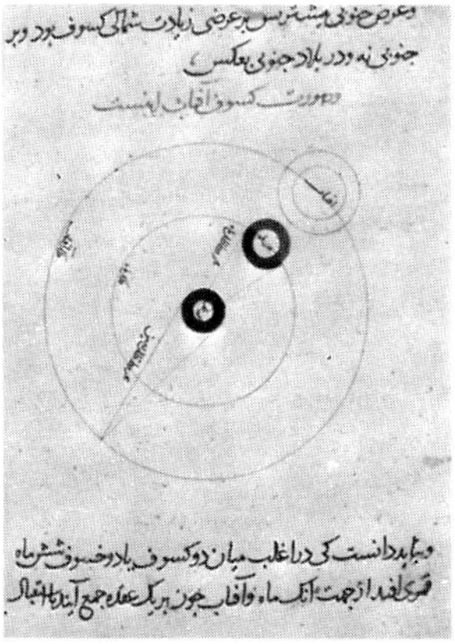

Ci-dessus. Diagramme d'Al-Ṭūsī pour expliquer une éclipse de Soleil, extrait d'un manuscrit du XIVe siècle de la Bibliothèque centrale, université de Téhéran.

A droite. Un sextant géant, d'un rayon de 40 mètres, creusé dans le roc, à l'observatoire d'Ulugh Beg à Samarkand, construit dans les années 1420.

plus justement célèbre fut Abū'Abdallah al-Battānī. Il semble qu'il soit également né à Ḥarran dans une famille de sabéens, adeptes d'une religion ancienne fortement imprégnée de la théologie astrale et de la science des étoiles mésopotamiennes. Thābit ibn Qurra appartenait à cette même confession, ce qui donne une idée de la tolérance des dirigeants musulmans, lesquels autorisaient que de nombreuses autres religions coexistent au sein de l'Islam; cependant, le sabianisme s'éteignit au cours du XIe siècle. On a dit qu'Ibn Battānī descendait d'une famille noble, peut-être même royale, mais ceci n'a pas été confirmé par la recherche contemporaine.

Sur l'astronomie et l'astrologie babyloniennes, voir pages 56-59.

Al-Battānī effectua ses observations astronomiques à partir d'Al-Raqqa, sur la rive nord de l'Euphrate, à 160 kilomètres à l'est de l'actuelle Alep. Il observa les éclipses et d'autres phénomènes célestes, mais sa réputation repose surtout sur son *Kitāb al-Zij*, un livre de tables astronomiques. Comme l'auteur l'explique dans sa préface, il le prépara parce que les erreurs et les discordances qu'il avait relevées dans les autres *zij* l'avaient conduit à tenter d'améliorer la théorie des mouvements célestes et les inférences qu'on en tirait, en les fondant sur de nouvelles observations, tout comme Ptolémée avait procédé en utilisant les observations d'Hipparque. A cette fin, il construisit un cadran solaire, un nouveau type de sphère armillaire, parfois dénommée «l'œuf», un grand quadrant fixé à un mur (quadrant «mural») et un dispositif plus tard appelé «triquetum» : un système de bras rectilignes fonctionnant comme un quadrant, mais sans le lourd plateau du quadrant et dérivé d'un instrument utilisé par Ptolémée. En fait, Al-Battānī fut si préoccupé par des questions d'observation pratique que, parfois, ses explications de la théorie planétaire sont loin d'être parfaites. Cependant, les corrections qu'il apporta aux erreurs d'observation de l'*Almageste* sont très valables, surtout celles qui concernent les mouvements planétaires; de même, Al-Battānī mit le doigt sur les erreurs commises par Ptolémée, lorsque celui-ci supposa que l'angle entre l'écliptique et l'équateur céleste, l'obliquité de l'écliptique, était constant, et que le point de l'espace où le Soleil paraît le plus éloigné – l'apogée du Soleil – était fixe. Bien entendu, il s'agissait là d'éléments capitaux pour l'avenir de l'astronomie de précision. Mais Al-Battānī fit plus que relever des erreurs; lui-même effectua des observations, et il parvint à des valeurs plus précises de ces paramètres importants. En les consignant, non seulement il donna ses résultats, mais il expliqua aussi très clairement la façon dont il les avait obtenus.

Malgré sa bonne connaissance des mouvements planétaires

et des trajectoires du Soleil et de la Lune, malgré sa réussite jusqu'alors inégalée dans la mesure de leurs changements apparents de diamètre au cours de l'année, Al-Battānī se contenta d'accepter les conclusions de Ptolémée pour les étoiles fixes, auxquelles il ajouta simplement quelques corrections pour les remettre à jour. Peut-être n'y a-t-il pas lieu de s'en étonner car les premiers astronomes concentrèrent d'abord leur attention sur les corps célestes en mouvement et, sur ce point, les contributions d'Al-Battānī étaient en elles-mêmes d'une telle qualité, tout comme les techniques mathématiques qu'il utilisa pour les obtenir, qu'elles furent reprises par les générations ultérieures. En Europe occidentale, du XVe au XVIIe siècle, des géants de l'astronomie, tels que Copernic, Kepler, Tycho Brahé et Galilée, s'y référèrent. Plus proche de lui dans le temps, le fameux érudit hispano-juif Moïse Maimonide (1135-1204), leader intellectuel du judaïsme médiéval et médecin du sultan égyptien Saladin, suivit de près Al-Battānī lorsqu'il aborda l'astronomie.

A côté de l'astronomie pure, de sérieux travaux astrologiques furent accomplis en Arabie au IXe siècle; c'est à cette époque, en effet, que son plus grand auteur arabe, Al-Balkhi Abū Ma'shar, composa son œuvre à Bagdad. Connu plus tard en Occident sous le nom d'Albumassar, Abū Ma'shar naquit en 787 à Balkh, une cité ancienne située dans les contrées les plus orientales de l'Iran, et mourut en Irak à l'âge de 89 ans. Balkh avait été un poste avancé de la civilisation hellénistique avant de devenir une ville cosmopolite où Chinois, Indiens, Gréco-Scythes et Syriens se mêlaient à la population iranienne et où, plus tard, des communautés bouddhiques, hindouistes, juives, manichéennes, nestoriennes et zoroastriennes coexistèrent. Lorsque les Abbassides prirent le pouvoir, Balkh et la région du Khurāsān qui l'entoure fournirent aux nouveaux califes leur armée, leurs généraux et une pléiade d'intellectuels qui jouèrent un grand rôle en traduisant et commentant les ouvrages grecs à la Maison de la Sagesse de Bagdad. Abū Ma'shar était un membre à la troisième génération de cette élite intellectuelle et il conserva sa vie durant le sentiment de la supériorité intellectuelle iranienne vis-à-vis de ses collègues originaires des autres parties de l'Arabie.

Le traditionalisme intellectuel d'Abū Ma'shar fit qu'il se disputa avec Al-Kindī et formula ses idées personnelles qui étaient empreintes des opinions généralement admises à l'époque à Bagdad et de ses croyances traditionnelles. Elles relevaient en partie du néo-platonisme et d'Aristote. Abū Ma'shar croyait à une sphère extérieure de lumière divine et à

Sur les conceptions de Platon relatives à l'astronomie, voir pages 121-122; sur celles d'Aristote, voir pages 130-133.

huit sphères célestes éthérées, au centre desquelles se trouvait notre propre sphère sublunaire (la neuvième). Mais Abū Ma'shar s'intéressait avant tout à l'astrologie, un domaine dans lequel, néanmoins, sa vision cosmologique jouait un rôle. Il enseignait que tout savoir provient d'une source divine et que toute science contient une petite part de révélation; les trois sphères d'influence – la divine, l'éthérée et la sublunaire – étaient en interaction et faisaient de l'astrologie une science réelle. Lui-même dressait des horoscopes et s'acquit de son temps une immense réputation qui lui survécut; on l'a décrit comme «le maître du peuple de l'Islam en ce qui concerne l'influence des étoiles».

Au IXe siècle, l'astrologie paraissait plutôt logique. La Terre était le centre de toutes choses et, dans le cadre de l'hypothèse de la révélation divine émise par Abū Ma'shar, l'influence des étoiles ne semblait pas être une prétention exagérée. Le fait surprenant est plutôt qu'une si faible proportion des Arabes préoccupés par le ciel aient consacré beaucoup de temps à l'astrologie. Il semble qu'ils étaient plus soucieux de perfectionner ce que les Grecs avaient commencé que d'appliquer les connaissances grecques à l'art de prédire l'avenir; leurs capacités en mathématiques penchaient vers les questions de vérité scientifique plutôt que vers la prédiction.

Le dernier grand représentant de l'école astronomique et mathématique qui s'était développée après la fondation de Bagdad vers le début du IXe siècle fut l'Iranien Abū al-Wafā'al-Būzjānī, qui naquit dans la ville de Būzjān en 940. D'abord mathématicien, il suivit la tradition en écrivant un manuel complet d'astronomie, du point de vue mathématique, dans lequel ses mathématiques apportaient des solutions particulièrement élégantes et explicites aux problèmes astronomiques. Un autre Iranien, installé à Bagdad entre 970 et 1000 après J.-C., Abū Sahl al-Qūhī, se livra à Chiraz, en Iran, à des observations des solstices d'été et d'hiver, ainsi qu'à l'observation des mouvements de la Lune et des planètes. Il semble qu'Al-Qūhī se soit distingué par des qualités d'observateur, car ses travaux témoignent du maximum de précision qu'il était possible d'atteindre à la fin du Xe siècle.

C'est vers cette époque que le grand physicien islamique Ibn al-Haytham proféra quelques objections à l'encontre de l'usage ingénieux que Ptolémée avait fait de l'équant pour expliquer le mouvement irrégulier des planètes en termes réguliers. Ibn al-Haytham croyait que quelques aspects fondamentaux des mouvements planétaires avaient échappé à Ptolémée et poursuivit en démontrant qu'à son avis la théorie des mouvements de la Lune de Ptolémée était impossible d'un point de vue pratique. Dans un certain sens, Ibn al-Haytham avait évidemment raison; les erreurs de Ptolémée étaient dues à ce qu'il avait assigné comme base de tous les mouvements célestes un mouvement régulier à l'intérieur d'un cercle. Malheureusement, aucun astronome musulman n'abandonna jamais cette théorie. Il faudra attendre le XVIIe siècle pour que surgisse une conception entièrement nouvelle et c'est d'Europe, et non de l'Islam, qu'elle proviendra.

Jusqu'alors, les astronomes arabes avaient concentré leurs recherches sur les mouvements planétaires mais, à la fin du Xe siècle, l'Iranien Abu al-Ḥusayn al-Ṣūfī, dont la vie et la carrière nous sont peu connues, y fit exception. Il doit sa renommée à ses observations et descriptions des étoiles; son *Livre des constellations des étoiles fixes* devint un classique de l'astronomie islamique et, plus tard, fit son chemin jusqu'en Occident où le nom de cet auteur fut traduit Azophi. L'œuvre d'Al-Ṣūfī fut la première révision réellement critique du catalogue d'étoiles de Ptolémée, auquel il apporta les rectifications évidentes tirées de ses observations personnelles minutieuses. De plus, il exposa très clairement ses résultats, constellation par constellation, et donna pour chaque étoile sa position, sa magnitude (éclat apparent) et sa couleur. Deux dessins de chaque constellation étaient présentés, l'un d'eux comme si la constellation était vue de l'extérieur d'un globe céleste, l'autre comme si elle l'était de l'intérieur, c'est-à-dire comme si elle était vue dans le ciel. L'ouvrage comportait aussi une table de toutes les étoiles – avec leur position et leur magnitude –, identifiées sous leurs noms arabes, dont quelques-uns sont encore en usage aujourd'hui (par exemple, Aldébaran, Altaïr, Bételgeuse et Rigel). Il est certain que l'ouvrage d'Al-Ṣūfī répondait à un besoin très réel et des générations d'astronomes arabes et occidentaux en firent bon usage.

Illustration page 275.

Comme on pouvait s'y attendre de la part d'un observateur doué d'un tel sens pratique, Al-Sūfī construisit des instruments et il écrivit un ouvrage sur l'astrolabe et un autre sur l'astrologie. Son contemporain, Abū al-Ryḥān al-Bīrūnī, originaire d'Arménie, admettait lui aussi l'astrologie. Né en 973, il prit goût à la science dès son jeune âge et, à 17 ans, il avait gradué un cadran circulaire de divisions d'un demi-degré, grâce auquel il observa les altitudes méridiennes du Soleil. Quand la guerre civile éclata en 995, il s'enfuit à l'étranger et ne revint chez lui que deux ans plus tard, lorsque la paix fut restaurée. Pendant son exil, il séjourna à Rayy et visita l'observatoire de montagne où se trouvait un grand sextant mais, à son retour, «il fut contraint de participer aux affaires de ce monde» et séjourna à la Cour de plusieurs monarques successifs. Néanmoins, il s'arrangea pour poursuivre ses observations et collabora avec Al-Būzjānī, bien que celui-ci fût son aîné de presque trente ans. Al-Bīrūnī s'intéressait avant tout à la géographie astronomique; il utilisait les éclipses pour déterminer la longitude des lieux sur la Terre et ses observations astronomiques lui servirent à définir la valeur d'un degré du méridien. Cependant, l'astronomie n'était pas son unique pôle d'intérêt; il écrivit sur les mathématiques, sur la question du mouvement non uniforme, sur la géographie, sur l'optique, les médicaments, les pierres précieuses et l'astrologie. Sa prodigieuse production littéraire s'élève à quelque 13 000 pages de textes hautement techniques. Musulman convaincu, il est censé avoir inventé un instrument pour calculer les moments des prières, mais, comme cet instrument utilisait les mois byzantins, un légaliste religieux le traita d'infidèle : «Les Byzantins mangent aussi, aurait répliqué Al-Bīrūnī, alors ne les imite pas non plus en cela.»

A la fin du xᵉ siècle, un des plus grands de tous les astronomes islamiques du Moyen Age, Abū al-Ḥusan ibn Yūnus, était également à l'œuvre. Né en Égypte, Ibn Yūnus était issu d'une famille respectée, et vécut pendant sa jeunesse la conquête de l'Égypte par les Fatimides islamiques puis, en 969, la fondation du Caire. De 977 à 1003, sous les califes, Ibn Yūnus fit des observations astronomiques en utilisant, entre autres instruments, un grand astrolabe de cuivre d'environ 1,40 mètre de diamètre. Il existait aussi une sphère armillaire géante, dotée de neuf cercles; elle pesait une tonne environ et était assez grande «pour qu'un cavalier et sa monture pussent passer au travers»; mais il se peut que cette sphère ait été construite peu après la mort d'Ibn Yūnus.

Ibn Yūnus doit sa renommée essentiellement à son *zij, les Grandes Tables astronomiques d'Al-Hākim*, qui porte le nom du calife. Il ne comptait pas moins de 81 chapitres et, beaucoup plus vaste que le *zij* d'Al-Battānī, il comprenait deux fois plus de tables. Il différait de tous les *zij* précédents par la liste d'observations sur lequel il s'ouvrait, dont certaines étaient d'Ibn Yūnus lui-même et d'autres de ses prédécesseurs, et donnait le détail de toute espèce de phénomènes astronomiques, depuis les éclipses jusqu'aux conjonctions planétaires. Ses mathématiques et ses tables mathématiques étaient bonnes. Le *zij* contenait également un peu d'astrologie, car Ibn Yūnus était aussi célèbre en tant qu'astrologue que comme astronome, ainsi qu'il fallait s'y attendre étant donné le goût du calife Al-Hākim pour ce sujet. On raconte qu'ayant prédit sa propre mort sept jours avant qu'elle ne survînt, Ibn Yūnus mit au clair ses affaires personnelles, puis s'enferma dans sa maison, effaça l'encre de ses manuscrits et récita le *Coran* jusqu'à son dernier soupir, survenu au jour qu'il avait prédit. Vraie ou fausse, l'histoire souligne clairement sa réputation d'astrologue dont les prédictions étaient toujours exactes. Quoi qu'il en soit de l'astrologie, le *zij* d'Ibn Yūnus fut une contribution très remarquable à l'astronomie arabe et sa réputation fut certainement accrue par le fait qu'au cours du XIe siècle, il ne se trouva pas un successeur capable d'entreprendre une œuvre d'une telle envergure.

Ibn Yūnus rédigea un autre ouvrage majeur qui traitait de la détermination astronomique des heures de prière. Un guide astronomique était nécessaire car le Prophète avait prescrit que les prières du soir, les premières prières de la journée, devaient être récitées entre le crépuscule et la tombée de la nuit, les prières du matin entre le point du jour et le lever du Soleil, les prières de midi lorsque le Soleil était au méridien et celles de l'après-midi quand l'ombre de n'importe quel objet était égale à la longueur de son ombre à midi, plus la longueur de l'objet lui-même. Bien entendu, tout cela supposait que fût connu avec précision le mouvement apparent quotidien du Soleil, et les tables d'Ibn Yūnus, fondées comme elles l'étaient sur un terrain mathématique solide, étaient aussi excellentes que complètes et contenaient plus de 10 000 entrées sur la position du Soleil au long d'une semaine. En fait, elles étaient si excellentes que, jusqu'au XIXe siècle, elles firent partie du corpus des tables utilisées au Caire.

Après Al-Bīrūnī et Ibn Yūnus, l'astronomie arabe traversa un siècle de marasme. Le seul astronome de renom fut Abū Isḥāq al-Zarqālī, né à Tolède d'une famille d'artisans. Il construisit des horloges et des instruments astronomiques, mais doit probablement sa réputation à son *zij, les Tables tolédanes*, qui étaient identiques à celles d'Al-Khwārizmī mais acquirent une grande réputation dans le monde occidental. Elles contenaient des résultats qui incluaient les effets de la «trépidation», sujet auquel Al-Zarqālī consacra un ouvrage. Il écrivit aussi sur des instruments scientifiques, en particulier sur ceux qui concernaient le dessin, ou «projection», de la sphère sur une surface plane. De son temps, cependant, il semble qu'il ait été plus célèbre pour ses horloges à eau, fort complexes, dont certaines montraient même les mouvements

Illustration page 291.

et les phases de la Lune. Ces horloges furent fabriquées à Tolède, qu'Al-Zarqālī quitta en 1078, à cause des troubles provoqués par les attaques répétées des armées chrétiennes sous Alphonse VI de Castille. En 1133, après que la ville eut été conquise par les chrétiens, Alphonse VII autorisa l'artisan Hamis ibn Zabara à démonter ces horloges pour trouver comment elles fonctionnaient. Mais Ibn Zabara n'était pas à la hauteur de la tâche; il mit les horloges en pièces détachées, ne réussit pas à découvrir comment elles marchaient et fut tout à fait incapable de les remonter. A ce moment, Al-Zarqālī était mort, et le détail de sa méthode de construction fut perdu.

Le XIe siècle fut une époque de bouleversements sociaux et politiques, mais l'ordre se rétablit à nouveau au XIIe siècle, sous les Almohades, une puissance militaire islamique dont le siège se trouvait en Espagne, et l'on recommença d'encourager les savants. Il y eut pourtant un remarquable astronome et mathématicien islamique, dont l'existence s'écoula en majeure partie pendant le XIe siècle, Al-Khayyāmī, plus connu dans le monde occidental sous son nom de poète, 'Umar al-Khayyām. Né en 1048 en Iran, à l'époque où son pays fut envahi par les Turcs seldjoukides, il passa son enfance et ses années de formation à Balkh, en Afghanistan et, de là, se rendit à Samarkand où il se prit d'un vif intérêt pour l'astronomie et écrivit sur les mathématiques et sur la musique. Être érudit à cette époque impliquait que l'on fût riche ou que l'on eût un protecteur, et Al-Khayyāmī bénéficia à Samarkand du soutien du juge suprême de la cour de justice. De toute évidence, la renommée de ses talents s'étendit car, en 1070, alors qu'il n'avait encore que 22 ans, il fut invité par le sultan seldjoukide et par son grand vizir à revenir en Iran, dans sa capitale, Ispahan, pour y prendre en charge l'observatoire. Il y passa dix-huit ans, au cours desquels il rédigea son ensemble de *zij*, les *Tables Malikshah*. Malheureusement, la plus grande partie de son œuvre fut perdue, et il n'en reste que quelques positions stellaires et la liste des magnitudes des cent étoiles les plus brillantes. Al-Khayyāmī est également l'auteur d'un plan de réforme du calendrier, qui prônait un système dont le taux d'erreur n'aurait pas excédé un jour en cinq mille années.

Tant qu'il vécut à Ispahan, Al-Kayyāmī eut également à remplir les fonctions d'astrologue de la Cour, un travail auquel il ne croyait absolument pas et qu'il considérait simplement comme un des aspects les moins plaisants de ses attributions. Mais Al-Khayyāmī n'était pas seulement incroyant en matière d'astrologie; il avait aussi, en d'autres domaines, quelque chose d'un libre penseur, comme en témoignent quelques quatrains de son fameux Rubā'iyāt. En fait, son absence apparente de religion souleva la colère des musulmans orthodoxes et lorsque, après la mort du sultan en 1092, il tomba en disgrâce, les fonds destinés au fonctionnement de l'observatoire se tarirent et Al-Khayyāmī fut contraint de prendre quelques mesures dénuées d'ambiguïté pour se laver des accusations d'athéisme. Il se rendit en pèlerinage à La Mecque, et il semble que les derniers écrits philosophiques qu'il prépara furent entrepris dans le même but. Pour finir, Al-Khayyāmī alla s'établir à Merv, la nouvelle capitale seldjoukide, où il mourut en 1131.

C'est également à Merv qu'un autre astronome, Abū al-Fatḥ al-Khāzinī, passa toute sa jeunesse et ses années actives, qui coïncidèrent dans le temps avec les dernières années d'Al-Khayyāmī. Né byzantin, Al-Khāzinī fut, dans son enfance, l'esclave du trésorier de la Cour et il est probable qu'il était un eunuque; il reçut une excellente éducation et s'illustra en pays islamiques dans le domaine de la physique; en astronomie, il élabora un *zij* – fondé sur ses observations personnelles et qui contenait un ensemble particulièrement remarquable d'études sur les éclipses –, ainsi qu'un ouvrage sur les instruments astronomiques islamiques. Toujours dans les contrées islamiques du XIIe siècle, le mathématicien et astronome damascène, Sharaf al-Dīn al-Ṭūsī, accomplit ses travaux, dont on a surtout retenu l'invention de «l'astrolabe linéaire», un appareil simple, constitué d'une baguette de bois graduée, d'un fil à plomb et d'un cordon double. Utilisé pour prendre les mesures angulaires, c'était essentiellement une reproduction du méridien sur un astrolabe. Un amateur pouvait en fabriquer un en une demi-heure, assurait Al-Ṭūsī, et son emploi était extraordinairement simple. Lui-même mesura l'altitude des étoiles, ainsi que la direction de La Mecque et de la Ka'aba avec cet instrument, dont la précision n'égalait cependant pas celle des astrolabes ordinaires.

Illustration page 276.

En dépit des travaux d'Al-Khayyāmī, Al-Khāzinī et Al-Ṭūsī, les contributions capitales en astronomie accomplies au cours du XIIe siècle furent effectuées dans les pays islamiques occidentaux, en Espagne et au Maroc. Plus tard, ce sera à partir de l'Espagne que les fruits de l'érudition arabe seront intégrés par l'Europe; c'est pourquoi les noms des grands astronomes de ces pays furent latinisés, afin que l'on pût s'y référer plus aisément dans l'Occident chrétien. Ainsi, Jābir ibn Aflaḥ fut connu sous le nom de Geber (un nom latin, parfois attribué à tort à l'alchimiste Jābir ibn Hayyān), Al-Bitrūjī sous celui d'Alpetragius et Abū al-Walīd ibn Rushd devint Averroès.

Jābir ibn Aflaḥ, de Séville, travailla dans cette ville pendant la première moitié du XIIe siècle et sa réputation vient de ce qu'il publia une *Correction de l'Almageste*, dans laquelle il critiquait Ptolémée, en particulier les positions qu'il avait attribuées à Mercure et à Vénus; Ibn Aflaḥ les situa au-delà de la sphère du Soleil, un ordre qui fut largement adopté en Occident, comme dans les pays islamiques. Il simplifia également les mathématiques planétaires de l'*Almageste* en utilisant quelques développements nouveaux de la trigonométrie islamique.

Ibn Rushd, que l'Europe médiévale connut sous un surnom, «le Commentateur», était un personnage étonnant. Physicien et logicien compétent, c'était également un astronome sérieux, observateur et théoricien tout à la fois qui, à travers ses écrits, exerça une influence considérable, en particulier sur l'astronomie occidentale. Né à Cordoue, en Espagne, en 1126, il vécut la majeure partie de sa vie active à Marrakech, au Maroc, où il mourut en 1192. Ibn Rushd avait reçu une solide éducation musulmane, plutôt orientée vers le droit, et il semble qu'il était doué d'un esprit très logique. Il étudia la théologie, et semble avoir opté pour un moyen terme entre des doctrines extrêmes mais, par la suite, il se retourna contre cette discipline car il estimait que l'argumentation n'y pouvait être poursuivie jusqu'à ses conclusions logiques. Néanmoins, cela ne l'empêcha pas de remplir à Séville, pendant une courte période, la fonction de *cadi* (juge religieux). Mais l'amour d'Ibn Rushd pour la logique qu'il maîtrisait si bien le conduisit à aborder l'étude des sciences naturelles; son point de départ fut la médecine, à laquelle il fut initié par deux praticiens éminents. Lui-même devint le médecin du prince Abū Ya'qūb Yūsuf (le calife almohade qui régna à Marrakech pendant les années 1170 et 1180), et il écrivit un manuel complet de médecine pour remplacer celui mis au point par Ibn Sīna (Avicenne) qui n'avait guère de succès en Andalousie.

Sur l'œuvre médicale d'Ibn Rushd, voir page 310; sur son importance dans l'Europe médiévale, voir page 334.

Ce fut le prince Yūsuf qui chargea Ibn Rushd de préparer des commentaires explicatifs sur Aristote, ce qui permit au savant de donner libre cours à son esprit logique. Il semble en effet qu'Ibn Rushd soit parvenu à comprendre parfaitement Aristote, dont beaucoup des écrits philosophiques sont obscurs, et il apporta de nombreuses corrections aux commentaires d'Ibn Sīna. Mais il ne se contenta pas d'élucider; il développa sa théorie personnelle de l'intelligence, qui était liée à la doctrine des formes; il croyait que l'homme pense en procédant à l'abstraction des formes dissimulées sous les choses, et que l'esprit humain est le réceptacle de ces formes «intelligibles». Les conceptions d'Ibn Rushd exercèrent une influence importante sur la pensée médiévale occidentale et lui valurent de son temps une renommée considérable. Il écrivit beaucoup aussi sur la religion et discuta les questions de la révélation, du libre arbitre et de la prédestination; toutefois, la démonstration de l'existence de Dieu, de ses attributs et de son unité, l'origine de l'univers et le principe de causalité furent ses pôles d'intérêt les plus puissants.

Il est clair qu'Ibn Rushd ne fut pas seulement un grand penseur, mais aussi un homme capable d'exposer clairement ses conceptions, et il n'y a rien de surprenant à ce qu'on l'ait écouté avec respect. En astronomie, ses conceptions, qui furent théoriques, méritent également l'attention. Il commença par passer en revue le savoir et les idées antérieurs et, sans se limiter aux opinions d'Aristote et de Ptolémée, il rediscuta aussi celles de leurs prédécesseurs. Après mûre réflexion, il se rallia à ceux qui prônaient le retour à Aristote, bien que lui-même ne suivît pas aveuglément les conceptions du philosophe grec. Ayant distingué trois sortes de mouvements planétaires – ceux que l'œil peut observer, ceux que l'observateur ne peut percevoir qu'entre de longues périodes d'attente et ceux que l'on ne peut connaître qu'en termes théoriques –, il concentra ses efforts sur le dernier point, le côté théorique. Il croyait avec passion à un mouvement uniforme et régulier de tous les corps célestes mobiles – la physique l'imposait, selon lui –, et s'opposa résolument aux mouvements excentriques de Ptolémée; en effet, il assura que l'ingénieux système de l'équant «ne s'accordait pas à la nature des choses». Il admettait l'idée des sphères concentriques, proposées à l'origine par Eudoxe et qui, à l'époque d'Aristote, étaient au nombre de 55 pour rendre compte de tous les divers mouvements observés. Au temps d'Ibn Rushd, grâce à une sélection soigneuse des mouvements, les astronomes arabes étaient parvenus à réduire ce nombre à 50; lui-même fut en mesure d'améliorer encore ce résultat : il ne lui fallait que 47 sphères pour obtenir toutes les variations nécessaires.

Sur le système des sphères proposé par Eudoxe, voir pages 124-125.

Le contemporain d'Ibn Rushd, Al-Bitrūjī, qui travaillait à Cordoue aux alentours de 1190, fut aussi un grand aristotélicien. En ce qui concerne les interprétations des mouvements planétaires de Ptolémée, il les tenait pour de simples constructions mathématiques, rien de plus, et il était certain qu'elles ne pouvaient être physiques car elles ne s'accordaient pas avec la physique d'Aristote. Il adopta donc les paramètres de Ptolémée pour les corps célestes mobiles, puis en fit une intelligente adaptation en utilisant la théorie des sphères homocentriques qui rendait compte de la trépidation et de tous les autres phénomènes. Ses résultats, quelque peu inhabituels, incluaient un mouvement hélicoïdal des étoiles, mais cette conclusion s'imposa d'elle-même à beaucoup d'astronomes qui préféraient Aristote à Ptolémée, et «Alpetragius» fut un auteur souvent cité par les érudits de la fin de l'Occident médiéval, tels qu'Albert le Grand, Robert Grosseteste et Roger Bacon.

Parvenus aux XIIIe et XIVe siècles, nous avons dépassé l'apogée de l'astronomie arabe et nous acheminons vers sa fin qui intervint dans les années 1440. En effet, le XIIIe et le XIVe siècles furent quasi improductifs; ni l'un ni l'autre ne donnèrent naissance à de grands astronomes. On releva de nouveau quelques constantes astronomiques, on écrivit quelques ouvrages, élabora quelques *zij,* mais le seul progrès réel fut un nouveau système planétaire, qui utilisait des épicycles supplémentaires à la place de l'équant et des autres constructions de Ptolémée. L'auteur en était un astronome observateur du XIVe siècle, 'Ala' al-Dīn ibn Shākir; mais, si ingénieuses fussent-elles, ses idées nouvelles étaient plus esthétiques que scientifiques. Ce n'est que tout à la fin du XIVe siècle et pendant la première moitié du XVe que s'accomplit près de Samarkand une résurgence de l'activité astronomique qui dura peu et dont le grand souverain Ulugh Beg (1394-1449) fut l'animateur.

Le nom Ulugh Beg, qui signifie «grand prince», fut un titre utilisé à la place du nom véritable de ce souverain : Mahomet Taragay. Né à Sultaniyya en Asie centrale, Ulugh Beg fut élevé à la cour de son grand-père, Timur Lang, le conquérant mongol plus connu sous le nom de Tamerlan. Musulman, Tamerlan avait fait de grandes conquêtes entre 1360 et 1390, grâce auxquelles il régna sur une contrée qui s'étendait de la Méditerranée à la Mongolie. Il mourut en 1405, au cours d'une expédition entreprise pour conquérir la Chine. Sa tombe, le Gur-Emīr, située à Samarkand, est un des plus grands monuments de l'art islamique. Le petit-fils de Tamerlan, qui devint souverain du Maveramnakhr (dont la ville principale était Samarkand) en 1409, ne s'intéressait pas aux conquêtes mais avait un penchant pour les sciences. En 1420, Ulugh Beg fonda à Samarkand une *medersa*, ou institut d'études supérieures où l'astronomie était la discipline principale. Quatre ans plus tard, il construisit un observatoire; c'était un bâtiment de trois étages, pourvu d'un sextant géant, le plus grand instrument astronomique de ce type dans le monde, dont le rayon n'atteignait pas moins de 40 mètres. Le

Illustration page 276.

sextant était utilisé pour observer les passages, à travers le méridien du Soleil, de la Lune et des planètes dont les positions changeaient, et l'observatoire était construit pour enregistrer la longueur précise de l'année et des quantités astronomiques importantes, telles que l'angle entre la trajectoire du Soleil et l'équateur céleste. L'instrument fut construit très grand, en vue d'une meilleure précision : sur son échelle graduée de maçonnerie, un degré occupait plus de 70 centimètres et l'arc d'une minute 12 millimètres. Ce qui signifie que l'on pouvait obtenir une précision de l'ordre de 2 à 4 arcs d'une seconde, un succès remarquable au XVe siècle, si l'on réalise que 4 arcs de seconde sont égaux à la largeur d'un crayon ordinaire vu à une distance de 1,4 kilomètre. L'observatoire comprenait, bien entendu, d'autres instruments, dont une sphère armillaire et un astrolabe.

Comme nous pouvions nous y attendre, l'observatoire produisit ses propres *zij*, parfois désignés sous le nom de *Zij d'Ulugh Beg*, parfois sous celui de *Zij-i Gurgani* (Guragon était un titre utilisé par Ulugh Beg). Ils étaient très précis en ce qui concerne les planètes mais moins justes pour les étoiles, à propos desquelles certains chiffres avaient été repris du *zij* d'Al-Sūfī. Les tables mathématiques étaient cependant remarquablement précises, au point de soutenir la comparaison avec des tables similaires modernes.

Le directeur de l'observatoire d'Ulugh s'appelait Ghiyāth al-Dīn al-Kāshī. Né à Kashan, en Iran, à une date inconnue, il semble qu'Al-Kāshī ait vécu pendant un temps dans le besoin, cherchant à rassembler des souscriptions pour ses travaux mathématiques et astronomiques plutôt que de reprendre ses études de médecine et d'exercer en qualité de médecin praticien. Lorsque Ulugh Beg fonda son «université», Al-Kāshī se rendit à Samarkand et obtint à la Cour un poste sûr et honorable, avant de devenir le premier directeur de l'observatoire. Ulugh Beg l'estimait beaucoup; il excusait ses mauvaises manières et ses manquements à l'étiquette parce que, selon ses propres termes, Al-Khāshī était «un homme de science remarquable, un des plus célèbres au monde, qui avait une maîtrise parfaite de la science des Anciens, qui contribuait à son développement et qui pourrait résoudre les problèmes les plus difficiles». De fait, Al-Khāshī était remarquable : il calcula la valeur de pi (π) jusqu'à 16 décimales et d'autres rapports mathématiques avec une précision égale, et c'est probablement à son travail que les *Zij-i Gurgani* doivent leurs tables extraordinairement justes. Il écrivit aussi une encyclopédie élémentaire de mathématiques pratiques à

Sur le calcul de π par les Grecs, voir page 144; par les Chinois, voir pages 200-201.

l'usage des astronomes, ingénieurs, architectes, employés et commerçants. Lorsqu'il mourut en 1429, cinq ans après la fondation de l'observatoire, Ulugh Beg ne fut pas seul à le regretter.

Né à Bursa, dans l'ouest de la Turquie, en 1364, Qaḍi Zadeh al-Rūmī prit la succession d'Al-Kāshī à l'observatoire. Doté d'une formation en mathématiques et en astronomie, il se rendit à Samarkand en 1383 pour y poursuivre ses études et, quand Ulugh Beg décida de construire son université, Qaḍi Zadeh en fut nommé recteur. A la mort d'Al-Kāshī, il devint directeur de l'observatoire et il semble aussi qu'il se soit livré à des calculs de rapports mathématiques pour des tables mathématiques. C'était certainement un homme de science compétent, sinon Ulugh Beg ne lui aurait pas confié ces postes, mais il ne semble pas qu'il ait eu la même envergure qu'Al-Kāshī.

Ulugh Beg lui-même se livrait à des observations astronomiques et promouvait avec dynamisme la vie culturelle de Samarkand. Malheureusement, après qu'il eut été assassiné, la gloire intellectuelle de Samarkand perdit de son lustre et sa grande tradition d'érudition subit une éclipse. Au XVIᵉ siècle, l'observatoire fut détruit de fond en comble par des fanatiques religieux, et c'est de nos jours seulement qu'on en a retrouvé les traces.

Les mathématiques

Si le rôle joué par l'astronomie arabe fut surtout qu'elle consolida et perfectionna une science qui était essentiellement l'héritage des Grecs, il en alla tout autrement des mathématiques arabes. Ce fut certainement la voie par laquelle les chiffres hindous furent transmis à l'Occident mais, surtout, les Arabes apportèrent à l'art mathématique deux techniques efficaces : l'algèbre et la trigonométrie, qui sont aussi valables aujourd'hui qu'elles l'étaient lorsqu'ils les introduisirent.

Le premier grand mathématicien arabe fut Thābit ibn Qurra, dont nous avons déjà décrit les travaux astronomiques effectués à Bagdad. Il apporta de nombreuses contributions dans tous les domaines mathématiques; en tant que traducteur, il rédigea les éditions arabes de tous les travaux d'Archimède et l'étude d'Apollonius sur les sections coniques (ellipse, parabole et hyperbole), ainsi que la géométrie d'Eu-

Illustration page 293.

clide. Il écrivit sur la théorie des nombres, étendit leur usage à la description des rapports entre les grandeurs géométriques – une étape jamais abordée par les Grecs –, et étudia le problème du point de rencontre (éventuel) de deux droites parallèles. Ibn Qurra rédigea également *les Données,* un ouvrage de géométrie dont la difficulté est à mi-chemin entre les écrits d'Euclide et l'*Almageste* et qui eut beaucoup de succès en Occident pendant le Moyen Age.

La première innovation importante d'un autre astronome mathématicien de Bagdad, Al-Battānī, fut qu'il abandonna le vieux système grec de la corde des angles et adopta la fonction trigonométrique dite sinus, beaucoup plus pratique; il utilisa également la fonction complémentaire, le cosinus. Cependant, il n'employa pas la tangente (ni son inverse, la cotangente), si bien que certaines de ses formules sont toujours assez embarrassantes. Avec Hipparque et Ptolémée, les Grecs avaient approché la trigonométrie, mais ils n'avaient jamais établi définitivement les rapports qu'Al-Battānī adopta et qui, par leur simplicité et leur facilité d'emploi, allaient révolutionner la mathématique des triangles, si utilisée en astronomie et en arpentage, en supprimant certaines de ses difficultés antérieures. Le deuxième apport d'Al-Battānī fut qu'il utilisa la trigonométrie et la projection de figures d'une sphère sur une surface plane, ce qui lui permit d'apporter des solutions nouvelles et élégantes aux problèmes astronomiques. Au XVe siècle, ses méthodes furent imitées en Europe occidentale par l'astronome Regiomontanus.

Sur Regiomontanus, voir page 415.

D'autres progrès furent accomplis en mathématiques au cours du IXe siècle dans les pays islamiques : Al-Jawāhirī développa quelques méthodes de calcul de l'espérance de vie à partir de données astrologiques et Kamāl al-Dīn travailla en algèbre en utilisant avec aisance des équations de degré élevé; dans toutes ses équations, il manipulait sans difficulté des nombres irrationnels, tels que la racine carrée de 2, élargissant ainsi le domaine d'utilisation de ces mathématiques. Mais, de tous ceux qui pratiquèrent les mathématiques pendant ce siècle, le plus important fut peut-être Al-Khwārizmī; en effet, il écrivit un traité de mathématiques pratiques pour montrer «ce qui est le plus facile et le plus utile en arithmétique», dans lequel il utilisa l'algèbre de la façon dont nous-mêmes l'employons. C'est ce qu'il fit lorsqu'il expliqua comment il est possible de ramener tous les problèmes à l'une des six formes standards, en utilisant deux procédés, le premier appelé *al jabr* et le second *al-muqabala. Al-jabr* consistait à transposer certains termes pour éliminer les valeurs négatives (par

Sur le développement de l'algèbre en Occident, voir pages 417-419.

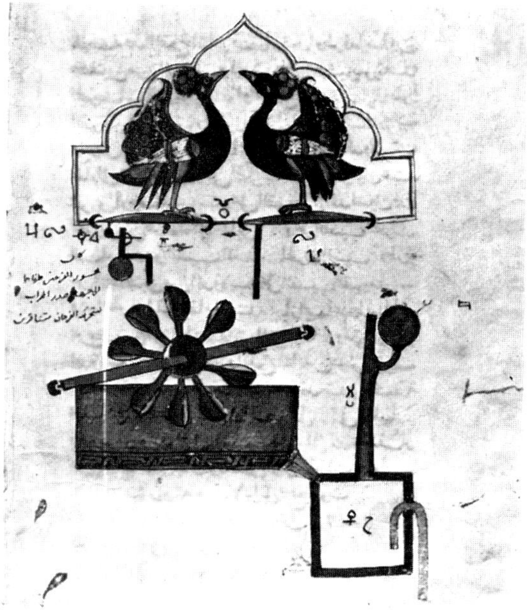

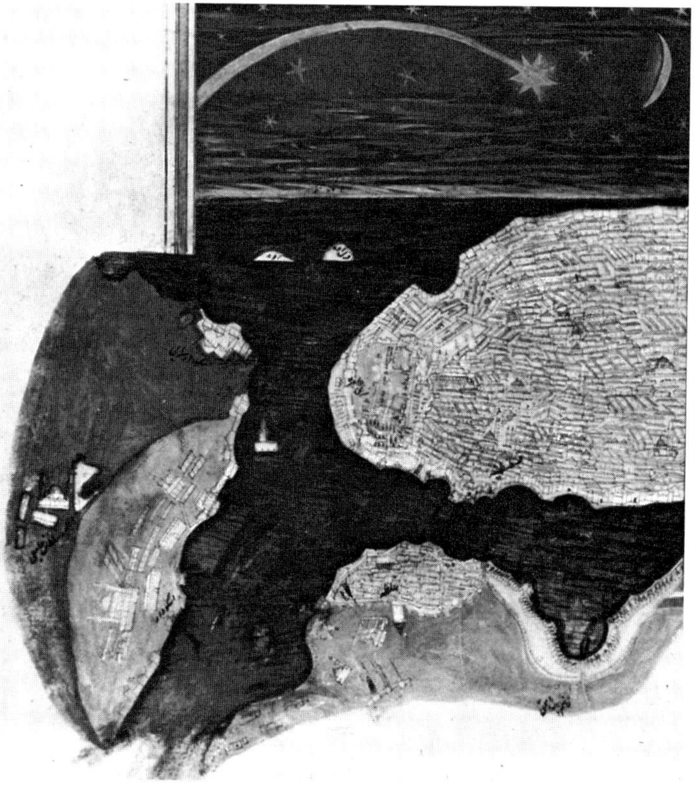

Ci-dessus et ci-dessus à gauche. Illustration d'un traité (1206) d'Abū al-Jazarī sur les appareils mécaniques, montrant une horloge à commande hydraulique avec des jaquemarts, des boules de verre illuminées et un zodiaque rotatif. Les Arabes avaient hérité d'Alexandrie leur intérêt pour de tels appareils. *Ci-dessus à gauche,* Museum of Fine Arts, Boston, Massachusetts, Collection Goleubew. *Ci-dessus,* Metropolitan Museum of Art, New York, Fonds Rogers, 1955.

A gauche. La comète de 1547 représentée au-dessus du Bosphore. Istanbul Üniversitesi Kütüphanesi.

A droite. Porte marquetée provenant d'Égypte (vers 1300) qui témoigne de la fascination ressentie par l'Islam pour les dessins géométriques, complexes et subtils. Ils étaient conçus pour explorer les principes qui soustendent la réalité et, en cela, ils étaient semblables à l'intérêt des pythagoriciens pour les mathématiques. Metropolitan Museum of Art, New York, legs Edward C. Moore, 1891.

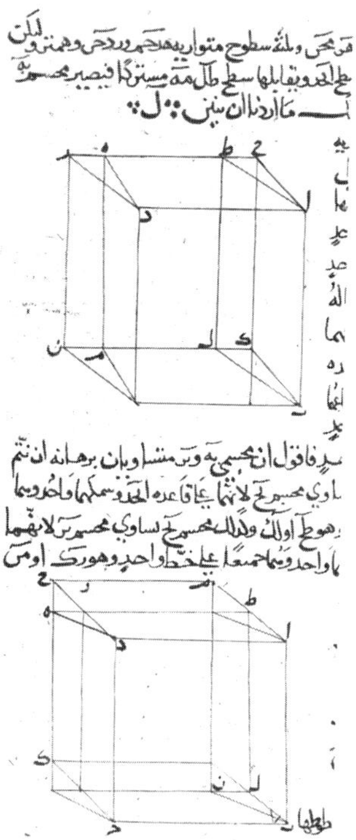

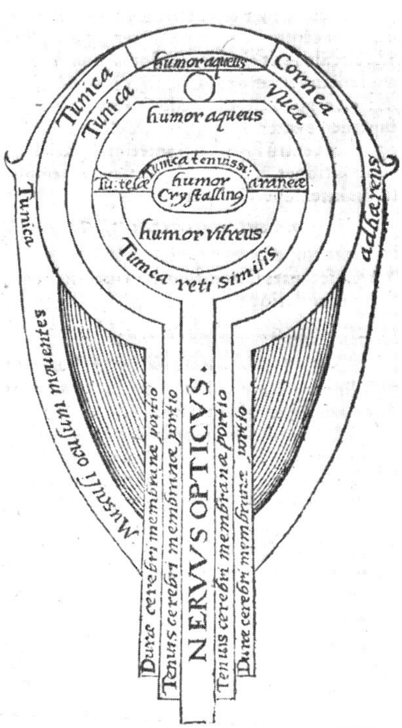

A l'extrême gauche. Un manuscrit du IXe siècle des *Éléments* d'Euclide, dans la version revue par Thābit ibn Qurra. Bodleian Library, Oxford.

A gauche. Une édition occidentale du XVIe siècle de l'étude de la structure de l'œil d'Al-Haytham. Ce travail et ses autres études en optique stimulèrent beaucoup la recherche au cours de la révolution scientifique. *Opticæ Thesaurus,* ed. Risner, 1572.

A gauche. Les frères de la Pureté, une secte islamique ésotérique, dont les *Épîtres* révèlent une étude approfondie de nombreux sujets scientifiques, parmi lesquels la biologie animale, la minéralogie, la musique et les mathématiques. Süleymaniye Kütüphanesi, Istanbul.

A droite. La Méditerranée orientale et l'Asie occidentale sur une carte d'Ibn Ḥawqal qui reflète la géographie sacrée de la cartographie islamique beaucoup plus ancienne. Süleymaniye Kütüphanesi, Istanbul.

A droite. La carte du monde réalisée par Al-Idrīssī au début du XIIe siècle pour le roi normand, Roger II de Sicile. On a dit qu'elle représentait «le sommet de la cartographie en Islam»; Al-Idrīssī était exceptionnellement bien informé sur des régions aussi lointaines que la Scandinavie et le Niger (le nord se trouve au bas de la carte).

exemple, $x = 40 - 4x$ devient $5x = 40$); *al-muqabala* était l'étape suivante, celle de «l'équilibrage» des valeurs positives qui restaient (par exemple, si nous avons $50 + x^2 = 29 + 10x$, *al-muqabala* les réduit à $x^2 + 21 = 10x$). Dans son ouvrage, Al-Khwārizmī n'utilisait pas de symboles comme nous le faisons – ils viendront plus tard –, mais il écrivait les mathématiques en mots; d'ailleurs, il ne découvrit pas non plus l'algèbre en tant que technique, puisqu'il la fit découler de sources grecques ou, plus probablement, hindoues. Mais c'est lui qui rendit cette technique claire et, en l'expliquant si bien, il favorisa son utilisation. Enfin, il dressa la première table de sinus et discuta la règle des «deux fausses hypothèses»; ses écrits enthousiastes sur les nombres hindous firent beaucoup pour en encourager l'emploi.

Sur les origines des nombres hindous, voir page 257.

Le xᵉ siècle vit plus de recherches et de développements mathématiques, certains géométriques, d'autres algébriques ou trigonométriques. Le petit-fils de Thābit ibn Qurra, Sinān ibn Thābit ibn Qurra, s'intéressa à la géométrie et Al-Qūhī inventa un compas, dont un bras était de longueur variable, pour tracer des ellipses et d'autres sections coniques. En trigonométrie, les travaux se concentrèrent sur l'établissement de tables de valeurs du sinus – Ibn Yūnus les amena à quatre décimales –, et le théorème du sinus fut découvert. Il est utilisé pour les triangles inscrits sur une surface sphérique, tels ceux rencontrés en astronomie quand les triangles sont mesurés sur la sphère céleste, et il est particulièrement important. Nul ne peut dire avec certitude qui en fut l'inventeur : peut-être Sinān, ou Al-Khujandī ou encore Abū Naṣr ibn 'Irāq. Une chose est sûre : nous le devons à l'un de ces mathématiciens musulmans. En algèbre, Al-Karaji développa l'usage des binômes et définit ainsi l'objectif propre à l'algèbre : «déterminer des inconnues à partir de prémisses connues».

Illustration page 292.

Il y eut aussi Abū Kāmil, qui mit au point une étonnante systématisation de l'algèbre, approfondit les équations du quatrième degré (x^4) et les nombres irrationnels qui, comme pi (π), ne peuvent pas être réduits à des fractions entières.

Mais le plus complet des mathématiciens arabes du xᵉ siècle fut Abū al-Wafa'. Il écrivit un bon manuel d'arithmétique pratique, *Un livre sur ce qui est utile dans la science arithmétique pour les scribes et les fonctionnaires,* ainsi qu'un manuel de géométrie équivalent, *Un livre sur ce qui est utile en constructions géométriques pour les artisans.* Ce dernier ouvrage donnait les solutions à des problèmes à deux ou trois dimensions, en utilisant uniquement un compas et une règle. Cette forme de géométrie pratique aurait choqué les Grecs, pour qui la géométrie était un art purement théorique, mais les constructions d'Abū al-Wafa' étaient si éminemment utiles qu'elles furent largement répandues en Europe pendant la Renaissance. En trigonométrie, il établit de nouvelles tables et proposa une théorie générale des sinus et des moyens très nouveaux de résolution de problèmes sur les triangles inscrits sur des sphères.

En mathématiques comme en astronomie, le XIe siècle fut pratiquement une période de stagnation, mais les choses s'améliorèrent au XIIe siècle. Le poète et astronome Al-Kayyāmī écrivit un commentaire sur Euclide et sur l'algèbre, en exploitant certaines idées émises plus d'un siècle auparavant par Abū al-Ḥasan al-Nasawī, dont il semble que les méthodes devaient beaucoup aux Chinois. Al-Khayyāmī traita de l'extraction des racines quatrième, cinquième, sixième et même d'ordre supérieur, grâce à une méthode de son invention qui ne faisait pas appel à la géométrie, mais utilisait peut-être le triangle de Pascal. S'il en fut ainsi, sa découverte fut contemporaine de celle des Chinois, mais, comme la méthode d'Al-Khayyāmī a été perdue, il est impossible d'avoir la certitude qu'il fit une découverte parallèle. Il apprécia cependant l'intérêt d'utiliser des symboles spécifiques en algèbre. Peu de temps après la mort d'Al-Khayyāmī, l'astronome Al-Tūsī écrivit un vaste traité d'algèbre qui débattait également de la recherche des racines des équations et des changements de variables dans celles-ci, une démarche unique dans les mathématiques arabes. C'est également au XIIe siècle que le médecin Ibn Yahya al-Samaw' al révéla sa précocité mathématique en écrivant, à l'âge de 19 ans, *le Merveilleux.* Il y étudiait la multiplication et la division des puissances (c'est-à-dire qu'il traitait des «séries de puissances», x^4, x^3, x^2... $\frac{1}{x}$, $\frac{1}{x^2}$, $\frac{1}{x^3}$, etc.); il adopta la convention selon laquelle 1 peut être exprimé comme la puissance zéro (c'est-à-dire comme x^0) et il exposa, en fait, nos méthodes actuelles (bien qu'il n'utilisât pas la même notation). De surcroît, non seulement il dépassa le stade atteint par Al-Karaji en écrivant les résultats algébriques sous une forme plus symbolique, mais il fut aussi le premier mathématicien arabe qui manifesta une compréhension des nombres négatifs en choisissant de les traiter comme des identités séparées. Ainsi, Al-Samaw'al fut-il en mesure de soustraire des nombres de zéro, définissant des lois qui n'apparurent en Europe que trois cents ans plus tard.

Sur le triangle de Pascal en Chine, voir page 202.

Après Al-Samaw'al, les mathématiques arabes n'enregistrèrent plus que de rares progrès. Au milieu du XIIIe siècle, le musulman espagnol Mukyī al-Dīn al-Maghribī recalcula la valeur de pi (π) et celle des sinus, et apporta de nouvelles démonstrations du théorème du sinus. Mais, une centaine d'années plus tard, ses calculs furent surclassés par ceux d'Al-Kāshī, de Samarkand, dont les valeurs étaient exactes au dix millionième de milliardième près (16 décimales). Al-Kāshī élabora également des moyens méthodiques pour traiter les fractions décimales; il s'intéressa aux expressions binomiales et aux méthodes de traitement des nombres ou des coefficients qui leur sont associés. Enfin, au XVe siècle, nous parvenons non seulement au dernier mathématicien hispano-musulman, mais aussi à l'ultime développement des mathématiques islamiques qui apparut dans l'œuvre d'Abū al-Ḥasan al-Qalaṣādī, dont nous connaissons l'ouvrage d'algèbre rédigé en vers. Cependant, ce n'est pas le fait que les règles de l'algèbre devinrent poésie sous sa plume qui nous intéresse, mais le fait que, grâce à son texte, de nombreux symboles algébriques furent plus largement connus. Abū al-Ḥasan al-Qalaṣādī n'a pas inventé ces symboles, qui avaient été élaborés un siècle plus tôt par Ibn Qufuḍ et Ya 'qub ibn Ayub; l'importance de son rôle tient à ce qu'il les rendit plus familiers, si bien qu'ils stimulèrent les mathématiciens occidentaux lorsque, plus tard, ceux-ci reçurent le superbe héritage mathématique arabe.

La physique

Après Aristote et Archimède et jusqu'à la fin de l'époque médiévale, la physique enregistra de minces progrès en Europe. Il est certain qu'en Chine, les mohistes accomplirent des progrès utiles et que d'autres travaux spécialisés y furent accomplis, mais il semble que peu de choses furent réalisées dans les pays islamiques, à l'exception des travaux optiques qui se développèrent, grâce surtout à Ibn al-Haytham à la fin du Xe siècle et au début du XIe; il y eut également quelques améliorations apportées aux balances et aux problèmes de l'équilibre par Thābit ibn Qurra et Al-Khāzinī.

Sur les conceptions des mohistes, voir pages 185-186.

Entre le XIe et le XIIIe siècle cependant, les lois aristotéliciennes du mouvement furent minutieusement examinées par Ibn-Sīna et quelques autres. Grâce aux scientifiques occidentaux postérieurs, elles se développèrent jusqu'à devenir l'importante théorie du mouvement.

Traducteur des ouvrages d'Archimède, Thābit ibn Qurra

devait certainement connaître les propriétés de base des leviers et des poulies et, bien sûr, les problèmes inhérents à la pesée et à l'utilisation des balances. En effet, c'est à ses écrits sur le principe de la balance et sur l'équilibre des corps, y compris celui de lourds madriers, qu'Ibn Qurra doit sa réputation toujours actuelle de physicien. Cependant il semble que ses travaux n'aient été poursuivis d'aucune façon pendant plus de deux cents ans, jusqu'à l'époque d'Al-Khāzinī, que nous avons déjà brièvement évoqué. Ascète, mystique et enseignant pendant sa vie adulte, Al-Khāzinī écrivit abondamment sur les poids et les pesées et, comme il était doté d'une tournure d'esprit pratique, il rédigea un ouvrage très fourni, intitulé *Livre de la balance de la Sagesse.* Fort bien documenté sur les travaux antérieurs d'Archimède, Ibn Qurra et Al-Asfizārī (qui vécut une génération avant lui et dont les balances avaient été détruites, sous le coup de la peur, par le trésorier du sultan), Al-Khāzinī centra essentiellement son livre sur la balance hydrostatique. Son projet, qui comprenait un peson à contrepoids, doté de repères en différents points afin que les pesées pussent être effectuées en utilisant des liquides différents, fut largement adopté pour évaluer l'altération des métaux précieux et la valeur des pierres précieuses. Pour faciliter l'emploi de l'instrument, l'ouvrage contenait aussi des tables de ce que nous appellerions des poids spécifiques. Malgré ses qualités, ce livre fut totalement éclipsé par les découvertes du plus grand physicien de l'Islam, Ibn al-Haytham.

Sur son influence dans la chrétienté médiévale, voir pages 332-333.

Connu des érudits de l'Occident médiéval sous le nom d'Alhazen, Ibn al-Haytham naquit en 965 à Bassora, en Irak, et se rendit au Caire sous le règne du calife fatimide Al-Hākim, le souverain qui protégea l'astronome Ibn Yūnus et fonda, au Caire, une bibliothèque presque aussi fameuse que celle de la Maison de la Sagesse à Bagdad. En apparence, la carrière d'Ibn al-Haytham au Caire fut un vrai désastre. Il semble que lorsqu'il arriva en Égypte et qu'il fut témoin de l'inondation annuelle du Nil, il soutint qu'elle était la conséquence d'un manque de contrôle hydraulique adapté au fleuve, et il obtint le soutien du calife en vue d'une expédition technique dans le sud de l'Égypte. Lui-même prit la direction de cette expédition dont l'objectif était de découvrir les terres élevées où se situait, selon lui, la source du Nil, et de prendre les mesures nécessaires pour contrôler le fleuve. Malheureusement, tout en remontant le Nil, il découvrait les vastes constructions existantes, spécialement au sud d'Assouan, et réalisa progressivement que si quelque chose avait pu être fait, les Égyptiens anciens l'auraient réalisé; le projet de système d'irrigation qu'il avait imaginé était voué à l'échec. Il fut contraint de revenir au Caire et de reconnaître son erreur. On lui confia alors un petit poste dans le gouvernement, mais il craignait pour sa vie, car la réputation du calife était à la fois celle d'un excentrique et d'un meurtrier. Ibn al-Haytham décida donc de feindre la folie et demeura sous résidence surveillée jusqu'à la mort du calife, moment qu'il choisit pour revenir à la santé mentale!

Ibn al-Haytham approchait la soixantaine quand il fut à nouveau libre de poursuivre ses études, et il semble que ce soit vers cette époque, ou un peu plus tard, qu'après des investigations religieuses étendues, il parvint à la conclusion que la vérité n'avait été exprimée que dans les «doctrines dont le fond était raisonnable et la forme était rationnelle». Il trouva ces doctrines chez Aristote et dans le domaine des mathématiques et de la physique, et c'est dans cette dernière discipline qu'il s'illustra par ses travaux originaux en optique. Bien que les ouvrages optiques d'Ibn al-Haytham contiennent quelques éléments dus aux Grecs et surtout à Ptolémée, il réordonna et réexamina toute la question de telle sorte qu'il aboutit à des résultats totalement nouveaux. C'est vrai surtout de ses théories sur la lumière et sur la vision, qui sont absolument originales et ne doivent rigoureusement rien aux Anciens, pas plus qu'à ses prédécesseurs islamiques. Ibn al-Haytham affirma que la lumière est une chose émise par toutes les sources autolumineuses et qu'elle est une «émission primaire». Il envisageait aussi une «émission secondaire», provenant de ce qu'il appelait une «source accidentelle». La lumière émanée d'une telle source est émise «en forme de sphère» (c'est-à-dire dans toutes les directions). Ce concept de «source accidentelle» secondaire signifiait que de la lumière est émise de tous les points des grains de poussière dans un rayon de lumière solaire ou d'un objet opaque éclairé. Comme celle émise par une «source primaire», une telle lumière se propageait en ligne droite (ainsi que l'avait souligné Al-Kindī) mais elle était plus faible. C'était une idée réellement nouvelle, qui englobait en fait le principe des ondes secondaires que le Hollandais Christiaan Huygens énoncera six siècles plus tard.

Illustration page 293.

Sur la théorie des ondes secondaires de Huygens, voir page 479.

Ibn al-Haytham décrivit les couleurs comme étant réelles et distinctes de la lumière, les corps colorés irradiant en ligne droite dans toutes les directions; les couleurs sont toujours présentes avec la lumière, mêlées à elle et jamais visibles sans elle. Il est sûr qu'une telle conception serait irrecevable de nos jours mais, au XVe siècle, c'était une tentative courageuse pour expliquer un phénomène surprenant qui ne sera élucidé de façon décisive que bien des siècles plus tard. Elle apportait certainement un souffle d'air vivifiant après les conceptions si peu satisfaisantes des Grecs. Ibn al-Haytham fit preuve d'une rigueur égale dans ses travaux sur la réflexion par les surfaces polies; fidèle à sa théorie de la lumière, il assura que de telles surfaces ne «reçoivent» pas la lumière, mais qu'elles la renvoient instantanément, et il rapporta des expériences qui démontrent le fait. Nous lui devons aussi l'introduction du concept extrêmement utile de «rayon de lumière», dont lui-même avait en effet une représentation proprement physique.

Ibn al-Haytham rejeta comme absurde l'ensemble des conceptions grecques selon lesquelles la vision est quelque chose qui émane de l'œil, et il s'appuya sur sa théorie physique des rayons et les constructions mathématiques de leurs trajets pour expliquer ce que l'on voit. Comme le chirurgien gréco-romain Galien, il croyait que la vue est d'abord stimulée au niveau du cristallin de l'œil, mais pas un mot n'est dit dans son œuvre sur la formation de l'image dans l'œil, comme dans une chambre noire. Cependant, il écrivit à propos du nerf optique et de ses connexions avec le cerveau. Sur ce point, les idées d'Ibn al-Haytham étaient erronées mais, une fois encore, elles représentaient un grand pas en avant et témoignaient pour la plupart d'une démarche totalement neuve. Tous ces sujets, plus bien d'autres, furent traités dans son principal ouvrage *l'Optique,* qui, comme un traité moderne de physique, adopte une approche mathématique et expérimentale, faisant référence non pas aux «autorités» en la matière, mais à la seule autorité de l'évidence empirique.

L'œuvre d'Ibn al-Haytham fut importante. Cette importance ressort non seulement des références permanentes que l'on trouve chez les érudits médiévaux en Occident, mais aussi du fait que sa conclusion – la réfraction de la lumière est due à des rayons lumineux qui se propagent à des vitesses différentes dans des matériaux différents –, de même que ses lois de la réfraction, furent utilisées au XVIIe siècle par Kepler et Descartes. De plus, il s'intéressa aux mathématiques et accomplit un travail d'avant-garde en calculant les volumes de corps symétriques engendrés par la rotation d'une courbe autour d'un axe. Ainsi, Ibn al-Haytham représenta-t-il, en puissance, le physicien moderne et son œuvre fut l'apogée de la physique arabe.

Sur l'optique dans la science de la Renaissance, voir pages 407-410.

La géographie

Ce fut au milieu du XIIIe siècle que, le premier, Baylak al-Qibaji, originaire du Caire, mentionna par écrit en arabe l'aiguille magnétique comme étant un compas de mer, mais la navigation et le savoir géographique arabes remontent bien plus loin dans le temps. Naturellement, des routes et des itinéraires avaient été tracés pour envoyer des missions diplomatiques jusque dans des contrées lointaines – en Chine, par exemple – et pour les campagnes militaires; par ailleurs, les commerçants devaient avoir quelque connaissance des routes caravanières. Mais il semble qu'aucune géographie scientifique organisée n'ait été ébauchée avant le début du IXe siècle, l'époque d'Al-Ma'mūn et de la fondation de la Maison de la Sagesse à Bagdad. De cette ville, Al-Farghānī fit connaître au monde arabe la *Géographie de Ptolémée* tandis qu'Al-Khwārizmī rédigeait son *Livre de la forme de la terre.* Cet ouvrage était surtout une liste des longitudes et des latitudes des lieux, qui incluait le vieux *«climata»* grec, sept bandes de latitude dans chacune desquelles les lieux étaient censés avoir la même durée de lumière solaire pendant le jour le plus long. La carte d'Al-Khwārizmī différait sensiblement de la carte du monde de Ptolémée pour certains lieux, ce qui était dû peut-être à l'utilisation des longitudes et des latitudes différentes recueillies à la Maison de la Sagesse.

Sur le développement de la boussole en Chine, voir pages 228-229.

La recherche géographique fut poursuivie au Xe siècle par des géographes tels qu'Ibn Khurdadhbih et Ibn Ya'qūb Ibrāhīm, lesquels cependant ne travaillèrent pas à Bagdad. D'ascendance persane, Abū al-Qasīm ibn Khurdadhbih (ou Khurradadhbih) était chef des postes et de l'information à Al-Jibal, une ville située sur le Tigre. Proche ami d'Al-Mu'taḍid, un calife cultivé, troisième et dernier de la dynastie abbasside, Ibn Khurdadhbih écrivit sur les vins et sur la cuisine, et rédigea également un ouvrage de géographie politique et économique, *le Livre des routes et des provinces.* Dans cet ouvrage, les mathématiques étaient pauvres, mais la masse imposante des matériaux en était bien organisée. Quant à Ibn Ya'qūb Ibrāhīm, c'était un négociant hispano-juif, bien connu pour ses voyages à travers toute l'Europe, dont les buts étaient tantôt commerciaux et tantôt diplomatiques. Il visita des communautés juives et rapporta les descriptions qui lui furent faites des régions où elles vivaient. Il demeure peu de chose de ses écrits, mais ces fragments fournissent une bonne description des contrées slaves et des territoires méridionaux russo-arabes, et sont une excellente source d'informations sur les détails de la vie à cette époque. De tous les voyageurs arabes du xe siècle, le plus remarquable fut Abū al-Ḥasan al-Mas'ūdī; il quitta Bagdad vers 915 et passa toute son existence à parcourir le monde islamique ainsi que l'Inde et l'Afrique orientale. Dans ses dernières années seulement, il se stabilisa et il mourut au Caire vers 956. Al-Mas'ūdī estimait que l'on ne peut atteindre au vrai savoir que par l'expérience et l'observation personnelles; ce fut un auteur prolifique dont, hélas, deux livres seulement survécurent des trente-sept qu'il composa.

Selon Al-Mas'ūdī, le savoir s'accroissait avec le temps, et il était en désaccord avec ceux qui tenaient les Anciens pour des autorités décisives et minimisaient la valeur des savants contemporains. «Les sciences progressent régulièrement vers des limites et des fins inconnues», disait-il. Il défiait ouvertement la conception «traditionaliste» qui, deux siècles plus tard, exercera sa poigne mortelle à l'encontre des connaissances nouvelles et conduira, au fil des temps, au déclin de la science islamique et de la société islamique au Moyen Age. Bon historien, Al-Mas'ūdī préconisait toujours le recours aux sources originales et essayait de se faire une vision scientifique et objective du passé; il concevait la géographie comme un préalable indispensable à l'histoire et un aperçu géographique précède sa propre histoire du monde. Il souligna le fait que l'environnement géographique influence fortement la vie animale et végétale d'une région et fut en mesure d'éliminer beaucoup de confusions contemporaines en matière de géographie. Il ne souscrivait pas à l'école de pensée islamique qui tenait La Mecque pour le centre du monde et soumettait la géographie aux concepts du *Coran*. Il était d'ailleurs tout aussi critique à l'égard des géographes anciens et rejeta la croyance de Ptolémée en une *terra incognita,* située dans le Sud; en revanche, il accueillit favorablement les idées des navigateurs qui lui disaient que l'océan méridional n'avait pas de limites.

On a parfois surnommé Al-Mas'ūdī «le Pline de l'Islam» car, tout comme Pline l'Ancien, il éprouvait un vif intérêt pour le monde qui l'entourait et tenta d'explorer les choses par lui-même. Il fut à coup sûr un des penseurs les plus originaux de l'Islam médiéval. Mais son exemple ne fut pas suivi par tous les géographes islamiques; des cartographes continuaient de dresser des cartes assez traditionnelles, limitées aux seules régions islamiques et, fait plus significatif

Illustration page 294.

encore, le principal géographe du XIe siècle, l'Hispano-Arabe Abū'Uhayd al-Bakrī, qui rassembla des informations sur les routes maritimes et terrestres et des listes de noms de lieux, ne voyagea jamais au-delà des frontières de la péninsule Ibérique et se fia quasi exclusivement à des rapports provenant d'autres que lui. En fait, il semble que la géographie musulmane ait atteint son apogée avec Al-Mas 'ūdī et qu'après sa mort elle entama son déclin.

Pourtant, deux géographes importants se signalèrent encore dans le monde islamique. Le premier Abū al-Idrīssī, descendait d'une famille noble qui prétendait au califat. Né à Ceuta, au Maroc, en 1100, il fit ses études à Cordoue, en Espagne, et, bien qu'il fût mort à Ceuta en 1166, toute sa vie active se déroula hors des régions islamiques. A l'âge de 16 ans, il entreprit ses voyages en Asie Mineure, au Maroc, en Espagne, sur la côte méridionale de la France et jusqu'en Angleterre. Puis Al-Idrīssī fut invité par le roi normand de Sicile, Roger II, à s'installer à Palerme pour sa propre sécurité, car il aurait fait l'objet de tentatives incessantes d'assassinat s'il était demeuré dans les milieux musulmans. C'est pourquoi Al-Idrīssī se rendit à Palerme, un point de rencontre des cultures arabe et européenne, et il y accomplit ce qui sera l'un des grands exemples de la collaboration arabo-normande. Peu satisfait des cartes grecques et arabes, Roger II décida d'en commander une nouvelle, dont les traits seraient figurés en relief et l'ensemble gravé sur de l'argent. Al-Idrīssī reçut la charge de ce projet et des envoyés furent dépêchés outre-mer pour recueillir l'information. Ce projet se réalisa comme prévu, mais il n'en demeure de nos jours qu'un compendium géographique rassemblé par Al-Idrīssī et contenant des cartes sectorielles. Ces cartes montrent que les «mondes habités» sont principalement situés dans l'hémisphère Nord, et qu'ils sont divisés en climats. Fondées sur les conceptions grecques et arabes du monde, ces cartes ne témoignent d'aucune originalité de pensée mais, dans leurs limites, elles sont le résultat d'un travail parfaitement professionnel.

Illustration page 294.

La seconde exception au déclin général des géographes fut, au XIIIe siècle, Zakariya al-Qazwīnī, dont les intérêts scientifiques étendus étaient puissamment influencés par la foi islamique et qui s'adonnait quelque peu à la spéculation métaphysique. Ses ouvrages géographiques de bonne tenue étaient fondés sur les résultats de ses voyages personnels en Asie Mineure. Ce fut le premier géographe qui expliqua correctement l'arc-en-ciel et il joua un rôle majeur à l'observatoire situé à Maraghah, en Iran, collaborant ainsi effectivement à la préparation du fameux *Ilkhani zij*. En fait, les travaux et les écrits d'Al-Qazwīnī seront pour beaucoup dans la renaissance de la science et de la philosophie en Iran.

La biologie et la médecine

En biologie et dans les sciences médicales, les Arabes héritèrent de la somme considérable de matériel léguée par les Grecs, les Romains, les Perses et les Indiens. Pour les philosophes arabes, les plantes étaient étudiées tout d'abord pour leur usage, soit en agriculture, soit en médecine, une attitude adoptée dès le départ par Jabir ibn Hayyan (que nous retrouverons plus loin dans le domaine de l'alchimie), qui marqua de son sceau une grande partie de ce qui suivit. A Bagdad, certaines des premières traductions furent celles d'ouvrages de botanique, que l'on croyait à tort l'œuvre d'auteurs grecs anciens, comme Aristote et Théophraste, et les ouvrages authentiques, tels les travaux de médecins militaires, comme Dioscoride et Galien des Ier et IIe siècles après J.-C., confirmèrent aussi cette orientation médicale. Cependant, bien que Dioscoride ait été l'auteur de l'ouvrage qui fut de loin la plus vaste pharmacopée de l'Antiquité en Occident, son livre contenait d'autres informations biologiques utiles. Certaines étaient purement pratiques – les effets de l'entreposage pendant de longues périodes et des conseils sur les récipients appropriés –, mais toutes ne l'étaient pas, car Dioscoride traitait de chaque plante en relation avec son habitat. Cependant, dans l'ensemble, l'orientation médicale de l'étude botanique s'ancra; nous la retrouvons dans les écrits d'Ibn Sīna, un médecin du XIe siècle, dans ceux de l'école musulmane espagnole et ceux encore des érudits arabes en Andalousie aux XIIe et XIIIe siècles. Elle se maintenait toujours dans les traités encyclopédiques du XIVe siècle.

Il y eut deux exceptions à cette approche de la botanique. Au IXe siècle, Abu al-Dīnawarī, un historien iranien qui s'était également livré à l'observation astronomique à Ispahan, écrivit un vaste compendium, *le Livre des plantes*. Il est vrai qu'il contenait beaucoup de philosophie et d'histoire mais il était empli aussi de détails botaniques et fut souvent cité ultérieurement. La seconde exception débute pendant la seconde moitié du Xe siècle, à Bassora, avec les Ikhwān as Ṣafa, ou

Frères de la Pureté, une fraternité secrète, islamique et radicale, influencée par le néo-platonisme et le manichéisme (une religion persane dualiste qui prêchait la libération de l'esprit au moyen de l'ascétisme). Adoptant une interprétation ésotérique du *Coran,* ouverte aux seuls initiés, ils essayèrent de neutraliser la philosophie grecque et s'adonnèrent à l'alchimie et aux sciences occultes, bien que, dans leurs *Épîtres,* ils inculquent l'initiation d'abord par une étude des sciences naturelles. En botanique, cela les conduisit à examiner la forme et la structure des plantes, ainsi que leur croissance. Ensuite, ils en vinrent à discuter du symbolisme numérique des différentes parties des plantes et de leur place dans l'ordre cosmique, mais ce furent leurs études sur la croissance et la morphologie qui s'avérèrent en fait une contribution valable au savoir.

Illustration page 293.

En ce qui concerne la zoologie, les peuples arabes étaient familiarisés avec la vie et les mœurs de tous les animaux domestiques qui, aujourd'hui encore, fournissent les éléments de base nécessaires à la vie des tribus nomades. Au cours des temps préislamiques, un savoir spécialisé fut amassé à propos du chameau et du cheval, cependant que l'Islam attribua aux animaux une signification religieuse, car ils partageaient la destinée des humains et étaient censés leur donner des leçons sur la sagesse de Dieu et les devoirs de l'homme sur la Terre; en fait, des lois religieuses établissaient des responsabilités sur la façon dont les animaux étaient traités. C'est pourquoi, dans les ouvrages littéraires islamiques, on trouve des références fréquentes aux animaux, utilisés comme symboles de qualités cosmiques, mais de telles références témoignent souvent de connaissances intimes du comportement animal.

Au VIIIe siècle, les écrits zoologiques concernaient principalement les chameaux et les chevaux; puis, au IXe siècle, les théologiens mu'tazilites (dont le nom implique qu'ils «se tenaient à l'écart» des querelles relatives aux dirigeants de la communauté musulmane et qu'ils avaient un grand sens de la rationalité de la religion islamique) et Ibn al'Arabī, homme de science et mystique, s'attachèrent à souligner la façon dont le monde animal manifeste la sagesse divine. Abu al-Jāḥiz, connu pour sa maîtrise de la prose arabe, était un mu'tazilite; lui-même, al'Arabī et d'autres classèrent quelque 350 espèces animales en quatre catégories, fondées sur la manière dont les animaux se déplacent.

Au cours du IXe siècle et de la première partie du Xe siècle, d'autres descriptions d'animaux furent rédigées par Al-Kindī et par Al-Farābī, mais les contributions zoologiques les plus

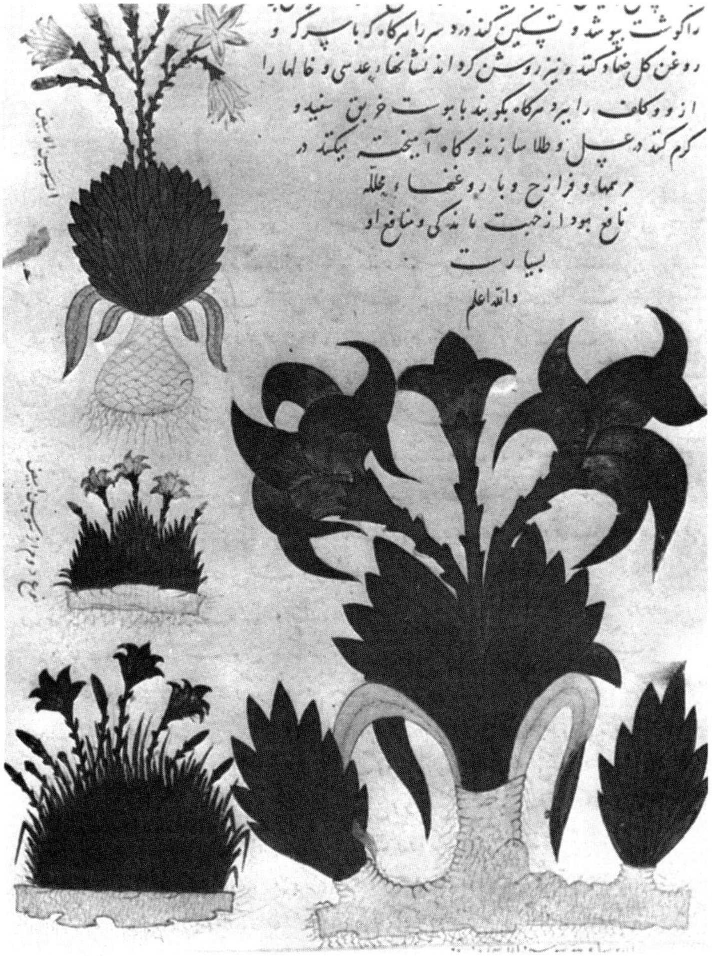

A droite. Iris et lis blanc, extraits d'un traité botanique persan du XVe siècle. Les meilleurs travaux botaniques islamiques furent accomplis en Perse et en Inde. Topkapi Sarayi Müzesi, Istanbul.

A droite. Le lion et le chacal, extraits du *Kalilah wa Dimnah,* un recueil persan de contes moraux sur les animaux du XVe siècle. Topkapi Sarayi Müzesi, Istanbul.

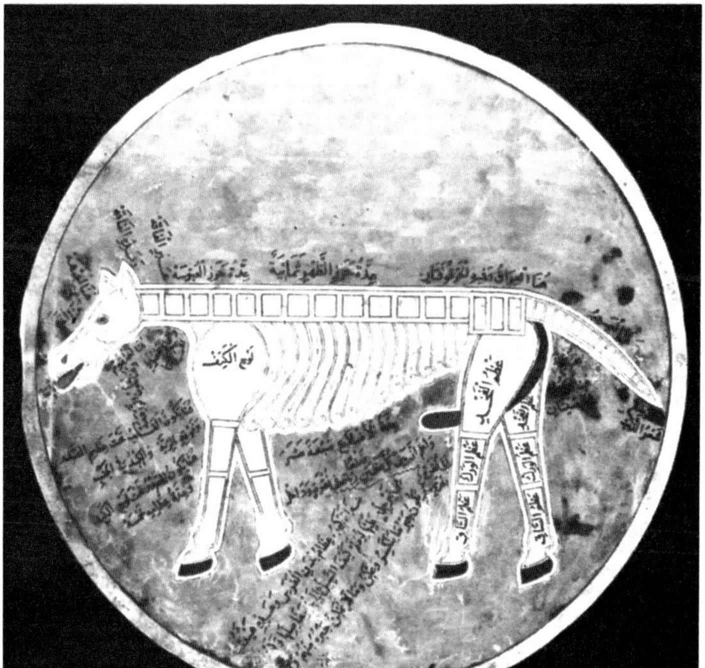

Ci-dessus. Une oie sur une couvée d'œufs, dans une édition du XIVe ou du XVe siècle du *Livre des animaux* d'Abū al-Jahiz. Biblioteca ambrosiana, Milan.

A gauche. Dessin anatomique d'un cheval dans un manuscrit du XVe siècle. L'étude du cheval était la partie centrale de la biologie islamique. Üniversitesi Kütüphanesi Istanbul.

importantes provinrent de savants qui composaient des encyclopédies générales, et d'autres auteurs dont l'intérêt se focalisait sur l'histoire naturelle plutôt que sur la philosophie; il s'agissait là de descriptions objectives dont certaines traitaient d'animaux exotiques de l'Inde. Mais, après le milieu du Xe siècle, les ouvrages plus philosophiques prirent le dessus. Ils discutaient de la «chaîne de l'être», dans les directions données par l'échelle de la Nature d'Aristote, et décrivaient l'habitat, les modes de reproduction et le nombre de sens dont les animaux disposaient. Ils fournissaient des descriptions anatomiques des organes internes, mais tout cela était envisagé dans l'optique d'un dessein divin. Ibn Sīna, au XIe siècle, et Ibn Rushd, au XIIe siècle, écrivirent aussi dans cette veine, bien qu'Ibn Sīna soit allé jusqu'à formuler quelques considérations sur la psychologie animale. Des encyclopédies générales, pourvues de longs chapitres sur la zoologie, continuèrent de paraître aux XIIIe et XIVe siècles, et au cours du XIIIe siècle, Al Qazwīnī apporta une nouvelle classification animale, fondée sur les moyens de défense des animaux. Plus tard, au XIVe siècle, Kamāl al-Dīn al-Fārisī écrivit le *Grand Livre sur la vie des animaux,* le meilleur des derniers ouvrages musulmans de zoologie. Al-Fārisī y ayant systématisé toutes les études antérieures, il produisit ainsi un grand compendium du savoir zoologique qui rencontra un grand succès et fut traduit en turc et en persan, en raison des éléments concrets aussi bien que des éléments religieux qu'il contenait. Cet intérêt pour les animaux se maintint pendant la période moghole et l'empereur moghol de l'Inde, Jahangar, consacra une partie de son ouvrage, *le Livre de Jahangar,* à des descriptions minutieuses de plantes et d'animaux, illustrées de peintures réalisées par les miniaturistes de sa Cour, en particulier par Maître Manṣūr, au XVIIe siècle.

Illustrations pages 306, 307.

Dans le domaine médical, la culture arabe doit beaucoup aux ouvrages de Galien (IIe siècle après J.-C.), dont les connaissances pratiques d'anatomiste furent acquises quand il était chirurgien de gladiateurs et de soldats, mais dont la vision médicale d'ensemble était fondée sur les premières recherches menées par Hérophile et Érasistrate, et sur l'enseignement d'Aristote. Les travaux de Galien furent parmi les premiers textes grecs qui furent traduits et commentés, spécialement par Thābit ibn Qurra à Bagdad, cependant que d'autres médecins, notamment Qusṭa ibn Lūqa et Isḥāq ibn Hunyan, procédaient eux aussi à des traductions à partir du syriaque et du grec, principalement là encore des travaux de Galien. Mais la médecine islamique des IXe et Xe siècles n'était pas simplement un renouveau de la médecine de Galien; chevauchant les deux siècles, le personnage d'Abū Bakr al-Rāzī fait figure de colosse de la médecine.

Connu de l'Occident médiéval sous le nom de Rhazès, Al-Rāzī naquit à Ray, en Iran, vers 854, et y mourut entre 925 et 935. Peu d'informations sur sa vie privée ont subsisté, mais il fut pendant quelque temps directeur de l'hôpital de Ray et, plus tard, de celui de Bagdad. C'était un poste d'importance, les hôpitaux arabes, dotés d'une pharmacie, étant de grands établissements. Ses conceptions philosophiques, qu'il faut glaner au fil de ses critiques, étaient inhabituelles. Sa vision était égalitaire, et il rejetait l'idée que les hommes pussent être répartis en classes différentes en fonction de leurs capacités innées. Sur ce point, dans une société telle que celle de l'Islam, il attaqua plus durement encore la religion : les hommes, disait-il, sont non seulement égaux, mais ils n'ont pas besoin d'une discipline imposée par des chefs religieux pour s'occuper de leurs affaires. Quant à la question des miracles, il les tenait pour impossibles et il écrivit un ouvrage (aujourd'hui perdu) intitulé *les Supercheries des prophètes.* Les hommes de science, tels Hippocrate et Euclide, étaient, à son sens, beaucoup plus importants que les chefs religieux. En fait Al-Rāzī assurait que la religion était positivement nuisible car elle conduisait au fanatisme, générateur de guerres de religion.

A l'égard de la science, il adopta une attitude tout aussi critique et non autoritaire. Comme il l'estimait caractérisée par un progrès continu – une conception qu'il défendit fermement contre les aristotéliciens de son époque, pour lesquels les sommets de la science avaient déjà été atteints ou le seraient sous peu –, Al-Rāzī était tout à fait disposé à critiquer les autorités du passé, quelles qu'elles fussent, et il donna pour titre à l'un de ses ouvrages : *Doutes concernant Galien.* Il se méfiait des dogmes scientifiques, qu'ils provinssent de Galien ou de n'importe quel autre auteur. Quant au monde naturel, Al-Rāzī en avait une conception atomiste, peu différente de celle de Démocrite et, selon lui, c'étaient les atomes qui donnaient naissance aux quatre éléments fondamentaux.

Al-Rāzī connut un grand succès en tant que médecin et jouissait d'une belle réputation d'auteur médical; il écrivit de nombreux manuels d'ensemble, ainsi que des traités spécialisés sur la petite vérole et sur la rougeole. Cependant, ses conceptions hors du domaine médical, son rationalisme radical et ses attaques contre la religion le rendirent impopulaire; une situation qui fut plus tard résumée par Ibn Sīna lorsqu'il écrivit qu'Al-Rāzī aurait mieux fait de s'en tenir aux bouillons, à l'urine et aux excréments et de s'abstenir de barboter dans des domaines qui dépassaient de loin ses capacités!

On a parfois appelé Ibn Sīna «le Galien de l'Islam», à cause de son *Canon* encyclopédique de médecine, qui fut très apprécié et dont on pensait qu'il ne pouvait être amélioré, exception faite de l'Espagne musulmane où on lui préférait d'autres ouvrages médicaux. Sa diffusion fit beaucoup pour maintenir la médecine médiévale, islamique et européenne, dans un état stationnaire, mais il serait peu élégant d'en faire porter à Ibn Sīna l'entière responsabilité. Cet état de choses était dû pour partie au respect général hyperdéveloppé face à l'autorité qui sévit au XIe siècle et pendant les siècles suivants, et au fait que les idées progressistes d'Al-Rāzī étaient généralement irrecevables. Il semble qu'Ibn Sīna ait été un philosophe autant qu'un médecin praticien; en fait, on peut dire sans exagération que, techniquement, il était meilleur philosophe que ne l'était Al-Rāzī, lequel, en revanche, était meilleur médecin. La philosophie d'Ibn Sīna fut pour une forte part influencée par le *Coran* et par Aristote, mais il serait faux de croire qu'il s'interdit toute référence à la science pour forger ses opinions; simplement, cette science était plutôt traditionaliste.

Contemporain d'Ibn Sīna, le grand chirurgien arabe Al-Zāhwarī naquit vers 936 près de Cordoue. Le traité de médecine qu'il rédigea comprenait trente volumes. Il y établissait un modèle élevé d'éthique médicale et distingua nettement la pratique médicale de l'alchimie, la philosophie et la théologie. Excellent obstétricien, il écrivit beaucoup sur la chirurgie et sur les instruments chirurgicaux; les opérations qu'il pratiqua demeurèrent pendant trois siècles à la pointe des techniques chirurgicales.

Sur les travaux d'Ibn Rushd en astronomie, voir pages 285-286.

Au siècle qui suivit celui d'Ibn Sīna, nous arrivons à Ibn Rushd, que nous avons déjà rencontré à propos de l'astronomie. En Andalousie, le manuel médical complet d'Ibn Rushd fut beaucoup plus apprécié que celui d'Ibn Sīna mais il semble qu'Ibn Rushd ait été, lui aussi, un praticien plus qu'un novateur. Néanmoins, la médecine arabe atteignit de nouveaux sommets au XIIIe siècle, grâce à deux médecins remarquables. Le premier, Ibn al-Quff, né en 1233 à Karak, en Jordanie, était le fils d'un Arabe chrétien qui occupait un poste important sous les califes ayyubides. Excellent professeur, Al-Quff alla s'établir à Damas et fut nommé chirurgien au quartier général de l'armée mamelouk en Syrie. Auteur fécond, il produisit là un commentaire sur les conceptions scientifiques d'Ibn Sīna, quantité d'ouvrages de médecine et édita le plus grand texte médical arabe sur la chirurgie, un sujet dont il avait une solide expérience car les Croisades de la chrétienté lui valaient quantité de patients. De nos jours, le nom d'Al-Quff reste lié à sa description des capillaires et à son explication de la fonction des valvules cardiaques. Elles furent rédigées longtemps avant l'époque du microscope et quatre siècles avant la description détaillée des capillaires effectuée en Europe par Malpighi, mais la description d'Al-Quff était beaucoup plus qu'une hypothèse heureuse et témoigne d'une observation très minutieuse.

Illustration page 314.

L'autre médecin fameux du XIIIe siècle fut le chirurgien Ibn al-Nafīs. Né près de Damas, il étudia la médecine au grand hôpital Nūrī, fondé au siècle précédent par Nūr al-Dīn (Nureddin). Plus tard, Ibn al-Nafīs se rendit en Égypte; nous ignorons dans quel hôpital il enseigna et pratiqua, mais il était également le médecin personnel du dirigeant mamelouk Al-Ẓahīr, un poste qui lui conférait des pouvoirs disciplinaires sur les autres praticiens. Comme il était expert en droit religieux et versé en jurisprudence, il parut sans doute être le candidat idéal pour ce poste.

Al-Nafīs rédigea son *Manuel complet de l'art de la médecine* entre 30 et 40 ans; composé à partir de quatre-vingts volumes de notes, son livre ne semble pas avoir fait appel à tout le contenu des trois cents volumes de son imposante bibliothèque. Dans le matériau non publié, beaucoup d'éléments concernaient la chirurgie, en particulier les techniques chirurgicales et les soins postopératoires, ainsi que l'énoncé détaillé des devoirs du chirurgien et de ses relations avec les malades et le personnel soignant. Al-Nafīs est aussi l'auteur d'un commentaire sur *la Nature de l'homme* d'Hippocrate. Toutefois, la raison principale de la réputation toujours actuelle de cet auteur prolifique est la découverte de la petite circulation, c'est-à-dire la circulation entre le cœur et les poumons. En la publiant, il dénonçait avec audace l'erreur profonde commise par Galien lorsqu'il assura que le sang passait d'un côté du cœur à l'autre. Cette découverte importante d'Al-Nafīs fut faite trois siècles avant que la circulation ne soit décrite en Europe par Servet (1553) et Colombo (1559), quelque trente ans après que les idées d'Al-Nafīs eurent atteint l'Occident.

Illustration page 313.

Sur Servet et sur la petite circulation du sang, voir page 387.

L'alchimie et la chimie

Avant de clore cette description de la science arabe, il nous faut jeter un coup d'œil à l'alchimie, ce mélange de science, d'art et de magie qui s'épanouira progressivement en une ébauche de la chimie. L'alchimie avait pour objet la transformation de la substance des choses en présence d'un agent spirituel, souvent appelé pierre philosophale. L'alchimiste lui-même n'était pas insensible à ces transformations. Il utilisait des métaux et des minéraux qui étaient censés participer aux opérations, non seulement comme des corps matériels, mais également comme des symboles du monde cosmique de l'homme; d'où leurs relations avec les signes astrologiques dans les manuscrits et les dessins alchimiques où, par exemple, le signe du Soleil représentait l'or, celui de la Lune l'argent, tandis que Mercure représentait le mercure (vif-argent) et Vénus le cuivre. C'était une «science» qui embrassait le cosmos et l'âme, et où la Nature était un domaine sacré qui engendrait les métaux et les minéraux. Aussi, bien qu'elle inspirât beaucoup de mysticisme, elle stimula également une étude soigneuse des métaux et des minéraux qui sera plus tard très utile à la vraie science. En Arabie, cette dernière entraîna à la fois l'adoption des descriptions grecques, hindoues et persanes, et le réexamen de certaines substances. De nombreux savants arabes s'y engagèrent, particulièrement Al-Bīrūnī, qui écrivit un important compendium de minéralogie : *le Livre de la multitude des connaissances des pierres précieuses,* et Ibn Sīna, dont les ouvrages : *le Livre de la guérison* et *Canon,* contiennent des classifications des minéraux et des métaux, et des descriptions de la façon dont, selon l'auteur, ils s'étaient formés.

Sur l'alchimie en Chine, voir page 184; en Inde, voir pages 258-260.

Le plus grand de tous les alchimistes fut Jābir ibn Hyyān, dont les travaux couvrent la fin du VIIIe siècle et le début du IXe siècle. Ibn Hayyān (ou Jābir, son nom le plus usité) avait une philosophie globale de la Nature, fondée sur le concept de microcosme-macrocosme et sur une croyance profonde en l'interaction entre les forces terrestres et cosmiques. Le règne minéral avait une signification particulière dans sa représentation des choses, qui incluait des phénomènes tels que la transmutation des métaux communs en or. Il admettait aussi l'hylomorphisme – la doctrine aristotélicienne des quatre éléments et des quatre qualités – et, à partir des quatre qualités (le chaud, le froid, le sec et l'humide), il obtint deux

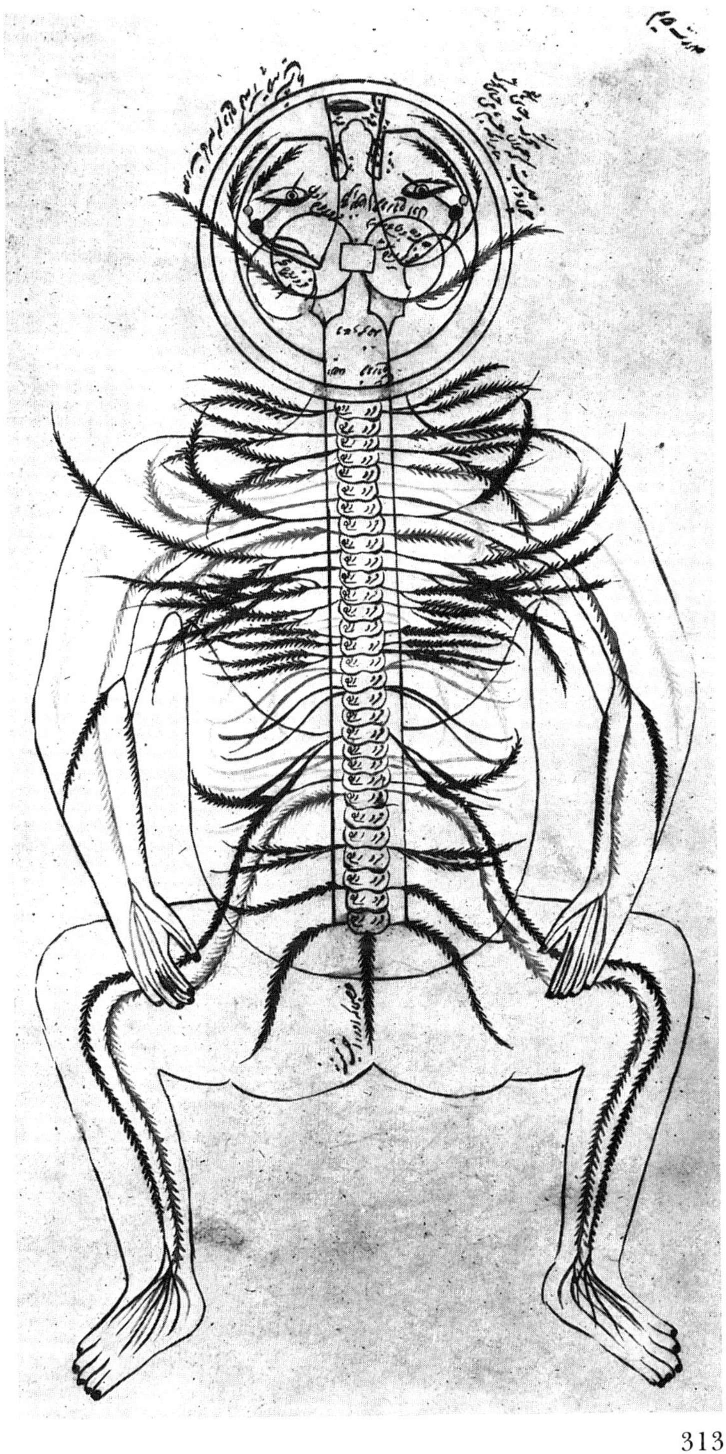

A gauche. Dessin anatomique des veines et des artères, extrait d'un manuscrit (XVIIe siècle) de Manṣūr ibn Aḥmad. Wellcome Institute of the History of Medicine, Londres.

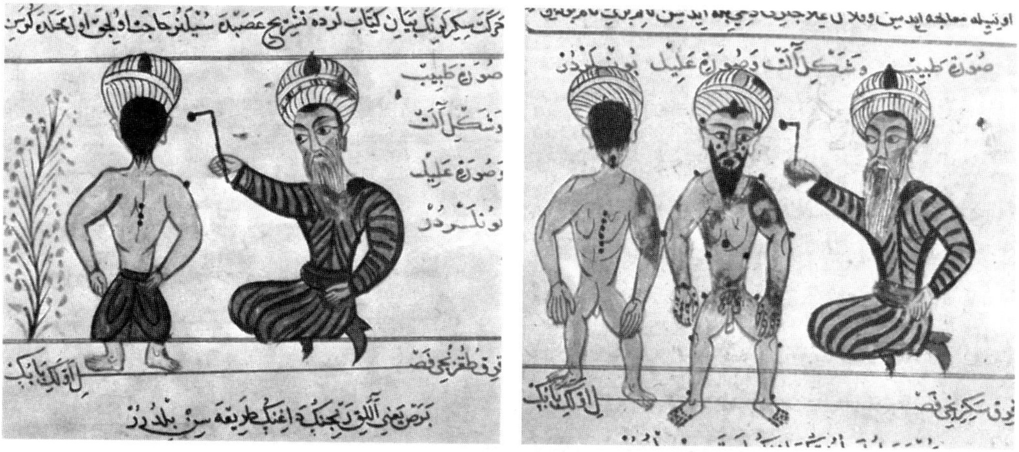

Ci-dessus. La cautérisation de lésions dues à la lèpre, dans une version turque d'un manuscrit persan (vers 1300). Cette pratique était largement utilisée en Islam et dans l'Occident médiéval. Bibliothèque nationale, Paris.

A droite. Une césarienne dans un manuscrit islamique (XVe siècle) d'Al-Bīrūnī. Edinburgh University Library.

A droite. Un alambic en verre (Xe siècle) utilisé pour la distillation. L'alchimie de l'Islam développa un savoir-faire en chimie, tout en insistant sur l'importance spirituelle des relations entre la nature et le cosmos. Science Museum, Londres.

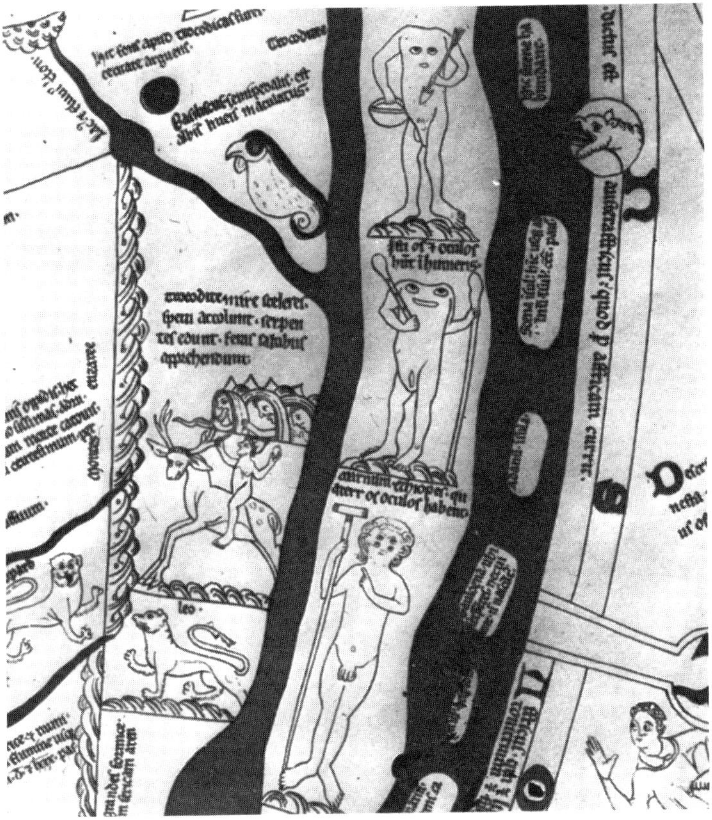

A gauche. Détail de la *Mappa Mundi* (vers 1300) de la cathédrale de Hereford, où figurent trois des bizarres tribus qui, selon la chrétienté médiévale, peuplaient l'Afrique.

A gauche. Comment déraciner une mandragore selon le rituel approprié. La racine fourchue de la mandragore (une plante de la famille des solanacées) était censée décrire la forme humaine et être au pouvoir de sombres esprits telluriques : la main humaine ne pouvait la déraciner. D'après un manuscrit du XIIe siècle d'une traduction en latin du médecin et botaniste grec Dioscoride. British Library, Londres.

principes de base : mercure et soufre, qui traverseront toute l'alchimie à venir, aussi bien l'arabe que l'européenne. Ces deux principes n'étaient pas les substances que nous appelons aujourd'hui le mercure et le soufre, mais deux principes d'action, comme les principes masculin et féminin ou comme le yin et le yang chinois. C'était le «mariage» de deux principes qui donnait naissance à tous les différents métaux présents dans la Nature, dans lesquels seules différaient les proportions en soufre et en mercure qu'ils contenaient et les influences célestes qui avaient présidé à l'union de leurs principes. Jābir croyait à l'intervention d'influences célestes à cause de la nature «non naturelle» et «extra-terrestre» de tous les métaux; ils étaient les signes des planètes sur le plan terrestre (le Soleil et la Lune comptaient parmi les planètes, au sens où Jābir utilisait ce mot). Il croyait également aux rapports numérologiques entre les métaux. Ainsi, lorsqu'elle était appliquée aux métaux, chacune des quatre qualités (le chaud, le froid, le sec et l'humide) devait être divisée en quatre degrés, et chaque degré divisé en 7 parties, soit un total de 28, un nombre égal à celui des lettres de l'alphabet arabe. Il y avait également 4 natures, qui pouvaient être exprimées par la série 1, 3, 5, 8, dont le total est 17, la clé de la compréhension de la structure du monde. Le chiffre 17 était également relié à un carré magique, dont les composants numériques étaient eux-mêmes reliés à la gamme des notes musicales de Pythagore, aux proportions architecturales babyloniennes et à l'écrin symbolique chinois du paradis, le *Ming-Tang* (la Salle de Lumière), édifié par l'Impératrice Wu en 688, soit peu avant l'époque de Jābir.

Sur le yin et le yang, voir page 191.

Le schéma de Jābir cherchait à ordonner la multitude des substances distinctes, présentes dans la Nature, mais il le fit en recherchant des correspondances entre les mondes naturel et surnaturel. Il procédait à la fois de l'alchimie, élaborée à Alexandrie au cours des IIe et IIIe siècles, notamment par Zosime, et d'autres éléments dérivés du mysticisme pythagoricien et de l'allégorie persane. Cependant, ce n'était pas seulement un schéma imaginaire pour mettre de l'ordre dans le chaos mais aussi un système destiné à développer des techniques grâce auxquelles les forces spirituelles pourraient être utilisées pour transcender le cosmos. Et, pour Jābir comme pour les autres penseurs islamiques de l'époque, le cosmos n'était pas un simple règne physique, comme la science l'envisage aujourd'hui; c'était plutôt un royaume doté de différents niveaux d'existence et illuminé par la révélation islamique. C'était un conglomérat de sphères, des quatre éléments et des

Illustration page 336.

signes du zodiaque, dans lequel les 28 noms divins jouaient leur rôle. Le sommet en était le paradis suprême du trône divin; c'était un lieu où le Prophète était le symbole de tout ce qui est positif.

La transmutation des métaux communs en or n'était pas considérée comme un simple phénomène physique, mais comme l'intervention d'un principe supérieur opérant dans le monde naturel; elle était liée à l'idée d'un élixir, qui lui-même avait à voir avec les concepts alchimiques de mort et de résurrection, de dissolution et de coagulation. Mais la transmutation était-elle réellement possible? Se produisait-elle jamais? Ce sont des questions qui furent débattues pendant toute l'histoire de l'Islam. Les théologiens en général n'admettaient pas la transmutation, pas plus qu'ils n'appréciaient l'alchimie et les autres sciences occultes, bien qu'il y ait eu des exceptions. Le muta'zilite, Qādī'Abd al-Jabār, était un partisan de la transmutation et beaucoup de scientifiques-philosophes et de médecins l'admettaient, cependant qu'Ibn Sīna, tout en acceptant les concepts alchimiques mercure et soufre, fulminait contre cette idée.

Comme on pouvait s'y attendre, le rationaliste obstiné qu'était Al-Rāzī rejeta une grande partie du mysticisme de l'alchimie et se concentra particulièrement sur les résultats expérimentaux obtenus par les alchimistes. Néanmoins, il eut toujours tendance à utiliser le langage de l'alchimie – il écrivit *le Livre des secrets* et *le Livre du secret des secrets,* des titres qui soulignent le côté ésotérique et mystérieux de l'alchimie –, bien qu'il ait décrit clairement et sans faire de mystère de nombreux procédés chimiques, comme la distillation et la calcination (quand les matériaux sont portés à haute température, sans qu'il y ait fusion, pour obtenir des changements tels que l'oxydation ou la pulvérisation). Il classa également les substances, selon leur «royaume», en animales, végétales ou minérales, ce qui était alors un schéma pharmacologique très utile, et s'intéressa aux utilisations médicales des composés chimiques. La tradition selon laquelle Al-Rāzī aurait été le premier à faire un usage médicinal de l'alcool est erronée, mais c'est lui qui amorça la transformation de l'alchimie arabe en une science de la chimie.

Pendant le xe siècle, Ibn Sīna et Al-Farābī écrivirent tous deux sur les élixirs et sur quelques autres sujets liés à l'alchimie, mais pas sur l'alchimie proprement dite; un siècle plus tard, Abū al-Hākim al-Kathī rédigea un guide très utile de tout l'appareillage alchimique. En fait, l'alchimie progressa parallèlement à l'approche plus pragmatique des réactions

Illustration page 314.

Sur l'alchimie en Occident pendant la Renaissance, voir pages 388-389.

chimiques adoptée par des hommes de science qui rejetaient son mysticisme et, bien que l'alchimie ait été un des legs de la culture arabe à l'Occident, elle apportait avec elle la protochimie, qui avait été amorcée par Al-Rāzī et ses confrères.

Les phases finales de la science arabe

Tout ce que nous avons décrit nous amène à la conclusion indubitable que les philosophes et les hommes de science, géographes, naturalistes et médecins de culture arabe contribuèrent sensiblement à la somme des connaissances humaines relatives au monde naturel. Ce fut une partie de leur legs au Moyen Age tardif occidental, l'autre partie étant, comme nous l'avons vu, l'ensemble du corpus de la science grecque, parfois passée au crible de la culture islamique, parfois non. Cependant, bien que les Arabes et le monde islamique aient étudié la science et lui aient apporté des contributions remarquables, leurs réalisations tarirent; ils ne parvinrent jamais à la science moderne.

L'Islam célèbre plus que toute autre chose la valeur de la révélation; elle est l'autorité même. Ce qui ne signifie pas, loin de là, que la raison soit discréditée; l'usage de l'intelligence humaine est estimé car elle est un don de Dieu, mais elle doit toujours demeurer sous le contrôle de la révélation. Les mu'tazilites, qui apparurent vers 700, en étaient conscients; ils faisaient en effet si grand cas de la raison qu'ils la disaient capable de sonder les profondeurs abyssales de la croyance religieuse. En revanche, les Acharites, dont les idées se firent jour deux siècles plus tard, condamnaient un usage trop zélé de la raison et «l'adultération» des dogmes religieux qu'il entraînait. Pendant près de deux siècles, ces deux écoles rivales se querellèrent, jusqu'à ce que les arguments des Acharites l'emportent au cours du XIIe siècle. Dès lors, une attitude d'acceptation passive se développa. Cette attitude était forcément défavorable à la réflexion scientifique indépendante et le traditionalisme intellectuel triompha. L'Islam ne sépara jamais la religion de la science pour les maintenir, comme nous l'avons fait, dans des compartiments étanches, et c'est à d'autres qu'il revint de reprendre le flambeau de la science.

6. La science romaine et la science médiévale

Il nous faut à présent revenir aux premiers siècles de l'ère chrétienne pour étudier le développement de la science en Occident. Au Moyen-Orient, l'influence de l'Islam fut le plus sûr facteur de préservation de la pensée grecque; en Occident, l'attitude des Romains vis-à-vis de l'œuvre des hommes de science et des penseurs grecs et, plus tard, la prédominance de la chrétienté sur tous les aspects de l'activité intellectuelle européenne remplirent ce rôle.

La pensée romaine

Dès le IIIe siècle avant J.-C., à l'époque où Ératosthène mesurait à Alexandrie la grandeur de la Terre, Rome était déjà maîtresse de l'Italie. Deux cents ans plus tard, les Romains contrôlaient presque toute la Méditerranée, y compris le monde grec, et ils établirent un Empire qui allait assurer, à un degré jusqu'alors inégalé, la paix, la cohésion et la loi sur une zone qui s'étendait de l'Égypte à la Grande-Bretagne. L'unité culturelle, imposée par cet empire et préservée grâce aux villes et aux voies romaines partout édifiées, fut garante de la transmission des arts et du savoir méditerranéens dans les zones jusqu'alors arriérées de l'Europe septentrionale. L'unité de cet empire fut menacée au IIIe siècle après J.-C. et, en 395, il fut divisé en deux : l'empire d'Orient, dont la capitale était Byzance (il dura jusqu'au XVe siècle) et l'empire d'Occident, dont Rome demeura le centre. Les invasions barbares se multiplièrent en Occident, mais la prédominance culturelle de Rome persista, grâce aux institutions de l'Église chrétienne.

On dit souvent que les Romains étaient un peuple pratique

et peu porté à la spéculation intellectuelle; en ce qui concerne la pensée abstraite, ils cherchaient l'inspiration chez les Grecs. Admettons; mais si l'on considère les fondements de la loi romaine et l'audace architecturale des grands aqueducs et des basiliques, il demeure surprenant que les Romains n'aient entrepris que si peu de travaux théoriques. Il est peut-être moins étonnant que ces travaux aient été surtout des gloses sur les idées grecques. Ainsi, même le poète, orateur et philosophe Cicéron, qui vécut au Iᵉʳ siècle avant J.-C., emprunta beaucoup aux idées d'Épicure et de Démocrite. D'autres penseurs célèbres du monde romain étaient, en fait, d'origine et de culture grecques. C'était le cas du médecin Galien, qui fut pendant un temps chirurgien des gladiateurs à Pergame.

Cependant, il serait parfaitement faux de décrire la civilisation romaine comme un désastre sur les plans intellectuel et scientifique. Bien que les penseurs romains n'aient pas été enclins à la spéculation scientifique, ni les mécènes romains à soutenir l'expérimentation scientifique, le respect des Romains à l'égard du monde grec était frappant. Jusqu'aux derniers jours de l'empire d'Occident, les œuvres de Platon, d'Aristote et d'Homère furent enseignées et représentèrent un modèle idéal de pensée claire et d'écriture de qualité; et, d'une manière générale, le caractère logique et non métaphysique de la pensée grecque exerçait sa séduction sur la mentalité romaine. Ainsi, Rome joua un rôle capital en maintenant en vie les idées grecques, un rôle que les érudits de la Renaissance apprécieront beaucoup un millénaire après la chute définitive de l'Empire romain d'Occident.

Pline l'Ancien

Gaius Plinius Secundus (dit Pline l'Ancien) naquit en 23 après J.-C., à Côme en Italie, dans une famille fortunée, et fit ses études à Rome. Pour autant que nous puissions le savoir, il ne se maria jamais; en revanche, il est sûr qu'il adopta son neveu, dit Pline le Jeune, et fit de lui son héritier. Devenu sénateur, Pline le Jeune accéda donc au niveau le plus élevé de la citoyenneté romaine. Mais son oncle était *eques* (chevalier), l'ordre immédiatement inférieur à celui de sénateur, et il entama sa carrière par un service militaire. Alors qu'il remplissait ses devoirs militaires, il commença d'éprouver du goût pour l'écriture, dont la première manifestation fut un traité sur l'usage du javelot dans la cavalerie. Vers l'âge de 35 ans, après en avoir terminé avec ses obligations militaires, Pline s'installa à Rome, où il fut probablement à la fois homme de loi et écrivain, et il se lia d'amitié avec les empereurs Vespasien et Titus. Les deux ouvrages qui lui ont valu la célébrité sont, chez les historiens d'art, son histoire des beaux-arts, la plus ancienne histoire de ce type en Occident et, dans le monde scientifique, son *Histoire naturelle.*

L'*Histoire naturelle* de Pline est un monument à l'enthousiasme et à la persévérance d'un homme dont les efforts furent infatigables, qui se contentait de peu de sommeil et dont le mot d'ordre était : «Vivre c'est être réveillé.» On a dit de cet ouvrage, dédié à Titus, qu'il était la compilation de cent auteurs différents qui, aux dires mêmes de Pline, lui fournirent vingt mille faits utilisables; cependant, il semble que ses sources englobèrent en réalité le total impressionnant de quatre cent soixante-treize auteurs et le nombre de faits qu'il amassa approchait trente-cinq mille. Conçu pour un usage pratique, cet ouvrage contient d'excellentes descriptions très soignées et l'écriture en est souvent inventive et originale; malheureusement pourtant, Pline n'était pas toujours fiable lorsqu'il citait ses sources, et il manquait un peu de sens critique, si bien que le fabuleux y côtoie le prosaïque. Néanmoins, en dépit de ses défauts, l'ouvrage est une magnifique compilation; ce n'est peut-être pas de la science mais, pendant des siècles, il stimula un large intérêt pour le monde physique.

Le dernier poste occupé par Pline l'Ancien fut celui d'amiral de la flotte dans la baie de Naples, où elle avait pour mission de faire disparaître la piraterie. En 79 après J.-C., au cours d'une tournée de service, on lui signala la formation d'un nuage suspect (dû, on l'apprit plus tard, à une éruption du Vésuve), et il débarqua pour mener une enquête dans la zone et rassurer ses habitants terrifiés. Il fut, hélas, asphyxié par les gaz et il en mourut.

Galien

Rien de tel n'arriva à Galien, dont on ne soulignera jamais assez l'importance dans l'histoire de la médecine et dans la pensée médicale au Moyen Age, dans le monde arabe comme en Occident. Galien naquit à Pergame, en 129 ou 130 après J.-C. A l'âge de 16 ans, il décida d'étudier la médecine; dès l'époque de ses études, il commença de compiler des manuels de médecine et c'est à ses ouvrages médicaux qu'il doit sa renommée. De Pergame, il se rendit à Smyrne, puis à

Corinthe et à Alexandrie pour compléter sa formation médicale; à l'âge de 28 ans, il revint pour quelque temps à Pergame, en qualité de médecin officiel des gladiateurs, une fonction qui lui permit d'acquérir des connaissances utiles sur les nerfs, les muscles et les tendons. En 161, il s'installa à Rome où il exerça la médecine avec grand succès, car les soins qu'il prodigua à quelques personnages influents furent des réussites impressionnantes.

A Rome, Galien fut présenté à Flavius Boethus, un membre influent du gouvernement, qui encouragea le jeune homme à écrire des ouvrages d'anatomie et de physiologie, et à donner en public des cours et des démonstrations d'anatomie qui furent très appréciés. Ces activités attirèrent sur Galien l'attention d'autres fonctionnaires, et il se retrouva finalement médecin de la famille impériale. Manifestement, il savait tirer parti des occasions, mais il semble aussi qu'il ait été un médecin très compétent. Assez peu doué pour le pronostic (jugement porté sur l'évolution d'une maladie), il semble avoir été un diagnosticien brillant. Il portait un grand intérêt aux médicaments et soutint fermement les tests expérimentaux concernant leur efficacité, encore que lui-même n'ait pas toujours été très scientifique dans leur approche. Peut-être à cause de son expérience à Pergame, il éprouvait de la répugnance à l'égard de la chirurgie – au début, sa propre pratique chirurgicale s'était réduite à recoudre des blessures –, et était en désaccord avec les disciples d'Érasistrate qui essayaient d'asseoir la chirurgie sur des bases plus solides. Et, en dépit de ses cours publics et de ses écrits, il semble que Galien n'éprouvait pas le désir de communiquer personnellement ses connaissances; il ne prit pas d'élèves en charge.

Sur Erasistrate, voir page 149.

Les travaux de Galien en anatomie et en physiologie furent rendus difficiles par le manque de dissection humaine; quand il voulait procéder à des dissections, il était obligé, comme ses confrères, d'utiliser des corps d'animaux. Étant très conscient de la nécessité d'une expérimentation physiologique, il dut trouver cette contrainte extrêmement gênante et elle le força à se livrer à des spéculations. En tant que praticien, il suivit la tradition d'Hippocrate – et là réside peut-être la raison de son succès –, mais son père lui avait inculqué une solide formation philosophique et, lorsqu'il s'agissait d'anatomie et de physiologie, c'est vers Aristote que Galien se tournait. Ce fut l'enseignement que lui-même répandit et, par conséquent, ce fut la conception aristotélicienne qui imprégna la médecine occidentale jusqu'au XVIIe siècle.

Aristote avait attiré l'attention sur l'importance du sang

dans la formation des tissus et le développement de l'embryon, et conclu que c'était le sang qui nourrissait et conservait la chair de l'adulte. Galien adopta cette opinion. Puis, à son tour, Érasistrate avait lié la digestion au sang, par l'intermédiaire du foie; digérés dans l'estomac et les intestins, les aliments parvenaient au foie sous forme de chyle, par l'intermédiaire des veines mésentériques; dans le foie, ils étaient convertis en sang qui, par une grosse veine (la veine cave), se transportait jusqu'au côté droit du cœur et, de là, dans le reste du corps. Galien admettait également ces idées car elles lui permettaient d'adopter un schéma grâce auquel l'«âme végétative» d'Aristote pouvait opérer, en supposant que le foie était le centre végétatif du corps et qu'il attirait les éléments constitutifs du sang contenus dans le chyle. Galien s'accordait également à penser avec Érasistrate que le sang venu par la veine cave, qui pénétrait dans le ventricule droit du cœur, nourrissait les poumons, et que les valvules l'empêchaient de retourner vers le corps.

Cependant, quelques difficultés l'attendaient lorsqu'il en vint à certaines autres idées d'Érasistrate et d'Aristote. Par exemple, Aristote avait dit que pour étudier la distribution du sang dans un animal, celui-ci devait être étranglé avant la dissection, afin que le sang soit retenu à l'intérieur du corps. Cette pratique, malencontreuse, car elle aboutissait à ce que le côté gauche du cœur et les artères fussent pratiquement vides de sang, les artères apparaissant alors comme des tubes vides, fourvoya de nombreux médecins, y compris Érasistrate. En effet, ce dernier alla jusqu'à fonder une partie de sa physiologie sur ce fait, en expliquant que le «pneuma» ou «esprit» venu des poumons empruntait la voie des artères «vides» pour se répandre ainsi dans l'ensemble du corps. Pour Galien, les difficultés surgirent parce que ses observations personnelles le convainquirent que le sang était normalement présent dans toutes les artères; il ne pouvait donc plus utiliser le concept de la circulation du pneuma, émis par Érasistrate, et dut inventer de nouvelles théories sur les fonctions du cœur et des artères. Celles-ci le conduisirent à commettre une erreur fondamentale.

Galien admit tout d'abord que la fonction principale de la respiration était d'aspirer de l'air pour refroidir le sang, ainsi que le cœur lui-même, par l'intermédiaire de la veine pulmonaire (qui va des poumons au ventricule gauche du cœur); l'air chaud retournait ensuite aux poumons. Il connaissait la pulsation du sang dans les artères, mais l'attribua au fait que, lorsque le cœur était dilaté, une onde de dilatation courait le long des parois des artères – à l'origine, cette idée était due à Hérophile –, puis il assura que les artères aspiraient en elles le sang des veines et le pneuma de l'air environnant par l'intermédiaire des pores de la peau. Ainsi, tout le corps respirait et une chaleur endogène pénétrait partout. Bien entendu, si le pouls artériel était interrompu dans un membre – par un garrot, par exemple –, alors ce membre pâlissait et refroidissait parce que sa chaleur endogène n'était plus entretenue par le pneuma. Tout cela paraissait assez logique, mais impliquait que Galien ait dû modifier l'enseignement d'Érasistrate à propos des valvules du cœur : l'air chaud pouvait, disait-il, franchir la valvule entre le ventricule et l'oreillette gauches, mais il pensait que, du côté droit, la valvule ne pouvait être franchie en ce sens. Ce qui posait un problème. Le sang qui pénétrait dans le ventricule droit par la veine cave n'avait pas le moyen d'en ressortir; il est vrai qu'une partie de ce sang pouvait en partir par l'artère pulmonaire mais en quantité insuffisante (parce que l'artère pulmonaire était plus étroite que la veine cave). Galien en conclut donc, à tort, que du sang s'infiltrait du côté droit du cœur vers le côté gauche.

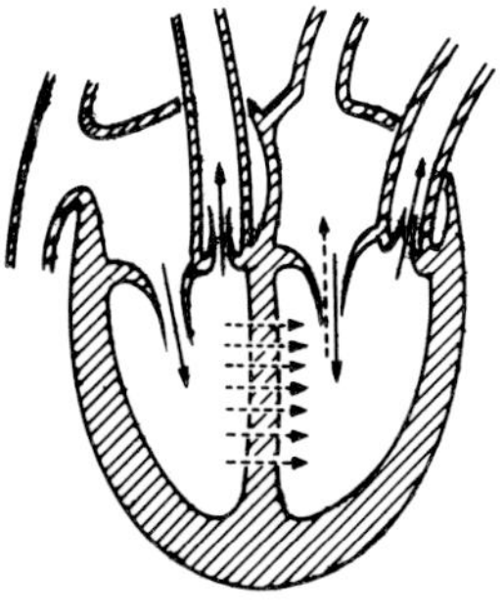

La circulation du sang dans le cœur, selon Galien.

L'ensemble du système de Galien était encore compliqué par sa croyance en l'âme tripartite de Platon – nutritive, sensitive et intellectuelle –, mais il était ingénieux. Ce système disait essentiellement que le foie et les veines fournissaient des aliments au corps et que les poumons, le ventricule gauche et les artères maintenaient le pneuma et la chaleur endogène dans tout le corps, cependant que le cerveau et les nerfs contrôlaient les sensations et les mouvements musculaires au moyen d'un pneuma psychique particulier. Dans des systématisations ultérieures, on reconnut trois formes d'esprits : les esprits naturels qui se formaient dans le foie, les esprits vitaux qui se formaient dans le cœur et les artères, enfin les esprits animaux formés dans le cerveau. Tel était le schéma physiologique de base de la médecine médiévale. Il fut adopté comme schéma fondamental par la médecine musulmane, ainsi que nous l'avons vu, et il inspira la médecine dans tout l'Occident. En fait, il était si fondamental en Occident que, lorsque des étudiants en médecine assistaient à des dissections à l'université, le «lecteur» leur lisait tout haut les œuvres de Galien et le «démonstrateur» leur désignait les points anatomiques, et l'on ne songeait pas, ou que fort peu, à laisser les étudiants procéder eux-mêmes à une recherche ou à une dissection indépendante. Pareille confiance en l'autorité ne se limitait d'ailleurs pas aux études médicales; elle imprégnait toutes les branches du savoir.

Sur les idées des Mésopotamiens anciens concernant l'importance du foie, voir page 48; sur les connaissances anatomiques de l'Islam, voir pages 310-311; sur la façon dont Vésale démantela l'orthodoxie galéniste, voir pages 382-383.

Illustration page 394.

La chrétienté et la science médiévale

La chrétienté, qui avait été à l'origine une obscure secte juive, était devenue la religion officielle de Rome au début du IVe siècle, après la conversion de l'empereur Constantin le Grand, en 313. En conséquence, ses prêtres et ses évêques étaient revêtus d'une autorité et d'un pouvoir qui leur avaient été précédemment déniés.

Quelle était l'attitude de cette nouvelle religion à l'égard de la science? Allait-elle ou non encourager l'étude du monde physique créé par Dieu? Comme si souvent en ce genre de matière, des chrétiens prirent le premier parti, d'autres le second. D'une part, on pouvait s'estimer en droit d'ignorer les études séculières, scientifiques et autres, et de concentrer toute son attention sur la question primordiale du salut des âmes. Et, comme la science impliquait pour le moins le retour aux sources grecques, à l'enseignement païen, il pouvait être prudent en effet de ne pas s'en mêler, de crainte que l'esprit ne fût contaminé par des idées dangereuses, nuisibles pour les âmes chrétiennes. Pour l'autre parti, l'approche était diamétralement opposée. Si Dieu avait créé le monde, et vu qu'il était bon, étudier Son ouvrage grâce à la science ne pourrait entraîner qu'un émerveillement croissant devant la sagesse divine et un sentiment de crainte respectueuse face aux merveilles que le Créateur permettait à l'homme de contempler. Aurelius Augustinus, qui plus tard fut canonisé et devint saint Augustin, se rangea délibérément du côté de la science, assuré que la contemplation des œuvres divines ne pouvait apporter qu'une conscience accrue de la toute-puissance et de la sagesse de Dieu.

Saint Augustin

Augustin naquit en 354 à Tagaste, dans la province romaine de Numidie (aujourd'hui partie de l'Algérie); son père était un petit fonctionnaire et sa mère était chrétienne. Après avoir étudié les classiques et la rhétorique, il enseigna cette dernière discipline à Carthage, dès l'âge de 21 ans, avant de partir pour Rome et Milan où il fut également professeur de rhétorique.

Augustin fut attiré tour à tour par la doctrine religieuse du manichéisme, par les philosophes grecs et en particulier par le néo-platonisme. Il est clair qu'à ce stade il ne cherchait encore que des satisfactions intellectuelles; puis, soudainement, il vécut l'expérience d'une conversion spectaculaire, centrée sur les Épîtres de saint Paul. Prenant pratiquement au pied de la lettre le texte «Revêtez-vous au contraire du Seigneur Jésus-Christ, et ne prenez pas soin de la chair pour en satisfaire les convoitises» (Romains 13, 14), il abandonna le monde et s'absorba dans une vie monastique. Il fut baptisé en 387.

Augustin ne revint jamais sur ces convictions nouvelles mais, après mûre réflexion, il décida qu'il devait retourner en Afrique du Nord, où il entama une prodigieuse carrière d'auteur, traitant de philosophie et de métaphysique avec la conviction d'un converti, illuminé par la certitude et la réalité de son expérience antérieure. L'effet fut si saisissant que ces écrits exercèrent une immense influence. Bientôt cependant, ayant été consacré évêque d'Hippone, en Numidie, l'un des plus grands centres de rayonnement chrétien en Afrique du Nord, il dut renoncer à la vie monastique et fut obligé de consacrer beaucoup de temps à ses devoirs pastoraux et à des voyages. Il mourut en 430.

Augustin n'a pas écrit à propos de la science et ne fit aucune observation scientifique, mais il marqua néanmoins une étape cruciale dans le développement du modèle de pensée et du système de valeurs dont la science a jailli dans le monde occidental. Les philosophes grecs avaient proclamé hardiment que la vraie connaissance de l'univers pouvait être saisie par des sciences que l'homme lui-même construisait – pour eux, la science de la géométrie était une preuve de leur thèse –, mais, à présent, la science grecque avait été pour une large part oubliée, et l'Église arrivait avec un message nouveau qui, bien que religieux, présentait des résonances très nettement philosophiques. Dans la pensée d'Augustin, la science avait un rôle à jouer dans la religion chrétienne. Il croyait que tout ce dont l'existence dépendait uniquement de Dieu, y compris le monde physique, devait être bon. L'univers, dont la création était manifestement l'acte d'un Créateur intelligent, devait être bon. Son étude ne pouvait qu'être bonne et conduire à une appréciation plus haute de la sagesse de Dieu.

Augustin se situait à la croisée des chemins entre les conceptions orientale et occidentale de la chrétienté; il s'écarta des conceptions grecque et orientale de l'histoire, considérée comme un processus cyclique, et envisageait le temps comme une progression à sens unique; pour lui, l'histoire était en mouvement, depuis un commencement vers une fin. Il rejeta également l'astrologie car, d'après son expérience manichéenne, il pensait qu'elle comportait une dénégation de la liberté humaine, et l'homme, il le savait, avait la liberté de choisir entre le bien et le mal. Pour faire le juste choix, l'homme avait besoin de l'aide divine et d'une foi forte mais, ensuite, Augustin plaçait la foi au-dessus de tout. En effet, il croyait que la foi prime même la connaissance, encore qu'il estimât toujours désirable que l'homme acquît le savoir, une opinion condensée dans sa définition de la théologie comme «la reine des sciences». Ainsi, à une époque cruciale, la chrétienté occidentale trouva en Augustin un champion de la science et de l'étude. Sa théorie sur la nature divine du savoir domina la pensée occidentale pendant des générations; en fait, c'est seulement au XIIIe siècle qu'elle fut mise en question, dans les universités de Paris et d'Oxford, à la lumière de l'enseignement nouvellement redécouvert d'Aristote. Mais il s'agit d'une autre époque.

Cependant, si Augustin était du côté des hommes décidés à rechercher la connaissance, il est clair que, pendant des siècles, l'Église catholique n'accorda pas grande réflexion à la science et qu'elle s'intéressait à d'autres matières. Des questions où la science était impliquée s'élevèrent, comme il était forcé qu'elles surgissent dans une communauté qui observait des règles pour déterminer Pâques, et qui donc introduisit une date fondée sur un calendrier lunaire parmi des dates civiles déterminées en fonction d'un calendrier solaire, et dans une Église attentive aux hommes qui devaient faire face à des problèmes agricoles tels que des récoltes perdues ou des épidémies qui touchaient les moutons ou le bétail. Mais la science alors impliquée mettait l'accent sur des problèmes pratiques, et non sur des questions théoriques; la théorie avait été laissée de côté, avec les Grecs.

Bède le Vénérable

L'œuvre de Bède le Vénérable, un moine de Jarrow, dans le nord de l'Angleterre, représente bien cette attitude. Né en 672 ou 673, Bède fut l'élève de Benedict Biscop, un clerc érudit qui fonda les monastères de Jarrow et de Wearmouth, et encouragea les visites de savants britanniques et européens, si bien que ses fondations religieuses devinrent des centres culturels. Bède appréciait manifestement l'atmosphère intellectuelle de son entourage, encore que, contrairement à Biscop, lui-même ne voyagea jamais à l'étranger pour rendre visite à d'autres centres d'étude; on dit même qu'il ne s'éloigna jamais de plus de 80 kilomètres de son monastère. A vrai dire, il n'en avait guère besoin car il disposait sur place d'un choix exceptionnel d'ouvrages de référence.

Nous connaissons Bède le Vénérable parce qu'il devint un auteur fécond, la plus grande personnalité de ce qui fut une brève période d'épanouissement de la culture anglaise. La moitié de ses écrits traitait de l'exégèse biblique, un art d'expliquer et une analyse critique auxquels il excellait, l'autre partie étant surtout consacrée à des matériaux utiles à l'enseignement dans les écoles monastiques nouvellement apparues. Certains de ces derniers travaux contenaient de la science, en particulier son *Comput,* une étude sur les thèmes de la mesure du temps et du calcul des dates, deux questions vitales dans les communautés monastiques. Bède consacra beaucoup de temps à des calculs calendaires. En Occident, il fut le premier à créer, ou du moins à avoir mentionné un calendrier fondé sur le cycle luni-solaire de dix-neuf ans de Méton, et calculé et mis en tables un cycle de cinq cent trente-deux ans des dates de Pâques. Il semble qu'il ait construit celui-ci à partir de travaux antérieurs (un premier cycle de quatre-vingt-quatre ans et un autre de cinq cent trente-deux ans) qu'il parvint à concilier. C'est lui aussi qui, le premier, utilisa pour date de référence la naissance du Christ, donnant ainsi l'envoi à l'usage de l'ère chrétienne par les historiens et, plus tard, par tout le monde. Bède s'intéressa également aux marées, un phénomène très frappant à Jarrow et à Wearmouth, qui sont situés tous deux à l'embouchure de rivières se jetant dans la mer du Nord. Il nota qu'à ces endroits l'heure de la marée haute était affectée par les conditions locales, attirant ainsi l'attention sur un phénomène dont on reconnut plus tard qu'il touchait tous les ports de mer dans le monde entier, et qu'on appelle «l'établissement du port».

Sur le cycle de Méton, voir page 206.

La renaissance du savoir grec

Bède représente le lettré des premiers siècles (le VIIe siècle précisément) de l'ère chrétienne en Europe occidentale. La science n'était qu'une petite partie de son érudition, laquelle était centrée sur la foi telle que l'Église la voyait et que les Écritures l'avaient révélée. Comme Bède, tous les savants étaient des clercs dont l'esprit penchait davantage vers les matières concernant le salut et la glorification de Dieu que vers l'investigation détaillée de l'univers physique. Ils vivaient dans une atmosphère hostile à la pensée et à la recherche indépendantes, et l'on ne s'étonnera pas de l'absence de spéculation scientifique au cours des siècles qui suivirent; le savoir sur le monde physique communément répandu à l'époque était fondé sur des commentaires, qui transmettaient quelques notions des idées grecques originales, mais sous une forme tronquée et altérée. C'était une situation peu satisfaisante, mais elle était la conséquence du sens ecclésiastique des priorités et elle demeura inchangée jusqu'à ce que la bombe du savoir grec originel fondît sur l'Occident au cours du XIIe siècle.

L'afflux soudain des connaissances grecques se fit d'abord sous la forme de traductions en latin de textes arabes, soit de travaux arabes originaux, tels que l'*Algèbre* d'Al-Khwārizmī et l'*Optique* d'Ibn al-Haytham, soit de traductions ou de commentaires arabes de textes grecs d'Aristote. Plus tard, les textes grecs furent directement disponibles en latin et en grec. Une grande partie du travail initial fut accomplie à Tolède, une ville qui avait appartenu à l'Espagne islamique, par des hommes tels qu'Adélard de Bath, Gérard de Crémone et Michel Scot. Adélard, le futur précepteur d'Henri II d'Angleterre, est l'auteur de nombreuses traductions scientifiques en latin, y compris celle d'une version arabe des *Éléments* d'Euclide, qui pendant des siècles fit autorité auprès des géomètres occidentaux; très fécond lui aussi, Gérard de Crémone traduisit quelque quatre-vingts ouvrages, dont l'*Almageste* de Ptolémée. Michel Scot (1175-1232), qui fut un astrologue et un devin célèbre et que Dante a mentionné dans son *Enfer* et Boccace dans ses œuvres, semble s'être établi finalement à la Cour de l'empereur Frédéric II, dont le royaume de Sicile était une autre voie importante par laquelle l'érudition arabe gagna la chrétienté. Scot était aussi un linguiste à qui nous devons, entre autres traductions, la version latine des commentaires d'Ibn Rushd sur un certain nombre d'ouvrages scientifiques d'Aristote, et la version d'un texte d'astronomie d'Al-Bitrūjī, qui contenait une description des sphères célestes. En plus de ces trois savants, beaucoup d'autres érudits travaillaient dans cette nouvelle maison de la connaissance.

Illustration page 293.

Les universités de Paris et d'Oxford, nouvellement créées, furent parmi les premières touchées par ces connaissances retrouvées de fraîche date. Ces universités furent les archétypes de toutes les universités d'Europe occidentale; celle de Paris avait été fondée vers 1170, à partir des écoles de la cathédrale, bientôt suivie par l'université d'Oxford qui fut aussi, à l'origine, un développement des écoles fondées au IXᵉ siècle par le roi Alfred. Paris devint rapidement un grand centre de la théologie chrétienne occidentale et, vers 1220, les ordres mendiants – dominicains et franciscains – commencèrent d'y enseigner. Les franciscains étaient également nombreux à Oxford; de leurs rangs sortirent deux grands hommes de science, Robert Grosseteste et son élève, Roger Bacon, qui tous deux connaissaient fort bien les nombreux travaux, traduits de l'arabe et disponibles à l'époque.

Robert Grosseteste et Roger Bacon

Grosseteste naquit dans l'est de l'Angleterre, probablement dans le Suffolk, aux alentours de 1168, et il semble très vraisemblable qu'il ait été à l'université de Paris entre 1209 et 1214. Jusqu'à sa mort en 1253, il fut en Angleterre un des personnages clés de l'important mouvement intellectuel de la première moitié du XIIIᵉ siècle. Il occupa diverses fonctions ecclésiastiques et enseigna à Oxford (où il vécut pendant les cinq ou six années qui précédèrent sa consécration comme évêque de Lincoln, en 1235). A Oxford, il était lecteur principal de théologie des franciscains, qui étaient arrivés dans cette université en 1224, mais son influence fut beaucoup plus étendue que cette charge ne le donne à penser. En effet, non seulement Grosseteste orienta les franciscains anglais vers l'étude des Écritures et des langues, mais il les mit en devoir d'apprendre les mathématiques et les sciences naturelles; bref, à une époque où le nouveau savoir des sciences et de la philosophie grecque exerçait un effet profond sur toute la philosophie chrétienne, il eut une influence immense.

Grosseteste éprouvait une curiosité très vive à l'égard des phénomènes physiques, et il écrivit des textes importants sur l'astronomie, l'univers, le son et surtout l'optique. Sa connaissance approfondie des ouvrages d'Aristote l'incita également à écrire sur la nature de la recherche scientifique. La science, disait-il, commençait avec l'expérience faite par l'homme des phénomènes, qui sont généralement complexes. Son but était de découvrir les raisons de l'expérience, de trouver quelles pouvaient être ses causes. Puis, ayant découvert ses causes – les «causes efficaces» –, l'étape suivante consistait à les analyser, en les fractionnant en leurs parties composantes, ou principes. Après quoi, le phénomène observé devait être reconstruit à partir de ces principes sur la base d'une hypo-

A gauche. Dessin anglais d'animaux (fin du XIVe siècle) dont certains sont représentés dans une attitude héraldique et les autres de façon plus naturaliste. Magdalene College, Cambridge.

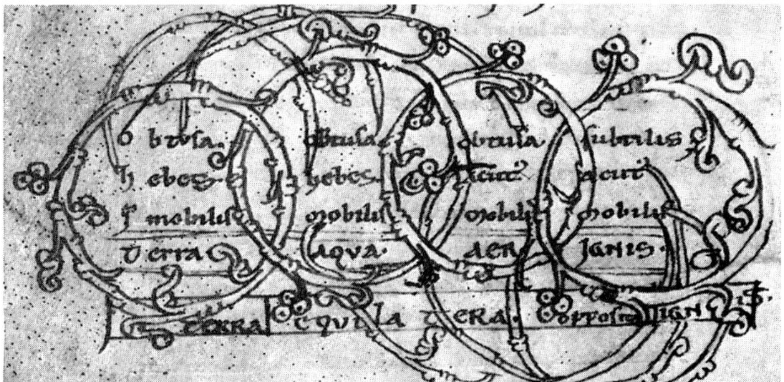

A gauche. Diagramme des quatre éléments entrelacés : le feu, l'air, la terre et l'eau (vers 1100). Gonville and Caius College, Cambridge.

thèse et, finalement, l'hypothèse elle-même devait être contrôlée et vérifiée, ou réfutée, par l'observation. Il s'agit là d'idées fort importantes et la procédure recommandée par Grosseteste était précieuse, car elle contenait les éléments essentiels de toute science expérimentale.

Il procéda également à une analyse des «causes efficaces» comme point de départ d'une procédure aristotélicienne, une classification des sciences destinée à montrer combien certaines d'entre elles dépendent d'autres. Ainsi, il affirma que l'optique et l'astronomie sont subordonnées à la géométrie parce qu'elles utilisent toutes les deux des techniques géométriques pour expliquer le comportement des rayons de lumière, réfléchis par des miroirs ou réfractés par le verre ou par l'eau, et le mouvement des corps célestes. D'autre part, il soutenait que les mathématiques elles-mêmes ne pouvaient fournir qu'une cause formelle à un phénomène, parce que des causes matérielles et «efficientes», au sens aristotélicien du terme, ne pouvaient être fournies que par le monde physique lui-même.

Les idées de Grosseteste sur la science étaient importantes, d'autant qu'il exerçait une forte influence par son enseignement. Son œuvre scientifique fut tout aussi importante; elle eut pour objets le son – grand mélomane, il adorait travailler sur les rapports mathématiques entre les notes –, l'astronomie et surtout l'optique. Il vaut la peine de noter, dans son astronomie, une supposition intéressante et surtout très nouvelle pour l'époque : les étoiles elles-mêmes seraient composées des quatre éléments terrestres; cette idée comportait toutes sortes d'implications, mais il semble qu'elle n'ait pas été poursuivie. Il écrivit également à propos du calendrier et, ayant démontré qu'une année de 365 jours un quart et un cycle lunaire de dix-neuf ans n'étaient pas suffisamment précis, il plaida pour une mesure plus exacte de la longueur de l'année et de sa relation avec le mois.

Illustration page 331.

Grosseteste considérait l'optique comme la science physique fondamentale. La lumière, pensait-il, était la première «forme» de matière originelle qui avait été créée et il la tenait pour une substance physique qui, à partir de sa source ponctuelle, se propageait selon le volume d'une sphère, engendrant ainsi les trois dimensions de l'espace, – une interprétation originale et scientifiquement intéressante du récit de la création dans le premier chapitre de la Genèse : «Que la Lumière soit.» Mais, au sujet de la lumière, Grosseteste ne se limitait pas à des spéculations philosophiques; stimulé par l'ouvrage d'Al-Haytham sur l'optique, il traita en détail du

Sur Al-Haytham, voir pages 298-300.

comportement des rayons de lumière; il discuta des rayons visuels directs, des rayons réfléchis et des rayons réfractés, ainsi que de la formation de l'arc-en-ciel. Il est très intéressant lorsqu'il traite de la réfraction car, lorsqu'il en arrive à parler des images formées par les lentilles et les miroirs, il écrit que tout cela était «inconnu et jamais abordé parmi nous jusqu'à l'époque actuelle» et que : «Cette partie de l'optique, quand elle est bien comprise, montre comment nous pouvons faire pour que des objets très éloignés paraissent situés très près, et pour que des objets proches et grands apparaissent petits, et comment nous devons faire pour que de petits objets placés à distance apparaissent aussi grands que nous le souhaitons, de telle sorte qu'il nous soit possible de lire les plus petites lettres à une distance incroyable, ou de compter le sable, ou le grain, ou les semences, ou n'importe quelle sorte d'objets minuscules.»

A la lecture, ce passage extrait de *Sur l'arc-en-ciel ou sur la réfraction et la réflexion* ressemble à une description de lentilles, divergentes et convergentes, et du télescope. Cependant, comme nous le verrons plus loin, on s'accorde généralement à penser que le télescope n'apparut que trois cent cinquante ans plus tard. Il se peut cependant que Grosseteste ait fait suffisamment d'expériences avec des miroirs concaves et des lentilles convergentes et divergentes pour se convaincre qu'un tel appareil était possible, même si les qualités optiques de ses lentilles ne pouvaient lui fournir que de médiocres résultats. Mais nous y reviendrons dans un moment. *Illustration page 337.*

Grosseteste traita aussi de la loi de la réfraction de la lumière à travers des lentilles, mais il ne parvint pas sur ce point à une compréhension parfaite; celle-ci n'interviendra qu'en 1621 ou ultérieurement. Néanmoins, ses travaux optiques furent une grande œuvre et une première manifestation de la stimulation que l'afflux des ouvrages scientifiques grecs provoqua sur le travail scientifique et expérimental.

Maître à l'université, Grosseteste dut avoir quantité d'élèves, mais son disciple le plus remarquable, du point de vue de la science du moins, fut Roger Bacon, de cinquante ans son cadet. Bacon enseigna à Paris à partir de 1241 mais, six ans plus tard, en 1247, il était de retour à Oxford où il fut présenté à Grosseteste. L'influence de ce dernier sur Bacon fut immense; il dut en fait enflammer l'imagination du jeune homme de façon réellement extraordinaire car, à dater de ce moment, Bacon passa le reste de sa vie à promouvoir l'étude des langues, des mathématiques, et tout spécialement de l'optique, et il se plongea lui-même dans la science expérimentale.

A l'âge de 40 ans environ, Bacon se fit franciscain, mais il n'en retira, semble-t-il, que des ennuis. Il fut aussitôt en conflit avec saint Bonaventure, alors général de l'ordre, essentiellement à propos de l'alchimie (la question de la transmutation des métaux communs) et de l'astrologie, dont Bacon était partisan et que Bonaventure détestait toutes les deux; ce désaccord était exacerbé par l'exigence de Bonaventure, qui s'opposait à ce que des ouvrages sur des thèmes touchant à l'une de ces matières ou à la théologie fussent publiés par des membres de l'ordre sans son autorisation expresse. Bien que Bacon ait tourné le règlement en obtenant de Guy de Foulques (le futur pape Clément IV) qu'il sollicitât des copies de ses travaux, ses conceptions continuèrent de lui valoir des tracas. Après qu'il eut écrit un texte où il condamnait les méthodes d'enseignement des dominicains et des franciscains, son impopularité grandit auprès des autorités, et l'on n'est guère surpris d'apprendre qu'il fut finalement emprisonné pendant quelques années, surtout à cause de son «enseignement averroïste», une condamnation qui, à l'époque, signifiait qu'il considérait la raison et la philosophie comme supérieures à la foi et aux connaissances révélées (Averroès était le nom sous lequel Ibn Rushd fut connu dans la chrétienté).

Sur les travaux d'Ibn Rushd en astronomie, voir pages 285-286.

Roger Bacon fut un personnage important, non parce qu'il se révolta contre l'autorité, mais à cause des qualités positives de ses conceptions scientifiques, si teintées fussent-elles de nuances alchimiques et astrologiques. Pour Bacon, il existait quatre obstacles à l'appréhension de la vérité des choses : *1.* «une autorité débile et incompétente», *2.* de vieilles habitudes, *3.* une opinion publique ignorante, *4.* la dissimulation de l'ignorance individuelle sous un étalage de sagesse apparente. Le fait que certaines de ces critiques (si ce n'est toutes) et surtout la dernière soient toujours valables donne la mesure de la clarté de pensée de Bacon. Il ne rangeait pas l'autorité des Écritures dans sa première catégorie, encore qu'il ait affirmé que cette autorité devait être éclairée par la raison et que la raison, quant à elle, devait être confirmée par l'expérience. Quelle sorte d'expérience? Là encore, Bacon était précis; il divisait l'expérience en deux catégories : celle que l'on acquiert grâce à une expérience mystique intérieure, et le savoir acquis par l'intermédiaire des faits extérieurs, avec l'aide d'instruments, et qui est précisé grâce à l'utilisation des mathématiques. Il confirmait ainsi la croyance de Grosseteste en l'importance de l'évidence observée, une attitude qui revêtit une importance décisive quelque trois siècles plus tard.

Bacon poursuivit en assurant que les sciences physiques

A gauche. Dessin du début du IXe siècle représentant une cautérisation, traitement qui était censé extraire du corps les liquides nocifs au moyen d'ulcères. Biblioteca medicea-laurenziana, Florence.

A gauche. Grands alambics alchimiques pour la distillation. L'alchimie occidentale s'intéressait beaucoup plus que l'alchimie orientale à la transmutation des métaux communs en or.

A droite. Éclipses de Soleil et de Lune, telles qu'elles furent décrites par Joannes de Sacrobosco (Holywood) dans le *De sphæra,* publié vers 1220. Universitäts Bibliothek, Bâle.

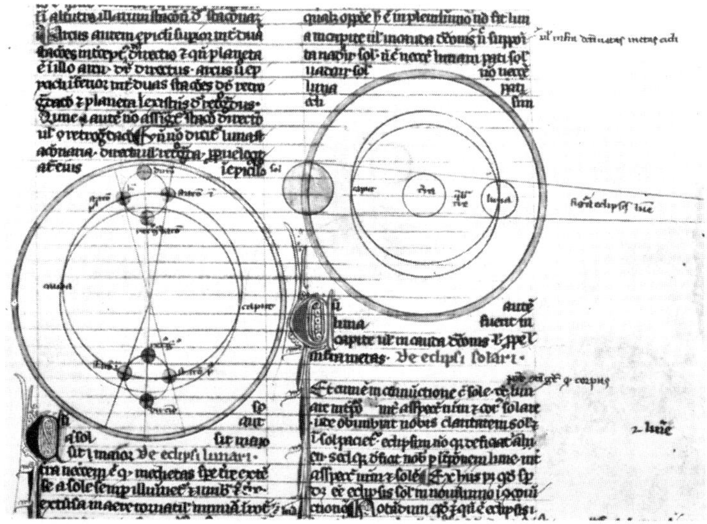

A droite. Croquis byzantin d'un laboratoire alchimique, avec l'appareillage connu vers 300 après J.-C. L'alchimie et l'astrologie furent les seuls domaines de la science qui fleurirent à Byzance, surtout avant le ve siècle et après l'an 1000 après J.-C. Bibliothèque nationale, Paris.

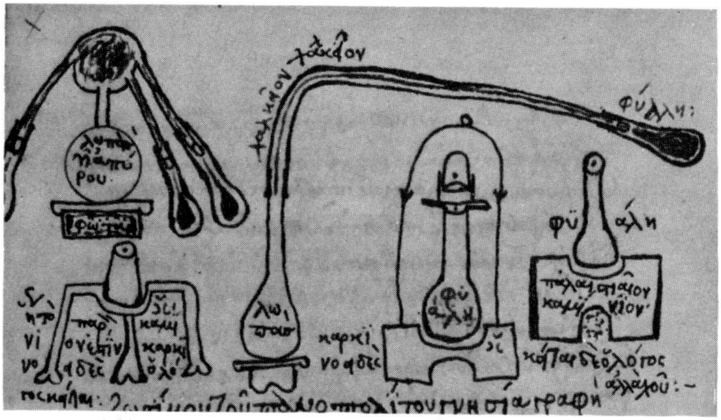

A droite. La «formule du Crabe», une formule alchimique pour la transmutation des métaux communs en or, de l'érudit byzantin Zosime (vers 300 ap. J.-C.). Elle énumère une série de matériaux et de processus, compréhensibles pour les seuls initiés. Biblioteca nazionale marciana, Venise.

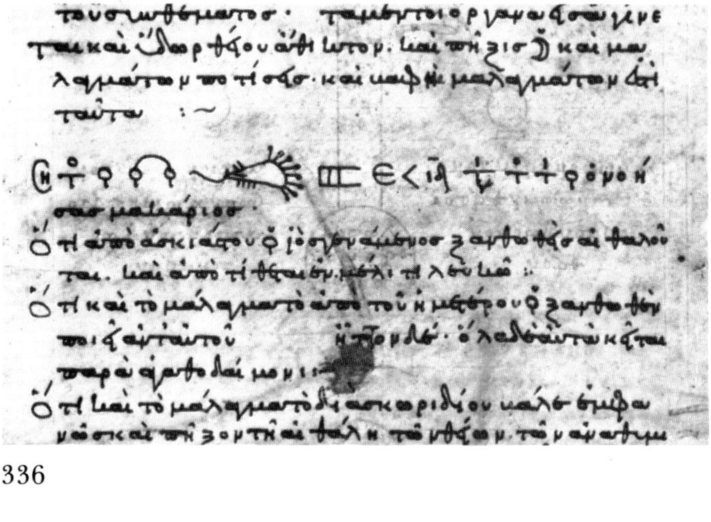

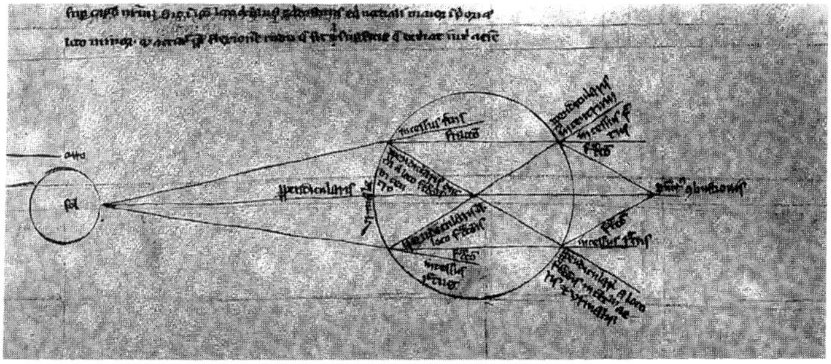

Ci-dessus. Portrait d'un frère dominicain portant des lunettes, par Thomas de Modène, 1352; c'est la première illustration connue de lentilles employées pour cet usage.

Ci-dessus, à gauche. Étude de la diffraction de la lumière par une lentille sphérique, réalisée par Robert Grosseteste au milieu du XIIIe siècle. British Library, Londres.

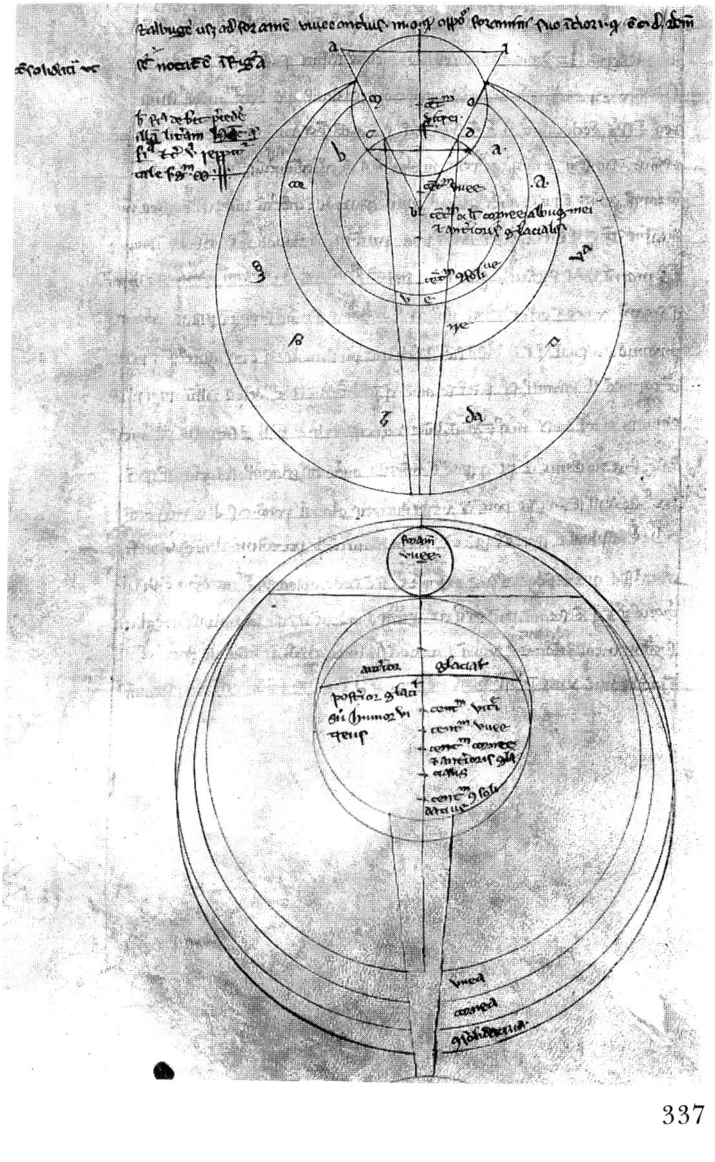

A gauche. Étude de Roger Bacon sur la structure interne et sur l'optique de l'œil, extrait de l'*Opus Majus,* 1268. On peut la comparer au dessin d'Al-Haytham, page 293. British Library, Londres.

A droite. La tour de la philosophie; la théologie, «la reine des sciences», domine la hiérarchie du savoir, qui comprend la géométrie, l'astronomie, la logique, la musique et la poésie. Extrait de la *Margarita Philosophica,* de Georg Reisch, 1508.

A droite. Un chariot tiré par des chevaux, équipés de l'inefficace harnais médiéval à traits latéraux. *Psautier de Luttrell* vers 1338. British Library, Londres.

conduisaient non seulement à la connaissance des choses, mais aussi à la connaissance de leur Créateur, ces deux types de connaissance formant une unité sous la conduite de la théologie. Aussi était-il d'avis que les hommes devaient étudier les langues, les mathématiques, l'optique, la science expérimentale, l'alchimie, la métaphysique et la philosophie. Manifestement, il n'existait pas de conflit dans son esprit entre la philosophie, la métaphysique, la religion et la science expérimentale *(scientia experimentalis).* Toutes faisaient partie des connaissances de l'homme, révélées ou issues de l'observation. En cela, la conception de Bacon était plus médiévale que moderne et, bien entendu, sa *scientia experimentalis* n'était pas notre science expérimentale moderne; elle tenait plutôt de ce qui sera plus tard appelé *magia naturalis,* ou magie naturelle. Celle-ci était un savoir acquis à partir de l'expérience du monde physique, en utilisant les seuls sens ou avec l'aide d'instruments, et elle conduisait à des découvertes et des descriptions «merveilleuses»; mais ce n'était pas un savoir obtenu au moyen d'expériences spécialement conçues pour répondre à une question spécifique; ce type d'expérience appartient à une époque très postérieure. Néanmoins, le travail de Bacon fut un progrès dans cette voie, comme le prouvent ses importants travaux en optique.

Sur la description du fonctionnement de l'œil, par Al-Haytham, voir pages 299-300.

Tout comme Grosseteste, Bacon fit appel aux observations d'Euclide, de Ptolémée et d'Al-Haytham, et souligna également que les lentilles pouvaient être utilisées non seulement pour brûler, mais aussi pour agrandir et pour aider les vues défaillantes. Il reprit l'exposé d'Al-Haytham sur l'œil en le présentant comme la description d'un système de formation d'images, et le compléta en établissant huit règles originales pour classer les surfaces des lentilles concaves et convexes en fonction de l'œil. Comme celles de Grosseteste, ses observations relatives à leurs effets optiques sont intéressantes; en voici un passage, extrait de son *Opus majus* (Grand Œuvre) qui fut achevé vers 1267 : «Nous pouvons façonner des corps transparents et les disposer de telle sorte que, par rapport à notre vue et aux objets de la vision, les rayons soient infléchis de la façon que nous désirons et selon l'angle que nous souhaitons; ainsi nous pouvons voir un objet proche ou lointain. Ainsi, d'une distance incroyable, nous pouvons lire les plus petites lettres... Ainsi nous pouvons également faire que le Soleil, la Lune et les étoiles descendent en apparence ici-bas.»

Illustration page 337.

Bacon avait-il un télescope expérimental? L'hypothèse serait dans les limites du possible, bien que, s'il en avait eu un, il paraît vraisemblable, compte tenu des lentilles disponibles à l'époque, que l'agrandissement eût été faible et l'image optique obtenue grâce à lui très mauvaise. De plus, vu les conceptions générales propres à la mentalité médiévale, il est très improbable qu'on l'eût utilisé comme un instrument d'observation scientifique; on l'aurait plutôt considéré comme une curiosité et comme un exemple de magie naturelle, ce qui fut le cas en 1589, lorsque Giambattista della Porta publia une description semblable à celle de Bacon dans la version augmentée de sa *Magia Naturalis.*

Sur Della Porta, voir pages 408-409.

Bacon croyait à l'astrologie, mais on aurait tort de prêter trop d'importance à ce fait car c'était une conception bien ancrée et largement répandue à cette époque où la Terre était toujours le centre de l'univers et où le corps médical prescrivait ses traitements à des époques astrologiquement propices. Dans l'ensemble, Bacon avait un sens scientifique profond. C'est lui qui, dans ses écrits, introduisit le concept de «lois de la Nature». Il n'inventa pas le terme, qui figure dans les ouvrages de saint Basile (IVe siècle après J.-C.) et, plus loin encore dans le temps, chez Lucrèce, mais sa reviviscence sous la plume de Bacon était importante à ce moment du XIIIe siècle où des changements constants intervenaient dans la pensée philosophique. Cependant, les apports les plus fructueux de Bacon furent peut-être qu'il essaya toujours d'équilibrer une autorité par une autre, qu'il insista pour obtenir de bonnes traductions des ouvrages grecs et arabes et qu'il souligna l'importance de l'observation du monde physique. En fait, ses écrits montrent davantage les qualités que les défauts de la scolastique, ce mélange de dogme religieux et de philosophie qui fut le cachet de toute la pensée érudite occidentale entre le XIe et le XVe siècle.

Albert le Grand

Avec Robert Grosseteste et Roger Bacon, nous nous sommes rapprochés de ce que nous reconnaîtrions aujourd'hui comme appartenant à la science moderne, mais ils ne furent pas seuls à adopter cette approche ou à promouvoir des idées nouvelles, suscitées par la découverte des œuvres des auteurs grecs. Un de leurs remarquables contemporains, Albert le Grand, avait des conceptions similaires et une égale influence. Surnommé «le Docteur universel», il naquit à Laùingen en Souabe vers 1193; jeune homme de bonne famille, il fit ses études à l'université de Padoue, où il étudia les arts libéraux puis, contre les vœux de ses parents, il entra chez les dominicains. Albert le Grand enseigna dans les États germaniques jusque vers 1241, puis se rendit à l'université de Paris où il occupa la «chaire pour les étrangers». Sept ans plus tard, on le retrouve à Cologne où il fonda un *studium generale* car, en dépit de ses diplômes académiques en théologie, Albert était un savant doué de très vastes intérêts et d'un penchant pour l'enseignement. En effet, bien qu'il eût été provincial des dominicains germaniques pendant trois ans et évêque de Ratisbonne pendant trois autres années, l'essentiel de son existence fut consacrée à la prédication et à l'enseignement. Albert le Grand joua un rôle considérable en introduisant les sciences grecque et arabe dans les universités d'Europe occidentale, non sans se heurter à une forte opposition. *Grosso modo,* la science inscrite au programme d'étude universitaire de l'époque avait été recueillie soit à partir d'encyclopédies, qui étaient souvent un très bizarre mélange de faits et de fable, soit dans des ouvrages théologiques qui traitaient des six jours de la Création; ce n'était pas la science récemment redécouverte d'Aristote et des autres philosophes grecs. De plus, l'Église était généralement opposée aux idées d'Aristote, en particulier à celles ayant trait aux sciences physiques, et, en 1210, les autorités ecclésiastiques de Paris avaient condamné les ouvrages scientifiques d'Aristote, si bien que celui qui les enseignait, en public ou en privé, courait le risque d'excommunication. A cette époque, où presque tout l'enseignement était l'apanage de l'Église et où l'on croyait profondément et intensément aux tourments de l'enfer, c'était une menace aussi grave que terrifiante et, bien que l'interdiction eût été révoquée en 1234, elle freinait toujours une véritable diffusion de la science grecque dans les universités et les écoles.

Sur les difficultés qu'entraîna pour Albert le Grand son intérêt pour la science arabe, voir page 287.

En 1240, alors qu'il enseignait à Paris, Albert le Grand découvrit les travaux d'Aristote et il en fut si impressionné qu'il se laissa convaincre par ses confrères dominicains de paraphraser la science qu'ils contenaient. Ce qui s'avéra une tâche monumentale, car Albert le Grand ne se limita pas à la science aristotélicienne, mais il commenta également la logique, l'éthique, la politique et la métaphysique d'Aristote. Ce fut une réussite retentissante qui, aux yeux de certains érudits, plaçait Albert le Grand au niveau des célèbres commentateurs arabes et même à celui d'Aristote; d'où son nom de «Docteur universel». Dans ces paraphrases, Albert le Grand introduisit une certaine somme de pensée platonicienne – ce qui devint une habitude chez beaucoup de penseurs aristotéliciens du Moyen Age –, et il ne craignit pas de dire nettement lorsqu'il était en désaccord avec Aristote; contrairement à certains savants postérieurs, jamais il ne se laissa prendre au piège de l'infaillibilité présumée d'Aristote. En effet, il souligna l'importance de la connaissance fondée sur l'observation; la science, enseignait Albert le Grand, ne consiste pas simplement à croire ce que d'autres ont dit, mais implique l'investigation de la nature des choses.

Cette attitude à l'égard de la science est manifeste dans ses ouvrages scientifiques personnels. Il n'était pas satisfait de la façon dont Aristote avait traité le problème du mouvement des flèches et autres projectiles; il émit l'hypothèse que la Voie lactée était composée d'étoiles et que la Lune n'était pas un corps parfaitement dépourvu de taches, suggérant que les taches sombres qui la marquent, loin d'être des ombres projetées par la Terre, étaient en fait dues à des accidents de sa propre surface. Tout cela était nouveau, de même ses conjectures relatives à la façon dont les éléments forment des composés chimiques et le regard favorable qu'il portait sur la théorie atomique de Démocrite. Il n'écartait pas l'idée de transmutation, si chère aux alchimistes, bien qu'il doutât qu'ils y fussent jamais parvenus. Mais, comme pour Aristote, sa plus grande œuvre réside dans ses observations personnelles de la Nature. Il classa plus d'une centaine de minéraux – il en avait découvert beaucoup dans les mines et dans les fouilles qu'il visita au cours de ses tournées pastorales, lorsqu'il était évêque –, et trouva le temps non seulement d'étudier les animaux et les végétaux mais aussi d'écrire à leur sujet. Son traité *De animalibus* contient, il est vrai, quelques descriptions d'animaux fabuleux, mais Albert le Grand était toutefois assez sagace pour rejeter un certain nombre de mythes populaires dénués de fondement, telle la conviction très répandue que le pélican s'ouvre la poitrine pour nourrir ses petits. Points plus positifs : il observa l'accouplement des insectes, disséqua des grillons et examina leurs organes reproducteurs, il entreprit l'étude du développement du poulet, en observant le contenu d'œufs pondus depuis des laps de temps différents, observa également le développement de poissons et de mammifères, et se fit quelques idées précises sur la nutrition du fœtus. Il décrivit beaucoup d'animaux des régions nordiques, qu'Aristote n'avait pas connus, et émit l'hypothèse que, si des animaux peuplaient les régions polaires, ceux-ci avaient certainement une peau épaisse et un pelage blanc.

Albert le Grand fut tout aussi novateur à propos des végétaux. Il en fit d'excellentes descriptions, établit une classification systématique basée sur leur forme – en forme de cloche, en forme d'oiseau, en forme d'étoile, etc. –, et établit une distinction entre les épines et les piquants, sur la base de leur formation et de leur structure. Il fit également une étude comparative des fruits et fut le premier à relever l'importance de la température et de la lumière sur la croissance des arbres, à noter que la sève est insipide tant qu'elle est dans la racine et prend de la saveur seulement lorsqu'elle s'élève et, soit dit en passant, il fut aussi le premier auteur de l'Occident qui fit mention des épinards. Mais l'élément le plus intéressant peut-être de la botanique d'Albert le Grand est sa conviction que certaines espèces de plantes existantes pouvaient être transformées en d'autres et que, grâce à la greffe, on pouvait développer de nouvelles espèces.

Chez Albert le Grand, comme chez Grosseteste et Roger Bacon, nous avons saisi sur le vif les réactions de grands esprits à la stimulation que la science grecque provoqua sur une culture à laquelle manquait totalement jusqu'alors une étude systématique du monde physique. Mais, bien entendu, l'afflux de la philosophie grecque présentait des dangers pour les théologiens chrétiens; ses conceptions étaient païennes et hostiles à la religion révélée car elle avait été nourrie dans une culture prodigue en hommages peu sincères à un panthéon de dieux et de déesses, dont l'existence même était l'objet de réserves de la part des intellectuels. De plus, de nombreux aspects de la philosophie aristotélicienne étaient en désaccord avec les Écritures tenues pour authentiques par l'Église catholique, comme Grosseteste s'en était rendu compte. Que fallait-il faire alors? Sans doute, on pouvait sans danger laisser des hommes de l'envergure de Grosseteste ou d'Albert le Grand, dont l'orthodoxie était assurée, accéder aux textes originaux, mais que décider vis-à-vis des autres, dont la doctrine chrétienne pourrait devenir hérétique sous cette influence païenne? Manifestement, il était nécessaire de disposer d'une synthèse acceptable du christianisme et de l'aristotélisme. Il s'agissait là, très certainement, d'une tâche formidable. L'homme de la situation apparut : celui qui fut capable de procéder à un amalgame étroit et acceptable de la doctrine chrétienne et de la pensée païenne s'appelait Thomas d'Aquin.

Thomas d'Aquin

Né vers 1225 à Roccasecca, près d'Aquin (non loin de Naples), Thomas était le plus jeune fils d'une riche famille italienne qui soutenait l'empereur Frédéric II contre la papauté et dont la situation politique était de ce fait précaire. Sa famille le confia d'abord au monastère du Mont-Cassin pour qu'il y fasse ses études, puis, à l'âge habituel de 14 ou 15 ans, à la nouvelle université de Naples, où il étudia la grammaire, la logique et un peu de sciences naturelles. A l'âge de 20 ans et contre la volonté de sa famille, Thomas entra chez les dominicains, comme Albert le Grand; il fut presque aussitôt envoyé à Paris pour y parfaire son instruction car, au XIIIe siècle, les dominicains étaient à l'avant-garde de la vie intellectuelle. Il est possible qu'il ait été l'élève d'Albert le Grand à Paris; il est sûr que Thomas subit son influence au *studium generale* de Cologne.

Thomas d'Aquin manifesta très tôt ses talents de théologien et il occupa entre 1256 et 1259 une chaire de théologie à Paris. Puis, après une décennie passée en Italie, il repartit pour Paris où il occupa pour la seconde fois la chaire de théologie; inhabituelle, cette seconde nomination fut sans doute essentiellement due aux disputes sur l'aristotélisme qui avaient surgi à Paris entre les partisans de l'orthodoxie traditionnelle augustinienne et les averroïstes, qui penchaient plutôt pour la pensée indépendante d'Ibn Rushd. Une des questions clés en la matière était celle de la création du monde et Thomas d'Aquin fut prudent sur ce point. Il enseigna que la seule raison ne pouvait décider si le monde avait été ou n'avait pas été créé à un moment du temps, car, d'un point de vue purement philosophique, rien n'empêchait qu'il fût éternel. Manifestement, il s'agissait là d'un sujet à propos duquel le savoir révélé, issu des Écritures, était capital pour parvenir à une décision. Cependant, en dépit de son attitude, Thomas d'Aquin fut classé dans la même catégorie que les averroïstes et condamné en même temps qu'eux; sept ans plus tard, en 1277, il fut à nouveau condamné pour certains de ses écrits. Mais Thomas d'Aquin était alors décédé depuis trois ans (1274), un an après son retour à Naples où il avait fondé un *studium* dominicain près de l'université; c'est là qu'il enseignait et qu'il rédigea contre ses détracteurs des traités polémiques dans lesquels il parvint à une synthèse encore plus étroite de la philosophie païenne et de la théologie chrétienne.

Sur Ibn Rushd, voir pages 285-286.

A Paris, centre de ces débats intellectuels à propos du savoir récemment découvert, Thomas d'Aquin prit fait et cause en faveur de la raison, bien qu'il ne fût pas lui-même homme de science. Lui seul, pratiquement, était capable d'obtenir que la faculté de théologie modifiât son orientation et qu'elle trouvât un arrangement avec l'enseignement aristotélicien. Il s'opposa résolument à l'idée que tout savoir procéderait d'une illumination divine; selon lui, les aspects invisibles de Dieu pouvaient être appréhendés à travers Sa création visible. La raison pouvait apporter la vérité et la certitude. Le monde de la Nature était un livre écrit par Dieu. Tout cela, associé à ses interprétations théologiques minutieuses de la science grecque, signifiait que les chrétiens orthodoxes n'avaient rien à craindre de la philosophie païenne. En ce qui concernait la science, les Grecs révélaient le monde créé par Dieu; en ce qui concernait les matières touchant au salut, l'Église et les Écritures étaient les autorités révélatrices. Après sa mort et la condamnation de 1277, on commença d'évaluer à sa juste mesure le rôle joué par Thomas d'Aquin pour réconcilier l'orthodoxie chrétienne et la science grecque et, moins de cinquante ans plus tard, l'Église catholique occidentale le reconnaissait comme son maître le plus représentatif; il fut canonisé en 1323.

John Duns Scot et Guillaume d'Ockham

L'attitude que saint Thomas d'Aquin avait encouragée fut développée par deux autres philosophes importants, les franciscains John Duns Scot (né à Duns en Écosse, vers 1266) et Guillaume d'Ockham, né près de Londres une vingtaine d'années plus tard (vers 1285). Duns Scot rendit les choses «moins risquées» pour les hommes de science, en séparant l'expérience et le raisonnement scientifique de la théologie; il assura que le savoir le plus haut ne pouvait être acquis que par la conscience intime – une prise de conscience dans laquelle les sens n'intervenaient pas – et souligna le fait que Dieu, dans Son être infini, ne pouvait être connu au moyen de l'observation physique. Il affirma de surcroît que Dieu pouvait passer outre aux lois physiques et naturelles, si telle était Sa volonté, la seule réserve était qu'Il ne pourrait jamais rien faire qui fût en soi contradictoire. Duns Scot mourut en 1308.

Guillaume d'Ockham donna naissance à la doctrine philosophique du nominalisme qui, pendant les XIVe et XVe siècles, domina la pensée dans les universités de l'Europe du Nord. Cette doctrine traitait des «universaux» et concernait en réalité la question de l'essence et de l'existence. Il est inutile à notre propos d'entrer dans ses subtilités; signalons simplement au passage que Guillaume d'Ockham démontra qu'il ne pouvait y avoir de distinction réelle entre les deux – une attitude qui exercera encore une influence aux XVIIe et XVIIIe siècles sur des philosophes tels que John Locke et David Hume. Ockham, dont on a surtout retenu le principe philosophique d'économie, désigné par l'expression «le rasoir d'Ockham» – *entia non sunt multiplicanda praeter necessitatem*, «les entités ne doivent pas être multipliées au-delà du nécessaire» –, poussa plus loin encore la séparation entre le savoir scientifique et le savoir révélé que Duns Scot avait proposée à la génération précédente. Bien qu'il fût en désaccord profond avec les conceptions philosophiques générales de Duns Scot, Ockham partageait son attitude à l'égard de la science.

Le mouvement

La séparation entre la science et la religion fut encouragée par la condamnation en 1277 de la philosophie aristotélicienne même si elle ne lui est pas entièrement due. Associée au respect porté plus tard à l'interprétation par Thomas d'Aquin de certains enseignements d'Aristote qui heurtaient le dogme chrétien, elle incita les hommes qui s'intéressaient à la science à spéculer et même à considérer d'un œil critique la science aristotélicienne. Dans nul domaine ce ne fut plus évident qu'à propos de l'enseignement d'Aristote au sujet des corps en mouvement. En effet, l'une des rares questions scientifiques dont saint Thomas d'Aquin traita personnellement fut le problème difficile du mouvement des projectiles. C'était l'un des essais les moins heureux d'Aristote sur le mouvement et cet insuccès tenait à sa conviction qu'une force devait être exercée constamment pour qu'un corps adoptât un mouvement «forcé» (c'est-à-dire un mouvement différent de l'espèce «naturelle» de mouvements, tel celui de tomber au sol). Si cette force cessait de s'exercer, le mouvement «forcé» cesserait lui aussi. Ainsi, dans le cas d'une flèche lancée par un arc, si la force qui provoquait son mouvement «forcé» vers la cible cessait, la flèche devrait tomber directement au sol. Cette conception dans son ensemble soulevait maints problèmes.

Sur la théorie du mouvement d'Aristote, voir page 134; sur la conception différente des hindous, voir page 260.

Tout d'abord, son principe de base était qu'une force constamment exercée produisait un mouvement régulier ou uniforme; elle n'avait pas pour résultat une accélération (contrairement à ce que nous attendrions aujourd'hui), parce que sa conception impliquait que le corps se déplaçait contre une résistance (celle de l'air). Si la résistance était supprimée, le corps se déplacerait de plus en plus vite jusqu'à ce qu'il atteigne une vitesse infinie. C'était une des raisons pour lesquelles Aristote pensait que le vide total, qui n'aurait évidemment présenté aucune résistance, était impossible. Si l'on admettait le vide, un vide absolu, toute la question prenait alors des proportions absurdes.

Ensuite, il y avait la question – en fait la question principale – de ce qui gardait le corps en mouvement. Lorsque la corde de l'arc était relâchée, elle poussait la flèche et la mettait en mouvement. Mais pourquoi la flèche ne tombait-elle pas immédiatement au sol une fois qu'elle n'était plus en contact avec la corde de l'arc? Qu'est-ce qui la maintenait en mouvement? Aristote avait suggéré que l'air, partagé par la flèche en mouvement, se refermait derrière elle et la propulsait ainsi vers l'avant. Mais l'air était une substance qui s'opposait au mouvement : comment aurait-il pu être en même temps la force motrice?

L'un des premiers savants qui s'attaquèrent à nouveau au problème du mouvement dans un milieu qui résiste fut Thomas Bradwardine. Cet érudit d'Oxford, qui fut pendant un mois archevêque de Canterbury avant de mourir en 1349, victime de la peste noire (une variété de peste qui tua le tiers de la population européenne entre 1347 et 1351), écrivit un important *Traité des proportions.* Il avait pour thème essentiel le problème de la relation mathématique précise entre la grandeur de la force motrice d'Aristote, l'intensité de la résistance du milieu et la vitesse atteinte par le corps en mouvement. Bradwardine commença par démontrer que toutes les formules habituelles étaient inappropriées, parce qu'aucune ne satisfaisait entièrement à l'enseignement fondamental aristotélicien selon lequel le mouvement ne peut se produire que lorsque la force motrice dépasse la résistance; dans des conditions limites, toutes ces formules échouaient. Ayant mis en évidence leur inadéquation Bradwardine proposa sa propre solution qui faisait appel aux «puissances» des quantités variables mises en jeu – une étape qui ouvrit le problème à des examens plus approfondis et dont bénéficièrent ceux qui par la suite abordèrent la question, en particulier Nicole Oresme, un disciple du célèbre maître Jean Buridan.

Buridan, qui naquit à Béthune dans le nord de la France vers 1295, était un clerc séculier (c'est-à-dire qu'il n'était pas membre d'un ordre religieux). A deux reprises, il fut recteur de l'université de Paris et exerça une énorme influence sur l'étude des sciences physiques pendant la première moitié du XIVe siècle. Encouragé par les travaux d'Ockham, Buridan écrivit des ouvrages de logique et de physique. Sa renommée, aujourd'hui, repose surtout sur sa logique et sur l'allégorie connue sous le nom «l'âne de Buridan», qui se rapporte au problème du choix entre deux partis également désirables; l'allégorie décrit un âne placé entre un boisseau d'avoine et un seau d'eau, et mourant de faim et de soif parce qu'il n'arrive pas à décider s'il va commencer par boire ou par manger. L'origine de cette allégorie est obscure car l'exemple de Buridan évoquait le comportement d'un chien, non celui d'un âne, le choix portait sur deux quantités égales d'aliment, et non sur de l'eau et un aliment solide, et le chien ne mourait pas de faim, mais il réalisait que, dans un pareil cas, il lui fallait faire son choix au hasard.

Pour nous, l'importance de Buridan tient à ce qu'il se déclara ouvertement contre l'usage d'explications surnaturelles face à des phénomènes naturels et au fait qu'il croyait fermement au principe de causalité dans le monde physique; et surtout, c'est lui qui se rapprocha le plus de la solution du problème du mouvement d'un projectile en utilisant le concept d'impetus («élan»). Albert le Grand avait mentionné l'idée d'impetus, lorsqu'il avait traité ce que nous pouvons appeler le problème des projectiles, mais Buridan l'envisagea presque de la façon dont nous-mêmes considérons l'inertie, comme une caractéristique inhérente à un corps. De toute façon, l'attitude de Buridan fut très importante.

Fait intéressant, il appliqua la théorie de l'impetus au mouvement planétaire. Il émit l'hypothèse que Dieu avait peut-être, à l'origine, imprimé un impetus aux planètes et cette explication, qui paraît surnaturelle, était néanmoins un progrès par rapport aux idées aristotéliciennes, selon lesquelles chaque planète était mue par une intelligence directrice. C'était un progrès significatif vers une explication physique du comportement de tout l'univers et, de toute évidence, il influença les penseurs ultérieurs, en particulier Nicole Oresme, l'élève de Buridan.

Nicole Oresme

Né vers 1320, Nicole Oresme fit ses études à l'université de Paris, se lia plus tard d'amitié avec le dauphin (le futur roi de France, Charles V) et devint évêque de Lisieux, où il mourut en 1382. Prédicateur ardent, ami des princes, habile à la controverse et traducteur subtil d'ouvrages latins en français, il exerça une influence considérable et ses idées scientifiques furent largement diffusées.

Oresme n'admit pas l'idée, émise par Buridan, que l'impetus serait un don divin fait aux planètes et il s'en tint toujours avec la même ferveur aux intelligences directrices. Pour lui, il existait une différence fondamentale entre les mouvements terrestres et les mouvements célestes. Il ne se rallia pas davantage à l'idée de Buridan, selon lequel l'impetus serait une qualité permanente à un corps; il le considérait plutôt comme une force qui s'épuisait d'elle-même. C'était un développement intéressant et important : ainsi, l'impetus était synonyme d'une forme transitoire de la force imprimée qui propulsait le projectile après qu'il eut reçu l'impulsion initiale. Cependant, l'impetus ne durait qu'un temps et, lorsqu'il était épuisé, le projectile cessait de se déplacer et tombait au sol.

Oresme appliqua les mathématiques au mouvement des planètes et à celui d'autres corps, prolongeant ainsi les travaux de Bradwardine, car non seulement il utilisa les nombres «rationnels» pour les puissances des quantités variables dans le problème du projectile, mais il y introduisit aussi les puissances «irrationnelles». Comme les nombres irrationnels sont ceux qui ne peuvent être exprimés par des rapports simples [par exemple, alors qu'un nombre rationnel comme un demi (0,5) peut être exprimé par 1/2, un nombre irrationnel, tel que la racine carrée de 2 (1,4142136...), ne peut être écrit comme un rapport simple], Oresme pensait qu'il y avait une certaine indétermination numérique dans l'expression du comportement de l'univers. Ce qui lui fournissait un argument de poids contre l'astrologie qui, assurait-il, était fondée sur une détermination rigide.

Oresme appliqua également le concept de «centre de gravité» à tous les corps présents dans l'univers. En cela, il suivait Buridan qui pensait que la Terre modifiait légèrement sa position dans l'espace, car l'érosion de sa surface modifiait la position de son centre de gravité, qui devait se situer au centre de l'univers. Il évoqua également la possibilité de l'existence d'autres mondes habités dans l'espace, une idée lourde d'implications religieuses. Le fait même qu'il ait pu la suggérer montre à quel point la science et la religion s'étaient séparées, même s'il était encore obligatoire pour Oresme et ses contemporains, lorsqu'ils exprimaient, au nom de la science, des idées radicales ou non orthodoxes, de signifier très clairement qu'il s'agissait là de spéculations et non de descriptions de la réalité.

Le mouvement des corps en chute était un autre aspect des lois fondamentales du monde physique dont se saisirent, au XIVe siècle, les philosophes naturalistes. Dans les années 1330, on avait inventé au Merton College d'Oxford une méthode pour mesurer l'accélération uniforme par la vitesse moyenne; plus tard, Galilée adopta cette méthode, mais Oresme ne l'utilisa pas pour décrire le mouvement de la chute. Il suggéra que la vitesse de la chute des corps sur la Terre dépendait de la durée de la chute plutôt que de la distance qu'ils avaient parcourue; il est clair qu'il pensait en termes d'accroissements égaux de la vitesse dans des durées égales, ce qui annonçait l'expression moderne du taux d'accélération de 981 cm/sec chaque seconde. Oresme écrivit également sur les méthodes géométrique et numérique de l'analyse du mouvement; comme nous le verrons, ces travaux portèrent leurs fruits des siècles plus tard.

Conclusion

Le mouvement scientifique du Moyen Age tardif se concentra sur les sciences physiques, car c'était un terrain où il était possible d'exercer la précision de la pensée et la liberté de spéculer, ce qui aurait été plus difficile, voire impossible, dans d'autres domaines. Ce travail fut poursuivi pendant les siècles qui suivirent, au cours de la période que nous appelons la Renaissance et jusqu'à l'époque dite de la révolution scientifique. Et c'est dans le domaine des sciences physiques que nous verrons le plus nettement l'émergence de la science moderne, qui fut dans une grande mesure fondée sur les attitudes investigatrices des érudits de la fin du Moyen Age.

7. De la Renaissance à la révolution scientifique

Tout au long de l'histoire de la science, de nombreuses théories révolutionnaires se sont succédé à propos du monde physique, ainsi que de nombreux changements dans les paradigmes que l'homme adopta pour comprendre la façon dont l'univers fonctionne. Ces «révolutions scientifiques» n'eurent pas toutes la même intensité. Certaines, telles les révolutions majeures qui virent l'introduction des paradigmes mathématiques pour décrire le mouvement des planètes, d'abord chez les Babyloniens et plus tard chez les Grecs, se sont révélées être des progrès significatifs dans notre manière globale de considérer l'univers avec une compréhension nouvelle; d'autres, tel le paradigme d'Aristote de l'échelle de la Nature comme méthode de classement des myriades de créatures qui peuplent le monde, furent des mini-révolutions, importantes mais pas suffisamment radicales pour provoquer une réorientation totale de l'approche de l'homme vers ce sujet. Mais la révolution dans les conceptions et les idées fondamentales relatives à la Nature qui surpasse de très loin toutes les autres, celle qui engendra l'approche scientifique moderne, débuta au XVᵉ siècle et se poursuivit jusqu'à la fin du XVIᵉ siècle. Ses conséquences furent en fait si grandes qu'elle a reçu, à juste titre, le nom de révolution scientifique.

Ce n'est ni la première ni la dernière révolution de l'histoire de la science. Au cours des récentes décennies, on a beaucoup discuté sur la façon dont des idées scientifiques absolument fondamentales et même des «faits» scientifiques peuvent changer lorsqu'une nouvelle théorie se fait jour pour rendre compte de faits que les idées plus anciennes ne peuvent expliquer. Une nouvelle théorie de ce genre peut révolutionner son domaine. La théorie sera vérifiée si elle engendre des aperçus nouveaux et plus détaillés. De semblables changements dans les théories, ou paradigmes, peuvent varier en intensité et en ampleur : certains ne touchent qu'un seul domaine de la science et pendant une courte période. La révolution scientifique de 1500-1600, pour sa part, non seulement affecta tous les domaines de la science, mais elle changea les techniques de l'investigation scientifique, les buts que l'homme de science se fixait et le rôle que la science pouvait jouer en philosophie et même dans la société. Un changement si profond ne pouvait se produire spontanément; il fut le rejeton d'un changement plus général de la façon dont l'homme se voyait lui-même et voyait le monde où il vivait. Ce changement est appelé la Renaissance.

La Renaissance commença en Italie au XIVe siècle et l'on en voit les reflets dans les œuvres des poètes Pétrarque (1304-1374) et Boccace (1313-1375), dont l'humanisme et l'opinion que leur culture était l'héritière de l'Antiquité classique posèrent les fondations des conceptions propres à la Renaissance. L'influence de la littérature classique, manuscrits originaux et traductions, fut à l'origine de la Renaissance. Ces ouvrages ouvraient de nouvelles perspectives sur l'Antiquité classique qui inspira les écrivains et les poètes, les peintres et les sculpteurs, et les imprégna, ainsi que leurs mécènes, de conceptions humanistes. Leur effet débuta lentement mais acquit ensuite de la vitesse et, bientôt, il rivalisa avec l'approche médiévale ambiante. Ainsi, dans les années 1450, Laurent le Magnifique harcelait-il ses savants afin qu'ils traduisent les textes classiques tout récemment découverts, tout en priant un de ses amis de fouiller les librairies à la recherche d'un commentaire de l'*Éthique* d'Aristote, un produit typique de l'érudition médiévale. Cependant, le changement se fit progressivement. Stimulé par le savoir classique, l'humanisme imprégna tous les aspects de la vie culturelle qu'elle élargit et dont elle repoussa les frontières bien au-delà des confins du symbolisme religieux, si cher à la mentalité médiévale. Il commença à séculariser toujours davantage les attitudes mentales des individus qu'il encourageait à reconnaître la beauté dans le monde physique, et non plus seulement dans un monde limité à l'imagerie religieuse.

Illustration page 358.

Pourquoi la Renaissance a-t-elle débuté en Italie qui n'était, après tout, qu'un conglomérat assez flou de cités-États, sans unité culturelle commune? Pourquoi est-ce là que s'épanouit une nouvelle appréciation des valeurs humanistes? Il semble qu'il ne puisse y avoir de réponse univoque : il y avait le génie naturel d'un peuple, l'arrivée du développement économique et de l'esprit d'entreprise – en fait, la poussée de l'expansion capitaliste et un élément d'indépendance politique, ainsi que d'autres influences moins faciles à définir. De plus, la Renaissance n'a pas commencé au même moment dans toute l'Italie; elle débuta en Toscane, centre des activités bancaires en Italie, et province où une tradition d'érudition imprégnait la Cour et le cloître, et qui était de ce fait particulièrement sensible à tout nouveau stimulus intellectuel.

La Renaissance du XVe siècle ne vit pas seulement une redécouverte de l'Antiquité classique mais aussi une découverte nouvelle du monde lui-même. Ce fut une époque d'exploration géographique. Depuis que Ptolémée avait dressé la carte du monde au IIe siècle après J.-C., la géographie s'était sérieusement dégradée en Europe. La cartographie avait cessé d'être scientifique et de spécifier les lieux par un système de coordonnées; elle s'était muée en une cosmographie religieuse : le monde y était représenté par un disque, divisé par quelques sections en continents qui ressemblaient fort peu à leur forme véritable et dont la position même était située de façon incorrecte. Au XIVe siècle pourtant, un certain nombre de cartes marines de zones de la Méditerranée commencèrent à apparaître et elles indiquaient nécessairement de façon correcte les rivages des masses de terre, avec leurs rades et leurs ports. Les Portugais entamèrent alors une série de voyages d'exploration qui les conduisirent à la création d'un empire portugais d'outre-mer et à l'importation des denrées, surtout des épices, qui avaient une importance économique. Leur première expédition eut lieu en 1418 et s'acheva par l'occupation des Açores, de Madère et des îles Canaries; des expéditions ultérieures entraînèrent différents établissements le long de la côte occidentale de l'Afrique, jusqu'à la Sierra Leone, et l'annexion des îles du Cap-Vert. En 1500, ils avaient atteint l'Inde.

Illustrations pages 355, 356, 357.

Le plus célèbre de tous les explorateurs de cette période est indéniablement Christophe Colomb. Sa renommée tient à ce qu'il découvrit l'Amérique, encore que tel n'était pas son but, ni celui de la cour d'Espagne qui l'avait patronné. Ce qu'il cherchait réellement à faire était de trouver, par l'ouest, une route vers l'Extrême-Orient. Basés sur les écrits géographiques et l'Antiquité classique ainsi que sur les sources hébraïques, arabes et européennes, ses calculs contenaient deux erreurs fondamentales, sans lesquelles cependant il n'eût jamais osé entreprendre ce voyage. L'une était la croyance que la masse de terre de l'Extrême-Orient s'étendait beaucoup plus loin vers l'Est qu'elle ne le fait en réalité, l'autre le calcul fait par lui-même de la distance qu'il aurait à couvrir. Il mit à la voile en 1492 et atteignit le Nouveau Monde.

Illustration page 359.

La découverte de nouvelles routes maritimes et de nouvelles zones du monde, en particulier celle d'un «Nouveau

Monde» totalement inattendu à l'Ouest, eut une répercussion profonde sur les conceptions contemporaines. Elle souligna le fait qu'en dépit de la grandeur de leur civilisation, les Anciens ne connaissaient pas tout ce qu'il y avait à connaître à propos du monde; cela signifiait que l'homme n'avait qu'à regarder et qu'il serait alors susceptible de faire des découvertes totalement neuves dans d'autres domaines.

Les voyages d'exploration ne furent pas financés par le Portugal et par l'Espagne comme s'il s'agissait d'aventures, mais pour des raisons de prestige national et, surtout, pour en tirer des profits commerciaux. Cependant, ce ne furent pas les seules entreprises commerciales qui provoquèrent un effet sur la Renaissance; il y eut également les inventions importantes du papier et de l'imprimerie. Toutes deux étaient originaires de Chine et gagnèrent l'Occident par l'intermédiaire de l'Islam. Développé au début du IIe siècle après J.-C. par Cai Lun, le papier atteignit les oasis d'Asie centrale au cours des quelque cent années qui suivirent, puis sa progression se ralentit. Vers le VIIIe siècle, on en fabriquait à Samarkand; au Xe siècle, on en utilisait dans les bazars du Caire pour emballer les marchandises, mais on n'en disposa pas en Europe avant 1150. La transmission de l'imprimerie suivit un cheminement pratiquement identique. Des livres imprimés apparurent en Chine dès le IXe siècle et, presque aussitôt après, un commerce de livres y prospéra; un siècle plus tard, des passages du *Coran* étaient imprimés au Caire. Les premiers objets imprimés qui furent mis en vente en Europe étaient des cartes à jouer; on en signale pour la première fois en Allemagne en 1377. L'Allemagne fut également le centre à partir duquel l'imprimerie commença de se répandre après l'invention, au cours de la première moitié du siècle suivant, des caractères mobiles par l'orfèvre Johannes Gutenberg. C'était un développement capital car il signifiait que n'importe quelle sorte de livre pouvait être fabriquée grâce à un stock de lettres alphabétiques séparées.

Sur l'invention de l'imprimerie en Chine, voir page 241.

Après cette invention, le procédé se propagea rapidement en Europe. Pour tous ceux qui, par force, dépendaient de manuscrits écrits à la main, c'était une révolution de la plus haute importance. Désormais, les commentaires et les originaux ne risquaient plus d'être dénaturés par les erreurs des copistes; de plus, alors que la fabrication de copies manuscrites avait été lente, fastidieuse et coûteuse et, pour une large part, confinée aux seuls monastères, à présent, une fois que la page imprimée avait été composée, plus on pourrait en faire de copies et moins le produit final serait cher. Et, comme

Page 355, en haut à gauche. Une carte du monde «T-O» du XIVe siècle. Le «O» est formé par l'océan. La moitié supérieure de la carte est occupée par l'Asie, Jérusalem, la mer Rouge et l'Égypte; l'Europe est située en bas à gauche – l'Italie et l'Espagne sont indiquées –, et l'Afrique en bas à droite. Biblioteca nazionale marciana, Venise.

En haut à droite. Gerhard Mercator (à gauche) et son collaborateur, Jesse Hondius. Ils dressèrent le premier «atlas» (1595) et inventèrent indépendamment la première projection que les marins pouvaient utiliser facilement; la gravure sur cuivre, qu'ils introduisirent, permettait l'exécution de cartes extrêmement précises. British Library, Londres.

En bas à gauche. Reconstitution de l'horloge du XIVe siècle du clocher du château de Douvres, pourvue d'un échappement à axe et à foliot. Le développement de mécanismes compliqués pour donner l'heure stimula les progrès scientifiques et technologiques pendant la Renaissance. Science Museum, Londres.

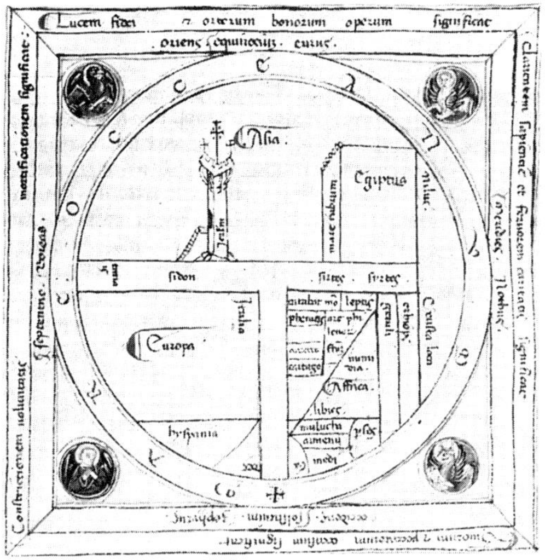

Ci-dessus. John Dee (1527-1608), mathématicien, alchimiste et astrologue anglais, inspiré par l'hermétisme. Il est typique des érudits de la Renaissance qui abordèrent avec une rigueur scientifique l'étude des sciences occultes. Ashmolean Museum, Oxford.

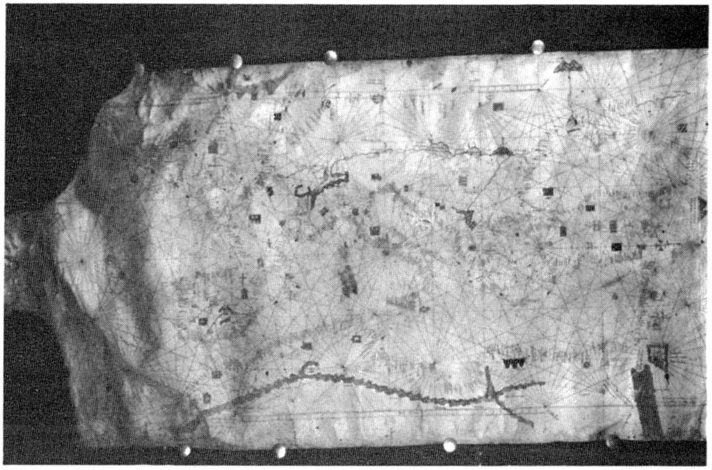

A gauche. Un «portulan», carte du XIVe siècle, qui reproduit les côtes et les ports des rivages méditerranéens et atlantiques de l'Europe, tels qu'ils ressortaient de l'expérience des marins. British Library, Londres.

A gauche. Une presse à imprimer allemande de 1522; la diffusion de l'imprimerie pendant les soixante-dix années précédentes avait hâté la création d'une communauté scientifique en mettant les idées et des illustrations scientifiques à la disposition de tous ceux qui pouvaient accéder aux livres.

Page 356. Le premier globe terrestre connu; il fut exécuté, d'après les théories de Ptolémée, par Martin Behaim en 1492, l'année où Christophe Colomb découvrit le Nouveau Monde. Cette illustration montre la côte de l'Afrique orientale et l'océan Indien, tels qu'on les envisageait six ans avant que Vasco de Gama ne double le cap de Bonne-Espérance. Germanisches Nationalmuseum, Nuremberg.

A droite. L'univers, tel que le concevait Dante aux alentours de l'an 1300, alliait la vision chrétienne du Ciel, du Purgatoire et de l'Enfer au concept aristotélicien des sphères. Extrait d'un essai de Michelangelo Caetani (1872).

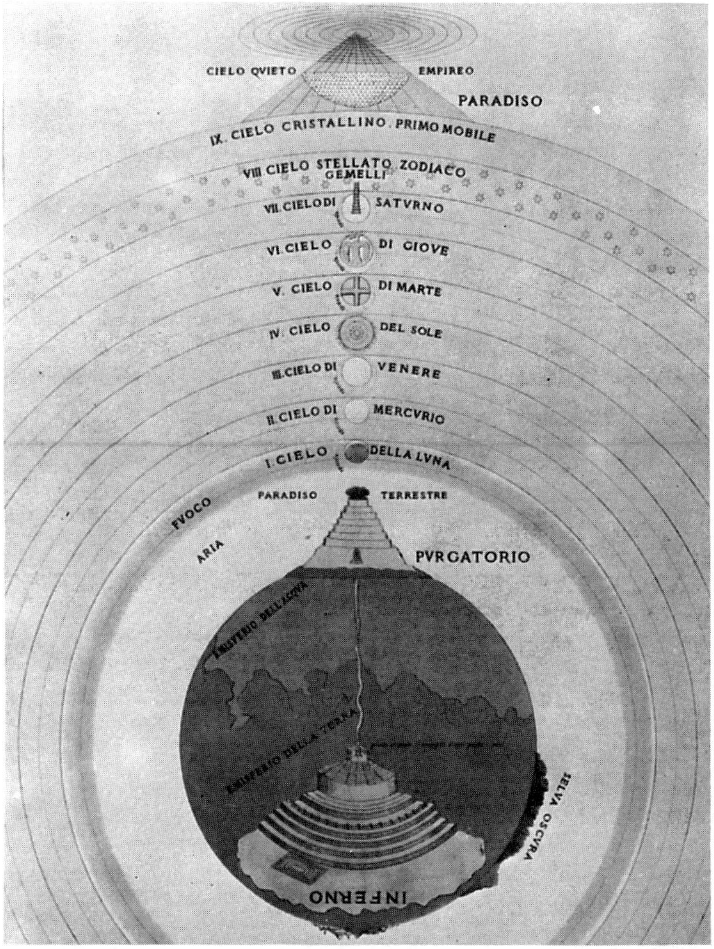

A droite. «La Boucherie», d'Annibal Carrache (1560-1609), un exemple puissant de matérialisme, de réalisme et d'intérêt pour l'anatomie dans l'art de la Renaissance. Christchurch, Oxford.

Ci-dessus. Debout sous une sphère armillaire, Hermès Trismégiste converse avec des astronomes; fresque des appartements Borgia au Vatican, exécutée par Pinturicchio (v. 1454-1513).

Ci-dessus, à gauche. Détail du *Printemps*, de Sandro Botticelli (v. 1444-1510), une peinture où se fondent les imageries chrétienne et païenne sur les principes hermétiques et néoplatoniciens. Galleria degli Uffizi, Florence.

A gauche. La caravelle de Christophe Colomb, d'après une tapisserie contemporaine. L'art de la navigation de haute mer suscita chez de nombreux philosophes de la Renaissance une nouvelle conception scientifique indépendante.

l'ensemble des érudits capables de lire le latin était relativement restreint, les imprimeurs commencèrent à publier des livres en vernaculaire. C'est ainsi que la nouvelle pensée de la Renaissance se propagea bien au-delà des limites des cloîtres et des universités.

Illustration page 357.

En Europe, l'invention de l'imprimerie au moyen de caractères mobiles coïncida avec une autre invention : la technique d'impression d'illustrations au moyen de feuilles de métal gravées. Mise au point vers les années 1450, dans la vallée du Rhin et dans l'Italie du Nord, par des hommes qui avaient eux aussi reçu une formation d'orfèvre, elle contribua également à l'expansion du savoir à l'époque de la Renaissance et se révéla d'une importance particulière dans certains domaines scientifiques. Le développement de l'impression au moyen de la très délicate gravure sur bois s'avéra également bénéfique à la progression de la science. Bien entendu, l'importance de l'invention de ces techniques d'imprimerie n'échappait pas à la plupart des savants et un phénomène nouveau surgit : l'avènement d'imprimeurs et de graveurs érudits. Des artistes se saisirent également de l'art de la gravure. A Nuremberg, Albert Dürer fut un exemple très remarquable de peintre créateur, qui apprécia les succès matériels que l'on pouvait attendre de copies gravées de ses œuvres et qui, en passant, joignait à ces activités l'impression de ses propres ouvrages.

Illustration page 372.

La Réforme

Outre qu'elle servit la science, l'imprimerie joua également un rôle très significatif dans le domaine de la religion où l'humanisme et l'indépendance de la pensée qu'encouragea la Renaissance eurent pour effet de diviser la chrétienté. Les révoltes religieuses n'étaient évidemment pas un phénomène nouveau, mais il existait à présent des insatisfactions vis-à-vis de l'autorité autocratique de Rome. Au cours des années 1420, en Bohême, Jean Huss réclama une liturgie tchèque au lieu de la liturgie latine, ainsi que d'autres changements; il protesta fermement aussi contre la pauvreté de nombreux membres du clergé et demanda que les biens d'Église leur fussent attribués. Ses partisans furent cruellement persécutés. En Angleterre, John Wycliffe, qui avait été pendant quelque temps maître d'étude au Balliol College d'Oxford, avait prêché une génération plus tôt des réformes pratiquement semblables. Il avait également entrepris de traduire la Bible en anglais. Après le développement de l'imprimerie, et lorsque des milliers de copies de traductions des Écritures en anglais purent paraître, le mouvement de réforme de l'Église reçut un élan qui allait l'entraîner très loin, et même hors des limites de ce que beaucoup considéraient comme le joug de Rome.

Avec le recul du temps, il n'est pas difficile aujourd'hui de mesurer l'ampleur des difficultés que l'Église établie rencontra pour préserver «l'âge d'or» de la «foi pure» des premiers chrétiens, que les réformateurs avaient pour objectif de retrouver. Car, pour survivre et obtenir des conversions, l'Église des premiers temps avait été contrainte d'accepter certains compromis et de s'accommoder jusqu'à un certain degré des modes de pensée et de conduite des convertis eux-mêmes. C'est ainsi que certaines coutumes païennes s'intégrèrent au christianisme; les anciens rites païens de fertilité devinrent les fêtes et les offices d'action de grâces de l'Église. Et lorsque des tribus entières se convertirent, comme dans les territoires germaniques, une coutume locale antérieure, qui consistait à commuer la peine consécutive à un crime en paiement d'une somme d'argent, fut adoptée dans son intégralité. Puis, lorsque l'organisation de l'Église devint à la fois plus centralisée et plus réglementée, cette coutume donna naissance à la vente d'indulgences, une pratique qui entraîna de graves abus.

Au cours des siècles, cette pratique que l'Église avait établie dans les meilleures intentions s'était corrompue. Des réformes étaient nécessaires et, bien qu'une simple épuration des pratiques abusives eût suffi, d'autres facteurs spirituels, politiques et sociaux, déjà à l'œuvre pendant les trois siècles qui précédèrent l'aube de la Renaissance, en décidèrent autrement.

Bref, la scène était prête pour un acte, ou pour une série d'actes de régénération, mais, lorsqu'ils se produisirent au début du XVIe siècle, l'Église ne put les contrôler : la chrétienté fut déchirée par un mouvement qui reçut par la suite le nom de Réforme et le protestantisme en naquit. Bien entendu, la papauté fut obligée de réagir et il y eut une Contre-Réforme. Certaines réformes internes eurent lieu vers le milieu du XVIe siècle et l'Église remit en vigueur l'Inquisition, qui avait été instaurée à l'époque médiévale pour poursuivre l'hérésie, la magie noire, la sorcellerie et l'alchimie.

Cet ensemble – Réforme et Contre-Réforme – eut un effet profond sur la croissance et la pratique de la science pendant la Renaissance et longtemps après elle, comme nous le verrons quand nous décrirons les progrès de la science à partir du XVe siècle. Cela se produisit en raison de l'éthique du protestantisme naissant. D'une part, l'attitude protestante à l'égard du travail encouragea dans l'Europe du Nord (et surtout en Allemagne) l'essor du capitalisme de l'époque, de l'autre, elle stimula la recherche scientifique. L'impulsion scientifique découla du désir d'utiliser la découverte pour donner naissance à une représentation de l'univers plus ordonnée et plus cohérente; il s'y ajoutait l'ambition de mieux connaître l'œuvre de Dieu.

Cela aida à satisfaire un besoin ressenti par ceux qui estimaient que les visées de Dieu à l'égard de l'homme devaient être recherchées dans la Bible et dans la Nature plus que dans les mystères des sacrements de l'Église.

L'hermétisme

Des recherches menées au cours des deux dernières décennies ont montré que, pendant la Renaissance et pendant une courte période qui la suivit, il y eut un autre mouvement dans la pensée et les croyances qui, comme la religion orthodoxe, exerça une influence profonde sur l'étude du monde physique. C'était un ensemble mi-religieux mi-magique d'idées, attribué à Hermès Trismégiste et connu sous le nom d'hermétisme. Ces idées se fondaient sur les écrits, censés venir d'Égypte et remonter à l'époque de Moïse, rédigés ou inspirés par Thot, dieu égyptien du calcul et du savoir, et conseiller des autres dieux du panthéon égyptien. Son équivalent grec était Hermès et, étant donné le respect hyperbolique des Grecs à l'égard des mystères égyptiens, il avait reçu à l'époque hellénistique le qualificatif supplémentaire de Trismégiste, «Trois fois grand».

Il fut démontré au XVIIe siècle que les écrits hermétiques ne dataient pas de l'Égypte ancienne mais, au XVe siècle, lorsque ces écrits et d'autres ouvrages de l'Antiquité parvinrent en Italie, nul ne douta de leur authenticité. Après tout, ils étaient accompagnés de ce qui parut être des garanties irrécusables. L'apologiste chrétien Lactance (vers 260-vers 325), connu au temps de la Renaissance sous le nom de «Cicéron chrétien» et auteur des *Institutions divines* qui furent le premier exposé méthodique latin de l'attitude chrétienne face à la vie, n'avait aucun doute quant à leur authenticité. Il est clair en effet que Lactance pensait qu'Hermès Trismégiste avait été un allié païen du christianisme, un véritable exemple de l'importance d'utiliser le savoir païen pour soutenir la foi chrétienne; Lactance le cita dans ses *Institutions*. Il alla même plus loin; l'expression «Fils de Dieu» et la référence au «Fils de Dieu et du Verbe», utilisées par Hermès Trismégiste, conduisirent l'apologiste à considérer Hermès comme le plus important de tous les prophètes de l'Antiquité qui avaient prédit l'avènement du christianisme. mais on pouvait aussi s'appuyer sur d'autres que Lactance. L'authenticité des écrits hermétiques fut garantie par un personnage de la stature d'Augustin. L'évêque d'Hippone avait, il est vrai, condamné ce que «Hermès l'Égyptien, appelé Trismégiste» avait écrit à propos de la façon dont les Égyptiens animaient leurs «idoles» en leur insufflant des esprits, mais il n'en croyait pas moins qu'Hermès avait prédit l'avènement du Christ.

Vers 1460, un des agents employés par le puissant banquier toscan, Cosme de Médicis, acheta pour lui en Macédoine un manuscrit grec qui contenait quatorze des quinze traités qui composent les écrits hermétiques. Son arrivée provoqua une vive excitation. Cosme l'Ancien avait alors près de 70 ans et il était déterminé à lire avant sa mort tout ce qu'il pourrait de ces ouvrages philosophiques, magiques et mystiques; il ordonna donc à l'érudit Marsile Ficin, qu'il avait engagé pour traduire et interpréter les ouvrages issus de l'école platonicienne, de se pencher sur le corpus hermétique. Ficin était un des meilleurs intellectuels de l'époque; en 1462, il avait été nommé directeur de l'Académie platonicienne de Florence, qui occupait la villa des Médicis à Careggi; dotée d'une remarquable collection de manuscrits grecs, elle annonçait les académies scientifiques et érudites qu'allait connaître l'Italie. Pour Ficin, abandonner ses travaux sur Platon pour se concentrer sur les écrits hermétiques ne représentait pas une rupture aussi totale qu'il pourrait y sembler car les ouvrages hermétiques contenaient beaucoup de néo-platonisme; à l'époque, ce fait fut censé confirmer la croyance selon laquelle Platon lui-même s'était autrefois assis aux pieds des sages égyptiens. Bien entendu, Ficin était très conscient de l'importance des écrits hermétiques et, loin d'objecter aux instructions de Cosme l'Ancien, il semble avoir accueilli favorablement l'occasion d'exercer ses talents sur un ouvrage si éminent, qu'il aborda avec un mélange de crainte et de respect.

Sur le néo-platonisme, voir page 272.

On ne saurait s'étonner du respect de Ficin pour les écrits hermétiques. Non seulement ils avaient enflammé l'imagination de son maître, Cosme de Médicis, mais, quand celui-ci mourut en 1464, ils excitaient encore la curiosité de son petit-fils, Laurent le Magnifique, qui pressa Ficin de poursuivre son travail et commanda à Sandro Botticelli une peinture intitulée *Primavera,* riche de symboles hermétiques. Cependant, la vénération à l'égard de l'hermétisme n'était pas limitée aux Médicis et à leur entourage. Dans les années 1490, Bernardino di Betto di Biago (Pinturicchio) reçut une commande du pape Alexandre VI : décorer au Vatican une suite de six chambres – les appartements Borgia – de fresques hermétiques et, dans le pavement de l'extrémité ouest de la cathédrale de Sienne, la mosaïque représentant Hermès Trismégiste fut placée dans les années 1480. Partout ailleurs, au-delà de l'Italie et même, plus tard, dans le monde protestant, les écrits hermétiques furent révérés.

Illustration page 359.

Quels étaient donc les attraits de l'hermétisme? Sa séduction tenait certainement en partie à son contenu magique, mais il semble qu'elle ait été due surtout à son immense ancienneté. C'était un certificat de respectabilité pendant la Renaissance du XVe siècle : plus une civilisation était ancienne, plus elle était considérée. Mais qu'en était-il de l'aura mystique qui l'entourait? Cette vénération était certainement due pour partie à sa vision apparemment prophétique de l'arrivée du christianisme, mais il y avait plus que cela. C'était un corpus d'enseignements qui mêlait la magie et la métaphore, qui mélangeait le néo-platonisme et le mysticisme; il contenait des mystères que seul l'initié, le mage, pouvait comprendre, et seulement après une période d'étude et de méditation. Son univers était l'univers aristotélico-ptolémaïque des sphères, mais il était conduit par des êtres divins et fonctionnait grâce à la magie, l'astrologie, l'alchimie et autres «sciences» occultes. Sa philosophie sous-jacente était une forme de gnosticisme, qui enseignait que l'homme est capable de découvrir en lui les éléments divins, en atteignant à une sympathie mystique entre le monde et l'humanité, et qui mettait l'accent sur la doctrine du macrocosme et du microcosme. Bien entendu, tous les ouvrages de cet ensemble n'enseignent pas exactement la même chose: certaines parties en sont consacrées à la kabbale – le mysticisme ésotérique juif en partie fondé sur la tradition orale que Dieu aurait transmise à Moïse – et en partie sur une numérologie sophistiquée, et d'autres parties traitent de différentes pratiques occultes, mais toutes sont réunies par ce qu'il a appelé «une piété intense et pénétrante». Tout le corpus hermétique s'intéressait aux efforts individuels pour atteindre à une compréhension intuitive de Dieu et du salut,

Illustration page 394.

avec le secours permanent d'Hermès. C'est cet aspect qui impressionna Ficin et les autres érudits de la Renaissance.

Les effets de l'hermétisme sur la science apparaîtront clairement lorsque nous étudierons la révolution forgée par Copernic et sa conception héliocentrique de l'univers, mais on peut souligner dès à présent que l'hermétisme agit rapidement comme un stimulant sur l'observation scientifique. Ces écrits puissants et respectés furent aussitôt largement disponibles dans la traduction de Ficin et ils exercèrent un large effet qui fut particulièrement sensible au XVIIe siècle, influençant les expérimentateurs aussi bien que les mathématiciens : les premiers parce que les essais pratiques et les expériences faisaient partie de la panoplie du magicien et même de celle du mage sophistiqué de la Renaissance; et les mathématiciens parce que les mathématiques étaient un auxiliaire nécessaire pour les opérations chimiques. Mais les mathématiques attiraient le mage pour une autre raison, plus importante encore pour le nouvel esprit scientifique. C'était la présence dans les écrits hermétiques d'une version pythagoricienne du platonisme qui célébrait l'approche quantitative de l'univers et encourageait l'usage des mathématiques pour faire ressortir les rapports et démontrer les vérités essentielles sur l'ensemble de la création. A la fin du XVIIe siècle, lorsque l'hermétisme eut pratiquement disparu de l'horizon, cette façon d'aborder les problèmes subsista et se révéla être l'outil le plus perfectionné des scientifiques pour comprendre le cosmos.

Sur les résonances hermétiques dans les écrits de Copernic, voir pages 424-425.

Sur l'intérêt des pythagoriciens pour une approche mystique des nombres, voir pages 93-98.

Pendant plus d'un siècle, l'hermétisme continua de séduire les érudits, laïcs ou hommes d'Église, car, en dépit de l'opposition de l'Église à la magie, à l'alchimie et aux sciences occultes, de nombreux prélats pensaient que les écrits hermétiques étaient saints, en raison de la prophétie chrétienne qu'ils contenaient. Même un catholique aussi convaincu que Philippe II d'Espagne avait dans sa bibliothèque plus de deux cents textes hermétiques. Combien de temps toute cette philosophie magique aurait-elle pu régner, on peut en discuter. En 1614, Isaac Casaubon démontra que les écrits hermétiques n'étaient pas ce que l'on avait cru. Protestant et genevois, Casaubon était un des plus brillants hellénistes de son époque; ses contemporains le désignaient comme «l'homme le plus savant d'Europe». En 1610, il fut invité en Angleterre et, encouragé par Jacques Ier, il entreprit une étude critique d'une histoire catholique romaine de l'Église, *Annales Ecclesiastici,* récemment écrite et publiée par Caesar Baronius, le bibliothécaire du Vatican. Cette histoire en trente-deux volumes de Baronius prétendait démontrer l'autorité scripturaire de toutes les pratiques de l'Église et il était donc important pour les protestants de réfuter ses prétentions. Casaubon mit en œuvre son immense érudition pour y parvenir et, plongé dans les commentaires critiques détaillés de l'histoire, il démontra aussi de façon concluante que les textes des traités hermétiques ne pouvaient avoir été écrits à une époque très reculée. Ils n'étaient certainement pas contemporains de Moïse; leur style et les références qu'ils donnaient prouvaient que les textes devaient avoir été rédigés bien après le commencement de l'ère chrétienne, et non avant celle-ci. L'avènement du christianisme, auquel les textes se référaient, n'était pas un exemple merveilleux de prophétie d'inspiration divine, mais une simple référence à des événements déjà survenus.

Ce qui était parvenu comme une révélation à l'homme de la Renaissance – un ensemble de textes dont l'impact fut au moins comparable à celui produit à notre époque par la découverte des Manuscrits de la mer Morte – lui était désormais présenté comme guère plus excitant qu'un banal recueil d'écrits néo-platoniciens. Il y eut, bien entendu, des gens qui n'apprirent pas que Casaubon avait réfuté la date attribuée jusqu'alors à l'hermétisme ou qui, s'ils en eurent connaissance, préférèrent n'en rien savoir et continuer de respirer l'atmosphère magique qui leur était habituelle. Mais progressivement, la critique de Casaubon gagna un terrain fertile et détourna peu à peu les hommes de cette forme particulière du mysticisme de la Renaissance. La critique des textes par Casaubon n'engendra pas à elle seule la nouvelle race des philosophes naturalistes, tels que Galilée et Newton, qui transformèrent la conception humaine de l'univers; d'autres facteurs y travaillèrent aussi. Mais il est probablement juste de dire qu'elle joua un rôle, en facilitant l'achèvement d'un processus de sevrage : pour partie grâce à elle, les érudits de la Renaissance se dégagèrent de la magie, de telle sorte que ceux du XVIIe siècle furent en mesure de considérer le monde physique sans recourir aux idées magiques ou à la kabbale.

Illustration page 375.

Léonard de Vinci

L'évocation d'Isaac Casaubon nous a menés loin de la Renaissance, jusqu'au XVIIe siècle, et il nous faut à présent revenir au XVe siècle pour présenter un homme dont les vastes intérêts et les conceptions humanistes sont typiques de cette période : l'artiste, ingénieur et scientifique avant la lettre, Léonard de Vinci (1452-1519). Né en Toscane dans les collines qui dominent Florence, il était le fils naturel d'un notaire florentin, Piero da Vinci. Très tôt, les dispositions artistiques de Léonard se manifestèrent et l'on persuada son père, qui s'intéressait à lui, de le faire entrer comme élève dans l'atelier de l'artiste Andrea del Verrocchio. Celui-ci était alors un des artistes les plus renommés de Florence; on exécutait dans son atelier des travaux très divers, et c'est là que Léonard reçut l'essentiel de son instruction, qui n'eut donc rien de classique. Il y apprit l'art de la perspective et ses dons pour la mécanique y furent encouragés, car Verrocchio n'était pas seulement peintre mais aussi orfèvre et sculpteur; cette dernière discipline impliquait que l'on déplaçât de lourdes masses de matériau et la poulie, le palan, le treuil faisaient partie de l'équipement constamment utilisé.

Les *Carnets* de Léonard sont emplis de dessins d'appareils que, pour la plupart, il n'a pu voir dans l'atelier de Verrocchio, ce qui ne signifie pas qu'il les inventa tous, ni même qu'il en inventa un seul. La Renaissance produisit beaucoup d'inventeurs, comme en témoignent d'autres manuscrits et, plus tard, des ouvrages imprimés. De plus, Léonard ne publia rien. En cela, bien entendu, il était semblable à beaucoup d'inventeurs qui, pas plus que lui, n'avaient suivi de formation universitaire et auxquels, de ce fait, les capacités d'homme de lettres faisaient défaut; ils ne pouvaient que conserver ce qu'ils imaginaient, s'ils le gardaient pour eux-mêmes, au moins jusqu'à ce que quelqu'un leur commandât effectivement de construire quelque chose à quoi leur invention pourrait être appliquée. Néanmoins, les esquisses de Léonard témoignent d'un sens aigu de l'observation et d'un esprit inventif. Son hélicoptère, aujourd'hui si célèbre, est peut-être né de son imagination, mais il peut aussi lui avoir été inspiré par des histoires sur les toupies hélicoptères chinoises, ou «libellules de bambou», et ce qui est vrai de l'hélicoptère l'est également des nombreux appareils dont il réalisa de si belles esquisses. Par ailleurs, ses études sur le vol des oiseaux, qui faisaient partie d'une recherche sur l'ensemble de la question du vol, ne reçurent aucune amélioration pendant presque cinq siècles et elles étaient certainement originales.

Cependant, quoi qu'il ait pu avoir inventé et prospecté, non seulement Léonard ne publia pas, mais il n'exploita même pas ses idées. Il était essentiellement un philosophe qui désirait contempler le monde pour en révéler les merveilles et non pour en tirer parti sur le plan pratique. Mais, bien qu'il fût doué d'une tournure d'esprit philosophique, il était handicapé par son incapacité à lire le latin. Là non plus, il ne disposait pas de la formation de base qui lui eût permis de développer une science de la mécanique. Néanmoins, sa perspicacité dans ce domaine était réputée et, en 1482, il fut nommé inspecteur des fortifications du duc de Milan.

Les appareils mécaniques n'étaient évidemment pas le seul intérêt scientifique de Léonard. Comme beaucoup d'autres artistes, il était intrigué par la lumière, mais son intérêt, d'ordre beaucoup plus scientifique que celui de ses collègues, le conduisit à approfondir la question de la réflexion et de la réfraction de la lumière, en particulier à travers l'œil. Toutefois, il adopta une approche de l'art assez inhabituelle; pour lui, «peindre oblige l'esprit du peintre à se transformer en l'esprit même de la Nature, à devenir un interprète entre la Nature et l'art. Il explique les causes des manifestations de la Nature comme poussées par ses lois...», et c'était ces lois qui l'intriguaient. Ce qui ne veut pas dire que Léonard n'était pas un peintre admirable; ce qui subsiste de son œuvre peinte témoigne de sa grandeur et ses nombreuses esquisses font ressortir son extraordinaire génie artistique. Mais ses intérêts universels ne pouvaient être satisfaits par le dessin et la peinture seuls, même si, faute d'une instruction classique, il devait regarder le monde d'abord avec les yeux de l'artiste.

Les intérêts inépuisables de Léonard le conduisirent à la salle de dissection. En tant qu'artiste, il avait besoin de se familiariser avec l'anatomie de l'homme et celle des animaux, mais le fait qu'il ait disséqué quelque trente corps dénote un trait typique de sa personnalité. Ce n'était pas une mince affaire, car il ne disposait d'aucune des commodités modernes qui rendent ce travail moins déplaisant; de plus, il devait constamment s'arrêter pour pouvoir dessiner ce qu'il voyait. Toute l'entreprise exigeait une détermination puissante. Cependant, bien qu'elle lui ait sans aucun doute apporté des satisfactions, en un sens, elle fut tout à fait vaine. Il ne publia jamais un dessin et ne fit aucune tentative pour faire partager ce qu'il avait appris; en fait, la plupart de ses dessins et de ses notes anatomiques demeurèrent inconnus jusqu'à notre époque.

Illustration page 375.

Léonard de Vinci fut certainement un homme de science, comme nous pouvons en juger aujourd'hui grâce au recul du temps, mais, de son vivant, cet aspect de sa personnalité demeura ignoré, sauf peut-être de quelques intimes. Pour tout le monde, il était un constructeur de machines et un artiste, et l'on ne découvrit son savoir que longtemps après sa mort. Ce fut un choix personnel car, malgré son manque d'instruction classique, l'imprimerie et la gravure récemment découvertes étaient à portée de sa main et, s'il l'avait voulu, il aurait pu les utiliser pour faire connaître ses travaux. Mais il lui suffisait de contempler et d'étudier pour sa seule satisfaction; gagner de quoi subvenir à ses besoins semble avoir été sa seule ambition matérielle. Sur ce point, son contemporain Albert Dürer était très différent.

Albert Dürer

Né a Nuremberg en 1471, soit vingt ans après la naissance de Léonard de Vinci, Dürer était lui aussi convaincu que «l'art nouveau» de la Renaissance devait être fondé sur la science, bien qu'il insistât particulièrement sur les mathématiques parce que leur logique et leur précision étaient d'un grand secours pour les problèmes de construction graphique et de proportion. C'est sur ce type de matières qu'il concentra son attention, ainsi que sur l'esthétique et sur la philosophie de l'art. Il réunit ces études dans son ouvrage sur la perspective, l'illusion des trois dimensions dans la peinture et le dessin. Pour de nombreux artistes, l'étude de la perspective servit de trait d'union entre l'art et la science, et Dürer conçut une machine pour l'aider dans cette étude. Son intérêt pour les questions techniques l'amena à la rédaction de trois ouvrages : le premier traitait des fortifications; le deuxième, intitulé *Traité des proportions du corps humain,* est devenu célèbre; le troisième, *Instruction sur la manière de mesurer,* traite des questions mathématiques nécessaires à la compréhension du deuxième traité. Ce texte de mathématique, publié en 1525, fut le premier ouvrage de mathématique qui parut en Allemagne, si l'on excepte un simple manuel d'arithmétique élémentaire destiné aux constructeurs et publié une quarantaine d'années plus tôt.

Du vivant de Dürer, sa réputation était due autant à ses travaux en mathématique et en optique (ses lois esthétiques dans le *Traité des proportions du corps humain,* sont fondées sur de solides principes optiques) qu'à ses peintures et ses dessins. Ces derniers lui rapportèrent beaucoup d'argent, car il grava un grand nombre de ses œuvres et en fit un succès commercial, mais c'est seulement depuis une époque relativement récente que sa réputation repose exclusivement sur ses œuvres artistiques; pendant les premiers siècles postérieurs à la Renaissance, ce furent ses écrits techniques qui exercèrent une large influence.

La biologie pendant la Renaissance

La botanique

Une des peintures parmi les plus célèbres de Dürer représente des herbes; elle est remarquable non seulement par son exécution et sa technique artistique, mais aussi par l'étude soigneuse des herbes elles-mêmes. En fait, Dürer exécuta un nombre considérable de peintures zoologiques et botaniques, dont la plupart sont le fruit d'une observation directe mais dont certaines, tel le dessin d'un rhinocéros, furent exécutées d'après des croquis envoyés par des amis. La précision et la minutie des dessins biologiques de Dürer, exécutés d'après nature, étaient conformes à une pratique propre à la Renaissance. Jamais il ne peignit les choses telles qu'elles auraient dû être d'après les autorités anciennes, toujours respectées cependant; il les peignit telles qu'elles apparaissaient réellement. Cette façon de procéder n'avait rien d'une nouveauté à l'époque de Dürer; Léonard de Vinci et l'ami de Dürer, Botticelli – dont le détail des plantes qui figurent dans *le Printemps* était aussi scientifiquement précis –, procédaient exactement de la même façon. Tout cela faisait partie de la nouvelle révolution scientifique de la Renaissance, pendant laquelle on commença d'encourager l'observation et le compte rendu précis des résultats obtenus. L'Italie n'était d'ailleurs pas le centre unique de ce mouvement de représentation réaliste des choses qui nulle part ailleurs ne fut plus manifeste qu'en Allemagne, au début du XVIe siècle.

Illustration page 374.

Illustration page 359.

Les trois remarquables personnages qui entraînèrent ce mouvement en Allemagne, Otto Brunfels de Mayence, Jerome Bock (connu aussi sous le nom de Hieronymus Tragus) à Heidelsheim et Leonhart Fuchs à Wemding, furent réunis sous le surnom collectif de «Pères allemands de la botanique». Brunfels naquit vers 1489 et fit ses études à l'université de sa ville natale; puis il entra au monastère des chartreux à Strasbourg, dont il s'enfuit en 1521, ayant apostasié la foi catholique romaine pour embrasser le luthéranisme.

Après une période pendant laquelle il fut pasteur luthérien, il revint à Strasbourg où il ouvrit une école et se maria. Brunfels manifestait de l'intérêt pour la médecine et prépara l'une des premières bibliographies médicales, mais sa réputation repose surtout sur ses *Herbarum vivae eicones*, dont le premier volume parut en 1530, la même année que sa bibliographie. Un second volume suivit en 1531 et le troisième en 1536; tous étaient en latin, mais Brunfels publia également une édition allemande. Ce travail empruntait beaucoup à Dioscoride et à d'autres botanistes anciens; il donnait parfois plusieurs noms pour une même plante et, par ailleurs, Brunfels ne proposait aucune information quant à la répartition géographique des plantes qu'il décrivait. Exagérément respectueux à l'égard des autorités anciennes, il demandait que l'on excusât le fait que l'ouvrage contenait des plantes inconnues des écrivains d'autrefois. En dépit des critiques qu'on peut lui faire, ces volumes sont importants en raison des dessins précis de 238 plantes, gravés par l'artiste Hans Weiditz qui tailla lui-même les planches de bois utilisées pour l'impression. La dimension des illustrations variait – certaines occupaient une pleine page – et l'ensemble offrait une alliance aussi rare qu'heureuse de charme esthétique et de précision scientifique. Les illustrations montraient la structure exacte de chaque plante et, de plus, comment chacune apparaissait dans l'habitat typique où un botaniste pouvait la découvrir à l'état sauvage. En fait, les dessins étaient si véridiques qu'il est possible de voir que quelques spécimens avaient commencé à se faner au moment où intervint l'illustration qui en fut faite.

Botticelli et Dürer avaient exécuté des dessins minutieux d'après nature de quelques plantes choisies, mais deux nouveautés étaient apparues dans le travail de Brunfels : l'objectif et la méthode; si le mérite en revient pour beaucoup à Weiditz, la conception de l'ouvrage et sa supervision par Brunfels sont aussi dignes d'admiration. Il est sûr qu'après cette publication la botanique ne fut plus jamais la même dans le monde occidental; une nouvelle ère réellement scientifique se levait.

Le lieu de naissance de Jerome Bock est toujours l'objet de discussion, mais on sait avec certitude que la Sarre fut le cadre de presque toute son existence adulte. Élevé dans la foi catholique romaine, il se convertit lui aussi au luthéranisme et fut pendant un temps médecin personnel du Landgrave de Nassau; il semble qu'il ait reçu une formation médicale classique, ainsi que des bases solides en théologie. Cependant, c'est pour ses travaux en botanique, et non pour ce qu'il put faire en médecine et en théologie, qu'il est connu aujourd'hui; dans ce

PICTORES OPERIS,

Heinricus Füllmaurer. Albertus Meyer.

SCVLPTOR

Vitus Rodolph. Speckle.

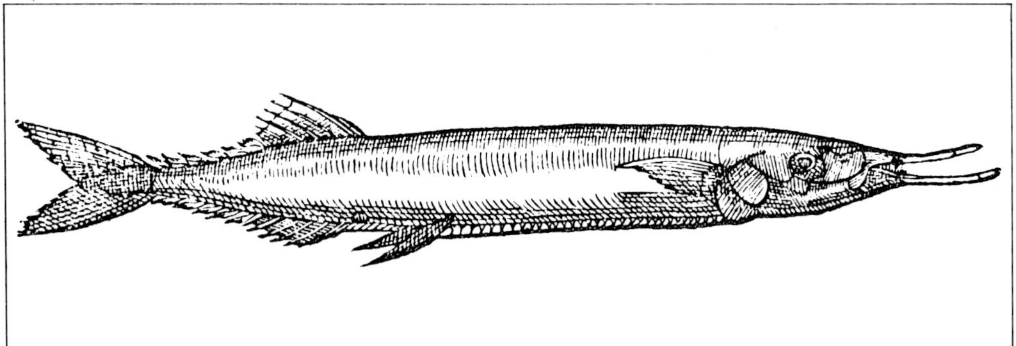

A gauche. Dessin schématique d'une mine, extrait du *De re metallica* (1556) de Bauer (Agricola).

Page 372. L'auteur du *De historia stirpium* (1542), un ouvrage de botanique qui fit date : Leonhart Fuchs (extrême gauche) et ses collaborateurs : Heinrich Füllmaurer et Albrecht Meyer, dessinateurs (en haut) et Rudolph Speckle, graveur (centre).

Page 372, en bas. L'aiguille de mer, extrait du livre *Les Poissons* (1553) de Rondelet.

Ci-dessous, à gauche. Gravure sur bois représentant un chameau, extrait de l'*Histoire des animaux* de Conrad Gesner.

Ci-dessous. Gravure sur bois représentant une euphorbe, extrait du *Neue Kreütterbuch* de Jerome Bock, 1551. Cette plante était censée faciliter l'épilation et soigner les maux de dent.

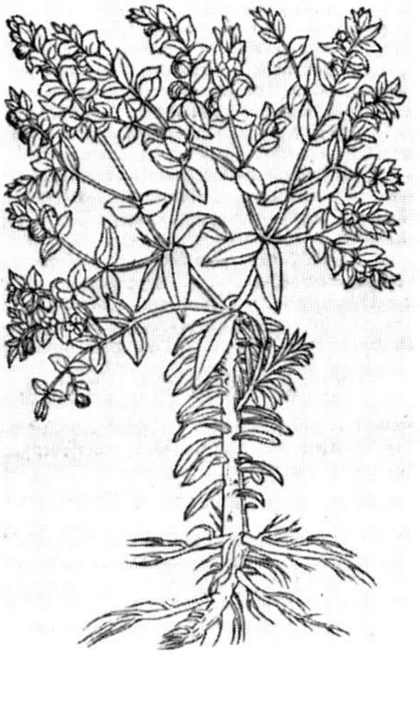

A gauche. Frontispice de l'*Ars magna, lucis et umbræ* (1671) d'Anasthasius Kircher. Kircher effectua des travaux en biologie, optique, télescopie et microscopie, mais cette illustration révèle la fusion de ces intérêts avec le symbolisme hermétique.

Page 374. Cette peinture d'herbes (1503) d'Albert Dürer dénote une attention portée au détail réaliste, inconnu dans l'art médiéval. Graphische Sammlung Albertina, Vienne.

Ci-dessous et ci-dessous à gauche. Ces deux planches anatomiques de Léonard de Vinci (1442-1519) témoignent des connaissances précises qu'il avait amassées grâce à des dissections minutieuses et réitérées. Dans ces études, Vinci fit progresser l'anatomie bien au-delà de ses limites précédentes, mais la plupart de ses travaux demeurèrent inconnus pendant plusieurs siècles. Royal Library, château de Windsor.

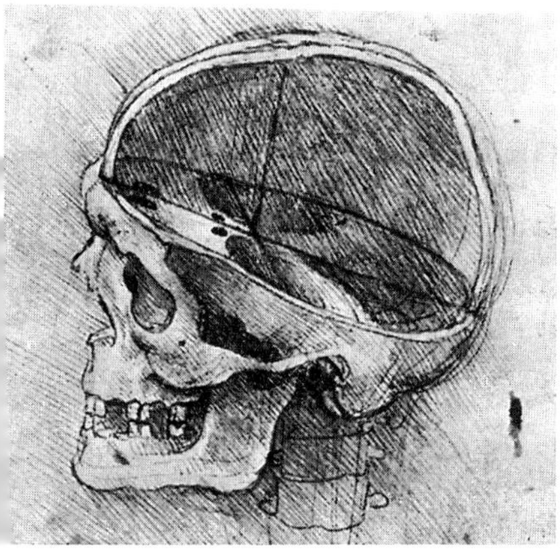

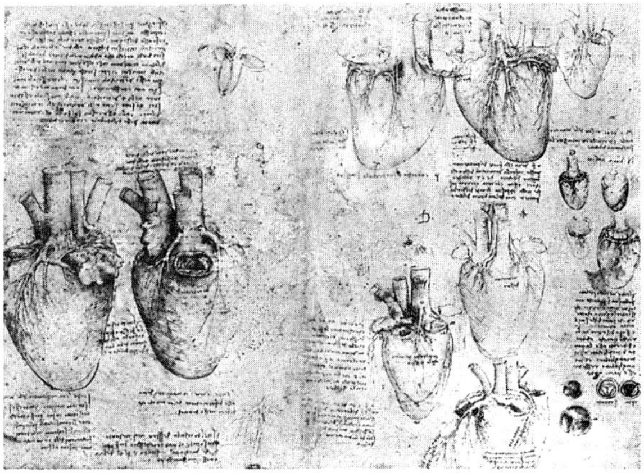

domaine, il est l'auteur d'un seul ouvrage, *Neu Kreütterbuch* (Nouveau livre sur les plantes), qui parut pour la première fois en 1539 et marqua pour la botanique un nouveau départ. Écrit en vernaculaire, il témoigne non seulement des aptitudes de Bock pour l'observation et la description des plantes, mais aussi une nouvelle approche du sujet. Intéressé par les lieux où l'on avait trouvé les plantes, il donna une courte histoire de la vie de chacune d'elles et, autre nouveauté, essaya d'établir des liens entre les différentes espèces de plantes. Il est vrai qu'il utilisa quelques caractéristiques, telles que le goût, auxquelles nous n'aurions pas recours, pour essayer d'établir une classification, mais c'était néanmoins un pas important dans la science de la botanique. Bock s'efforça également de corriger certaines idées parmi les plus fausses et les plus saugrenues qui couraient alors sur les plantes, mais, évidemment, il n'y réussit pas toujours. De plus, le *Neu Kreütterbuch* comportait lui aussi des erreurs : selon son auteur, par exemple, les orchidées seraient issues de l'accouplement d'une grive et d'un merle; mais ces défaillances ne diminuent pas l'importance du livre. La première édition, qui n'était pas illustrée, suscita peu d'intérêt; l'attention était alors attirée par les trois volumes de Brunfels, puis, en 1542, par l'herbier abrégé et illustré de Leonhart Fuchs. C'est en 1546 seulement, lorsque parut une édition de l'ouvrage de Bock illustrée de gravures sur bois de l'artiste strasbourgeois, David Kandel, que la situation changea et que l'on commença de s'intéresser à cette réalisation de valeur.

Illustration page 373.

Leonhart Fuchs, le troisième «père allemand de la botanique», était aussi luthérien. Médecin praticien, il termina sa carrière comme professeur de médecine à l'université de Tübingen où il exerça une influence considérable. Il tenta de réformer la médecine, en soulignant l'importance du retour aux écrits grecs originels et en ignorant les commentateurs médiévaux, une attitude qui n'était pas sans rapport avec la tradition protestante d'un essai de retour à la Bible, sans recours aux traditions médiévales de l'Église. Mais la réputation toujours actuelle de Fuchs repose sur ses travaux botaniques et sur son herbier pharmaceutique, *De historia stirpium*, richement illustré. Les artistes Heinrich Füllmaurer et Albrecht Meyer en avaient exécuté les dessins originaux et le graveur Rudolph Speckle préparé les planches. Détail charmant : ils étaient tous trois représentés dans l'ouvrage où figurait aussi un portrait en pied de Fuchs. *De historia stirpium* de Fuchs est le plus célèbre des premiers herbiers imprimés et, bien que le texte latin soit fondé sur Dioscoride, l'auteur le

Illustration page 372.

disposa par ordre alphabétique, de façon que l'on pût y trouver aisément n'importe quelle plante. Le livre contient les descriptions d'environ 400 plantes originaires d'Allemagne et de quelque 100 autres originaires de contrées étrangères. Bien que Fuchs n'ait fait aucune tentative de classification, il essaya d'établir un système de nomenclature botanique et, à ce seul titre, l'ouvrage aurait été une contribution notoire à la science de la botanique. Le souvenir de Leonhart Fuchs est toujours vivant dans les jardins, grâce au fuchsia, un arbuste ornemental baptisé d'après son nom.

Au XVIe siècle, un certain nombre d'autres botanistes étaient à l'œuvre à côté des pères allemands. Valerius Cordus d'Oberhessen (1515-1544), qui avait beaucoup voyagé pour voir les plantes que les Anciens avaient décrites, rédigea une *Historia plantarum*, ouvrage dans lequel les plantes étaient considérées d'un double point de vue : botanique et médical. Mais les belles contributions qu'il aurait pu faire étaient d'avance condamnées puisqu'il mourut prématurément à l'âge de 29 ans, et c'est seulement grâce à la persévérance et au dévouement d'un zoologiste et botaniste suisse, Konrad Gesner, que son livre fut publié en 1561, à titre posthume. Gesner est lui-même l'auteur d'*Opera botanica*, un ouvrage qui contenait presque 1 500 planches qu'il dessina lui-même, mais dont la publication, bien qu'elle eût commencé de son vivant, ne fut achevée qu'après sa mort. Il apparaît dans ce livre que Gesner avait parfaitement saisi l'importance de la structure de la plante pour servir de clé à une classification de la vie végétale.

Un nombre considérable d'autres ouvrages de botanique furent publiés au XVIe siècle dans le sillage des Allemands et, à Anvers, ceux-ci furent patronnés par le célèbre imprimeur et éditeur, Christophe Plantin, qui joua un rôle très important en mettant à la disposition du public un matériel scientifique de première qualité. Au sommet de sa carrière, il faisait tourner des presses à Anvers et à Leyde et, au cours de la seule année 1575, publia quatre-vingt-trois éditions d'ouvrages, tirés, selon le cas, de 800 à 2500 exemplaires. En botanique, le plus important fut peut-être la *Plantarum seu stirpium historia*, du Français Matthias de Lobel (Lobelius), un recueil de détails sur quelque 1200 à 1300 plantes qu'il avait lui-même recueillies; il les classa principalement en fonction de la feuille, en utilisant deux classes : plantule à une feuille (monocotylédones) et plantule à deux feuilles (dicotylédones). Il y avait aussi Charles de Lécluse, peut-être mieux connu sous le nom latinisé de Clusius. Ayant reçu une formation de juriste, c'est vers sa vingt-cinquième année qu'il commença à s'intéresser à la botanique et, dès lors, consacra son temps à traduire en français des textes botaniques contemporains rédigés en latin, y compris le fameux herbier de Rembert Dodoens, le premier qui fut publié en flamand (1554) et qui servit de base à l'*Herbier* ou *Histoire générale des plantes* (1597) que préparait le chirurgien-barbier anglais John Gerard. Mais la plus importante contribution de Lécluse à la botanique eut lieu en 1593 quand, à l'âge de 67 ans, il fut nommé à une chaire à l'université de Leyde; il occupa cette chaire jusqu'à sa mort qui survint seize ans plus tard. C'est à Leyde que Charles de Lécluse créa un jardin botanique, le premier que l'on ait vu en Europe, et qu'à l'âge de 75 ans, il publia son *Rariorum plantarum historia*, qui contenait plus de 600 espèces nouvelles; Lécluse fut aussi l'auteur de la première monographie sur les champignons.

La zoologie

En zoologie comme en botanique, les naturalistes du XVIe siècle commencèrent à considérer leur sujet – ici, le règne animal – d'un œil neuf. Les zoologistes les plus remarquables furent Pierre Belon, Guillaume Rondelet et Conrad Gesner, parfois réunis sous l'étiquette de «naturalistes encyclopédiques». Né près de Cérons dans un milieu modeste, le Français Pierre Belon (1517-1564) reçut une formation de pharmacien, puis étudia la botanique auprès de Valerius Cordus. Au cours de trois voyages en Angleterre, il eut une fois au moins l'occasion de pratiquer des dissections zoologiques à Oxford. Protégé de l'évêque du Mans, il obtint plus tard l'autorisation d'exercer la médecine. Ses manières conquérantes lui valurent d'être introduit à la Cour et le privilège d'une pension, accordée par le roi Charles IX. Son existence fut relativement brève : il mourut prématurément à l'âge de 49 ans, assassiné au bois de Boulogne par des inconnus. Voyageur passionnément curieux, il fit des observations minutieuses sur la flore et la faune qu'il avait découvertes au Moyen-Orient. En plus d'une monographie sur les conifères, il publia trois ouvrages importants : *l'Histoire naturelle des étranges poissons marins* (1551), *De la vie aquatique* (1553), et *De la nature des oiseaux* (1555). Le premier de ces ouvrages contient une classification des poissons et des cétacés (dauphins, marsouins et baleines) que Belon avait disséqués. Il établit que les deux organes glandulaires qui sécrètent le lait chez les femelles de cétacés sont de type mammaire, et donc qu'il avait affaire à des mammifères à respiration aérienne, bien qu'ils vécussent dans l'eau. Néanmoins, il les classa parmi les poissons, tout comme l'hippopotame. Mais son livre le plus significatif, celui qui contribua le plus à sa renommée, fut le dernier qu'il écrivit : il concerne les oiseaux. Il y corrigea des erreurs alors courantes sur leur anatomie, mais son principal apport fut une description comparée, très précise et détaillée, de squelettes d'oiseaux et de celui de l'homme. C'était là un travail de pionnier et ses études dans ce domaine lui valurent le titre de «père de l'anatomie comparée».

Guillaume Rondelet (1507-1566), le deuxième zoologiste encyclopédique, était le fils d'un marchand d'épices et de produits pharmaceutiques. Il s'inscrivit à l'université de Paris pour y faire ses humanités mais, la matière n'étant pas de son goût, il opta pour la faculté de médecine. Médecin renommé, Rondelet voyagea beaucoup jusqu'en 1551, avant de s'établir à Montpellier, vers l'âge de 45 ans; il y enseigna l'anatomie et la médecine avant d'être nommé chancelier de l'Université. Bien qu'il ait été un professeur de médecine et un anatomiste réputé, sa renommée de nos jours tient à son vif intérêt pour la biologie marine et à son fameux livre, *les Poissons*, publié à Lyon en 1554-1555. D'abord rédigé en latin, cet ouvrage fut traduit et publié en 1558 sous le titre *l'Histoire complète des poissons*, un titre plus adéquat, car l'ouvrage traite de la zoologie de toutes les variétés dulçaquicoles et marines, et comprend même une étude détaillée des castors. Rondelet décrivit les différentes parties des animaux aquatiques, leurs appareils digestif, respiratoire et reproducteur, et essaya de relier la fonction avec le milieu naturel. D'une certaine façon, il faisait retour aux excellents travaux d'Aristote sur la vie aquatique, mais il poussa l'étude beaucoup plus loin. Rondelet donna la première description de la vessie natatoire chez les poissons dulçaquicoles et observa sa présence chez certaines espèces marines; il découvrit aussi les oreilles du dauphin et compara cet animal au porc et à l'homme. Il donna également une description détaillée de l'oursin et ses schémas constituent la première représentation qui nous soit parvenue de la dissection d'un invertébré. Cependant, une partie importante de son livre est de type encyclopédique; il y décrit plus de 300 animaux marins, dont presque tous sont accompagnés d'une illustration.

Illustration page 372.

Rondelet s'attaqua durement à ceux qui refusaient d'admettre les preuves fournies par l'observation et l'expérience et préféraient se référer à la seule autorité des Anciens. Vers la fin de son existence, il devint protestant convaincu, bien qu'à tout prendre il semble avoir été un personnage plutôt rabelaisien, amateur de bonne chère et passionné de musique. Il en allait tout autrement du troisième zoologiste encyclopédique, Conrad Gesner (1516-1565) qui était le filleul et le protégé du réformateur protestant suisse, Huldreich Zwingli. Gesner étudia la théologie et devint un éminent spécialiste en grec et en hébreu; en 1537, à l'âge de 21 ans, il fut nommé premier titulaire de la chaire de grec de l'Académie de Lausanne, récemment fondée. Néanmoins, il était également attiré par la médecine et, avant sa nomination, il avait étudié cette matière à Bourges et à Paris. Plus tard, quand il eut quitté sa chaire de Lausanne, il se rendit à Bâle où il obtint son doctorat. Dès lors, il semble que, tout au long de sa vie, il se consacra à ces deux matières si différentes : les langues mortes et les sciences de la vie.

Illustration page 373.

Nous avons déjà évoqué ses travaux en botanique, mais Gesner était aussi captivé par la zoologie et c'est certainement à son *Histoire des animaux* en cinq volumes qu'il doit sa notoriété. Commencée en 1551, la publication de l'ouvrage fut achevée en 1587, soit vingt-deux ans après la mort de l'auteur. Ce volumineux ouvrage de plus de 4 500 pages connut un succès immédiat et durable puisque, deux siècles plus tard, il passionnait encore le célèbre zoologiste, Georges Cuvier. Dans ce livre encyclopédique, Gesner tenta de regrouper les animaux en fonction d'une nouvelle classification, comme il l'avait fait en botanique; dans cette dernière discipline, il avait classé les espèces en plantes qui fleurissent et plantes qui ne fleurissent pas, ou selon le mode de répartition de la sève. La reclassification de Gesner ne fut pas un succès, mais l'énormité de son ouvrage soulignait la nécessité de repenser totalement la question d'ensemble de la classification des espèces animales.

Le XVIe siècle donna deux autres grands zoologistes, qui n'avaient pas cependant la stature de Belon, de Rondelet ou de Gesner. Le premier, Ulisse Aldrovandi, né à Bologne en 1522, était un personnage typique de la Renaissance. Fils de notaire, il étudia les mathématiques et le latin, entrecoupant ses études d'escapades, tant il était impatient de découvrir de nouvelles choses et de nouvelles régions. A Rome, il rencontra Rondelet et s'enflamma pour l'histoire naturelle; néanmoins, de retour à Bologne, il pratiqua la médecine, tout en enseignant la logique à l'université de cette ville. Cependant son intérêt pour l'histoire naturelle était si intense qu'en 1561 il devint le premier professeur d'histoire naturelle de son université et qu'il créa à Bologne le premier jardin botanique d'Italie. Il étudia le développement de l'œuf et ses travaux d'embryologie influencèrent le fameux embryologiste Volcher Coiter. Les ouvrages les plus importants d'Aldrovandi furent son traité en trois volumes sur les oiseaux, paru en 1600, celui sur les insectes, publié en 1603, et différents écrits plus courts sur les quadrupèdes, les serpents, les «dragons», les monstres, les arbres et les minéraux. A défaut d'avoir été un découvreur, Aldrovandi fut un professeur remarquable et encouragea beaucoup l'étude de la zoologie en Italie.

L'autre zoologiste important fut le Londonien Thomas Moufet, qui s'intéressa particulièrement aux insectes et rédigea un *Théâtre des insectes* qui fut et qui resta longtemps le meilleur ouvrage sur le sujet, bien qu'il n'eût pas été publié avant 1638, soit trente ans après la mort de l'auteur. Moufet recueillit des spécimens d'insectes au cours de ses voyages dans tous les pays d'Europe occidentale et son ouvrage est abondamment illustré; le texte cependant révèle un naturaliste presque submergé par son matériau, tant il avait enregistré de faits et tant il voulut en introduire dans son livre.

La science médicale

La médecine ne progressa guère pendant l'époque médiévale et tendit uniquement à s'associer plus étroitement avec l'astrologie. Cependant, la situation commença de changer lentement après que les textes médicaux musulmans se furent peu à peu infiltrés en Occident au cours du XIIe siècle. Leur effet fut d'abord sensible en Italie, à l'université de Bologne où, en 1312, Mondino de' Luzzi acheva son *Anatomia Mundini*, un ouvrage conçu pour être lu à voix haute pendant que l'on procédait à la dissection de corps humains.

Mondino procédait-il lui-même aux dissections ou laissait-il ce soin à un «démonstrateur»? De nos jours, on discute encore sur ce point dans les milieux savants. L'université de Bologne se flattait d'avoir ce qui était probablement la meilleure faculté de droit d'Europe et, par nécessité, on y faisait des autopsies. Il semble que cette pratique fut étendue, probablement par Mondino lui-même, pour servir d'auxiliaire à l'étude de la médecine. C'était un progrès capital que la médecine exploita au mieux pendant la Renaissance, de même qu'elle profita de la terminologie anatomique de Mondino, qui dérivait non plus du grec mais de l'arabe et dont une bonne partie est toujours en usage.

Cependant, bien que Mondino ait introduit la dissection de cadavres et de nouveaux termes anatomiques, ses conceptions demeuraient celles de Galien, dont les idées dominaient aussi toute l'anatomie médiévale. C'est seulement au XVIe siècle qu'elles furent balayées et le principal responsable en fut le grand anatomiste de la Renaissance, André Vésale, qui naquit à Bruxelles le 31 décembre 1514; son père était le pharmacien du saint empereur romain, Charles Quint. Après des études à Louvain, Vésale s'inscrivit à l'école de médecine de l'université de Paris, où il accorda une attention particulière à l'anatomie dont, bien entendu, les conceptions étaient encore celles de Galien. La guerre entre la France et le Saint Empire romain le contraignit à revenir à Louvain, où il remit en vigueur la pratique de la dissection anatomique que l'on avait abandonnée par négligence. Mais, au début du XVIe siècle, la plus fameuse école de médecine européenne n'était ni celle de Louvain ni celle de Paris, mais celle de Padoue, et c'est là que Vésale se rendit à l'automne 1537; ayant déjà obtenu sa licence à Louvain, il se présenta comme candidat à la maîtrise. Ses connaissances étaient telles qu'après deux jours d'examen, on lui accorda son doctorat avec mention; le lendemain, il acceptait le poste de lecteur en chirurgie et en anatomie. Vésale était manifestement un jeune homme exceptionnel.

Dès son entrée en fonction à Padoue, Vésale innova : il procéda lui-même à toutes les dissections, en utilisant quatre grandes planches anatomiques pour faciliter le travail de ses étudiants. L'une d'elles fut volée et publiée, si bien que, pour prévenir le plagiat, Vésale publia lui-même les autres planches, en même temps que trois dessins du squelette humain, exécutés par l'artiste hollandais Jan Stephen, un élève de Titien. Comme il fallait s'y attendre, ces dessins d'anatomie s'inspiraient toujours des conceptions de Galien, de même que les deux textes que Vésale publia vers cette époque. Il profitait au maximum de sa position à Padoue pour disséquer aussi souvent qu'il le pouvait, en utilisant des corps d'hommes aussi bien que des corps d'animaux et, au cours des neuf années suivantes, il découvrit certaines discordances entre ce que Galien avait écrit et ce que lui-même découvrait en disséquant. En 1539, il bénéficia de l'aide de Marcantonio Contarini, juge au tribunal criminel de Padoue, qui mit à sa disposition les corps de criminels exécutés et s'arrangeait

Illustration page 394.

même, à l'occasion, pour retarder les exécutions en fonction des besoins de l'anatomiste. Ainsi, l'on disposait désormais d'une réserve abondante de cadavres et Vésale fut en mesure de procéder à des dissections plus nombreuses et à des dissections comparées, dont toutes confirmèrent que l'on ne pouvait se fier entièrement à Galien. En 1539, Vésale était suffisamment sûr de son fait pour défier ouvertement le médecin grec, à Padoue, puis à Bologne, où il démontra que les descriptions anatomiques de Galien correspondaient au corps d'un singe et non à celui d'un homme.

Après quoi, Vésale se mit en devoir de publier en détail ses propres idées et, pendant les deux années suivantes, il rédigea les résultats de ses travaux. Il ne lésina ni sur le temps ni sur la dépense, s'assurant les services des meilleurs dessinateurs et des plus habiles graveurs sur bois vénitiens pour préparer les dessins destinés aux presses. Il choisit l'imprimeur Johannes Oporinus, de Bâle, et se rendit lui-même sur place pour superviser l'impression. Paru en 1543, son ouvrage *De humani corporis fabrica libri septem* est un magnifique exemple de ce que les imprimeurs de la Renaissance publièrent de meilleur. Il contient 17 illustrations pleine page, ainsi qu'un grand nombre de figures dans le texte qui comptent parmi les plus belles gravures sur bois jamais réalisées. Le texte, qui couvre quelque 600 pages imprimées serré, est divisé en sept parties ou «livres». Le premier a pour sujet les os et les articulations, et contient des dessins du crâne de cinq races humaines différentes, qui sont les premières illustrations d'ethnographie comparée. Le Livre II, qui traite des muscles, est la partie la plus célèbre pour ses illustrations, et le Livre III a pour objet le cœur et les vaisseaux sanguins. Bien que Vésale admît encore l'opinion de Galien, selon qui le sang se formait dans le foie et remontait vers le cœur par le septum, il avait manifestement quelques doutes, car il nota à ce propos : «Nous nous émerveillons de l'art du Créateur qui est cause que le sang passe du ventricule droit au ventricule gauche à travers des pores invisibles.» Dans la seconde édition, qui parut douze ans plus tard, il était plus péremptoire et assura que rien ne pouvait passer entre les deux ventricules. Dans le Livre IV, un exposé sur le système nerveux, il conclut (correctement) que les nerfs ne sont pas creux, contrairement à ce que pensait Galien. Le Livre V traitait des organes contenus dans l'abdomen et le Livre VI des organes contenus dans le thorax. Ce dernier livre comportait la description du cœur, dont Vésale nota combien il ressemble à un muscle. La dernière partie, le Livre VII, décrivait le cerveau dont il montrait des parties

Illustration page 394.

Sur le cœur et les vaisseaux sanguins vus par Galien, voir pages 323-324.

jamais décrites jusqu'alors. C'est là que Vésale précisa très clairement que les êtres humains ne possèdent pas de *rete mirabile* (réseau merveilleux) de petites artères à la base du cerveau, bien que Galien et d'autres les aient décrites; ces artères n'existaient que dans le cerveau des quadrupèdes ongulés.

On a dit que *De humani corporis fabrica libri septem* compte au nombre des plus grands ouvrages scientifiques jamais écrits. Ce fut certainement un jalon capital dans notre compréhension du corps humain et le livre sonna le glas du règne de Galien sur les esprits. A l'époque où il parut, il souleva de nombreuses critiques dans les milieux académiques mais alors, Vésale avait déjà décidé de devenir médecin praticien et, comme le service de l'Empire était une longue tradition dans sa famille, il recourut au saint empereur romain et fut aussitôt nommé médecin de la Cour. Pour la science, ce fut une perte, car une grande partie du temps de Vésale fut désormais consacrée «au mal français, aux désordres gastro-intestinaux et aux maladies chroniques...», comme il l'écrit sans ménagement. Mais, une fois au service de l'empereur, il ne pouvait démissionner, et il occupa sa fonction pendant treize ans, jusqu'à l'abdication de l'empereur. Il eut parfois pendant ces années à faire fonction de chirurgien militaire, mais, sitôt qu'il se trouvait à proximité d'une école de médecine, il prenait part à des autopsies et s'efforçait de poursuivre ses recherches pendant le temps dont il pouvait disposer. Au fil des ans, il améliora le détail de certaines techniques chirurgicales, écrivit quelques livres qui complétaient son œuvre majeure et répondit aux critiques émises à propos de la *Fabrica,* dont il réaménagea certains éléments pour la seconde édition. Sa réputation repose essentiellement sur ce livre, qui marqua le début d'une ère nouvelle pour l'anatomie, à la fois dans sa pratique et dans ses conceptions; bien entendu, il fallut du temps avant que l'ouvrage n'exerçât tous ses effets, mais, au début du XVIIe siècle, l'anatomie de Vésale était presque partout acceptée, par les académies comme par les médecins praticiens.

Vésale domine comme un colosse la médecine du XVIe siècle; cependant, sa stature ne doit pas faire écran aux très réels progrès accomplis en médecine par d'autres hommes de science. Après que Vésale eut quitté Padoue, Matteo Colombo lui succéda et, plus tard, Gabriele Fallope (Falloppio), qui fut un médecin compétent mais, semble-t-il, un chirurgien catastrophique. Nommé à la chaire de pharmacie de Ferrare, Fallope s'installa à Pise en 1549; il y occupait la chaire d'anatomie et c'est là qu'il fut accusé, à tort, d'avoir pratiqué la vivisection sur des hommes. Il avait cependant disséqué des corps de lions, dans le zoo des Médicis, et réfuté l'affirmation d'Aristote, selon qui leurs os étaient pleins et ne contenaient pas de moelle. Heureusement, lorsque Colombo se retira, ces accusations n'empêchèrent pas qu'on lui propose la chaire de Padoue que Vésale avait précédemment occupée. Falloppe écrivit un commentaire sur la *Fabrica* de Vésale, dont il chercha à corriger certaines erreurs, non sans témoigner clairement de son respect pour «le divin Vésale». Cependant son ouvrage, *Observationes anatomicæ* (1561), est remarquable non pour ses commentaires sur la *Fabrica,* mais pour les découvertes originales qu'il contient à propos du système de reproduction de l'homme et du développement du fœtus, qui furent ses plus grandes contributions. Il étudia les muscles et l'oreille, mais ses travaux les plus significatifs sont ceux qui traitent du développement du fœtus, en particulier de la formation des os et de celle des dents, et sa découverte de ce que nous appelons aujourd'hui les trompes de Fallope, les minces conduits qui relient les ovaires à l'utérus. Découvertes pour la première fois à Alexandrie, elles avaient été oubliées depuis longtemps et la description faite par Fallope était tout à fait originale.

Sur cette découverte par Hérophile, voir page 149.

Contemporain de Fallope, Bartolomeo Eustacchi (Eustache) contribua lui aussi au progrès de la médecine de la Renaissance. Né entre 1500 et 1510 à San Severino en Italie, il était à la fois médecin et linguiste, étant versé en arabe, hébreu et grec. Fervent partisan de Galien, il était hostile à Vésale et ses deux premiers ouvrages, *l'Examen des os* et *le Mouvement de la tête,* tous deux écrits en 1561, étaient une attaque contre les idées émises dans la *Fabrica*. Cependant, en dépit de cette haine unilatérale (Vésale ne la lui rendit jamais), Eustache bâtit quelques solides travaux scientifiques. En 1562-1563, il produisit une série remarquable d'ouvrages dont *la Structure du rein, l'Organe de l'ouïe* et d'autres textes sur les veines et sur les dents. Tous étaient de haut niveau, tous apportaient quelque chose de neuf et, dans *l'Organe de l'ouïe,* Eustache fit part de sa découverte de la trompe qui fait communiquer l'oreille moyenne et la partie supérieure du pharynx, toujours connue sous le nom de trompe d'Eustache. Il mena à bien d'autres travaux originaux sur le larynx et sur l'élocution.

En 1552, Eustache s'assura le concours de Pier Matteo Pini, un de ses parents qui était aussi un artiste, et il prépara avec lui une série de 47 planches anatomiques sur plaque de cuivre. Elles devaient illustrer un livre, «Dissensions et controverses anatomiques», qui ne fut jamais publié, mais certaines plaques furent utilisées dans un ouvrage d'anatomie plus réduit pour présenter les reins, diverses veines et la valvule d'Eustache. Lors de la mort d'Eustache, en 1574, les autres plaques avaient disparu, mais elles revirent le jour cent cinquante ans plus tard, quand elles furent publiées. Ce ne sont pas les premières planches gravées sur cuivre, mais elles témoignent d'une observation soigneuse et des dispositions d'Eustache pour l'anatomie.

Les anatomistes dont nous avons parlé jusqu'à présent étaient d'origine italienne ou travaillaient en Italie mais, en 1534, à Groningue aux Pays-Bas, naquit l'homme qui devint le premier écrivain systématique d'anatomie comparée depuis Aristote. Fils d'un homme de loi, Volcher Coiter (1534-1576) fit de bonnes études et manifesta de telles aptitudes pour la dissection et pour la médecine de Galien que la ville lui attribua un traitement pour qu'il pût étudier pendant cinq ans dans des universités étrangères. Il partit donc pour l'étranger et fut l'élève des maîtres renommés, tels que Fuchs et Aldrovandi; lui-même enseigna quelque temps à Bologne et à Pérouse, mais il semble que ses croyances protestantes lui aient valu quelques ennuis car il fit de la prison, d'abord à Rome, puis à Bologne. En 1566, Coiter était de retour en Allemagne et en 1569, il devint médecin de la ville de Nuremberg où il demeura jusqu'à sa mort en 1576. Ferme partisan de Vésale, Coiter doit sa renommée à ses études détaillées d'anatomie comparée. Il traita de presque toutes les classes de vertébrés – amphibiens, oiseaux, reptiles et mammifères – dont il souligna les différences. Il pratiquait la vivisection – il nota ses observations sur des cœurs de chats, de reptiles, de grenouilles et de poissons vivants –, et ses études de squelettes de diverses espèces d'oiseaux étaient alors uniques en leur genre. Illustrées de planches détaillées, les contributions de Coiter mettent en relief les vastes conceptions de beaucoup d'hommes de la Renaissance qui se consacrèrent à la médecine. Leurs pratiques les mettaient en contact permanent avec les herbes médicinales et les conduisirent à étudier la botanique; leur curiosité à propos du corps humain fit qu'ils examinèrent toutes les créatures vivantes qui pouvaient leur tomber sous la main, si bien que l'on n'est pas surpris que tant de ceux que nous appellerions aujourd'hui des biologistes aient été des hommes dotés d'une formation médicale et qui, souvent, avaient exercé la médecine. La spécialisation n'était pas une caractéristique de l'homme de la Renaissance.

L'Espagnol Miguel Serveto (Michel Servet) compte au nombre de ces érudits de la Renaissance orientés vers les sciences, avec un penchant particulier pour la médecine. Né vers 1511 dans une famille noble, Servet travailla comme correcteur et annotateur pour une maison d'édition de Lyon et dirigea la préparation de deux éditions savantes de la *Géographie* de Ptolémée et de trois éditions de la Bible. C'est au cours de ce travail qu'il découvrit de nombreux ouvrages de médecine et qu'il rencontra le médecin et auteur Symphorien Champier qui lui conseilla d'aller à Paris pour apprendre la médecine. Servet suivit ce conseil et s'acquit bientôt une réputation plus qu'honorable, devint membre d'un cercle médical éminent et, en fait de dissection, seule la renommée de Vésale surpassait la sienne.

En janvier 1553, Servet publia *Christianismi Restitutio,* un livre qui, comme nous le verrons dans un moment, contenait des contributions de valeur à la médecine. Néanmoins, ses contemporains y virent un livre plein d'idées hérétiques à propos de la Sainte-Trinité, ce qui finalement entraîna la perte de Servet. Lorsqu'il préparait son texte, il avait été en correspondance avec Calvin qui, après avoir reçu l'avant-projet de la *Restitutio*, coupa court à tout rapport ultérieur entre eux; après la publication de l'ouvrage, Calvin dénonça Servet qui fut arrêté, emprisonné, mais réussit à s'évader. Déjà, la plupart des exemplaires de son livre avaient été brûlés. Après quatre mois passés en France dans la clandestinité, Servet voulut se rendre en Italie, mais choisit malheureusement un itinéraire qui passait par Genève où quelqu'un le reconnut. En 1553, il mourut sur le bûcher, en invectivant toujours la Sainte-Trinité.

L'extraordinaire découverte médicale de Servet était celle de la petite circulation du sang, qu'il fut le premier à reconnaître en Occident. Car, bien qu'elle eût déjà été observée en Islam au milieu du XIIIe siècle, il semble que Servet n'en savait rien; en effet, sa découverte, qui est de toute évidence indépendante, obéissait à un objectif théologique, et il l'utilisa pour expliquer de façon plus satisfaisante la dissémination de l'esprit divin dans le corps. De plus, il établit également que «l'esprit vital est alors transfusé du ventricule gauche du cœur dans les artères de tout le corps», une conception qui, en fait, se rapproche de très près d'une description de la grande circulation que William Harvey découvrit au siècle suivant. Il paraît pratiquement hors de doute que Harvey ignora les idées de Servet – il ne subsistait que trois exemplaires de la *Restitutio* qui circulèrent sans doute

Sur cette découverte par Al-Nafis, voir page 311.

fort peu –, et, bien entendu, une question se pose : dans quelle mesure Servet a-t-il vraiment fait une découverte? Faisait-elle simplement partie de son argumentation théologique ou était-elle basée sur l'expérience médicale? Servet connaissait certainement l'étanchéité du septum du cœur, que Vésale avait alors fait plus que suggérer, comme nous l'avons vu, et il n'existe aucune preuve que Servet se soit livré à des expériences pour appuyer ses prétentions, à l'inverse de ce que d'autres firent plus tard. Ses idées d'ailleurs furent peu connues, elles n'exercèrent aucune influence et n'encouragèrent aucune recherche. Bref, elles sombrèrent dans l'oubli et, n'eût été leur redécouverte après la mort de Servet, spécialement après que l'importance de la fameuse découverte de Harvey n'apparut clairement, on n'en trouverait même pas mention aujourd'hui. Cependant, si Servet avait été moins intoxiqué par son antitrinitarisme et Calvin moins fanatique de la chasse aux hérésies, peut-être ces conceptions nouvelles auraient-elles enrichi la médecine un demi-siècle plus tôt.

La chimie

Sur l'alchimie chinoise, voir pages 183-184; sur l'alchimie en Inde, voir pages 258-260; et en Islam, pages 312-317.

La chimie de la Renaissance suivit plusieurs voies parallèles : d'un côté, les recherches traditionnelles de l'alchimie se poursuivaient vers leurs deux objectifs : la transmutation des métaux communs en or et la découverte d'un élixir qui aurait guéri toutes les maladies du corps et conféré la vie éternelle. Le second développement, qui se révéla par la suite très important, était médical ou iatrochimique. Né de l'idée d'un élixir, il avait pour objet l'emploi de produits chimiques pour compléter les remèdes végétaux, ou même pour les remplacer. La troisième voie était la croissance de la chimie pratique qui résulta du développement de l'industrie minière et de la métallurgie pendant la Renaissance, de la production de poudre à canon et de l'extension de la distillation. L'arrivée de l'imprimerie eut des répercussions sur ces trois courants, mais son rôle fut important surtout pour le dernier. L'industrie minière et la métallurgie conduisirent aussi à des études plus fouillées de minéralogie et, en Occident, à un commencement d'évaluation de l'écorce de la Terre qui, au XVIIe siècle, se développa pour devenir les débuts de la science de la géologie.

L'alchimie de la Renaissance fut très tôt teintée d'hermétisme. Nanti de son savoir ésotérique sur le macrocosme et le microcosme, le mage opérait sur la base des quatre éléments fondamentaux de l'Antiquité; le soin et la précision avec lesquels il travaillait, comme il convenait à la pureté de vision que l'hermétisme était censé lui conférer, le conduisaient à l'occasion à des succès sur des points où d'autres avant lui avaient échoué. Un développement intéressant, condensé dans «le Vase d'Hermès», fut l'attention portée au matériel alchimique. Ce n'était pas uniquement par souci de commodité – trouver les appareils les plus pratiques pour un ensemble précis de réactions chimiques –, mais aussi parce que l'alchimiste commença d'apprécier l'idée que la forme des récipients exerçait son influence mystique propre sur les transformations et les réactions qui s'opéraient. Ainsi, le pélican, un récipient en forme d'oiseau destiné à la distillation, était bien connu, mais son développement, le double pélican, était relié de façon mystique au processus de «conjonction», par lequel les produits chimiques en jeu dans une réaction recevaient la «forme» du composé final, un peu comme un morceau de cire prend la forme du sceau qui lui est apposé. Mais, pendant la Renaissance, le récipient *par excellence** des réactions alchimiques fut le Vase d'Hermès, ou «Œuf du philosophe». Sa forme ovoïde ressemblait à des symboles anciens de la création et, dans de nombreux manuscrits et livres imprimés d'alchimie, il était souvent représenté contenant un serpent, introduit là pour symboliser le matériau de la pierre philosophale ou, pour citer son autre nom, l'élixir de la vie. Mais, symbolisme mis à part, l'important dans tout cela était le développement progressif d'appareils de chimie plus efficaces et plus élaborés.

Illustrations pages 335, 394.

Un autre progrès dans le domaine de la protochimie fut l'arrivée de traités techniques. Sans l'imprimerie, de tels ouvrages ne seraient probablement jamais apparus mais, une fois qu'ils furent disponibles, ils entraînèrent une approche réaliste du travail de laboratoire. C'étaient des ouvrages pratiques, comme le fameux *Buch zu Distillieren* (Livre de la distillation), imprimé et publié à Brunswick en 1519, le premier texte descriptif sur ce sujet qui parut en Occident. La différence entre un texte de ce genre et un livre d'alchimie tient à ceci : alors que le texte alchimique était volontairement écrit dans un style obscur, lourdement chargé de symbolisme, l'ouvrage pratique avait pour but premier d'expliquer clairement. Deux courts extraits de ces deux genres de textes fixeront les idées sur ce point. La description alchimique de la

Sur l'invention de la nomenclature chimique moderne, voir page 506.

* En français dans le texte.

sublimation – le processus par lequel les cristaux d'une substance se déposent dans la partie supérieure froide d'un récipient qui contient un matériau solide chauffé dans sa partie inférieure – compare cette action à quelque chose comme un envol de cygnes ou de quelque autre oiseau.

> Dissous l'inamovible et fais voler l'immobile
> Ce qui vole se pose, et alors vis heureux.

Mais, dans le *Buch zu Distillieren*, pour décrire la préparation d'un médicament, une «bonne eau» pour la paralysie, en utilisant un Rosenhut (une sorte de condenseur à air), l'auteur écrit avec une clarté exemplaire :

> Prendre des graines de persil, trois onces; d'armoise verte, deux bonnes poignées; du vin distillé, trois onces. Mélanger et distiller, soit dans un alambic, soit dans un Rosenhut ordinaire, comme indiqué ci-contre.

L'apparition de textes techniques directs était un progrès énorme par rapport à l'hermétisme de l'alchimiste et du mage qui voulaient garder leurs secrets hors de portée du commun des mortels. Lorsqu'ils écrivaient, c'était uniquement en termes allusifs qui ne pouvaient être décryptés, si jamais ils l'étaient, que par d'autres initiés. L'auteur technique poursuivait un but différent; son objectif était d'informer le lecteur, qu'il soit initié ou profane. Autre livre important et célèbre, écrit de cette nouvelle manière, *la Pirotechnia* est un traité sur la chimie, la distillation, la fabrication de la poudre à canon, la métallurgie et la fonte de tous les objets imaginables : caractères d'imprimerie, médaillons, grandes statues ou canons. L'auteur de ce traité complet, qui révélait les secrets de procédés de métier jusqu'alors jalousement gardés, s'appelait Vannoccio Biringuccio (1480-1540). Fils d'architecte, il avait d'abord voyagé à travers l'Italie et l'Allemagne, en visitant les ateliers de métallurgie, puis s'était établi à Boccheggiana, où il dirigea d'abord une mine de fer et une forge puis, plus tard, l'hôtel de la Monnaie de la famille Petrucci. Après la ruine de celle-ci, il dirigea diverses fonderies, coula des canons, construisit des fortifications, établit les plans de bâtiments et termina sa carrière chef des fonderies papales et directeur des arsenaux pontificaux à Rome où il mourut. L'homme avait manifestement accumulé beaucoup d'expérience pratique et son ouvrage posthume *la Pirotechnia*, publié un an après sa mort, exerça une large influence, étant le premier livre publié en Occident sur les arts et manufactures qui nécessitaient

Illustration page 394.

l'utilisation de la chaleur pour leurs productions. Cependant, une partie de son influence était due à la clarté avec laquelle Biringuccio s'exprimait; à cet égard, aucun autre écrivain contemporain n'était à son niveau.

Les deux autres célèbres ouvrages du XVIe siècle sur la métallurgie et la minéralogie sont *la Description des méthodes de traitement et d'exploitation des minerais* (1574) de Lazarus Ercker, et *De re metallica* (la Métallurgie 1555) de Georg Bauer. Le livre d'Ercker était particulièrement utile parce qu'il décrivait les méthodes utilisées pour titrer les métaux précieux, mais son texte n'est pas aussi clair que celui de Biringuccio; quant à l'ouvrage de Bauer, il plagiait en partie celui de Biringuccio, mais apportait des données importantes sur l'exploitation minière. Ercker occupa plusieurs postes d'essayeur en Saxe, une région riche en minerais; de là, il se rendit à Prague, en 1567, où il fut contrôleur de la Monnaie, et son ouvrage contient de ce fait des éléments utiles de chimie analytique. Georg Bauer, généralement connu sous le nom de Georgius Agricola, était plus érudit que ne l'étaient Biringuccio et Ercker. Né en 1494 à Glauchau, en Allemagne, il obtint sa licence à l'université de Leipzig à l'âge de 21 ans, avant d'y enseigner le grec élémentaire jusqu'en 1519; il partit alors pour Zwickau, une ville toute proche, pour y organiser une nouvelle école de grec. Zwickau était un des centres de la Réforme et, bien qu'il estimât que la réforme était nécessaire, Bauer avait horreur de son aspect révolutionnaire et, à partir de 1523, il ne voulut plus entendre parler ni du grec ni des réformateurs. Il retourna donc à Leipzig, cette fois pour étudier la médecine, et c'est vers cette époque aussi qu'il visita l'Italie; en fait, il y passa trois ans car il collabora à des éditions des œuvres d'Hippocrate et de Galien, entreprises par les presses Aldines, et découvrit également les sciences politiques et économiques. Ses voyages suivants l'amenèrent dans les régions minières de la Carinthie, de la Styrie et du Tyrol et, en 1527, il fut nommé pharmacien et médecin dans la ville qui est aujourd'hui Jachymov, en Tchécoslovaquie. C'était alors un des plus importants centres miniers d'Europe, et c'est là que Bauer affronta les maladies professionnelles qui frappaient la communauté minière et qu'il étudia l'utilisation de minéraux et de produits de fusion pour traiter ces maladies. C'était un nouveau départ car Galien avait condamné l'usage de médicaments minéraux, si bien que Bauer prit sa plume pour relater ses expériences, décrire les principes de géologie et de minéralogie de l'exploitation minière, ses techniques, ainsi que les maladies professionnelles et leurs traitements. Puis il retourna en Allemagne, dans la tranquille petite ville de Chemnitz, pour pouvoir disposer de plus de temps pour ses travaux. Lorsque la peste noire fondit sur la Saxe, il travailla jour et nuit pour soulager les souffrances et lui-même s'y épuisa; sa nomination au poste d'historiographe à la cour de Saxe ne lui apporta pas de répit. Il se trouva dans l'obligation de rapporter honnêtement – et à ses dépens – les prétentions de la Maison régnante et devint alors obsédé par ce qu'il voyait comme une guerre imminente et une rupture définitive entre les catholiques et les protestants; en fait, la guerre fut évitée par la paix d'Augsbourg en septembre 1555, mais celle-ci ne fit que confirmer le caractère définitif de la scission au sein de la chrétienté occidentale. Bauer mourut en novembre 1556, fatigué et découragé. Son traité complet, *De re metallica,* parut quatre mois plus tard. Presque entièrement basée sur ses observations personnelles, cette œuvre féconde contenait les germes du développement futur des médicaments et les fondements d'une approche plus moderne de la géologie et des fossiles; illustrée de 292 belles gravures sur bois, elle fut l'ouvrage modèle pendant les deux siècles suivants.

Illustration page 373.

Bauer (Agricola) était un homme de science; prudent dans ses opinions, il eut soin que, dans la mesure du possible, toutes les données introduites dans son *De re metallica* fussent basées sur son expérience personnelle, qui était considérable. A maints égards, il fut l'antithèse d'un autre érudit allemand de la Renaissance, qui s'intéressa aux mêmes domaines, Theophrastus Philippus Aureolus Bombastus von Hohenheim (1493-1541). Ce personnage haut en couleur et fortement extraverti est plus connu sous le surnom de Paracelse, qu'il adopta vers la trentaine; il dérive d'une latinisation de «von Hohenheim» et soit signifie «qui dépasse Celsus» (l'éclectique médecin romain du Ier siècle après J.-C.), soit se réfère à sa qualité d'auteur de livres «para-(doxaux)» qui bousculaient les conceptions traditionnelles. Paracelse naquit en 1493 ou 1494 à Einsiedeln, en Suisse, dans une famille de médecins. Ses premières connaissances – en particulier en botanique, exploitation minière, métallurgie et science générale – lui furent inculquées par son père; puis il eut pour précepteurs plusieurs évêques et l'abbé de Sponheim, un éminent interprète en sciences occultes. Vers l'âge de 20 ans, Paracelse passa aux travaux pratiques dans les mines de la région ou, plus probablement, dans les laboratoires de ces mines. C'était une formation assez inusitée mais il semble qu'il ait également voyagé en Italie et passé quelque temps à l'université de

Illustration page 396.

Ferrare où, vraisemblablement, il étudia la médecine, car on le retrouve peu après faisant fonction de chirurgien militaire, d'abord à Venise puis ailleurs.

Il apparaît que malgré son statut professionnel de médecin, le père de Paracelse était bâtard et sa mère serve d'une abbaye bénédictine. Apparemment, ces faits avaient ulcéré l'enfant car, toute sa vie, Paracelse entretint des rapports d'amour-haine avec l'autorité; cet homme perpétuellement irrité avait le talent de s'aliéner jusqu'à ses amis et ses protecteurs. Il condamnait la médecine et la science traditionnelles et chercha à apprendre auprès de la population paysanne d'autres façons de soigner; il passait d'ailleurs beaucoup de temps à boire avec les paysans dans des tavernes mal famées, une habitude qui fit de lui un véritable expert en vin. Il soignait gratuitement les gens du peuple et se rattrapait en demandant aux riches des honoraires exorbitants.

La carrière de Paracelse fut un mélange de réussites et d'échecs. Il pratiqua la médecine avec grand succès à Salzbourg, où il se fit une belle réputation en sauvant la vie d'un notable, l'éditeur humaniste Johannes Froben; jointe aux excellents conseils médicaux qu'il donna à Erasme, cette guérison lui valut le poste de médecin municipal et la chaire de médecine de Bâle en 1527. Toutefois, les autorités académiques étaient réticentes, car Paracelse refusa de présenter les documents certifiant sa qualification, refusa également de prêter le serment d'usage et écrivit même un document dans lequel il dénigrait Galien et promettait un nouveau programme; seule la protection de Froben et d'autres réformateurs puissants assura sa nomination. Mais Froben mourut l'année suivante et Paracelse fut contraint de quitter Bâle, non sans avoir entre-temps brûlé publiquement un exemplaire du *Canon* d'Ibn Sinā, insisté pour enseigner en allemand et pour admettre dans ses classes des chirurgiens-barbiers, et déclenché une véritable crise en poursuivant en justice un magistrat pour non-paiement d'honoraires. Ensuite, Paracelse erra d'une ville à l'autre; jamais il ne séjourna plus de deux ans dans la même localité, ayant généralement réussi dans ce laps de temps à lasser la patience de tous. Au cours de ses pérégrinations, il s'habillait en paysan et étudiait les maladies des mineurs. Il mourut à Salzbourg en 1541.

Doué d'une prodigieuse vitalité, Paracelse provoquait les paysans à des joutes saoulographiques, dont il sortait vainqueur, et passait le reste de la nuit à dicter à son secrétaire de façon parfaitement cohérente (encore qu'il lui arrivât de brandir alors son épée, en poussant des cris sauvages qui

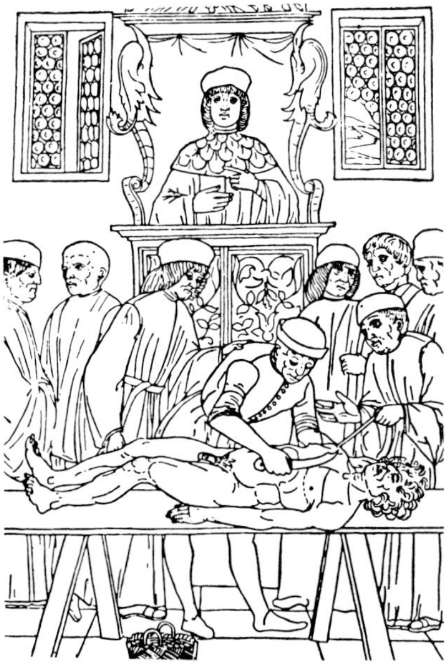

A
A
B
D
G
C
F
E

ANDREAE VESALII
BRVXELLENSIS, SCHOLAE
medicorum Patauinæ professoris, de
Humani corporis fabrica
Libri septem.
CVM CAESAREAE

A gauche. La musculature superficielle, extrait du *De humani corporis fabrica libri septem,* de Vésale.

Page 394, en haut à gauche. Une leçon d'anatomie à Padoue au XVe siècle; le professeur fait son cours tandis que l'assistant désigne ce qui est décrit. Extrait du *Fasciocolo di Medicina* (1493) de Johannes de Ketham. En revanche, sur la page de titre du *De humani corporis fabrica libri septem* (1543) d'André Vésale *(en bas à gauche)*, le professeur procède lui-même à la dissection et démontre à partir de l'observation directe, et non d'idées préconçues.

En haut à droite. Illustration d'un laboratoire d'analyse, extrait du *De re metallica* (1556) de Bauer, le premier traité pratique occidental de minéralogie.

En bas à droite. Le «Vase d'Hermès», dans le traité alchimique hermétique *Splendeur du Soleil.* Au XVIe siècle, ce «vase» était un récipient dont les qualités mystiques liées à sa forme étaient propices à certaines réactions alchimiques. British Library, Londres.

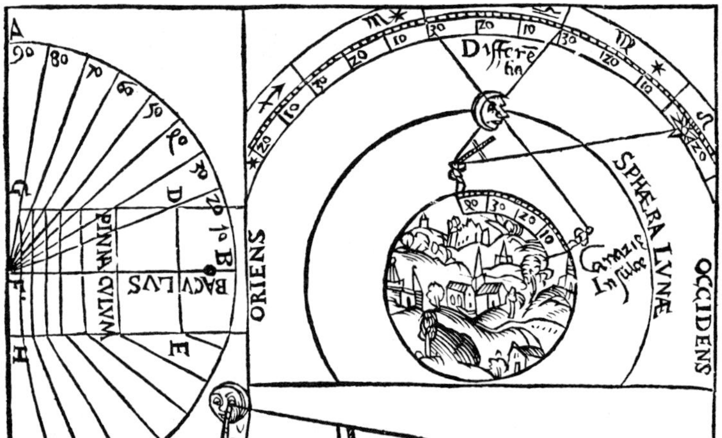
ORIENS
OCCIDENS
SPHÆRA LVNÆ
BACVLVS
PINNACVLVM
Differentia
Canariæ Insulæ

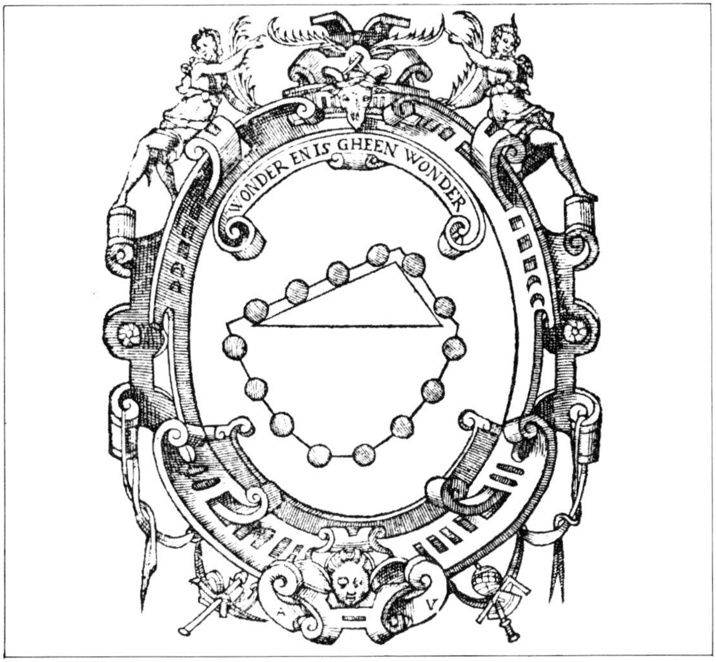

A gauche. Page de titre des *Principes de statique* (1586) de Simon Stevin, montrant le «collier de sphères» et portant l'inscription : «La merveille n'est pas merveille.»

A gauche. L'univers géocentrique, tel qu'il fut dépeint par Peter Apian dans *Cosmographia.*

Page 396, en haut. Peinture d'un alchimiste (1661) par Adriaen van Ostade. Au milieu du XVIIe siècle, ce sujet était traité comme un exemple de la folie humaine, car les progrès scientifiques dans d'autres domaines avaient rendu les principes alchimiques obsolètes. National Gallery, Londres.

En bas à gauche. Portrait de von Hohenheim, connu sous le nom de Paracelse (1493-1541).

En bas à droite. Emploi d'une équerre d'arpenteur pour mesurer l'altitude des corps célestes, extrait de *Cosmographia* (1539) de Peter Apian. De même que l'astrolabe, l'équerre d'arpenteur était indispensable pour calculer les latitudes.

terrorisaient l'assistance). Le lendemain, il était à son laboratoire ou près de ses patients. Malgré cette vie de bâton de chaise, il fut en mesure d'introduire un certain nombre d'innovations en médecine; il identifia la silicose et la tuberculose comme étant des maladies professionnelles chez les mineurs, découvrit que la syphilis pouvait être congénitale et qu'il y avait un lien entre le goitre et le crétinisme, mais sa contribution la plus importante fut sa nouvelle théorie des maladies. Paracelse condamna la croyance ancienne selon laquelle la maladie était due à un déséquilibre ou à un trouble des humeurs, et souligna le rôle des causes externes, en particulier de l'invasion du corps par quelque «poison». Ce qui le conduisit vers de nouvelles formes de traitements, qui faisaient souvent appel aux principes de l'homéopathie et au concept de «signature», en vertu duquel un remède végétal devait être choisi parce que les couleurs et la forme de la plante ressemblaient à celles de l'organe atteint. Il essaya aussi de diviser les drogues en leurs composants spécifiques et prôna l'emploi de substances minérales comme étant par elles-mêmes des drogues spécifiques. Tout cela le conduisit à développer en chimie des techniques et des idées qui furent d'une utilité considérable pour ceux qui, après lui, pratiquèrent l'iatrochimie.

Sur cette technique dans la Chine ancienne, voir page 233.

Certaines techniques de Paracelse étaient de la chimie appliquée, telle sa méthode pour préparer de l'alcool concentré en provoquant le gel de son composé aqueux (une méthode déjà utilisée par les Chinois) et sa façon de préparer l'acide nitrique. Il introduisit aussi l'usage de métaux nouveaux et non toxiques à des fins médicales et fut le premier qui tenta de bâtir un système complet de chimie. Dans ce but, il introduisit trois «principes» fondamentaux : sel, soufre et mercure, lesquels ne remplaçaient pas les quatre éléments (terre, air, feu et eau) des temps anciens, car ils n'étaient pas considérés comme des substances chimiques; le mercure de Paracelse n'était pas la substance chimique appelée mercure, mais son principe de fonctionnement; de même pour le soufre et le sel. Ainsi, le principe sel était présent dans toutes les substances et, s'il s'y trouvait dans une proportion suffisante, il faisait que cette substance était solide. Le principe soufre, quant à lui, était responsable de la nature inflammable d'un matériau, et le principe mercure de son état gazeux ou liquide. C'était une idée ingénieuse et importante, qui attira l'attention sur certains principes universels du comportement de diverses substances chimiques.

Paracelse était aussi initié à l'hermétisme, ce qui influença souvent sa conception de la médecine et de la chimie; par exemple, il attribua sa hiérarchie de valeur à ses principes; mercure indiquait l'état spirituel le plus haut, tandis que sel indiquait le plus bas. Il avait aussi pour théorie que le savoir ne vient pas des livres, dans le sens où l'entendait la vieille scolastique, mais de l'étude de la Nature, parce que celle-ci rend l'homme capable de discerner les forces spirituelles invisibles qui font que les corps se comportent ainsi qu'on peut l'observer. Ces forces, pensait-il, provoquaient des résultats par le biais de la «connaissance», qui n'était pas située dans l'observateur mais dans l'objet lui-même. L'homme ne pouvait acquérir cette connaissance qu'en s'unissant à l'objet, une union qui était une rencontre entre l'esprit de l'homme et l'esprit de la chose observée, soit encore une union entre deux entités astrales. Il s'agit là, bien entendu, d'une conception magique, typique de l'hermétisme; curieusement, dans le cas de Paracelse, elle l'amena à plaider pour que les aliénés fussent traités de façon humaine. Son argument sur ce point était que la raison et le savoir humains étaient astraux et, comme les aliénés n'avaient pas ces connaissances astrales, ils étaient plus purs et plus proches de Dieu. Mais, bien que nous puissions considérer cette conception comme éclairante, elle n'avait rien d'une approche scientifique de la folie.

Le chimiste allemand, Andreas Libau, dit Libavius, de la seconde moitié du XVIe siècle, présentait un très fort contraste avec Paracelse et ceux qui partageaient ses opinions. Né en 1560 à Halle, en Saxe, ce fils d'un pauvre tisseur de lin s'arrangea pour fréquenter le gymnasium, ou lycée, de Halle, puis pour s'inscrire, d'abord à l'université de Wittenberg, puis à celle d'Iéna. Il semble que Libavius ait ensuite mené deux carrières simultanées. A Iéna, il obtint son doctorat et le titre de poète lauréat et, après une courte période d'enseignement, l'université le nomma à la chaire d'histoire et de poésie, bien qu'à l'époque il fût déjà parti pour Bâle où il étudiait la médecine. Il accepta ensuite un poste de médecin municipal à Rothenberg et, plus tard, celui d'inspecteur des écoles; c'est seulement en 1607 qu'il finit par s'établir lorsqu'il fut nommé recteur du lycée de Cobourg. Pratiquement, ce lycée était une université, bien qu'il n'en portât pas le nom, car il s'agissait d'une fondation luthérienne et, de ce fait, le saint empereur romain ne lui accorda jamais la charte d'université. Libavius lui-même était un luthérien orthodoxe, fortement opposé aux catholiques romains et, vers la fin de sa vie, aussi fermement opposé au calvinisme. Prodigieusement actif et suffisant jusqu'à l'outrecuidance, il sous-estimait les autres, ce qui l'entraîna dans des conflits, y compris avec ses amis, et fit qu'il gâcha la plus grande partie de sa vie à poursuivre des polémiques insignifiantes.

La gamme des intérêts de Libavius était très large, mais ses principales contributions, en ce qui concerne notre sujet, furent ses volumineux écrits sur l'alchimie; ils forment un compendium pratiquement complet de toutes les connaissances en chimie de l'époque. Ils comprenaient une série de conférences sur la chimie, écrites sous forme de lettres à des médecins fort connus, et incluaient une définition de ce que nous appelons la chimie minérale comme étant «l'étude des minéraux», l'explication de quelques termes et de quelques concepts alchimiques obscurs, ainsi qu'une critique de Paracelse. Mais l'ouvrage le plus important de Libavius fut son *Alchemia*, qui parut d'abord en 1597, en même temps qu'un livre plus court sur les métaux, puis en 1606 dans une édition qui regroupait ces deux textes. Cette seconde édition, bien illustrée, est considérée de nos jours comme le plus beau de tous les textes consacrés à la chimie qui furent publiés au XVIIe siècle. Libavius y avait divisé la chimie en deux parties, dont l'une concernait les appareils et les procédures de laboratoire, l'autre l'analyse des métaux, des minéraux et des eaux minérales. Ses explications et surtout ses formules pratiques étaient extrêmement claires et contrastaient agréablement sur ce point avec le style emphatique qui caractérisait Paracelse.

Chez lui, dans son laboratoire personnel, Libavius était en mesure d'effectuer toutes sortes d'essais, et l'expérience qu'il acquit fit de lui un partisan fervent de l'utilisation des médicaments chimiques. Il confirma certains travaux et opinions de Paracelse et précisa dans son *Alchemia* les détails de la préparation de toutes sortes de substances médicales, y compris l'arsenic. L'ouvrage de Libavius fut largement diffusé pendant tout le XVIIe siècle et fit beaucoup pour promouvoir l'iatrochimie.

Avant de quitter l'alchimie et la protochimie du XVIe siècle, il nous faut mentionner un dernier personnage, le Français Bernard Palissy. Né en 1510 à Lacapelle-Biron, il fit son premier apprentissage dans une manufacture de verre coloré, puis inventa un procédé qui permettait d'émailler les poteries, lequel procédé lui valut la célébrité et une honnête fortune. Mais Palissy s'était converti au protestantisme et comptait parmi les premiers huguenots; condamné pour ses convictions religieuses, il fut relâché sur les instances de son protecteur, Anne de Montmorency. Afin de fabriquer une grotte, destinée au nouveau palais des Tuileries, Palissy s'était installé à Paris où, curieusement, il commença de donner des cours sur certains aspects de l'histoire naturelle. Bien qu'il n'ait reçu aucune formation académique sur ce sujet, il réussit à attirer un public composé des hommes les plus instruits de la capitale mais, en 1588, lorsque la persécution religieuse flamba de nouveau, il fut emprisonné et mourut à la Bastille, à l'âge de 80 ans.

Palissy s'intéressa beaucoup aux minéraux et à la géologie, un sujet sur lequel il avait quelques idées originales. Il fut un des rares hommes de son temps qui assurèrent que l'eau des fleuves provenait exclusivement des chutes de pluie, opposant des arguments irrésistibles à ses contradicteurs; il écrivit sur les puits artésiens et proposa des plans pour la construction de fontaines, destinées à fournir une réserve d'eau ménagère. Il étudia les fossiles et, comme Xénophon au début du IVe siècle avant J.-C., il pensait que c'était là les vestiges de végétaux et d'animaux; mais Palissy poussa plus loin : il établit un lien entre certains fossiles et des formes vivantes, et affirma que d'autres fossiles étaient des espèces disparues. Mais pour nous, au point où nous en sommes, ses travaux les plus intéressants furent ceux de chimie appliquée. Il établit que tous les minéraux dont les cristaux ont une forme véritablement géométrique devaient avoir cristallisé dans l'eau, et il classa les sels d'une façon qui témoignait d'une compréhension profonde de leur nature. Il démontra que l'or potable, un remède très célèbre à l'époque, n'était pas réellement potable et sûrement pas bénéfique; il prouva aussi que le mithridate – un remède chimique composé de quelque 300 ingrédients – était non seulement inutile, mais nuisible. Il dénonça les alchimistes, disant que la transmutation des métaux était un objectif absolument irréalisable, et se désespérait de ce que les paysans abandonnassent le fumier dans les cours de ferme jusqu'à ce que la pluie en eût dilué tous les sels utiles. Il fut, en quelque sorte, un chimiste agronome avant la lettre, dans la faible mesure, bien entendu, où l'état de la chimie du XVIe siècle était favorable à l'étude scientifique dans un tel domaine.

Sur le développement de ces idées aux XVIIe et XVIIIe siècles, voir pages 508-510.

Comme celles d'Agricola et celles de Paracelse, les connaissances de Palissy en chimie avaient été acquises par l'expérience pratique; dans son cas, ce fut en fabriquant des fenêtres en verre coloré et en développant les émaux destinés aux poteries. Ce côté pratique de la chimie, auquel contribuèrent des hommes pleins d'expérience, fut la contribution précieuse du XVIe siècle. Joint aux connaissances ésotériques fragmentaires sur les réactions chimiques acquises par les alchimistes, il conduisit au cours des deux siècles ultérieurs à l'avènement de la discipline réellement scientifique de la chimie.

Illustration page 396.

La physique

Le développement de la physique pendant la Renaissance est assez décevant. Certes, des progrès furent accomplis dans la compréhension du magnétisme terrestre et certains travaux furent réalisés en optique, ainsi que dans quelques domaines touchant à la mécanique; néanmoins, l'évolution fut lente. Il est vrai que les recherches en mécanique prirent leur élan vers la fin du siècle, mais ce fut principalement grâce à Galilée, dont les travaux ne furent réellement connus qu'au XVIIe siècle. Cependant, nous ne voudrions pas donner l'impression que la mécanique demeura stationnaire tout au long de la Renaissance, bien que les progrès effectués fussent le résultat des efforts d'un seul homme, l'ingénieur flamand Simon Stevin.

Fils illégitime de bourgeois aisés, Stevin naquit à Bruges en 1548. On sait peu de chose sur son enfance, mais il est certain qu'il occupa dans le gouvernement local un poste financier, à Bruges puis à Anvers, et qu'il voyagea en Norvège, en Pologne et en Prusse entre les âges de 20 et 30 ans. A son retour, il s'installa dans le nord des Pays-Bas, puissance indépendante naissante qui, à l'époque, secouait le joug de la domination et de l'Inquisition espagnoles pour conquérir son indépendance, bien qu'elle eût encore besoin d'une armée nombreuse pour assurer sa défense et se garantir la liberté de développer sa flotte et son commerce avant de pouvoir accéder au statut plein et entier de nation hollandaise. En 1581, Stevin étudiait à Leyde; deux ans plus tard, il était inscrit comme étudiant à l'université récemment fondée de cette ville. Il avait alors 35 ans, un âge un peu avancé pour un étudiant, mais il fit tant et si bien que, peu après, il enseignait les mathématiques à Leyde. En 1593, grâce à la recommandation du stathouder, le prince Maurice de Nassau, qui avait été son élève, Stevin fut nommé «castrametator» (intendant des fortifications) des armées hollandaises. Ce poste élevé l'amena non seulement à s'occuper de constructions militaires et d'aménagements défensifs, mais il le conduisit par la suite à devenir un administrateur financier et membre du conseil gouvernemental de son pays. Il institua la pratique de la séparation entre la comptablilité personnelle du stathouder et celle de l'État, et introduisit la méthode italienne de la comptabilité en partie double.

Stevin travailla à Leyde et à La Haye, où il mourut en 1620, et ce fut dans le nord des Pays-Bas qu'il fut poussé à contribuer aux progrès des mathématiques et de la mécanique. Nous verrons plus loin les travaux mathématiques de Stevin, qui traitent du problème important des symboles en algèbre. En mécanique, ses apports, non moins importants, sont contenus dans trois ouvrages, écrits en hollandais, qui furent publiés à Leyde en 1586, par l'imprimerie Plantin. Le plus important des trois s'intitule *Principes de statique,* mais les deux autres – *Applications de la statique* et *Principes d'hydrostatique* – ont aussi leur intérêt.

Dans ses *Principes de statique,* Stevin poursuivait l'étude entamée dix-huit siècles plus tôt par Archimède. Il examina la théorie du levier, le centre de gravité des corps et surtout le théorème relatif aux corps sur un plan incliné. C'est en traitant de ce dernier que Stevin énonça sa découverte la plus importante, la loi des plans inclinés. Il démontra cette loi au moyen d'un *clootcrans,* ou collier de sphères. Comme le montre son illustration originale, il utilisa deux plans inclinés, dont l'un avait une longueur double de celle de l'autre, entourés par un collier de sphères. Comme le collier ne tourne pas de lui-même, les sphères qui pendent (les sphères G, H, ... jusqu'à O) peuvent être négligées. Il apparaît alors clairement que le collier statique de sphères – P, Q, R, D, de gauche doit exercer une traction égale à celle des deux sphères E et F. En d'autres termes, la traction exercée vers le bas, vers le centre de la Terre, est inversement proportionnelle à la longueur du plan incliné; ou encore, moins le plan est long, plus la force est grande. Si le triangle est tourné de telle façon que l'un de ses plans soit vertical, nous avons alors une situation plus simple : le poids des sphères du plan vertical équilibre celui des sphères de l'autre plan (qui est alors horizontal) dans la proportion même où la hauteur du plan vertical équilibre la longueur du plan horizontal. Il s'agissait là d'une découverte subtile, à laquelle Stevin parvint sur la base d'arguments et de déductions minutieux; il accomplit ce qu'on pourrait appeler une «expérience réfléchie» dont les résultats sont les fondements de ce que nous nommons aujourd'hui le «parallélogramme des forces», fondamental dans les problèmes de statique. Après être parvenu à sa conclusion, aussi simple qu'élégante, Stevin remarqua (et écrivit au-dessus de son diagramme) : *«Wonder en is gheen wonder»* (La merveille n'est pas merveille).

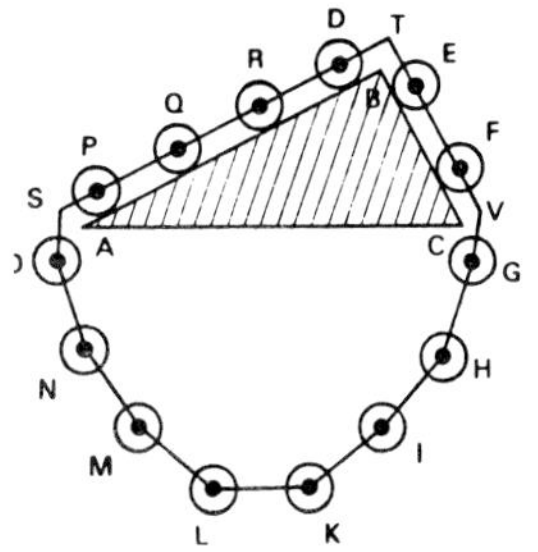

Le *clootcrans,* ou collier de sphères, de Simon Stevin.

Illustration page 397.

Les *Principes d'hydrostatique* de Stevin, premier ouvrage consacré à ce sujet depuis Archimède, proposent un exposé

Sur la découverte du principe d'Archimède, voir page 144.

simple et complet du déplacement d'eau provoqué par un corps immergé. Ils contiennent aussi une explication du «paradoxe hydrostatique», la loi qui établit que la force exercée par un liquide sur le fond du récipient qui le contient dépend seulement de la superficie de la surface exposée à la pression et de la hauteur du liquide au-dessus de lui, mais n'a rien à voir avec la forme du récipient. Son exposé comprend la description d'une expérience simple mais efficace, qui démontre le principe.

Stevin publia également quelques courts traités sur les applications pratiques de quelques principes mécaniques, et ses fonctions militaires l'amenèrent à écrire également sur les fortifications et les bivouacs de campagne, sur les écluses et les vannes, et sur la force éolienne et les moulins à vent, un domaine auquel il apporta des améliorations techniques de détail. En fait, ses centres d'intérêt étaient très diversifiés puisqu'il écrivit aussi sur l'astronomie – il soutenait les idées nouvelles de Copernic –, sur la vie civique – son ouvrage comporte un guide du citoyen en temps de désordres civils – et sur les gammes musicales. Ce dernier ouvrage contenait la première description faite en Occident de l'accordage à tempérament égal des instruments, mais, comme les travaux de Stevin ne furent publiés que peu avant 1620, il n'est pas certain qu'il s'agisse là d'une découverte indépendante. En tout cas, son système était semblable à celui que le prince chinois Zhu Zai-you utilisait en 1585, et il n'est pas impossible que Stevin ait eu connaissance de ce travail, car il apparaît certain qu'il connaissait l'invention chinoise du char à voile à propulsion éolienne qui fut signalée en Europe en 1585.

Sur la gamme musicale chinoise, voir page 228.

Les Hollandais étaient un peuple de marins et il n'est pas surprenant que Stevin se soit aussi penché sur les problèmes de navigation. Ceux concernant l'itinéraire que les navires devaient emprunter pour éviter de se perdre relevaient des mathématiques. Stevin préconisa la navigation suivant une ligne loxodromique, ou ligne de rhumbs, qui maintient un angle constant avec tous les méridiens, mais c'était une prouesse qui dépassait les moyens des marins de l'époque et l'idée ne sera mise en œuvre que plus tard. Au temps de Stevin, les voyages transocéaniques étaient des expéditions hérissées de difficultés et, comme nous le verrons plus loin (chapitre 8), de sérieux efforts seront accomplis au XVIIe siècle pour essayer de résoudre le grave problème posé par la détermination de la longitude en mer. Stevin écrivit sur ce sujet, auquel il apporta des explications très claires, en particulier

Illustration page 464.

sur un système grâce auquel, suggérait-il, la boussole pourrait indiquer la longitude. On y parviendrait en mesurant la différence entre le nord géographique et le nord magnétique, car on savait alors que cette différence n'était pas la même aux différents points de la surface de la Terre. Plus tard, il fut démontré que cette méthode n'était pas valable quand on découvrit (au XVIIe siècle) que cette variation n'est pas constante mais change au cours des temps.

L'évocation des travaux de Stevin concernant la navigation et l'emploi de l'aimant nous amène au thème du magnétisme qui, sitôt que la découverte de la boussole eut enfin franchi les frontières de la Chine, suscita beaucoup d'intérêt et de commentaires. En Occident, le premier auteur qui aborda ce sujet fut Peter Peregrinus, au XIIIe siècle. Il semble que Peregrinus ait fait partie de l'armée du roi de Sicile, Charles d'Anjou, et il était probablement ingénieur militaire. On sait peu de chose sur lui, si ce n'est qu'il fut un ardent partisan de Roger Bacon; il est connu pour son traité en deux parties : *Lettres sur l'aimant de Peter Peregrinus de Maricourt à Syergus de Foucaucourt, soldat.* Nous ignorons qui était Syergus. La lettre, qui date de 1269, décrit la magnétite et ses caractéristiques, définit la propriété de l'aimant de désigner le nord magnétique et contient la première utilisation de l'expression «pôle magnétique». Peregrinus y expliquait aussi comment un aimant, brisé en deux, donne deux aimants. Dans la *Lettre* figurent enfin un essai d'application de la force magnétique pour engendrer le mouvement perpétuel et, surtout, la mention de la déclinaison magnétique (le fait que l'aimant indique le nord magnétique, et non le vrai nord géographique).

Sur les études faites en Chine sur le magnétisme, voir page 229.

Après cette *Lettre* impressionnante de Peregrinus, plus rien ne fut publié sur ce sujet jusqu'à la Renaissance, et même bien au-delà : c'est en 1581 que parut *Une nouvelle attraction...* de Robert Norman, un Anglais constructeur de machines. L'ouvrage contient non seulement «Un court discours sur l'aimant ou magnétite», mais aussi un «Secret de la nouvelle découverte» de son comportement : le phénomène que nous appelons aujourd'hui l'inclinaison magnétique et qui concerne l'angle que l'aiguille magnétique fait avec l'horizontale, une inclinaison qui varie d'un lieu à un autre. La découverte originale de ce phénomène appartient à un autre constructeur, Georg Hartmann qui, en 1544, l'avait décrit dans une lettre adressée à son protecteur, le duc Albert de Prusse; cette lettre, qui n'avait jamais été publiée demeura ignorée jusqu'au XIXe siècle. La description de l'inclinaison faite par Norman fut presque certainement le résultat d'une découverte indépendante, et il est indéniable qu'il fut le premier à la faire connaître au monde.

Le travail le plus important effectué sur le magnétisme au cours de la Renaissance fut à coup sûr celui de William Gilbert de Colchester, qui naquit en 1540 et étudia la médecine à Cambridge. Il est possible qu'il ait ensuite voyagé à l'étranger, mais la seule chose dont nous soyons sûrs à son propos est qu'il exerçait à Londres vers le milieu des années 1570. Il devint rapidement un des praticiens les plus renommés de la ville et, en 1600, fut nommé médecin de la reine Élisabeth Ire puis, après la mort de celle-ci, médecin du roi Jacques Ier. Gilbert doit sa célébrité à son livre *De magnete*, publié à Londres en 1600. L'ouvrage montre clairement qu'il avait étudié à fond le magnétisme, peut-être pendant les années qui avaient suivi l'époque de ses études à Cambridge, car il y traite en détail l'ensemble du sujet : non seulement la boussole, mais aussi le comportement de l'aimant et ses pouvoirs d'attraction et de répulsion. C'était, depuis l'époque de Peregrinus, le traité le plus large sur le sujet, en fait le plus complet qui fut jamais écrit; très favorablement accueilli en Angleterre et en Europe, il fut réédité en 1628 et à nouveau en 1633. Gilbert écrivit également sur ses conceptions cosmologiques un ouvrage qui ne fut publié qu'un demi-siècle après sa mort, survenue en 1603. Toutefois, c'est le *De magnete* qui lui valut sa place dans l'histoire de la science.

Illustration page 488.

Gilbert distingua clairement l'attraction exercée par l'ambre – l'attraction électrostatique, bien qu'il ne l'appelât pas de ce nom – de l'attraction magnétique. Il expliqua que tout aimant est entouré d'une «zone d'action invisible» et comment il agit sur le fer situé à proximité, quelle que soit sa forme. Ensuite, après avoir traité de ses autres propriétés, Gilbert poursuivit en montrant comment un petit aimant, façonné en forme de sphère, pouvait imiter la Terre et, en utilisant de petits aimants, il démontra comment se comporte ce que nous appelons le champ magnétique terrestre. Il expliqua la déclinaison et l'inclinaison magnétiques ainsi que les propriétés de la boussole qui indique le nord et le sud, en postulant que la Terre est elle-même un aimant géant. C'était certainement une idée nouvelle mais, comme l'intuition de Gilbert reposait sur des preuves expérimentales, elle porta ses fruits au cours des siècles ultérieurs, particulièrement au cours du nôtre, où le sujet du magnétisme terrestre s'est considérablement développé.

Sur les développements apportés aux travaux de Gilbert au cours du XVIIIe siècle, voir page 491.

Quant aux idées cosmologiques de Gilbert, on avait dit souvent qu'elles étaient sans importance et, à la lumière de ce qui s'était passé avant qu'elles fussent publiées, ce jugement est assez juste. Cependant, certaines de ces idées parurent dans le *De magnete*, en dépit du fait qu'elles fussent alors déjà dépassées. Toutefois, la thèse de Gilbert, selon laquelle la Terre tournait quotidiennement autour de son axe, était une de celles qui durent exercer une certaine influence, d'autant qu'il insistait sur le point que cette conception s'accordait tout à fait avec son idée d'une Terre magnétique. Par ailleurs, Gilbert niait l'existence de sphères célestes solides, qui maintiendraient les planètes sur leurs trajectoires orbitales, mais, comme nous le verrons, les astronomes de l'époque tenaient déjà cette théorie pour indéfendable. Le plus important peut-être fut le soutien manifeste apporté par Gilbert à la nouvelle théorie héliocentrique de Copernic.

L'optique est un autre domaine de la physique qui retint l'attention pendant la Renaissance. Destinées à aider les vues déficientes, les lunettes avaient été introduites en Italie vers la fin du XIIIe siècle et elles étaient largement utilisées dans toute l'Europe au XVIe siècle, à cause peut-être de l'extension de la littérature, stimulée par l'arrivée de livres imprimés. En fait, à cette époque, les lunettes étaient considérées comme le symbole du savoir, et même de la sainteté : elles apparaissent sur certains tableaux qui représentent les Évangélistes, et même, dans un cas précis, sur le nez de Jésus enfant. Cet engouement pour les lunettes devait stimuler l'intérêt pour l'optique des lentilles, un intérêt sans doute également avivé par les traductions des ouvrages d'Ibn al-Haytham.

Illustration page 337.

Les deux premiers écrits sur l'optique qui furent imprimés sont l'ouvrage de John Pecham, un écrivain du XIIIe siècle qui avait tenté de concilier les conceptions divergentes des auteurs anciens faisant autorité, et un autre texte du XIIIe siècle, *Perspectiva*, de Witelo, un ecclésiastique polonais. Witelo avait abondamment puisé dans les idées héritées d'Héron d'Alexandrie et d'autres auteurs de l'Antiquité mais, à la différence de Pecham, Grosseteste et Roger Bacon, il se ralliait de tout cœur à la conception d'Ibn al-Haytham, selon qui l'œil n'émettait pas de rayons de lumière. Witelo avait également adopté l'enseignement d'Ibn al-Haytham, qui pensait que l'humeur liquide située au centre de l'œil est la partie de cet organe qui est sensible à la lumière, rompant encore sur ce point avec la tradition médiévale. Dans son livre, il étudia la réfraction et, bien que ses figures, quoi qu'il en prétendît, ne fussent pas en réalité le résultat d'expériences, ses idées éveillèrent un vif intérêt lors de leur parution. Les travaux originaux d'Ibn al-Haytham exercèrent eux aussi une grande

Sur la description du fonctionnement de l'œil par Ibn al-Haytham, voir page 299; sur Grosseteste et Bacon, voir pages 330-340.

influence lorsqu'ils furent imprimés et publiés en 1572. Les ouvrages de Witelo et ceux d'Ibn al-Haytham déclenchèrent de nombreux travaux en optique; cependant, avant même leur parution, des progrès avaient été accomplis au cours de la Renaissance par les érudits qui avaient accès aux sources manuscrites. L'un d'eux s'appelait Francesco Maurolico.

Né à Messine en 1494, de parents grecs, Maurolico, dit aussi Maurolycus, fut d'abord un mathématicien attaché à l'administration de l'empereur romain germanique Charles Quint. Il fut l'un des plus éminents professeurs de mathématiques de son époque et un écrivain prolifique, auteur d'une histoire de la Sicile, d'un traité d'astronomie et d'une multitude de traductions des auteurs anciens et de commentaires sur leurs œuvres. Mais il doit sa notoriété à son traité sur l'optique. Achevé en 1567, son *Photismi de lumine et umbra* (Lumières sur la lumière et sur l'ombre) traitait de la projection des ombres, de la réflexion, de la formation de l'arc-en-ciel, de la structure de l'œil humain, des différentes sortes de lunettes disponibles et de la manière dont elles corrigeaient les visions défectueuses. Il contenait également une méthode d'évaluation de l'intensité lumineuse et même une description du rayonnement de la chaleur. Bref, *Photismi* était le vademecum des connaissances en optique au XVIe siècle, «le meilleur ouvrage d'optique de la Renaissance», en a-t-on dit. Mais il n'apportait pas de nouveautés et ne put exercer qu'une influence minime car, lors de sa publication en 1611, soit cinquante ans après sa rédaction, le télescope avait été inventé et, de ce fait, l'impact du livre fut forcément diminué.

Les deux autres textes d'optique du XVIe siècle sont de Giambattista della Porta (1535-1615). Ce personnage haut en couleur vécut surtout à Naples. Son ouvrage le plus marquant, *Magia naturalis*, parut d'abord en 1558; puis une seconde édition très augmentée, qui sortit en 1589, établit la réputation de l'auteur. Il semble que Della Porta ait été un autodidacte dont les prédilections allaient à la science. En 1585, alors qu'il avait 50 ans, il entra chez les jésuites comme frère lai, prit part à leurs œuvres charitables à Naples et semble avoir participé avec ferveur à la Contre-Réforme catholique romaine. En 1580 cependant, avant son entrée chez les jésuites, il avait subi un interrogatoire conduit par l'Inquisition, et toutes ses publications avaient été mises à l'index entre 1592 et 1598. Pourquoi cet interrogatoire et pourquoi cet interdit? La chose n'est pas claire, mais il est possible qu'elle ait été liée à l'intérêt de Della Porta pour les académies de la fin de la Renaissance italienne. Naples

Illustration page 412.

comptait alors nombre de ces «académies», des sociétés composées de personnes réunies par un intérêt commun. En 1547, toutes les académies furent fermées, car on les soupçonnait d'être des foyers d'intrigue politique. Quoi qu'il en soit, elles rouvrirent en 1552; l'une d'elles, l'Altomare, était un centre littéraire éminent. Certains amis de Della Porta en étaient membres, mais il créa sa propre organisation, l'Accademia dei Segreti (l'Académie des Secrets) ou, plus précisément, l'Académie des secrets de la Nature, dont le siège était sis à son domicile. La date de la fondation de son académie n'est pas connue, mais elle est certainement antérieure à 1580; son seul nom suffit sans doute à inquiéter l'Inquisition et il semble que, par la suite, elle la fit fermer.

Magia naturalis est un livre sur les secrets de la Nature, élaboré à partir de notes que Della Porta avait amassées dès l'âge de 15 ans; le titre de l'ouvrage, *Magia naturalis,* fut choisi parce que «la magie n'est rien d'autre qu'un aperçu sur la totalité du cours de la Nature»; la tradition hermétique et la croyance néo-platonicienne, plus orthodoxe, enseignaient l'agencement naturel des choses et Della Porta choisit le titre qui mettait ce fait en valeur. Quant au contenu de l'ouvrage, il y engouffra sans discernement tout ce qu'il avait dans ses notes, et le résultat est un ahurissant salmigondis de broutilles, mêlées à des sujets d'un réel intérêt scientifique. On y trouve une recette d'encre sympathique, une autre «pour couvrir une femme de boutons rouges», des études sérieuses sur l'agronomie et sur la magnétite, des méthodes pour tremper l'acier et des expériences de statique et de pneumatique. La partie consacrée à l'optique est caractéristique du livre : elle propose des instructions pour fabriquer un miroir qui rend le visage «semblable à celui d'un âne, d'un chien ou d'une truie» et d'«autres jeux amusants avec des miroirs plans»; quelques pages plus loin, une étude sérieuse sur l'utilisation des miroirs concaves, suivie de la description du procédé pour obtenir une image virtuelle, «une image que l'on voit complètement suspendue en l'air», puis une étude sur les lentilles, y compris les lunettes d'observation à distance. Sur ce point pourtant, la description de Della Porta laisse quelque chose à désirer, peut-être parce que «ce n'est pas un sujet que l'on doit publier trop facilement» et que lui-même souhaitait encore le garder secret. Néanmoins, Della Porta expliqua nettement que, grâce à des combinaisons de verres concaves et de verres convexes, des objets «éloignés ou proches» peuvent être observés plus clairement. Ces remarques donnent à penser qu'il avait expérimenté des combinaisons de

Sur les descriptions antérieures de lentilles utilisées de façon similaire, voir pages 333-339.

lentilles et qu'il avait pu tomber sur le principe du télescope et sur celui du microscope composé. Cette supposition est renforcée par le fait qu'il publia en 1593 un livre sur la réfraction, *De refractione,* dans lequel, à nouveau, il consigna des expériences réalisées grâce à diverses combinaisons de lentilles concaves et convexes. Ce second livre contenait aussi la première description d'une chambre noire adaptée à une lentille. Dès lors, une question évidente se pose : Della Porta a-t-il inventé le télescope? Des doutes ont été exprimés sur ce point, car il parle toujours d'une «plus grande clarté», comme s'il ne cherchait rien d'autre que des images plus précises, alors que, dans *Magia naturalis,* il parlait aussi de voir des choses éloignées, et il existe d'autres preuves curieuses – que nous aborderons plus à fond au chapitre suivant – d'après lesquelles il paraît vraisemblable que Della Porta connaissait au moins le principe de l'appareil. C'est ce que l'on pouvait attendre d'un tel expérimentateur de la Renaissance. De plus, Della Porta écrivit un ouvrage non publié, *De telescopiis,* ce qui, malheureusement, ne clôt pas la question; il semble qu'il soit allé très loin, puis qu'il se soit arrêté. Peut-être son problème était-il dû en partie à la médiocre qualité optique des images obtenues grâce aux combinaisons de lentilles – un problème qui, plus tard, empoisonna Galilée –, et au fait qu'il poursuivit son travail en utilisant un miroir concave comme appareil télescopique; un télescope à réflexion efficace ne fut élaboré que près d'un siècle plus tard.

Les mathématiques

Les mathématiques s'épanouirent pendant la Renaissance et furent dès lors en mesure d'apporter de la précision et des résultats quantitatifs dans les domaines scientifiques auxquels elles pouvaient être appliquées. Au début de la révolution scientifique, l'utilisation des mathématiques aida à déterminer les mouvements de la Lune et des planètes dans le ciel, et à résoudre certains problèmes fondamentaux en mécanique. Le grand développement de l'application des techniques mathématiques aux questions scientifiques atteignit son apogée aux XVIIe et XVIIIe siècles, mais les bases de cette approche mathématique de la science furent posées au XVIe siècle.

Au cours de la Renaissance, les premières applications des mathématiques touchèrent le commerce et les arts. Les traductions d'auteurs classiques et arabes avaient fait connaître le calcul courant et rendu disponible le texte complet d'Euclide, d'abord sous forme manuscrite, puis sous forme imprimée. Les premières éditions imprimées parurent en Italie à la fin du XVe siècle, notamment en 1482, l'élégante édition vénitienne d'Erhard Ratdolt, qui fut le premier ouvrage imprimé rehaussé d'or. Les éditions des travaux d'Euclide stimulèrent le nouvel art de la perspective, auquel les artistes s'essayaient. Leurs recherches étaient déjà en cours aux XIVe et XVe siècles à Florence, ainsi qu'en Allemagne et aux Pays-Bas, mais ce sont les recherches florentines sur lesquelles nous sommes le mieux documentés. Cet art nouveau conduisit à de nouvelles recherches en géométrie, d'abord menées, semble-t-il, par Filippo Brunelleschi (1377?-1446), bien que le premier ouvrage sur le sujet soit attribué à Paolo Uccello , un peintre du XVe siècle. Aucun exemplaire de l'ouvrage d'Uccello n'a survécu, mais son œuvre artistique témoigne que ce sujet lui était familier. En revanche, l'ouvrage de Piero della Francesca, *De prospectiva pingendi* (la Perspective en peinture), qui fut écrit entre 1474 et 1482, nous est parvenu. Ce traité important introduit l'idée de point de fuite. Le sujet fut approfondi par Léonard de Vinci et, en Allemagne, Albert Dürer développa de façon indépendante la technique de la perspective linéaire.

Illustration page 131.

La parution de l'œuvre d'Euclide toucha aussi les cartographes, dont le plus connu parmi ceux du XVe siècle est le Flamand Gerhard Mercator; sa projection cylindrique de 1569 était une autre application de la géométrie, destinée à aider les navigateurs, puisque les loxodromies étaient des lignes droites. Puis ce fut le précepteur de Mercator, le géographe et mathématicien hollandais, Reiner Gemma Frisius, né en 1508 à Dokkum aux Pays-Bas, qui proposa et illustra en 1533 le principe de la triangulation, le procédé d'arpentage grâce auquel l'arpenteur peut situer avec précision des lieux d'accès difficiles ou même inaccessibles. Gemma Frisius fut aussi le premier à suggérer l'emploi de chronomètres portables pour déterminer la longitude en mer; théoriquement parfaite, cette méthode ne put être mise en pratique de façon satisfaisante avant la fin du XVIIIe siècle, car c'est alors seulement qu'on disposa de montres fiables.

Illustration page 355.

Un développement de la géométrie, amorcé par les Grecs puis étendu par les mathématiciens islamiques, fut la méthode de calcul qui utilise les rapports des côtés des triangles, ainsi que leurs angles, ce que nous appelons aujourd'hui la trigonométrie. Son développement au cours du XVe siècle fut entamé

Chaos
Fire:
Ayre:
NATVRAL
MAGICK:
in XX Bookes
by
IOHN BAPTIST PORTA
a Neopolitane:
R Gaywood fecit Lond:
1658
Art:
Nature:
Earth:
I. BAPT: PORTA
Water:

A gauche. Nicolas Copernic (1473-1543) avec une sphère armillaire.

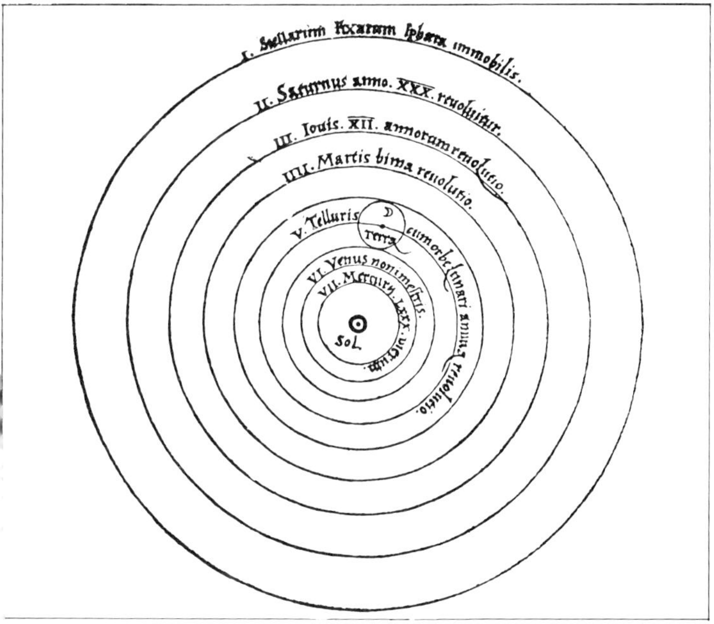

A gauche. Diagramme du système de l'univers de Copernic : la Terre et les planètes tournent autour du Soleil. Extrait de *De revolutionibus* (1543).

Page 412. Page de titre de *Magia naturalis* (1558) de Giambattista della Porta, dans l'édition anglaise de 1658. Cet ouvrage était un pêle-mêle d'aperçus scientifiques et d'éléments beaucoup moins sérieux; le concept du XVIe siècle de «philosophie naturelle» autorisait la spéculation sur une gamme de sujets beaucoup plus étendue que ne le fera le concept ultérieur de science.

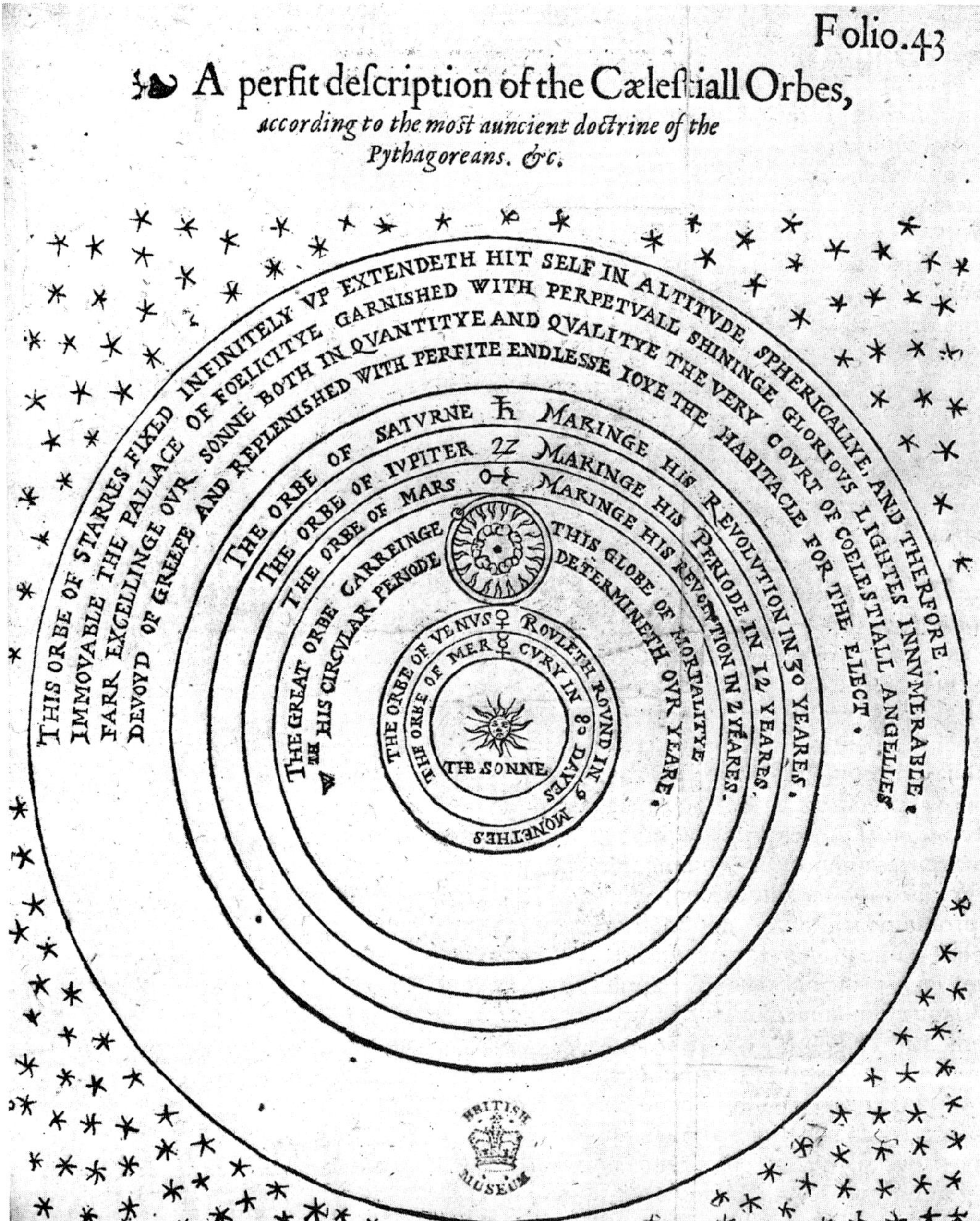
Folio.43
A perfit description of the Cælestiall Orbes,
according to the most auncient doctrine of the Pythagoreans. &c.
THIS ORBE OF STARRES FIXED INFINITELY VP EXTENDETH HIT SELF IN ALTITVDE SPHERICALLYE, AND THERFORE.
IMMOVABLE THE PALLACE OF FOELICITYE GARNISHED WITH PERPETVALL SHININGE GLORIOVS LIGHTES INNVMERABLE.
FARR EXCELLINGE OVR SONNE BOTH IN QVANTITYE AND QVALITYE THE VERY COVRT OF COELESTIALL ANGELLES
DEVOYD OF GREEFE AND REPLENISHED WITH PERFITE ENDLESSE IOYE THE HABITACLE FOR THE ELECT.
THE ORBE OF SATVRNE ♄ MAKINGE HIS REVOLVTION IN 30 YEARES.
THE ORBE OF IVPITER ♃ MAKINGE HIS PERIODE IN 12 YEARES.
THE ORBE OF MARS ♂ MAKINGE HIS REVOLVTION IN 2 YEARES.
THE GREAT ORBE CARREINGE THIS GLOBE OF MORTALITYE
HIS CIRCVLAR PERIODE DETERMINETH OVR YEARE.
THE ORBE OF VENVS ♀ ROVLETH ROVND IN 9 MONETHES
THE ORBE OF MER ☿ CVRY IN 80 DAYES
THE SONNE
BRITISH MUSEUM

par Georg Peuerbach et Johann Müller (Regiomontanus). Georg Peuerbach naquit en 1423 à Peuerbach, en Autriche, et mourut en 1461 à Vienne, mais, pendant sa courte existence, il marqua de son empreinte la trigonométrie et l'astronomie. Nous ignorons tout de ses premières années, mais il est sûr qu'il fréquenta l'université de Vienne et qu'il voyagea en Allemagne, en France et en Italie entre 1448 et 1453; peut-être a-t-il rencontré le philosophe et astronome, Nicolas de Cusa, lors de son passage à Rome. En 1456, il fut nommé astrologue à la Cour du roi de Hongrie, Ladislas V, puis, à la mort de celui-ci, astrologue à la Cour de l'empereur romain germanique. Cette fonction peu contraignante lui laissait le loisir d'enseigner les humanités à l'université où Müller (Regiomontanus) fut son élève. Nous reviendrons plus loin sur l'astronomie de Peuerbach. L'importance de son apport à la trigonométrie réside dans le court ouvrage qu'il écrivit pour expliquer comment calculer le sinus et les cordes des angles. Par la suite, cet ouvrage fut édité avec les tables de sinus de Müller et une table supplémentaire qui donnait les sinus de petites fractions des angles (minutes d'arc). Des tables similaires mais encore plus précises furent élaborées au siècle suivant par Georg von Lauchen (Rheticus). Cependant, elles ne furent achevées qu'après sa mort, en 1596, sous la direction d'un de ses élèves, Valentino Otho. Puis Bartholomaeus Pitiscus, à qui nous devons le terme «trigonométrie», en publia une édition corrigée, à Francfort en 1613. La préparation et la publication de toutes ces tables peuvent nous sembler aujourd'hui très prosaïques; cependant, non seulement elles représentèrent une somme immense de labeur, mais leur large diffusion en éditions imprimées au XVIe siècle contribua à promouvoir l'usage des méthodes trigonométriques, qui furent d'une grande importance pour le progrès de l'astronomie, leur principal champ d'application.

Page 414. Dessin d'un univers infini, extrait des *Prédictions éternelles* (1576) de Leonard et Thomas Digges. L'importance de cet ouvrage tient à ce qu'il s'opposait à la vieille idée d'une sphère d'étoiles, et cette théorie fut adoptée par Giordano Bruno. La possibilité d'utiliser un télescope pour découvrir de nouvelles étoiles a pu aider à la formulation de cette théorie.

L'autre domaine mathématique qui progressa considérablement fut l'algèbre. L'arrivée des travaux mathématiques venus des pays islamiques stimula certains développements et, en 1202, Leonardo Fibonacci de Pise (parfois dit Leonardo da Pisa) écrivit le premier traité en latin sur le sujet : *Liber abbaci* (Livre de calcul). Il comprend une partie importante sur l'algèbre et sur les méthodes algébriques, et fit connaître aux lecteurs occidentaux l'usage des nombres indo-arabes, y compris le zéro. Fibonacci, dont le nom reste lié aux nombres de Fibonacci (une suite obtenue en additionnant chaque nombre à celui qui le précède, telle que : 1, 1, 2, 3, 5, 8, 13, 21,...), écrivit aussi une *Géométrie pratique* qui devint un texte

Sur l'origine du zéro, voir page 196; sur le développement des chiffres indo-arabes, voir page 257.

classique; mais, à l'époque qui suivit la sienne, les mathématiques progressèrent étonnamment peu. Au XVe siècle enfin, l'évolution reprit. Puis, en 1484, Nicolas Chuquet rédigea *le Triparty en la science des nombres,* qui contenait, en germe, les logarithmes, une conception très claire des équations et de leurs racines, et l'identification des racines tant négatives que positives. Mais l'ouvrage de Chuquet ne fut jamais publié et ne put exercer qu'une faible influence.

Le mathématicien de cette période qui encouragea le plus ses contemporains s'appelait Luca Pacioli. Né à Sansepolcro en Toscane vers 1445, Pacioli entra chez les franciscains et parcourut l'Italie en enseignant les mathématiques. Il revint chez lui à l'âge de 45 ans et acheva en 1494 sa *Summa de arithmetica, geometria, proportioni et proportionalita,* qui fut imprimée à Venise sous son contrôle personnel. Plus complet qu'il n'était original, cet ouvrage fourmillait d'éléments empruntés à d'autres mathématiciens, depuis Euclide jusqu'à Fibonacci, comme Pacioli lui-même le reconnaissait volontiers : largement diffusé, il fut étudié à fond par les comptables et par les mathématiciens du XVIe siècle, dont beaucoup admirent tout ce qu'ils lui devaient.

Au XVIe siècle, l'algèbre s'épanouit réellement, en grande partie grâce à la situation curieuse qui régnait en Italie. Entre 1472 et 1500, pas moins de deux cent quatorze ouvrages de mathématiques avaient été publiés pour satisfaire à la demande croissante des banques, des négociants, des ateliers, des fonctionnaires, des astrologues et des érudits. Cette abondance attisa l'intérêt pour les mathématiques elles-mêmes et suscita chez les esprits les plus académiques un esprit de compétition qui se traduisit par des concours et des débats publics sur des sujets mathématiques. Mais cet engouement avait un inconvénient : celui de freiner la publication des résultats. Quand un mathématicien découvrait la solution d'un problème mathématique précis, il se trouvait face à une alternative : soit il la publiait et recevait des honneurs publics, mais aucun avantage financier; soit il la gardait secrète et l'exploitait lors des affrontements publics. Dans ce dernier cas, il y gagnait renommée et espèces sonnantes (car tous les participants au concours déposaient une somme d'argent qui revenait au gagnant) mais courait le risque que sa découverte fût publiée par un de ses rivaux.

Les débats traitaient souvent du problème épineux de la résolution des équations du troisième degré (équations avec x^3). Le premier qui le résolut, au XVIe siècle, fut Scipione del Ferro, un professeur de mathématiques qui exerça trente an à Bologne et trouva la solution de celles de ces équations qui ne contenaient pas x^2. Il légua sa solution à un de ses élèves, Antonio Fiore, et, plus tard, celle-ci fut acquise par son gendre, mais ni l'un ni l'autre ne la publièrent. Cependant, le problème fut aussi résolu, indépendamment et d'une autre manière, lors d'une joute organisée par Fiore; le gagnant s'appelait Niccolo Tartaglia. Le pseudonyme Tartaglia, qu'il avait adopté, venait d'un surnom que lui avait valu dans l'enfance une blessure à la bouche qui le faisait bégayer (tartagliare). Né vers 1500 à Brescia, il mourut à Venise en 1577, après avoir consacré la plus grande partie de sa vie à l'ingénierie, au lever de plans et à l'artillerie militaires. En géométrie, il innova en calculant le volume d'un tétraèdre à partir de la longueur de ses côtés et il inventa des méthodes pour inscrire des cercles dans un triangle; dans d'autres domaines des mathématiques, il résolut des problèmes divers et publia ce que nous appelons le triangle de Pascal, que d'autres avant lui avaient connu sous une forme un peu différente. Mais la permanence de sa renommée est due aux solutions qu'il apporta aux équations du troisième degré; il résolut non seulement les équations du type de celles qu'avait résolues Scipione, mais aussi celles qui contiennent x^3 et x^2 (mais pas x). Il refusa de publier ses résultats, mais les révéla à Girolamo Cardan, sous le sceau du secret. Néanmoins, en 1545, Cardan finit par publier les résultats de Tartaglia, auquel il en attribua tout le mérite dans son ouvrage *Ars magna* (le Grand Art), le premier grand traité d'algèbre de l'Occident.

Sur le triangle de Pascal en Chine, voir page 202.

Né à Pavie en 1501, Cardan, ou Cardano, commença ses études de médecine en 1520 à l'université de sa ville; six ans plus tard, il les terminait à Pise, où il obtint son doctorat et où il commença d'exercer. En 1534, sans abandonner sa pratique médicale, il devint professeur de mathématiques. Au bout de quelque temps, s'étant acquis déjà une grande réputation comme médecin, il accepta la chaire de médecine de Pavie. Bientôt pourtant, mis en difficulté par la vie dissipée de son plus jeune fils et par l'exécution de son fils aîné, condamné pour le meurtre de sa femme, il quitta la chaire de Pavie pour celle de Bologne. Emprisonné par l'Inquisition en 1570, essentiellement à cause des horoscopes qu'il avait dressés, il se rétracta et réussit à obtenir du pape une rente à vie. Cardan est l'auteur de plus de deux cents ouvrages sur la religion, la musique, la philosophie, la physique, la médecine et les mathématiques. La célébrité de ce personnage instable repose essentiellement sur ses contributions aux mathématiques; il écrivit sur le calcul numérique, mais son ouvrage majeur est l'*Ars magna*, dans lequel il présentait avec méthode quantité d'idées nouvelles en algèbre. Il établit une règle pour la résolution des équations du troisième degré sans x^2, étudia le nombre de solutions des équations de degré supérieur et conclut que les équations à plus d'une inconnue ont plus d'une solution; bref, il inventa la théorie des équations algébriques. Cardan fut aussi le premier à utiliser les «nombres imaginaires» (des nombres ordinaires multipliés par la quantité imaginaire, la racine carrée de moins un), qui sont très utiles pour le genre de problèmes auxquels il travaillait. Sa passion pour le jeu le conduisit à écrire sur les probabilités mathématiques, mais l'ouvrage qu'il leur consacra ne parut qu'après sa mort.

Cardan s'intéressait à toutes sortes de sciences; la mécanique l'intriguait et on lui attribua la découverte du joint universel, dit aussi «suspension à la Cardan», bien qu'il s'agît en fait d'une invention chinoise. Il comprit que la trajectoire d'un projectile est parabolique, et non constituée de deux lignes droites distinctes comme on le pensait jusqu'alors, et il affirma (à juste raison) que le mouvement perpétuel était impossible, sans dissuader pour autant ses contemporains de poursuivre activement ce fantasme. Il fit également quelques découvertes d'intérêt secondaire en hydrostatique et estimait que le vide était possible; il en attribuait les effets à la raréfaction de l'air. Par l'ampleur de ses intérêts et la diversité de ses apports à la connaissance, Cardan fut un produit typique de la Renaissance italienne.

Rafael Bombelli est le troisième mathématicien italien du XVIe siècle qui travailla sur les équations du troisième degré et, comme Cardan, s'intéressa aux équations de degré supérieur. Né à Bologne en 1526, il poursuivit sa carrière d'architecte et d'ingénieur hydraulique pendant la plus grande partie de sa vie mais, stimulé par l'engouement pour les mathématiques dans l'Italie de l'époque, il décida d'écrire un traité d'algèbre. L'*Ars magna* de Cardan avait paru en 1545; la querelle entre Tartaglia et Cardan, qui n'avait pas respecté sa promesse de garder le secret, avait éclaté en 1546, et Bombelli décida que, dès l'année suivante, il s'attellerait à cette tâche. Pendant les trois ans qui suivirent, il travailla son sujet et publia un traité systématique et consciencieux, qui donnait un compte rendu complet des mathématiques au milieu du XVIe siècle. Il avait abondamment puisé dans l'œuvre du mathématicien alexandrin Diophante – en fait, ce fut l'*Algebra* de Bombelli qui fit connaître les travaux de Diophante en Occident –, mais il apporta aussi une contribution originale à la résolution des équations du troisième degré en traitant les équations qui comprennent à la fois x^3, x^2 et x. L'autre grande contribution de son livre à l'algèbre fut les symboles qu'il utilisa pour désigner la puissance des inconnues.

Les symboles utilisés en algèbre sont importants. Comme nous le verrons au chapitre suivant, un symbolisme insuffisant peut retarder – et a effectivement retardé – le progrès, car les symboles, lorsqu'ils sont clairs, peuvent avoir pour effet d'aider à la réflexion. Bombelli n'était pas le seul mathématicien à en juger ainsi. En Allemagne, quelques symboles étaient utilisés en arithmétique commerciale – le signe plus (+) était une abréviation du «et» latin – et le signe égal (=) fut introduit en 1537 par le mathématicien anglais Robert Recorde; à la même époque, Leonardo Fibonacci, Nicolas Chuquet et Luca Pacioli utilisaient dans leurs ouvrages des notations conventionnelles. Simon Stevin introduisit également une nouvelle notation pour les polynômes (formules qui contiennent plus d'un terme algébrique); il préconisa et utilisa les fractions décimales et plaida également en faveur du système monétaire décimal, lequel cependant ne fut pas mis en pratique avant l'époque de la Révolution française. Le théologien et mathématicien Michael Stifel, né en 1487 dans l'est de l'Allemagne et mort quatre-vingts ans plus tard à Iéna, contribua également à ces progrès. Il introduisit l'usage de lettres pour désigner les inconnues et il les répétait quand il y avait une puissance. Aujourd'hui, nous représentons les inconnues par une lettre (x, y, z, par exemple) : Stifel avait choisi des lettres différentes de celles-ci, mais néanmoins des lettres. Un autre mathématicien du XVIe siècle, qui contribua à sténographier les mathématiques, François Viète (Franciscus Vieta), naquit en 1540 à Fontenay-le-Comte, en Vendée. Après avoir étudié le droit, comme son père, Viète occupa des postes importants dans le gouvernement; il excellait à décoder les messages militaires chiffrés. C'était un mathématicien «amateur», ce qui ne l'empêcha pas d'innover dans ce domaine. Présentées dans une série de livres, ses découvertes furent publiées pendant le dernier quart du XVIe siècle; mais son style était obscur, ses livres furent peu diffusés et son génie ne fut pas réellement apprécié avant 1602; à dater de ce moment, ses travaux furent expliqués par des commentateurs, notamment par le Hollandais Frans van Schooten qui, en 1646, publia à Leyde *les Travaux mathématiques de Viète*, dans une édition latine. La réussite de Viète fut qu'il utilisa des fractions décimales de degré pour ses tables mathématiques à la place des fractions sexagésimales (minutes et secondes d'arc); il inventa des méthodes graphiques pour résoudre des équations du troisième et du quatrième degré (celles avec x^4) et des méthodes trigonométriques pour résoudre certaines des équations de degré supérieur. Surtout, il utilisa les symboles non seulement pour les grandeurs algébriques, mais aussi pour les opérations (multiplication, division, etc.) effectuées sur elles. Ses symboles pour les grandeurs étaient également une innovation : il utilisa les voyelles pour indiquer les inconnues et les consonnes pour les nombres donnés. Les puissances étaient indiquées par le mot approprié (cube, puissance quatre, etc.) et l'ensemble apportait tant de clarté que les mathématiciens étaient en mesure d'apprécier aisément le contenu des équations. Viète appliqua des méthodes semblables à la trigonométrie, et ce fut lui qui découvrit les formules de passage entre les différents rapports trigonométriques – sinus, cosinus, tangente, etc. Ses travaux et l'utilisation plus étendue des symboles par les autres mathématiciens du XVIe siècle simplifièrent l'algèbre et la trigonométrie et les préparèrent à l'usage beaucoup plus important qu'allaient en faire les mathématiciens du XVIIe siècle et des siècles ultérieurs.

L'astronomie

Il est presque certain que les changements les plus significatifs de tous ceux advenus dans la science pendant la Renaissance furent ceux qui concernaient les conceptions de l'univers. Celle qui finalement prévalut à la fin du XVIe siècle fut un changement de perspective révolutionnaire et n'affecta pas seulement l'astronomie, mais eut aussi les plus profondes répercussions sur la philosophie et sur la religion. Mais elle ne se manifesta pas avant la seconde moitié du XVIe siècle; avant ce moment, l'astronomie subit un lent processus d'épuration et de consolidation, mais n'enregistra que peu d'idées nouvelles, bien qu'au XVe siècle Nicolas de Cusa (Nikolaus Krebs, ou Cusanus) ait proposé quelques hypothèses modérément révolutionnaires.

Né à Kues (Cusa) dans la région mosane de l'Allemagne vers 1401, Nicolas était le fils d'un modeste pêcheur. Il est vraisemblable qu'il fit ses études loin de chez lui, à Deventer dans les Pays-Bas, où il fréquenta une école tenue par les Frères de la Vie commune, une communauté où l'on mettait l'accent sur la pénitence, la méditation, la vie intérieure et où la vie en communauté était simple et dénuée de rituel. Le peintre Jérôme Bosch en fut un membre éminent. Les frères avaient pour objectif de former une élite chrétienne et promouvaient le nouveau savoir de la Renaissance italienne, mais non cependant ses conceptions humanistes. Quand il eut 16 ans – âge habituel à l'époque de l'entrée à l'Université –, Nicolas s'inscrivit à l'université de Padoue, où il trouva des enseignants humanistes et approcha pour la première fois la science de la Renaissance, encore que l'objet de ses études fût en principe le droit canon. Ordonné prêtre, il s'intéressa beaucoup à ce qui touchait l'Église et, en particulier, à la demande des chrétiens de Byzance qui, soumis à une dure pression de la part des Turcs Ottomans, souhaitaient la réunion des chrétientés d'Orient et d'Occident.

Nicolas était essentiellement un philosophe, mais il décida de mettre la science au service de la philosophie, ce qui le conduisit à des conclusions intéressantes. Il estimait la logique formelle d'Aristote inadéquate, car il pensait qu'elle convenait seulement pour les notions finies et lui-même avait à considérer des idées qui incluaient l'infiniment grand qui était Dieu. Dans ses exposés sur l'univers, ces vues le conduisirent à rejeter plusieurs idées : celle d'un point cosmique au centre des mouvements célestes, celle que la Terre était au centre de toutes choses et qu'elle était immobile. En fait, il croyait que la Terre se déplaçait, encore que ce ne fût pas sur une orbite, mais selon un mouvement apparent. Ce fut lui également qui émit sérieusement l'hypothèse que la Terre n'était pas le seul lieu de l'univers où la vie était présente. L'argumentation sur laquelle il appuyait ses conceptions était philosophique et exprimée dans le langage théologique, mais elle n'en eut pas moins beaucoup d'influence.

Bien entendu, la majorité des astronomes n'adoptèrent pas les concepts nés de l'esprit inventif de Nicolas de Cusa et restèrent fidèles au schéma ptolémaïco-aristotélicien, tel qu'il avait été établi dans les textes grecs originaux et affiné par les commentateurs arabes. Son jeune contemporain, Georg Peuerbach, dont nous avons déjà mentionné les contributions aux mathématiques, travaillait à un affinage encore plus poussé de l'astronomie de l'*Almageste,* en préparant des tables des éclipses de Soleil et de ses mouvements, et en écrivant un manuel scolaire sur l'astronomie de Ptolémée, que l'on trouvait souvent associé à un ouvrage du Moyen Age tardif sur le même sujet, de John of Holywood (Yorkshire) plus connu sous son nom latinisé Sacrobosco («bois sacré»). Le fait que

Sur le concept grec de l'univers, tel qu'il fut exposé par Eudoxe, voir pages 125-126; par Ptolémée, voir pages 160-161.

Illustration page 157.

Illustration page 336.

ces deux ouvrages semblaient complémentaires souligne l'attitude traditionaliste du travail de Peuerbach.

Le côté prosaïque du travail de Peuerbach ne signifie pas qu'il fût sans importance. L'astronomie est une science qui ne vaut que si elle est précise et dont les progrès dépendent de mesures prises avec minutie et de calculs très soigneux. C'était seulement par ces moyens que les inadéquations de la théorie des mouvements planétaires de Ptolémée pouvaient être détectées et que les modifications nécessaires pouvaient être vérifiées. Cependant, la mort de Peuerbach à l'âge de 38 ans mit soudainement fin à sa carrière prometteuse et elle aurait compromis l'achèvement de sa révision complète de l'astronomie de Ptolémée s'il n'avait eu pour élève Johann Müller (Regiomontanus). Né en 1436, donc sensiblement plus jeune que Peuerbach, Regiomontanus fut un étudiant si brillant à l'université de Vienne qu'il s'éleva très vite au rang des enseignants, avec pour collègue Peuerbach, dont il devint un ami très proche. L'arrivée à Vienne du cardinal Bessarion, le légat du pape, les lança tous les deux dans une étude approfondie de l'*Almageste,* car Bessarion menait campagne pour porter les anciens auteurs grecs à l'attention de la communauté intellectuelle. Peuerbach entreprit un abrégé du grand ouvrage de Ptolémée; il disposait pour guide d'une copie d'une traduction en latin de Gérard de Crémone (XIIe siècle) et, sur son lit de mort, il obtint de Regiomontanus la promesse qu'il terminerait ce travail. Regiomontanus tint parole; il se rendit à Rome avec Bessarion et, un peu avant 1463, il avait achevé l'ouvrage qu'il intitula l'*Épitomé* et qui fut publié en 1496, soit vingt ans après sa mort. Le livre était beaucoup plus qu'un précis de l'*Almageste* car des observations postérieures à Ptolémée y furent ajoutées, les calculs originaux avaient été contrôlés et le texte de Ptolémée était accompagné de commentaires critiques, dont l'un révélait que sa théorie du mouvement de la Lune impliquait que le diamètre apparent de la Lune eût dû changer plus qu'il ne le faisait d'après les observations. Il soulignait ainsi la nécessité d'une révision critique de quelques aspects de l'*Almageste* et ajoutait de nouvelles données à celles dont disposait la recherche ordinaire en astronomie.

Regiomontanus demeura dans l'entourage de Bessarion; il enseigna, prépara des commentaires destinés à d'autres textes anciens d'astronomie et écrivit à propos de problèmes techniques concernant le calcul des positions futures des planètes. Plus tard, il se rendit en Hongrie, sur l'invitation du roi Mathias Ier, dit Corvin, pour collationner des manuscrits grecs, puis, impatient de publier ses tables et d'autres travaux que les éditeurs commerciaux refusaient, en raison du coût qu'aurait entraîné la préparation de diagrammes particuliers, il se rendit à Nuremberg en 1471. Là, installé dans une maison équipée d'un observatoire privé et d'une presse à imprimer grâce à un riche homme d'affaires, Bernhard Walther, il se mit en devoir de publier les premiers travaux d'astronomie et de mathématiques dont l'exactitude serait entière, car les travaux similaires, publiés jusqu'alors par des éditeurs commerciaux, étaient bourrés d'erreurs. Avec l'aide de Walther, Regiomontanus se livra également à des observations de la comète brillante qui apparut en janvier 1482, des observations si précises que, deux siècles plus tard, elles permirent d'établir qu'il s'agissait d'une apparition de la comète de Halley.

Les critiques contenues dans l'*Épitomé* des travaux ptoléméens sur la Lune mirent en lumière le fait que tout n'était pas parfait dans les théories de Ptolémée et préparèrent ainsi la voie à la grande révolution de l'astronomie du XVIe siècle, à laquelle le nom de Copernic (Nicolaj Kopernik) est indissociablement lié. Né à Toruń en Pologne, en 1473, Nicolas Copernic était le neveu de Lucas Waczenrode qui le prit sous sa protection. Nouvellement élu évêque d'Ermland (un évêché situé dans la partie ouest de la Prusse orientale qui avait été cédée à la Pologne en 1466), Waczenrode veilla sur l'éducation de Nicolas, dont il souhaitait faire un chanoine de la cathédrale de Frauenburg, ce qui lui aurait permis d'être financièrement indépendant. En 1491, Nicolas s'inscrivit à l'université de Cracovie où il étudia le latin, le grec et les mathématiques, tandis que s'épanouissait son intérêt pour l'astronomie. Mais, lorsqu'il eut terminé ses études, il n'y avait pas de poste vacant pour lui à Frauenburg – les nominations à la discrétion de l'évêque ne pouvaient avoir lieu qu'à des intervalles précis –, si bien qu'il se rendit à Bologne, en principe pour y étudier le droit canon, bien qu'il fût toujours possédé par son goût pour l'astronomie. En 1501, il fut enfin élu chanoine, mais s'accorda un délai supplémentaire, cette fois pour étudier la médecine à la célèbre école de médecine de Padoue. Son séjour de quatre ans n'y fut interrompu que par un court passage à l'université de Ferrare, où il obtint un doctorat en droit canon.

Illustration page 413.

En 1505, Copernic revint à Frauenburg, muni de tout le bagage académique nécessaire aux tâches dont le chapitre de la cathédrale pourrait le charger, et c'est bien ainsi que les événements tournèrent : toutes les composantes de sa formation très complète furent mises en œuvre. On fit appel à ses soins médicaux pour le chapitre et pour les pauvres, à ses compétences en mathématiques lorsqu'il proposa un projet de réforme de la monnaie, et à ses connaissances en droit canon pour l'administration du diocèse. Copernic était un homme résolu; en 1520, lorsque les chevaliers Teutoniques envahirent la région, il prit le commandement du château du chapitre à Allenstein, aux marches extérieures du diocèse, et il défendit la ville jusqu'à ce qu'un armistice fût signé l'année suivante. L'on pouvait s'attendre de la part d'un homme aussi déterminé qu'il ferait accomplir à l'astronomie des progrès audacieux.

Au début de 1513, Copernic avait acheté aux ateliers du chapitre 800 pierres et un tonneau de chaux et s'était construit une tour sans toit, en guise d'observatoire; il fit de là beaucoup d'observations. Les problèmes d'astronomie sur lesquels portait sa recherche étaient les mouvements des corps célestes; sur la base des théories géométriques des mouvements planétaires exposés dans l'*Almageste,* il avait été possible de calculer les positions futures de ces corps mais, avec les observations accumulées depuis des siècles, il était devenu évident qu'un affinement des théories originelles de Ptolémée était souhaitable. Différents ensembles de tables des positions futures avaient été dressés et, chaque fois, ils avaient indiqué un nombre supérieur de positions exactes, bien que chaque ensemble eût également contenu des erreurs; la théorie ne cadrait pas exactement avec l'observation, comme l'avaient montré Peuerbach et Regiomontanus. Mais, pour Copernic, d'autres considérations encore devaient être envisagées. Il n'était pas du tout satisfait de l'équant inventé par Ptolémée, ni de son usage. Cela déplaçait le centre du mouvement par rapport au centre de la Terre, introduisant ainsi un mouvement irrégulier qui, selon Copernic, ne s'accordait pas avec la «règle du mouvement absolu», selon laquelle tout devait tourner autour du centre de l'univers à une vitesse invariable. Il chercha donc une autre explication.

Sur les conceptions de Philolaos relatives au mouvement de la Terre, voir page 100.

Illustration page 413.

Copernic connaissait l'hypothèse émise par quelques philosophes grecs, selon lesquels la Terre se mouvait, et il lui sembla qu'une conception plus correcte, intégrant le vrai mouvement absolu, pourrait être atteinte si le Soleil était placé au centre de l'univers, et la Terre considérée comme une planète, en orbite autour du Soleil comme les autres planètes. Les mobiles qui poussèrent Copernic à adopter cette idée révolutionnaire étaient d'abord scientifiques, mais on peut légitimement s'interroger sur la probabilité du rôle joué ici par l'hermétisme, un rôle peut-être limité mais un rôle néanmoins. Dans le *De revolutionibus orbium cœlestium* (Traité sur la révolution des mondes célestes) où il exposa ses idées, sur la page même où apparaît la conception héliocentrique de l'univers, Copernic écrivit : «En repos, cependant, au milieu de toutes choses est le Soleil. Car, dans le plus beau des temples, qui aurait pu placer cette lampe dans une position autre ou meilleure que celle de laquelle elle peut tout éclairer en même temps ? Car c'est à juste raison que le Soleil fut appelé par certains la lanterne de l'univers, par d'autres son esprit, et par d'autres encore son maître. (Hermès) le Trois fois Grand le qualifie de dieu visible et l'Électre de Sophocle l'appelle celui qui voit tout.»

Copernic battit certainement le rappel de toutes les autorités possibles pour soutenir sa thèse – une méthode éprouvée pour convaincre un public intellectuel, toujours retenu par le respect envers la sagesse des temps passés –, car lui-même s'inquiétait de l'accueil qui serait fait à ses idées. Fait intéressant, il semble que la cause de son inquiétude n'était pas tant qu'une Terre en mouvement fût contraire aux dires de la Bible, mais plutôt sa propre crainte du ridicule. Après tout, quelles preuves y avait-il du mouvement de la Terre? Il semblait qu'il n'y en avait aucune : la preuve directe faisait défaut car, si la Terre tournait, comme Copernic le suggérait, il aurait dû y avoir un décalage annuel des positions apparentes des étoiles, et l'on n'avait observé aucun décalage de ce genre. Copernic en était parfaitement conscient; dans son traité, il réfutait l'argument en expliquant que la sphère des étoiles (à laquelle lui-même croyait toujours) était trop éloignée pour que l'on pût détecter ce décalage. Cependant, il ne pouvait répondre à la question : pourquoi Dieu aurait-il laissé un tel abîme entre les planètes et les étoiles? Pourtant, Copernic avait raison; la détection d'une telle «parallaxe annuelle» exige des techniques inconnues au XVIe siècle et de semblables observations ne purent être faites avant trois cents ans, bien que la preuve du mouvement de la Terre eût été, en fait, apportée au XVIIIe siècle. Mais il y avait d'autres objections, pratiquement semblables à celles qui s'étaient élevées dans l'Antiquité : une Terre en mouvement aurait été la proie de vents violents et de raz de marée permanents; ou encore, un pareil mouvement l'aurait fait voler en morceaux. Copernic avait également prévu ces objections et tenté d'y parer, mais une physique entièrement nouvelle des corps mobiles aurait été nécessaire pour les réfuter et, sur ce point aussi, la théorie adéquate appartenait au futur. Copernic lui-même n'utilisa

Sur l'usage de ces arguments par Aristote, voir page 130.

pas d'idées nouvelles à propos du mouvement. Il attribua simplement à la Terre un mouvement circulaire et permanent autour du Soleil, mais qui n'était rien de plus que celui de toutes les planètes sur orbite. Les corps en chute tombaient toujours vers le centre de la Terre, car là se trouvait leur place naturelle, comme l'avait souligné Aristote, et Copernic n'aborda pas la question de savoir pourquoi ils ne tombaient pas vers le Soleil, puisque c'était désormais le Soleil, et non plus la Terre, qui était situé au centre de l'univers.

Bien des raisons incitaient Copernic à la prudence et il commença par faire circuler ses idées, rassemblées dans le *Petit Commentaire,* dans le cercle privé de ses amis. Cet opuscule fut très bien accueilli et fournit même le matériau d'une conférence, prononcée par Johan Widmanstadt, le secrétaire du pape, dans les jardins du Vatican, devant Clément VII et quelques cardinaux. Par la suite, Copernic fut pressé de publier ses idées et le cardinal Nicolas von Schönberg (dont Widmanstadt était devenu le secrétaire) lui écrivit dans ce but. En fait, la lettre de Schönberg fut publiée au commencement du *De revolutionibus* mais, bien que Copernic lui eût manifestement attaché beaucoup d'importance, la lettre d'un prélat n'était pas suffisante pour le décider à bouger. Au printemps 1539, l'élan nécessaire se manifesta finalement en la personne de Georg Joachim von Lauchen (Rheticus), professeur de mathématiques à l'université de Wittenberg.

Copernic et Rheticus étudièrent ensemble la nouvelle théorie et, quelques mois plus tard, en 1540, Rheticus en savait assez pour rédiger un opuscule de son cru : *Narratio prima* (Premier exposé). Cet exposé traitait seulement du mouvement de la Terre et fut suivi d'autres exposés mais, du moins, la glace était-elle rompue et Copernic lui-même fit le plongeon. Le compte rendu complet de la théorie qu'il rédigea fut envoyé par l'intermédiaire de l'évêque Giese à Rheticus, qui avait accepté de surveiller l'impression. Là-dessus, Rheticus, qui avait choisi pour imprimeur son ami John Petreius de Nuremberg parce qu'il était très enthousiaste à l'idée de publier le livre, dut quitter la ville avant que l'impression fût terminée, pour prendre un nouveau poste à Leipzig. Il en confia donc la supervision technique à un pasteur luthérien de l'endroit, Andreas Osiander, ce qui entraîna des conséquences inattendues. Osiander était partisan de l'opinion formulée deux siècles plus tôt par Jean Buridan : «Pour les astronomes, il suffit qu'ils trouvent le moyen de sauver les apparences, que celles-ci soient réelles ou non.» Et comme Copernic était alors malade et qu'il vivait très loin de Nuremberg, Osiander prit l'initiative d'exprimer cette opinion dans une préface non signée, et sans en informer l'auteur. C'est ainsi que les lecteurs du *De revolutionibus orbium cœlestium* apprirent que ce qu'ils allaient lire n'était pas une description réelle de l'univers, mais des «calculs compatibles avec les observations». Beaucoup pensèrent que telle était bien l'opinion de Copernic, bien qu'il semble que certains imaginèrent que la préface avait été insérée par l'auteur dans le seul but de prévenir l'opposition religieuse. Peut-être cette idée avait-elle inspiré la décision prise par Osiander, car, dès que la théorie fut connue et avant même la publication du *De revolutionibus* en 1543, Luther avait, dit-on, exprimé très fermement sa désapprobation en s'écriant : «Ce fou va bouleverser l'astronomie. Mais, comme l'Esprit Saint l'affirme, c'est au Soleil et non à la Terre que Josué ordonna de s'arrêter»; et, après la sortie du livre, le réformateur Melanchthon écrivit un court texte de physique pour attaquer la théorie. Mais Copernic était déjà décédé; on raconte qu'un exemplaire du texte imprimé lui parvint sur son lit de mort.

A bien des égards Luther avait raison. La révolution copernicienne bouleversa l'astronomie mais, dans un sens, cela aurait dû être fait depuis longtemps, comme les événements du XVIIe siècle le prouvèrent. Cependant, l'inquiétude de Luther soulignait un problème autre et plus grave que la question de l'interprétation littérale des Écritures : détrônés, l'homme et la Terre étaient passés du centre de l'univers à une place sans importance particulière. Désormais, l'homme n'était plus situé dans la position centrale qui convenait à sa nature unique, celle d'une image de Dieu, mais relégué sur une simple planète, semblable à toutes les autres. Ce changement produira au fil des temps, les plus profondes répercussions sur l'idée que l'homme se fait de lui-même et de sa place dans la Création.

En Europe, les protestants désapprouvèrent le *De revolutionibus* de Copernic, exception faite de l'Angleterre où la théorie fut en général bien accueillie ou, du moins, reçue par des gens à l'esprit ouvert. Dans son ouvrage, *le Château des connaissances* (1556), écrit sous forme de dialogue, le mathématicien et physicien Robert Recorde faisait dire à son élève que la théorie copernicienne était une «vaine chimère», mais aussitôt, le professeur rétorquait : «Vous êtes trop jeune pour être juge en la matière [...]. Vous feriez mieux de ne pas condamner ce que vous ne comprenez pas vraiment.» Le célèbre alchimiste hermétiste John Dee, défenseur de l'occultisme en même temps que grand mathématicien, et philo-

Illustration page 355.

sophe et astrologue de la reine Élisabeth Ire, adopta la théorie, mais ne publia rien pour la soutenir, ce qui était typique de sa réserve en la matière. En revanche, son élève Thomas Digges fit connaître la théorie à un vaste public lorsqu'il publia, en 1576, une nouvelle édition des *Prédictions éternelles,* un almanach perpétuel très populaire, rédigé par son père, Leonard Digges. Dans cette nouvelle édition, Digges exposa la théorie de Copernic et proposa également un diagramme de l'univers, où le Soleil était placé au centre et les planètes, dont la Terre, situées en orbite autour de lui. Et ce n'était pas tout : les étoiles étaient représentées comme s'étendant à l'infini dans l'espace, sans être fixées à une sphère céleste, contrairement à ce que croyait Copernic. C'était un nouveau bond en avant, car cela supprimait une des objections à la nouvelle théorie héliocentrique et plaçait l'image d'un univers infini sous le regard du public; le diagramme figure en effet dans les six éditions qui se succédèrent entre 1578 et 1605. On n'a pas encore résolu la question relative aux mobiles qui poussèrent Digges à adopter un univers infini, mais il est préférable que nous repoussions cette discussion jusqu'au moment où nous retrouverons Digges, à propos de l'invention du télescope.

Illustration page 414.

Sur l'invention du télescope, voir page 442.

La théorie de Copernic fut donc chaleureusement accueillie en Angleterre. Mais qu'en fut-il de son accueil dans les pays catholiques romains? Cela paraît étrange mais, dans l'immédiat, il n'y eut pas d'objections. La dédicace de l'ouvrage au pape Paul III et le fait que la plaidoirie de John Widmanstadt n'avait soulevé aucune rumeur de dissentiment apaisèrent sans nul doute les oppositions naissantes; peut-être aussi, la préface d'Osiander dissipa-t-elle toute crainte d'un véritable renversement des idées géocentriques. Cependant, la situation allait se modifier pendant la deuxième décennie du XVIIe siècle, en grande partie à cause de l'appui déclaré de l'arrogant et turbulent Giordano Bruno (1548-1600) en faveur des théories coperniciennes.

Bruno était imprégné d'hermétisme et c'est ce qui motivait son vœu de voir l'Église revenir aux idées qui reflétaient la religion des Égyptiens de l'Antiquité. Il se souciait très peu de l'idée qu'Hermès eût été un prophète des Gentils – la raison qui sanctifiait les écrits hermétiques aux yeux des chrétiens –, mais il croyait si fortement aux aspects magiques de l'enseignement qu'il voulait revenir à une conception totalement égyptienne, dont il croyait néanmoins qu'elle pourrait s'intégrer d'une manière ou d'une autre dans l'Église catholique réformée. Il n'est pas surprenant qu'ayant en vue de tels objectifs, Bruno ait été soupçonné d'hérésie; un procès lui fut intenté, mais le chef d'accusation retenu contre lui était des convictions ariennes (l'arianisme niait la divinité du Christ et affirmait sa nature d'être créé). Quoi qu'il en soit, Bruno s'enfuit d'Italie et erra tour à tour en France, en Allemagne et en Angleterre, après être d'abord passé par Genève, où il eut d'autres ennuis et se prit d'une horreur violente pour le calvinisme.

Au cours de son séjour en France, entre 1579 et 1583, il enseigna l'art de la mémoire* à Toulouse et à Paris, puis il partit pour l'Angleterre, nanti d'une lettre du roi qui le recommandait à l'ambassadeur de France, Michel de Mauvissière. Il y demeura deux ans, qui furent parmi les périodes les plus fécondes de son existence car, sous la protection de l'ambassadeur, il fut en état de publier quelques ouvrages très provocants. Quelques mois après son arrivée, Bruno visita Oxford avec l'entourage du prince polonais Albert Laski; il y revint plus tard donner des cours pendant lesquels il passait le plus clair de son temps à citer la magie astrale, d'après la traduction par Ficino des écrits hermétiques, auxquels il associait la théorie copernicienne. Oxford, qui, à l'époque, était toujours un bastion de l'enseignement aristotélicien, prit assez mal les manières impérieuses de Bruno, lequel écrivit plus tard de façon injurieuse à propos de l'Université, tout comme d'ailleurs de l'Église réformée dans l'Angleterre élisabéthaine. Après quoi, il n'osa plus, pendant un temps, sortir de l'ambassade.

Alors qu'il était l'hôte de Mauvissière, Bruno écrivit un certain nombre de livres, tous dirigés contre les opinions philosophiques établies; certains étaient brillants et de style élégant, tous proposaient son interprétation très personnelle de l'enseignement hermétique. Si Bruno n'avait rien fait de plus, on l'aurait pratiquement oublié de nos jours, mais il associa ses idées à celles de Copernic, dont il louait la théorie héliocentrique, mais qu'il critiquait pour n'avoir pas su apprécier les implications hermétiques de sa nouvelle idée d'un univers héliocentrique. De surcroît, Bruno était un spéculateur intrépide. Il adopta le concept de Digges d'un univers infini d'étoiles, dont chacune était comme un Soleil, et celui de l'omniprésence de la vie dans l'univers, émise par Nicolas de Cusa, et propagea ces deux idées sous le vaste couvert de l'hermétisme. Comme celui des Chinois, l'univers de Bruno

* Voir Frances A. Yates, *L'Art de la mémoire,* Paris, Gallimard, 1975. *(N.d.T.)*

était un organisme vivant, mais la vision de Bruno était inspirée par la magie hermétique et non par la volonté d'expliquer le monde physique dans une optique organiciste.

En France, cependant, le pouvoir de la Ligue s'était accru; Maurice de Mauvissière, qui était libéral, fut rappelé et Bruno le suivit. Mais Paris devint bientôt trop dangereux pour lui et il s'enfuit en Allemagne. Il trouva d'abord la tranquillité à Wittenberg mais, à la fin, l'alchimie et l'hermétisme qu'il pratiquait lassèrent la tolérance de ses hôtes et il s'enfuit à nouveau, d'abord à Prague, puis à Helmstedt et Francfort. Une invitation du patricien Zuan Mocenigo à venir enseigner l'art de la mémoire, pour lequel il était renommé, le conduisit à Venise. Bruno, qui ne doutait jamais de sa cause ni de ses capacités, rentra sans scrupule en Italie. Il apportait même avec lui le manuscrit d'un livre qu'il avait l'intention de dédicacer au pape. Hélas, les événements prirent une autre tournure; Mocenigo le dénonça et il fut jeté en prison par l'Inquisition. Après un long procès, Bruno abjura ses hérésies et s'abandonna à la merci des inquisiteurs; malgré cela, il fut envoyé à Rome pour un autre procès qui traîna pendant huit ans. Pour finir, après avoir hésité, il refusa d'abjurer et mourut sur le bûcher en 1600, pour avoir, semble-t-il (car les minutes originales du procès sont perdues), nié la divinité du Christ, et pour pratiques magiques diaboliques. Il est très possible que ce second chef d'accusation fut celui qui l'envoya au bûcher, car il n'est pas improbable que Bruno ait fondé un mouvement magico-religieux de cette espèce, peut-être hermétique, ou peut-être lié aux origines de la franc-maçonnerie, ou à cet autre bizarre méli-mélo de magie et de religion qu'était la confrérie des Rose-Croix.

Pour autant qu'on en puisse conclure, la plaidoirie de Bruno en faveur de la théorie copernicienne n'était pas mentionnée dans les raisons de sa condamnation. Toutefois, il est clair que toutes les idées qu'il lança dans ses écrits polémiques étaient systématiquement suspectes, surtout aux yeux des dominicains, à l'ordre desquels Bruno avait appartenu pendant un temps; il est intéressant de noter que ce fut un frère dominicain qui lança l'attaque contre le plaidoyer de Galilée en faveur de la théorie copernicienne, quatorze ans plus tard. A ce moment, la première grande bataille entre la science et la religion avait éclaté et ce fut Galilée, un scientifique, et non Bruno, le magicien, qui fut le premier martyr de la science. L'histoire a gardé le nom de Bruno parce que ce fut lui qui retourna toute l'Église catholique romaine contre la plus grande hypothèse scientifique de la nouvelle révolution scientifique, et qu'il s'arrangea pour le faire sans apporter lui-même aucune contribution valable à la science.

La théorie copernicienne fut une production typique de la spéculation propre à la Renaissance et peut-être son point culminant. Elle montra comment, si l'on était préparé à rejeter les idées préconçues et les doctrines couramment admises, il était possible de parvenir à une nouvelle synthèse, de formuler une conception totalement nouvelle de la Nature. Comme la nouvelle orientation qu'avait provoquée Vésale, dont le *De corporis* parut la même année que le *De revolutionibus,* celle de Copernic changea la vision que l'homme avait de lui-même. Elle changea également la façon dont il poursuivit ses recherches scientifiques. Il n'était plus disposé à placer l'autorité au-dessus de l'observation; au contraire, il dut se frayer un chemin par lui-même, éprouvant chaque hypothèse nouvelle sur la pierre de touche de l'expérimentation. C'était une technique qui engendra des résultats stupéfiants, comme les siècles ultérieurs le montrèrent.

8. Les XVIIe et XVIIIe siècles

Nous voici parvenus à une époque où la science fut définitivement lancée, et bien équipée pour son voyage de conquête sans précédent. Du début du XVIIe siècle à la fin du XVIIIe siècle, la conception générale du monde physique se modifia d'une façon qui eût stupéfié Copernic. La révolution qu'il avait amorcée se développa si vite et si largement que non seulement l'astronomie, mais aussi la physique en fut transformée. Lorsque cela se produisit, la rupture avec les derniers vestiges de l'univers aristotélicien fut consommée. Les mathématiques devinrent un instrument toujours plus essentiel des sciences physiques; les résultats s'exprimèrent en chiffres et les évaluations qualitatives furent rejetées. Il y eut également un développement considérable de la conception et de la fabrication des instruments scientifiques car, si le monde physique devait être exploré de plus près et de façon plus précise, il y fallait un équipement spécialisé. Le projet de ce qui fut en fait une nouvelle génération d'instruments de précision débuta au cours de la dernière partie du XVIe siècle, avec les travaux de Tycho Brahé (1546-1601).

L'univers de la précision

Tyge Brahé (Tycho est un prénom qu'il adopta plus tard) naquit en 1546 à Skäne, une ville, alors danoise, qui fait aujourd'hui partie de la Suède. Son père était conseiller privé et, en vertu d'un accord de famille, l'enfant fut élevé par son oncle paternel, Jörgen Brahé, et par sa femme, qui n'avaient eux-mêmes pas d'enfant. Un précepteur assura sa première instruction puis, à l'âge de 13 ans, Tycho fut inscrit à l'université luthérienne de Copenhague où son intérêt pour la science s'épanouit. Son oncle, cependant, n'appréciait guère cette tendance; seule l'étude du droit convenait à un jeune homme de condition, et Tycho fut envoyé à Leipzig pour y recevoir cette formation. Si bien qu'il dut poursuivre en secret ses études scientifiques et dissimuler sa prédilection croissante pour l'astronomie jusqu'à ce qu'il fût libre de les aborder ouvertement après la mort de son oncle, survenue en 1565. Il quitta Leipzig pour Wittenberg, puis pour Rostock (où, par parenthèse, il perdit la moitié de son nez au cours d'un duel; la prothèse en métal qu'on lui posa est très visible sur tous ses portraits); de là, il partit pour Augsbourg où il construisit un quadrant de bois géant car, en 1564, il avait observé que Jupiter et Saturne s'étaient sensiblement rapprochés dans le ciel, et noté l'incorrection des tables astronomiques, y compris les meilleures, dans la prévision de cet événement. Ce qui le convainquit de la nécessité d'un meilleur niveau de précision en astronomie.

Illustration page 443.

La volonté de Tycho de procéder à des mesures plus précises se renforça en 1572, lorsqu'une «nouvelle étoile» brillante (une supernova) s'alluma subitement et durablement dans la constellation de Cassiopée. Lorsqu'il analysa ses propres mesures et celles d'autres observateurs européens, y compris celles de Thomas Digges, il découvrit que cette étoile était située au-delà de la Lune. Une observation capitale, qui signifiait une rupture complète avec la tradition aristotélicienne, laquelle enseignait qu'un tel corps devait se trouver dans la sphère sublunaire car le ciel était immuable. Lorsque, deux ans plus tard, le roi de Danemark, Frédéric II, lui donna l'île de Hveen (aujourd'hui Ven) dans le Sund, Tycho se mit immédiatement en devoir d'y installer un observatoire destiné à prendre des mesures minutieuses. Par la suite, certains instruments furent installés en plein air, dans des fosses en contrebas pour éviter, pendant les observations, les effets les plus gênants des perturbations dues aux vents. Les instruments eux-mêmes étaient en métal, et ils avaient été fabriqués avec une précision qui était alors entièrement nouvelle. C'étaient, pour la plupart, des sextants et des quadrants de grand format, qui tous étaient montés sur des supports très robustes. Ils étaient soigneusement réglés les uns par rapport aux autres et Tycho prenait note des erreurs inhérentes à chacun d'eux. C'était une initiative entièrement nouvelle, fondée sur la prise de conscience que pas un instrument de mesure ne pouvait être parfait, si soigneuse qu'eût été sa facture; une marge d'erreur était certaine. Tycho se rendit compte, et tous les scientifiques l'ont expérimenté depuis, qu'une faible erreur inhérente uniforme est sans importance, à condition qu'elle soit connue et qu'il en soit tenu compte.

Illustration page 443.

Comprendre ce fait et faire le nécessaire pour en neutraliser les effets était une innovation vitale.

Les instruments avaient la taille maximale compatible avec une manipulation aisée, de façon que les graduations qu'ils portaient pussent être aussi grandes que possible et, donc, leurs divisions inscrites en fractions de degré toujours plus petites. Tycho construisit de surcroît un vaste quadrant mural, sur un mur orienté très exactement nord-sud. Le rayon de ce quadrant mesurait 1,8 mètre environ et les graduations de son échelle étaient marquées en minutes d'arc (une minute est 1/60 de degré). Mais, sur ce point, Tycho inaugura une autre chose importante. Chaque division des minutes portait elle-même une ligne diagonale gravée en pointillé. Ces «transversales» permettaient à l'observateur de lire avec plus de précision entre les divisions des minutes; les pointillés se trouvaient à des intervalles de 10 secondes (1 seconde est 1/60 de minute, ou 1/3600 de degré) et un observateur pouvait évaluer ce qu'il lisait entre les points; ainsi, le degré de précision du quadrant mural était de 5 secondes (0,0014 degré). La précision des autres instruments de Tycho ne l'égalait pas, mais, normalement, il observait néanmoins à la fraction d'une minute d'arc près. C'était un degré de précision dont on n'avait jamais approché dans toute l'histoire de l'observation astronomique et il entraîna, presque aussitôt, des conséquences d'une immense importance.

En 1577, un an à peine après que Tycho eut commencé ses observations à Hveen, une grande comète brillante, pourvue d'une queue très longue, apparut au déclin du jour. Elle captiva l'imagination populaire et fut l'objet de quantité de publications dont la plupart la présentaient comme le présage d'un désastre. Cette crainte était fondée sur les conceptions des Grecs anciens, et particulièrement sur l'opinion d'Aristote, selon qui les comètes étaient des exhalaisons sèches et brûlantes et, comme telles, provoquaient un effet desséchant sur l'air et engendraient les conditions favorables aux maladies et aux épidémies. De surcroît, on y trouvait quantité d'implications astrologiques, si bien qu'une comète brillante éveillait à la fois la crainte et l'émerveillement. L'approche scientifique de Tycho ne tenait aucun compte de ces considérations, encore qu'il semble qu'il ait eu un faible pour la magie hermétique et – la chose est certaine – qu'il dressât des horoscopes; il fit ses propres observations et rassembla celles de plusieurs autres astronomes, dont Thomas Digges. Toutes montraient de façon concluante que la comète était située au-delà de la Lune, ce qui démontrait bien qu'il s'agissait d'un corps céleste, et non d'un phénomène météorologique tel qu'une «exhalaison sèche». Tycho observa de surcroît que la queue de cette comète était toujours orientée à l'opposé du Soleil, un détail qu'il attribua au fait que la lumière du Soleil pénétrait par la tête de la comète; par conséquent, la queue ne pouvait être composée de «graisse sèche», contrairement à ce que pensait Aristote. Mais, plus important encore, les observations prouvaient que la comète se déplaçait tout droit à travers les prétendues sphères célestes, qui donc ne pouvaient avoir aucune réalité physique : elles étaient une invention de l'imagination grecque. C'était une nouvelle rupture, absolument fondamentale, avec la tradition aristotélicienne.

Sur différents points essentiels, donc, Tycho était en désaccord avec l'univers d'Aristote. Pour lui, surtout, le ciel n'était pas immuable, comme l'avaient démontré ses observations de la nouvelle étoile de 1572 et de la comète de 1577. Toutefois, même s'il s'opposait à Aristote sur de nombreux points, Tycho refusait toujours d'admettre la vision copernicienne du cosmos. Son protestantisme se révoltait contre la violence qu'elle faisait aux Écritures, si bien qu'il formula sa cosmologie personnelle. D'après celle-ci, la Terre demeurait immobile au centre de l'univers, et la Lune et le Soleil décrivaient leur orbite autour d'elle, bien que Tycho concédât que les *Illustration page 443.* planètes fussent autorisées à orbiter autour du Soleil. Il s'agissait là d'un compromis; vers la fin du XVIIe siècle, on avait pratiquement oublié la cosmologie de Tycho Brahé mais, pendant un certain temps, elle avait été en vogue dans les pays protestants.

Malheureusement, Tycho était arrogant, plein de morgue à l'égard de la famille royale et peu soucieux du bonheur des siens et, lorsque le roi Frédéric II mourut en 1588, les fonds destinés au fonctionnement de l'observatoire ne furent pas renouvelés. Cette circonstance, ajoutée à ses problèmes de famille, le décida à émigrer et il quitta Hveen vers le milieu de 1597. Deux ans plus tard, il était installé à Prague, sous la protection du saint empereur romain germanique Rodolphe II auquel il dédia son ouvrage *Astronomiæ instauratæ mechanica,* le grand traité dans lequel il décrivait ses instruments et leurs méthodes d'utilisation. L'empereur lui offrit une pension et le château de Benatky, à 35 kilomètres au nord-est de Prague, mais il semble que Tycho ait en fait vécu à Prague jusqu'à sa mort, qui survint en octobre 1601.

Illustration page 444. Johannes Kepler (1571-1630) était présent aux funérailles extraordinaires qui furent faites à Tycho Brahé, son aîné de vingt-deux ans, dont il avait été l'assistant. Fils d'un soldat mercenaire, Kepler avait eu d'abord l'intention d'entrer dans l'Église luthérienne et il avait étudié la théologie à Tübingen. C'est là qu'il s'était pris d'intérêt pour l'astronomie et qu'il s'était rallié à la théorie copernicienne; mais il avait aussi fait preuve de dons si remarquables pour les mathématiques que, lorsque le poste de professeur de mathématiques avait été vacant dans une école luthérienne réputée de Graz, on l'avait persuadé d'abandonner la théologie et d'accepter cet emploi. Ce fut le tournant décisif de sa carrière.

Kepler pratiquait l'astrologie au même titre que l'astronomie, et, lorsqu'il s'installa à Graz, il publia un calendrier prédictif dont, par chance, les prédictions relatives au temps et aux insurrections paysannes se révélèrent exactes. Et, bien que ce calendrier eût été suivi de plusieurs autres dont les prévisions ne furent pas aussi heureuses, il s'était acquis une réputation quasi légendaire dans la région. L'attitude qu'il avait adoptée à l'égard de l'astrologie est intéressante car il rejeta la plupart des règles utilisées par les astrologues; mais il croyait fermement à l'harmonie de l'univers et à l'existence de résonances et de correspondances entre le cosmos et l'individu; de là, son orientation vers l'astrologie. Par ailleurs, il la désignait toujours par l'expression «la folle petite fille de l'astronomie», et, plus tard, il écrivit que si parfois les astrologues disaient vrai, c'était l'effet d'un heureux hasard. Néanmoins, il ne se privait pas de dresser des horoscopes, surtout lorsque la demande émanait de gens fortunés.

Le penchant de Kepler pour la théologie avait ancré en lui une croyance solide dans le dessein divin de l'univers et cette conviction, à son tour, le conduisit vers ce qu'il crut être une grande découverte, publiée en 1597 sous le titre *Prodromus dissertationum cosmographicarum continens mysterium cosmographicum,* plus souvent appelé *Mystère de l'univers;* cet ouvrage se présentait manifestement comme étant le premier d'une série de traités d'astronomie. De fait, Kepler en écrivit plusieurs mais, contrairement au premier, tous ne furent pas orientés vers le mysticisme et certains furent écrits dans une tonalité purement scientifique. La découverte faite par Kepler, et qui l'enchanta littéralement, était qu'en adoptant le cosmos copernicien avec le Soleil situé en son centre, il pouvait ajuster, dans les espaces situés entre les sphères qui portaient en orbite les six planètes, les cinq polyèdres de la géométrie euclidienne. Ainsi, un cube s'ajustait exactement entre la sphère de Saturne et celle de Jupiter, un tétraèdre entre la sphère de Jupiter et celle de Mars, et ainsi de suite.

Illustration page 444.

Comme il n'existe que cinq polyèdres réguliers, Kepler était persuadé qu'il avait trouvé la clef de l'univers, la raison pour laquelle il n'y avait que six planètes et la raison pour laquelle celles-ci étaient réparties dans l'espace de la façon dont les astronomes croyaient alors qu'elles l'étaient. C'était un argument mystico-mathématique qui souligne un aspect de la nature de Kepler, un aspect qui, bien des années plus tard, sera utilement exploité à nouveau par l'astronomie.

Tycho Brahé fut très impressionné par l'ouvrage de Kepler, non parce qu'il pensait que le jeune homme avait découvert le secret de l'univers – dès cette époque, ses propres observations lui avaient prouvé que les sphères célestes étaient fictives –, mais il fut frappé par les talents mathématiques de Kepler et vit immédiatement en lui l'homme capable d'utiliser ses observations sur les planètes et de calculer à partir d'elles le mouvement réel des planètes. C'est alors que la persécution religieuse s'empara de l'affaire, força Kepler et sa famille à quitter Graz et l'amena finalement à Prague, auprès de Tycho. Kepler s'y installa en 1600, juste un an avant la mort de Tycho, auquel il succéda au poste de «mathématicien de l'empereur».

Jusqu'alors, Tycho avait gardé secrètes ses observations sur les planètes mais, sur son lit de mort, il pressa Kepler de les utiliser pour dresser un nouvel ensemble de tables du mouvement planétaire – les *Tabulæ Rudolphinæ* – dont il pensait qu'elles valideraient sa théorie planétaire, qui était un compromis, et prouveraient que le schéma de Copernic était indéfendable. A ce moment-là, Kepler travaillait à des observations sur Mars, une circonstance favorable, étant donné que l'orbite excentrique de Mars – à propos de laquelle ni Tycho ni Kepler ne savaient rien encore – était tout à fait appropriée à faire ressortir les différences foncières entre les théories. Les observations elles-mêmes étaient non seulement plus précises qu'aucune de celles qui les avaient précédées, mais elles présentaient un autre avantage. Au lieu d'adopter la procédure habituelle, qui consistait à faire des observations à des époques astronomiquement ou astrologiquement importantes, telles que les conjonctions et les oppositions, Tycho avait procédé à des observations continues. La conséquence en était que ses observations englobaient les mouvements des planètes à travers tout le ciel et qu'elles étaient de ce fait beaucoup plus complètes que toutes celles effectuées auparavant.

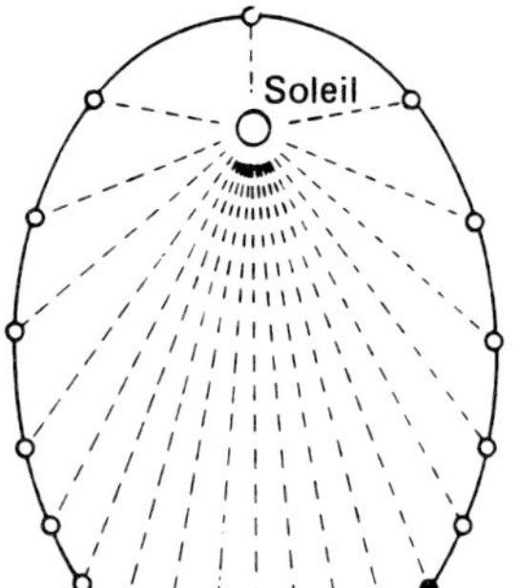

La conception révolutionnaire de Kepler concernant l'orbite de Mars; les lignes en pointillé et les positions marquées sur l'ellipse désignent des surfaces égales et des intervalles de temps égaux sur l'orbite.

Les travaux sur les observations de Mars occupèrent Kepler pendant plusieurs années; la somme de calculs mathématiques qu'ils impliquaient était énorme et il ne disposait d'aucun auxiliaire mécanique pour l'y aider. Qui plus est, une supernova brillante, apparue au cours de l'automne 1604, captiva son intérêt pendant deux ans et fit l'objet d'un ouvrage, *De nova stella,* qu'il publia en 1606. Néanmoins, au fur et à mesure que ses calculs progressaient, il apparaissait toujours plus clairement à Kepler que la théorie planétaire de Tycho n'était pas acceptable – elle ne coïncidait pas avec les preuves fournies par ses propres observations – et donc la théorie copernicienne ne l'était pas davantage. Le comportement de Mars différait de l'une et l'autre hypothèse et, lorsqu'il fut parvenu à ce point, l'autre face du caractère de Kepler se manifesta : malgré ses idées préconçues à propos de l'harmonie céleste, il était décidé à suivre la seule voie vers laquelle ses observations le conduiraient, une attitude absolument scientifique. Sa croyance fondamentale avait été que ses observations le conduiraient à des découvertes qui ne pourraient aller que dans le sens du projet divin du cosmos, mais il n'en était pas moins déterminé à se laisser guider par les faits.

Les résultats de ses recherches furent publiés en 1609, sous un titre parfaitement justifié : *Astronomia nova.* Les découvertes de Kepler rompaient en effet avec la tradition, avec tout ce que les Grecs et leurs successeurs avaient tenu pour certain. Kepler démontra de façon concluante non seulement que Mars orbitait autour du Soleil, mais aussi – et le fait était beaucoup plus important – que son orbite avait la forme d'une ellipse. C'en était fini de l'orbite circulaire des Grecs et de la croyance en un mouvement planétaire uniforme, car la vitesse orbitale de la planète Mars variait au cours de son déplacement sur sa trajectoire elliptique; elle était plus grande lorsque Mars se rapprochait du Soleil (périhélie) et moindre lorsque la planète s'en éloignait (aphélie). En 1609, Kepler n'était encore en mesure de prouver ce fait qu'à propos de Mars mais, lorsqu'il eut pris le temps d'examiner toutes les observations de Brahé, il devint évident que toutes les autres planètes se comportaient de la même façon. Entre 1619 et 1621, Kepler en publia une formulation en trois lois dans son *Épitome* de l'astronomie copernicienne.

Les lois du mouvement planétaire devaient maintenant être révisées : au lieu d'un mouvement circulaire régulier autour de la Terre, il était clair à présent que les planètes décrivaient des ellipses autour du Soleil à une vitesse variable, cette vitesse se modifiant de telle sorte qu'une ligne tirée entre le Soleil et la planète balayait une aire spatiale égale pendant un laps de temps égal. Il s'agissait là d'idées fondamentalement novatrices en astronomie. Néanmoins, la tendance mystique de Kepler aspirait toujours à une régularité sous-jacente, à quelque preuve d'un dessein divin derrière ce système inattendu du mouvement planétaire et, tout en écrivant l'*Épitomé*, Kepler ne cessait de rechercher un tel principe. Sa persévérance fut récompensée lorsqu'en 1618, un an avant de terminer l'*Épitomé*, un ouvrage purement astronomique, il publia son *Harmonie du monde* qui, à ses yeux, couronnait ses recherches. Il avait découvert un rapport entre les vitesses des planètes sur leurs orbites elliptiques et l'harmonie musicale; il était en mesure de relier les vitesses maximales et minimales de chaque planète à la gamme musicale. Ce fut la vision la plus sublime de Kepler, l'apothéose de la «musique des sphères» de Pythagore et de Platon. Bien que, de nos jours, l'on n'accorde plus aucune valeur scientifique au rapport astronomico-musical, nous devons à Kepler une découverte supplémentaire, accomplie tandis qu'il développait sa loi musicale. C'est une relation qui montre que le rapport entre le temps nécessaire à chaque planète pour accomplir son parcours orbital elliptique et sa distance moyenne du Soleil est le même pour toutes les planètes. Son importance notoire réside dans le fait que, si nous connaissons les temps orbitaux (relativement faciles à déterminer) des planètes et la distance moyenne d'une seule d'entre elles au Soleil, nous pouvons calculer la distance des autres. Les générations ultérieures d'astronomes exploitèrent parfaitement ce fait.

Illustration page 444.

Sur «la musique des sphères», voir page 98.

A Prague, l'existence de Kepler fut semée de difficultés. Son salaire lui était toujours versé avec des retards démoralisants. Puis, en 1611, la tragédie fondit sur lui; il perdit sa femme et son fils aîné, une révolte sanglante éclata à Prague et Rodolphe, son protecteur, abdiqua. En 1612, Kepler émigra à Linz, où l'*Épitomé* et l'*Harmonie* furent publiés; c'est là également qu'il se remaria, bien que son permis de séjour dans la ville fût limité. Puis, en 1625, il fut contraint de partir à nouveau. Il s'installa à Ulm où les *Tabulæ Rudolphinæ* furent publiées en 1627, trois ans avant sa mort.

Si les guerres et les insurrections, accompagnées de persécutions obligèrent Kepler à une errance pénible, la religion allait également faire obstacle aux travaux de son grand contemporain italien, Galileo Galilei. Né à Pise en 1564, soit huit ans avant la naissance de Kepler, Galileo était le fils d'un compositeur et musicologue d'esprit très indépendant, Vincenzo Galilei. Il fut élevé dans une famille où l'on chérissait les arts et qui accueillait les idées nouvelles avec une largeur de vue typique de la Renaissance; Galilée confia un jour qu'il

Illustration page 445.

aurait tout aussi bien pu choisir une carrière d'artiste, comme son frère Michelangelo qui devint musicien professionnel. Lorsque la famille s'installa à Florence – Vincenzo descendait d'une lignée éminente de médecins et de fonctionnaires –, Galilée fut envoyé au collège du célèbre monastère des jésuites de Vallombrosa, situé à une vingtaine de kilomètres. En 1578, à l'âge précoce de 14 ans, Galilée y devint novice, et son père le retira immédiatement du collège. Trois ans plus tard, nous retrouvons Galilée étudiant en médecine à l'université de Pise, mais cette discipline ne correspondait pas à ses goûts; il lui préférait les mathématiques, et c'est au cours de ses études de médecine que, pendant les offices religieux, il découvrit l'isochronisme du pendule, en utilisant son pouls pour chronométrer les oscillations du lustre de l'église. Il quitta sans diplôme l'université de Pise et se consacra désormais aux mathématiques, à la mécanique et à l'hydrostatique.

En 1588, une conférence à teneur mathématique sur la géographie dans l'*Enfer* de Dante qu'il présenta à l'Académie de Florence lui valut les louanges et l'aide de Guidobaldo del Monte et, grâce à son influence, Galilée obtint la chaire de mathématiques de Pise. Il avait alors 35 ans et, ses opinions étant devenues toujours plus critiques à l'égard des enseignements aristotéliciens sur le mouvement, il rédigea un court traité, *De motu,* dans lequel il démolissait la distinction opérée par Aristote entre deux sortes de mouvements : mouvement forcé et mouvement naturel; pour lui, ils étaient fondamentalement identiques. C'était un progrès important qu'il améliora plus tard. On raconte que c'est à l'époque où il était professeur à Pise qu'il fit tomber différents poids du haut de la tour penchée mais, contrairement à ce que rapporte la légende, ce ne fut pas devant tout le corps universitaire. Quoi qu'il en soit, il est sûr que Galilée explora le mouvement des corps en chute et qu'il prouva, à l'encontre de la théorie aristotélicienne, que, quel que soit leur poids, les corps parviennent au sol en un temps identique. En faisant rouler des billes sur des plans inclinés, il fut en mesure de traiter du mouvement des corps sur une surface et approcha, sans cependant y parvenir, de ce qu'on appela plus tard la première loi du mouvement de Newton. Remarquables en elles-mêmes, toutes ces découvertes avaient une importance supplémentaire car, pour y parvenir, Galilée utilisait les mathématiques pour analyser ses résultats. Aucune autre méthode ne lui aurait permis d'arriver à ces conclusions. Son approche mathématique était en fait si efficace qu'elle allait devenir la caractéristique de la physique nouvelle, qui se développa tout

Sur la théorie du mouvement d'Aristote, voir pages 134-135; sur les critiques de cette théorie pendant le Moyen Age tardif, voir pages 346-347.

Sur l'extension par Descartes des conceptions de Galilée, voir page 452.

au long des XVIIe et XVIIIe siècles, et lui valut le titre mérité de Père de la physique mathématique.

La chaire de Pise était une fonction chichement rétribuée et lorsque, après la mort de son père en 1591, Galileo dut assumer la responsabilité de toute sa famille, il se trouva dans l'obligation d'obtenir un poste plus lucratif. Avec l'aide de Guidobaldo, il obtint la chaire de Padoue où l'atmosphère de l'Académie répondait bien davantage à ses vœux : la pensée académique y était libre, car l'université relevait du puissant gouvernement de Venise et ne subissait aucune interférence extérieure. A Padoue, où il enseigna, Galilée poursuivit ses recherches sur le mouvement; il expliqua qu'un projectile suit une trajectoire courbe (parabolique), et non en lignes droites, comme le voulaient les lois d'Aristote sur le mouvement. Il installa chez lui un atelier pour y fabriquer son instrument de calcul, le «compas géométrique et militaire», afin d'accroître ses revenus, plus importants qu'ils n'étaient à Pise, mais encore insuffisants pour répondre à ses besoins.

C'est toujours lorsqu'il résidait à Padoue que Galilée s'intéressa au télescope. Il en était apparu un à Venise, au printemps 1609, que l'on avait proposé au doge pour un prix élevé. Galilée reçut un rapport sur cet instrument et apprit qu'il comportait deux lentilles, une à chacune des extrémités d'un tube. C'était pour lui une indication suffisante car ses connaissances en «perspective», comme il disait (c'est-à-dire ses connaissances en optique), lui permettaient de concevoir son propre instrument pour voir à distance, ce qu'il fit très rapidement. Il ne lui fallut pas beaucoup plus d'une nuit pour élaborer un télescope qui agrandissait trois fois les images et à peine plus de temps pour en produire un qui les grossissait dix fois. Toutefois, pour fabriquer un télescope efficace, il ne suffisait pas de monter les combinaisons de lentilles adéquates, car les lentilles ordinaires pour lunettes n'étaient pas assez puissantes pour faire davantage que montrer le principe, fait dont Galilée se rendit compte très vite. Bientôt, il fut en mesure de fabriquer un instrument qui grossissait trente fois.

Illustration page 444.

Mais Galilée n'avait pas inventé le télescope. L'exemplaire présenté à Venise provenait des Pays-Bas et c'était là qu'en octobre 1608 un fabricant de bésicles de Middelburg, Hans Lippershey, avait déposé un brevet d'invention pour un instrument destiné à voir à longue distance (le mot «télescope» fut créé en 1611 en Italie). Cependant, Lippershey n'était pas seul à revendiquer cette découverte; moins de quinze jours après, une seconde demande de brevet fut déposée auprès des États généraux (le Parlement des Pays-Bas), bientôt suivie

A gauche. Tycho Brahé (1546-1601) vu par un contemporain.

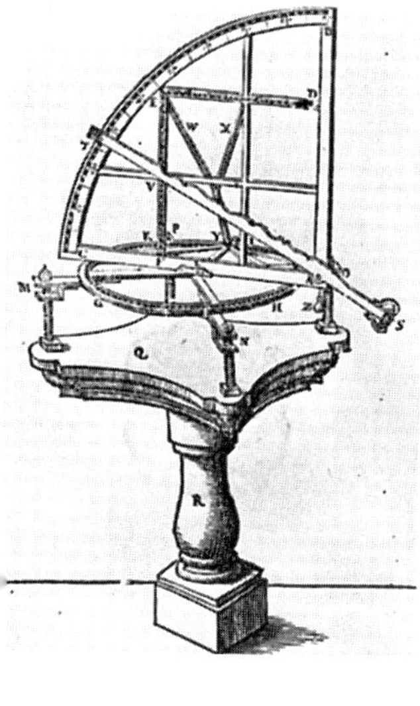

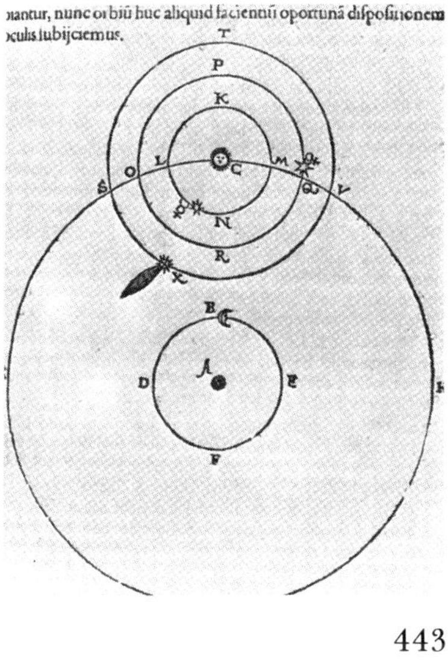

A l'extrême gauche. Un quadrant de laiton mobile en azimut et en hauteur, conçu par Tycho Brahé et construit à son observatoire d'Uranienborg. Extrait de *Astronomiæ instauratæ mechanica,* de Tycho Brahé (1598).

A gauche. Le système de l'univers de Tycho Brahé, un compromis entre les théories héliocentrique et géocentrique. Fait intéressant : il montre une comète comme un véritable corps céleste.
Extrait du *De mundi aetherei recentioribus phaenomenis liber secundus* (1588) de Tycho Brahé.

Ci-dessus. Portrait de Johannes Kepler (1571-1630).

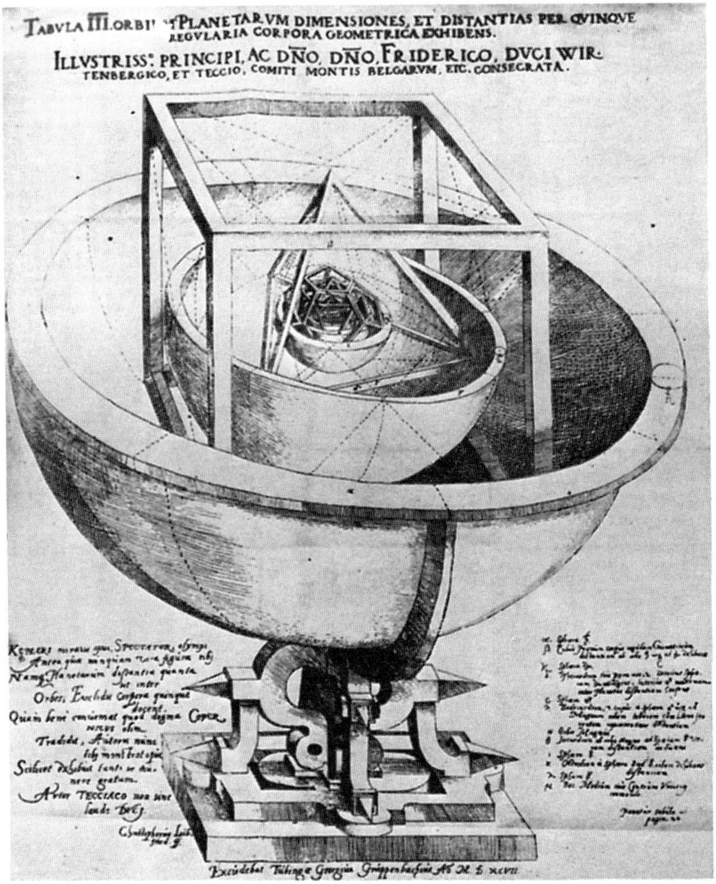

A droite. La théorie héliocentrique de Kepler, basée sur les cinq solides géométriques réguliers, dont découlent les orbites des cinq planètes. Par la suite, les discordances entre ce schéma séduisant et les observations précises de Tycho Brahé eurent un effet stimulant sur les idées de Kepler. Illustration de l'édition originale des *Prodromus dissertationum cosmographicarum continens mysterium cosmographicum* (1597).

A droite. Les «divines» gammes musicales des planètes que Kepler calcula à partir de la vitesse la plus élevée et de la vitesse la plus faible de chaque planète sur son orbite elliptique. Extrait de *Harmonie du Monde* (1619).

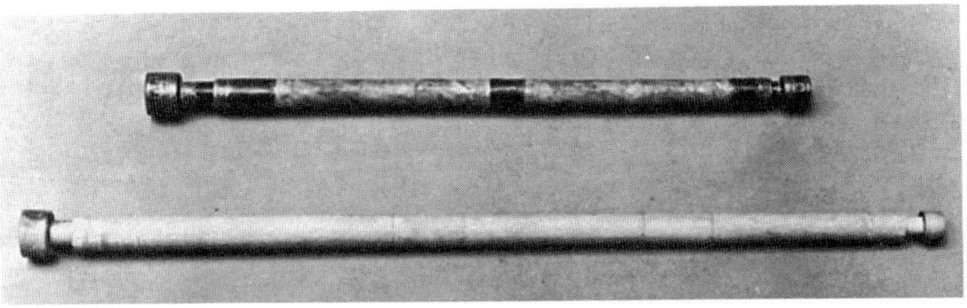

A droite. Reproductions de deux télescopes construits par Galilée. Science Museum, Londres.

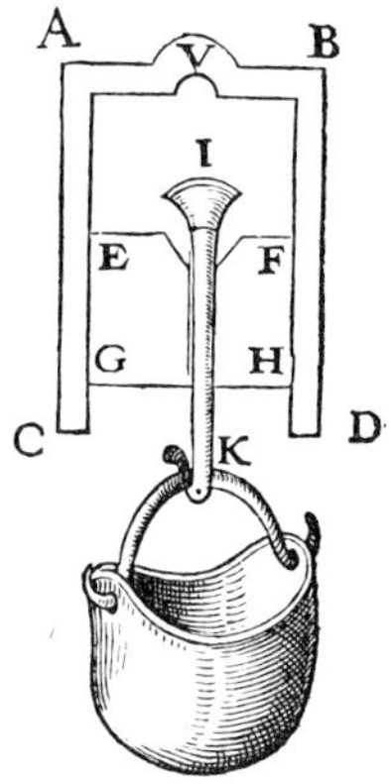

Ci-dessus. Expérience faite pour démontrer l'existence du vide, extrait des *Discorsi e dismostrazioni matematiche...* (1638) de Galilée. Cet ouvrage est un résumé de ses travaux en mécanique, un domaine qu'il révolutionna grâce à sa perception très claire des rapports entre la force et le mouvement, et par son approche expérimentale.

A gauche. Portrait de Galilée (1564-1642). Bibliotheca marucelliana, Florence.

Ci-dessous. Ces dessins de la Lune, telle qu'elle est vue au télescope, montrent ses cratères et ses montagnes. Extraits du *Sidereus nuncius* (1610) de Galilée.

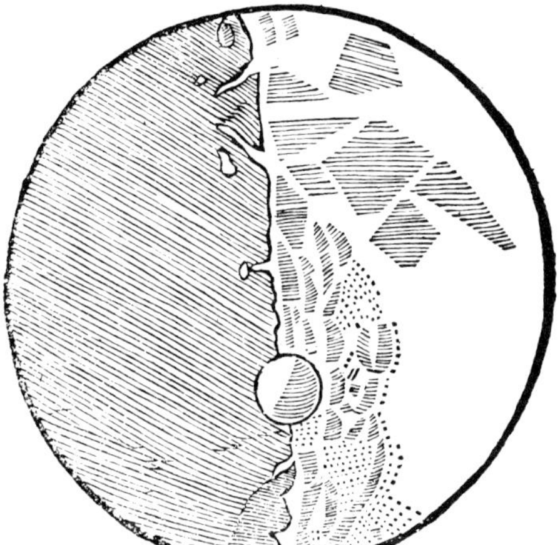

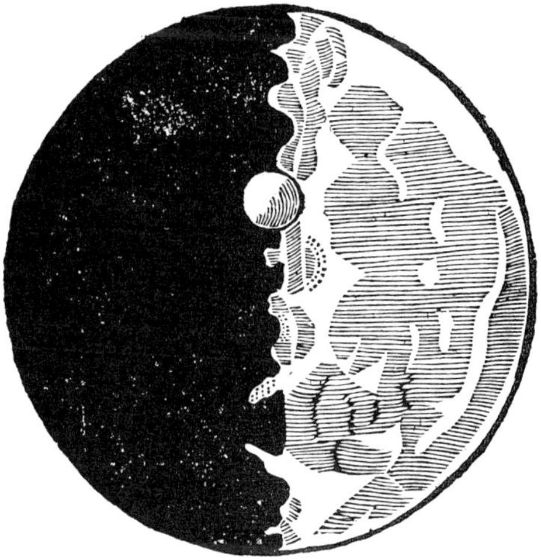

A droite. Méthode de Galilée pour mesurer l'altitude des montagnes de la Lune, d'après une lettre qu'il adressa en 1611 à Christoforo Grienberger.

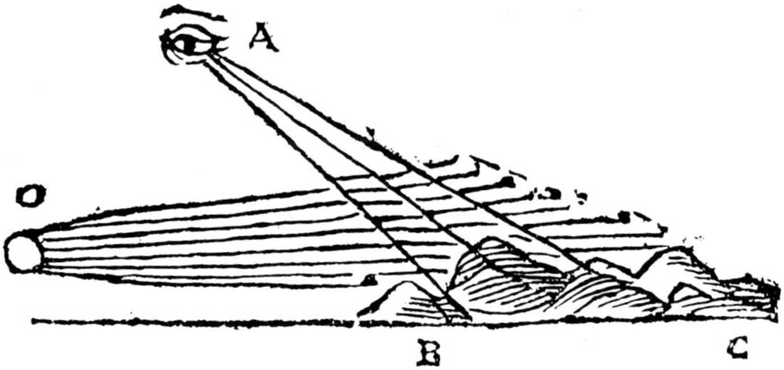

A droite. Dessins de Galilée sur ses observations des quatre principaux satellites de Jupiter, reproduits dans son *Siderius nuncius,* 1610.

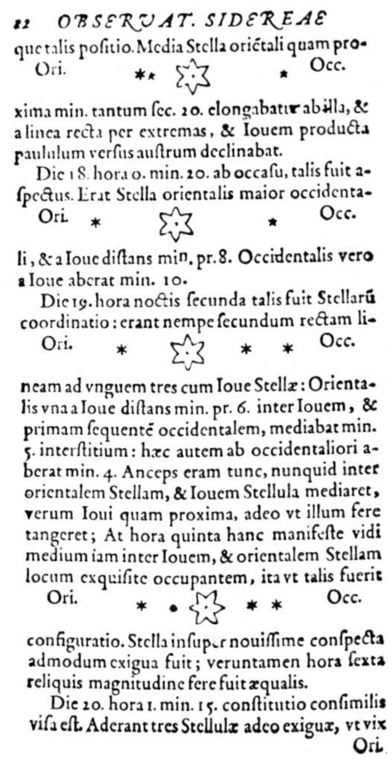

22 OBSERVAT. SIDEREAE

que talis poſitio. Media Stella oriẽtali quam pro-

Ori. Occ.

xima min. tantum ſec. 20. elongabatur ab illa, & a linea recta per extremas, & Iouem producta paululum verſus auſtrum declinabat.

Die 18. hora o. min. 20. ab occaſu, talis fuit aſpectus. Erat Stella orientalis maior occidenta-

Ori. Occ.

li, & a Ioue diſtans min. pr. 8. Occidentalis vero a Ioue aberat min. 10.

Die 19. hora noctis ſecunda talis fuit Stellarũ coordinatio: erant nempe ſecundum rectam li-

Ori. Occ.

neam ad vnguem tres cum Ioue Stellæ: Orientalis vna a Ioue diſtans min. pr. 6. inter Iouem, & primam ſequentẽ occidentalem, mediabat min. 5. interſtitium: hæc autem ab occidentaliori aberat min. 4. Anceps eram tunc, nunquid inter orientalem Stellam, & Iouem Stellula mediaret, verum Ioui quam proxima, adeo vt illum fere tangeret; At hora quinta hanc manifeſte vidi medium iam inter Iouem, & orientalem Stellam locum exquiſite occupantem, ita vt talis fuerit

Ori. Occ.

configuratio. Stella inſuper nouiſſime conſpecta admodum exigua fuit; veruntamen hora ſexta reliquis magnitudine fere fuit æqualis.

Die 20. hora 1. min. 15. conſtitutio conſimilis viſa eſt. Aderant tres Stellulæ adeo exiguæ, vt vix

Ori.

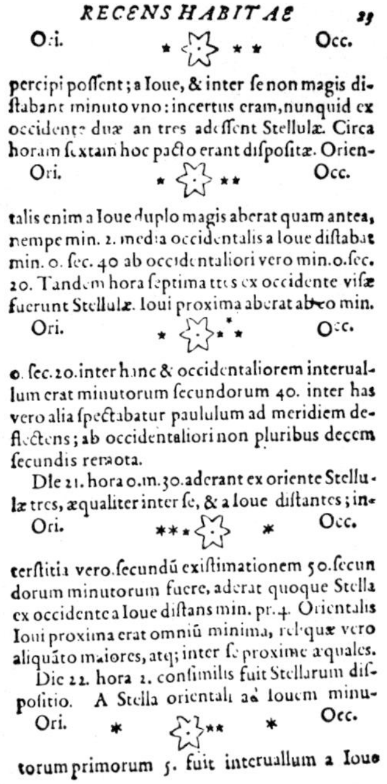

RECENS HABITAE 23

Ori. Occ.

percipi poſſent; a Ioue, & inter ſe non magis diſtabant minuto vno: incertus eram, nunquid ex occidente duæ an tres adeſſent Stellulæ. Circa horam ſextam hoc pacto erant diſpoſitæ. Orien-

Ori. Occ.

talis enim a Ioue duplo magis aberat quam antea, nempe min. 2. media occidentalis a Ioue diſtabat min. o. ſec. 40 ab occidentaliori vero min. o. ſec. 20. Tandem hora ſeptima tres ex occidente viſæ fuerunt Stellulæ. Ioui proxima aberat ab eo min.

Ori. Occ.

o. ſec. 20. inter hanc & occidentaliorem interuallum erat minutorum ſecundorum 40. inter has vero alia ſpectabatur paululum ad meridiem deflectens; ab occidentaliori non pluribus decem ſecundis remota.

Die 21. hora o. m. 30. aderant ex oriente Stellulæ tres, æqualiter inter ſe, & a Ioue diſtantes; in-

Ori. Occ.

terſtitia vero ſecundũ exiſtimationem 50. ſecundorum minutorum fuere, aderat quoque Stella ex occidente a Ioue diſtans min. pr. 4. Orientalis Ioui proxima erat omniũ minima, reliquæ vero aliquãto maiores, atq; inter ſe proxime æquales.

Die 22. hora 2. conſimilis fuit Stellarum diſpoſitio. A Stella orientali ad Iouem minu-

Ori. Occ.

torum primorum 5. fuit interuallum a Ioue

Page 447. Page de dédicace du *Dialogus de systemate mundi,* de Galilée, dans l'édition de 1642, publiée à Leyde. *De gauche à droite.* Aristote, Ptolémée et Copernic.

A droite. Portrait de René Descartes, exécuté par Frans Hals en 1649. Musée du Louvre, Paris.

A l'extrême droite. Portrait de sir Isaac Newton (1642-1727) à l'âge de 59 ans, par Godfrey Kneller. National Portrait Gallery, Londres.

DIALOGVS
DE SYSTEMATE MVNDI,
Auctore
GALILÆO GALILÆI LYNCEO.
SERENISSIMO
FERDINANDO II. HETRVR. MAGNO-DVCI
dicatus.
ARISTOT
PTOLEMEVS
N. COPERNICVS

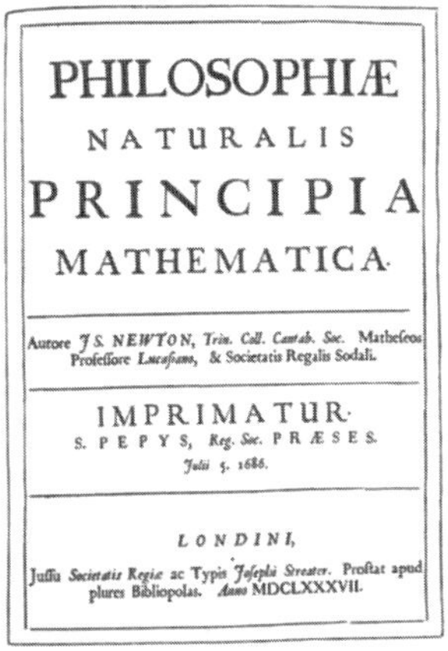

PHILOSOPHIÆ
NATURALIS
PRINCIPIA
MATHEMATICA.

Autore *JS. NEWTON*, *Trin. Coll. Cantab. Soc.* Matheseos Professore *Lucasiano*, & Societatis Regalis Sodali.

IMPRIMATUR.
S. PEPYS, *Reg. Soc.* PRÆSES.
Julii 5. 1686.

LONDINI,

Jussu *Societatis Regiæ* ac Typis *Josephi Streater*. Prostat apud plures Bibliopolas. *Anno* MDCLXXXVII.

Ci-dessus. Page de titre de la première édition (1687) des *Principia* de Newton.

A droite. Portrait d'Edmond Halley (1656-1742), exécuté par R. Phillips peu avant 1721. Les questions de Halley sur le mouvement planétaire hâtèrent la publication par Newton de sa loi de l'inverse des carrés. National Portrait Gallery, Londres.

A droite. Johannes Hevelius (1611-1687) observant du haut d'un toit avec son télescope à longue distance focale. Extrait de *Selenographia* (1647), une étude sur la surface de la Lune.

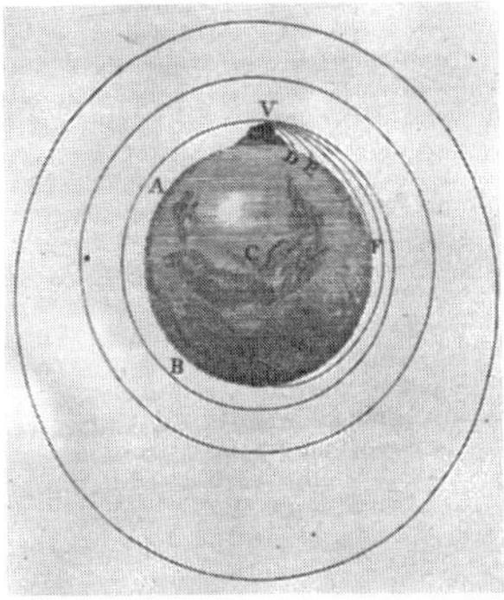

d'une revendication similaire émanant d'un autre opticien de Middelburg. L'histoire de cette découverte est encore compliquée par le fait que Della Porta revendiqua lui aussi cette invention – et il est indéniable qu'un télescope italien de 1590 est signalé dans des documents contemporains – et que des prétentions très fermes furent également émises par des Anglais, notamment par Leonard et Thomas Digges. Le véritable inventeur du télescope fait toujours l'objet de discussions.

Sur l'usage antérieur des lentilles par Grosseteste et Bacon, voir pages 332-333; et par Della Porta, pages 409-410.

L'importance de Galilée au début de l'histoire du télescope tient à l'usage scientifique immense qu'il en fit; en 1610, il avait publié son *Siderius nuncius,* un ouvrage dans lequel il donnait le détail d'observations astronomiques d'une importance capitale qu'il avait faites. Il se peut qu'il n'ait pas été le premier à utiliser le télescope en astronomie; la conception de Thomas Digges d'un univers infini d'étoiles, dont chacune était comme un Soleil, a pu être inspirée par l'examen du ciel à l'aide d'un télescope, et il existe une preuve irrécusable que Thomas Harriot, un ami de Digges, dressa une carte de la Lune à l'aide d'un télescope, quelque deux mois après les observations télescopiques de Galilée. Mais Harriot ne publia rien et ce fut le *Siderius nuncius* de Galilée qui attira l'attention du monde scientifique occidental sur les possibilités offertes par le télescope. Dans son ouvrage, Galilée expliquait qu'il avait observé beaucoup plus d'étoiles qu'il n'était possible d'en voir à l'œil nu – et donc beaucoup plus que n'en connaissaient les Anciens –, un argument qui allait à l'encontre de la «perfection» de la science antique, si chère à ses adversaires aristotéliciens. Il avait également vu qu'il existait des montagnes sur la Lune, et mesuré leur altitude d'après la longueur des ombres qu'elles projetaient, découvert que la Voie lactée était composée de myriades d'étoiles distinctes et, surtout, que la planète Jupiter était accompagnée sur son orbite de quatre petites lunes qui tournaient autour d'elle. Ce point était important parce qu'il démontrait qu'une planète sur orbite pouvait avoir ses propres satellites et contrait efficacement l'argument opposé à Copernic : si la Terre tournait, comme il l'avait dit, la Lune, elle, devrait rester en arrière. Plus tard, en 1610, Galilée observa que Vénus présente des phases, comme la Lune, et il nota également la nature étrange de la planète Saturne, qui lui parut être une planète triple. Enfin, entre 1610 et 1611, il observa, grâce au télescope, des taches sur le Soleil.

Sur la conception de l'univers infini de Thomas Digges, voir page 428.

Illustrations pages 444, 446.

Page 448, en bas à gauche. Diagramme des trajectoires de projectiles éjectés de la Terre à des vitesses différentes, pour illustrer comment la théorie de la gravitation pouvait expliquer les orbites planétaires. Extrait de *A Treatise on the System of the World* (1728) de Newton.

Pour Galilée, toutes ces observations constituaient un soutien aussi puissant qu'évident à la théorie copernicienne.

Cependant, son désir de retourner à Florence et sa réussite lorsqu'il y revint – en 1610, il fut nommé philosophe et mathématicien du jeune Cosme II de Médicis, grand-duc de Toscane – firent qu'il passa de la protection de Venise à l'atmosphère plus empreinte d'aristotélisme d'un État où l'Église exerçait une influence puissante. De plus, on le considérait avec méfiance, car sa position à la Cour suscitait des jalousies, et lui-même ne faisait rien pour les désarmer. Il se rendit à Rome où il fut fêté pour ses observations télescopiques et élu à l'Accademia dei Lincei mais, de retour à Florence, il retrouva ceux qui refusaient d'expérimenter son télescope et de constater par eux-mêmes les possibilités qu'il offrait. A Florence, le conservatisme intellectuel prévalait et les académies s'opposaient farouchement à ce qu'un instrument qu'elles ne comprenaient pas leur fournît des raisons d'envisager le rejet de l'univers aristotélicien et d'abandonner l'ensemble de la physique et de la mécanique d'Aristote, comme le voulait Galilée. Ce fut également à Florence, dans l'église Santa Maria Novella, qu'en 1614 le dominicain Tommaso Caccini prononça son sermon contre la théorie de Copernic et contre les «mathématiciens», mais il est probable qu'il visait les gens qui pratiquaient la cabale et la numérologie, la discipline mentale hermétique. Les dominicains avaient alors repoussé avec force la théorie copernicienne et l'on conseilla à Galilée de faire preuve de circonspection. Il se rendit de nouveau à Rome, mais il lui fut impossible de convaincre les autorités de l'importance de ses thèses; en fait, le plus éminent théologien de l'Église, le cardinal Robert Bellarmin, lui fit des remontrances parce qu'une Terre en mouvement allait à l'encontre des Écritures.

Galilée retourna à Florence et se tint tranquille pendant quelque temps, mais, en 1623, il publia une attaque cinglante contre un ouvrage sur la nature des comètes. Il y exerçait son esprit mordant pour ridiculiser et démolir son adversaire – une technique dans laquelle il était orfèvre –, mais son ouvrage *Il Saggiatore* (l'Essayeur) n'était pas seulement polémique. Galilée y exposait ses vues sur la réalité scientifique et sur les nouvelles méthodes scientifiques; il y expliquait sa doctrine des qualités primaires (celles qui pouvaient être mesurées) et des qualités secondaires (celles qui ne pouvaient l'être, c'est-à-dire des qualités telles que l'odeur et le goût). Il expliquait aussi comment définir un problème à l'aide d'expériences préliminaires et comment, à partir de leurs résultats, formuler une théorie qui pouvait ensuite être utilisée pour «prévoir» des conséquences qu'il était possible de contrôler par l'observation. C'est également dans le *Saggiatore* que figure sa phrase célèbre : «La Nature est... écrite en langage mathématique.»

Il Saggiatore était dédié à Maffeo Barberini, le nouveau pape, ami et protecteur de Galilée, qui l'accueillit avec enthousiasme. Les jésuites, dont l'un d'eux avait écrit un ouvrage original sur les comètes, étaient pour leur part beaucoup moins satisfaits. Tablant sur le succès rencontré par *Il Saggiatore* au Vatican, Galilée souhaitait que le pape révoquât le décret qui avait condamné les théories coperniciennes, et il repartit pour Rome afin de lui demander d'agir dans ce sens. Il n'obtint pas satisfaction, mais reçut l'autorisation d'écrire sur l'ensemble de la question relative aux deux conceptions de l'univers – celle de Ptolémée-Aristote et celle de Copernic –, autorisation assortie de la recommandation de ne pas présenter de conclusions catégoriques. Transporté par ce succès partiel, Galilée retourna à Florence pour s'atteler à son *Dialogue sur les deux systèmes du monde.* Publié en 1632, l'ouvrage fut salué dans toute l'Europe comme un chef-d'œuvre scientifique et littéraire. En Italie pourtant, il déclencha une tempête de protestations dirigée contre Galilée.

Illustration page 447.

L'Église estima que le livre penchait trop en faveur de la théorie copernicienne, et que la discussion que l'on avait exigée de Galilée à la fin du livre avait été rédigée de telle sorte qu'elle ne signifiait rien. En 1633, Galilée fut traduit devant l'Inquisition mais, par égard pour son âge – il avait alors 69 ans –, il fut traité avec indulgence. Néanmoins, il fut contraint de se rétracter, et assigné à résidence; heureusement, son esprit était toujours vif et, en dépit des rebuffades, il s'attaqua à son dernier ouvrage : *Discorsi e dimostrazioni matematiche intorno a due nove scienze...,* un texte qui traitait de ses dernières conclusions à propos de la mécanique. C'était un ouvrage de valeur qui, cependant, dut être publié dans la ville protestante de Leyde, où il parut en 1638. Au cours de ses dernières années, Galilée appliqua le pendule à la régulation des mouvements d'horlogerie, mais ce fut le Hollandais Christiaan Huygens qui parvint véritablement à des résultats pratiques en 1656, ouvrant ainsi l'ère de la précision dans la mesure mécanique du temps. Galilée mourut en 1642, l'année même de la naissance d'Isaac Newton.

Illustration page 445.

La conception de l'univers qu'avait adoptée Galilée était basée sur l'observation, l'expérimentation et une application très large des mathématiques. Son contemporain, le Français René Descartes (1596-1650), né trente-deux ans après lui à La Haye en Touraine (aujourd'hui Descartes, Indre-et-Loire),

Illustration page 446.

avait une attitude quelque peu différente. Descartes était essentiellement un philosophe mathématicien qui entreprit de formuler une nouvelle approche philosophique de l'univers, qui rompait complètement avec la vieille perspective scolastique du Moyen Age. Enfant chétif d'un homme de loi, Descartes fut envoyé en 1604 au collège de La Flèche, récemment fondé par les jésuites, où son intelligence fut aussitôt reconnue, bien que sa réaction personnelle à l'enseignement prodigué le laissât insatisfait, déçu et en proie au doute. En 1616, il obtint ses diplômes de droit à l'université de Poitiers puis, deux ans plus tard, lorsque la guerre de Trente ans éclata, il fut soldat dans l'armée de Guillaume de Nassau mais, vraisemblablement, ne se battit jamais. Pendant cette période, il se lança dans la recherche mathématique et décida d'entreprendre la construction d'un système complet des connaissances. Pour venir à bout de ce travail, il éprouvait néanmoins le besoin de plus de paix et de tranquillité que n'en pouvait offrir le service militaire et il démissionna; en 1628, il partit pour les Pays-Bas où il demeura vingt et un ans. Puis, en 1649, il s'installa en Suède où l'avait invité la jeune reine Christine, une protectrice passionnée des arts, qui collectionnait avec ardeur les érudits à sa Cour; en Suède, la santé de Descartes s'altéra, il fut victime d'une pneumonie et mourut prématurément en 1650.

Ce ne sont pas les écrits philosophiques de Descartes qui nous intéressent ici, mais sa contribution aux mathématiques et ses idées concernant l'univers. Descartes fut constamment préoccupé par la distinction entre ce qui était certain et ce qui était incertain et, après avoir longuement réfléchi à la question, il parvint à la ferme conclusion que la seule chose dont il pouvait être sûr était sa propre existence en tant qu'être sensible, ce qu'il exprima par la phrase *«Cogito ergo sum»* («Je pense donc je suis»). A partir de ce postulat, il développa l'argument qu'un Dieu bon ne pouvait décevoir ses créatures et, partant de là, il construisit sa vision de l'univers. Il énonça ses principes dans deux ouvrages, *Discours de la méthode,* de 1637, et *Principes de la philosophie,* de 1644; le second, qui nous intéresse plus précisément, comprend trois parties. Dans la première, Descartes expose à nouveau ses doctrines philosophiques; dans la deuxième et la troisième, il explique son interprétation du cosmos. Partant du fait que nous ne pouvons imaginer aucune limite à l'étendue de l'univers, celui-ci, disait-il, doit être infini. En revanche, nous pouvons imaginer une division *ad libitum* de la matière et, pour cette raison, il rejetait l'idée d'atomes. Il refusait également l'existence du vide et considérait l'espace comme un *plenum,* c'est-à-dire comme empli de matière, toujours de la même espèce et toujours en mouvement. Il croyait que Dieu préserve toujours la même quantité de matière et de mouvement – le premier énoncé de la loi importante de la conservation de la quantité de mouvement (la quantité de mouvement est égale à la quantité de matière multipliée par sa vitesse) –, et que, s'il ne subit aucune collision, un corps se déplacera indéfiniment, toujours dans la même direction et à la même vitesse, le premier énoncé formel de ce qu'on appela plus tard la loi d'inertie. Galilée s'en était approché de très près, mais il n'y avait pas inclus les corps célestes parce qu'il les considérait comme un cas particulier; pour lui, les mouvements célestes étaient naturellement circulaires.

Dans la troisième partie des *Principes,* Descartes montrait comment, avec un postulat supplémentaire, l'univers que nous observons devait apparaître. Cet autre postulat était que, lors de la Création, Dieu prit la matière, la divisa de façon arbitraire et la mit en mouvement. Comme il ne peut exister de vide, une particule doit toujours être remplacée par une autre et c'est ainsi que Descartes fut amené à sa théorie des tourbillons. Bien que toute la matière soit la même, ses particules diffèrent par leur taille : les plus grosses composent les matériaux terrestres, les particules moyennes forment l'air et les plus petites le feu. Ces particules s'assemblent en tourbillons. A leur centre, les particules de feu s'agglomèrent, parce qu'elles se déplacent le plus rapidement, et c'est ainsi qu'une étoile se forme au centre de chaque tourbillon. Ces étoiles tournent et exercent ainsi une pression vers l'extérieur, à l'instar d'une pierre que l'on fait tournoyer à l'extrémité d'une corde. De ce fait, chaque étoile exerce une pression sur toutes les autres étoiles. Cependant, les étoiles ont tendance à se recouvrir de matière lourde; lorsque cela se produit, elles commencent par présenter des taches puis, finalement, cessent totalement de briller. La pression vers l'extérieur s'évanouit elle aussi et le tourbillon disparaît. L'étoile recouverte de matière lourde erre à présent dans d'autres tourbillons et devient une planète, à moins qu'elle ne soit très massive lorsqu'elle vagabonde d'un tourbillon à l'autre et ne devienne alors ce que nous appelons une comète. Les satellites des planètes étaient d'anciennes planètes qui s'étaient formées très longtemps auparavant.

Véritable *tour de force** intellectuel, le système de Descartes

* En français dans le texte.

produisit une très forte impression lors de sa parution. Manifestement, il soutenait la théorie copernicienne et contribua à la rendre acceptable dans de nombreux cercles académiques qui, sans cela, auraient continué de l'ignorer. Le système de Descartes fut bien accueilli à l'université de Cambridge et enseigné aux étudiants parmi lesquels était alors Isaac Newton. La théorie tourbillonnaire de Descartes et ses idées sur l'évolution des planètes, des comètes et des étoiles étaient erronées, mais elles ne furent réfutées que plus tard. Néanmoins, son exposé sur le mouvement planétaire était intéressant et soulignait le fait que, pendant le XVIIe siècle, les principes physiques étaient utilisés pour tenter d'expliquer les mouvements que Kepler avait si brillamment explorés. Tout le monde n'était pas convaincu de la réalité de ses orbites elliptiques, car elles ne différaient que fort peu des cercles, et certains souhaitaient garder le vieux mouvement circulaire. Mais, que les orbites fussent circulaires ou elliptiques, la question cruciale était d'expliquer pourquoi les planètes se déplaçaient sur des orbites fermées. Kepler avait proposé un essai d'explication de l'ensemble de la question en postulant une attraction magnétique, mais cela n'avait pas été entièrement satisfaisant.

En 1666, Giovanni Borelli, qui était né à Naples en 1608 et, dans sa jeunesse, avait rencontré Galilée, publia sa *Theoria Medicearum planetarum ex causis physicis deducta.* C'était un ouvrage sur les quatre grands satellites de Jupiter, que Galilée avait baptisés «les étoiles de Médicis» lorsqu'il essayait d'obtenir la protection de Cosme de Médicis; son importance résidait dans la discussion de Borelli sur la physique de leur mouvement, en particulier sur la question plus générale du mouvement des planètes autour du Soleil. Sur ce point, Borelli examina les idées différentes qui régnaient à l'époque – elles étaient mues par des «rayons» invisibles issus du Soleil en rotation, ou elles flottaient dans une sorte d'atmosphère solaire –, mais il les rejeta, faute de preuves à l'appui. Borelli occupait la chaire de mathématiques de Pise, où Galilée l'avait précédé, et, en tant que mathématicien, il conclut que leur mouvement était la résultante de trois forces combinées: la première, un «instinct naturel», les attirait vers le Soleil; la seconde était une force tangentielle, ou latérale, émanée des rayons du Soleil (elle était inspirée de certaines idées de Kepler); la troisième était une tendance des corps à s'écarter du Soleil (le type de force qui s'exerce quand on fait tournoyer une pierre à l'extrémité d'une corde, c'est-à-dire une force centrifuge). En résumé, Borelli pensait que, bien que les planètes fussent soumises à des forces différentes, elles se déplaçaient suivant des orbites permanentes parce qu'elles étaient en équilibre. C'était là un progrès remarquable auquel, vingt ans plus tard, Isaac Newton apporta son plein développement.

Un autre essai pour approfondir la question fut tenté par Robert Hooke, un scientifique très brillant qui, semble-t-il, était incapable de mener à leur terme ses idées souvent très originales. Hooke réalisa que le Soleil devait exercer une force d'attraction puissante sur les planètes, mais l'expression mathématique précise de cette force – Hooke était d'avis qu'elle était de nature magnétique – lui échappa. Comme elle échappa d'ailleurs à plusieurs de ses contemporains : le jeune astronome Jeremiah Horrocks de Liverpool, l'architecte et astronome Christopher Wren et l'astronome Edmond Halley. Tous avaient la certitude que le Soleil exerçait une force d'attraction; ils soupçonnaient même qu'il pouvait s'agir d'une force inversement proportionnelle aux carrés (c'est-à-dire qu'elle diminuait en fonction du carré de la distance; une planète deux fois plus éloignée qu'une autre aurait été attirée par une force quatre fois moindre; une planète trois fois plus distante par une force réduite au neuvième, et ainsi de suite). Ils pensaient aussi que la trajectoire qu'un tel corps aurait suivie était une ellipse, mais aucun ne pouvait le démontrer mathématiquement. Le fait même que l'excellent mathématicien qu'était Halley y échoua ne doit peut-être pas surprendre parce que la solution de cette question exigeait l'invention d'une technique mathématique radicalement neuve. Cette nécessité tenait au fait que, comme les planètes se déplacent sur des orbites elliptiques, leur distance au Soleil se modifie continuellement. Il fallait donc un type de mathématiques susceptibles de traiter spécifiquement des quantités en modification constante, et l'invention originale d'une telle technique – le «calcul infinitésimal» – fut l'œuvre de Newton.

Illustration page 448.

Isaac Newton naquit le jour de Noël 1642 à Woolsthorpe dans le Lincolnshire. Bébé prématuré qui vint au monde deux mois après la mort de son père, il était si petit «qu'il aurait pu tenir dans un quart de chope». Dans sa famille de yeomen (petits propriétaires agricoles libres), on comptait bien qu'il poursuivrait la tradition, mais Isaac n'avait aucune aptitude pour l'agriculture. Il s'intéressait aux inventions mécaniques et au monde physique, et, finalement, sa mère se laissa persuader par le directeur de la King's School de Grantham et par un oncle de laisser l'enfant préparer son entrée à l'université.

Illustration page 446.

Si bien qu'en 1661 Newton entra au Trinity College de Cambridge comme boursier; étudiant pauvre, il eut à exécuter de basses besognes pour ses camarades afin de pourvoir à sa subsistance.

Newton ne fut pas un étudiant particulièrement prometteur pendant ses premières années à Cambridge, mais nous savons que, entre autres lectures, il s'adonnait à celle d'ouvrages sur l'optique et les mathématiques; il lut également les *Principes de philosophie* de Descartes et le *Dialogo* de Galilée mais, d'après les sources, il ne lut pas alors ses *Discorsi*. Il semble que ce fut Isaac Barrow qui décela le premier les dons de Newton, en dépit du fait qu'au cours d'un examen qu'il lui fit passer en 1664 il estima ses connaissances de la géométrie euclidienne assez faibles. Barrow était un théologien et un mathématicien qui, en 1663, avait été nommé à la chaire de mathématiques récemment fondée grâce à une donation d'Henry Lucas, un ancien diplômé de l'université qui avait été, pendant un temps, membre de son parlement. Barrow encouragea Newton qui, en 1665, obtint sa licence, mais sans mention. Normalement, Newton aurait dû préparer ensuite sa maîtrise, mais 1665 ne fut pas une année normale. En décembre 1664, une peste bubonique, la Grande Peste, avait éclaté à Londres et, à l'université de Cambridge, les autorités commencèrent à s'inquiéter quand l'épidémie se répandit dans leur ville. Comme il n'existait aucun traitement médical efficace, l'université fut fermée et Newton retourna à Woolsthorpe. A part un autre court séjour à Cambridge, c'est là qu'il vécut jusqu'en 1667.

Pendant le temps que dura la peste, «j'étais dans la plénitude de mes facultés d'invention et occupé par les mathématiques et la philosophie (c'est-à-dire par la science) plus qu'à aucune autre époque de ma vie», écrira plus tard Newton. C'est certainement pendant cette période qu'il se livra à ses expériences en optique, posa les fondements de sa théorie de la lumière et prépara le terrain dont surgirent ses idées sur la gravitation et sur le mouvement planétaire. Dans le jardin de Woolsthorpe, il y avait un pommier, et il est fort possible que soit authentique l'histoire de la chute d'une pomme qui fournit à Newton un indice décisif pour la solution du problème planétaire. Lorsqu'il retourna au Trinity College à Cambridge, Newton obtint sa maîtrise en 1668, ce qui lui assura une position universitaire solide, d'autant que l'année suivante Isaac Barrow renonça à sa chaire de mathématiques en faveur de son jeune élève.

La chute de la pomme avait soulevé dans l'esprit de Newton

la question que voici : la force exercée par la Terre, qui avait provoqué la chute de la pomme, était-elle la même que celle qui faisait que la Lune «tombait» vers la Terre et l'attirait ainsi sur une orbite elliptique autour de la Terre? Des calculs lui démontrèrent qu'il en était ainsi, mais il restait encore beaucoup de travail à accomplir. Ce ne fut peut-être pas avant 1684 qu'après un échange de correspondance avec Robert Hooke, Newton se trouva en pleine possession de tous les principes dynamiques impliqués et qu'il fut en état d'élucider la question. Quoi qu'il en soit, cette date fut importante pour une autre raison : cette même année 1684, Edmond Halley rendit visite à Newton pour discuter avec lui du problème des planètes. Wren avait proposé de faire cadeau d'un livre si Hooke ou Halley pouvait résoudre ce problème, mais, comme aucun d'eux n'y parvint, Halley décida de s'informer auprès de Newton la prochaine fois qu'il lui rendrait visite à Cambridge. A sa grande surprise, Newton lui répondit que la force reliant le Soleil et les planètes, qui avait pour conséquence une orbite elliptique, opérait selon la loi de l'inverse des carrés et qu'il l'avait démontré; il ne put cependant produire sa preuve et promit de la mettre par écrit pour l'envoyer à Halley. Il tint parole, et Halley reçut bientôt ce qui était virtuellement un petit traité sur le sujet. Fort heureusement, il réalisa aussitôt son importance immense et pressa Newton d'écrire un ouvrage complet sur toute la question du mouvement, en lui disant que la Royal Society, l'équivalent des académies italiennes, le publierait. En l'occurrence, la trésorerie de la Royal Society n'était pas à la hauteur de la situation et Halley, dont le père avait été un négociant prospère, paya de ses deniers la publication et assuma la responsabilité de surveiller l'impression de l'ouvrage. Cependant, tandis que Newton rédigeait son livre, Hooke protesta, disant que le mérite de la découverte de la loi d'attraction selon l'inverse des carrés lui revenait et que c'était lui qui avait donné à Newton l'indication fondamentale. C'était une prétention exagérée et Newton ne voulait plus se mêler de cette affaire; il se refusa même pendant un temps à ajouter un mot de plus à son travail, et il fallut toute la diplomatie et tout le tact de Halley pour le convaincre de reprendre la plume. Enfin, en 1687, l'ouvrage était non seulement terminé mais aussi imprimé et il parut sous le titre *Philosophiae naturalis principia mathematica* (Principes mathématiques de philosophie naturelle), habituellement résumé par le seul terme *Principia.*

Les *Principia* étaient un chef-d'œuvre; on en a dit qu'il s'agissait du plus grand ouvrage scientifique de tous les temps

Illustration page 448.

et, même si c'est là le surestimer, il eut certainement une importance capitale et son impact fut immense. Mais peut-être fallait-il s'y attendre car, en un volume unique, Newton avait reformulé toutes les connaissances sur les corps en mouvement, avec une précision mathématique jusqu'alors inégalée. Il avait complété ce que les physiciens de la fin du Moyen Age avaient commencé et que Galilée avait essayé de réaliser : ses trois «lois du mouvement» formèrent la base de tous les travaux ultérieurs. Newton avait également résolu un problème d'astronomie vieux de deux mille ans : celui du mouvement des planètes dans l'espace. Grâce à une analyse mathématique d'une perfection stupéfiante, il démontra comment la loi de l'inverse des carrés ne pouvait qu'aboutir à un mouvement en ellipse et contraignait les planètes à obéir aux lois que Kepler avait tant peiné à déduire des observations de Tycho Brahé.

En plus de ces deux résultats remarquables, les *Principia* enseignaient que la force d'attraction du Soleil n'était pas le magnétisme mais la gravitation, et Newton avait franchi l'étape suivante en identifiant cette attraction, qui opérait dans l'espace, avec l'attraction que la Terre exerçait sur la Lune et sur tous les objets situés à sa surface. En d'autres termes, il proposa le puissant concept de la gravitation universelle, selon lequel tout corps dans l'univers exerce une attraction sur tous les autres corps, plaçant ainsi l'univers sous une loi fondamentale unique. Dès lors, il n'y avait plus un ensemble de lois du comportement des corps célestes et un autre ensemble pour les corps terrestres : la physique était universelle.

Est-il seulement besoin de dire que des objections s'élevèrent à l'encontre de la théorie de Newton? Elles vinrent surtout de savants français, obstinément attachés aux idées de Descartes et qui voulaient savoir quelle était la nature précise de la gravité. C'était une question à laquelle Newton ne pouvait répondre; quand on lui demanda s'il s'agissait d'une propriété inhérente aux objets physiques, il répondit : «De grâce, ne m'attribuez pas cette notion.» Tout ce qu'il pouvait dire était ceci : la gravité était une force qui agissait en fonction du rapport inverse des carrés, que cela suffisait à soi seul à expliquer tous les mouvements célestes et que lui-même était décidé à ne pas aller au-delà. Les critiques des Français, qui voyaient là une attitude dangereusement proche de l'attitude médiévale, et donc non scientifique, n'étaient pas dénuées de fondement. En fait, ce fut seulement au XVIIIe siècle, lorsque Voltaire écrivit ses *Éléments de la philosophie de*

Newton (1738), qu'un exposé général des idées de Newton fut disponible en français, et ce livre, auquel s'ajoutèrent les efforts du mathématicien et physicien Pierre-Louis de Maupertuis, modifia l'attitude générale en France.

Les *Principia* de Newton avaient si définitivement clos une époque de l'astronomie que ses successeurs s'attachèrent surtout à consolider les résultats auxquels il était parvenu. C'est ainsi que Halley appliqua les mathématiques du mouvement et de la gravitation newtoniens à la question des comètes. Il s'aperçut que les apparitions de comètes, qui avaient été observées en 1531 et 1607, semblaient liées à la comète brillante de 1682; postulant qu'il s'agissait d'un seul et même corps céleste, il calcula son retour pour décembre 1758, en utilisant la loi de la gravitation universelle pour évaluer le retard qui serait provoqué par Jupiter. De fait, la comète reparut, quelques jours plus tard qu'il ne l'avait prévu (l'effet de Jupiter était un peu plus élevé qu'il ne l'avait estimé), et la «comète de Halley» fut la première et triomphante justification de la théorie de Newton. Plus tard, d'autres astronomes appliquèrent la théorie pour constater avec précision les actions mutuelles ou «perturbations» que les planètes provoquaient entre elles. Dans ce domaine, plusieurs mathématiciens réalisèrent de grands progrès, en particulier Leonhard Euler en Suisse et Alexis-Claude Clairaut, Jean d'Alembert, Joseph Lagrange et Pierre de Laplace en France.

Sur les comptes rendus concernant la comète de Halley en Chine, voir pages 208-209.

Sur le télescope à réflexion de Newton, voir page 481.

Il est vrai qu'Edmond Halley essaya d'étendre l'astronomie d'autres manières. Il nota, par exemple, que les étoiles n'occupaient pas des positions fixes, contrairement à ce qu'on avait toujours cru jusqu'alors; ses observations personnelles, comparées à celles effectuées au temps des Grecs, faisaient ressortir de telles discordances que, manifestement, il existait un facteur dont nul astronome ne s'était encore avisé. Halley établit de façon correcte qu'un décalage réel de la position des étoiles en était la cause. Par ailleurs, il étudia également ce qui fut appelé plus tard les «nébuleuses» – des taches nuageuses brillantes dans un ciel étoilé, qui ne sont visibles qu'avec un télescope –, ainsi que la question de savoir pourquoi, s'il existe un univers infini d'étoiles, le ciel est néanmoins sombre la nuit (une question qui, de nos jours, est appelée paradoxe d'Olbers). Les efforts novateurs de Halley en astronomie stellaire ne furent pas poursuivis par d'autres astronomes de l'époque; ce ne fut pas avant la seconde moitié du XVIIIe siècle que l'astronomie stellaire fut reprise, et elle ne découvrit réellement son domaine propre que pendant les XIXe et XXe siècles. La plupart des astronomes se satisfaisaient d'observer le système solaire et de se glorifier des applications précises de la gravitation universelle.

Les *Principia* furent le point culminant de l'astronomie planétaire mais, bien entendu, ils n'auraient pas été possibles sans les mesures précises de Tycho Brahé et de ses successeurs. L'arrivée du télescope s'accompagna d'un niveau de précision encore plus élevé des observations, bien que tous les astronomes n'eussent pas reconnu ses possibilités sur ce point. En effet, Hooke, qui soutenait avec intransigeance la supériorité du télescope mais était totalement dépourvu de tact, faillit créer un incident international lorsqu'il critiqua sévèrement Johann Hewel, de Dantzig, parce qu'il continuait de mesurer les positions célestes en utilisant de simples alidades à pinnules non télescopiques. Riche brasseur de Dantzig (aujourd'hui Gdansk), Hewel, ou Hevelius comme on l'appelle plus souvent, faisait de remarquables observations télescopiques de la Lune, des planètes et des comètes, mais il croyait toujours cependant qu'il pouvait obtenir des résultats suffisamment précis sans télescope. Il fallut l'intervention de la Royal Society et une visite diplomatique de «l'aimable M. Halley» à Dantzig, où il observa avec les alidades à pinnules d'Hevelius dont il loua hautement la précision, pour désamorcer la crise. Mais Hooke avait raison, et le télescope était d'usage courant à Greenwich et à Paris, où l'on procédait à des relevés de position toujours plus précis.

Illustration page 448.

Ces deux observatoires nationaux, les premiers de leur espèce en Occident, avaient été fondés vers la même époque; l'Observatoire de Paris fut achevé en 1671 et celui de Greenwich en 1676. L'observatoire français était dirigé par Jean-Dominique Cassini – auquel son fils puis deux de ses petits-fils succédèrent comme directeurs – et celui de Greenwich par John Flamsteed, premier astronome royal, un homme taciturne doublé d'un observateur minutieux et infatigable. Il fournit à Newton quelques observations concluantes sur les mouvements de la Lune, pour aider à la rédaction des *Principia* et à celle d'un ouvrage ultérieur de Newton sur une théorie lunaire, mais, parce qu'il répugnait à publier ses observations avant qu'elles n'eussent fait l'objet de corrections soigneuses qui dévoraient son temps, tous deux se disputèrent. En tant que président de la Royal Society, Newton fit publier des observations de Flamsteed, qui avaient été déposées devant lui sous scellés, avec Halley pour directeur d'édition. Mais, à ce moment, l'amitié entre Halley et Flamsteed était brisée depuis longtemps, sous le prétexte que Halley avait festoyé avec Pierre le Grand de Russie (qui s'était rendu

Illustration page 463.

à Londres pour étudier les constructions navales anglaises et pour s'informer par lui-même sur le nouveau mouvement scientifique); mais la cause réelle de cette rupture était probablement les critiques émises par Halley à propos de certains résultats des observations de Flamsteed.

La fondation des observatoires de Paris et de Greenwich ne fut pas entreprise en vue de la recherche pure, mais pour procéder à des observations célestes qui permettraient aux navigateurs de déterminer la longitude en mer. L'idée consistait à utiliser le mouvement de la Lune sur le fond des étoiles comme une gigantesque horloge lunaire, pour déterminer l'heure de Londres ou de Paris; cette heure pourrait alors être comparée avec l'«heure locale», obtenue en mer en observant le Soleil, et la différence entre elles donnerait la longitude. Des observations célestes très précises étaient nécessaires pour que cette méthode fonctionnât de façon satisfaisante mais, en dépit du labeur fourni par Flamsteed, par Halley (qui lui succéda au poste d'astronome royal) et par ceux qui prirent leur suite, ce ne fut pas avant 1767, l'époque de Nevil Maskelyne, cinquième astronome royal, que les tables nécessaires aux navigateurs furent assez satisfaisantes pour être publiées. Mais, à cette date, l'horloger anglais John Harrison avait mis au point la première montre de marine. C'était évidemment une méthode plus directe – il suffisait de consulter sa montre pour connaître l'heure de Londres –, mais, pour plus de sécurité, les deux méthodes demeurèrent en usage jusqu'à une époque très récente.

Les observatoires nationaux ne représentaient qu'un aspect du souhait d'une précision accrue des mesures astronomiques. Au cours du XVIIIe siècle, deux réalisations particulièrement remarquables de ce point de vue furent accomplies : la première concernait la distance du Soleil, la seconde le mouvement de la Terre. A la lumière des lois de Kepler concernant les distances des planètes et leurs périodes orbitales, la mesure de la distance de la Terre au Soleil était fondamentale car, une fois celle-ci trouvée, toutes les autres distances planétaires du système solaire pourraient être aisément calculées. Halley lança l'idée que la façon la plus satisfaisante de mesurer cette distance fondamentale, cette «unité astronomique» comme on l'appela, consistait à chronométrer les passages de la planète Vénus sur le disque du Soleil, à partir de différents points de la surface de la Terre. Ces chronométrages fourniraient la distance de la Terre à Vénus et, à partir de celle-ci, l'unité astronomique pourrait être calculée. La méthode était à la fois élégante et précise; le seul ennui était que de tels passages sont rares : ils sont groupés par deux, à huit ans de distance, et se reproduisent alternativement au bout de cent treize à cent trente ans. Néanmoins, malgré la mort de Halley en 1742 et bien que les nouveaux passages ne fussent pas prévus avant 1761 et 1769, la réputation et le plaidoyer de l'astronome avaient été tels que des expéditions internationales furent organisées. Les résultats obtenus, qui surpassaient de très loin en précision ceux auxquels on était parvenu jusqu'alors, donnaient une distance de 152 855 000 kilomètres. Plus tard, une analyse plus fine donna 149 637 000 kilomètres, un chiffre très proche de la valeur admise aujourd'hui, qui est de 149 597 870 kilomètres.

La mesure du mouvement de la Terre fut le résultat secondaire d'une tentative infructueuse entreprise pour mesurer les distances des étoiles les plus proches. Dès que le télescope eût été reconnu comme un instrument capable de fournir une grande précision, de nombreux astronomes – dont Robert Hooke et John Flamsteed en Angleterre, et Jean-Dominique Cassini en France – essayèrent de prendre des mesures pour détecter le décalage apparent des étoiles les plus proches par rapport à l'arrière-plan des plus lointaines. Tous échouèrent; nous savons à présent que les angles qu'ils mesuraient étaient beaucoup trop petits pour pouvoir être détectés à l'aide de leur équipement. En 1725, James Bradley, professeur d'astronomie à Oxford, et Samuel Molyneux, un fervent astronome amateur, commencèrent leurs essais au moyen de techniques plus sophistiquées. Ils échouèrent eux aussi, bien qu'ils fussent parvenus à mesurer un décalage qui, finalement, se révéla être causé par une combinaison du temps mis par la lumière stellaire pour traverser jusqu'au bas du tube du télescope et du décalage latéral du tube, dû au mouvement orbital de la Terre. C'est ainsi qu'en 1729 la preuve concluante que la Terre se meut réellement dans l'espace fut obtenue, une justification par l'observation du concept fondamental de Copernic. Grâce à cette donnée et à la théorie de la gravitation universelle de Newton, la prodigieuse révolution de la conception que l'homme se faisait de l'univers, qui avait commencé deux siècles plus tôt, était désormais accomplie. Mais bien des découvertes restaient encore à faire, comme en témoigne la carrière de William Herschel.

Illustration page 465.

Herschel était né à Hanovre, en 1738, dans une famille de musiciens et son père était chef de musique de la garde à pied du Hanovre. L'atmosphère familiale incitait à l'étude et William fut libre de se consacrer à une large gamme d'intérêts. A l'âge de 15 ans, il entra dans l'orchestre des gardes à pied

Ci-dessus. Sextant équipé d'un télescope pour une visée précise, installé en 1676 au Royal Observatory de Greenwich, par John Flamsteed (1646-1719), le premier astronome royal anglais.

A gauche. Télescope à montage équatorial, fabriqué en 1791 par le fabricant d'instruments, Jesse Ramsden, pour Sir George Shuckburg.

A droite. Premier chronomètre de marine de John Harrison, 1751. National Maritime Museum, Londres.

A droite. Les quatrième et cinquième chronomètres de marine de John Harrison, qui lui valurent le prix offert par l'Amirauté britannique pour une montre utilisable en mer et assez précise pour permettre de déterminer la longitude. Harrison consacra toute sa vie au problème du chronomètre de marine, un bon exemple de convergence entre les intérêts d'ordre strictement scientifique, technologique, et ceux d'ordre commercial à cette époque. National Maritime Museum, Londres.

A gauche. William Herschel, souvent considéré comme le plus grand astronome observateur de l'histoire. Portrait exécuté par L. F. Abbott, en 1785. National Portrait Gallery, Londres.

Ci-dessous. Gravure du réflecteur géant de Herschel, construit dans les années 1780; son ouverture était de 1,2 mètre et sa distance focale atteignait 12 mètres.

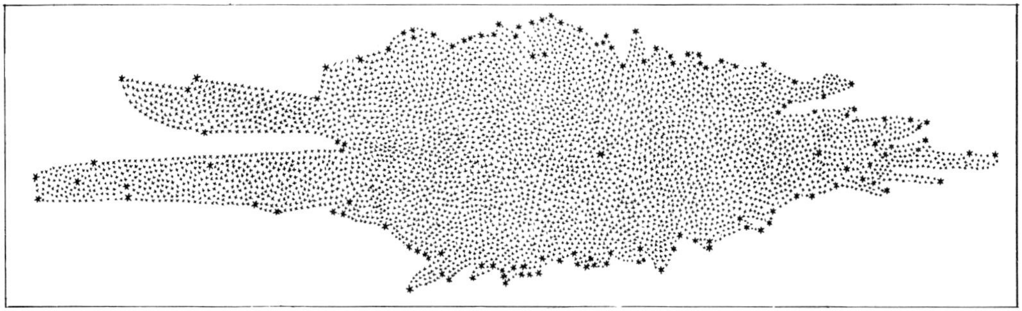

Ci-dessus. Le système des étoiles, tel que le concevait Herschel; la plus grosse étoile près du centre est censée être le Soleil. Extrait de son article «On the Construction of the Heavens», publié en 1785.

A droite. Visite de Louis XIV à l'Académie des sciences, fondée en 1666. Par la fenêtre, on voit l'Observatoire de Paris. L'équipement scientifique témoigne de la diversité des sciences abordées par les premières académies.

A l'extrême gauche. Gottfried Wilhelm Leibniz (1646-1716), le philosophe et mathématicien qui découvrit le calcul différentiel. Gravure de A. Scheits (1695).

A gauche. Blaise Pascal (1623-1662), auteur d'ouvrages sur la religion et sur les mathématiques; il expliqua également les variations de la pression atmosphérique.

A gauche. Frontispice de *The History of the Royal Society of London for Improving Natural Knowledge,* 1667, de Thomas Sprat. A gauche du buste de son fondateur, Charles II, le premier président de la Society et, à droite, Francis Bacon (1561-1626), dont les écrits stimulèrent la fondation de la Society.

mais, fût-ce dans une fanfare, l'existence militaire n'était pas son fort. En 1757, il émigra avec son frère aîné en Angleterre, un pays où il s'était rendu l'année précédente avec son régiment. Il poursuivit sa carrière de musicien d'abord à Londres, puis en province où des occasions plus intéressantes se présentaient. Fin 1766, il s'installa à Bath, une élégante ville d'eau où sa carrière de musicien s'engagea sous les meilleurs auspices. Il gagna suffisamment d'argent pour pouvoir retourner passer des vacances à Hanovre d'où il revint en compagnie de sa sœur Caroline; celle-ci espérait faire une carrière de cantatrice mais, en fait, elle commença par seconder son frère dans ses études d'astronomie avant de devenir elle-même une astronome très compétente. L'intérêt de Herschel pour l'astronomie surgit de façon tout à fait fortuite; après avoir lu *Harmoniques ou la Philosophie des sons musicaux* de Robert Smith, professeur d'astronomie et de philosophie expérimentale à Cambridge, il fut si captivé qu'il dévora dans la foulée le *Système complet d'optique* du même auteur. Cet ouvrage contenait des descriptions de ce que l'on pouvait voir grâce à un télescope, et l'imagination de Herschel flamba. Il lut d'autres ouvrages d'astronomie et se mit à l'observation; déçu par la qualité des télescopes de location, il résolut de fabriquer ses propres instruments. Il s'avéra bientôt qu'il avait un don pour le polissage des miroirs et les télescopes qu'il commença de construire étaient d'une qualité supérieure à ceux que proposaient les fabricants professionnels d'instruments.

Sitôt qu'il eut l'équipement approprié, et bien qu'il ignorât pratiquement l'orientation générale de l'astronomie professionnelle vers la dynamique, Herschel entama un catalogue du ciel, prenant note de façon très méthodique de tout ce qu'il pouvait voir. En 1781, au cours d'une séance d'observation, il remarqua «une curieuse étoile nébuleuse ou peut-être une comète» (de nombreuses comètes n'ont pas de queue lorsqu'on les observe pour la première fois au télescope, si bien que la supposition n'était pas une conjecture sauvage), et il observa ses mouvements sur le fond des étoiles plus lointaines. L'analyse ultérieure de ses observations et de celles d'autres astronomes montra que l'objet était une planète, la première planète qui fut découverte au cours des temps historiques, les autres étant connues depuis des temps immémoriaux. La découverte fut partout saluée, encore que le choix du nom que Herschel lui avait attribué – Georgium Sidus (l'Étoile de George), en l'honneur du roi George III d'Angleterre – n'était pas forcément un atout sur la scène internationale, et on lui préféra le nom plus classique et moins politiquement orienté d'Uranus.

Herschel était célèbre désormais; une pension royale lui fut attribuée et il était libre de se consacrer totalement à l'astronomie, un intérêt qui avait progressivement éclipsé ses obligations de musicien. Il déménagea pour s'installer à Slough, plus près de Windsor – sa pension impliquait la charge de montrer le ciel aux membres de la famille royale –, et c'est au cours de ce séjour qu'il persuada le roi de financer la construction d'un télescope géant et d'attribuer une pension à sa sœur, afin qu'elle pût être son assistante; ce fut là le premier soutien du gouvernement britannique apporté à la recherche scientifique pure. L'instrument était un réflecteur dont l'ouverture n'avait pas moins de 1,2 mètre, mais qui était incommode car, dans les années 1780, l'ingénierie mécanique de grande dimension n'était pas encore développée; si bien que Herschel fit la plupart de ses observations avec un télescope plus petit, dont le miroir avait 47 centimètres de diamètre et la longueur était la moitié de celle du grand télescope. Néanmoins, le télescope géant lui fut une aide pour certains aspects de ses travaux et il contribua certainement à accroître sa célébrité car c'était, et de loin, le plus grand télescope au monde. Herschel fut le premier à apprécier les avantages de télescopes à ouverture plus large pour sonder les profondeurs de l'espace, car ils peuvent rendre visibles des corps ternes, et son attitude allait influer sur toutes les générations ultérieures d'astronomes.

Illustration page 465.

Le programme des observations de Herschel était prodigieux; doué d'une grande résistance physique et d'une persévérance fantastique, il observait souvent dans des conditions de parfait inconfort. Il surveilla sans discontinuer le ciel pendant trente ans, de 1778 à 1808, et produisit une multitude de résultats importants. Sa quête de mouvements propres des étoiles les plus proches sur l'arrière-plan des plus éloignées, de mouvements parallactiques qui permettraient de détecter les distances stellaires échoua; mais elle lui permit de découvrir que certaines étoiles forment des systèmes binaires : des étoiles doubles qui orbitent l'une autour de l'autre. Leur étude détaillée montra qu'elles décrivaient leur orbite d'après les lois de la gravitation de Newton, ce qui était une nouvelle preuve de l'existence de la gravité dans les profondeurs de l'espace interstellaire.

La cartographie céleste de Herschel et en particulier ses «jauges» d'étoiles, grâce auxquelles il compta les étoiles dans différentes zones célestes, le menèrent à deux conclusions importantes. D'une part, une analyse statistique simplifiée de ses résultats le conduisit à la preuve que le Soleil se déplaçait dans l'espace, et à la détermination du point de l'espace par rapport auquel il semblait se mouvoir. Ce résultat, qui concorde *grosso modo* avec les estimations actuelles, fut un peu dû au hasard, car Herschel disposait de relativement peu d'étoiles sur lesquelles baser ses calculs (seules celles qui semblaient avoir modifié leurs positions au cours des années pouvaient être utilisées), mais le fait qu'il s'attaqua très réellement à un problème de ce genre ouvrait de nouvelles possibilités. L'autre conclusion importante de Herschel était que les étoiles n'étaient pas réparties également dans l'espace mais disposées en une large forme allongée, le Soleil et ses planètes se trouvant proches de son centre. C'était une vision entièrement novatrice, dont la confirmation ne survint que beaucoup plus tard, car les instruments dont disposaient les autres astronomes n'étaient pas assez puissants pour contrôler les résultats de Herschel.

Illustration page 466.

La surveillance du ciel à laquelle Herschel se livrait lui révéla également un grand nombre de taches lumineuses floues, ou nébuleuses (du latin *nebula,* nuage). Il n'était pas le premier à les observer : l'astronome français, Charles Messier, avait dressé un catalogue de 104 nébuleuses, dans le seul but de neutraliser leur aspect gênant : il voulait éviter qu'on les confondît avec les comètes lorsque celles-ci entament leur approche vers le Soleil. Mais on aura une juste idée de la minutie de Herschel en apprenant qu'il catalogua non pas une centaine, mais quelque 2500 nébuleuses dans le ciel septentrional. Ses observations à leur sujet soulevaient néanmoins une question fondamentale. Lorsque Herschel utilisa des télescopes dont l'ouverture était toujours plus grande, il s'aperçut que ces taches nébuleuses pouvaient s'analyser en des étoiles séparées; la question qui se posa était celle-ci : existait-il en fait des nuages d'étoiles? Des instruments encore plus puissants ne permettraient-ils pas de distinguer dans toutes les nébuleuses des étoiles séparées? L'expérience personnelle de Herschel, aidé de son télescope géant, laissait la question ouverte.

Sur les recherches postérieures sur les nébuleuses, voir pages 602 et 662.

Les progrès en mathématiques

Les découvertes que Newton présenta dans les *Principia* furent possibles parce qu'il avait développé le calcul infinitésimal, mais l'ouvrage fut rédigé en notations géométriques. En effet, les techniques géométriques étaient alors les plus familières aux mathématiciens, et l'ouvrage était une course d'obstacles intellectuelle suffisamment ardue pour n'y pas introduire la pierre d'achoppement qu'aurait été une technique mathématique entièrement nouvelle. Néanmoins, jamais Newton n'aurait pu découvrir ces résultats sans le calcul infinitésimal, sa technique des «fluxions», comme il l'appelait. Il ne fut pas seul à élaborer une technique de ce type; le mathématicien allemand Gottfried Leibniz avait inventé une méthode équivalente; Newton et lui, d'ailleurs, s'accusèrent mutuellement de plagiat, mais nous savons aujourd'hui qu'ils parvinrent indépendamment à des conclusions similaires. Et leurs idées ne tombaient évidemment pas du ciel : dans un sens, elles n'étaient que la conséquence de travaux auxquels un certain nombre de mathématiciens avaient participé.

Illustration page 467.

L'un d'eux était Kepler qui, après son second mariage, installa une cave à vin et souhaita calculer le volume de ses barriques. Il le fit en imaginant que chaque barrique était composée d'un très grand nombre de sections circulaires très minces, dont il calcula les surfaces, et il additionna celles-ci; intrigué par cette méthode, il l'appliqua à d'autres figures et publia un court traité sur ce sujet. Ce procédé, qui consistait à utiliser des sections minces et à additionner des accroissements infinitésimaux qui changeaient leur valeur, fut un concept fondamental de la technique Leibniz-Newton. Ailleurs, à Bologne, Bonaventura Cavalieri, un contemporain de Kepler, proposa une «méthode d'indivisibles», grâce à laquelle une figure plane pouvait être divisée en un nombre infini de lignes. Cette méthode était utile pour calculer les aires inscrites dans des courbes, et elle contribua à l'approche de ce qui fut longtemps appelé le «calcul intégral», bien qu'elle fût sévèrement critiquée par certains mathématiciens parce qu'une ligne est définie par sa longueur mais n'a pas de largeur et, de ce fait, une somme de lignes ne peut remplir une figure ou une surface courbe. Quoi qu'il en soit, à Paris, Gilles Roberval publia sur ce sujet et utilisa cette technique pour calculer les aires sous différentes courbes avec un tel succès que la méthode de Cavalieri fut alors plus largement admise. Un autre travail, d'Isaac Barrow, sur la construction des tangentes des courbes, et une étude des courbes elles-mêmes, par John Wallis, contribuèrent également à la diffusion de ces idées.

Sur la façon dont Eudoxe exploita la même idée, voir page 125.

Le développement du calcul infinitésimal comme outil largement applicable à toutes sortes de problèmes, grâce à des méthodes algébriques, est dû à la «géométrie analytique» (géométrie algébrique) de René Descartes et Pierre de Fermat. Dans sa *Géométrie,* d'abord publiée en appendice au *Discours de la méthode* (1637), Descartes proposa une méthode pour désigner les points et les droites par des nombres ou, algébriquement, par des lettres. Sa méthode est semblable à celle utilisée pour donner des références cartographiques en chiffres comptés à partir d'une «origine», et basée sur l'idée d'un quadrillage de la carte par des droites perpendiculaires. Descartes découvrit qu'en employant cette technique les droites ou les courbes pouvaient s'exprimer sous la forme d'une équation algébrique. Son jeune contemporain, Pierre de Fermat, qui avait expérimenté de son côté l'application de l'algèbre aux problèmes géométriques, avait abouti lui aussi à l'idée de représenter la courbe par une équation. Il décida alors de pousser plus loin cette technique et découvrit le premier comment résoudre les questions des maxima et des minima; cela consiste à trouver la plus grande et la plus petite valeur que peut prendre un paramètre variable et à les exprimer par une équation. Cela, également, eut une influence considérable sur le développement de méthodes plus générales de calcul infinitésimal, qui englobent aujourd'hui les problèmes de maxima et de minima, les aires sous les courbes, les quantités infinitésimales et le taux de variables de toutes sortes.

Le développement de la technique efficace du calcul infinitésimal de Leibniz et Newton, démontrée pour la première fois et de façon si frappante par la solution apportée par Newton au problème d'ensemble du mouvement planétaire, eut une suite intéressante. Pour indiquer le fait qu'il prenait en compte le taux de changement d'une variable – mettons, la quantité x –, Newton écrivait le x avec un point : x. De son côté, Leibniz désignait la même chose par dx/dt. La question qui nous occupe ici est que, contrairement à dx, x n'indique pas ce qui se passe. Le couple de lettres dx signifie un accroissement infinitésimal de x; de même, la notation dt désigne un accroissement infinitésimal de temps, si bien que dx/dt montre en fait clairement que les accroissements infinitésimaux de x sont considérés en rapport avec des accroissements infinitésimaux de temps t; en d'autres termes, nous avons un taux de changement de x avec le temps. La différence peut sembler négligeable et, dans un certain sens, elle l'est; mais, quand on aborde des équations plus complexes, les avantages d'une notation plus descriptive prennent une importance croissante. Par respect pour Newton – qui fut enterré à l'abbaye de Westminster où sa tombe porte une épitaphe d'Alexander Pope : « La Nature et ses lois reposaient, dissimulées dans la nuit, Dieu dit : "Que Newton soit", et tout fut lumière » –, les Anglais conservèrent sa notation, tandis que les autres mathématiciens européens adoptaient celle de Leibniz. Fait significatif : le développement du calcul infinitésimal fut médiocre en Angleterre et ses progrès beaucoup plus importants en Europe où, pendant le XVIIIe siècle, Leonhard Euler, Joseph Lagrange et Pierre de Laplace y travaillèrent. En fait, la situation devint si grave en Angleterre que, pendant la deuxième décennie du XIXe siècle, John Herschel (le fils du célèbre astronome William Herschel) fonda une société à l'université de Cambridge afin d'obtenir l'adoption de la notation de Leibniz dans le pays.

Si efficace fût-il, le calcul infinitésimal n'a pas été la seule innovation mathématique des XVIIe et XVIIIe siècles. Il y eut aussi, par exemple, l'introduction des logarithmes et le développement des mathématiques traitant des probabilités. Dans un sens, les logarithmes sont une découverte du XVIe siècle, car les hommes qui s'y intéressèrent – l'Écossais John Napier et l'Anglais Henry Briggs – étaient nés respectivement en 1550 et 1561. Cependant, la méthode de Napier, qui consiste à multiplier les nombres par un processus d'addition (c'est-à-dire en additionnant leurs logarithmes) et à extraire les racines en divisant un logarithme par le nombre de la racine, ne parut qu'en 1614 *(Mirifici logarithmorum canonis descriptio...);* qui plus est, les recherches ultérieures de Briggs et de Napier sur le système parurent en 1624 dans l'*Arithmétique logarithmique;* cette aide appréciable apportée au calcul rapide ne fut donc pas disponible pour les mathématiciens avant les deuxième et troisième décennies du XVIIe siècle. Cependant, ce procédé est si efficace qu'on l'utilise encore aujourd'hui dans la plupart des processus arithmétiques (multiplication, division, calcul des puissances et des racines) et en trigonométrie. Seule l'apparition des micro-calculatrices électroniques a pu l'évincer.

Illustration page 467.

Blaise Pascal (1623-1662), qui vécut à Paris, contribua pour une grande part à poser les fondations de la mathématique des probabilités. Doué dans de nombreux domaines, ce philosophe, célèbre pour ses écrits sur la religion, contribua aussi à la physique des fluides et à celle du vide. En fait, ce furent ses préoccupations religieuses – plus tard, elles accaparèrent sa pensée – qui l'entraînèrent dans des spéculations sur le hasard et l'incertitude d'événements touchant la vie privée et la vie publique. Pierre de Fermat avait déjà étudié la question du calcul des résultats possibles de lancers de dés, mais Pascal

Sur le triangle de Pascal dans les mathématiques chinoises, voir page 202.

étendit cette étude et développa ce qui, par la suite, fut appelé le «calcul des probabilités», une technique très efficace qui peut être largement appliquée pour résoudre des problèmes scientifiques, comme pour calculer les résultats des jeux de hasard. Pascal se livra également à un étude approfondie du théorème binomial et du triangle de Pascal.

Une autre contribution originale, réalisée au XVIIe siècle dans le domaine mathématique, est due à l'architecte Gérard Desargues qui, en 1639, posa les bases de la «géométrie projective» (l'étude de figures géométriques vues et tracées sous différents angles). Le sujet ne fut pourtant repris que par de rares mathématiciens, parmi lesquels figure Pascal, et la géométrie projective ne s'épanouit pas avant le XIXe siècle. Et, bien sûr, les mathématiques des XVIIe et XVIIIe siècles bénéficièrent des contributions apportées par plusieurs membres de la famille Bernoulli, dont les multiples ouvrages se succédèrent de 1650 à 1780. Leurs travaux avaient pour objet le développement du calcul de Leibniz et ses applications à une large gamme de problèmes d'astronomie et d'ingénierie. Avec leur compatriote Leonhard Euler (1707-1782), qui dégagea enfin le calcul infinitésimal de la géométrie et considéra la trigonométrie comme une partie de l'algèbre, avec Pierre de Laplace (1749-1827), dont la célèbre *Mécanique céleste* était un compendium des applications de la gravitation à l'astronomie, et, enfin, Joseph Lagrange (1736-1813), les Bernoulli introduisirent une forme moderne de l'algèbre. Cette «analyse supérieure», qui utilisait non seulement le calcul infinitésimal, mais aussi des techniques qui prennent en compte des variations périodiques, telles qu'on en rencontre en astronomie, ainsi que des méthodes de calcul des probabilités, devait équiper les scientifiques du XIXe siècle d'une multitude de techniques efficaces. En résumé, ces mathématiciens consolidèrent ce que Galilée et Newton avaient entamé et apposèrent le sceau de la mathématique sur toutes les branches des sciences physiques. Au service des purs mathématiciens, la technique qu'ils avaient mise au point allait engendrer des idées mathématiques nouvelles qui, plus tard seulement, furent considérées comme utiles à la description du monde réel.

Les académies scientifiques

Un facteur nouveau, qui surgit au cours des XVIIe et XVIIIe siècles, fut l'intérêt croissant des gouvernements pour la science. La fondation des observatoires de Greenwich et de Paris en était un aspect, de caractère plutôt utilitaire car ils avaient pour but d'aider la navigation au bénéfice du commerce outre-mer. Cependant, ce phénomène présenta une autre facette : la fondation d'académies scientifiques dans quelques pays. Comme nous l'avons vu (chapitre 7), il existait en Italie, à la fin du XVIe siècle, nombre d'académies savantes à Naples, dont une au moins se consacrait à la science, et à Florence, l'Accademia dei Lincei. Mais la plus célèbre fut l'Accademia del Cimento (Académie des expériences) de Florence, fondée en 1657 par deux élèves de Galilée : Vincenzo Viviani et Evangelista Torricelli. Soutenus par deux membres de la famille Médicis, qui s'y intéressaient activement, ses membres réalisèrent une large gamme d'expériences en biologie et en physique; mais l'Accademia ferma en 1667, lorsqu'un des Médicis fut fait cardinal. Néanmoins, elle avait vécu assez longtemps pour publier un utile compte rendu de ses travaux.

En Angleterre, les choses se passèrent de façon assez différente. A Londres, en 1596, le riche négociant et conseiller financier de la reine Élisabeth Ire, sir Thomas Gresham, fonda le Gresham College dans la City de Londres. C'était une initiative hardie; à l'époque, les seules universités anglaises étaient Oxford et Cambridge, et le vice-chancelier et le conseil de Cambridge avaient écrit à Gresham en soulignant que, bien qu'ils pensassent que Londres, Oxford et Cambridge étaient les seuls lieux appropriés pour un tel collège, ils espéraient qu'un «ancien élève de Cambridge ne choisirait pas Oxford». L'idée de Gresham était que son collège aurait sept professeurs résidents, qui donneraient des cours publics en anglais comme en latin, et que certains d'entre eux traiteraient de sujets scientifiques pratiques qui ne figuraient alors dans aucun programme universitaire; c'est peut-être la raison pour laquelle il choisit Londres de préférence à Oxford et Cambridge. C'est là que, vingt-quatre ans plus tard, alors que Gresham College était devenu une entreprise florissante, Francis Bacon, le lord chancelier, plaida en faveur de la nouvelle science expérimentale dans son *Novum Organum* (l'Instrument nouveau). Son objectif était davantage de «soulager la condition de l'homme» que d'acquérir la connaissance pure, et il suggéra, en guise de programme, de rassembler le plus vaste ensemble possible de faits à propos de chaque sujet mis à l'étude; ces faits seraient ensuite classés et catalogués pour démontrer si quelque qualité ou propriété particulière était présente, absente ou encore «plus ou moins présente à des degrés différents». L'examen des résultats ferait ressortir la nature du phénomène étudié. Bien entendu, personne ne découvrit jamais rien de cette façon; assimilée à une «recherche par administration», cette méthode avait manifestement été conçue par quelqu'un dont la connaissance pratique de la science expérimentale était négligeable; elle était entièrement logique mais dénuée d'imagination. L'importance de Bacon tient à la stimulation que ses idées exercèrent, à son concept d'une amélioration de la condition humaine grâce à l'application de la science et à sa proposition de fonder une académie de scientifiques, qui parut en 1627 dans sa *New Atlantis* (Nouvelle Atlantide).

Les idées de Bacon et la fondation de Gresham College eurent pour effet que tous les gens qui s'intéressaient à la science commencèrent à se rencontrer, d'abord à Londres puis, pendant la guerre civile, également à Oxford; lors de la restauration de la monarchie en 1660, ils se réunirent à nouveau à Londres pour mettre sur pied une société scientifique. Sous le patronage du roi, elle prit le nom de «The Royal Society of London for Improving Natural Knowledge», très vite devenu «The Royal Society». Première société scientifique britannique, elle commença, tout comme l'Accademia del Cimento, non seulement à tenir des débats scientifiques, mais également à publier des découvertes scientifiques, bien que, dans le cas de la Royal Society, ses *Philosophical Transactions* eussent pris la forme d'un journal scientifique. Commencée en 1665, sa publication fut une entreprise personnelle de William Oldenburg, secrétaire de la Society; plus tard, il fut publié par la Society, comme c'est encore le cas aujourd'hui. Les *Philosophical Transactions* et la Society elle-même encouragèrent la nouvelle science expérimentale dans tout le Royaume-Uni.

Illustration page 467.

Comme la Royal Society, l'Académie des sciences débuta en France par des réunions informelles entre des hommes de science. Descartes et Pascal assistaient à ces réunions qui se tinrent d'abord au couvent de l'Annonciation à Paris, dans la cellule de Marin Mersenne, un jésuite versé dans les sciences;

plus tard, tous se réunirent dans les hôtels plus spacieux de membres importants du gouvernement. Finalement, l'auteur Charles Perrault, contrôleur général de la surintendance des bâtiments, suggéra à Jean-Baptiste Colbert, ministre de Louis XIV, de fonder une véritable académie. Destinée à l'origine à s'occuper de littérature et d'histoire aussi bien que de science, l'académie décida au terme de sa première réunion, juste avant Noël 1666, de se consacrer uniquement à la science. Les membres de l'Académie des sciences recevaient une pension du roi, ainsi qu'une aide financière pour leurs recherches; ils se rencontraient deux fois par semaine dans une salle de la bibliothèque royale.

Illustration page 466.

L'Allemagne du XVIIe siècle eut également ses académies scientifiques. La première fut une société fondée dans les années 1620 à Rostock, dont l'existence fut brève, et l'équivalent allemand de la Royal Society et de l'Académie des sciences n'apparut qu'en 1700. Ce fut l'Académie des sciences de Berlin qui, comme ses équivalents anglais et français, encouragea matériellement la science et la publication des résultats scientifiques.

La physique

L'optique

La science physique reçut un grand élan pendant les XVIIe et XVIIIe siècles et progressa considérablement dans certains domaines, plus particulièrement en optique, dans les recherches sur la nature du vide et dans les études sur la chaleur, l'électricité et le magnétisme. En ce qui concerne l'optique, l'invention du télescope a déjà été mentionnée, mais nous n'avons encore rien dit du microscope, cette autre combinaison de lentilles. Il est généralement admis de nos jours que le microscope se développa après le télescope, mais ses origines demeurent obscures. Bien entendu, les verres grossissants étaient connus dès le XIIIe siècle au moins, mais ce ne fut pas avant le XVIIe siècle qu'ils atteignirent leur point de perfection, avec les minuscules lentilles semblables à du cristal de roche, taillées et polies par le naturaliste hollandais Antonie Van Leeuwenhoek.

Sur l'invention du télescope, voir page 442.

Illustration page 519.

Cependant, si excellents qu'eussent été les microscopes simples de Van Leeuwenhoek, la possibilité d'un agrandissement réellement important ne pouvait être obtenue qu'en utilisant des microscopes composés, qui comportaient au moins deux lentilles. On a dit que Galilée en utilisa pour ses expériences et, en 1665, Robert Hooke publia un texte descriptif superbe, la *Micrographia,* qui comprenait non seulement une description de son microscope, mais aussi des descriptions détaillées d'objets qu'il avait examinés. Cependant, le microscope composé était gâché par le défaut optique de l'«aberration chromatique», ce qui signifie que toutes les images étaient entourées d'une frange colorée qui rendait difficile l'observation des détails. Ce n'est pas avant le début du XIXe siècle que ce défaut fut entièrement surmonté. Néanmoins, le microscope fit immédiatement la preuve de son utilité, comme il apparaîtra avec évidence lorsque nous aborderons le sujet des sciences biologiques.

Illustrations pages 514, 515.

Sur l'utilisation du microscope en biologie, voir pages 511-517.

Du point de vue scientifique, les progrès les plus importants réalisés en optique pendant les XVIIe et XVIIIe siècles furent ceux qui concernaient la réfraction de la lumière et les théories relatives à la nature de la lumière elle-même. Le fait que les lentilles réfractent la lumière et modifient sa direction initiale en une autre était connu depuis longtemps, mais le rapport précis entre l'angle selon lequel le rayon incident rencontrait le verre ou l'eau, et l'angle selon lequel il était dévié n'était pas clair. Cependant, vers 1621, Willebrord Snel (Snellius), de Leyde, découvrit le rapport connu sous le nom de «loi du sinus», parce qu'il faisait appel au sinus trigonométrique des angles; néanmoins, ce furent d'autres chercheurs, notamment Christiaan Huygens et René Descartes, qui publièrent ce résultat important.

Si la loi de Snel exprimait simplement mais exactement ce qui se passait quand la lumière passe d'un milieu transparent (l'air, l'eau, le verre, etc.) à un autre, la raison de ce phénomène était beaucoup plus difficile à déterminer. On pouvait s'attendre à ce que Descartes, dont la philosophie embrassait tout le monde physique, proposât quelque théorie au sujet de la lumière et de la raison pour laquelle elle se réfractait. De fait, Descartes pensait que la lumière était une force provoquée par les vibrations des particules dont il croyait que tous les corps étaient composés. Il suggéra aussi que, bien que la lumière se propageât infiniment vite dans son milieu transparent qui occupait tout l'espace, elle se propageait plus lentement à travers un matériau tel que l'eau, et plus lentement encore à travers l'air, parce que l'air était moins dense et, de ce fait, transmettait les vibrations avec moins d'efficacité. Nous savons aujourd'hui qu'une telle conception est incorrecte : plus le milieu est dense, plus la lumière le traverse lentement, mais Descartes ne fut pas seul à interpréter cette idée du point de vue des vibrations contiguës des particules dans les corps et à aboutir à une conclusion erronée. Robert Hooke et Christiaan Huygens parvinrent à la même conclusion.

Né à La Haye en 1629, d'une grande famille hollandaise, Christiaan Huygens vécut aux Pays-Bas, excepté pendant quinze ans durant lesquels il séjourna la plupart du temps à Paris car il était membre de l'Académie des sciences. Mathématiciens compétents et brillants physiciens, lui et son frère Constantin taillaient et polissaient des lentilles, construisaient leurs propres microscopes et télescopes; ils résolurent le problème de Saturne, qu'avait rencontré Galilée, au cours de l'hiver 1665-1666, lorsqu'ils découvrirent l'anneau de la planète et, par hasard, un de ses satellites. Christiaan inventa également l'horloge à balancier, étudia les mathématiques des oscillations et des chaînes suspendues et croyait fermement à l'existence d'autres mondes habités. Mais ses plus grandes contributions furent certainement celles qu'il fit à l'optique et sa théorie de la lumière.

D'après Huygens, la lumière est une série d'ondes de choc, propagées à travers une substance invisible, l'éther. Ces ondes se propagent très vite, mais pas à une vitesse infinie, contrairement à ce qui était virtuellement admis. Huygens fut conduit à cette conception correcte de la vitesse de la lumière grâce à un travail réalisé depuis peu par l'astronome danois Ole Römer. En 1675, Römer avait découvert que, lorsque la Terre et Jupiter se trouvaient dans des positions relatives données sur leur orbite, les éclipses des satellites brillants de Jupiter avaient lieu avec un retard : il découvrit que ce retard était dû au temps supplémentaire nécessaire à la lumière pour traverser l'orbite de la Terre. Ce qui lui donna une vitesse de 193000 km/sec pour la vitesse de la lumière, un peu plus que la moitié du chiffre correct.

Sur l'assertion ancienne que la lumière ne se propage pas à une vitesse infinie, voir page 104.

Les ondes de Huygens n'étaient pas régulières entre elles et étaient, pensait-il, émises de tous les points d'un corps lumineux. Il conçut également l'idée d'ondes secondaires, chaque point avancé de chacune de ces ondes de choc suscitant d'autres ondes de choc, et ainsi de suite. Ces ondes secondaires étaient utilisées pour expliquer la réflexion et la réfraction. Mais, comme ces ondes étaient irrégulières, Huygens fut dans l'impossibilité de les utiliser pour expliquer la couleur et contraint d'ignorer cette question. La confirmation que la lumière est effectivement une perturbation ondu-

Sur la même hypothèse, émise par Ibn al-Haytham, voir page 299.

latoire provint d'expériences indépendantes, menées par Francesco Grimaldi, dont les résultats furent publiés à titre posthume en 1665. Grimaldi démontra que les ombres ne sont pas véritablement nettes et que leurs bords se doublent de franges colorées, mais ses expériences furent remises en cause – Newton ne put les reproduire avec succès –, et il fallut attendre longtemps avant que leur signification soit pleinement reconnue.

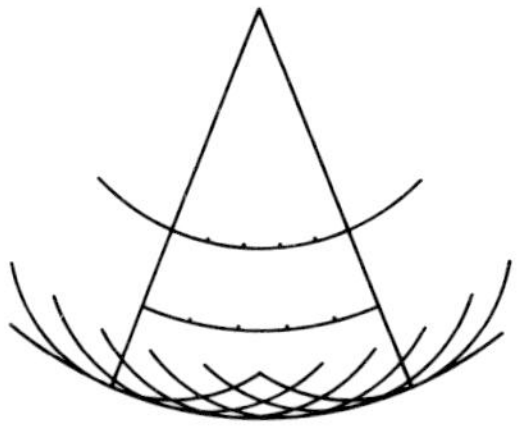

Théorie de Huygens des ondes lumineuses secondaires sphériques. La lumière se propage à partir d'une source sous forme d'une onde sphérique et, de tous les points de cette ligne, partent d'autres ondes secondaires, et ainsi de suite.

La théorie de Huygens se heurta à des critiques sévères, particulièrement en Angleterre. Huygens avait affirmé que les ondes lumineuses se propageaient plus lentement dans un milieu plus dense et Halley demanda d'où venait l'élan qui leur permettait de reprendre de la vitesse lorsqu'elles pénétraient dans un milieu moins dense, une interrogation qui paraissait valable à l'époque, si l'on considère le type d'ondes que Huygens envisageait. Les critiques émises par Newton étaient plus graves : celui-ci voulut savoir pourquoi, si la lumière se propageait par ondes de pression, elle ne se recourbait pas autour des objets. En réalité, c'est ce que fait la lumière, comme Grimaldi l'avait démontré, mais Newton estimait que les effets de Grimaldi étaient simplement dus à la réfraction. Newton voulut savoir également pourquoi la théorie de Huygens n'expliquait pas le phénomène de la «double réfraction» [par lequel les cristaux d'une substance comme le spath d'Islande (calcite) partagent un pinceau lumineux en deux composants séparés], récemment découvert par Erasmus Bartolinus. Il s'agissait là d'une critique plutôt mesquine, étant donné que la théorie de Newton ne fournissait pas davantage d'explications à la question posée.

D'après la conception de Newton, la lumière était un courant de «corpuscules», et il expliquait le fait que la lumière soit en partie réfléchie et en partie réfractée (l'effet «devanture», qui fait que non seulement nous voyons à travers une fenêtre mais que nous voyons aussi notre propre reflet) par un ingénieux système d'«accès de réflexion facile et d'accès de réfraction facile», auxquels ses particules étaient soumises lorsqu'elles passaient d'une substance transparente dans une autre. De tels accès étaient provoqués, pensait-il, par la façon dont les corpuscules vibraient lorsqu'ils jaillissaient de la source émettrice. Il y avait également des vibrations à l'arête des objets, qui faisaient que les corpuscules donnaient les effets de frange colorée que Grimaldi avait observés et que les expériences de Newton avaient en partie confirmés. Si elle s'était réduite à cela, la théorie de Newton n'aurait pas eu l'immense influence qu'elle exerça, mais d'autres facteurs jouèrent, notamment sa théorie des couleurs et son invention du premier télescope à réflexion. Car Newton était parvenu à la première explication réellement satisfaisante de la couleur : la «lumière blanche» (le type de lumière que nous recevons du Soleil) était composée de lumière de toutes les couleurs mêlées ensemble, assura-t-il. Et il fut en mesure de démontrer cette assertion grâce à une expérience fameuse, pour laquelle il utilisa un prisme de verre pour décomposer un rayon de lumière solaire et un second prisme pour recomposer les bandes colorées et distinctes (le spectre) en lumière blanche.

Illustration page 486.

Le développement du télescope à réflexion de Newton naquit de ses expériences destinées à décomposer la lumière du Soleil en ses couleurs composantes, car elles le conduisirent à deux conclusions. En premier lieu, il découvrit que chacune des différentes couleurs est réfractée selon un angle différent, le plus grand pour le bleu et le violet, le plus petit pour le rouge; c'était pourquoi le prisme avait pour effet de décomposer la lumière blanche en un spectre et que les gouttes de pluie donnaient un arc-en-ciel. En second lieu, il conclut que chaque couleur est toujours réfractée dans la même proportion. Cela signifiait que toute tentative pour combiner différentes sortes de verre afin d'obtenir des lentilles composées qui élimineraient l'aberration chromatique – les franges de fausses couleurs que l'on voit dans un microscope ou dans un télescope à réflexion – était vouée à l'échec. A la fin des années 1750, la preuve du contraire fut apportée sur ce dernier point, mais la conclusion de Newton ne fut pas infirmée jusqu'à cette époque, et cette erreur même fut finalement un avantage effectif car elle incita Newton à concevoir le premier télescope à réflexion utilisable (un télescope dont la lentille d'objectif antérieure est remplacée par un miroir courbe à l'extrémité postérieure du tube). Le télescope à réflexion n'était pas son invention; il se peut même qu'il ait été connu au XVIe siècle et il est sûr que le mathématicien écossais James Gregory avait dessiné au début des années 1660 le projet d'un tel instrument dont la construction, cependant, dépassait le savoir-faire dont on disposait à l'époque. Newton critiqua sévèrement le projet de Gregory et son propre projet était certainement plus simple, bien qu'il présentât le désavantage que l'observateur devait regarder par le côté du tube, au lieu de regarder par l'extrémité postérieure, comme avec celui de Gregory. En fait, sa simplicité était telle que Newton fut capable d'en construire un lui-même. Bien qu'il fonctionnât de façon

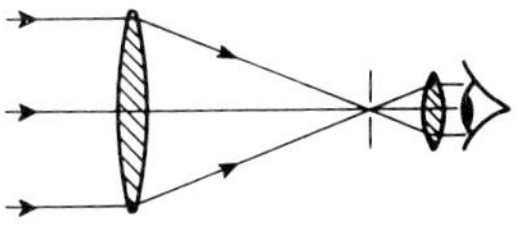
1

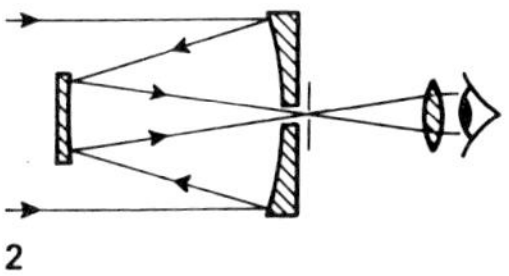
2

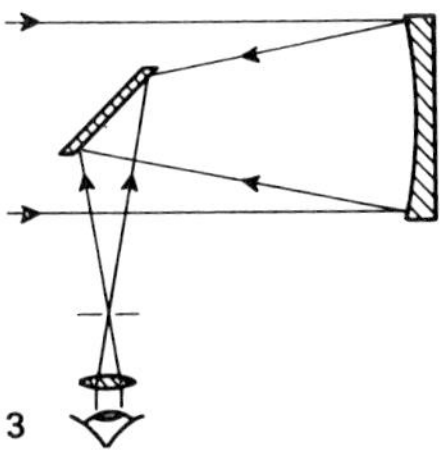
3

Les principes des trois types de télescope. 1. le télescope à réfraction tel qu'il fut mis au point par Kepler; 2. le télescope à réflexion, conçu par Gregory; 3. le télescope à réflexion de Newton, avec vision sur le côté.

satisfaisante, qu'il eût attiré sur Newton l'attention de la Royal Society et démontré la puissance de ses arguments, curieusement cet excellent projet ne fut pas réalisé avant la fin du XVIIIe siècle. Dès les années 1740, les opticiens adoptèrent le réflecteur de Gregory; le fait que l'on pouvait utiliser un tel télescope en regardant par une extrémité du tube au lieu de regarder par le côté, ce qui facilitait beaucoup l'alignement sur un corps céleste, semble avoir été la raison principale de ce choix.

En 1670, Newton fit une communication à la Royal Society sur son projet de télescope et sur sa théorie de la lumière et des couleurs, laquelle ne se diffusa largement qu'après la publication en 1704 de son ouvrage *l'Optique.* Le retard apporté à la publication du livre fut principalement dû au fait que Newton attendit jusqu'en 1702, date de la mort de Hooke, avant de le terminer, car Hooke avait sa propre théorie ondulatoire de la lumière et Newton redoutait une querelle longue et aigre si son ouvrage paraissait du vivant de Hooke. Toujours est-il qu'en 1704, non seulement Hooke était mort, mais Newton avait acquis une réputation internationale, grâce à ses *Principia.* Ce qui contribua également à lancer *l'Optique* et la théorie de la lumière et des couleurs de Newton sur la voie triomphale qui fut la leur pendant presque un siècle. Mais, à l'époque, Newton avait délaissé la science; il était, il est vrai, président de la Royal Society mais aussi directeur de la Monnaie, et donc un fonctionnaire fort occupé par sa charge; il semble aussi qu'il se soit consacré aux problèmes théologiques qui avaient influencé son travail scientifique. Personnage désormais très révéré, il fut fait chevalier en 1705 par la reine Anne, une distinction accordée pour la première fois au titre de la recherche scientifique, et lorsqu'il mourut en 1727, entouré du respect général, il eut droit à des funérailles nationales.

La vénération à l'égard de Newton dégénéra en ce qu'on pourrait appeler une adoration pour Newton, parodiée dans les années 1860 par ce distique :

> «Vous pensez que Newton a menti,
> Où espérez-vous aller après la mort?»

Bien que cette révérence fut très réelle, l'esprit d'investigation était devenu si profondément enraciné au XVIIIe siècle qu'il permit de remettre en question certaines des conceptions de Newton. En effet, dès 1695, David Gregory, professeur d'astronomie à Oxford, se demanda si Newton avait réellement raison lorsqu'il assurait que toutes les couleurs se réfractaient toujours selon le même degré. Dans les années 1730, le mathématicien et physicien suisse Euler commença des expériences avec des combinaisons de lentille de verre et d'eau pour voir s'il pouvait éliminer l'aberration chromatique. En même temps, en Angleterre, l'homme de loi Chester Morr Hall s'attaquait à l'idée d'utiliser un objectif (les lentilles à l'avant du télescope) à deux composants, dont chacun était fabriqué dans une sorte de verre différente. L'hypothèse de Hall était que les deux types de verre pouvaient être façonnés de telle sorte que l'aberration chromatique qui résultait de l'un pourrait dans une large mesure être neutralisée par l'autre, ce qui se révéla exact. Néanmoins, pour diverses raisons pratiques, ce ne fut pas avant vingt ans encore, vers 1758, que la fabrication de lentilles «achromatiques» devint commercialement réalisable. Fait intéressant : Hall avait fondé sa thèse de la neutralisation sur une analogie erronée avec l'œil humain; en pratique, il atteignit le résultat escompté mais ce fut à partir de raisons théoriques inexactes.

La chaleur

En physique, l'approche de Galilée fut d'essayer de monter des expériences qui lui permettraient d'exprimer ses résultats en termes mathématiques. Cette approche affecta de nombreuses branches de la physique, en particulier l'étude de la chaleur. La chaleur avait toujours été quelque chose de mystérieux, mais, à l'époque de la fondation de l'Accademia del Cimento, des expériences avaient dégagé la voie d'une première approche scientifique du sujet en imaginant des instruments pour mesurer la température. L'inventeur du premier thermomètre nous est inconnu; ce fut peut-être Galilée, ou l'hermétiste Robert Fludd, ou le physicien hollandais Cornelius Drebbel (qui inventa certainement un thermostat pour maintenir la température d'un four), ou encore le médecin italien Santorio Santorio. Quoi qu'il en soit, ce fut peu avant cette invention que l'on estima qu'une échelle thermométrique nécessitait deux points fixes si l'on voulait en faire un usage scientifique : un «point de congélation» et un «point d'ébullition». Cet objectif ne fut atteint qu'au début du XVIIIe siècle, lorsque Ole Römer conçut un tel instrument en 1708, en utilisant de l'alcool comme liquide. Römer employa un mélange d'eau et de glace, puis, semble-t-il, un mélange de glace et de chlorure d'ammonium pour obtenir son zéro. Pour le point fixe supérieur, il adopta la

Illustration page 521.

température de l'eau en ébullition et divisa l'intervalle entre les deux points en 60°. Le travail de Römer est aujourd'hui pratiquement oublié et le mérite de cette échelle – ou plutôt de cette échelle modifiée – revint au Hollandais Daniel Fahrenheit, qui rendit visite à Römer en 1708 et, à son retour, commença de fabriquer des thermomètres. Il semble que Fahrenheit ait partiellement mal compris le détail de l'échelle de Römer – il pensait, par exemple, que le point fixe supérieur représentait la température du sang, et non le point d'ébullition –, mais il admit la nécessité de deux points fixes. Il construisit ses thermomètres selon ce qu'il croyait être la méthode de Römer et décida que 212° était le point d'ébullition de l'eau; sur son échelle, le zéro était celui de Römer.

Deux autres échelles thermométriques bien connues apparurent au XVIIIe siècle : l'échelle centésimale, dite aussi de Celsius, et l'échelle Réaumur. La première fut mise au point par Anders Celsius et publiée en 1742 par la Société royale suédoise; elle utilisait le point d'ébullition de l'eau à l'une de ses extrémités (0°) et son point de congélation à l'autre (100°); ce fut le biologiste suédois Linné qui inversa l'échelle pour nous donner le thermomètre centésimal actuel. Vers la même époque, René-Antoine Réaumur procédait à des expériences sur un thermomètre à alcool. Il observa que l'alcool se dilatait de 80 % quand il passait du point de congélation de l'eau à son point d'ébullition. En 1730, il produisit donc une échelle thermométrique de 80°, qui fut longtemps en usage dans quelques pays d'Europe occidentale.

La thermométrie fut un essai pour mesurer les degrés de chaleur, mais la chaleur elle-même, qu'était-elle? C'est une question à laquelle les hommes de science des XVIe et XVIIe siècles tentèrent de répondre. *Grosso modo,* il existait deux hypothèses principales : d'après la première, la chaleur était due à des vibrations de certaines parties d'une substance; d'après l'autre, la chaleur était un fluide «impondérable» (c'est-à-dire un fluide qui ne pouvait être ni pesé ni mesuré), bien que l'astronome et philosophe français Pierre Gassendi eût émis l'hypothèse de particules chaudes et de particules froides dont la présence était la cause de ce qu'on appelait le chaud et le froid. Francis Bacon et Robert Hooke étaient favorables à la théorie des vibrations, mais ce fut le concept de la chaleur, fluide impondérable, qui fut finalement accepté, la théorie «calorique», ainsi que l'avaient dénommée les chimistes français Lavoisier et Berthollet. Bien entendu, d'autres savants pensaient différemment et, à la fin du XVIIIe

siècle, l'Américain Benjamin Thompson, devenu plus tard comte Rumford, signala que ses expériences d'alésage de canons de fer pour l'Électeur de Bavière démontraient que la chaleur pouvait être produite par friction. Cela cadrait mal avec la théorie calorique et Rumford penchait pour celle des vibrations; mais la question ne fut pas résolue avant le milieu du XIXe siècle et, à cette époque encore, un physicien aussi célèbre que William Thomson (lord Kelvin) était toujours partisan de l'hypothèse du fluide impondérable.

Illustrations pages 486, 487.

Si la nature de la chaleur fut d'abord une question de spéculation, le développement de la thermométrie stimula le désir d'autres travaux quantitatifs pour trouver la manière de mesurer la chaleur, quelle que pût être la conclusion définitive à propos de sa nature. La chaleur des mélanges – de l'eau chaude et de l'eau froide – fut examinée, en particulier par Jean-Baptiste Morin et Georg Richmann, qui réalisèrent que les corps perdaient de la chaleur au profit du milieu environnant et que toutes les mesures de température dans les expériences devaient prendre en compte ce fait, ainsi que des pertes de chaleur dans l'appareil lui-même. Ces observations utiles conduisirent à une précision plus grande. Mais les travaux les plus importants du XVIIIe siècle furent ceux du médecin, chimiste et physicien écossais Joseph Black. Né en 1728, Black fit ses études à Glasgow, puis à Édimbourg, avant de devenir professeur de chimie à Glasgow pendant un temps, puis d'occuper la même chaire à Édimbourg à partir de 1766. Parallèlement à ses fonctions académiques, il exerçait la médecine avec succès et amassa une petite fortune, bien qu'il semble avoir mené une existence passablement austère.

La grande contribution de Black à l'étude de la chaleur fut la découverte que les différents corps ont des capacités caloriques différentes. Auparavant, on avait émis l'hypothèse que, lorsque des corps sont tous à la même température, tous détiennent la même quantité de chaleur, mais Black n'était pas de cet avis. Il assura qu'un bloc de fer est plus chaud qu'un bloc de bois de même dimension et à la même température, parce que le fer détient plus de chaleur; sa capacité d'emmagasiner de la chaleur est plus grande. Ce qui le conduisit dans les années 1760 au concept de «chaleur spécifique» – la capacité d'un corps d'absorber de la chaleur –, et il fut en mesure de fournir des méthodes expérimentales pour la mesurer. Black étudia également la chaleur nécessaire pour modifier l'état physique d'un corps, par exemple, pour changer de la glace en eau ou de l'eau en vapeur. Ses

A droite. Manuscrit de 1672 environ, contenant un schéma de l'expérience de Newton pour démontrer que la lumière blanche (provenant de S, à gauche) est décomposée par un prisme en ses différentes couleurs et que ses couleurs peuvent aussi être recomposées en utilisant un second prisme inversé. Royal Society, Londres.

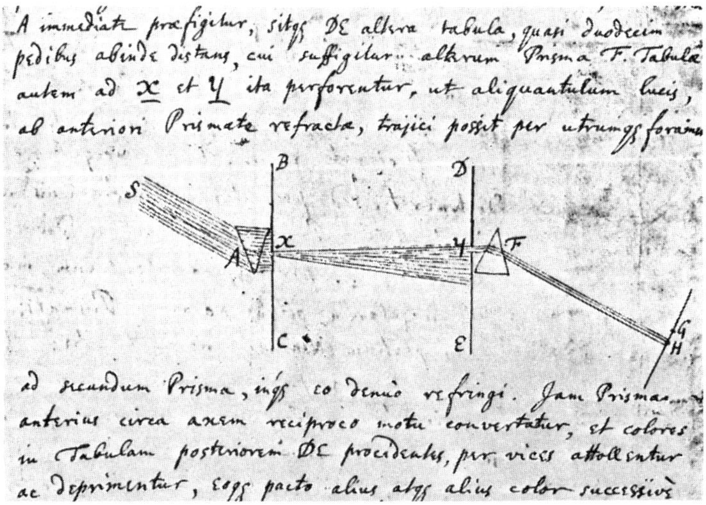

A droite. Gravure sur bois de l'alésage d'un canon. La chaleur produite par ce travail conduisit à la découverte que la chaleur peut être produite de façon continue et stimula la recherche sur ce sujet au XVIIe siècle. Extrait du *De la pirotechnia* (1540) de Vannoccio Biringuccio.

A droite. Dessin de la machine à vapeur de 1769 de James Watt (1736-1819). Cette application de l'étude théorique de la chaleur aux appareils pratiques fut d'une importance historique vitale.

Page 487. La précision dans la mesure de la température spécifique d'un corps fut très facilitée par des appareils minutieusement élaborés, tels que ce calorimètre, fabriqué par Antoine Laurent de Lavoisier et Pierre Simon de Laplace.

The Calorimeter of Lavoisier and La Place.

H. Lascelles del.

London Published as the Act directs March 10 1802 by J. Wilkes.

A droite. Une batterie de bouteilles de Leyde, chargée par une machine électrique de disques de verre en rotation, conçue par John Cuthbertson dans les années 1780.

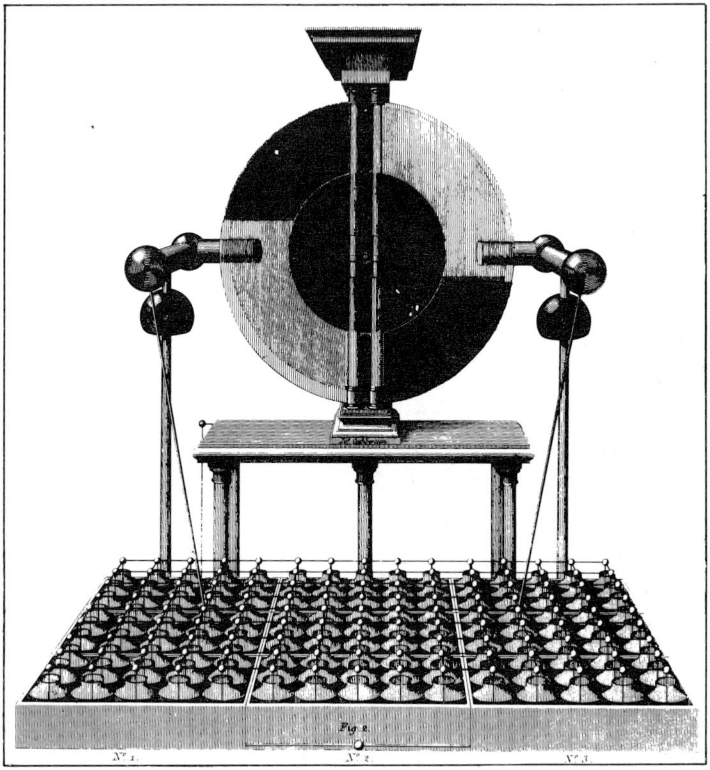

A droite. Un aimant en forme de globe, pourvu de mottes de fer figurant les montagnes, utilisé par William Gilbert pour démontrer la propriété de l'aiguille magnétique de désigner le nord. Les travaux de Gilbert fournirent les bases des études sur le magnétisme aux XVIIe et XVIIIe siècles. Extrait du *De magnete,* 1600.

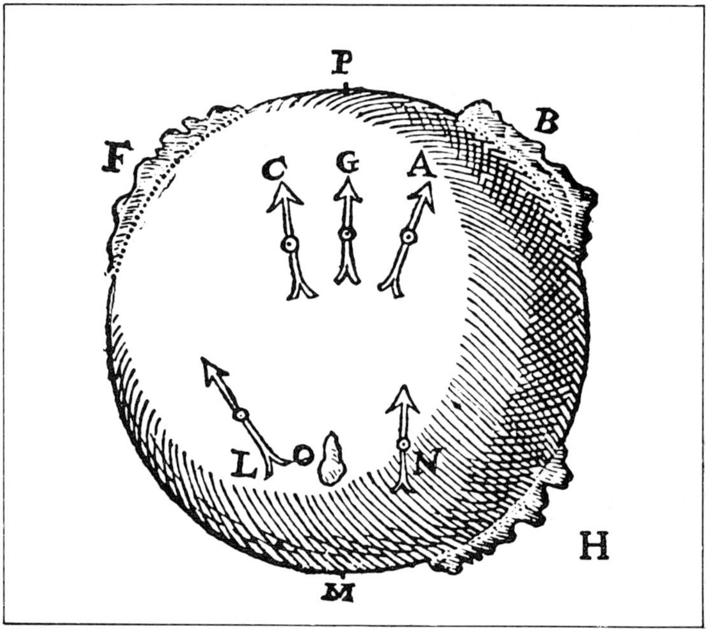

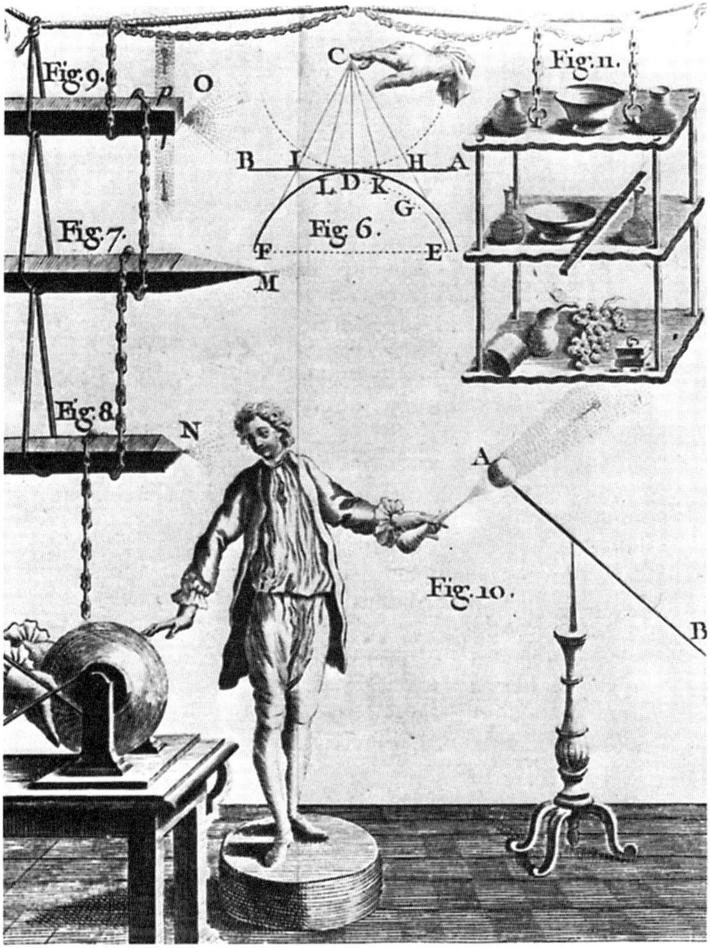

A gauche. Différents effets produits par la charge d'électricité statique, générée par un globe de verre en rotation (à gauche), élégamment illustrés par J. A. Nollet, en 1749.

A gauche. Le «baquet» de Franz Anton Mesmer (1734-1815); les patients s'asseyaient autour de cette cuve, emplie d'acide sulfurique dilué, et tenaient les barres de fer en saillie, pour être guéris par «le magnétisme animal».

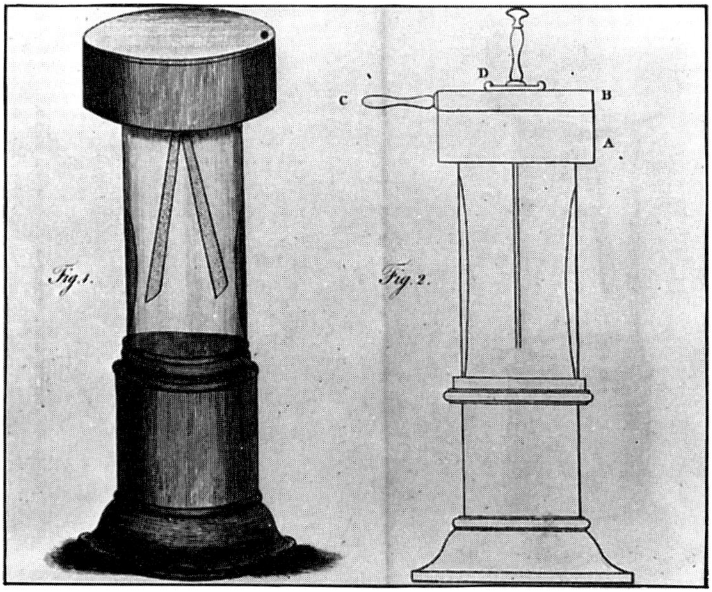

A droite. Un électromètre, inventé en 1787, pour mesurer la charge électrostatique, en observant dans quelle mesure deux lamelles d'or en feuille se repoussaient mutuellement lorsqu'elles étaient chargées.

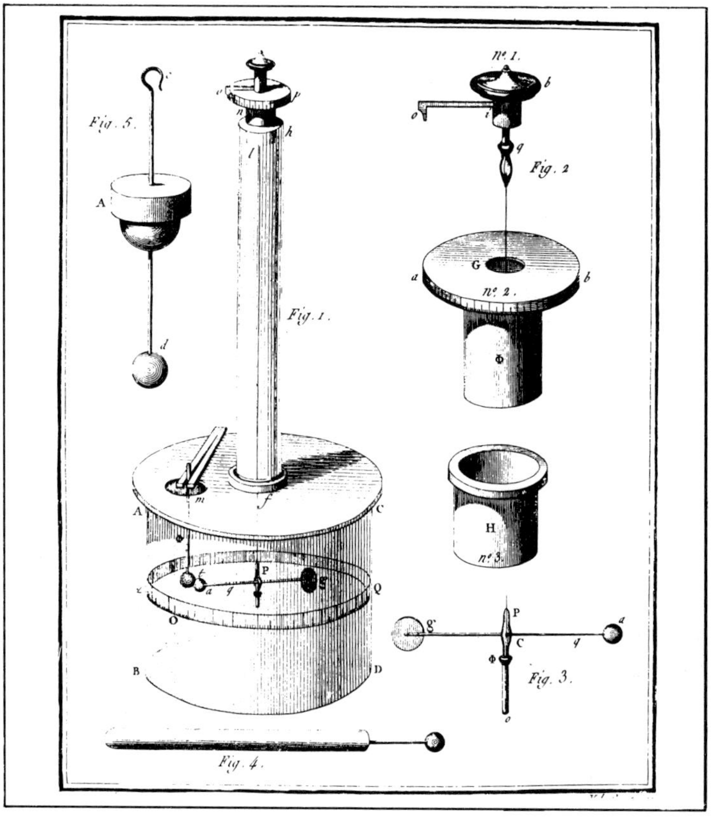

A droite. La balance électrique à torsion de Charles Coulomb, extrait de son *Mémoire sur l'électricité et le magnétisme,* 1785-1789. L'appareil permettait de mesurer avec précision les charges électriques et magnétiques.

expériences sur ce point l'amenèrent à proposer un second concept qu'il appela «chaleur latente», c'est-à-dire la chaleur nécessaire à un corps pour qu'il change d'état. Il s'agissait là de deux idées importantes qui menèrent à une approche quantitative de ce qui, au début du XVIIe siècle, passait pour un problème très difficile. Elles eurent aussi d'importantes applications pratiques, dont la plus remarquable fut le développement, par James Watt, d'un condensateur séparé pour une machine à vapeur, une invention qui révolutionna les machines à vapeur dont elle fit une affaire rentable. Ce fut un résultat direct du travail théorique de Black, car Watt fut pendant un temps fabricant d'instruments scientifiques à l'université de Glasgow, où il s'était lié avec Black et familiarisé avec ses idées.

Illustration page 486.

L'électricité

Le troisième grand développement en physique pendant les XVIIe et XVIIIe siècles fut l'étude de l'électricité. L'Antiquité avait connu des effets électriques; en fait, le mot même d'électricité vient du grec *elektron,* qui signifie ambre, car la propriété de l'ambre jaune, qui, lorsqu'il est frotté, attire certains corps légers, semble avoir été le seul phénomène électrique connu. Comme l'ambre agissait de façon similaire à l'aimant, qui attirait des fragments de fer, il y eut confusion dans les premiers temps entre le magnétisme et ce que nous appellerions aujourd'hui l'électricité «statique», celle qui est produite lorsqu'on frotte certaines substances.

William Gilbert fit quelques études sur l'électricité statique, mais parvint à la conclusion qu'il s'agissait d'un sujet sans importance, et les choses auraient pu en rester là, n'eût été le développement de la «machine électrostatique». Son invention originale fut le fait de l'Allemand Otto von Guericke, diplomate, ingénieur et, pendant un temps, maire de Magdeburg, qui, à la fin des années 1640, s'intéressa à la physique. Une idée l'intriguait : l'hypothèse que les corps célestes réagissaient les uns sur les autres par magnétisme, et il tenta de modifier les expériences de Gilbert avec un aimant naturel sphérique en coulant une sphère avec des minéraux, afin d'imiter ce qu'il pensait être la véritable composition de la Terre. La sphère terminée contenait une bonne quantité de soufre – plus tard, il utilisa une sphère composée de soufre pur –, et, en la faisant tourner et frotter en même temps, il découvrit qu'elle acquérait un pouvoir

Illustration page 488.

Sur les travaux de William Gilbert, voir pages 406-407.

d'attraction et qu'elle émettait des étincelles. Il ne leur attribua pas pour cause l'électricité statique – ce qu'elles étaient en fait –, mais estima qu'elles étaient une démonstration des pouvoirs, ou «vertus», du corps. Cependant, quelque trente ans plus tard, en 1705, à Londres, Francis Hawksbee remarqua qu'une lueur était parfois émise dans la partie vide d'un tube de baromètre, et il en conclut, à juste titre, qu'elle était due au frottement du mercure contre le verre.

L'étude de l'électricité statique démarra réellement dans les années 1720, lorsque Stephen Gray, stimulé par les travaux de von Guericke et Hawksbee, se livra à une série d'expériences sur l'électricité en utilisant une machine électrostatique. Sa première découverte fut que la «vertu électrique» pouvait se transmettre à longue distance le long d'un fil, s'il était fabriqué dans un matériau adapté, tel que la soie, mais qu'elle se perdait si le matériau n'était pas approprié. Ensuite, il trouva qu'un corps pouvait être électrifié si un autre corps électrifié était maintenu près de lui. Dans le même temps, en France, Charles-François Dufay découvrait que les corps électrifiés pouvaient soit en attirer, soit en repousser un autre, ce qui le conduisit à émettre l'hypothèse qu'il existait deux sortes d'électricité statique.

Dans les années 1740 et 1750, on construisit de nombreuses variantes de la machine électrique de von Guericke, en utilisant un globe ou un cylindre de verre pour produire les charges électriques. Par la suite, celles-ci devinrent plus puissantes, particulièrement lorsque, dans les années 1780, John Cuthbertson en inventa une qui utilisait deux plaques de verre qui tournaient en sens inverse; toutes ces nouvelles machines fournissaient des sources plus puissantes d'électricité statique et permettaient la réalisation d'expériences plus étendues. Une des conséquences en fut la découverte en 1745 par Ewald von Kleist d'un appareil pour emmagasiner l'électricité tel que, lorsqu'il se déchargeait, il produisait une étincelle assez forte pour enflammer de l'alcool. Dans une large mesure, ce n'était rien de plus qu'une simple curiosité : von Kleist utilisait une simple bouteille de laboratoire revêtue de métal. Mais, à Leyde, où Pieter Van Musschenbroek travaillait à des expériences sur l'électricité, il trouva par hasard un moyen de confirmer les résultats de von Kleist. Musschenbroek conçut un récipient de verre, revêtu de métal à l'extérieur comme à l'intérieur, qui prit le nom de bouteille de Leyde et fut le premier condensateur. Des expériences ultérieures montrèrent que l'étincelle émise était plus grande lorsque la couche de verre entre les revêtements

Illustrations pages 488-489.

métalliques était plus mince. Le fait était important, parce qu'il ne pouvait s'expliquer simplement par la théorie des deux sortes d'électricité, et il prépara la voie à la théorie du savant américain, Benjamin Franklin, qui fut en mesure de rendre compte de l'action de la bouteille de Leyde par la théorie d'un fluide unique. Cependant, une théorie modifiée des deux fluides eut cours à nouveau pendant un temps, mais elle ne trouva que de rares partisans parmi les expérimentateurs les plus orientés vers les mathématiques.

En réalité, les charges accumulées dans une bouteille de Leyde pouvaient être très grandes et la décharge provenant de bouteilles reliées par un fil de fer pouvait, découvrit-on, tuer un animal. Les bouteilles étaient utilisées pour emmagasiner de l'électricité destinée à des études plus poussées et ce fut en chargeant une bouteille à l'aide d'un cerf-volant, au cours d'un orage en 1750, que Franklin fut en mesure de démontrer que les éclairs n'étaient rien de plus que de l'électricité statique.

En électricité, comme dans d'autres domaines de la physique, les expérimentateurs s'efforcèrent d'emprunter une approche quantitative. Pendant les années 1760 et 1770, il ressortit clairement des travaux expérimentaux de Franklin, du chimiste et physicien Joseph Priestley et de l'excentrique expérimentateur et millionnaire Henry Cavendish que la force d'attraction ou de répulsion entre des charges électriques variait, comme la gravité, en raison inverse du carré de la distance entre elles. C'était manifestement une découverte de première importance, mais elle avait besoin d'être confirmée par des mesures de haute précision. Ce fut le Français Charles Coulomb, ingénieur et physicien, qui réussit à obtenir l'exactitude nécessaire en 1785 avec sa «balance électrique à torsion». Cet appareil comportait essentiellement une boule chargée d'électricité ou un électro-aimant à l'extrémité d'un bras horizontal, suspendu au bout d'un mince fil d'argent. L'appareil était placé dans une boîte en verre graduée. Une fois que le bras horizontal était immobilisé, on y introduisait une seconde boule chargée (ou un autre électro-aimant) à une distance précise; le bras se mettait alors à tourner et la torsion du fil d'argent résistait à cette rotation, de telle sorte que la rotation totale du bras horizontal était proportionnelle aux forces d'attraction et de répulsion. Ingénieuse et élégante dans sa simplicité, comme toutes les bonnes expériences, la balance était très sensible et permit à Coulomb de prouver que non seulement les charges électriques mais aussi les électro-aimants s'attiraient l'un l'autre, selon une force qui variait précisément en raison du carré de la distance entre elles.

Les derniers développements en électricité pendant le XVIIIe siècle eurent lieu en Italie, à Bologne et à Pavie. En 1780, à l'université de Pavie, Luigi Galvani, professeur d'obstétrique, entama une série de recherches minutieuses sur les réactions obtenues de cuisses de grenouille lorsqu'on y appliquait de l'électricité statique. Il découvrit tout d'abord que les cuisses, disposées sur une plaque de verre revêtue d'une feuille de métal sur chaque face, se contractaient lorsqu'une charge électrique était appliquée plus haut dans la colonne vertébrale. Mais, tandis qu'il poursuivait ses expériences avec de légères variantes pour faire d'autres tests, il obtint un résultat tout à fait étrange et inattendu : les cuisses de grenouille se contractaient même lorsqu'elles étaient complètement isolées, aussi longtemps que les nerfs appropriés étaient reliés au sol par un conducteur électrique tandis qu'une machine électrique produisait à quelque distance une étincelle. Des contractions semblables se produisirent dans des cuisses reliées par un crochet de cuivre à travers la moelle épinière à un grillage en fer à l'extérieur du laboratoire. Elles se contractaient non seulement pendant un orage, mais aussi lorsque le ciel était serein. Galvani obtint les mêmes effets à l'intérieur.

Illustration page 497.

Il interpréta ces résultats comme étant dus à l'«électricité animale». Il en conclut qu'il avait apporté la preuve d'une idée qui avait été maintes et maintes fois discutée tout au long du XVIIIe siècle, à savoir que les nerfs et les muscles des animaux contenaient un fluide subtil, proche du fluide électrique. Cependant, ses résultats n'étaient dus en fait à rien de semblable, et un tel fluide n'existait pas. Les phénomènes bizarres et inattendus qu'il avait observés étaient provoqués par le contact entre deux métaux différents (dans son cas, le cuivre et le fer) dans un milieu humide. Ce fut Alessandro Volta, professeur de physique expérimentale à Bologne, qui découvrit que telle était la cause du phénomène. En 1792 et 1793, Volta fit paraître dans les *Philosophical Transactions* de la Royal Society son opinion que «les métaux utilisés dans les expériences étant appliqués contre les corps humides d'animaux peuvent par eux-mêmes... exciter et faire passer le fluide électrique...». Une discussion s'ensuivit avec Galvani mais, en 1799, Volta démontra sa thèse en fabriquant un appareil – une pile de disques de cuivre et de zinc, séparés par des disques de carton humide – qui produisait effectivement de l'électricité. Cette première batterie électrique fut aussi la première source qui fournit un courant continu d'électricité et ses conséquences, à la fois comme générateur d'électricité et pour les problèmes théoriques qu'elle soulevait, furent immenses. Elle posait des problèmes chimiques et contribua à forger un lien entre l'électricité et les substances matérielles, ouvrant ainsi une nouvelle dimension aux recherches dont le XIXe siècle tira grand profit.

La chimie

Pendant les XVIIe et XVIIIe siècles, les nouveaux développements en chimie eurent pour origine différentes expériences du XVIIe siècle sur la combustion et la respiration, faites en utilisant des pompes à vide. Ce fut Galilée qui, en 1638, dans ses *Discorsi et dimostrazioni matematiche intorno a due nove scienze,* démontra qu'en dépit des assertions d'Aristote, pour qui le vide ne pouvait exister, celui-ci pouvait être obtenu sans grande difficulté. Cette recherche fut poursuivie par son élève, Torricelli, et par Otto von Guericke en Allemagne. Tous deux étudièrent la pression atmosphérique en créant le vide dans la partie supérieure de tubes scellés (réalisant ainsi les premiers baromètres); Guericke poussa plus loin et conçut des pompes à vide efficaces. Grâce à elles, il mit en évidence la puissance du vide, au cours de la célèbre démonstration publique de ses «hémisphères de Magdeburg»; il évacua l'air de deux hémisphères de cuivre placées bord contre bord et démontra ensuite que deux attelages de chevaux, tirant en sens inverse, ne pouvaient les séparer l'une de l'autre.

Illustration page 445.

Illustration page 498.

Dans ce domaine, le troisième remarquable expérimentateur fut Robert Hooke (1635-1703). Enfant maladif d'un pasteur protestant, Hooke s'arrangea pour entrer au Christ Church College d'Oxford en qualité de choriste et, une fois à l'université, il rencontra un grand nombre d'hommes intéressés par la science, qui allaient devenir les fondateurs de la Royal Society. L'un d'eux était Robert Boyle (1627-1691), fils du premier comte de Cork, qui engagea l'étudiant Hooke comme assistant de laboratoire. Bien qu'il fût surtout intéressé par la chimie, Boyle était aussi fasciné par les propriétés physiques de l'air – il avait déjà écrit un ouvrage sur ce sujet –, et, intrigué par les travaux de von Guericke, il donna des instructions à Hooke pour qu'il construisît une pompe à vide plus perfectionnée. Hooke avait un sens aigu de la mécanique et sa pompe se révéla très satisfaisante. En fait, Hooke

Illustration page 499.

était un expérimentateur si capable qu'en 1662 il fut nommé «curateur des expériences» de la Royal Society, ce qui lui permit de poursuivre pour son compte personnel des recherches en météorologie – il conçut des hygromètres, des baromètres et une jauge à vent – et sur l'élasticité des matériaux; dans ce domaine, il a laissé son nom à la loi de Hooke (qui établit que la déformation d'un matériau est proportionnelle à l'intensité de la force appliquée). Avec Boyle et en utilisant sa pompe à vide améliorée, Hooke contribua à déterminer le rapport qui relie la pression et le volume d'un gaz, connu sous le nom de loi de Boyle.

Un autre résultat de la coopération entre Boyle et Hooke fut la publication en 1661 de deux ouvrages de Boyle : *The Sceptical Chymist* et *Certain Physiological Essays*. Ils exprimaient clairement le soutien de l'auteur aux théories de type atomiste des substances matérielles, et son désir de se dégager de la combinaison aristotélicienne de la matière et de la forme. Dans *The Sceptical Chymist,* Boyle souligna la nécessité de nouvelles définitions des éléments, suggérant qu'ils ne pourraient être mieux décrits que comme des substances parfaitement homogènes auxquelles les corps composés se réduiraient finalement. Cette exigence de Boyle intervint au milieu du XVIIe siècle, une époque où la vieille classification en terre, air, feu et eau était devenue stérile. L'usage de l'ancien système faisait de la chimie un fouillis insoluble d'idées, comme l'ouvrage de Jean-Baptiste Van Helmont, de Bruxelles, l'avait abondamment démontré. Médecin et homme de science expérimentaliste, Van Helmont faisait grand cas des pesées et des mesures exactes dans tous ses travaux de chimie, un procédé qui allait entraîner de grands avantages pour toute la chimie expérimentale postérieure, et qui était vital pour toutes les investigations sur les différents aspects de la combustion. Au cours de la première moitié du XVIIe siècle, Van Helmont avait découvert que l'étude chimique des résidus de fumée, qui demeuraient après que les solides et les fluides avaient été brûlés, montrait que ces fumées étaient différentes de l'air et de la vapeur d'eau; elles gardaient des caractéristiques de leur substance d'origine. Il inventa un mot nouveau pour désigner ces fumées : «gaz», qui dérive soit du grec *chaos* (espace vide), soit du hollandais *gaesen* (fermenter, entrer en effervescence). Au cours de ses expériences ultérieures, il démontra l'existence de différentes sortes de gaz qui, manifestement, appelaient des investigations plus poussées.

Hooke, de même que Boyle, releva le défi, disant que,

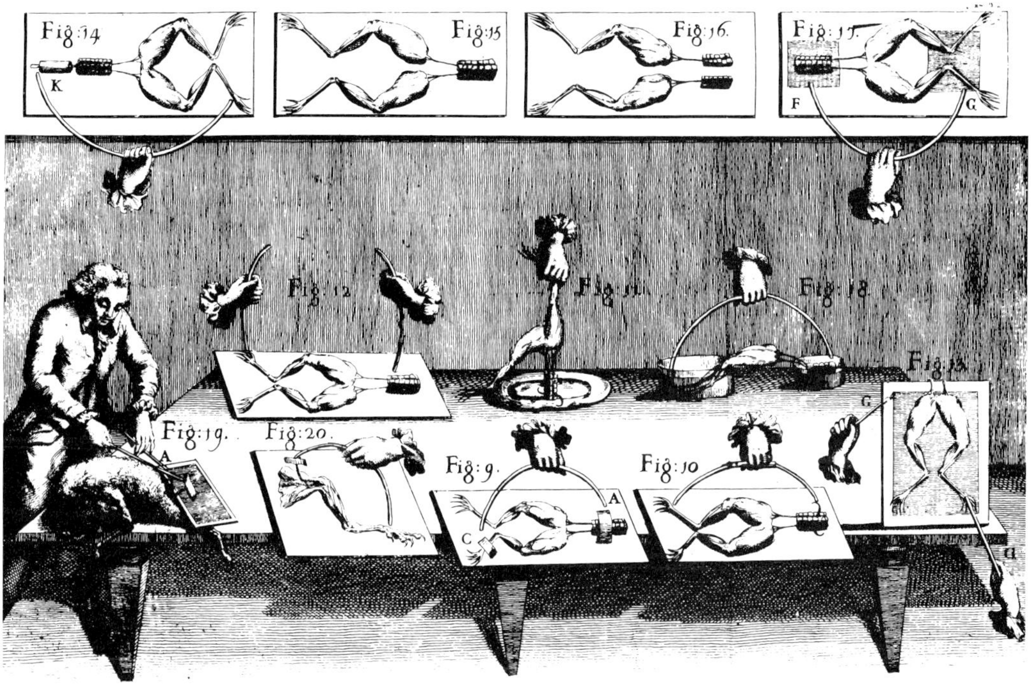

Ci-dessus. Expériences sur «l'électricité animale», publiées par Luigi Galvani (1737-1798) dans *De viribus electricitatis in motu musculari commentarius* (1791).

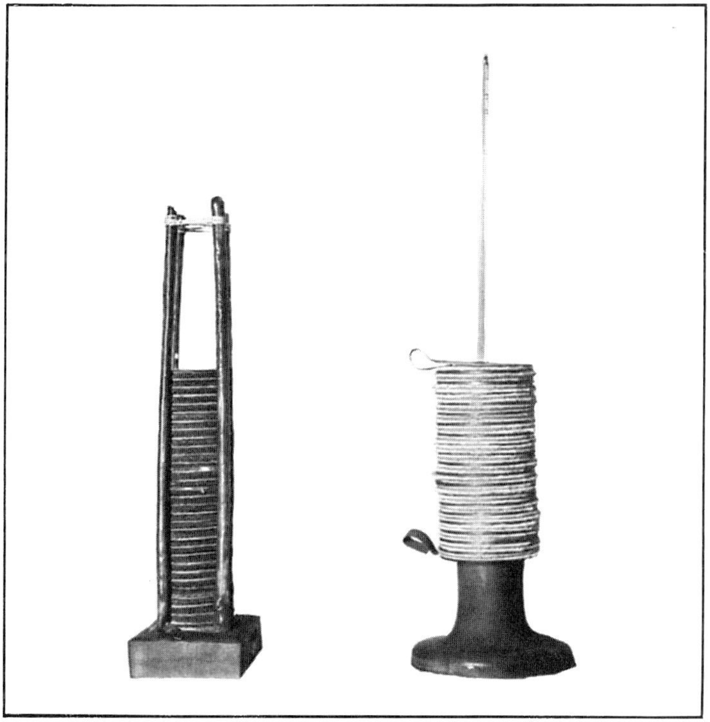

A gauche. Deux «piles de Volta». La découverte par Alessandro Volta (1745-1827) que des «piles» de disques de cuivre, de zinc et de carton alternés, pouvaient produire de l'électricité de façon continue fut un important pas en avant dans l'étude de l'électricité. Museo nazionale della scienza e della technica «Leonardo da Vinci», Milan.

Ci-dessus. L'expérience d'Otto von Guericke pour démontrer la force du vide, en utilisant deux hémisphères de Magdeburg en cuivre, dont l'air avait été entièrement aspiré. Extrait de *Experimenta nova,* 1672.

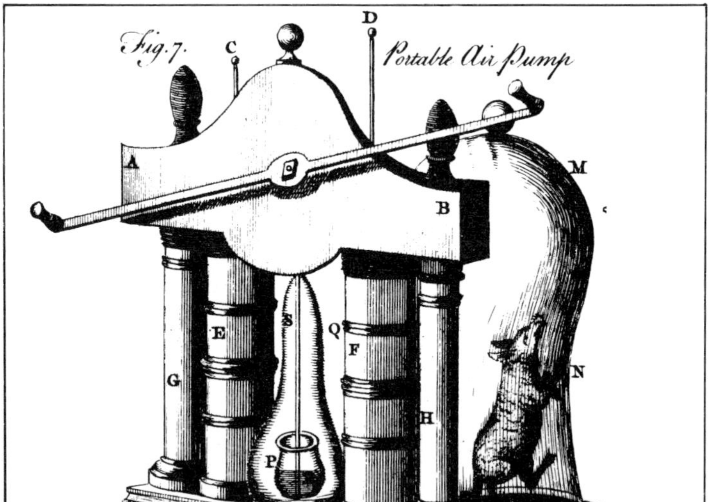

A droite. Une expérience du milieu du XVIIIe siècle pour vider une cloche avec une pompe pneumatique, afin d'étudier l'effet du vide sur un animal.

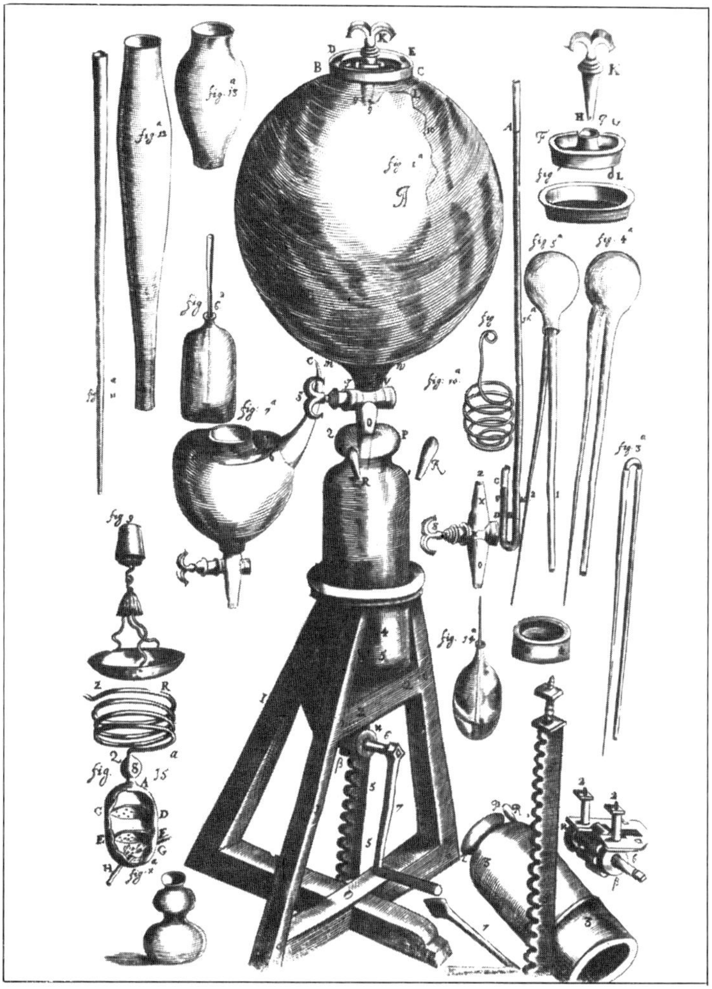

A gauche. Pompe pneumatique construite par Robert Boyle et Robert Hooke pour créer le vide. Extrait des *New Experiments Physico-Mechanicall, Touching the Spring of the Air* (1660) de Boyle.

A gauche. Un laboratoire de chimie à la fin du XVIIe siècle.

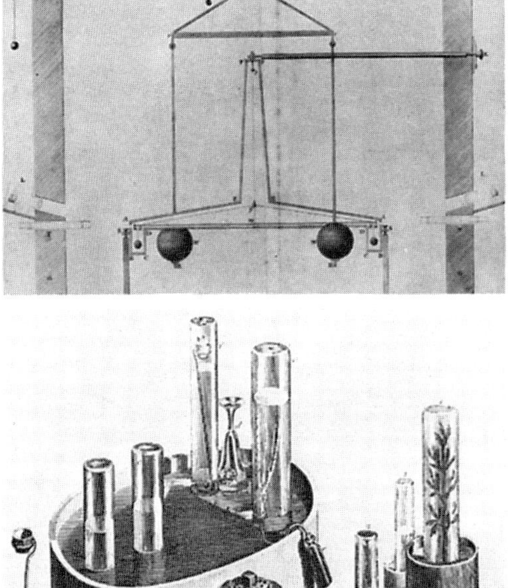

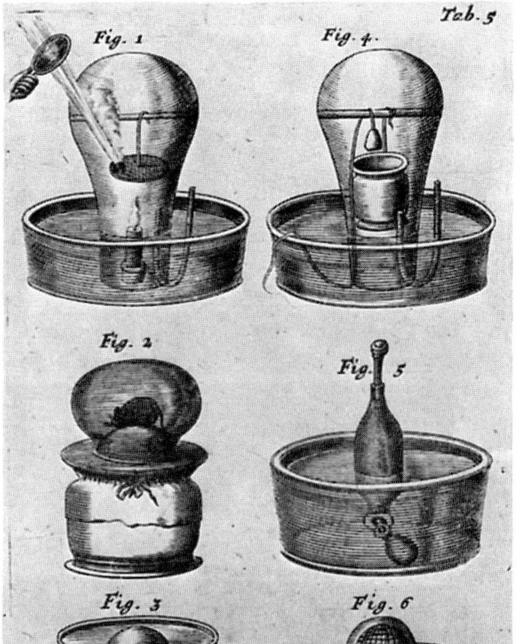
Tab. 5
Fig. 1
Fig. 4
Fig. 2
Fig. 5
Fig. 3
Fig. 6

comme le salpêtre de la poudre à canon brûle sous l'eau, elle devait contenir quelque chose que l'air contient. En fait, il étendit cette idée à tous les corps combustibles et conclut que l'air contient un «solvant» qui permet que la combustion se produise. Hooke savait déjà que l'air était nécessaire pour maintenir le «feu de vie», et ses expériences démontrèrent aussi que, pour vivre, les animaux ont besoin de l'air qui pénètre dans leurs poumons, et que la croissance des plantes nécessite de l'air. Tous ces éléments furent exploités plus avant par John Mayow, un médecin et expérimentateur que Hooke avait rencontré à différentes occasions. Mayow mit au point une méthode pour recueillir les gaz à la surface de l'eau – un progrès important sur le plan expérimental – et, en 1679, il démontra que la respiration et la combustion consument une partie de l'air. Il émit l'hypothèse que l'air contenait aussi des «particules nitro-aériennes» qui étaient consumées au cours de ces processus.

Les études de ce type n'étaient évidemment pas l'apanage exclusif des expérimentateurs anglais. L'économiste allemand Johann Becher, qui était aussi un chimiste expérimentaliste, étudia la chimie des métaux et des minéraux, et publia ses résultats en 1669 sous le titre *Physica subterranea.* D'après Becher, tous les minéraux et tous les métaux étaient composés de trois sortes de terre : une *terra lapida,* ou composé transparent vitrifiable (l'équivalent du «sel» de Paracelse); une *terra mercuralis,* ou composé subtil et volatil; et une *terra pinguis,* ou composé igné, gras et combustible. En ce qui concernait les autres substances, celles qui étaient combustibles contenaient aussi de la *terra pinguis.* C'était une explication ingénieuse, d'autant que Becher insistait sur le point qu'aucun de ces composants n'était un vrai élément chimique; c'étaient seulement des propriétés de comportement.

Les idées de Becher furent reprises par le médecin allemand Georg Stahl qui croyait fermement au vitalisme, l'idée qu'il existe une force vitale à l'œuvre dans la Nature, et particulièrement remarquable dans les êtres vivants. Écrivain fort influent, Stahl accueillit favorablement la théorie de Becher et fit tirer quelques nouvelles éditions de *Physica subterranea.* Mais la place que Stahl occupe dans l'histoire de la chimie tient à ses *Fondements de la chimie,* publiés en 1723. Ce livre était important parce qu'il promouvait deux idées. La première était une définition de la chimie; selon Stahl, elle était une méthode pour réduire les corps composés en leurs éléments et étudier leur recomposition, une conception qui apportait aux expérimentateurs en chimie une vision plus

Page 500, en haut. Un laboratoire de chimie du XVIIIe siècle, tel qu'il apparaît dans le *Commercium philosophiotechnicum* de W. Lewis, 1763.

Au milieu à gauche. Henry Cavendish (1731-1810) inventa en 1798 cet appareil destiné à déterminer la densité de la Terre.

En bas à gauche. La cuve à eau de Joseph Priestley pour isoler «les airs». Extrait de ses *Experiments and Observations on Different Kinds of Air* (1774-1777).

En bas à droite. L'appareil de John Mayow pour recueillir les gaz dans l'eau. Extrait de son *Tractatus quinque medicophysico,* 1674.

claire des buts poursuivis. La seconde et la plus importante était l'introduction du «phlogistique» (du grec *phlogistos,* brûlé) pour remplacer la *terra mercurialis* de Becher, et l'extension de celui-ci à tous les matériaux combustibles. L'importance de ce phlogistique, ou «principe fondamental du feu» fut qu'il agit en chimie comme un grand concept unificateur; il mettait en corrélation une large variété de faits car il pouvait s'appliquer non seulement à la combustion, mais aussi à la respiration et à la calcination (le chauffage de produits métallurgiques qui restent à l'état solide) et apportait ainsi une compréhension plus profonde de toutes sortes de réactions. Pendant les trente ou quarante ans qui suivirent, les chimistes développèrent cette théorie avec vigueur jusqu'à ce qu'elle s'incrustât si fortement dans la pensée chimique qu'un grand effort intellectuel dut être accompli pour s'en libérer.

Après l'avènement de la théorie phlogistique, l'étude de la combustion et des gaz se poursuivit, car les chimistes étaient toujours embarrassés par la nature de l'air, et des recherches plus significatives furent réalisées, notamment par Joseph Black. A l'époque où il obtint son doctorat en médecine dans les années 1750, une idée largement répandue parmi les médecins voulait que l'eau de chaux (une faible solution d'hydrate de calcium dans de l'eau) fût efficace pour dissoudre les «calculs» de la vésicule. Deux professeurs d'Édimbourg étaient d'accord sur ce point, mais s'opposaient violemment quant au processus chimique impliqué, et Black choisit l'étude de ces processus pour sujet de sa thèse. Toutefois, il n'avait nulle envie d'être impliqué dans le conflit et finit par examiner d'autres matériaux similaires, pour voir s'il pouvait trouver un produit plus efficace qui remplacerait l'eau de chaux. Il en vint finalement à examiner la poudre blanche *magnesia alba* et découvrit que, lorsqu'elle était fortement chauffée, elle révélait des propriétés inattendues. Lorsqu'elle était calcinée, seule une fraction de son poids disparaissait, et Black en conclut que ce qui s'était produit était que l'air avait été chassé. Cette conclusion parut confirmée par le fait que, alors que la *magnesia alba* libérait des bulles d'air lorsqu'on la mélangeait avec de l'acide, le phénomène ne se produisait pas lorsqu'elle était sous sa forme calcinée (le calcinat). De plus, en utilisant un alcali, Black fut en mesure de transformer à nouveau le calcinat en une quantité de *magnesia alba* dont le poids était égal à celui de la quantité d'origine. Par ailleurs, on savait déjà qu'une croûte se formait sur l'eau de chaux, mais Black découvrit que cela ne se produisait pas lorsque le liquide était conservé dans une bouteille fermée. Ainsi, dans les deux cas – avec le calcinat de *magnesia alba* et avec l'eau de chaux –, il semblait qu'un élément provenant de l'air se mélangeait à elles. Black fut ainsi conduit à la conclusion importante que l'air n'était pas une substance simple mais une substance composée, ce qui représentait un progrès énorme.

Black appela ce composant combiné «air fixe», parce qu'il se fixait dans différentes substances. Des investigations plus approfondies le menèrent à la découverte que de l'air fixe se produisait au cours de la respiration, de la combustion et de la fermentation. Si bien qu'à dater de 1756, lorsque Black publia ses résultats, les chimistes avaient connaissance du fait que l'air était composé de plus d'une substance chimique. Le problème qu'il fallait résoudre à présent était de déterminer quelles étaient ces substances. Henry Cavendish procéda à des recherches et, en 1766, présenta ses résultats devant la Royal Society sous forme d'une contribution scientifique qu'il appela *On Factious Airs*. C'était une étude sur les propriétés physiques de l'air fixe de Black, et de ce qu'il appela «l'air inflammable», qui semblait être le même que le phlogistique de Stahl. Il découvrit qu'un acide agissant sur un métal dégage de l'air inflammable et conclut que celui-ci provenait du métal lui-même. Ainsi, d'après ses résultats, il semblait qu'il y eût trois sortes d'air : l'air, l'air fixe et l'air inflammable, bien que, selon l'opinion générale, ces trois sortes d'air fussent simplement de l'air dont les propriétés étaient altérées. Jusqu'alors, nul n'avait relevé l'idée de gaz différents, émise par Van Helmont.

Les étapes suivantes vers la solution du problème furent franchies par l'Anglais Joseph Priestley, prêcheur presbytérien et enseignant, un homme aux idées politiques radicales, fervent partisan des idées de la Révolution française. Captivé par la physique et la chimie et auteur d'un ouvrage à succès, *The History and Present State of Electricity...* (1767), Priestley décida qu'il devait également faire des expériences sur l'air. Observateur minutieux et critique, il fut prêt en 1772 à publier dans les *Philosophical Transactions* un compte rendu de ses premières expériences. En utilisant sa propre cuve à eau améliorée (c'était un récipient en partie immergé dans du mercure) pour recueillir ses «airs», il décrivit comment il en avait obtenu différentes variétés : «l'air nitreux», «l'air phlogistiqué», «l'air acide» et sept autres sortes encore. D'autres expériences lui montrèrent que le volume de l'air se réduisait d'un cinquième pendant la respiration et, en 1772, il découvrit que le mélange de son «air nitreux» (notre oxyde nitreux) avec de l'air ordinaire donnait un produit de couleur rou-

Illustration page 500.

geâtre et dont le volume était réduit. Il avait réalisé cette expérience en faisant exploser ces gaz à l'aide d'une étincelle, à l'intérieur d'un récipient scellé, une technique efficace qui permettait de réaliser des expériences quantitatives. Priestley découvrit aussi que les plantes «restauraient» l'air qu'avait respiré une souris ou qu'avait altéré la présence d'une chandelle allumée.

Cependant, la découverte la plus importante de Priestley intervint en avril 1774, lorsqu'il obtint un air incolore en chauffant de l'oxyde rouge de mercure, au moyen de la lumière du Soleil concentrée à travers un grand verre ardent, une méthode efficace pour obtenir une forte chaleur en laboratoire. L'air qu'il obtint le surprit : une chandelle y brûlait avec éclat, mais cet air lui-même n'était pas soluble dans l'eau. Il le baptisa «air déphlogistiqué». Pendant l'automne, Priestley voyagea en Europe du Nord et, à Paris, il discuta de ses résultats avec le chimiste français Lavoisier, une rencontre qui s'avéra très fructueuse. A son retour en Angleterre, Priestley assura des fonctions de pasteur, ce qui ne l'empêcha pas de poursuivre ses expériences. En 1781, il utilisa une étincelle pour faire exploser dans une bouteille un mélange d'air inflammable et d'air déphlogistiqué, et observa qu'il en résultait de la «rosée» (c'est-à-dire de l'eau); son seul commentaire fut que «l'air ordinaire dépose son humidité lorsqu'il est déphlogistiqué». Plus tard, Cavendish refit cette expérience et trouva que la rosée était de «l'eau pure», ce dont il conclut que «l'air déphlogistiqué n'est en réalité rien que de l'eau déphlogistiquée». Manifestement, un lien venait d'être noué entre l'eau et les composants de l'air, mais l'image d'ensemble, cependant, n'était pas encore claire, bien que les preuves expérimentales n'aient laissé aucun doute. En effet, la découverte de l'air déphlogistiqué de Priestley avait déjà été réalisée en 1772 par le pharmacien suédois Carl Scheele, que ses résultats conduisirent à affirmer qu'il existait deux sortes d'air : l'un qui entretenait la combustion – «l'air du feu» – et l'autre qui l'empêchait. Cependant, les résultats de Scheele ne furent pas publiés avant 1777; une traduction en anglais parut trois ans plus tard.

L'homme qui finalement résolut le problème, après avoir fourni l'immense effort intellectuel de se débarrasser de la théorie phlogistique pour y parvenir, fut Antoine-Laurent de Lavoisier. Né en 1743, ce Parisien distingué, qui fut député suppléant aux États généraux de 1789, avait un génie pour la science. Le fait qu'il fut guillotiné en 1794 pendant la Terreur, au cours de la Révolution française, représenta certainement une grande perte pour la communauté scientifique et, comme le fit observer le mathématicien Lagrange : «Il ne leur a fallu qu'un instant pour lui trancher la tête, mais une centaine d'années n'en produira peut-être pas une semblable.» Malheureusement, Lavoisier avait appartenu à l'impopulaire Ferme générale qui collectait les impôts pour le compte du gouvernement.

Lavoisier entama sa carrière scientifique dans les années 1760 dans le domaine de la géologie, auquel il apporta des mesures aussi précises que possible – une tendance qui caractérisa tous ses travaux –, puis il s'intéressa à l'approvisionnement en eau de Paris. Ce qui le conduisit à entreprendre des expériences de chimie et à réfuter l'idée que l'eau se transformait en terre lorsqu'elle était chauffée suffisamment longtemps, une idée erronée due au fait que lorsque de l'eau impure bouillait et s'évaporait, il demeurait un résidu solide. Lavoisier réfuta cette idée grâce à des expériences quantitatives précises. Ce ne fut pas avant le début des années 1770 qu'il commença l'étude de la combustion mais, sitôt qu'il s'y fut mis, il fut en mesure de démontrer que lorsqu'un métal était calciné, il n'absorbait pas de «particules de feu», c'est-à-dire qu'il n'absorbait pas d'«air fixe». Ce fut juste à ce moment que Priestley se rendit à Paris et qu'il fit part à Lavoisier de son idée d'air déphlogistiqué.

Après la visite de Priestley, Lavoisier entama une autre série d'expériences cruciales. A la fin des années 1770, il s'était convaincu que l'air était une sorte de corps composé, contenant une partie éminemment inflammable et une partie irrespirable. Des études sur la calcination effectuées séparément, puis en présence de charbon de bois, l'avaient conduit à la conclusion que l'«air fixe» de Black était une sorte de composé de charbon de bois. Ayant rassemblé tous ces résultats, il parvint à la première des conclusions qui allaient bouleverser les idées anciennes sur la chimie et introduire la chimie moderne. En 1779, il affirma que la partie combustible de l'air était un constituant de tous les acides et il l'appela «le principe acide» ou «principe oxigine» (dérivé du grec *oxus* = acide). A ce stade, cependant, il n'avait pas encore écarté ouvertement la théorie phlogistique; il disait simplement que cette conception donnait une autre explication de la théorie.

Illustration page 507.

Désormais, Lavoisier pouvait expliquer une multitude de processus chimiques, mais il était toujours embarrassé par l'air inflammable. Cependant, c'est à cette époque que Priestley et Cavendish utilisèrent des étincelles pour produire de la «rosée» et que Cavendish en conclut que la rosée était de l'eau pure. La nouvelle de cette identification par Cavendish parvint à Lavoisier, à Paris, de même que l'explication de Cavendish, qui tenait toujours pour assuré que tous les gaz contenaient de l'eau, et utilisait la théorie phlogistique pour en rendre compte. Lavoisier, pour sa part, se livra à d'autres expériences, non seulement pour produire de l'eau, mais aussi pour explorer l'action précise des acides sur les métaux et sur la production d'«air inflammable» au cours de ces dernières expériences. Le résultat fut qu'il s'aperçut que l'eau se dissocie dans certaines conditions, en donnant le principe oxigine d'une part et un principe eau – principe hydrogène (du grec *hydor* = eau) – de l'autre. Une fois cette découverte accomplie, quantité de réactions chimiques pouvaient être expliquées beaucoup plus efficacement qu'auparavant, notamment dans le cas de réactions au cours desquelles des acides agissaient sur des métaux. Lavoisier montra comment l'oxygène et l'hydrogène jouaient chacun leur rôle et il fut en mesure de formuler une chimie entièrement nouvelle, sans avoir besoin de faire appel à «l'élément feu» phlogistique.

Fondée sur une analyse soigneuse et soutenue par des mesures méticuleuses, elle représentait un sérieux défi pour l'ancienne théorie phlogistique qu'elle supplanta complètement au fil des ans. Cependant, ses avantages furent immédiatement évidents pour de nombreux chimistes; en 1784, un an après que Lavoisier eut annoncé ses résultats, Joseph Black enseignait cette théorie à ses étudiants d'Édimbourg et, en 1785, l'éminent chimiste Claude Berthollet l'adopta lui aussi. En fait, pendant les deux ans qui suivirent, Berthollet, Lavoisier et les chimistes Guyton de Morveau et Antoine de Fourcroy entreprirent de réorganiser l'ensemble de la nomenclature de la chimie, à la lumière de la nouvelle théorie, donnant à chaque substance un nom qui décrivait sa composition chimique et définissant très soigneusement ses éléments, suivant en cela les principes établis par Robert Boyle plus d'un siècle auparavant. Ainsi, «l'huile de vitriol» devint l'acide sulfurique, «l'aqua fortis» l'acide nitrique, et ainsi de suite; c'était un système très semblable à celui que nous utilisons aujourd'hui. Il parut pour la première fois en 1787, sous le titre *Essai de nomenclature chimique*. Deux ans plus tard, Lavoisier publia son célèbre *Traité élémentaire de chimie* qui, grâce à sa clarté et son caractère général, popularisa les idées nouvelles. L'ère de la chimie moderne s'ouvrait.

Sur le développement de la notation chimique, voir pages 565-566.

En haut à gauche. Antoine de Lavoisier (1743-1794), gravure.

Ci-dessus, son appareil pour étudier l'oxygène. Le récipient de droite contient du mercure, tout comme la cornue à gauche. Après un chauffage prolongé, on trouvait un peu d'oxyde rouge de mercure au fond de la cornue, cependant que le volume de l'air dans la cloche de droite avait diminué.

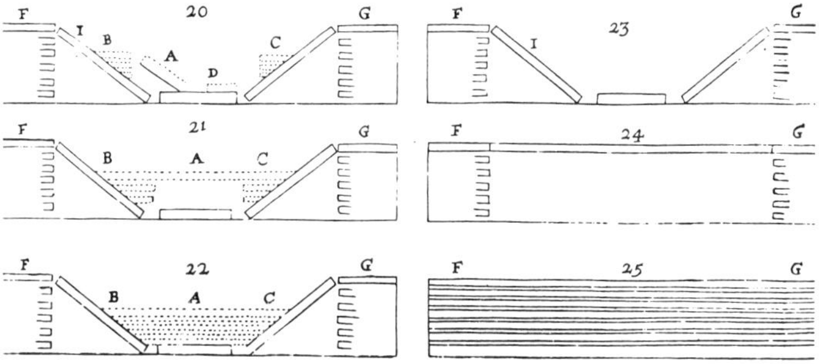

Au centre, à gauche. Dessin, extrait des *Prodromus...* de Niels Stensen (1671), qui démontre schématiquement comment une strate rocheuse peut se plisser.

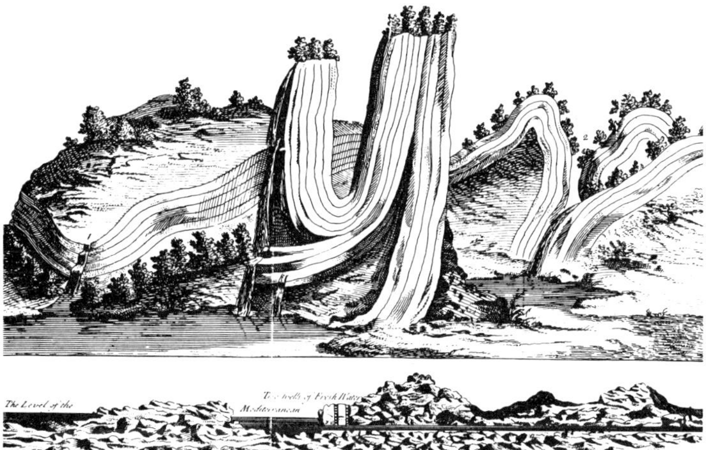

A gauche. La formation des traits de la surface géologique par affaissement et plissement de strates. Extrait de *Nature Display'd,* 1740.

La géologie

Sur la connaissance des fossiles dans la Chine ancienne, *voir page 222;* *sur les observations de Palissy,* *voir page 401.*

Aux XVIIe et XVIIIe siècles, la géologie quitta le royaume des opinions et de la spéculation pour accéder à la dignité d'une science. La paléontologie, l'étude des plantes et des roches fossiles, commença enfin à faire l'objet d'études soigneuses. Robert Hooke décrivit les bois fossiles et, en 1665, écrivit sur les corps pétrifiés, suggérant qu'ils étaient peut-être le résultat de processus naturels qui s'étaient déroulés au cours d'une période donnée; quelque cinq ans plus tard, des idées similaires furent avancées par Niels Stensen (connu aussi sous le nom de Nicolaus Steno), au Danemark. D'autres savants, tels le biologiste John Ray et le botaniste John Woodward, étaient d'accord avec ces opinions, bien que l'époque ne permît pas encore une compréhension entièrement nouvelle; au XVIIe siècle, on croyait encore très fortement en Occident à la formation originelle des espèces lors de la Création, ainsi qu'au caractère d'événement historique du Déluge.

Néanmoins, ce fut à propos des idées relatives à la Terre, ses entrailles, son écorce et son âge que les progrès furent les plus substantiels. En 1644 dans ses *Principes de la philosophie*, Descartes proposa quelques hypothèses originales au sujet de la constitution de la Terre. Il émit l'hypothèse que la Terre avait été autrefois en fusion, comme le Soleil, mais qu'elle était à présent refroidie et condensée, excepté en ses parties centrales, où il dépeignait une couche métallique et une seconde couche encore plus dense couvrant le noyau central toujours incandescent. Juste sous sa surface, supposait-il, gisaient les eaux souterraines et une couche de boue ou de sable, et ce fut à cette couche que des écrivains postérieurs firent appel pour expliquer le Déluge. Des variations sur les idées de Descartes parurent au cours des années suivantes; en 1665, le jésuite Athanasius Kircher publia son *Mondus subterraneus*. Il y attribuait à la Terre un centre incandescent, bien que son monde fût aussi pourvu de cavités emplies soit de feu, soit d'eau, pour expliquer les éruptions volcaniques. Gottfried Leibniz admit lui aussi l'idée que la Terre avait été incandescente et, chose intéressante, il émit l'hypothèse que les roches ignées formaient l'écorce originelle et que les roches sédimentaires avaient été déposées plus tard.

Autre question captivante, l'âge de la Terre revint au cœur des discussions. Dans les années 1650, James Ussher, évêque d'Armagh en Irlande, à partir des sources scripturaires et de sources historiques anciennes, parvint à la conclusion que la création du monde avait eu lieu en 4004 avant J.-C. (en additionnant les âges des patriarches de l'Ancien Testament) et, jusque très avant dans le XIXe siècle, ce chiffre était toujours imprimé dans les notes marginales des bibles protestantes. Cependant, certains érudits essayaient de s'attaquer à cette question d'un point de vue scientifique plutôt qu'historique. La première tentative sérieuse n'intervint pas avant le début du XVIIIe siècle, lorsque Edmond Halley présenta un article sur ce sujet à la Royal Society, en 1715. Il émit l'hypothèse que la salinité des océans pouvait présenter une indication sur l'âge de la Terre; son argumentation se fondait sur la présomption que, étant donné l'évaporation, la salinité des océans devait augmenter avec le temps. Il était prêt à accepter l'idée que l'an 4004 avant J.-C. pouvait marquer le début de l'existence de l'homme, mais pensait que la Terre était beaucoup plus vieille que cela. Plus tard, au cours du XVIIIe siècle, des études sur les changements possibles dans les espèces animales, en particulier celles de Buffon et de Lamarck, conduisirent à des hypothèses d'une échelle de temps beaucoup plus étendue, de l'ordre de cinquante mille ans ou plus.

Au XIXe siècle, la formation des traits géologiques se révélera une source précieuse de faits d'évidence en faveur d'une échelle de temps étendue, mais, aux XVIIe et XVIIIe siècles, les preuves étaient encore un peu trop incertaines pour que les géologues se risquent à proférer une opinion. Néanmoins, ce fut pendant ces deux siècles que les fondations nécessaires à la géologie physique furent posées. Cela commença en 1671, avec *le Prodromus à une dissertation concernant les solides naturellement contenus dans des solides,* de Niels Stensen, un ouvrage où l'auteur ébauchait les principes de la géologie physique moderne et montrait comment les couches de roches pouvaient s'affaisser pour former des montagnes et d'autres traits géographiques. Il émit aussi l'hypothèse que toutes les couches rocheuses, ou strates, devaient avoir été à l'origine déposées horizontalement sur une surface solide, et que leurs plissements et leurs cassures s'étaient produits plus tard. Stensen assurait également que si des restes d'animaux marins étaient découverts, cela signifiait que la mer avait autrefois recouvert la zone. Hooke traita lui aussi des changements dans la topographie, mais il se concentra uniquement sur les effets qui avaient vraisemblablement été causés par des tremblements de terre.

Illustration page 507.

A la suite des travaux de Stensen, des études plus précises

des couches rocheuses furent effectuées, et, au milieu du XVIIIe siècle, une somme considérable de faits d'évidence avait été amassée, suffisante pour que le médecin allemand, Johann Lehmann, aussi intéressé par les mines et la métallurgie que l'avaient été Paracelse et Bauer, publiât en 1756 une *Histoire des roches stratifiées.* D'autres travaux suivirent cet ouvrage, en particulier ceux de G.C. Füchsel, qui dressa une des premières cartes géologiques pour illustrer des descriptions stratigraphiques; puis, en 1759, ceux de l'Italien Giovanni Arduino, expert en exploitation minière, qui divisa les roches stratifiées en «quatre ordres généraux et successifs», qu'il appela primaire, secondaire, tertiaire et quaternaire, des termes qui nous sont toujours familiers. De son étude sur les fossiles, Arduino conclut : «... autant d'âges se sont écoulés pendant la formation des Alpes, qu'il y a de races de corps organiques fossiles enfouies dans les strates».

En 1775 dans la ville minière de Freiberg en Saxe, Abraham Werner fonda une école de géologie qui allait acquérir une immense réputation, cependant que ses recherches personnelles contribuèrent effectivement aux connaissances de la fin du XVIIe siècle sur les minéraux et leurs rapports avec la géologie. En élucidant ceux-ci, Werner signala immédiatement que les caractéristiques externes des cristaux de minéraux n'étaient pas seulement importants pour identifier ceux-ci mais qu'ils étaient également des indices de leur composition, bien que, par ailleurs, il n'ignorât pas l'importance de l'analyse chimique. Mais la plus importante contribution de Werner réside dans ses idées concernant l'origine de l'écorce terrestre; il est parfois qualifié de père de la géologie historique et il est certain qu'il fit beaucoup pour que la géologie devienne une science et une discipline académique solide. Sa théorie se fondait sur deux convictions : la Terre avait été autrefois enveloppée par un océan unique et toutes les roches importantes qui composaient son écorce soit s'étaient formées par sédimentation, soit par précipitation à partir de l'enveloppe océanique. Sa conclusion, peut-être la plus importante, était que l'échelle de temps de l'histoire de la Terre était en fait très longue; il faisait remonter les eaux qui recouvrirent la Terre «à un million d'années peut-être...» et, pour exprimer son évaluation d'une durée aussi énorme, il ajoutait «en comparaison de celle-ci, l'histoire écrite n'est qu'un point dans le temps». Sa théorie d'ensemble retraçait les changements progressifs qu'il estimait s'être produits tout au long des temps géologiques. Il y avait eu, croyait-il, cinq périodes de formation : une période très primitive, au cours de laquelle les roches précipitèrent à partir de l'océan calme, tranquille et dépourvu de vie. Puis vint une période de transition, suivie d'une période de tempêtes et de développement de la vie; certaines des roches anciennes sombrèrent alors et une grande inondation s'ensuivit. Enfin lui succédèrent des périodes volcaniques et alluviales. Sa théorie admettait aussi les variations locales. Bien que nous soyons aujourd'hui très conscients de ses défauts, c'était une synthèse extrêmement efficace des connaissances stratigraphiques qui, vers la fin du XVIIIe siècle et le début du XIXe siècle, exerça une influence considérable sur la pensée ultérieure.

La géologie physique de James Hutton fut également importante pour les développements futurs. Hutton, un médecin écossais qui s'était pris d'intérêt pour la géologie, publia en 1795 sa *Theory of the Earth.* Comme Werner, Hutton s'intéressait aux processus qui pouvaient opérer, mais son approche fut différente. Il ne tint pas compte de la croyance générale en un déluge universel et n'invoqua pas non plus de catastrophe pour expliquer la façon dont, selon lui, l'écorce terrestre s'était formée; Hutton proposa au contraire un processus continu de changement. Les forces qui agissaient sur l'écorce étaient cycliques, croyait-il. Tout d'abord, il y avait l'action de l'érosion, qui transportait des matériaux, lesquels s'accumulaient progressivement; puis venait une période de consolidation, elle-même suivie d'une expansion, due au réchauffement, à laquelle succédait un exhaussement des matériaux; après quoi, c'était à nouveau le tour de l'érosion de jouer son rôle. Sur tous ces points, Hutton avait raison, mais les causes qu'il attribua à la consolidation, à l'expansion et à l'exhaussement étaient fausses. Néanmoins, son livre fut important car, en proposant une théorie qui rendait compte de tout sur la base d'un changement cyclique progressif, il introduisit une conception totalement nouvelle en géologie. Au XIXe siècle, cette conception se révéla de la plus haute importance.

Les sciences biologiques

La microscopie

L'invention du microscope apporta une dimension nouvelle dans les sciences biologiques et, bien que ses effets n'eussent pas été aussi spectaculaires que ceux du télescope quand celui-ci fut utilisé pour la première fois en astronomie, ils furent néanmoins saisissants. Pour commencer, au XVIIe siècle, un certain nombre de «nouveaux philosophes» s'emparèrent de l'instrument et le mirent au service de l'étude biologique; parmi les plus remarquables de ces savants figurent Robert Hooke, Jan Swammerdam, Marcello Malpighi, Nehemiah Grew et Anton Van Leeuwenhoek. Les recherches de Hooke parurent dans sa *Micrographia*, publiée à Londres en 1665, qui fut le premier grand ouvrage consacré à la microscopie. Illustré de 37 belles gravures sur cuivre, dont 34 avaient pour objet «des descriptions physiologiques de corps minuscules, exécutées grâce aux verres grossissants...», l'ouvrage est un témoignage du talent artistique de Hooke et de ses dons d'observateur minutieux; il exerça une influence considérable jusqu'à la fin du siècle car il montrait clairement l'atout que le microscope pouvait représenter pour la science biologique. Décrit comme «un festival d'observations», il présentait le premier emploi moderne du mot «cellules» en biologie (encore que Hooke l'eût employé à propos du liège et non des cellules «vivantes»), et il entama l'étude de l'anatomie des insectes en montrant le détail de l'œil à facettes de la mouche et en donnant une description de l'aiguillon de l'abeille. L'ouvrage faisait également connaître les conceptions de Hooke sur la lumière et sur les couleurs.

Illustrations pages 514, 515.

Sur les couleurs, voir page 478.

La recherche microscopique de Swammerdam était plus détaillée et plus systématique. Né à Amsterdam en 1637 et fils d'un pharmacien, Swammerdam avait étudié la médecine à Leyde, mais rien ne prouve qu'il l'ait réellement exercée comme praticien. En revanche, il dirigea des travaux de recherche médicale bien que, dans ce domaine, tous ses travaux se situent dans la perspective générale de son temps et que lui-même n'y ouvrît aucune voie nouvelle d'importance. De nos jours, le nom de Swammerdam reste lié à ses travaux sur les insectes; le premier à pratiquer la dissection au microscope, il écrivit sur les particularités anatomiques des abeilles, guêpes, fourmis, moustiques, libellules et éphémères, dont il fit des études comparatives. Il assura que les insectes n'étaient pas moins parfaits que les animaux supérieurs – une assertion qui s'opposait entièrement aux croyances d'Aristote et à son échelle de la Nature –, et prouva que le développement d'un insecte ailé était essentiellement une question de croissance et un changement de forme. Swammerdam tenta également une classification des insectes qu'il divisa en ceux qui se développent directement, sans transformation, ceux dont les ailes

Sur l'«échelle des âmes» d'Aristote, voir page 137; sur son pendant chinois, voir page 178.

se développent progressivement, ceux chez lesquels ce développement se produit au cours de l'état larvaire et ceux qui passent par la phase de chrysalide. Cependant, bien qu'il consacrât la majeure partie de son temps aux insectes, Swammerdam s'arrangea pour réaliser des recherches biologiques dans d'autres domaines; il découvrit les globules rouges dans le sang de la grenouille, dont il étudia de près le mode de reproduction, et découvrit aussi que, lorsqu'un nerf était coupé et son extrémité excitée, le muscle approprié se contractait, mais qu'en se contractant le muscle lui-même n'augmentait pas de volume. C'était un fait important, qui signifiait qu'aucun fluide n'était passé du nerf dans le muscle, contrairement à la croyance alors générale selon laquelle les nerfs étaient des tubes creux. Les recherches microscopiques de Swammerdam démontrèrent qu'il n'en était rien.

Les travaux de Swammerdam ne furent qu'en partie publiés de son vivant. Son *Histoire générale des insectes* parut en 1669 et sa *Vie éphémère,* un livre sur les éphémères, en 1675, cinq ans avant sa mort. Cependant, ce fut seulement cinquante ans plus tard que l'ensemble de ses recherches parut, lorsque le savant hollandais Hermann Boerhaave le publia en 1737 et 1738 sous le titre *Bible de la Nature.* En revanche, la publication ne fut pas posthume pour les œuvres des trois autres grands microscopistes de l'époque. Né à Bologne en 1628, Marcello Malpighi était médecin de formation, comme Swammerdam; il utilisa le microscope à la fois pour la recherche médicale et pour les études qu'il mena en embryologie, domaine où il s'attacha particulièrement au développement du poulet. Malpighi observa toutes sortes de tissus et découvrit les fins tubes «capillaires», dans lesquels il observa que le sang coulait dans une seule direction : des artères vers les veines. Au cours de ses recherches sur le poulet, son microscope lui permit d'étudier les stades précoces du développement qui n'avaient jamais encore été observés. Les travaux microscopiques de Nehemiah Grew eurent pour objets des végétaux et ses études démontrèrent qu'il existait des différences sexuelles entre certaines plantes, un fait que l'on avait pressenti antérieurement, mais qui n'avait jamais été confirmé. Grew put établir que les étamines, qui portent le pollen, sont les organes mâles, et il décrivit en détail leur action dans la reproduction de la plante.

Illustration page 516.

De tous les pionniers de la microscopie, le plus grand fut indéniablement Anton Van Leeuwenhoek, dont les travaux s'étendirent pendant la seconde moitié du XVIIe siècle et les premières décennies du XVIIIe siècle. Né à Delft en 1632, c'est

Illustration page 519.

A droite. Poisson fossile, extrait de *Historiæ naturalis* de Peter Wolfant, 1719.

A droite. Microscope de Robert Hooke (en bas) et autres appareils de son invention, y compris un baromètre (tout en haut à gauche) et une machine pour polir les lentilles (tout en haut à droite). Extrait de sa *Micrographia,* 1665.

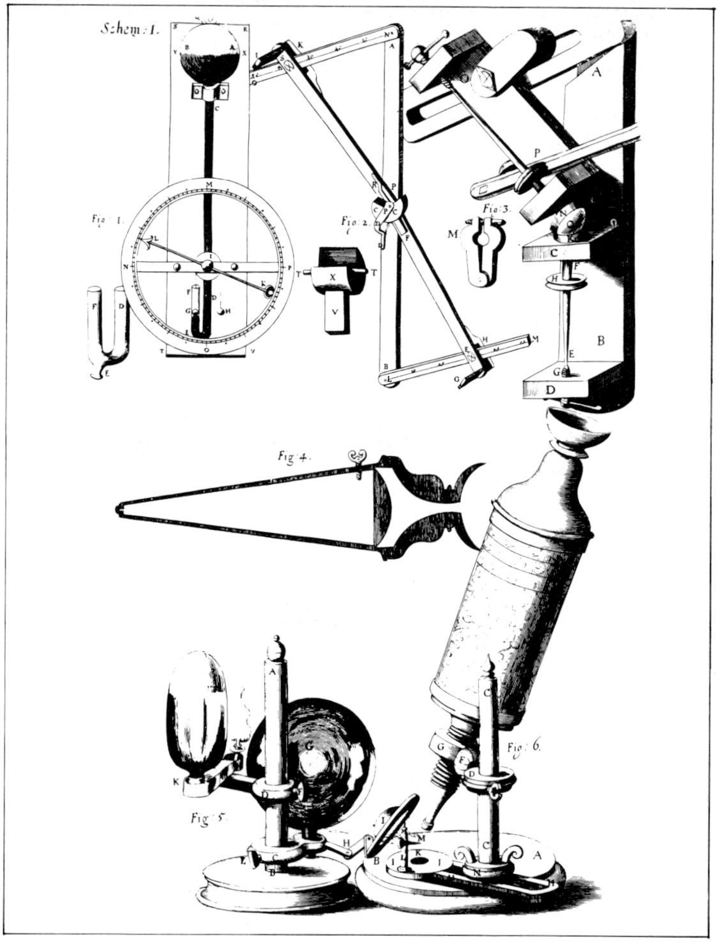

Page 515. Une ortie vue au microscope par Hooke, ainsi qu'un brin d'avoine sauvage, et un dessin de son hygromètre. Extrait de *Micrographia.*

Fig:2.
Fig:3.
Fig:4.

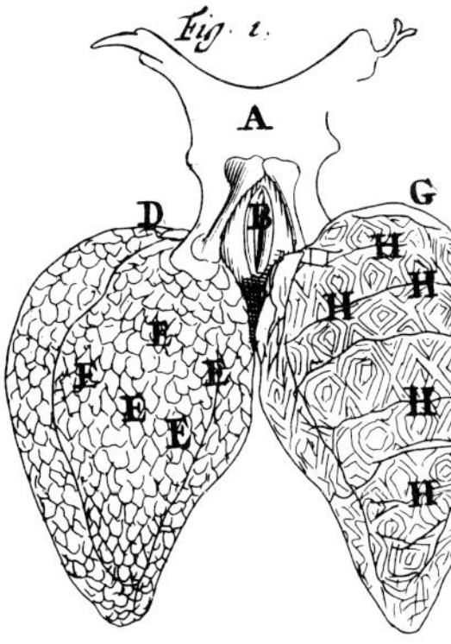
Fig. 1.
A
B
D
G
E
H

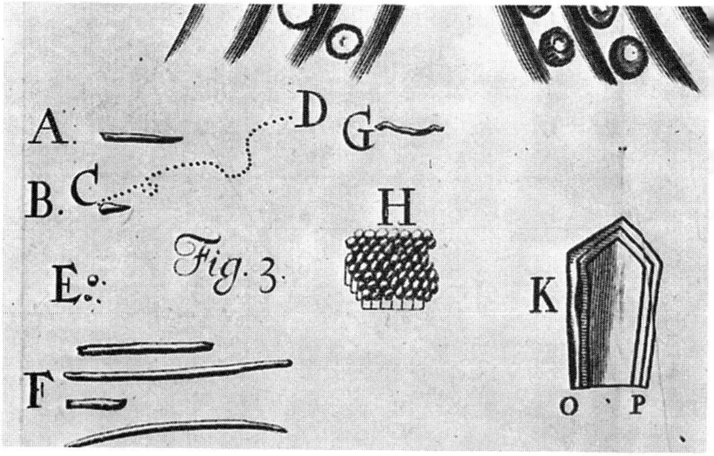
A.
B. C
D
G
H
Fig. 3.
E.
K
F
O
P

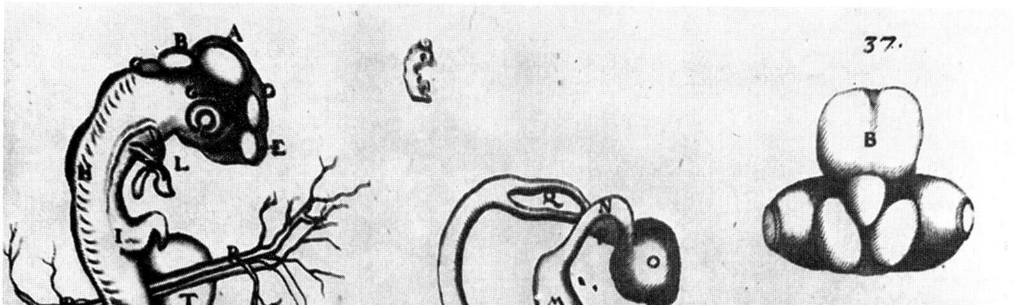
37.
38.
39.
40.
41.
42.
43.

là qu'il passa l'essentiel de son existence et qu'il occupa différents postes de responsabilité à la municipalité. La microscopie fut pour lui une activité de loisirs. Leeuwenhoek construisait lui-même ses microscopes, qu'il développa à partir des loupes utilisées dans le commerce du vêtement (son premier beau-père était négociant en tissus) et sa technique de polissage s'affina avec chaque nouvel instrument. On peut toujours voir au musée de l'université de Leyde un de ses microscopes à lentille sphérique unique, dont le pouvoir de grossissement atteint le chiffre stupéfiant de 270 et grâce auquel on peut percevoir des détails de 1,5 millième de millimètre; il semble qu'il ait fabriqué des microscopes encore plus puissants. Tous étaient des instruments petits, que l'on tenait près de l'œil; le spécimen observé était posé sur un support, très proche lui aussi de la lentille, et le fait que ces appareils fussent exempts d'aberration chromatique grossière permit à Leeuwenhoek de faire progresser considérablement le savoir.

Ses intérêts étaient étendus. Il étudia le sang, comme Malpighi, dont il confirma les résultats, mais observa aussi l'existence de globules rouges dans le sang d'un têtard, puis dans son propre sang. Des investigations ultérieures lui apprirent que les globules rouges étaient arrondis dans le sang des hommes et dans celui des mammifères, et ovales dans celui des oiseaux et celui des poissons; il lui fut même possible de détecter le petit noyau présent dans les globules ovales. Leeuwenhoek s'aventura également dans le domaine de l'embryologie; il observa les spermatozoïdes, dont il fit les premiers dessins, et nota la différence entre ceux de l'homme et ceux du chien.

Ensuite, il se lança dans l'étude des protozoaires, ces minuscules animaux monocellulaires qui vivent dans les eaux douces, les océans et les terrains humides, et dont il observa le développement, notant, par exemple, que l'hydre se reproduit par gemmation. Leeuwenhoek accorda aussi beaucoup d'attention aux insectes; il observa le cycle de vie de la puce, à partir de l'état larvaire, étudia les pucerons et leur mode de reproduction, et découvrit aussi que le carmin, que l'on utilise en teinture, était composé de corps d'insectes. Ce fut également Leeuwenhoek qui procéda au premier examen microscopique de levures, découvrit la gaine qui entoure les fibres nerveuses et, en 1683, après avoir examiné des fragments de nourriture prélevés entre des dents, remarqua la présence de bâtonnets minuscules que, plus tard, il désigna d'une expression charmante : «la flore de la bouche». C'était en fait la première observation jamais faite de bactéries. Il est incontes-

Page 516, en haut à gauche. Dessin des capillaires dans les poumons d'une grenouille, par Marcello Malpighi (1628-1694). Il fut le premier qui observa effectivement la circulation du sang dans les capillaires. Extrait de son *Opera omnia*, 1687.

En haut à droite. La première représentation de bactéries, prélevées par Leeuwenhoek en grattant entre les dents. Publié en 1684 dans les *Philosophical Transactions* de la Royal Society.

En bas. Dessins exécutés par Malpighi du développement du poulet dans l'œuf. Extrait d'un appendice à son ouvrage *Anatome plantarum*, 1675.

Illustration page 516.

Sur le développement de l'étude des bactéries au XIX*e* *siècle, voir pages 554-562.*

table que Leeuwenhoek était un microscopiste d'une adresse extraordinaire, mais ses techniques lui étaient très personnelles et il n'eut pas de successeurs immédiats. La microscopie ne fit pas de progrès notables avant le développement, dans les années 1830, du microscope composé achromatique.

La botanique, la zoologie et la médecine

Trois développements particulièrement remarquables eurent lieu dans ces disciplines pendant les XVIIe et XVIIIe siècles : l'application de la physique à la botanique, puis aux animaux, homme inclus; la quête d'une classification nouvelle et meilleure des plantes et des animaux, dont la poursuite mena les chercheurs près d'une théorie de l'évolution; enfin, le développement d'une compréhension de l'anatomie humaine et animale. D'une façon ou d'une autre, ces trois développements étaient liés.

Le pionnier de l'application des lois de la physique de Newton au règne végétal fut Stephen Hales (1677-1761). Il était le successeur naturel de Grew et de Malpighi, qui avaient recherché des parallèles entre le comportement des plantes et celui des animaux, car ces deux savants souscrivaient à la croyance que la flore et la faune étaient toutes deux «des inventions nées de la même sagesse», les œuvres du même Dieu. Hales était un clergyman anglais qui effectua ses recherches pendant ses temps de loisirs et ne publia pas ses découvertes avant d'avoir atteint la cinquantaine. Mais, lorsque ces découvertes parurent, leur importance fut immédiatement reconnue. Elles furent publiées dans son ouvrage *Vegetable Staticks,* qui parut en 1727, mais Hales avait déjà présenté à la Royal Society un compte rendu de certains de ses travaux. L'ouvrage avait pour objet ses expériences physiques sur la pression de la sève, le trajet de l'eau à travers une plante et ses recherches sur la «transpiration» par les feuilles. Il contenait aussi l'hypothèse de Hales selon laquelle c'est à travers les feuilles que les plantes «...tirent de l'air une partie de leur nourriture» et aussi qu' «une des grandes utilités des feuilles [...] est qu'elles remplissent dans une certaine mesure la même fonction pour le maintien de la vie végétale que celle que remplissent les poumons des animaux pour le maintien de la vie animale». Hales était prêt, d'ailleurs, à pousser encore plus loin; après avoir décrit des expériences qui montraient la façon précise dont les feuilles se déploient lorsqu'elles poussent, il remarqua : «La lumière ne peut-elle aussi, en

Illustration page 521.

A gauche. Anton Van Leeuwenhoek (1632-1723), gravure sur cuivre.

Ci-dessous. Le microscope de Leeuwenhoek, muni d'un support pour placer le tube à essai dans lequel un spécimen vivant pouvait être introduit. Extrait de son *Arcana naturæ delecta,* 1722.

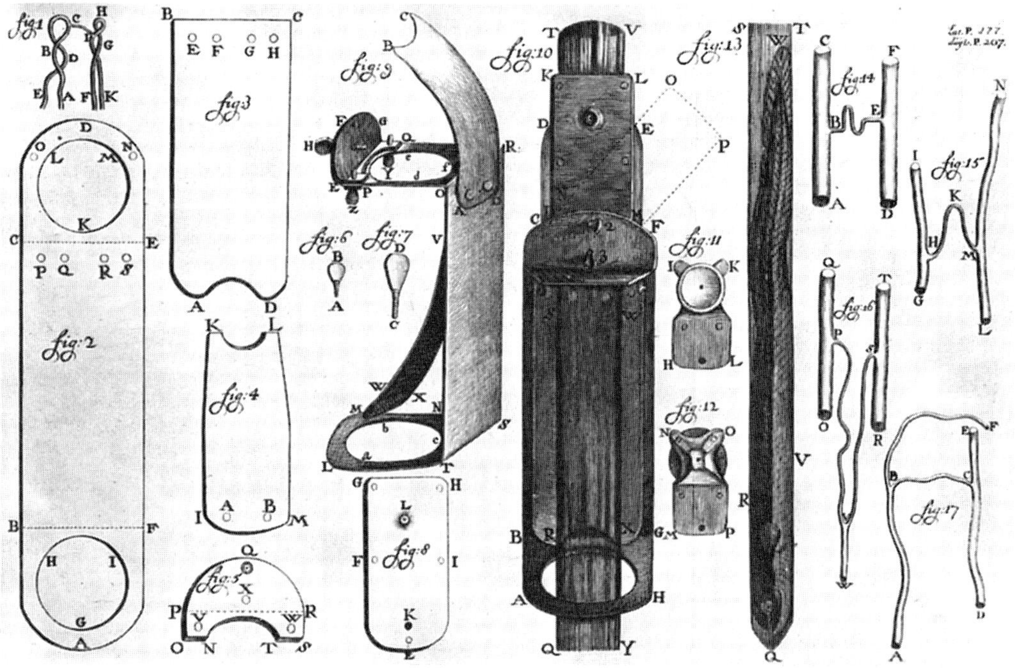

A droite. Portrait de William Harvey (1568-1657) exécuté vers 1627. National Portrait Gallery, Londres.

A droite, démonstration par Harvey des valvules des veines, extrait de son ouvrage sur la circulation du sang, *De motu cordis,* 1628.

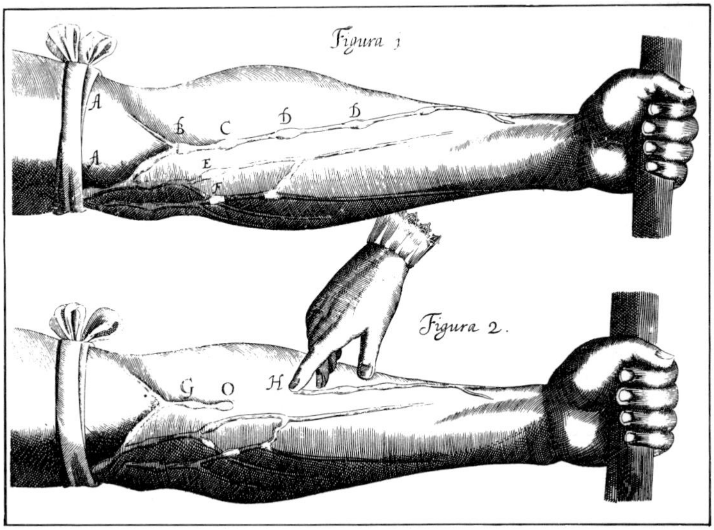

A gauche. Carl von Linné (1707-1778) en costume lapon; en 1732, il visita la Laponie pour en étudier la flore.

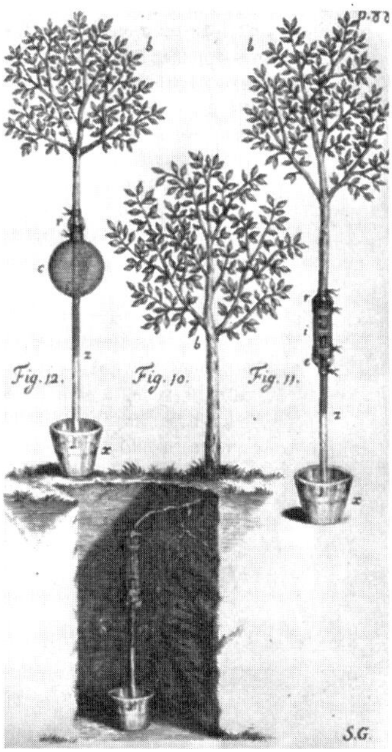

A l'extrême gauche. Méthodes inventées par Stephen Hales pour étudier la pression et la circulation de la sève. Extrait de *Vegetable Staticks,* 1727.

A gauche. Santorio Santorio (1561-1636) dans sa «chaise à pesée», dans laquelle il pouvait manger et dormir. Il l'utilisa pour les premières expériences sur le métabolisme. Extrait de son *Ars de statica medicina,* 1711.

pénétrant librement par les surfaces déployées des feuilles et des fleurs, contribuer pour beaucoup aux principes qui ennoblissent les végétaux?»

L'œuvre de Hales était unique; son seul prédécesseur avait été Van Helmont qui avait planté un arbre dans un pot, l'avait pesé et arrosé (en pesant les quantités d'eau utilisées), puis avait pesé l'arbre à intervalles; cette suite d'expériences l'avait conduit à conclure que c'était l'eau seulement qui entretenait la vie de la plante. Les travaux de Hales furent plus féconds et *Vegetable Staticks* fut réellement l'étude pionnière de la physiologie végétale. Cependant, ces travaux ne furent pas repris avant le XIXᵉ siècle.

En ce qui concerne l'anatomie animale et l'anatomie humaine, elles furent révolutionnées au début du XVIIᵉ siècle, comme le fut aussi l'ensemble de la science médicale ultérieure, par la découverte faite par William Harvey de la circulation du sang. Harvey (1578-1657) s'inscrivit à Cambridge à l'âge de 15 ans pour étudier les arts libéraux et la médecine, mais quitta cette université en 1599 pour se rendre à Padoue, afin d'y compléter sa formation médicale. Il y étudia sous la direction de Fabricius et y rencontra peut-être Galilée. Harvey retourna en Angleterre en 1602 et entreprit à Londres une belle carrière de praticien; Francis Bacon était au nombre de ses patients. En 1609, Harvey fut nommé médecin du célèbre Saint Bartholomew's Hospital, puis, en 1615, lecteur d'anatomie au Royal College of Physicians. En 1616, l'année de la mort de Shakespeare, il commença une série de cours au Royal College, et esquissa devant son auditoire sa théorie de la circulation, mais son ouvrage *Exercitatio anatomica de modu cordis et sanguinis in animalibus* ne parut pas avant 1628. En 1618, il fut nommé médecin extraordinaire de Jacques Iᵉʳ, en 1632 médecin de Charles Iᵉʳ et, après l'abdication du roi, il vécut à Londres, retiré du monde; ses manuscrits, ses dessins et sa collection d'anatomie avaient été saccagés au cours de la guerre civile.

La découverte de la circulation par Harvey fut l'aboutissement d'une longue série d'observations. En premier lieu, Harvey remarqua que le cœur durcissait lorsqu'il se contractait, ce qui le conduisit à le considérer comme un muscle. Ensuite, il établit que la dilatation des artères, lorsque le cœur se contracte, était due au fait que le cœur y poussait le sang (antérieurement, le phénomène était attribué à une action autonome des artères), et ses observations des battements de cœur plus lents des animaux l'aidèrent à réaliser que le cœur ne bat pas d'un seul tenant. Il observa l'action des valvules

Illustration page 520.

entre les cavités supérieures et inférieures du cœur, et prit alors conscience que le flux du sang se produit de façon continue dans une seule direction. Il s'attaqua ensuite à l'aspect quantitatif du problème et nota que, bien que le cœur ne contienne que 60 grammes de sang, étant donné qu'il bat en moyenne 72 fois par minute, le ventricule gauche devrait refouler 60 × 72 × 60 grammes de sang par heure dans l'artère principale, ou aorte. Le total s'élevait à 250 kilogrammes par heure, soit trois fois le poids d'un homme de taille moyenne. Pour Harvey, il était évident que les veines ne pouvaient fournir cette quantité de sang en une heure. C'est alors qu'il se demanda si, peut-être, le sang n'accomplissait pas un mouvement circulaire et, pour finir, il recommença une expérience de son vieux maître, Fabricius, qui démontrait que les valvules des veines ne laissaient le sang circuler que dans un sens. C'était là, il le sentit, le point décisif qui bouclait sa théorie.

La découverte de Harvey était le fruit d'un raisonnement brillant, fondé sur l'observation, mais, à l'époque où il publia ses résultats, Harvey ne savait toujours pas comment les extrémités des artères étaient reliées à celles des veines; ce fut Malpighi qui, à l'aide de son microscope, découvrit ce chaînon important. Par la suite, d'autres anatomistes firent d'autres découvertes en relation avec la circulation, qui contribuèrent à la compréhension des organes concernés par l'apport de sang. Bien entendu, la découverte de Harvey fut appliquée aux animaux comme aux humains. Marco Severino, professeur d'anatomie et de chirurgie à Naples, l'utilisa en 1645 dans son *Anatomie animale démocritéenne,* le premier ouvrage vraiment complet d'anatomie comparée, où il reconnaissait des similitudes de structures entre l'homme, les grands singes et les mammifères en général. Cette attitude d'esprit fut adoptée par d'autres scientifiques, par exemple, par Edward Tyson, le premier anatomiste qui effectua en Angleterre des dissections anatomiques d'un point de vue comparatif; les faits d'évidence qu'il apporta furent utiles, bien qu'il eût clos son ouvrage, *Anatomy of the Male Pygmy* (1699) – valable pour sa description des nerfs crâniens – sur la conclusion que le Pygmée était un chimpanzé immature.

Au XVIIIe siècle, une approche mécanique de la circulation de Harvey fut entreprise par Stephen Hales, qui travailla sur la pression sanguine chez l'homme et chez les animaux. Mais le personnage le plus extraordinaire du siècle, qui appliqua ces nouvelles connaissances dans le champ de l'anatomie, comparée ou autre, fut le chirurgien écossais John Hunter

(1728-1783). Promoteur d'une attitude plus scientifique en chirurgie – avant lui, elle avait procédé surtout par approximations successives – et un des plus grands chirurgiens praticiens de tous les temps, Hunter inventa des méthodes chirurgicales novatrices, parmi lesquelles une technique nouvelle pour traiter le gonflement local dans une artère; jusqu'à cette époque, on avait toujours utilisé la méthode en usage depuis le IIe siècle après J.-C. Mais les intérêts de John Hunter s'étendaient très loin, bien au-delà des frontières de la pratique chirurgicale habituelle, car il était captivé par toutes les espèces de créatures vivantes. Il écrivit sur les organes électriques de certains poissons, sur la structure des baleines, sur les sacs aériens chez les oiseaux et les abeilles, et il étudia les températures d'une grande variété d'animaux. Au fil des ans, il accumula une immense collection de quelque 14 000 spécimens animaux qui, en 1795, douze ans après sa mort, fut achetée par l'État et transférée dans ce qui allait devenir le Royal College of Surgeons, où elle serait en sûreté. Hunter exerça une grande influence non seulement en chirurgie, mais aussi sur les développements ultérieurs des sciences zoologiques. Toutefois, avant d'aborder la question des principales tendances de la zoologie au XVIIe siècle, un autre aspect de la médecine pendant ce siècle doit être mentionné; il s'agit de la pratique de l'inoculation.

En Europe occidentale, les débuts de l'inoculation furent marqués par le plaidoyer de lady Mary Wortley Montagu, femme de l'ambassadeur d'Angleterre en Turquie, en faveur de cette technique. Lorsqu'elle était à Istanbul, lady Mary avait eu connaissance de l'existence de cette pratique et décida de faire inoculer son fils âgé de 6 ans contre la variole. A son retour en Angleterre en 1718, elle entama une campagne pour promouvoir l'inoculation et obtint quelque succès : en 1721, le prince de Galles (le futur Georges II) donna des instructions pour que quelques criminels en cours de peine fussent inoculés et, comme cet essai se révéla un succès, les deux jeunes princesses, Amelia et Caroline, furent traitées, si bien qu'elles eurent toutes les deux «la maladie dans des conditions favorables». Cependant, en dépit des succès de cette méthode, qui consistait à faire contracter au patient une affection bénigne pour prévenir une maladie grave, l'inoculation ne fut pratiquée que de façon sporadique et sans qu'on l'eût étudiée de près jusque vers les années 1780. C'est alors qu'Edward Jenner, un ancien élève de John Hunter qui pratiquait la médecine à Berkeley, dans le Gloucestershire, décida d'approfondir la question. En 1768, Robert Sutton, médecin dans le Suffolk, avait mis au point une technique légèrement améliorée, qui avait renouvelé les espoirs suscités par l'inoculation, et Jenner fut chargé de la mettre en pratique. Alors qu'il exécutait sa mission, il découvrit que quelques patients semblaient être totalement résistants à la maladie et, à la suite d'une enquête, il apprit qu'ils avaient contracté la variole des vaches, au contact des trayons de vache pendant la traite. Il découvrit également que beaucoup de filles de laiterie et de livreurs de lait croyaient qu'attraper la variole des vaches préservait les humains d'attraper la variole, bien que l'avis du corps médical local fût moins assuré sur ce point. Néanmoins, une enquête soigneuse conduisit Jenner à la conclusion que la croyance populaire était valable et, en mai 1796, il inocula à un enfant de 8 ans une matière extraite d'une pustule d'une fille de laiterie, atteinte de la variole des vaches. En juillet, on inocula la variole à l'enfant, mais sans effet. En 1796, Jenner publia à compte d'auteur une brochure de 75 pages, *An Inquiry into the Causes and Effects of the Variolae Vaccine,* dans laquelle il décrivait en détail trente-trois cas. L'effet produit par l'ouvrage fut énorme; la pratique de la vaccination s'étendit à une vitesse surprenante et, lorsque Jenner découvrit que la lymphe prélevée dans les pustules de variole pouvait être séchée et conservée, on commença d'expédier du vaccin sur de longues distances. Jenner appela «virus» la matière qui provoquait la variole des vaches.

Le dernier grand développement de la science biologique au cours des XVIIe et XVIIIe siècles concerna les questions de la classification et de la mutation des espèces. La classification était importante parce qu'elle influençait la façon dont le naturaliste voyait ce qu'il avait à observer et, lorsqu'il fallait discuter de la question de la mutation ou du développement des espèces, la définition et la classification des espèces étaient manifestement de la plus haute importance. Au XVIIe siècle, le naturaliste John Ray, qui était né en 1627 à Black Notley, dans l'Essex, et avait enseigné quelque temps à Cambridge, essaya de mettre sur pied un nouveau système de classification. Contraint de quitter Cambridge parce qu'il avait refusé de signer l'Acte d'uniformité de l'Église anglicane, il fut soutenu dans ses travaux ultérieurs par son jeune contemporain à Cambridge, le biologiste marin Francis Willughby.

En 1660, Ray publia un *Catalogue of Plants Growing in the Neighbourhood of Cambridge,* puis, entre 1686 et 1704, l'année qui précéda sa mort, il publia son monumental *General Account of Plants.* L'ouvrage contenait les descriptions de quelque 17 000 végétaux, classés en fonction du fruit, de la fleur et de la feuille, et une attention particulière y était apportée à leur caractère de monocotylédone ou dicotylédone. Mais Ray ne se limita pas aux végétaux; ses relations avec Willughby l'incitèrent à se tourner vers la zoologie et il écrivit sur les animaux (*Synopsis on Quadruped Animals and Serpents,* 1693), sur les insectes (*Account of Insects,* 1710) et sur les oiseaux et les poissons (*Synopsis on Birds and Fish,* 1713). Comme la plupart de ses contemporains, Ray considérait qu'il n'existait qu'une façon correcte de classer les animaux pour refléter la façon dont ils avaient été divinement conçus selon l'environnement dans lequel Dieu avait prévu qu'ils vivraient. Néanmoins, cet observateur soigneux et pénétrant était tout à fait conscient du fait que tous les animaux n'étaient pas idéalement adaptés à leur environnement, si bien qu'il émit l'hypothèse d'une «force plastique» qui opérait dans la nature pour les modifier.

Ray ne fut jamais intimement persuadé qu'il était parvenu à une classification correcte. Il avait divisé les animaux en deux classes : les animaux «pourvus de sang» (le groupe comprenait ce que nous appellerions aujourd'hui les vertébrés : mammifères, oiseaux et poissons) et les animaux «dénués de sang» (les invertébrés, tels que les insectes et les mollusques). A partir de cette base, il avait pratiqué certaines subdivisions : les invertébrés étaient classés selon leur taille, les vertébrés selon la structure de leur cœur, en distinguant ceux dont le cœur avait deux cavités et ceux dont le cœur était plus simple, tels les poissons. Bien que les méthodes de Ray fussent très ingénieuses, ce ne furent pas celles que les biologistes adoptèrent; ils leur préférèrent le système élaboré par le naturaliste suédois, Carl von Linné, (1707-1778), qui mit au point trois systèmes de classification, le premier pour les végétaux, le deuxième pour les animaux et le troisième pour les minéraux. Le père de Carl von Linné n'avait pas de fortune et le jeune homme mena une vie très austère pendant ses études à l'université de Lund, puis à celle d'Upsal. Dans cette dernière ville, il passait beaucoup de temps au jardin botanique, et c'est là aussi qu'il tomba par hasard sur un ouvrage du botaniste français Sébastien Vaillant, qui faisait état de la sexualité des plantes; Linné en fut profondément impressionné et, ayant à sa disposition une bonne bibliothèque et un jardin botanique, il se lança dans une vaste classification des végétaux, en prenant pour critère leurs organes de reproduction. En 1732, Linné fit un voyage en Laponie, puis il se rendit à Harderwijk, en Hollande, pour y décrocher son doctorat en médecine, avant de se rendre à l'université de Leyde, où il séjourna

Illustration page 521.

pendant trois ans. Sa production littéraire pendant cette période fut étonnante; elle comprenait un de ses ouvrages les plus importants, *Genera plantarum,* qui parut en 1737, avec de courtes descriptions de 935 espèces de végétaux, et *Systema naturæ,* plus important encore, paru deux ans plus tôt, qui fut le premier de ses livres publiés en Hollande. Linné y exposait ses idées sur la façon dont une classification doit être faite. La sienne consistait simplement en 8 grandes pages de tables, qui allaient exercer une immense influence, en particulier lorsque de nouvelles éditions, augmentées et perfectionnées, furent publiées au fil des années. La dixième et dernière édition, parue en 1758, est particulièrement remarquable car Linné y fit connaître son système binominal, ou à deux noms, pour la classification des végétaux et des animaux : l'un des noms donnait le genre, ou caractère commun, l'autre les espèces. (Ainsi, la famille chien reçoit le nom générique Canis : le loup – *Canis lupus* – est une des espèces de ce genre, et le chien domestique – *Canis familiaris* – en est une autre.) Pour les animaux, Linné donnait également le nom vulgaire quand la chose était nécessaire. Ce système n'était pas seulement biologiquement solide, mais aussi très utile, au point qu'il est toujours usité de nos jours. La méthode pour la classification des animaux reprenait à certains égards celle de Ray; Linné, lui aussi, choisit quelques organes spécifiques pour critères de classification; les mammifères étaient répartis en fonction de leurs dents, les oiseaux de leur bec, les poissons de leurs nageoires et les insectes de leurs ailes; il y avait également des classes séparées pour les reptiles et les «vers». Finalement, Linné réussit à y faire entrer 5 897 espèces. Sa classification des minéraux accordait une grande importance à la structure des cristaux, mais Linné ne se soucia pas vraiment de leur composition chimique et, de tous ses travaux, c'est celui qui eut le moins d'effet sur la recherche ultérieure.

Doué d'un grand charme, Linné était très populaire auprès des étudiants et du corps enseignant de l'université d'Upsal où, de 1741 jusqu'à sa mort en 1778, il vécut la plupart du temps. Jamais il ne douta de la fixité des espèces et, de ce fait, jamais il ne cessa de se demander si son système de classification était le «vrai» : était-ce réellement la façon dont Dieu avait construit les règnes animal et végétal? Car il ne fait aucun doute qu'il croyait conformer sa science à l'œuvre de Dieu. Dans son introduction aux dernières éditions de *Systema naturæ,* il écrivait : «Je vis le Dieu infini, omniscient et tout-puissant alors qu'Il s'éloignait, et j'en éprouvai un vertige. Je suivis ses traces à travers les champs de la Nature et vis partout une puissance et une sagesse éternelles, et une perfection impénétrable.»

Mais tous les biologistes n'eurent pas la même attitude que celle de Linné; parmi les plus révolutionnaires figuraient certains représentants des Lumières en France. Les Lumières est le nom qui fut donné au mouvement qui considéra le monde avec un rationalisme nouveau, lequel, dans une mesure plus ou moins grande, trancha tous les liens entre le monde physique et la préoccupation constante de Dieu à l'égard de ce monde. Ce mouvement débuta au XVIIe siècle, lorsque les gens devinrent plus conscients de la religion et de la culture de nations non chrétiennes, grâce en partie aux rapports des jésuites, missionnaires en Égypte, au Siam et surtout en Chine, où il fut reconnu qu'il existait des «hommes d'une vertu exemplaire», bien qu'ils n'eussent «aucune religion véritable». C'est alors que se fit jour le concept du «bon sauvage», qui devait être traité avec respect et non comme un barbare grossier; il s'y associa l'idée que tous les hommes disposaient d'une sorte de sentiment religieux inné : une religion naturelle plutôt qu'une religion révélée par Dieu. Plus tard, cette conception fut reliée à celle qui considérait Dieu comme un architecte et un ingénieur mécanicien plutôt que comme un Père céleste, surtout après la synthèse présentée dans les *Principia* de Newton. Dieu avait créé un univers qui, une fois construit, devait obéir aux lois du comportement naturel. Les miracles devenaient inconcevables, les prophéties de la Bible inacceptables, et l'Esprit-Saint lui-même fut remis en question. Après tout, si la Terre se mouvait dans l'espace, ce que de toute évidence elle faisait, il y avait donc un point sur lequel les Écritures étaient dans l'erreur; et si elles se trompaient sur ce point, sur quels autres encore pourraient-elles être sujettes à caution?

Sur le jésuite Matteo Ricci en Chine, voir page 165.

En Angleterre, la croyance en une religion naturelle conduisit au mouvement connu sous le nom de déisme. Dans les années 1620, tandis que le juriste hollandais Hugo de Groot, dit Grotius, élaborait sa thèse en faveur d'une loi naturelle dans les relations internationales, Edward Herbert, historien, diplomate, poète, philosophe métaphysicien et frère du pieux poète George Herbert, publiait à Paris son ouvrage, *De veritate*. Herbert y affirmait que la «raison instruite» était le guide le plus sûr vers la vérité et, bien qu'il tînt cinq idées religieuses comme ayant été données par Dieu, il était significatif que la révélation ne figurât pas parmi celles-ci. Le déisme fut lancé par le livre de Herbert; son chant du cygne s'éleva dans les années 1790 avec *Age of Reason*, écrit par l'Américain

Thomas Paine, dans la prison où Robespierre l'avait fait jeter. Cependant, le déisme ne fut jamais un mouvement organisé. C'était une façon de voir le monde, qui, en France, s'épanouit avec éclat par suite des déceptions et du mécontentement à la fin du règne de Louis XIV. L'un de ses grands avocats fut Voltaire, qui découvrit le déisme anglais lorsqu'il séjourna en Angleterre de 1726 à 1729; déjà engagé dans un rationalisme antichrétien, Voltaire revint en Angleterre où il écrivit ses *Lettres philosophiques,* qui exposaient les concepts déistes, et plus tard, en 1760, son *Dictionnaire philosophique* qui, selon l'expression d'un commentateur, se mua en «un compendium de malice» dirigé contre le christianisme. Peu après, le philosophe et théoricien politique Jean-Jacques Rousseau soutint lui aussi le déisme dans son roman l'*Émile* (1762) et dans son ouvrage *Du contrat social,* paru la même année.

Une façon analogue d'envisager le monde prit le nom de scepticisme. Il semble qu'elle ait surgi en France en 1697, lorsque Pierre Bayle publia son *Dictionnaire historique et critique,* un ouvrage de critique, entrecoupé de biographies gaillardes, destiné à démolir «les vices de la religion». Ainsi, à propos du roi David, personnage de l'Ancien Testament, Bayle indiquait combien sa vie avait été moralement offensante, puis soulignait que, malgré cela, le texte biblique présentait ce roi comme un homme aimable aux yeux de Dieu. L'ouvrage eut un succès retentissant.

Presque un demi-siècle plus tôt, le philosophe John Locke avait appliqué les méthodes de Galilée et de Newton à l'étude de l'homme dans *An Essay on Human Understanding* (1690). Dans cet ouvrage, Locke s'était efforcé de trouver l'étendue et les limites des connaissances de l'homme et avait émis l'hypothèse que toute connaissance vient de l'expérience, de sensations ordonnées par la réflexion; il n'y avait pas d'idées innées, il n'y avait pas d'inspiration divine ou d'héritage dû au péché originel, et tous les enfants naissaient dotés d'un esprit semblable à une «page blanche». D'après Locke, c'était l'environnement qui faisait de l'homme ce qu'il était : améliorez l'environnement et vous améliorerez l'homme.

La fin du XVIIe siècle et le XVIIIe siècle furent donc une époque de mutation philosophique, de modification de la façon dont l'homme s'envisageait lui-même et d'attaques contre ce qui avait été pendant si longtemps les croyances les plus chères de la chrétienté occidentale. En France, ce courant fut plus radical que partout ailleurs et l'athéisme fut ouvertement proposé. Le médecin Julien de La Mettrie écrivit un ouvrage *l'Homme-machine* (1747) où s'incarnait une conception totalement matérialiste; l'homme n'était rien de plus que de la matière en mouvement et La Mettrie allait jusqu'à dire : «Nous ne sommes pas plus coupables de crime lorsque nous obéissons à nos instincts primitifs que le Nil n'en commet lors de ses inondations, ou la mer avec ses ravages.» Cette attitude fut adoptée par le philosophe Denis Diderot qui, avec Jean d'Alembert, mathématicien et secrétaire perpétuel de l'Académie française, dirigea l'édition de l'*Encyclopédie ou Dictionnaire raisonné des sciences, des arts et des métiers,* un compendium de la nouvelle pensée rationaliste, qui contenait des critiques sévères de la religion et des institutions. Les vingt-huit volumes de l'ouvrage parurent entre 1751 et 1772, et cinq volumes supplémentaires furent publiés en 1776 et 1777. Il exerça une immense influence.

Ce fut dans cette mêlée de conceptions athées, sceptiques et déistes, dans la nouvelle pensée révolutionnaire des Lumières, que le *Systema naturæ* de Linné fut examiné par un certain nombre de biologistes français influents. La voie qui suivait les traces de Dieu n'était pas pour eux; leur parcours à eux était celui du matérialisme pur. Un des plus remarquables de ces biologistes fut Pierre Maupertuis qui, dans les années 1740 et 1750, proposa que les explications biologiques fussent exprimées en termes de particules en mouvement; selon lui, c'étaient ces particules, issues des animaux mâles et femelles, y compris l'homme, qui déterminaient ce que seraient leurs rejetons. Pour Maupertuis, la fixité des espèces n'existait pas; les espèces, telles qu'on les observait, n'étaient pas des exemples de la perfection divine, mais simplement le produit d'une nature mécaniste. Ses conceptions furent répercutées par Diderot qui n'y proposa qu'un changement : il préférait le mot «filaments» à celui de particules, peut-être à cause des dessins de spermatozoïdes, exécutés par Leeuwenhoek, qu'il avait vus. Mais le biologiste français le plus d'avant-garde, dont tous les travaux furent rédigés au XVIIIe siècle, fut Georges Louis Leclerc, comte de Buffon. Né à Montbard, près de Dijon en 1707, cet homme fortuné vivait à Paris mais passait tous les étés dans son domaine de Montbard où il observait la nature et lisait quantité d'ouvrages d'histoire naturelle. Il accumula progressivement une masse imposante de matériaux, qu'il collationna et publia en trente-six volumes, sous le simple titre *Histoire naturelle,* entre 1749 et 1788, date de sa mort. Huit volumes supplémentaires parurent à titre posthume. Ce vaste ouvrage contenait ses idées sur l'histoire de la Terre; il considérait que les fossiles étaient des preuves évidentes non seulement de la vie animale, mais aussi d'espèces disparues; l'idée la plus importante de l'ouvrage était cependant celle d'évolution, ou de mutation des espèces au cours des temps. En effet, Buffon alla même jusqu'à suggérer la possibilité d'un ancêtre commun à l'homme, aux grands singes et aux quadrupèdes. Il fit observer également que non seulement les hommes, mais aussi certains animaux étaient dotés d'organes qui paraissaient n'avoir aucune fonction et devaient signifier, lui semblait-il, qu'une sorte de mutation avait eu lieu.

Avec Buffon, nous arrivons bien près d'une théorie de l'évolution, pas assez près cependant pour qu'elle ait déjà pu être formulée dans le détail; pour cela, d'autres travaux étaient encore nécessaires. Ils furent accomplis par Lamarck et d'autres biologistes et, pour finir, par Charles Darwin. Mais la place adéquate d'un compte rendu de leurs recherches se situe dans un exposé de la science du XIXe siècle.

9. La science au XIXe siècle

Le XIXe siècle a connu de grands développements dans toutes les branches de la science. Les nouvelles sociétés scientifiques spécialisées, qui s'ajoutèrent aux académies scientifiques déjà établies, sont autant de symptômes du degré croissant de spécialisation que des connaissances plus nombreuses et des techniques plus élaborées rendaient nécessaire. La science commençait à revêtir un aspect plus public, car ses conséquences pratiques devenaient elles-mêmes évidentes dans la vie quotidienne. La plus remarquable fut probablement le développement de la machine à vapeur; ce fut, comme nous l'avons vu, l'œuvre de James Watt, qui appliqua les travaux théoriques de Joseph Black réalisés à Glasgow; puis, à la fin du XIXe siècle, la technique nouvelle de l'ingénierie électrique prit son essor à partir du travail de pionnier de Michael Faraday. Et ce fut pendant le XIXe siècle, en 1840 à Glasgow, que le mot «scientifique» fut forgé fort à propos par la British Association for the Advancement of Science; cette société avait été fondée neuf ans plus tôt pour offrir un forum annuel où tous les scientifiques auraient la possibilité de se rencontrer pour débattre ouvertement de leurs travaux, d'une façon qui pourrait être universellement comprise.

Illustrations pages 486, 587.

La fondation de la British Association était symptomatique du fait que les scientifiques prenaient de plus en plus conscience de l'importance de leurs travaux et de la nécessité de les faire connaître au public. Aux États-Unis, l'American Association for the Advancement of Science fut fondée en 1848. Partout ailleurs, on ressentait aussi le besoin d'une certaine vulgarisation; mais ce fut aux États-Unis que les périodiques scientifiques destinés au grand public et consacrés principalement, mais pas exclusivement, à la science appliquée apparurent en premier; bientôt cependant, on put en disposer dans les autres pays. Dans un certain sens, la chose n'était pas nouvelle; au cours du XVIIIe siècle, quelques revues plus littéraires avaient proposé des articles sur des sujets scientifiques, mais, au siècle suivant, ce mouvement se développa sur un rythme accéléré et devint plus spécialisé. Un de ses effets fut d'augmenter un intérêt déjà très répandu pour la science. Bien entendu, les cours et les ouvrages scientifiques destinés au grand public n'étaient pas des nouveautés; ils avaient été une des caractéristiques de la vie sociale à la fin du XVIIIe siècle mais, à dater des années 1835 environ, le rythme s'accéléra. De son côté, le public ne manqua pas de réagir, parfois avec un enthousiasme inattendu. Ainsi, lorsque *The Origin of Species* de Charles Darwin parut fin novembre 1859, tous les exemplaires de la première édition furent vendus le jour même de la publication. Mais, bien sûr, il s'agissait là d'un sujet dont le public cultivé pressentait les implications philosophiques et religieuses très profondes qui s'ajoutaient à son importance pour la communauté scientifique.

L'évolution et l'âge de la Terre

La biologie du XVIIIe siècle avait clairement démontré que certains scientifiques commençaient à remettre en question le principe même de la fixité des espèces. Buffon, en particulier, avait senti qu'il pouvait y avoir une certaine forme d'ascendance commune, au moins entre les mammifères. Mais comment en obtenir la certitude? Une approche à tenter semblait être d'étudier l'anatomie comparée et de voir s'il était réellement possible de faire dériver un animal d'un autre par modification. Le philosophe allemand Emmanuel Kant prit part à ces débats; il pensait qu'un jour peut-être on pourrait faire remonter l'origine de tous les animaux à quelque type très primitif de créature. Mais, s'il en était ainsi, il faudrait alors répondre à d'autres questions et trouver ce qui provoquait un changement. Pourquoi un enfant était-il semblable à ses parents? Quelle était la cause qui faisait qu'un animal propageait son espèce? Et quelle pouvait bien être la cause possible de la mutation d'une espèce au cours des temps? Il n'existait pas de réponse vraiment claire mais, à la fin du XVIIIe siècle et au commencement du XIXe, le problème fut nettement et justement posé par deux hommes très différents : Erasmus Darwin et Lamarck.

Le médecin, poète et naturaliste Erasmus Darwin naquit en 1731, près de Nottingham. Dernier fils d'un avocat à la retraite et pourvu de rentes, il poursuivit en 1755 ses études à l'université de Cambridge, où il étudia les classiques, les mathématiques et la médecine. Il passa également un certain temps à l'école de médecine d'Édimbourg et assista à quelques cours d'anatomie de John Hunter à Londres, mais c'est à Cambridge qu'il obtint son doctorat en médecine. Les débuts de la pratique médicale de Darwin eurent lieu à Nottingham, en 1756; puis il s'installa à Lichfield, où il s'acquit une grande réputation comme praticien. Il termina sa vie à Derby.

C'est à Lichfield qu'il fit la connaissance de Matthew Boulton, un industriel de Birmingham, propriétaire des Soho Works où James Watt inventa la machine à vapeur qui, entre 1776 et 1800, eut un impact immense comme source d'énergie efficace et économique, pour le pompage dans les mines et autres lieux, et pour faire marcher toutes sortes de machines. Les intérêts scientifiques de Boulton étaient très étendus et, en compagnie d'Erasmus Darwin et du Dr William Small, il fonda une association où l'on débattait de sujets scientifiques. Cette société se réunissait les nuits de pleine lune, car c'étaient ces nuits-là seulement que ses membres pouvaient trouver leur chemin sur des routes non éclairées; c'est pourquoi elle reçut le nom de Lunar Society. Watt, Joseph Priestley et huit autres membres faisaient partie de cette société très radicale dans son esprit et qui acquit bien vite la notoriété; les scientifiques de passage dans la région acceptaient avec plaisir ses invitations. Cette compagnie brillante et fortunée soutint financièrement Priestley afin qu'il pût poursuivre ses recherches scientifiques.

Illustration page 486.

Sur Priestley, voir page 503.

La conception du monde des membres de la Lunar Society reflétait la mentalité de cette époque, au cours de laquelle l'idée de progrès commençait de s'épanouir. L'atmosphère bruissait de l'écho des développements scientifiques et de leurs applications qui se multipliaient. Comme tous ses amis, Erasmus la respirait à pleins poumons, et ce fut certainement un facteur qui exerça une certaine influence lorsqu'il commença de formuler des idées à propos de l'évolution des espèces animales, idées qu'il publia dans les deux volumes de sa *Zoonomia or the Laws of Organic Life* (1794 et 1796). Dans cet ouvrage audacieux et percutant, Darwin poursuivait la quête d'une explication de l'«activité animée», une réponse à la question : quelle est la différence essentielle entre quelque chose qui vit et quelque chose qui est mort? Il conclut que les choses vivantes détenaient une «irritabilité», un esprit d'animation et, en considérant leurs premiers développements comme embryons, il dressa un parallèle entre leurs changements embryonnaires et une possible évolution antérieure. Car Erasmus Darwin rejetait l'idée de préformation, le concept que l'animal tout entier était formé dès le début dans la femelle et qu'il n'avait qu'à grandir en taille pour atteindre son plein développement; en revanche, il souscrivait à l'idée que la vie commençait par un filament, issu du mâle, et que la fonction de la femelle consistait à fournir l'alimentation pour la croissance qui s'ensuivrait.

Pour Darwin, les capacités d'un animal étaient une conséquence de son organisation matérielle, sa structure donnant l'indication de sa fonction. A partir de cette donnée – et c'est là le point capital –, il croyait que l'évolution était un processus similaire; des changements de structures se produiraient en raison de changements de l'environnement et de la réponse d'un organisme à ces changements; l'appétit sexuel, la faim et le désir de sécurité étaient les forces qui motivaient cette réponse. Et tous les changements, pensait-il, seraient transmis à la progéniture. En résumé, Erasmus Darwin croyait à la transmission des caractères acquis et, fort de cette conviction, il élabora ce qui fut, en fait, une théorie naissante de l'évolution, bien que celle-ci, naturellement, laissât bien des questions en suspens.

Jean-Baptiste de Monet, chevalier de Lamarck (1744-1829), s'intéressa à la botanique lorsque, contraint par la maladie d'abandonner le service dans l'armée, il souhaita entreprendre des études de médecine. Cependant, l'état de ses finances ne le lui permit pas et il dut travailler dans une banque à Paris. Tout au long de son existence tragique – il se maria trois fois (peut-être même quatre) et perdit toutes ses épouses –, Lamarck vécut à la limite de la pauvreté; ses objets personnels, ses livres et ses collections de biologie furent vendus à l'encan pour payer ses funérailles, et il laissa sa nombreuse famille dans le besoin. Parmi ses enfants, l'un était sourd et l'autre dément. De surcroît, lui-même perdit la vue onze ans avant sa mort, survenue en 1829, et ses spéculations lui valurent souvent d'être tourné en ridicule. Lamarck fut cependant l'objet d'une certaine considération de la part de la communauté scientifique française, grâce aux efforts de Buffon qui, impressionné par *la Flore française*, une œuvre de jeunesse, obtint sa publication grâce à des fonds publics; le livre parut en 1779. Fruit de l'intérêt de Lamarck pour la botanique médicale, l'ouvrage apportait une méthode améliorée pour la diagnose des plantes. En 1788, Buffon se débrouilla aussi pour qu'un poste de botaniste soit attribué à Lamarck au Jardin du roi (qui deviendra plus tard le Jardin botanique) à Paris; cinq ans plus tard, des réaménagements obligèrent Lamarck à se reconvertir dans la zoologie; toutefois, il semble que celui-ci ait accueilli de bonne grâce ce changement.

Illustration page 546.

Les ouvrages de Lamarck les plus connus sont la *Philosophie zoologique,* publiée en 1809, et l'*Histoire naturelle des animaux sans vertèbres,* qui parut en sept volumes entre 1815 et 1822. Ils témoignaient de l'habileté de Lamarck pour la classification des animaux car il sépara des insectes les araignées et les crustacés (homards, crabes, crevettes, cloportes, etc.), et commença à trier le très large groupe appelé «vers» par Linné, en séparant ceux qui avaient réellement la forme de vers. Ce fut lui également qui introduisit la classification valable des vertébrés et des invertébrés. Mais il fit plus que classer et parvint à la conclusion bien arrêtée qu'il existait une «séquence naturelle» de toutes les créatures vivantes. Il reconnut le fait que cette séquence était incomplète car il y avait des lacunes dans les connaissances, mais il pensait que des recherches plus poussées les combleraient. Quant aux classifications, Lamarck appréciait leur utilité, mais il se convainquit progressivement qu'elles étaient artificielles et fut conduit à la conclusion que tous les êtres vivants, animaux et végétaux, formaient véritablement des séries continues.

D'un point de vue évolutionniste, Lamarck eut une grande importance parce qu'il pensait que, de même que la classification entre espèces était un procédé artificiel, l'idée de fixité des espèces était tout aussi dénuée de fondement. Il produisit des exemples d'élevage sélectif pour appuyer l'argument que les espèces se modifient et conclut que la cause de telles mutations était les conditions extérieures. Dans le cas de l'élevage sélectif, les mutations se produisaient du fait de l'homme; à l'état sauvage, elles avaient pour cause des changements de l'environnement. Lamarck tenta également d'expliquer comment ces changements pouvaient se produire et fut ainsi conduit à la loi de l'emploi et du non-emploi; les changements dans l'environnement faisaient peser des demandes supplémentaires sur certains organes qui, de ce fait, étaient davantage exercés et se développaient d'autant. Ces développements se transmettaient aux rejetons. Lamarck citait la girafe comme exemple de ce processus. De même, toute absence de développement avait pour cause le non-emploi. Ainsi, les idées évolutionnistes de Lamarck devaient-elles être expliquées par la transmissibilité des caractères acquis.

Lorsque Lamarck mourut en 1829, ses théories étaient pratiquement ignorées, bien qu'en Angleterre ses travaux eussent fait l'objet d'une certaine considération de la part de la génération qui précéda celle de Charles Darwin. En France, le panégyrique officiel de Lamarck devant l'Académie des sciences fut dénué de chaleur; il avait été écrit par Georges Cuvier (1769-1832), dont l'influence était si démesurée qu'elle lui valut le surnom de «dictateur de l'histoire naturelle». Enfant délicat d'un Suisse protestant, officier dans l'armée française, Cuvier fréquenta l'université de Stuttgart où il étudia l'administration, l'organisation de la justice et les sciences économiques, qui, à l'époque, incluaient un peu de botanique. C'est là qu'il rencontra Karl Kielmeyer, un des fondateurs de la Naturphilosophie (philosophie de la Nature) allemande, dont l'enseignement était basé sur les idées du philosophe Emmanuel Kant et celle du génial écrivain Johann Wolfgang von Goethe qui, soit dit en passant, inventa le terme si largement utilisé de nos jours de «morphologie» pour désigner l'étude de la forme et de la structure en biologie. L'essence de la Naturphilosophie était de refléter l'action de l'esprit sur la Nature; l'homme était le couronnement de la Nature et les philosophes de la Nature essayaient de faire découler la diversité des choses vivantes d'une croyance en l'unité de la matière et des principes fondamentaux. Cela pouvait conduire, croyaient-ils, aux organismes complexes qui culminaient en l'homme.

Cuvier fut influencé par cette philosophie, en particulier par les exposés de Goethe sur la morphologie, mais ce fut en France qu'il s'installa, et non à Stuttgart. Brillant enseignant, ses descriptions anatomiques d'animaux lui valurent bientôt une grande réputation. Il étudia aussi les fossiles et posa les fondements de ce qui fut plus tard appelé paléontologie, car sa conception fondamentale du «principe de corrélation des parties» se révéla d'une grande utilité. L'essentiel de ce principe est qu'il relie les parties séparées d'un animal à l'animal dans son ensemble; par exemple, la présence de plumes signifie un développement particulier des membres antérieurs (parce qu'ils sont utilisés comme ailes) et ceux-ci à leur tour sont en relation avec le bréchet, et ainsi de suite. Lorsqu'on ne retrouvait que des parties d'un animal fossilisé, ce principe pouvait être d'une grande utilité pour aboutir à la reconstitution de l'animal originel.

L'étude des fossiles ne conduisit pas Cuvier vers le lamarckisme. Bien qu'il reconnût qu'il y avait eu une succession de populations animales et qu'un grand nombre d'espèces avaient existé et étaient désormais disparues, il rendait compte de ces faits en supposant que la Terre avait subi une série de catastrophes, dont le Déluge était la seule qui eût laissé des traces historiques. Il niait formellement l'existence d'hommes fossiles et croyait qu'après chaque catastrophe les espèces survivantes avaient repeuplé la Terre. Qu'en était-il de l'apparition de nouvelles espèces? Elles n'étaient pas vraiment nouvelles, estimait-il, mais venaient de parties du monde qui n'avaient pas encore été convenablement explorées.

Sur la signification des fossiles dans la Chine ancienne, voir page 222; sur les conceptions qu'on en eut aux XVIIe et XVIIIe siècles, voir pages 508-509.

Cuvier croyait profondément à la fixité des espèces; il produisit une masse imposante de détails à l'appui de sa thèse, en dépit des travaux administratifs et consultatifs qu'il avait à fournir pour le gouvernement, d'abord sous Napoléon, puis sous la Restauration. De tous les ouvrages qu'il publia, le plus important est *le Règne animal* (1817) qui représente le premier progrès significatif accompli dans la classification animale depuis Linné. Cuvier y combattait l'idée d'ordonner les animaux en une seule échelle de la Nature, ce qu'un évolutionniste comme Lamarck croyait possible. Il insistait au contraire pour faire prévaloir une classification en quatre volets – les vertébrés, les mollusques (limaces, escargots, huîtres, etc.), les animaux articulés (insectes, araignées, homards, etc.) et les radiaires; la dernière catégorie était hétérogène mais les trois autres correspondaient, semblait-il, à des regroupements naturels. Ces groupes étaient eux-mêmes subdivisés en une classification plus détaillée.

Les idées de Cuvier stimulèrent de façon positive l'intérêt pour l'anatomie comparée et pour la paléontologie tout au long du XIXe siècle. Richard Owen, qui fut un de ses disciples les plus typiques, était lui aussi très imprégné des conceptions de la *Naturphilosophie.* Né à Lancaster en 1804, Owen fit ses premières armes de chirurgien d'abord à Lancaster, puis à Londres; il assista également à des cours d'anatomie à Édimbourg et, pour finir, fut reçu membre du Royal College of Surgeons. Il succéda à William Clift comme conservateur de la Hunterian Collection et, en 1856, fut nommé directeur des départements d'histoire naturelle du British Museum à Bloomsbury, Londres; en 1871, il réussit à obtenir un nouveau bâtiment pour abriter ces collections (c'est aujourd'hui le Natural History Museum, à South Kensington, Londres).

Les travaux scientifiques d'Owen concernent principalement la paléontologie, bien qu'il ait disséqué un grand nombre d'animaux rares, afin d'identifier les espèces de la

Hunterian Collection, et rédigé un compte rendu utile de cette recherche. Son intérêt pour la paléontologie le conduisit à reconstituer de nombreux animaux préhistoriques et à entreprendre également une vaste recherche sur les dents de mammifères, une étude importante, car les dents sont les os les plus durs de tout le corps et donc les parties que l'on a le plus de chances de retrouver sous une forme fossilisée. Cependant, Owen était tourmenté par la jalousie et ne tolérait aucun rival; en 1859, lorsque parut *The Origin of Species,* il y vit une menace pour sa position prééminente et, bien que Darwin fut un ami de très longue date, vingt ans, il s'employa à le discréditer. Il publia dans l'*Edinburgh Review* un compte rendu critique anonyme que Darwin commenta en ces termes : «Il est extrêmement méchant, intelligent [...] et il faut l'étudier avec soin pour apprécier toute la malveillance amère de nombreuses remarques dirigées contre moi... L'auteur cite de façon incorrecte certains passages, en faussant les mots mis entre guillemets...»

Illustration page 546.

Fils d'un docteur, Charles Robert Darwin (1809-1882) avait presque le même âge qu'Owen. Son grand-père était Erasmus Darwin qui, par un second mariage, devint également le grand-père de Francis Galton, que nous rencontrerons plus loin. Charles Darwin était un collectionneur fervent de cachets de cire, de marques d'affranchissement (les équivalents des timbres-poste), de coquillages et de minéraux, mais il ne fit pas d'étincelles à l'école et, lorsqu'en 1825, il s'inscrivit à l'université d'Édimbourg pour y étudier la médecine, ce fut un échec : il trouvait les cours fastidieux et assister à des opérations pratiquées sans anesthésie lui répugnait. Darwin fut alors envoyé à Cambridge pour se préparer à entrer dans les ordres; il n'y travailla guère, mais ses discussions avec John Henslow, professeur de botanique, et quelques autres scientifiques distingués lui rendirent quelque confiance en lui, tout en éveillant son intérêt très réel pour l'histoire naturelle. En 1831, l'Amirauté demanda un naturaliste pour accompagner le capitaine Robert Fitzroy dans son voyage sur le *HMS Beagle,* afin d'étudier l'hydrographie de la côte méridionale de l'Amérique du Sud; Henslow recommanda Darwin. En décembre, celui-ci embarqua donc à Devonport, entamant ainsi ce qui devint une brillante carrière scientifique.

Au cours de ce voyage, les travaux de Charles Darwin furent très influencés par les conceptions de Charles Lyell; cet Écossais, lorsqu'il était censé apprendre le droit à Oxford, s'était pris de passion pour la géologie et pour la datation des strates rocheuses grâce aux fossiles qui y sont enfouis. Une expédition à Yarmouth, sur la côte est de l'Angleterre, des discussions à propos de la lente érosion de la côte à cet endroit et d'autres expériences l'avaient convaincu que le changement lent semblait être un phénomène géologique caractéristique. Sur ces entrefaites, Lyell devint homme de loi, mais son intérêt pour la géologie persista. Lors d'un voyage à Paris, il rencontra Cuvier et d'autres scientifiques français, dont Constant Prévost, qui l'emmenèrent faire le tour du Bassin parisien et le convainquirent que les strates y avaient été formées par de très légers changements géologiques et non par des incursions de la mer sur la terre, comme le pensait Cuvier. Au cours des cinq années qui suivirent, de nombreuses autres recherches affermirent Lyell dans ses positions et il rassembla ses idées dans ses *Principles of Geology*, un ouvrage monumental en trois volumes, dont le premier, paru en juin 1830, fit sensation. Le deuxième et le troisième volumes furent publiés en 1832 et 1833; à ce moment, Lyell avait déjà abandonné le droit pour devenir professeur de géologie au King's College de Londres. Les *Principles* contenaient une étude minutieuse des processus courants qui, selon les termes de Lyell, altèrent la surface de la Terre, et démontraient l'inutilité de postuler de grands bouleversements et autres cataclysmes pour en rendre compte. Ils énonçaient ce qu'on désigne aujourd'hui du terme d'«uniformitarisme», l'action uniforme de la nature tout au long de l'histoire de la Terre qui modifie l'écorce terrestre.

Pour étayer sa thèse, Lyell utilisa une preuve tirée de la répartition géographique des végétaux et des animaux. Chaque espèce serait née dans un lieu particulier, à partir duquel elle aurait essaimé, et Lyell montrait comment elle subsistait pendant une certaine période, avant de disparaître et d'être remplacée par d'autres espèces. Ainsi, il soutenait que l'émergence d'espèces nouvelles était un processus régulier tout au long de l'histoire géologique. Le premier volume de Lyell ayant fait un malheur, Henslow conseilla à Darwin d'en acheter un exemplaire «mais de ne pas y croire»; Darwin s'arrangea pour se faire expédier le second volume dont il prit livraison à Montevideo, sur le chemin de la côte orientale de l'Amérique du Sud.

Le voyage sur le *Beagle* dura cinq ans et les connaissances pratiques de Darwin avancèrent à pas de géant. Au Brésil, il parcourut pour la première fois la forêt tropicale; sur l'île principale de la Terre de Feu, il découvrit une race d'hommes «si sauvages et si dépourvus de croyances qu'ils semblaient à peine humains»; au Chili, il fut témoin d'un tremblement de terre et constata qu'il avait eu pour effet de rehausser le niveau du sol. Lorsqu'il était à terre, Darwin faisait de longues et nombreuses expéditions, au cours desquelles il recueillait des échantillons. Mais son intérêt et son goût pour l'histoire naturelle ne lui faisaient pas oublier ceux qu'il éprouvait pour la géologie. A Santiago, dans l'archipel du Cap-Vert, au large de la côte occidentale de l'Afrique, il s'aperçut qu'il pouvait suivre toute l'histoire géologique des îles : la strate inférieure contenait des cristaux et était composée de roches ignées; la couche calcaire juste au-dessus contenait des coquilles d'animaux marins et avait manifestement été déposée par les eaux qui, pendant un temps, avaient recouvert l'île; enfin, la couche volcanique supérieure, dont Darwin observa qu'elle était relativement récente, avait durci la couche calcaire située immédiatement sous elle. Ses observations en Amérique du Sud le convainquirent que les roches pouvaient être altérées après leur dépôt – une conception très différente de celle qui prévalait généralement à l'époque –, mais qui fut confirmée lors d'un tremblement de terre à Concepciòn : après coup, un examen montra que la strate avait été altérée et soulevée. De plus, les récifs coraliens que Darwin avait explorés étaient un argument en faveur de son idée de l'élévation et de l'affaissement des sols. Il savait que les polypes coraliens, qui construisent les récifs, ne peuvent le faire que sous l'eau et à des profondeurs d'environ 36 mètres tout au plus. Comme les sommets de ces récifs se trouvaient à présent au-dessus du niveau de la mer et tous approximativement à la même hauteur, Darwin en conclut qu'ils étaient la preuve d'un affaissement du fond de la mer, les coraux se renouvelant vers le haut lorsque leurs bases s'abaissaient. Cette conception, qui différait de celle que Lyell avait avancée, a été confirmée depuis par des sondages en profondeur. A son retour, Darwin en discuta avec Lyell avant de publier ses résultats géologiques.

Une description détaillée des spécimens recueillis par Darwin fut publiée dans le cadre du rapport officiel du voyage, mais ses conclusions personnelles dans le domaine de la biologie étaient une autre affaire. Lorsqu'il s'était embarqué en 1831, il n'avait nulle intention de remettre en question la théorie de la fixité des espèces, mais, au long de ce voyage à travers une zone si étendue, diverses questions lui donnèrent à penser. Pourquoi y avait-il des animaux semblables dans des lieux si distants? Pourquoi l'autruche d'Afrique du Sud ressemblait-elle tant au nandou d'Amérique du Sud, par exemple? Et pourquoi en était-il de même d'autres animaux? Pourquoi des espèces pratiquement semblables apparaissaient-elles partout? Par ailleurs, il avait également à répondre à la question qui s'imposa de force lorsqu'il visita les îles Galapagos, dans la zone sud-est du Pacifique; il y découvrit en effet des animaux fossiles semblables à des types vivants, sans cependant être les mêmes, et observa également que des animaux étroitement semblables se substituaient les uns aux autres lorsque l'on voyageait du sud au nord de la zone. Il se livra à une étude serrée des fringillidés, partout répandus, et observa que, bien qu'ils fussent différents d'une île à l'autre, tous avaient des becs caractéristiques, ce qu'il expliqua en postulant qu'ils descendaient d'un ancêtre commun.

Illustration page 546.

Progressivement, lorsqu'il commença de réfléchir à ces faits après son retour en 1836, Darwin s'achemina vers la conclusion que la réponse naturelle devait être que ces espèces avaient subi un changement. Mais quelle pouvait être la cause d'un pareil changement? Provenait-elle des altérations de l'environnement et, si tel était le cas, comment ces altérations pouvaient-elles produire un tel effet? Darwin considéra les changements provoqués par l'homme, qui ressortaient avec évidence de l'élevage sélectif, et réalisa qu'ils étaient équivalents à l'évolution d'une espèce en une autre. De plus, il estima qu'une espèce devait disparaître si elle n'était plus adaptée à son environnement. Puis, fin 1838, alors qu'il mûrissait toutes ces questions, Darwin lut *An Essay on the Principle of Population* du pasteur anglican et économiste politique Thomas Malthus. Dans cet ouvrage paru en 1798, Malthus avait assuré qu'à moins que l'accroissement de la population ne soit contrôlé, son rythme dépasserait tout accroissement possible de la production alimentaire. Qui plus est, Malthus avait également signalé que, si rien ne lui était opposé, la population doublerait tous les vingt-cinq ans. Ces thèses fournirent à Darwin l'argument décisif dont il avait besoin. Il comprit que les espèces qui survivaient devaient être celles qui étaient le mieux adaptées à leur milieu, et que les forces en œuvre étaient si puissantes qu'elles ouvraient des brèches dans la population animale, en éliminant les espèces qui subissaient des variations les rendant inadaptées à l'environnement. Ces vides étaient alors comblés par les espèces que les variations avaient rendues mieux adaptées. C'était une affaire de sélection naturelle des espèces les mieux adaptées pour survivre dans un environnement modifié.

En juillet 1858, Darwin commença la rédaction de *On the Origin of Species by Means of Natural Selection, or the Preservation of Favoured Races in the Struggle for Life.* Il y exprima ses idées et fut en mesure, grâce à sa théorie de l'évolution par la sélection naturelle, de fournir une explication aux mutations des espèces. Lamarck avait estimé qu'une «sensibilité intérieure» devait être le facteur agissant; Darwin fournit une cause physique solide. En fait, il fit pour la biologie ce que Newton avait fait pour les sciences physiques : il appliqua une loi naturelle pour relier une masse considérable de faits d'origines diverses. Il n'était plus besoin d'un acte particulier de création divine pour chaque espèce; sa forme particulière était due à des causes naturelles.

Sur une théorie de l'adaptation, proposée dans la Grèce antique, voir page 105.

Non seulement *l'Origine des espèces* fut le best-seller de 1859, mais, grâce à ses démonstrations minutieuses, l'ouvrage faisait de l'évolution un concept scientifique acceptable. Il souleva aussi une tempête de protestations, en particulier de la part de gens qui ne pouvaient ou ne voulaient suivre le détail des démonstrations; parmi eux, les plus bruyants étaient les gens qui s'en tenaient à une interprétation littérale du récit biblique de la Création. Darwin avait heureusement des amis éloquents et bien informés, dont Charles Lyell, Alfred Russel Wallace (qui, Darwin le savait, était parvenu indépendamment aux mêmes conclusions), le botaniste Joseph Hooker et, le plus important de tous, l'anatomiste et anthropologiste Thomas Henry Huxley. Bien entendu, quelques scientifiques refusèrent la théorie pour des motifs purement scientifiques; parmi ceux-ci figuraient Louis Agassiz, un paléontologiste suisse, élève de Cuvier, et le physicien lord Kelvin (William Thomson). Kelvin avait accepté une échelle de temps très étendue pour l'âge de la Terre, mais les calculs qu'il avait faits sur sa vitesse de refroidissement lui semblaient devoir limiter cet âge à 100 millions d'années, ce qui était trop court pour l'évolution darwinienne. Nous savons aujourd'hui que, faute de certains facteurs qui ne furent connus que plus tard, les calculs de Kelvin étaient erronés, mais il ne semble pas que ses critiques aient eu beaucoup de poids à l'époque.

Illustration page 547.

Sur Kelvin, voir page 578; sur la résolution de ce point, voir page 614.

Du fait de sa grande réputation, Richard Owen était un adversaire beaucoup plus sérieux, tout comme un autre personnage public qui s'éleva contre Darwin : l'évêque d'Oxford, Samuel Wilberforce. Tous deux participèrent au débat qui eut lieu en 1860 à Oxford, lors de la réunion annuelle de la British Association. Comme la controverse autour du livre de Darwin avait suscité l'intérêt du grand public, un débat public fut ouvert, auquel Darwin lui-même n'assista pas. La défense reposait avant tout sur Huxley, tandis que les antiévolutionnistes étaient conduits par Owen et Wilberforce. Très vite, Huxley croisa le fer avec Owen sur des points techniques, car *l'Origine des espèces* était un rejet implicite de la classification des mammifères d'Owen. Toutefois, le véritable choc se produisit avec Wilberforce. Owen avait donné des directives à Wilberforce, que celui-ci n'avait peut-être pas saisies, à moins que les instructions données n'aient été inadéquates; toujours est-il qu'il proféra un certain nombre d'erreurs scientifiques, qu'il couronna d'une question aussi lourde qu'impertinente à l'adresse de Huxley : était-ce du côté de sa famille paternelle ou de sa famille maternelle qu'il avait un singe pour ancêtre? Le public l'ayant pressé de répondre, Huxley commença par corriger avec soin les erreurs scientifiques émises par l'évêque et termina en déclarant que, pour sa part, il préférerait être apparenté à un singe plutôt qu'à un homme à l'intelligence éprouvée mais qui faisait usage de son cerveau pour dénaturer la vérité; cette réplique déchaîna le public déjà survolté. Les évolutionnistes avaient gagné une bataille et clairement signifié que l'opposition d'une Église mal informée ne serait pas tolérée.

Né en 1825, Huxley avait seize ans de moins que Darwin; il devint son plus puissant avocat, «le bulldog de Darwin», l'avait-on surnommé. Le moment arriva où Huxley fut en mesure de démontrer très clairement que la différence entre l'homme et les grands singes était moindre que celle entre les grands singes et les primates inférieurs; au prix d'un travail méticuleux d'anthropologiste et d'un traitement scientifique soigneux de l'homme en tant qu'animal zoologique, il fit beaucoup pour promouvoir la thèse évolutionniste, à la fois au sein de la communauté scientifique et dans le grand public. Il usa également de toute son influence pour obtenir qu'un enseignement scientifique correct fût instauré en Angleterre, en soulignant son importance à tous les niveaux de l'instruction et la nécessité que les collèges et universités fussent pourvus de laboratoires où les étudiants pourraient contrôler par eux-mêmes ce qu'on leur apprenait et s'essayer à la pratique de la méthode scientifique.

En ce qui concerne la religion, Huxley était agnostique. Il avait grande estime pour les qualités littéraires de la Bible qu'il considérait comme la «Carta magna du pauvre et de l'opprimé, au moins dans les passages qui soutiennent le concept de vertu». Quant à Darwin, il devint progressivement agnostique. Toutefois, lorsque Karl Marx lui écrivit pour

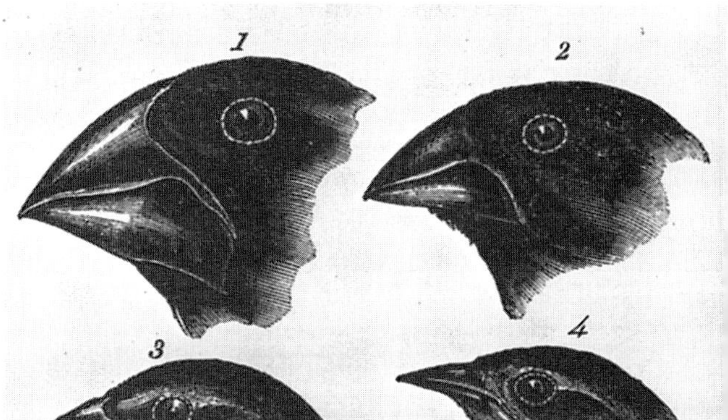
1
2
3
4

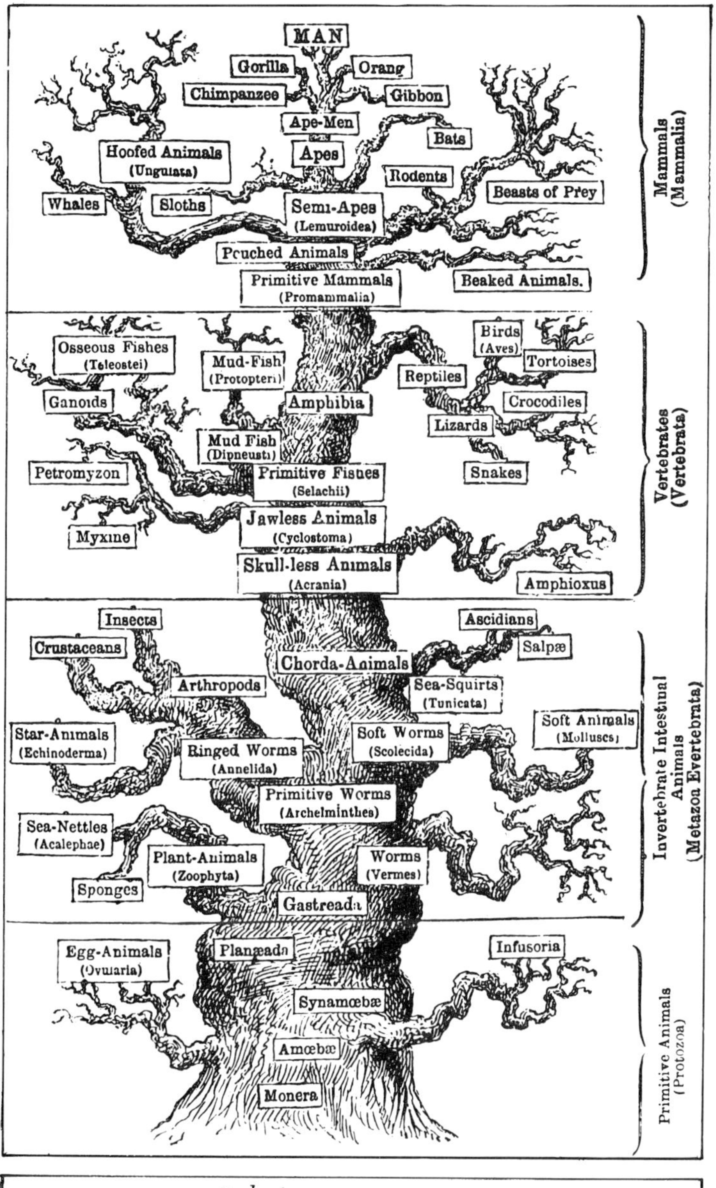

A gauche. L'arbre généalogique de l'homme tel que l'envisagea Ernst Haeckel (1834-1919) dans son *Évolution de l'homme,* 1879. Haeckel fut le premier avocat du darwinisme en Allemagne et l'auteur du premier «arbre évolutionniste» de ce type.

Ci-dessous, à gauche. La coloration mimétique des insectes, provoquée par l'acquisition évolutionniste d'une apparence extérieure de dissuasion à l'égard des prédateurs, d'après *Darwinisme,* 1889, d'Alfred Russel Wallace (1823-1913). En 1858, Wallace proposa le concept de «survie des mieux adaptés» pour expliquer l'origine des espèces, ce qui incita Darwin à publier ses propres théories. Dans ses travaux ultérieurs, Wallace parvint à introduire la religion et le spiritualisme dans sa théorie de la sélection naturelle.

Page 546, en haut. Le jardin botanique et zoologique du roi, à Paris, où Jean-Baptiste de Lamarck (1744-1827) travailla après 1788.

En bas à gauche. Charles Darwin (1809-1882), croquis de 1878. National Portrait Gallery, Londres.

En bas à droite. Différences dans la formation du bec de fringillidés, observées dans les îles Galapagos; selon Darwin, ces différences se seraient produites pour que les fringillidés soient mieux adaptés à leur habitat. Extrait de son *Voyage of HMS Beagle,* 1839.

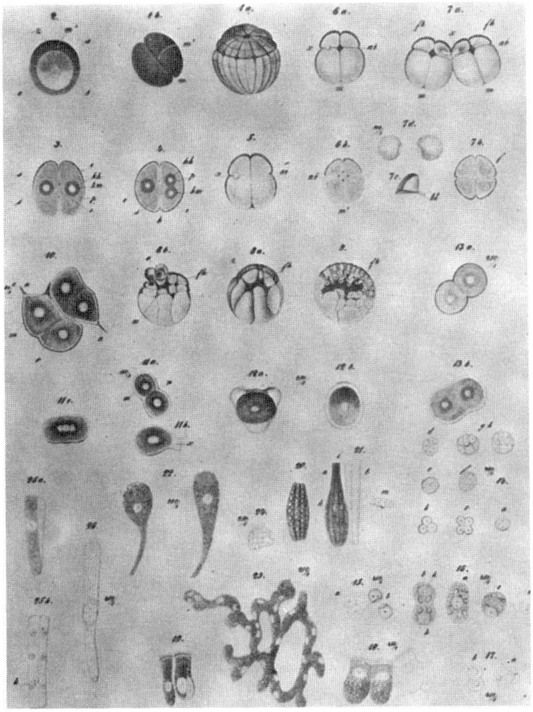

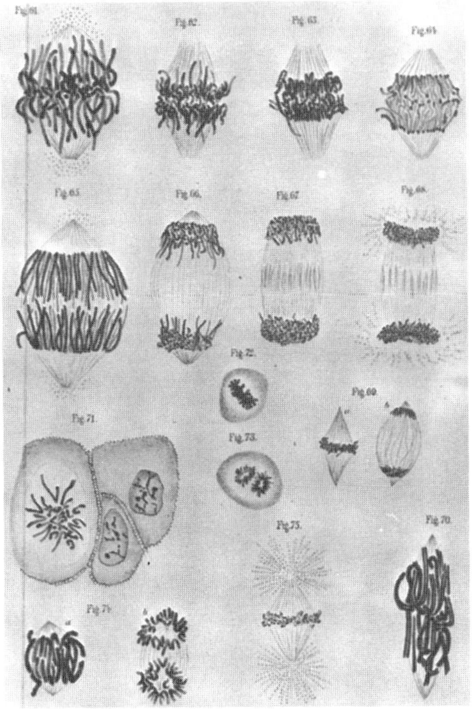

Sections in the pits at St. Acheul : side nearest the Cagny road.

W. Fig. 5. E.

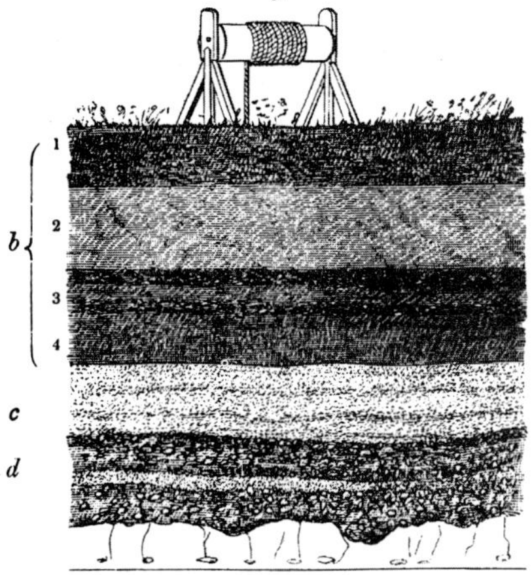

W. Fig. 6 E.

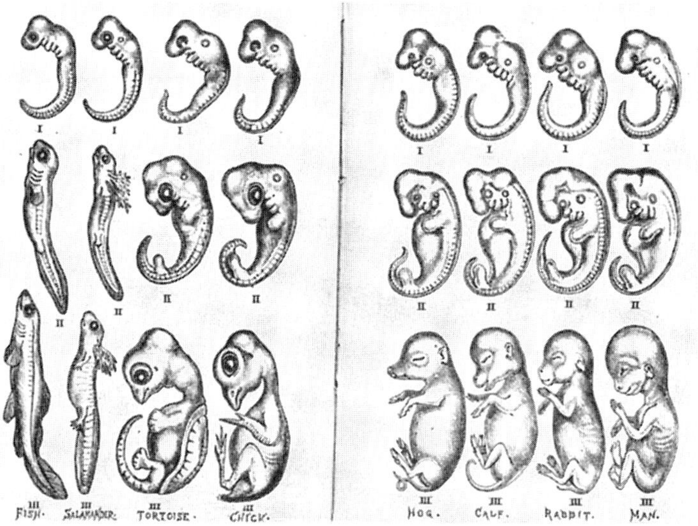

A gauche. Développements comparés des embryons d'un certain nombre de différentes espèces, extrait de *Darwin and After Darwin,* de George Romanes (1848-1894), un Anglais ami de Darwin.

A gauche. Louis Pasteur (1822-1885) dans son laboratoire. Musée du Louvre, Paris.

Page 548, en haut à droite. Le comportement des chromosomes pendant la division cellulaire du lis. *Zellsubstanz, Kern und Zelltheilung,* 1882, de Walther Fleming.

En haut à gauche. Phases du développement cellulaire. *Untersuchungen,* 1855, de Robert Remak (1815-1892).

En bas. Coupe transversale de feuilles à Saint-Acheul, dans le nord de la France, où des vestiges de mammifères, aujourd'hui disparus, et des instruments en silex furent trouvés à la fin des années 1850. A partir de cette découverte se développa la technique de datation des vestiges fossiles, en les reliant aux strates géologiques dans lesquelles ils avaient été trouvés.

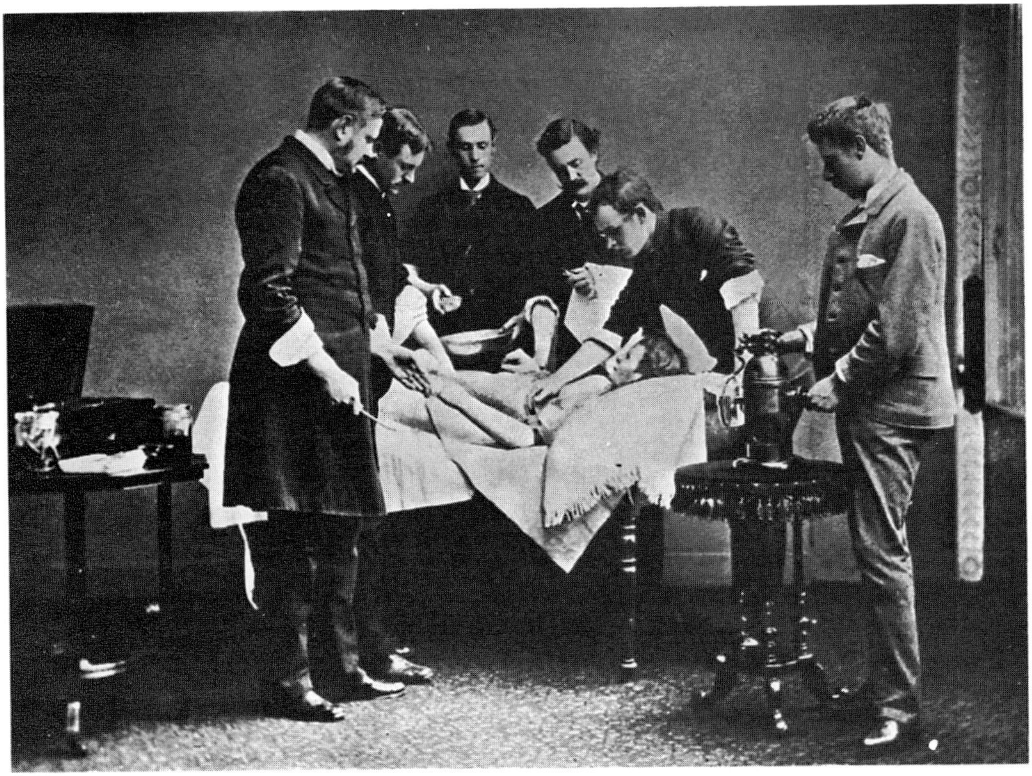

John Dalton,

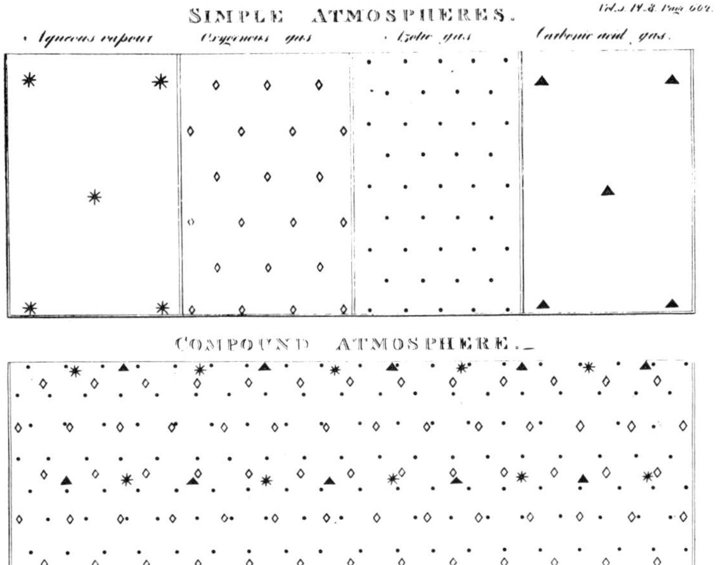
SIMPLE ATMOSPHERES.
Aqueous vapour
Oxygenous gas
Azote gas
Carbonic acid gas
COMPOUND ATMOSPHERE.

demander l'autorisation de lui dédier l'édition anglaise de *Das Kapital,* Darwin refusa car il ne souhaitait pas être associé «à des attaques contre la religion». A présent, hélas, Darwin était un homme malade; au retour de son voyage sur le *Beagle,* sa santé avait commencé de se détériorer, par suite d'une trypanosomiase qu'il avait contractée dans les Andes; *The Origin of Species* et tous ses travaux ultérieurs, y compris *Descent of Man* (1871) et cinq ouvrages de botanique, furent écrits dans les souffrances permanentes dues à une maladie débilitante. Ce qui explique qu'il ait vécu retiré, entouré de sa famille, et qu'il ait évité les apparitions en public. Malgré cela, sa réputation grandissait toujours et, lorsqu'il mourut en 1882, une autorisation spéciale permit de l'enterrer à l'abbaye de Westminster.

Page 550, en haut. Une des premières photographies d'une opération en cours; l'assistant placé à droite vaporise du phénol, découvert en 1869 par Joseph Lister, pour prévenir une infection bactérienne.

En bas à gauche. Le chimiste anglais John Dalton (1766-1844). Gravure à l'eau-forte.

En bas à droite. Diagramme de Dalton sur le mélange de gaz distincts dans l'atmosphère, 1802.

La biologie

La théorie cellulaire

La biologie pure fit de grands progrès pendant le XIXe siècle : différents processus physiologiques furent examinés beaucoup plus en détail sur la base de ce que nous pourrions appeler le concept de la «machine animale», et des études furent menées sur des sujets du même ordre, tels que l'homochromie et le mimétisme. Mais, de tous ces progrès, il en est deux qui eurent un effet déterminant sur les travaux du siècle suivant : la théorie cellulaire et la question de la génération spontanée de la vie.

La première utilisation du mot «cellule» par Hooke a déjà été signalée, mais la théorie cellulaire, telle qu'elle se développa au XIXe siècle, dépassait le problème de la définition de la matière limitée à un domaine spécifique; elle essayait de s'attaquer au problème fondamental : «Qu'est-ce qu'un organisme?» Les premiers assauts relatifs à ce problème furent livrés en France où, vers 1800, des médecins associèrent les autopsies à une description clinique de l'état des corps, rendant ainsi possible la localisation de la zone où les choses avaient mal tourné. Cette pratique conduisit à son tour à un examen détaillé des organes eux-mêmes. Dans ce domaine, le pionnier fut Xavier Bichat (1771-1802) qui n'identifia pas moins de vingt et un types de tissu : muqueux, fibreux, etc. dans les organes, et releva leur répartition. Il fallut attendre au-delà des années 1830 et l'arrivée de bons microscopes

Sur Hooke, voir page 512.

achromatiques pour aborder l'étape suivante. Grâce surtout aux travaux d'Ernst Abbe et à ceux de l'opticien Carl Zeiss, les microscopes optiques furent développés au point que, dans les années 1880, ils permettaient de distinguer des particules qui n'avaient pas plus de 2 millièmes de millimètre d'épaisseur; l'instrument avait alors presque atteint sa limite théorique de résolution.

Avec l'avènement du microscope achromatique, les principales idées de la théorie cellulaire purent être formulées. Elles le furent par deux hommes : Matthias Schleiden et Theodor Schwann. Homme de loi, devenu plus tard un professeur de botanique à Iéna, arrogant mais fort compétent, Schleiden réagit contre la systématisation aride à laquelle se réduisait alors la botanique et, dans un article sur la phytogenèse (l'origine des végétaux), il précisa que la cellule était l'unité essentielle de l'organisme vivant. Calme, simple et pieux, d'un caractère totalement différent, Theodor Schwann poussa ses recherches au-delà de celles de Schleiden. Orienté vers l'étude des structures élémentaires des tissus animaux, qui sont plus difficiles à observer que ceux des végétaux, il découvrit néanmoins que leur développement était semblable à celui des tissus végétaux. Schwann travailla également sur les œufs, dont ceux des mammifères, découverts en 1828 par Karl Ernst von Baer, et parvint à la conclusion que les œufs sont essentiellement des cellules, même si nombre d'entre eux, comme les œufs de poule, sont extrêmement volumineux. Ainsi, Schleiden et Schwann lancèrent le concept de développement cellulaire commun et stimulèrent de ce fait un grand nombre de recherches, bien qu'ils se fussent trompés quand ils crurent que les cellules elles-mêmes étaient formées par un processus purement chimique.

Dans les années 1830, la Naturphilosophie triomphait en Allemagne. Là, soucieux de trouver une unité susceptible de donner naissance à l'immense diversité des organismes vivants, Lorenz Oken s'empara de la cellule qu'il présenta comme cette unité, en usant d'arguments philosophiques et en dédaignant l'observation microscopique. Néanmoins, la recherche scientifique fut stimulée; on entreprit en particulier des études sur les changements embryonnaires individuels qui se produisent dans les œufs, en utilisant une technique minutieuse d'observation microscopique. Cette technique permit à Robert Remak et à Rudolf Albert von Kolliker de démontrer que de tels développements se font par division cellulaire.

Illustration page 548.

Cependant, les principaux triomphes de la théorie cellulaire n'intervinrent pas avant la seconde moitié du XIXe siècle. D'abord, Rudolf Virchow, professeur d'anatomie pathologique à Berlin, microscopiste et chef de file de la médecine allemande, commença d'explorer les cellules dans les tissus vivants et publia, en 1858, son importante *Pathologie cellulaire.* Il y critiquait la théorie de Schleiden-Schwann sur la formation des cellules et aboutissait à la proposition que les cellules ne peuvent provenir que de cellules préexistantes. Virchow poursuivait en démontrant que les cellules «sont le dernier maillon de la grande chaîne de formations subordonnées qui forment les tissus, les organes, les systèmes et l'individu». Il voyait la cellule comme une unité richement différenciée, l'irréductible centre organisé de l'activité dans le corps. Cependant, en dépit de ce plaidoyer, la nécessité demeurait toujours de démontrer de façon concluante que la cellule était réellement l'unité fonctionnelle fondamentale. Sur ce point, le physiologiste français Claude Bernard (1813-1878) joua un rôle déterminant. Dans toutes ses recherches – il réalisa des travaux de qualité sur la digestion, la physiologie des nerfs et les substances toxiques –, Claude Bernard chercha à démontrer l'unité vitale de tous les organismes. Il penchait certainement pour les idées de Schwann plutôt que pour celles de Virchow, mais, néanmoins, la vue d'ensemble de la totalité de l'organisme qu'il traça fut importante, car elle montrait clairement les rapports entre les cellules et les tissus, ainsi que les interactions entre les cellules et les liquides du corps qui les entourent.

En dépit des contributions de Virchow et de Claude Bernard, il restait beaucoup à faire, et c'est à ce stade que les embryologistes apportèrent leur contribution particulière. Ils s'étaient d'abord attelés à la tâche de démolir la théorie de la préformation, qu'ils remplacèrent par celle de l'épigenèse, selon laquelle, à partir de l'œuf, plus ou moins simple, il se produisait un développement organique direct qui aboutissait à une complexité croissante. Cette nouvelle théorie s'appuya d'abord sur la constatation qu'aucun œuf de mammifère ne peut se développer sans la présence de sperme, puis sur l'observation, faite en 1843, de la présence de sperme à l'intérieur de l'œuf. Néanmoins, les chercheurs n'avaient toujours pas compris quelle était l'action du sperme, l'explication généralement admise étant alors que la présence du sperme déclenchait simplement le développement de l'œuf. Les idées n'évoluèrent pas jusqu'aux années 1876-1877; à cette date, Oskar Hertwig et Hermann Fol furent enfin en mesure de démontrer la présence de deux noyaux, et non d'un seul, dans l'œuf fécondé, l'un mâle et l'autre femelle. Cette découverte transférait de la cellule à son noyau l'origine de l'unité qui reliait les générations successives d'animaux et de végétaux. Une découverte capitale.

Les biologistes partirent alors en chasse d'un élément, peut-être une substance chimiquement définie, qui pourrait être transféré du sperme à l'œuf. Dès lors, ils commencèrent à procéder à des examens microscopiques minutieux du noyau cellulaire, ce qui n'était pas facile. Il fallait utiliser des colorants puissants pour que les éléments transparents ressortent dans le champ du microscope. Néanmoins, ce travail déboucha sur une découverte : la présence de structures semblables à de fins filaments pendant la division cellulaire. On découvrit aussi que c'étaient ces structures qui étaient transférées quand les cellules se divisaient. Comme la chromatine était le colorant utilisé pour les rendre visibles, Wilhelm von Waldeyer-Hartz leur donna le nom de «chromosomes».

Illustration page 548.

La génération spontanée de la vie

Dès les temps les plus reculés, l'homme s'était livré à des spéculations sur la façon dont la vie peut débuter. La viande en putréfaction engendrait des asticots, les puces et les poux étaient associés à l'humidité et à la saleté, et il semblait que l'action combinée de la chaleur, de l'eau, de l'air et de la putréfaction pouvait engendrer spontanément la vie. Néanmoins, au XVIIe siècle, cette croyance presque universelle fut remise en cause. Francesco Redi, médecin à la cour de Toscane, étudia l'ensemble du problème dans ses *Expériences sur la génération des insectes* (1668). Avec une rare perspicacité, Redi suggéra que les asticots qui apparaissaient sur la matière en décomposition provenaient d'une manière ou d'une autre de l'extérieur, et des expériences sur ce matériau l'amenèrent à la conclusion que les asticots et les vers proviennent d'œufs. Il imagina donc d'autres expériences, pour lesquelles le matériau en putréfaction était recouvert de gaze de Naples très fine, et put alors constater que des œufs avaient été déposés sur la gaze. Ce qui démontrait de façon concluante que les asticots n'étaient pas engendrés par la matière en décomposition. Étrangement pourtant, Redi croyait que les larves pouvaient apparaître dans les fruits, les légumes et les feuilles. Leeuwenhoek se livra lui aussi à des recherches qui lui permirent de réduire à néant l'idée que les moules comestibles naissaient du sable et il démontra qu'elles provenaient du frai.

Sur Leeuwenhoek, voir page 517.

Malgré les recherches de Redi et Leeuwenhoek, l'idée de génération spontanée était trop profondément enracinée pour mourir; de ce fait, les opinions des chefs de file des chercheurs du siècle suivant, John Needham et Lazzaro Spallanzani, ne furent guère en accord. Né à Londres en 1713, de parents catholiques romains, Needham (1713-1781) passa la plus grande partie de sa vie en Belgique et fut nommé premier directeur de l'Académie royale de Belgique. Prêtre séculier, il débattit avec Voltaire à propos des miracles, mais sa notoriété repose sur deux expériences sur la génération spontanée, qui furent publiées dans les *Philosophical Transactions* de la British Royal Society et dans les derniers volumes de l'*Histoire naturelle* de Buffon. Pour la première expérience, Needham plaça une amande dans un bocal empli d'eau et hermétiquement bouché. Après un certain temps, il s'aperçut qu'une partie de l'amande avait pourri et observa que des particules microscopiques flottaient autour; puis elles se fixèrent sur les parois du récipient. Il en conclut qu'elles provenaient de l'«infusion» d'amande et d'eau, et non de l'air. Sa seconde expérience, faite avec du jus chaud de mouton, fut encore plus significative. Il versa le jus dans un flacon (qui, bien sûr, n'avait pas été stérilisé) et, quelques jours plus tard, constata que le jus grouillait de vie. Ce qui le conduisit à l'idée qu'il existe une force végétative; présente dans chaque minuscule fragment de matière et dans chaque filament, elle intervient pour former l'animal entier. Cette idée s'accordait bien avec sa conception plus générale, selon laquelle tout animal était constitué de particules organiques, elles-mêmes indestructibles.

Né en Italie près de Modène, Lazzaro Spallanzani (1729-1799) enseigna dans cette ville, ainsi qu'à Pavie, et effectua d'intéressantes recherches en physiologie, particulièrement sur la digestion. Microscopiste compétent, il publia en 1765 un compte rendu de son travail sur la génération spontanée et, en 1776, ses *Observations et Expériences sur les animalcules des infusions*. Opposé aux idées de Needham et de Buffon, il effectua ses expériences en utilisant des flacons en verre; il découvrit que les «animalcules» arrivaient d'autant plus rapidement que le flacon était plus grand, et que, lorsqu'une infusion n'en contenait pas, il lui suffisait de fêler le verre pour les voir rapidement apparaître. Ensuite, il réfuta les idées de Needham en montrant que, lorsque les flacons étaient hermétiquement bouchés après avoir été chauffés pendant un certain temps, aucun animalcule n'apparaissait. Des tests comparatifs avec des flacons au goulot en forme de tube capillaire, dont certains étaient scellés et les autres demeuraient ouverts, démontrèrent clairement que l'air était un facteur vital du développement de ces petites créatures, que Spallanzani classa en deux ordres : l'ordre supérieur comprenait les animalcules qui étaient détruits lorsque l'infusion était portée au point d'ébullition pendant une demi-minute; ceux de l'ordre inférieur survivaient à une demi-heure d'ébullition. Ces derniers étaient probablement des bactéries.

A l'aube du XIXe siècle, la question fut reprise et approfondie par un certain nombre de chercheurs. Le chimiste et agronome allemand, Franz Schultze, né en 1815 à Naumburg, imagina une expérience plus ingénieuse : il répartit une infusion végétale entre deux flacons, dont l'un, après avoir été ébouillanté, restait ensuite ouvert à l'air, tandis que l'autre était ajusté à un dispositif qui permettait à de l'air de circuler dans le flacon à travers de l'acide sulfurique. L'air y était changé deux fois par jour mais, au bout de deux mois, aucun «animalcule» (micro-organisme) n'y était apparu, alors que les animalcules prospéraient dans le flacon témoin. Quand le flacon sans micro-organismes fut ouvert à l'air, il fut également envahi d'êtres vivants. L'expérience démontrait que l'air contenu dans le flacon n'était pas, en soi, la cause de la génération de la vie. Cependant, certains chercheurs critiquèrent l'expérience de Schultze, car, lorsqu'ils la refirent, ils n'obtinrent pas les mêmes résultats; il est manifeste aujourd'hui que cet échec provenait d'un manque de soin.

La question fut également reprise par Theodor Schwann. En 1836, date de l'expérience de Schultze, Schwann utilisa un grand ballon et un peu d'infusion. Le ballon fut scellé et placé pendant 15 minutes dans de l'eau en ébullition; aucun micro-organisme n'apparut. D'après certains critiques, Schwann avait pu altérer l'oxygène de l'air; selon d'autres, la matière organique avait pu libérer du dioxyde de carbone pendant le chauffage et ce gaz pouvait avoir inhibé la croissance. Schwann fit alors en sorte d'évacuer tout le dioxyde de carbone, sans pour autant désarmer la critique. Il repensa donc toute l'expérience et, en 1837, il en réalisa une semblable à celle de Schultze, au cours de laquelle l'air était renouvelé en permanence; néanmoins, dans cette nouvelle expérience de Schwann, l'air était chauffé avant d'être introduit dans le flacon. Ce protocole réduisit les critiques au silence, et prouva de façon concluante que ce n'était pas l'air lui-même qui provoquait la putréfaction, mais un élément présent dans l'air et que la chaleur détruisait.

Cependant, en dépit de tous les travaux accomplis, en 1858,

le biologiste Félix Pouchet croyait encore à la génération spontanée et soumit à l'Académie des sciences un article dans lequel il déclarait avoir prouvé sa thèse. L'année suivante, il publia un livre : *Hétérogénie ou Traité de la génération spontanée appuyé sur de nouvelles expériences.* Le leitmotiv de cet ouvrage était l'existence d'une force vitale dont la présence était indispensable de telle sorte qu'alors qu'aucun sel minéral ne pourrait jamais engendrer la vie ce phénomène devait forcément se produire lorsque le matériau récepteur avait auparavant été vivant. C'est seulement au cours de la seconde moitié du siècle que le problème fut entièrement et définitivement résolu grâce aux travaux de Pasteur et de Tyndall.

Illustration page 549.

Né à Dole dans l'est de la France, Louis Pasteur (1822-1895) était le fils d'un tanneur. Étudiant moyen, il fit ses études de chimie à la Sorbonne, puis travailla quelque temps sur la structure cristalline et sur les effets optiques des cristaux. En 1854, après avoir occupé la chaire de chimie de Strasbourg, il fut nommé professeur de chimie et doyen de la faculté des sciences, nouvellement créée, de l'université de Lille. L'industrie lilloise de la brasserie avait alors des problèmes avec la bière, qui devenait aigre après la fermentation. Pasteur accepta d'examiner la question. Ses recherches lui montrèrent que le phénomène était dû à la présence d'organismes vivants et, grâce à une série d'expériences précises et logiquement préméditées, il prouva que ces organismes étaient en suspension dans l'air. Il utilisa de l'eau coulant goutte à goutte dans un tube pour y faire pénétrer de l'air provenant de l'extérieur du laboratoire; cet air extérieur passait à travers de la bourre de coton-poudre (cellulose nitrée). Après que l'air l'eut traversé, le coton fut dissous dans de l'alcool et de l'éther, et Pasteur examina la «poussière» au microscope. Il observa des corps ovales microscopiques, dont on ne pouvait dire s'ils différaient d'œufs d'animalcules ou de végétaux. Grâce à cette série d'expériences, Pasteur fut en mesure de démontrer que le nombre de «corps organisés» dépendait du mouvement, de l'humidité et de la température de l'air, ainsi que de la hauteur par rapport au sol à laquelle il était introduit. Par conséquent, ces corps n'étaient pas le fruit du hasard. Pasteur refit également les expériences de Schwann, avec un plein succès, et publia en 1861 un *Mémoire sur les animalcules vivant sans oxygène libre et déterminant des fermentations.*

Pasteur effectua ensuite une autre série d'expériences pour étudier la putréfaction. Il utilisa une infusion stérile contenant de l'air préalablement chauffé et démontra que la putréfaction se produisait invariablement lorsque de la «poussière de coton-poudre» y était introduite. Il prouva ensuite qu'une infusion pouvait être stérilisée et demeurer stérile dans un flacon ouvert à l'air, à condition que le col du flacon fût assez étiré pour être très étroit et qu'il fût dirigé vers le bas. Ce qui démontrait que les «corpuscules» avaient un poids. Enfin, il démontra que les corpuscules n'étaient pas uniformément répartis dans l'air et compara leur nombre dans divers emplacements et sous différentes conditions.

Pouchet, dont les travaux suivaient des voies similaires, rejeta les résultats de Pasteur, lorsqu'ils furent publiés, et la situation qui s'ensuivit devint si sérieuse que l'Académie des sciences désigna un comité officiel pour étudier l'affaire; le comité se prononça en faveur de Pasteur. Malgré cela, des objections continuèrent de s'élever, notamment celles d'Henry Bastian, professeur d'anatomie pathologique au University College de Londres. En 1872, Bastian publia *Beginnings of Life;* dans cet ouvrage, il soutenait avec emphase la vieille idée selon laquelle la vie pouvait surgir de la matière inerte. Bien entendu, sa thèse était erronée, mais ses expériences attirèrent l'attention sur le fait que quelques micro-organismes étaient plus résistants que d'autres à la chaleur et, comme Pasteur le reconnut, ce constat l'aida dans ses travaux ultérieurs.

L'abandon définitif de la théorie de la génération spontanée n'intervint pas avant un certain temps. Bastian et d'autres chercheurs refusaient de céder mais, dans les années 1880, une aide inattendue vint confirmer la théorie des micro-organismes. Elle provenait de la Royal Institution de Londres; fondée en 1799, l'Institution avait pour objectif d'être «un centre d'attraction philosophique et littéraire», afin d'instruire les adultes et les jeunes (ses cours de Noël, destinés à «un auditoire jeune», sont toujours une de ses principales caractéristiques) et de travailler à ce que la science et la technique soient appliquées pour servir au bien général de la société. Ses efforts portaient essentiellement sur les sciences physiques et l'Institution n'était pas équipée pour la biologie. Ce fut le professeur de philosophie de la Nature, John Tyndall, qui intervint dans le conflit relatif à la génération spontanée, cette initiative faisant suite aux résultats de certaines recherches qu'il effectuait en physique sur la chaleur rayonnante et sur les gaz. L'air et les gaz qu'il utilisait pour ses expériences devaient être exempts de particules en suspension; cette expérience le conduisit à découvrir que la présence ou l'absence de telles particules pouvaient être mises en évidence par un rayon lumineux intense, et que les particules, lorsqu'il y en avait, pouvaient être éliminées en faisant passer le gaz ou l'air à travers une flamme. Comme la querelle sur la génération spontanée faisait rage, Tyndall décida de vérifier les faits par lui-même et prépara des infusions de bœuf, de mouton, de foie et d'autres substances; il en exposa certaines à l'air et conserva des échantillons dans des bocaux hermétiquement bouchés. Le point significatif, cependant, fut que ces infusions, dont la stérilisation prenait plus de deux heures dans son laboratoire de Londres, situé sous les toits, pouvaient être stérilisées en 5 minutes dans le laboratoire de Kew, distant de 11 kilomètres et sis à la campagne. Tyndall fit alors construire un nouveau laboratoire, situé 8 mètres plus haut que l'ancien, sur le toit de la Royal Institution, et le stérilisa du mieux qu'il put. Il obtint à nouveau un temps de stérilisation de 5 minutes. Il devint alors évident qu'il était si invraisemblable qu'une génération spontanée pût apparaître dans un des laboratoires et non dans l'autre que des micro-organismes en suspension dans l'air devaient être la cause de la putréfaction.

Au cours de ses expériences, Tyndall eut affaire à des solutions plus difficiles à stériliser que d'autres et il inventa une méthode qui prendra plus tard le nom de «tyndallisation»; elle consiste à chauffer une solution pendant un court laps de temps (une minute environ), puis à suspendre le chauffage avant de le reprendre, et à réitérer ensuite tout le processus. Cette technique permettait de stériliser en cinq courts chauffages une solution qui n'aurait pu l'être par une ébullition continue d'une heure. La chose paraissait très étrange jusqu'à ce que le botaniste et bactériologiste allemand, Ferdinand Cohn, s'aperçût qu'elle correspondait aux cycles de vie de micro-organismes en forme de bâtonnet, ou «bacilles» (du latin *bacillus,* petite baguette) qu'il avait découverts. Cohn, qui avait travaillé avec Pasteur, avait également découvert que les bacilles naissent de petits corps arrondis, ou spores, et que, tandis que les spores pouvaient résister à la chaleur, les bacilles y succombaient. La tyndallisation saisissait les micro-organismes à l'état de bacilles, avant qu'ils aient pu se reproduire.

Ces résultats étaient importants, non seulement parce qu'ils permirent d'en finir définitivement avec la théorie de la génération spontanée, mais aussi du fait de leurs autres implications. Ils conduisirent à une meilleure compréhension de la façon dont les maladies se transmettent et dont les plaies s'infectent; ils aidèrent aussi Pasteur dans ses recherches ultérieures, tels ses travaux sur le surissement du lait : il devenait évident que la «pasteurisation» – opération qui consiste à chauffer le lait à 65° pendant une demi-heure – détruisait les bacilles spécifiques en suspension dans l'air et liés au surissement. De même, en 1865, quand on demanda à Pasteur d'étudier une maladie qui tuait des millions de vers à soie dans le Midi de la France – un grave sujet d'inquiétude car la production de cocons avait diminué de 75 % et l'industrie de la soie était menacée –, il découvrit que la maladie était une infection bactérienne et fut aussitôt en mesure de proposer les précautions à prendre pour éviter l'extension du mal.

Encouragé par ses succès avec les vers à soie, Pasteur décida d'examiner deux maladies qui dévastaient le bétail et la volaille : le charbon et le choléra des poulets. Il découvrit que tous deux provenaient d'un bacille et se transmettaient d'un animal à l'autre, mais les effets de la maladie charbonneuse avaient des conséquences beaucoup plus étendues. C'était une maladie transmissible à l'homme, et la découverte de ses causes posa la question de savoir quelles autres maladies de l'homme pourraient éventuellement être des infections bactériennes. En ce qui concerne Pasteur, sitôt qu'il eut diagnostiqué l'origine bacillaire de la maladie, son problème immédiat fut de trouver un traitement curatif, et il se tourna vers les travaux de Jenner sur l'inoculation, dans l'espoir d'étendre ses applications. La difficulté consistait à obtenir des bactéries qui immuniseraient le patient... sans le tuer. En 1880, il obtint une culture de choléra qui, avec le temps, était devenue moins virulente. C'était l'indication qu'il cherchait; en élevant des cultures de bactéries d'origine animale et en les filtrant ensuite, il obtint des vaccins sûrs, d'abord contre le charbon en 1881 et, l'année suivante, contre la redoutable maladie qu'est la rage. A ce moment, il n'était plus seul à effectuer ce type de recherches; d'autres biologistes se livraient à des travaux semblables et ils obtinrent bientôt des vaccins antitétaniques et antidiphtériques. De plus, des méthodes furent mises au point pour isoler des souches de bactéries et les cultiver en laboratoire, indépendamment de l'animal porteur; au XXe siècle, ces méthodes permettront d'obtenir de nombreux autres vaccins, dont ceux contre la poliomyélite et la typhoïde.

Beaucoup de médecins contestèrent les résultats obtenus par Pasteur, du moins au début. Ce ne fut pas le cas du chirurgien Joseph Lister, dont le père avait apporté certaines améliorations techniques au microscope. Né en 1827 à Upton, dans l'Essex, après des études au University College de

Londres, Lister travailla au University College Hospital, où il fut troublé par le nombre de décès, dus à une infection des plaies et à l'empoisonnement consécutif du sang, qui survenaient après des interventions, même mineures. Il fut confronté au même phénomène dans les hôpitaux militaires, pendant la guerre de Crimée, et à l'infirmerie de Glasgow, où il enseigna la chirurgie à partir de 1860. Il nota également qu'aucune infection ne se déclarait dans le cas de lésions internes. A l'époque où Lister ruminait ce problème, le médecin hongrois Ignác Semmelweis menait une offensive victorieuse contre ce même problème. Semmelweis avait remarqué que, dans une salle de la maternité de l'hôpital général de Vienne, 30% des femmes enceintes mouraient de fièvre, alors que, dans une autre salle, le taux de mortalité était dix fois moindre. Puis, alors qu'il procédait à l'autopsie d'un ami médecin, décédé à la suite d'une coupure survenue tandis qu'il pratiquait une autopsie, Semmelweis découvrit dans le corps de son ami des tissus malades, semblables à ceux des femmes enceintes décédées. Sachant que les patientes de la salle où le taux de mortalité était élevé recevaient les soins d'étudiants qui sortaient directement de la salle d'autopsie, il en conclut qu'ils portaient sur eux quelque infection. Malgré une forte opposition, il imposa une règle stricte : après avoir quitté la salle d'autopsie, les étudiants devaient se laver les mains au phénol et à l'eau avant de se rendre auprès des patientes. En moins d'un mois, le taux de mortalité dans la salle de maternité meurtrière tomba à moins d'un cinquième du chiffre antérieur. Semmelweis étendit alors ces procédures antiseptiques à tous les instruments utilisés pour les soins et enregistra encore des résultats positifs. Mais la proposition de créer une commission qui examinerait ses travaux échoua, en partie pour des raisons politiques, en partie à cause de l'opposition du corps médical, et le contrat de Semmelweis avec l'hôpital de Vienne ne fut pas renouvelé. Il retourna en Hongrie où ses succès se confirmèrent; il s'y fit une importante clientèle privée et, en 1861, publia enfin ses résultats. Malgré les précisions qu'il fournit, il ne rencontra qu'incrédulité; devenu tour à tour dépressif et agressif, Semmelweis mourut en 1865 dans un hospice, victime d'une infection généralisée due à l'infection d'un doigt lors d'une intervention chirurgicale.

Dès que les travaux de Pasteur sur les micro-organismes, cause de la putréfaction, eurent été publiés, Lister perçut immédiatement l'importance de cette découverte pour la chirurgie et commença de chercher une substance susceptible de tuer les bactéries de l'air sans affecter gravement les tissus du corps. En 1867, il découvrit qu'une solution de phénol était satisfaisante; en vaporisant la solution dans les salles d'opération et en faisant preuve d'intransigeance sur le chapitre de la propreté, il obtint une baisse spectaculaire des décès postopératoires.

Illustration page 550.

Les travaux de Lister sur l'asepsie coïncidèrent avec une autre innovation de la chirurgie en Occident : l'introduction des anesthésiques. En 1800, le chimiste Humphry Davy avait publié la découverte des propriétés anesthésiques de l'oxyde nitreux et, en 1845, le dentiste américain Horace Wells essaya ce gaz dans ce but pour les opérations dentaires, mais il lui parut peu sûr. Un de ses collègues, William Morton, cherchait un substitut plus efficace et le chimiste Charles Jackson, de Boston, proposa l'éther. Morton utilisa l'éther pour la première fois lors de l'extraction d'une dent, en 1846, et démontra son efficacité lors de l'opération d'une tumeur. L'usage de l'éther fut immédiatement adopté à Édimbourg par le chirurgien James Simpson qui, l'année suivante, le remplaça par le chloroforme qu'il trouvait plus satisfaisant et qui, de ce moment, devint l'anesthésique courant. La pratique de la chirurgie fut totalement révolutionnée par l'utilisation de l'anesthésie et de l'asepsie et, même si l'anesthésie ne fut pas le résultat direct de la recherche scientifique fondamentale du XIXe siècle, l'introduction de conditions antiseptiques et, plus tard, le développement de l'hygiène générale ainsi que la purification des réserves d'eau le furent certainement.

La chimie

Au cours du XIXe siècle, la chimie connut un développement considérable dans deux directions principales; la théorie atomique de la matière se renouvela sous une forme efficace et la chimie organique vit le jour. Toutes deux allaient avoir des conséquences étendues, non seulement sur la chimie elle-même, mais aussi sur la physique et la biologie.

La renaissance de la théorie atomique fut l'œuvre de John Dalton (1766-1844), un professeur et un quaker. Né à Eaglesfield, dans le Cumberland, où son père était tisserand, Dalton fut inscrit à l'école de son village où il semble qu'il ait remplacé sans grand succès un professeur, alors qu'il était âgé de 12 ans. Après avoir travaillé quelque temps comme ouvrier

Illustration page 550.

agricole sur des petites propriétés locales, à l'âge précoce de 15 ans il se rendit à Kendal pour y enseigner dans un internat. Cet établissement était bien doté d'ouvrages sur la science et d'un équipement scientifique qui comprenait un télescope, un microscope et une pompe pneumatique; il semble que ce fut là que Dalton fit son apprentissage scientifique, avec l'aide de John Gough, un naturaliste local. Dès cette époque, il commença de tenir un bulletin météorologique quotidien. En 1792, il avait assez progressé pour être nommé professeur du Nonconformist New College de Manchester, et il s'inscrivit à la Manchester Literary and Philosophical Society, une des plus anciennes sociétés savantes d'Angleterre.

Les travaux scientifiques de Dalton comprennent des observations sur l'aurore, les alizés et les causes de la pluie; il découvrit la loi d'addition des pressions partielles des mélanges gazeux et une autre loi sur l'expansion des gaz (cette dernière est connue sous le nom de loi de Charles, car elle fut découverte indépendamment et plus tôt, vers 1787, par Jacques Charles). Dalton fit aussi la première étude systématique de la dyschromatopsie, ou daltonisme, un défaut de la vue dont lui-même était affecté. Mais, bien entendu, ce fut sa théorie des atomes qui fut sa contribution la plus importante; fait curieux, il y fut conduit non par des études de chimie, mais par son intérêt pour la météorologie. Sachant que Lavoisier avait découvert que l'air était composé d'au moins deux gaz de poids différents, Dalton se posa quelques questions fondamentales sur l'atmosphère, des questions qui concernaient davantage l'aspect physique du sujet que son aspect chimique. Par exemple, dans quelles proportions ces gaz s'y trouvaient-ils? La vapeur d'eau présente dans l'air était-elle chimiquement combinée aux gaz ou seulement mélangée à eux? Enfin, on avait trouvé que la quantité de gaz absorbée par la vapeur d'eau différait selon les gaz; mais pourquoi? Quant à l'atmosphère elle-même, étant donné que ses deux gaz, l'oxygène et l'azote, avaient un poids différent, pourquoi la gravité ne séparait-elle pas le plus lourd du plus léger? Les enseignements que Dalton retira de l'examen des pressions résultant de combinaisons de gaz, joints à une réflexion logique relative aux problèmes mentionnés, le conduisirent à la conclusion que les gaz étaient mélangés mais non chimiquement combinés. La raison de ce phénomène était, pensait-il, le fait que la chaleur enveloppait toutes les particules de gaz (ou «atomes», ainsi qu'il les appelait), qu'elle les gardait distinctes et les empêchait ainsi de se fixer en groupes séparés. Puis Dalton élargit son idée en postulant que

Illustration page 550.

chaque gaz était composé de son propre type d'atomes; plus lourd était le gaz et plus lourds étaient ses atomes, et les atomes d'un type déterminé s'attiraient entre eux. En fin de compte, Dalton était parvenu à un concept efficace qui expliquait à la fois l'état de la matière et la raison pour laquelle une substance chimique différait d'une autre par le poids et, en fait, par son comportement chimique.

Il publia pour la première fois ses idées en 1803, dans un article sur l'absorption des gaz qu'il confia à la Manchester Literary and Philosophical Society, puis les fit connaître au cours de conférences qu'il donna à Londres et à Édimbourg. Mais la publication intégrale de la théorie ne parut pas sous son nom avant 1808, date à laquelle elle fut publiée dans son *New System of Chemical Philosophy*. Toutefois, elle avait été mentionnée l'année précédente par Thomas Thomson dans une nouvelle édition de son *System of Chemistry,* ce qui contribua à sa diffusion.

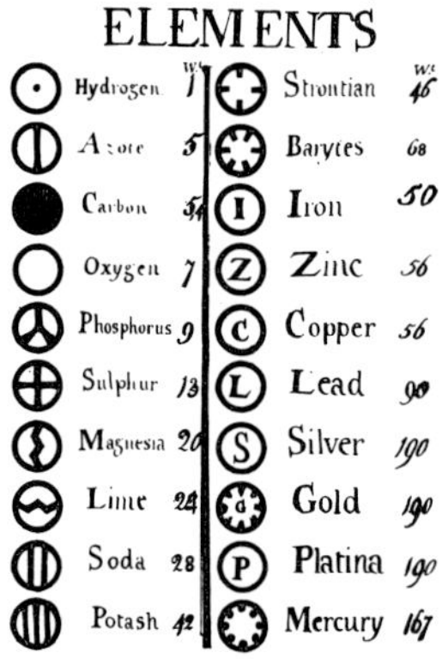

Liste originelle des poids atomiques des éléments, établie par Dalton.

Sur les atomistes grecs, voir pages 106-108; sur Boyle, voir pages 495-496.

Le fond de la théorie de Dalton n'était pas simplement que tous les éléments chimiques étaient composés de leur propre type d'atomes mais cette théorie stipulait aussi que les réactions chimiques ne faisaient pas davantage que séparer ou réunir ces particules élémentaires. «Aucune création nouvelle ou destruction de matière ne dépend de l'action chimique», écrivit-il. Cette théorie était mieux qu'une idée ingénieuse, comme la recherche ultérieure allait le montrer. Elle expliquait les lois quantitatives de la chimie. Car, bien que Dalton n'eût pu déterminer le poids d'un atome particulier de matière, étant donné qu'il ignorait combien de billions d'atomes il y avait dans un fragment particulier de matériau, il fut à même de mesurer les poids relatifs des atomes en postulant qu'un volume donné en contenait constamment le même nombre à une même température. Ce qui fournit aux chimistes une explication fondamentale simple, basée sur des règles définies. Bien entendu, une théorie des atomes n'était pas chose nouvelle; les Grecs avaient eu la leur et Boyle avait également adopté une idée atomique rudimentaire, mais celle de Dalton était proposée avec un degré de précision qu'aucune autre théorie atomique n'avait égalé jusqu'alors. Elle signifiait que les poids relatifs des atomes pouvaient être trouvés en pesant les substances qui entraient dans une réaction chimique, ce qui entraîna une révolution dans la précision et la compréhension.

Comme l'utilité et la validité de la théorie furent confirmées par la recherche ultérieure, le cercle de ses partisans s'agrandit. Parmi les têtes de file, qui contribuèrent à son adoption, figurent Gay-Lussac (1778-1850) et Amedeo Avogadro (1776-1856).

Louis Joseph Gay-Lussac naquit à Saint-Léonard, près de Limoges, et réussit à l'âge de 19 ans le concours d'entrée à l'École polytechnique, récemment créée. Il maintint les promesses de ses débuts, sous l'égide de Berthollet, en entrant à l'école, très fermée, des Ponts et Chaussées. A l'âge de 31 ans, il fut nommé professeur de chimie à l'École polytechnique et, des années plus tard, au jardin des Plantes. Avant d'occuper la chaire de chimie de l'École polytechnique, il avait effectué des ascensions en ballon, pour étudier les couches supérieures de l'atmosphère, ce qui le conduisit à poursuivre des recherches sur les propriétés des gaz en mélange; il fut secondé dans ces recherches par le naturaliste, explorateur et scientifique prussien, Alexander von Humboldt (1769-1859). Au cours de leurs recherches, Gay-Lussac et von Humboldt firent passer du courant électrique dans de l'eau, une expérience qui pouvait être reprise par d'autres chercheurs à présent que la source constante d'électricité de la pile de Volta était disponible. Plus tard, à Polytechnique, Gay-Lussac étendit ces travaux. En 1811, il avait rassemblé une somme suffisante de preuves expérimentales pour démontrer que non seulement l'eau était composée de deux parts d'hydrogène et d'une part d'oxygène, mais aussi qu'après examen d'autres substances il était clair que tous les gaz se mélangent en volumes qui sont en rapport simple entre eux. C'était, souligna-t-il, exactement ce à quoi l'on devait s'attendre si la théorie de Dalton était exacte.

Né à Turin en 1776, le comte Amedeo Avogadro était le fils d'un juriste et administrateur ecclésiastique en vue, et il commença par entamer la même carrière que son père. En 1806, son intérêt pour la science, en particulier pour les découvertes de Volta, l'amena à abandonner le droit pour se consacrer à la physique mathématique. Son nom reste lié à l'hypothèse célèbre qui élucida un problème que Gay-Lussac n'avait pas résolu. Les travaux de Gay-Lussac n'expliquaient pas pourquoi, lorsque des gaz se mélangent, ils semblent parfois occuper un espace moindre. Par exemple, lorsque deux volumes d'hydrogène et un volume d'oxygène se mélangent pour donner de la vapeur, celle-ci occupe moins d'espace que n'en occupaient l'hydrogène et l'oxygène séparés, ce qui n'aurait pas dû être si des volumes égaux de gaz contenaient des nombres égaux d'atomes. Toutefois, Avogadro se rendit compte que, lorsque les gaz étaient mélangés, les atomes pouvaient se combiner pour donner des groupes d'atomes. Ainsi, dans le cas de l'eau, deux volumes de paires d'atomes d'hydrogène combinés à un volume de paires d'atomes d'oxygène donnent deux volumes d'eau (ou, si l'on utilise les symboles : $2H_2 + O_2 = H_2O + H_2O$). Soit dit en passant, le mot «molécule» (du latin *molecula* = petite masse), utilisé de nos jours pour désigner un groupe d'atomes, fut forgé par Avogadro, encore que pour lui les atomes eussent été des «molécules élémentaires» et les combinaisons d'atomes des «molécules intégrales». Mais, quelle que soit la façon dont les groupements furent appelés, l'hypothèse d'Avogadro était importante, non seulement parce qu'elle expliquait une anomalie, mais aussi parce qu'elle traçait la voie de la mesure des poids atomiques plus précisément que ne l'avait permis la théorie originelle de Dalton. Avogadro s'enthousiasma pour cet aspect de son hypothèse, mais il ne disposait pas de suffisamment de faits pour aboutir aux résultats assurés qu'il voulait. Ce ne fut pas avant la fin des années 1850 que des faits probants furent recueillis en nombre suffisant. Stanislao Cannizzaro revit alors l'ensemble des informations disponibles et fut enfin à même de pratiquer une série de mesures satisfaisantes des poids atomiques.

Sur Lavoisier, voir pages 505-506.

Avec la précision dont la chimie disposait à présent, avec la nouvelle nomenclature que Lavoisier avait introduite vers la fin du XVIIIe siècle et la théorie atomique elle-même, il devenait de plus en plus souhaitable de disposer d'une forme de sténographie chimique, grâce à laquelle les chimistes pourraient décrire avec précision ce qui se passait au cours d'une réaction, comme nous venons de le faire pour l'hypothèse d'Avogadro. La théorie atomique était une occasion idéale d'y parvenir. Dalton lui-même montra le chemin en utilisant des symboles circulaires pour représenter les éléments concernés, ce qui présentait néanmoins des inconvénients. Ce fut le chimiste suédois Jöns Jakob Berzelius (1779-1848) qui inventa une méthode réellement satisfaisante. Sa sténographie chimique était la simplicité même et demeure la base de la méthode dont nous usons toujours; l'atome de chaque élément était représenté par la (ou les) première(s) lettre(s) de son nom. Ainsi, H représentait un atome d'hydrogène, O un atome d'oxygène, Zn un atome de zinc, et ainsi de suite. Cette méthode, remarquablement efficace, permettait de voir d'un coup d'œil ce qui se passait au cours d'une réaction chimique donnée.

Berzelius fit davantage qu'inventer un symbolisme chimique efficace. Il poursuivit également une tentative sérieuse pour mesurer les poids atomiques et, bien que certaines de ses valeurs aient dû être modifiées par la suite, ses mesures étaient généralement assez exactes pour fournir aux autres chimistes des valeurs auxquelles ils pouvaient se fier pour déterminer avec plus d'exactitude la composition des différentes substances. Lui-même découvrit aussi quelques substances nouvelles pendant qu'il analysait un grand nombre de composés chimiques, au cours du processus de mesure des poids atomiques. D'autres problèmes chimiques retinrent son attention. Il tenta d'aborder la question étrange posée par certaines substances qui, tout en étant chimiquement les mêmes, agissaient néanmoins de façons différentes; mais il était encore trop tôt pour y trouver une solution et Berzelius échoua sur ce point. Il forgea cependant le mot «protéine», à partir du grec *proteios* = primitif, car, même si ses propres recherches ne leur étaient pas consacrées, il apprécia leur importance chimique fondamentale.

Pendant que Berzelius et d'autres chimistes, en particulier Pierre Dulong et Alexis Petit, se vouaient essentiellement à la question des poids atomiques, d'autres s'attaquaient au défi que la pile électrique de Volta lançait à la chimie. Une partie de cette nouvelle électrochimie était l'utilisation de la pile pour décomposer les solutions chimiques. Nous avons déjà signalé son usage pour décomposer l'eau en hydrogène et en oxygène mais il fut ensuite étendu à d'autres solutions, en particulier par sir Humphry Davy. Né à Penzance en 1778, Davy entama des études de médecine, mais s'intéressa de façon croissante à la chimie. Après un apprentissage auprès d'un chirurgien et apothicaire très capable, il reçut, à l'âge de 20 ans, la direction de la Pneumatic Institution à Bristol. Fondée par le médecin Thomas Beddoes, qui décela immédiatement le génie de Davy, l'Institution avait pour but de soigner les maladies, en particulier la consomption (tuberculose pulmonaire), en utilisant des gaz de différentes sortes, d'où l'adjectif *«pneumatic»* qui qualifiait l'Institution. Davy résida trois ans à Bristol puis, en 1801, il quitta l'établissement pour la Royal Institution de Londres, où le champ de la recherche était plus vaste, ce changement faisant suite à sa découverte des propriétés enivrantes et anesthésiques de l'oxyde nitreux («gaz hilarant»). Un an après son installation à Londres comme assistant, il fut nommé professeur de chimie de l'Institution où il travailla avec des succès remarquables jusqu'en 1812, date de son mariage avec une veuve fortunée, date aussi de sa démission. Ce mariage ne fut pas heureux; par chance, Davy n'avait pas entièrement coupé les attaches avec l'Institution et il continua d'y faire de la recherche.

Illustration page 571.

De nos jours, le nom de Davy reste lié à son invention en 1815 de la lampe de sûreté des mineurs, qui fut la conséquence directe d'une commission d'enquête sur les gaz explosifs (grisou) dans les mines et intervint après qu'il eut quitté la Royal Institution où son temps était occupé par la seule recherche chimique pure. Davy découvrit un certain nombre de nouvelles substances et accomplit un travail de pionnier en chimie agronomique, mais son œuvre la plus importante fut ses études en électrochimie. Pour commencer, il utilisa la pile de Volta pour décomposer toutes sortes de solutions, une technique qui avait conduit à la découverte importante que les substances alcalines sont toutes des composés; ce fait, que l'on avait déjà pressenti, n'avait pu être démontré jusqu'alors. Davy poursuivit la recherche qu'il avait entamée en analysant des alcalis, tels que la potasse caustique (KOH) et la soude caustique (Na_2CO_3), et souligna que de telles analyses démontraient que Lavoisier s'était trompé lorsqu'il avait assuré que l'oxygène était le «principe acide». A grand renfort d'expériences plus poussées, très ingénieuses et conduites avec une précision exemplaire, il fut en mesure de démontrer que c'était la propriété d'une substance en solution de libérer des particules d'hydrogène électrifiées (ce que nous appelons aujourd'hui des «ions d'hydrogène») qui faisait d'elle un acide; en d'autres termes, l'hydrogène, et non l'oxygène, devait être considéré comme le «principe» essentiel d'un acide.

Davy n'utilisa pas seulement la pile électrique comme un outil de recherche mais fut également intrigué par les processus chimiques qui se déroulaient à l'intérieur de celle-ci. Ses «piles» étaient de véritables batteries de plaques de zinc et de cuivre dans de l'eau et, lorsqu'il examina leur action, il observa qu'elles ne produisaient pas d'électricité si l'eau était pure, mais seulement lorsqu'elle contenait une substance qui lui donnait la capacité d'ajouter de l'oxygène au zinc (c'est-à-dire de l'oxyder). Ce qui démontrait clairement que l'électricité pouvait être produite par un processus purement chimique; des expériences ultérieures, pour lesquelles il utilisa dans ses batteries des plaques faites en autres métaux, le conduisirent à la conclusion que «les attractions chimiques et électriques sont produites par la même cause». Autrement dit, que l'affinité chimique d'une substance pour une autre est semblable à l'attraction électrique entre les corps.

Davy jouissait d'une réputation internationale. En 1807, il reçut le prix Napoléon de l'Institut de France, bien que l'Angleterre et la France fussent alors en guerre et, entre

1813 et 1815, au cours d'un tour d'Europe, il voyagea en France et rendit visite à des savants français, grâce à une autorisation expresse de Napoléon. Fait intéressant, il ne fit l'objet d'aucun blâme à son retour et, trois ans plus tard, il fut élevé au rang de baronet; aujourd'hui, les réactions à une telle attitude internationale envers la recherche scientifique pourraient difficilement être les mêmes, mais c'est que la situation a sensiblement changé et la recherche scientifique a beaucoup plus d'applications et de conséquences en ce qui concerne la conduite de la guerre. Quoi qu'il en soit, cette tournée à travers la France lui permit de discuter de la recherche en électrochimie avec Gay-Lussac et son collègue Louis Thénard, lesquels utilisaient une grande batterie pourvue de nombreuses plaques. Ils lui dirent qu'ils soupçonnaient que le liquide entre les plaques se décomposait à une vitesse qui dépendait du courant électrique (c'est-à-dire de la quantité d'électricité qui passait) et non du métal dont les plaques étaient faites. Cette énigme fut résolue par le jeune assistant de Davy, Michael Faraday, qui démontra que l'effet électrique agissait dans tout le liquide et non pas seulement aux endroits où il était en contact avec les plaques. Faraday, à qui nous devons les termes «électrolyte» pour le liquide dans la batterie et «ions» pour les atomes chargés d'électricité positive qui s'y déplacent, fut bientôt en mesure d'établir les lois de l'action chimique et électrique à l'intérieur d'une batterie. En 1833, il écrivit un rapport qui témoignait d'une profonde intuition scientifique : «Les atomes dans la matière sont d'une certaine façon dotés de pouvoirs électriques ou associés à de tels pouvoirs, auxquels ils doivent leurs propriétés les plus frappantes et, parmi celles-ci, leur affinité chimique.» Nous verrons plus loin quelle était la signification de cette phrase.

Avec le temps, la chimie était devenue une science de plus en plus précise et, vers le milieu des années 1830, elle pouvait certainement être classée au nombre des sciences «exactes». Vers la même époque, elle commença également de devenir plus complexe, si bien qu'il ne nous est plus possible de suivre ses progrès dans le détail, mais il nous faut cependant mentionner un de ses aspects nouveaux : le développement de la «chimie organique». Le terme «organique» fut utilisé parce que les substances qu'elle traitait étaient celles que l'on trouvait dans les créatures vivantes, encore que l'on réalisât par la suite qu'elles n'étaient pas seulement associées à la vie végétale et à la vie animale. Le sujet était nouveau parce qu'aux premiers temps de la chimie scientifique l'on avait postulé que les matériaux végétaux et animaux étaient essentiellement différents des autres substances, dont les règles et concepts ne pouvaient être appliqués à ces deux domaines. Mais, au XIXe siècle, l'application de la même science fondamentale à tous les objets, animés ou inanimés, fut caractéristique de l'approche scientifique. Une fois que la barrière eut été renversée, il devint évident que quelques substances organiques au moins, telles que l'amidon, le sucre et certaines huiles et matières colorantes, ressortissaient à la recherche chimique ordinaire. De plus, des acides avaient été isolés dans du lait suri, ainsi que certaines espèces de gomme naturelle, et il était manifeste que la chimie avait à couvrir un domaine plus vaste qu'on ne l'avait estimé autrefois.

Bien que la majorité des chimistes crût toujours en une force vitale à l'œuvre dans les choses vivantes, l'analyse chimique commençait à démontrer que, force vitale ou non, quelques substances vivantes contenaient à coup sûr des produits chimiques ordinaires. En effet, Lavoisier lui-même avait trouvé que tous les composés «organiques» qu'il avait examinés contenaient du carbone, et généralement aussi, de l'hydrogène. Puis, en 1828, le chimiste allemand Friedrich Wöhler, qui étudia et travailla avec Berzelius, découvrit que l'urée ($H_2N.CO.NH_2$) présente dans l'urine des mammifères, des oiseaux et de quelques reptiles, ainsi que dans le lait et dans le sang, pouvait être synthétisée à partir de cyanate d'ammonium, une substance qui avait la même composition chimique, bien que son action chimique fût tout à fait différente. On considéra que cet exemple supplémentaire d'isomérisme, ainsi que l'appela Berzelius, était dû à la façon dont les atomes de la substance étaient disposés et, avec le temps, cette opinion conduisit à écrire les formules chimiques de façon à décrire tant la structure d'une substance que sa composition. Mais la découverte de Wöhler dépasse l'acquisition par la chimie d'un symbolisme nouveau. Elle démontrait que, puisqu'un composé organique pouvait être synthétisé à partir de matériaux non organiques, les composés animaux étaient vraiment composés des substances chimiques familières.

Le domaine de la chimie organique reçut un élan supplémentaire grâce aux nouvelles méthodes d'analyse chimique inventées par Justus von Liebig. Né en 1803 à Darmstadt en Allemagne, Liebig s'intéressa très jeune à la chimie; son père avait un laboratoire qui travaillait pour son affaire de famille, laquelle fabriquait des produits chimiques médicinaux et du matériel de peinture. Le temps venu, Liebig fit son apprentissage chez un apothicaire. Ensuite, il étudia la chimie à Bonn et à Erlangen, mais, bien qu'il eût obtenu son doctorat en 1822,

A gauche. William Perkin (1838-1907) présentant un écheveau de textile, teint avec ses nouveaux colorants d'aniline. National Portrait Gallery, Londres.

En bas, à gauche. Un mineur au travail, éclairé par la lampe de sécurité de Davy, inventée en 1815. Sir Humphry Davy (1778-1829) mena parallèlement la recherche chimique pure et des travaux relatifs à des problèmes pratiques, tels que la protection des navires contre la corrosion.

Ci-dessous. Un condenseur conçu par Justus von Liebig (1803-1873) et utilisé pour l'analyse des composés organiques. Science Museum, Londres.

A droite. Le premier appareil grâce auquel on put étudier la respiration et analyser avec précision les changements de température, de pression et de composition. Extrait de *Annales de chimie et de physique,* 1849, de V. Regnault et Jules Reiset.

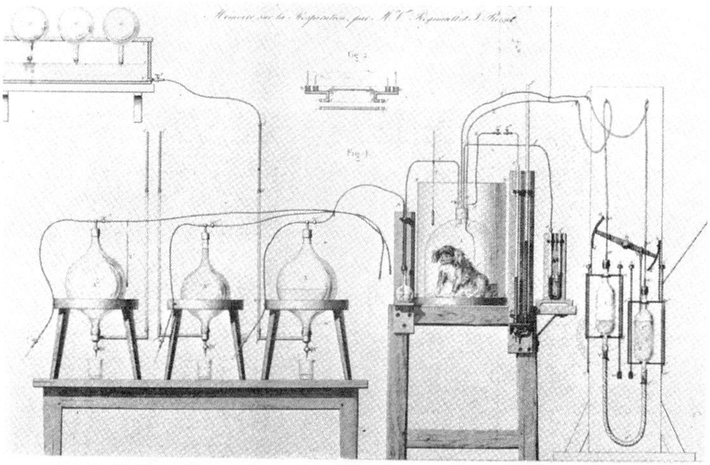

A droite. James Glaischer (1809-1903) et Henry Coxwell (1819-1900) au cours d'une ascension en ballon poursuivie jusqu'à environ 11 000 mètres pour prendre des mesures météorologiques. Au milieu du XIXe siècle, les relevés d'informations météorologiques furent organisés au niveau international. Extrait de *Voyages aériens,* 1870, de Glaisher.

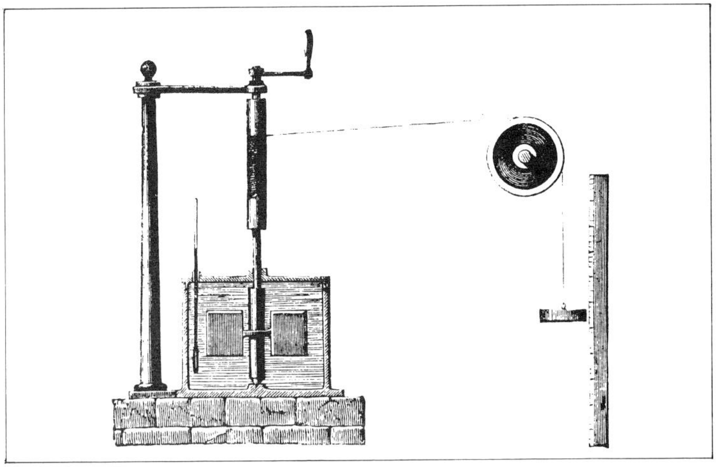

A gauche. L'instrument conçu en 1847 par James Joule pour mesurer l'équivalent mécanique de la chaleur, en utilisant un poids réglé pour faire tourner des ailettes dans un liquide dont la température pouvait être mesurée par un thermomètre, contrôlant ainsi les changements dus à un montant donné de travail.

A gauche. Hans Christian Oersted (1771-1851) découvrant en 1820 les effets d'un courant électrique sur une boussole magnétique.

à l'âge de 19 ans, Liebig se rendit compte qu'il devait partir pour l'étranger, afin de parfaire son instruction. Il se rendit à Paris, où il assista aux cours de Gay-Lussac, de Thénard et de Dulong. Un article qu'il écrivit sur les acides explosifs, appelés fulminates (CNOH), impressionna Humboldt qui fit en sorte que le jeune homme pût travailler avec Gay-Lussac. Plus tard, Humboldt convainquit le roi de Bavière, Louis Ier, d'assurer à Liebig un laboratoire et un poste académique à l'université de Giessen. C'est là qu'en qualité de professeur «extraordinaire», Liebig enseigna la chimie à des générations d'étudiants, de 1824 à 1852, date de son départ pour Munich.

Liebig réalisa des recherches étendues sur les composés organiques, en particulier avec Wöhler, et fut un auteur fécond : plus de 300 articles scientifiques, un ouvrage sur la chimie organique, une encyclopédie de la science de la chimie et le lancement non pas d'un seul, mais de deux journaux scientifiques. Il aborda également des questions de chimie agronomique et fut surtout un brillant enseignant, dont l'influence se diffusa d'autant plus largement que ses élèves se fixèrent dans tous les domaines de la recherche en chimie; en fait, la plus grande contribution de Liebig est peut-être cette inspiration suscitée par son enseignement d'une mise en œuvre de la recherche en chimie, et particulièrement en chimie organique. Un de ses élèves, August Hofmann, se spécialisa en chimie organique. Né en 1818 à Giessen et fils de l'architecte qui avait agrandi le laboratoire de Liebig dans cette ville, il étudia la chimie et suivit l'exemple de Liebig en enseignant en laboratoire. En 1845, à l'âge de 27 ans, Hofmann partit pour Londres où il prit la direction du Royal College of Chemistry, qui avait été fondé par des étudiants anglais de Liebig et sera plus tard intégré à l'université de Londres. Il y enseigna avec beaucoup de succès et entama des recherches de chimie organique sur les substances du goudron de houille, qui étaient les produits de la distillation du charbon et contenaient une grande variété de composés d'hydrocarbone. Il encouragea certains de ses élèves à effectuer des travaux similaires, et plus particulièrement William Perkin, le fils d'un entrepreneur, qui devint un chimiste très compétent, construisit chez lui son propre laboratoire et fut pendant un temps l'assistant de Hofmann. La recherche de Perkin se concentra sur les rapports entre la quinine (dérivée de l'écorce du quinquina et bien connue comme médicament) et une substance dérivée de la quinoléine, extraite du goudron de houille. En 1856, presque par hasard, les recherches de Perkin le menèrent à la découverte d'un colorant pourpre

Illustration page 571.

remarquable, et, comme il était doté d'un solide sens pratique, il réalisa aussitôt qu'il tenait là un produit d'une grande importance commerciale. La pourpre avait toujours été un colorant rare, dérivé de la sécrétion du liparis *(Murex brandaris)*, et son usage était réservé aux riches; à présent, sa couleur pouvait être synthétisée à volonté; qui plus est, la pourpre synthétique avait un degré de résistance beaucoup plus élevé que le produit du liparis. Avec ce colorant synthétique, Perkin se lança dans la production commerciale et posa les fondements de ce qui allait devenir une grande industrie chimique, car une gamme complète de beaux colorants synthétiques fut découverte dans les années ultérieures. Mais d'importants résultats scientifiques surgirent également de cette découverte.

Illustration page 571.

Hofmann avait extrait le benzène du goudron de houille et cette substance se trouve à la base de tous les colorants d'aniline. Le problème scientifique qu'ils posaient n'était pas leur composition chimique, mais la façon dont les atomes étaient disposés pour former la molécule d'un tel colorant. Quoique difficile, ce problème fut bientôt résolu par August Kekulé von Stradonitz (1829-1896). Dans les années 1850, Kekulé avait commencé des recherches en étudiant le remplacement de l'hydrogène par d'autres substances au cours de réactions chimiques, ce qui le conduisit à la conclusion importante que, bien que les chimistes eussent classé différentes substances en groupes, en fonction de leur comportement chimique, il serait préférable de les classer en fonction de la façon dont leurs atomes, ou leurs groupes d'atomes, étaient structurés. Plus tard, il développa cette idée en un concept beaucoup plus important: la capacité de combinaison, ou «valence» (du latin *valens* = force).

Outre qu'il enseigna beaucoup, produisit une somme considérable d'écrits et réalisa une gamme étendue d'autres recherches, Kekulé s'attacha particulièrement à l'étude du carbone, qui était présent dans tous les matériaux organiques. Il découvrit qu'il avait une quadruple capacité de combinaison (nous dirions aujourd'hui qu'il est «tétravalent») et réalisa que c'était la raison pour laquelle il pouvait former les longues chaînes de molécules, typiques des composés organiques. Dans le cas du benzène, Kekulé savait qu'il avait affaire à une substance dont les molécules contenaient 6 atomes de carbone, mais il rencontra là un problème particulier. Contrairement à quantité d'autres composés organiques, le benzène ne se comportait pas comme une substance pourvue d'une chaîne ouverte d'atomes de carbone. Kekulé se colleta longtemps à cette énigme puis, un jour de 1865, alors qu'il somnolait devant le feu, il réalisa subitement que si les 6 atomes de carbone étaient reliés en une chaîne «qui se refermait sur elle-même comme un serpent qui se mord la queue», tous les résultats expérimentaux obtenus à propos du benzène s'expliqueraient. Il avait découvert la structure de base, «l'hexagone de Kekulé ou noyau de benzène».

Les découvertes de Kekulé furent importantes, non seulement parce qu'elles expliquaient de nombreux faits relatifs aux réactions organiques que l'on ne comprenait pas jusqu'alors, mais aussi parce qu'elles apportèrent aux chimistes une base sur laquelle construire le schéma atomique d'une multitude d'autres molécules organiques. Au XXe siècle, cela conduira à des intuitions chimiques et biologiques nouvelles et, sur le plan commercial, à la grande industrie pétrochimique et au développement des matières plastiques.

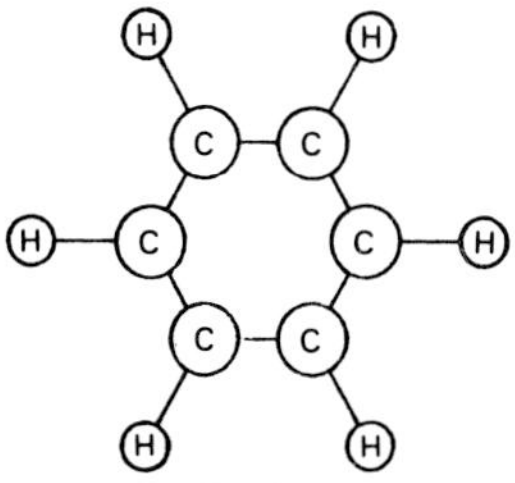

Benzène

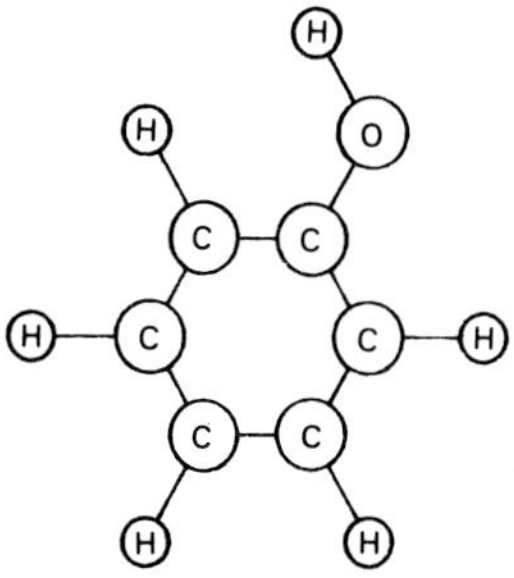

Phénol

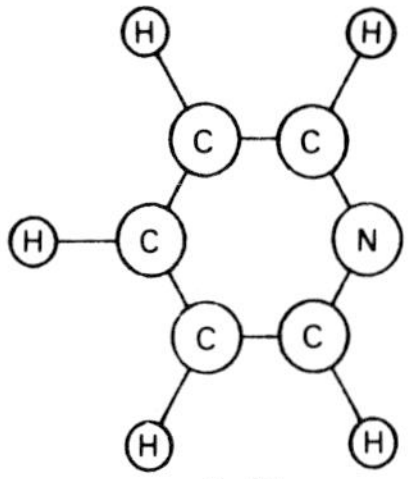

Pyridine

La disposition des atomes dans le noyau benzénique C_6H_6 (en haut) et ses modifications pour former le phénol (centre) en remplaçant un hydrogène par un groupe hydroxyle; et la pyridine (en bas), dans laquelle un des atomes de carbone est remplacé par un atome d'azote.

La physique

Pendant le XIXe siècle, la physique poursuivit sa marche en avant sur un rythme toujours plus accéléré et des sujets qui avaient été jusqu'alors des disciplines distinctes commencèrent de converger. Néanmoins, il est plus commode pour nous de commenter section par section: la chaleur, l'électricité et la lumière, et de voir leurs rapports tels qu'ils se déroulèrent chronologiquement.

La chaleur

Au tournant du siècle, le comte Rumford, qui penchait en faveur de la théorie vibratoire pour expliquer la production de chaleur lors de l'alésage des canons, réalisa un certain nombre d'expériences pour essayer d'obtenir un résultat quantitatif qui étaierait sa conception. Il utilisa un cylindre en métal dans lequel un alésoir émoussé était inséré et fit tourner le cylindre par deux chevaux attelés, au rythme de 34 rotations par minute. Au cours de certaines expériences, le cylindre fut enveloppé de flanelle pour qu'il conservât sa chaleur; au cours de certaines autres, Rumford plongea le cylindre lui-même dans un baquet et découvrit qu'une quantité suffisante de chaleur avait été produite pour faire fondre les blocs de glace qui flottaient dans le baquet ou pour en faire bouillir l'eau. Dans tous les cas, la réserve de chaleur semblait inépuisable et il fut bientôt évident à ses yeux que la chaleur ne pouvait tout simplement pas être un fluide impondérable.

Après Rumford, ce fut le Français Sadi Carnot qui fit progresser cette question. Fils aîné d'un homme politique de premier plan de la Ire République, Carnot se livra à une analyse particulièrement pénétrante des machines qui produisaient de l'énergie mécanique à partir de la chaleur, en se concentrant surtout sur l'énergie et les pertes de chaleur d'une machine à vapeur. Cette étude soigneuse permit à Carnot de démontrer que toute machine, quel que soit son type, peut être divisée en trois constituants: toute machine est pourvue d'une source de chaleur (dans une machine à vapeur, c'est le foyer), d'un fluide actif qui transmet la chaleur (l'eau et la vapeur dans la machine à vapeur) et d'un récepteur de chaleur (dans une machine à vapeur, c'est le condenseur). En allant de la source au récepteur, la chaleur passe d'une température plus élevée à une température plus basse et le travail s'effectue. Carnot conclut des résultats de cette analyse que, dans une machine parfaite où pas la moindre chaleur ne se perd au profit de l'environnement et où il n'y a pas de perte par friction, aucune chaleur ou calorique ne s'échappe (il utilisait toujours la théorie du fluide impondérable). Le travail mécanique qu'une machine effectue est dû à la baisse de température et non à la perte de calorique en tant que telle. En résumé, l'idée de Carnot était qu'aucune chaleur n'est jamais créée ni détruite; elle passe simplement d'un corps dans un autre (dans une machine, de la source au récepteur). Dans une machine idéale, donc, il devrait être possible, au moins en théorie, de faire revenir le calorique du récepteur vers la source et l'état de choses serait identique à ce qu'il avait été au commencement du processus. En d'autres termes, le cycle de la chaleur est réversible bien qu'il n'en soit certainement jamais ainsi en pratique. Carnot publia ses résultats en 1824 et poursuivit ses recherches; il mourut hélas prématurément en 1832, à l'âge de 36 ans, victime d'une épidémie de choléra. Ses recherches n'étaient pas terminées et, comble d'infortune, ses écrits posthumes, longtemps inconnus, ne furent publiés qu'une cinquantaine d'années après sa mort. Ils révélèrent que Carnot était finalement parvenu à la conclusion que «la chaleur n'est rien d'autre que de la force motrice, ou plutôt du mouvement qui a modifié sa forme», et qu'il avait commencé à élaborer les fondements d'une théorie cinétique (vibratoire) de la chaleur. Il suggérait aussi que la force motrice totale dans l'univers était constante; en effet, ses notes contiennent l'essentiel des fondements de ce qu'on appellera la première loi de la thermodynamique, comme il apparaîtra bientôt clairement.

L'étape suivante de l'histoire du développement d'une théorie moderne de la chaleur est liée aux recherches menées par trois physiciens : James Joule, lord Kelvin et Rudolf Clausius.

Joule (1818-1889) entama sa carrière professionnelle dans la brasserie de son père à Salford, près de Manchester; il fit ensuite des études sous l'égide de Dalton, avant de se lancer dans des expériences sur la constitution des gaz. Il étudia le travail accompli par un gaz en expansion et la chaleur produite lorsqu'il est comprimé, deux exemples d'une relation entre l'action mécanique et la chaleur; en 1847, il décrivit une expérience restée célèbre. Elle mettait en œuvre une roue à palettes plongée dans l'eau et l'opérateur prenait des mesures du travail accompli pour faire tourner la roue et des changements de température de l'eau du bain. L'expérience fournit une détermination précise de la quantité de travail requise pour produire un montant donné de chaleur ou, comme on l'exprime habituellement, l'équivalent mécanique de la chaleur.

Illustration page 573.

Les résultats obtenus par Joule furent repris par William Thomson, devenu plus tard lord Kelvin, qui naquit à Belfast, en Irlande du Nord, en 1824. Lorsque Kelvin eut 5 ans, sa famille alla s'installer à Glasgow, où son père avait été nommé à la chaire de mathématiques. Kelvin, pour sa part, apprit les mathématiques et la physique à Glasgow et à Cambridge et, en 1846, à l'âge de 22 ans, il fut nommé professeur de physique à Glasgow, en grande partie grâce à l'influence de son père. Il y demeura jusqu'à la fin du siècle. Mathématicien et physicien brillant, il avait également un grand sens pratique et des dons pour la finance; il participa à la pose du premier câble télégraphique atlantique en 1866 et améliora grandement la conception et la précision de la boussole magnétique. Ce travail lui valut d'être élevé au rang de chevalier, puis à celui de pair du Royaume-Uni, et il choisit le nom de Kelvin par référence au cours d'eau au bord duquel se dresse l'université de Glasgow.

Kelvin s'efforça de trouver les lois mathématiques appropriées à l'expression des travaux de Joule et réalisa immédiatement que, pour les formuler, il avait besoin d'une échelle absolue de température plutôt que d'une échelle arbitraire, simplement basée sur les températures de la glace fondante et de l'eau bouillante, ou de quelque autre liquide approprié.

Kelvin revint aux travaux publiés par Carnot sur le cycle de la chaleur et comprit que le travail mécanique effectué par une machine parfaite et sans frottement dépend seulement de la quantité de chaleur, ou calorique (à ce stade, Kelvin concevait toujours la chaleur comme un fluide impondérable), et des températures de la source et du récepteur de chaleur. En conséquence, il essaya de trouver une échelle de température sur laquelle l'unité de chaleur et le travail mécanique accompli seraient toujours les mêmes, quelle que soit la partie de l'échelle où la différence de température se situerait; en d'autres termes, de telle sorte qu'ils soient les mêmes, quelles que soient les températures effectives. Une telle échelle serait indépendante de la substance agissante – eau, alcool, mercure ou autre – ou du corps dans lequel l'échange de chaleur se produirait. Pour y parvenir, Kelvin devait être certain de la relation précise entre la chaleur produite dans l'expérience de Joule et le calorique dont Carnot avait parlé.

Le physicien allemand Rudolf Clausius entra en scène sur ces entrefaites. Né à Köslin en Prusse, en 1822, fils d'un pasteur et maître d'école, Clausius fit ses études à l'université de Berlin et se fit un nom en publiant en 1850 un article célèbre sur la théorie de la chaleur. En reprenant les travaux sur la machine à vapeur publiés par Carnot, Clausius réalisa que Carnot s'était trompé lorsqu'il estimait qu'une machine effectuait un travail pour la seule raison que la température de son calorique diminuait. Clausius admettait que le calorique ne pouvait être détruit, mais affirma qu'il pouvait être converti en quelque chose d'autre; dans une machine, par exemple, il était converti en travail mécanique. Ce qui le conduisit à formuler deux lois pour exprimer un rapport entre l'écoulement de la chaleur et le travail mécanique, les deux premières lois de la thermodynamique. La première établissait que, dans tout système fermé (une machine à vapeur, par exemple), le montant total d'énergie est constant. La seconde loi établissait que la chaleur ne peut passer d'elle-même d'un corps plus froid à un corps plus chaud; pour que la chose se produise, une cause externe doit entrer en jeu. Cette seconde loi est souvent exprimée en disant que l'entropie augmente toujours, l'entropie (du grec *trope* = transformation) étant la mesure de la dégradation de l'énergie.

Les travaux de Clausius démontraient en fait que le «calorique» de Carnot était la «chaleur» de Joule, et Kelvin disposait à présent de l'indication dont il avait besoin. La quantité de chaleur empruntée à la source chaude et la quantité de chaleur absorbée par le récepteur, ou source froide, dépendait de la différence de température entre la source et le récepteur, quel que soit le point où l'une et l'autre sources se situent sur l'échelle de température. Ce que la source froide n'absorbe pas est converti en travail mécanique. Qui plus est, si la source froide est à la «température zéro» et le demeure, elle ne prend pas de chaleur à la source chaude. Toute l'énergie est donc disponible pour la conversion en travail mécanique. L'entropie est nulle parce qu'il n'y a pas d'énergie perdue. Par commodité, Kelvin choisit 0° sur son échelle «absolue» comme la température de la glace fondante et 100° pour la température d'ébullition de l'eau; ce qui lui donnait pour son «zéro absolu» la température de −273,1 °C).

Sur l'intervention de Kelvin dans la discussion à propos de Darwin, voir page 544; sur ses travaux en magnétisme et en électricité, voir pages 584-585.

En fait, ce point du zéro absolu sur l'échelle de Kelvin ne peut être atteint d'après la structure des atomes, bien que Kelvin l'ignorât. Mais là n'est pas la question. L'important était que les travaux de Clausius et de Kelvin eussent mis en évidence que la chaleur n'était pas un mystérieux fluide impondérable, mais qu'elle était au contraire une forme d'énergie. De même en était-il du travail mécanique. Il devenait également manifeste que ni l'une ni l'autre de ces formes d'énergie ne pouvait être détruite, bien que l'une pût être convertie en l'autre. Cela conduisit au principe appelé par la suite principe de la conservation de l'énergie; il avait déjà été posé en 1847 par le physicien allemand, Hermann von Helmholtz, mais Clausius et Kelvin lui avaient désormais conféré une signification plus approfondie.

L'électricité

Si, au début du XIXe siècle, la chaleur était conçue comme un fluide impondérable, ce n'était pas la seule entité physique qui fût considérée de cette façon. Il en était de même pour l'électricité. En fait, en 1800, il semble que la question principale était: s'agit-il d'un fluide ou de deux? Sur ce point, la scène commença de se modifier grâce à des recherches plus étendues et plus approfondies. Certaines indications furent apportées par Davy et d'autres scientifiques dans leurs travaux sur les réactions chimiques dans les batteries, et d'autres faits d'évidence furent tirés d'études sur le passage de l'électricité dans des fils. Henry Cavendish avait fait des expériences sur la conduction, sans publier ses travaux, mais Davy fit connaître les siens et démontra que, lorsqu'on utilisait un fil métallique (et non un fil de soie ou de textile comme c'était le cas lors des expériences en électrostatique du siècle précédent), les propriétés de conduction dépendaient de son diamètre et du type de métal utilisé. Cette découverte eut lieu en 1821, mais il fallut attendre encore quatre ans pour que se fît jour le rapport exact entre la force et la quantité d'électricité qui passait le long d'un conducteur. C'est alors qu'un maître d'école allemand, Georg Ohm, réalisa des expériences en utilisant des fils de même épaisseur mais de longueurs différentes, et prit ses mesures en utilisant une balance à torsion de Coulomb. Il trouva que la résistance d'un fil était indépendante de la quantité d'électricité qui le traversait (c'est-à-dire du courant) et, mieux encore, après d'autres recherches, formula en 1826 et 1827 une théorie pour expliquer ses résultats. Il émit l'hypothèse que l'électricité se déplace le long d'un fil en passant de particule en particule (on avait pensé que le fluide calorique de la chaleur se déplaçait de cette manière), et calcula qu'un tel mouvement devait être causé par une tension électrique, ou potentiel, analogue à la façon dont une différence de température provoquait un écoulement de chaleur. Par la suite, ce concept reçut le nom de force électromotrice et nous apporta l'unité appelée volt, d'après le patronyme Volta. Le patronyme Ohm fut lié à l'unité de résistance.

A l'époque où Ohm réalisait ses travaux, deux autres physiciens se livraient à des recherches importantes sur l'électricité: le Danois Hans Christian Oersted, alors professeur «extraordinaire» à l'université de Copenhague, et le Français André Marie Ampère, qui était à la fois physicien, mathématicien et chimiste. En 1820, Oersted, qui, pour des raisons philosophiques, pensait qu'il devait y avoir un lien entre l'électricité et le magnétisme, fut en mesure de prouver expérimentalement que, lorsqu'un courant électrique passait dans un fil, un champ magnétique lui était associé. Peu après, entre 1821 et 1825, Ampère établit la relation complète entre les courants et leurs effets sur les aimants, ainsi que l'effet inverse, l'action des aimants sur les courants électriques. Cette recherche le conduisit ensuite à proposer l'hypothèse qu'un aimant était composé de «molécules» magnétiques et qu'un courant circulait de façon permanente dans chacune de ces molécules, une conception qui reliait les différents résultats expérimentaux connus à l'époque et qui fut d'une immense importance.

Illustration page 573.

La scène était prête désormais pour une nouvelle série de développements en électromagnétisme et ce fut une chance que, précisément à cette époque, la Royal Institution ait compté un physicien doué d'une grande intuition expérimentale et qui fût capable de faire progresser l'ensemble du sujet. L'homme en question était Michael Faraday, l'assistant de Humphry Davy, que nous avons déjà brièvement croisé à propos de l'électrochimie. Né en 1791 à Newington (qui fait aujourd'hui partie de Londres), Faraday reçut une instruction rudimentaire. A l'âge de 13 ans, il eut à contribuer aux revenus de sa famille et fut engagé par un libraire, M. Riebau, comme garçon de courses et livreur de journaux. Un an plus tard, il fit chez le même employeur l'apprentissage de la reliure et, pendant sept ans, exerça ainsi une habileté manuelle qui lui fut précieuse par la suite lorsqu'il réalisa des expériences scientifiques. Ce fut dans cette librairie que Faraday découvrit des ouvrages scientifiques qui le captivèrent et la chance voulut qu'un client de Riebau remarquât son intérêt pour la science et lui offrît des billets pour assister à une série de cours donnés par Davy à la Royal Institution. Faraday suivit ces cours avec un plaisir intense; il y prit des notes abondantes qu'il recopia avec le plus grand soin. Cette année-là, en octobre, Davy souffrit d'une cécité temporaire, à la suite d'une explosion au laboratoire, et on lui recommanda Faraday comme secrétaire. Plus tard, lorsque Davy eut recouvré la vue, Faraday lui adressa ses notes de cours, si bien qu'au mois de février suivant, lorsqu'un assistant trop bruyant fut mis à la porte du laboratoire, Davy offrit ce poste à Faraday. Manifestement, tous deux s'entendaient à merveille; l'été suivant, lorsqu'il partit pour son tour d'Europe avec son épouse, Davy emmena également Faraday. Deux ans plus tard, Faraday fut nommé surveillant des appareils de laboratoire, en 1825 directeur du laboratoire et, en 1833, professeur de chimie.

Illustration page 586.

A l'époque où il dirigeait le laboratoire, Faraday concentra toute son attention sur la question de l'électromagnétisme et commença d'obtenir des résultats qui allaient avoir des effets retentissants dans l'industrie, aussi bien que sur la science. Pour commencer, il formula l'hypothèse que, si l'électricité qui passe dans un fil produit des effets magnétiques, comme Ampère l'avait démontré, la réciproque devait également se vérifier : un effet magnétique devait produire un courant électrique. Pour en faire la preuve expérimentale, Faraday enroula autour d'un anneau de fer deux rouleaux de fil séparés. L'un des rouleaux conduisait à une batterie, l'autre à un «galvanomètre» (un détecteur sensible au courant électrique), et Faraday découvrit que, lorsqu'il branchait et débranchait la batterie, un courant électrique passait temporairement dans l'autre fil. Manifestement, ce second courant était produit par les effets magnétiques du premier courant. Une deuxième expérience, pour laquelle Faraday utilisa un rouleau de fil enroulé autour d'une barre de fer et deux aimants en forme de barre, démontra clairement que des aimants seuls pouvaient induire un courant, «une conversion directe du magnétisme en électricité», commenta Faraday. Son invention théorique s'était révélée juste. D'autres expériences suivirent qui lui permirent de découvrir qu'un rouleau de fil pouvait induire en lui-même un courant électrique aux moments où un courant est allumé ou éteint, le phénomène «d'auto-induction».

Ces expériences menèrent à toutes espèces de résultats pratiques : développement du moteur électrique et du générateur électrique, et donc des trains et tramways électriques, fourniture d'électricité au public, télégraphe électrique et, dans les mains d'un inventeur tel qu'Alexander Bell, téléphone. Elles soulevaient aussi un problème théorique qui n'était pas nouveau mais qui, à leur lumière, était devenu un sérieux défi : comment l'électricité et le magnétisme pouvaient-ils influer l'un sur l'autre dans l'espace vide? Autrement dit, la question de l'action à distance. Faraday lui-même utilisa l'idée efficace et féconde de champ. Il imagina que des lignes de force magnétique existaient et que, plus le champ magnétique était grand, plus elles étaient proches les unes des autres. Ces lignes, pensait-il aussi, avaient tendance à être plus courtes lorsqu'elles le pouvaient et à se repousser mutuellement. De telles explications rendaient compte des résultats de ses expériences.

En 1837, Faraday introduisait le concept parallèle de lignes de forces électriques et, l'année suivante, il fut à même de proposer une théorie de l'électricité. Les particules de matière étaient composées de forces disposées selon des schémas complexes; ces schémas leur conféraient leurs caractéristiques. Cependant, les schémas se déformaient sous l'effet de tensions, telles que celle qu'imposent les forces électriques. Faraday utilisa alors cette idée pour expliquer le phénomène des éclairs, l'électrostatique et l'électrochimie. Ce n'était pas une théorie qui s'imposait d'elle-même à la communauté scientifique, et Faraday la proposa avec une extrême prudence mais, associée à ses superbes travaux expérimentaux, elle lui permit de rassembler en une grande unité tous les éléments jusqu'alors disparates des études sur l'électricité. Il avait démontré que les courants voltaïques, l'électricité produite par les machines utilisant la friction ou par les éclairs, l'électricité produite par induction, les effets électromagnétiques, l'électricité animale (celle qu'émet la torpille, par exemple) et même la thermoélectricité (l'électricité produite en chauffant deux métaux dissemblables au contact l'un de l'autre) étaient la même sorte d'électricité. Comme Faraday l'écrivit : «L'électricité, quelle qu'elle soit, est de nature identique.»

En étudiant l'électricité et le concept de lignes de force, Faraday avait posé l'hypothèse que l'espace pourrait être empli de telles lignes et que, peut-être, la lumière et la chaleur radiante étaient des vibrations qui se déplaçaient le long de ces lignes. Mais cette idée nécessitait une analyse mathématique soigneuse qui lui conférât plus de précision pour devenir autre chose qu'une hypothèse intéressante. Un Écossais, James Clerck Maxwell (1831-1879), releva le défi. A l'âge de 24 ans, il était professeur de philosophie de la Nature au Marischal College d'Aberdeen et, très peu de temps après, il enseigna cette même matière au King's College de Londres. En 1865, à l'âge précoce de 34 ans, il se retira de la vie universitaire normale et s'installa dans sa propriété du sud-est de l'Écosse pour y rédiger son célèbre *Treatise on Electricity and Magnetism.* Ce texte important fut publié en 1873; à cette époque, Maxwell avait renoué avec l'existence universitaire, ayant été nommé en 1871 premier professeur de physique expérimentale à Cambridge, où il conçut et développa le fameux Cavendish Laboratory.

Illustration page 587.

Au cours de sa brève existence, il accomplit des travaux remarquables : en mécanique céleste, il démontra, entre autres choses, que les anneaux de la planète Saturne ne pouvaient être solides mais qu'ils devaient se composer de myriades de particules minuscules; en optique, il inventa les lentilles à grand angle de type *«fish eye»* et étudia la perception en couleurs; il contribua également au progrès de la compréhension théorique des gaz raréfiés. Cependant, ce furent ses contributions dans les domaines de l'électricité et du magnétisme qui furent les plus importantes.

L'intérêt de Maxwell pour ce sujet s'éveilla au cours de ses rencontres et de sa correspondance avec Faraday et à partir de travaux que Kelvin avait réalisés en 1842 lorsqu'il préparait sa licence à Cambridge. Kelvin avait comparé la charge produite dans un corps par une machine électrique à la façon dont la chaleur se répand dans un corps chaud, assez grand pour n'avoir pas de limites (car celles-ci auraient trop compliqué l'étude). Kelvin se servit de cette comparaison parce que la méthode mathématique appropriée était déjà disponible. Curieusement, ses résultats montrèrent que la solution mathématique du problème électrique était semblable. Comme l'écrivit Maxwell, les travaux de Kelvin «introduisaient dans la science mathématique l'idée d'une action électrique réalisée au moyen d'un milieu continu»; c'était une idée qu'avait proposée Faraday mais qui n'avait jamais fait encore l'objet d'un examen mathématique minutieux. En 1846, Kelvin écrivit à nouveau sur ce sujet; cette fois, il poussa les choses un peu plus avant et utilisa l'idée, alors prévalente, que tout espace était empli par un éther qui, bien qu'il ne pût être pesé ni mesuré, agissait comme le véhicule des rayons lumineux. Kelvin compara les effets électriques, dans un éther qui véhiculait les effets électriques et magnétiques, aux déformations qui se produisaient dans un corps solide soumis à une tension. Ce fut un exercice utile que d'étudier comment un éther pouvait transmettre des effets d'un lieu à un autre. Maxwell développa ce thème avec sa belle imagination et son habileté mathématique incomparable.

Il commença son analyse en 1855 et, pour débuter, tenta de trouver une explication mathématiquement correcte aux lignes de force qui entourent un aimant, c'est-à-dire au champ magnétique de Faraday. Un an plus tard, Maxwell était prêt à publier un article, dans lequel il essayait de relier tous les résultats électromagnétiques expérimentaux de Faraday, en utilisant des méthodes semblables à celles que Kelvin avait employées avec tant de succès. Mais ce n'était encore qu'une première étape; il restait beaucoup à faire et ce ne fut pas avant cinq ans encore que Maxwell atteignit son but. En 1861 enfin, il fut en mesure d'assembler les courants électriques, les charges électriques et le magnétisme dans un schéma global, en postulant un éther pour expliquer comment les courants électriques et leurs champs assortis étaient en interaction constante. Publié en 1864 avec une démonstration mathématique minutieuse, ce schéma fit accomplir un immense progrès à la compréhension de l'électricité et des effets électromagnétiques. De surcroît, les résultats mathématiques étaient surprenants par leurs implications. Les équations que Maxwell avait trouvées pour formuler le comportement d'un courant électrique et de son champ magnétique associé étaient en tout point semblables à celles qu'on avait déjà posées pour formuler le comportement des ondes lumineuses (à cette époque, une théorie ondulatoire de la lumière avait été admise). Ainsi, Maxwell démontrait que la lumière devait être une onde électromagnétique d'un certain type et, inversement, que les ondes électromagnétiques devaient se plier à la réflexion, à la réfraction et à tous les autres effets auxquels les

A droite. Michael Faraday (1791-1867) dans son laboratoire. Royal Institution, Londres.

Ci-dessous, à droite. Un solénoïde (rouleau de fil) et un aimant coulissant inventés par Faraday pour étudier le rapport entre le mouvement de l'aimant dans le solénoïde et l'induction d'un courant électrique dans le rouleau. Royal Institution, Londres.

Ci-dessous. L'appareil de Faraday destiné à l'étude de la rotation électromagnétique, une étude qui mena directement au développement du moteur électrique et de la dynamo.

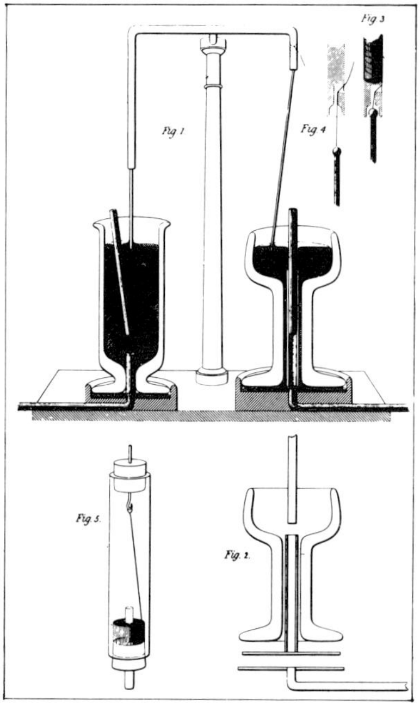

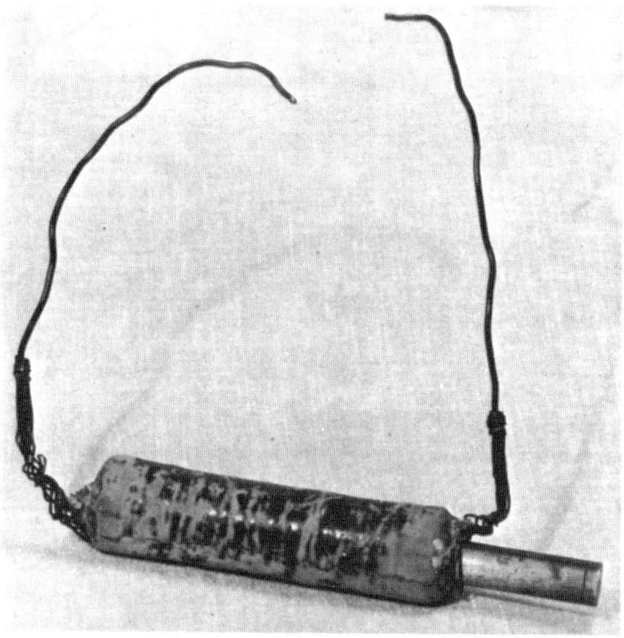

A gauche. James Clerk Maxwell (1831-1879) jeune homme. Ses contributions importantes à la science commencèrent par des travaux sur les solides élastiques, qu'il effectua à l'âge de 18 ans.

Ci-dessus. Léon Foucault (1819-1868), le physicien français qui détermina la vitesse de la lumière, démontra le mouvement diurne de la Terre, inventa le gyroscope et fit également des travaux en astronomie.

A gauche. Les travaux de Faraday en électricité et en magnétisme au début des années 1830 permirent de produire de l'électricité pour fournir de l'énergie à usage industriel et domestique; mais ce développement n'intervint pas avant cinquante ans. Cette illustration montre une des premières centrales électriques de haute tension, ouverte à Londres en 1896.

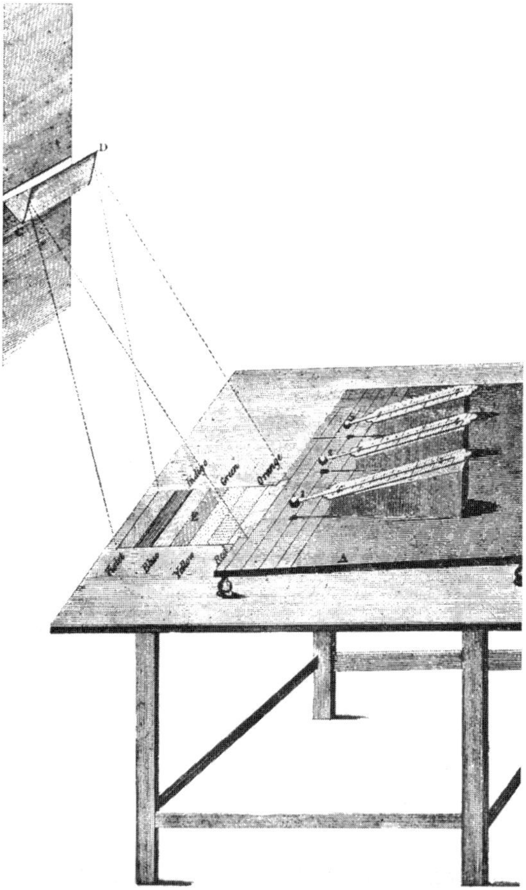
Indigo
Green
Orange

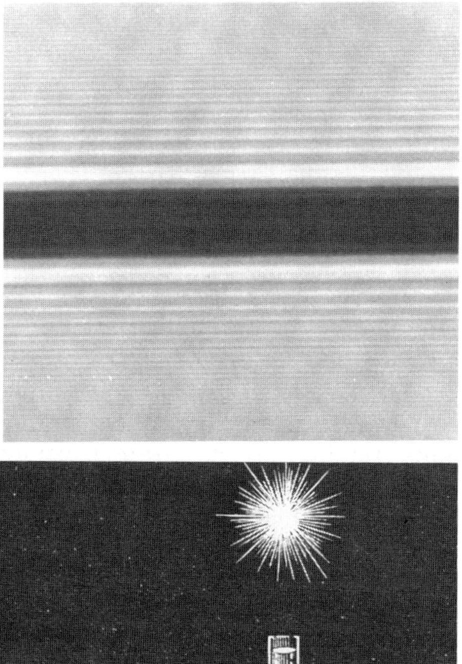

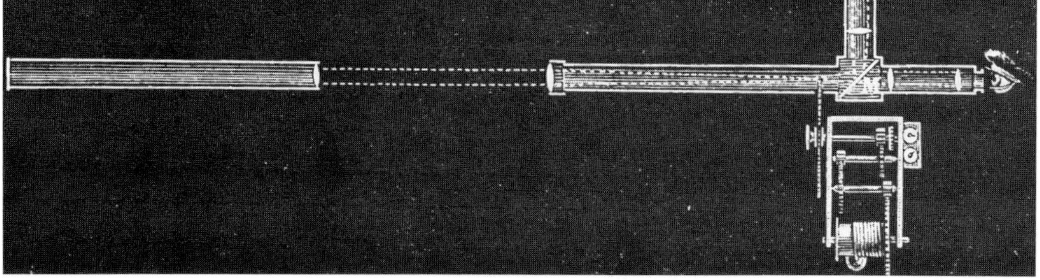

ondes lumineuses obéissaient. De plus, ses résultats démontraient que la radiation de longueurs d'onde plus courtes et plus grandes que la lumière devait exister. En 1888, neuf ans après la mort de Maxwell, on découvrit en effet les grandes ondes électromagnétiques; à cette date, Heinrich Hertz, professeur de physique à Karlsruhe, produisit de telles ondes qui, bien qu'on ne pût les voir, étaient détectées électriquement et pouvaient aussi être transmises et réfléchies. Hertz avait découvert les ondes radio; il se révéla par la suite que cette découverte n'était qu'une des conséquences qui découlaient du travail de Maxwell.

La lumière

La théorie newtonienne de la lumière – un courant de corpuscules – demeura prévalente jusqu'au début du XIXe siècle, époque où Thomas Young adopta une nouvelle approche. Né en 1773 à Milverton, dans le Somerset, fils d'un quaker, banquier et négociant, Young se passionna pour la science dès son jeune âge; il avait aussi le don des langues, grâce auquel il fut plus tard un des premiers érudits qui traduisirent les hiéroglyphes égyptiens. Au cours des années 1790, Young étudia la médecine à Édimbourg, Londres et Göttingen. Après avoir obtenu son doctorat en médecine, il se rendit à Cambridge pour parfaire son instruction et, en 1800, grâce à la jolie maison et à la petite fortune que lui avait léguées un oncle maternel, il s'installa à Londres.

Young se lança alors dans la pratique médicale mais ce fut sans grand succès, et, lorsque le comte Rumford entreprit des recherches pour trouver un professeur de philosophie de la Nature pour la Royal Institution, Young, dont les intérêts étaient vastes, parut le candidat idéal, du double point de vue social et scientifique. Il fut nommé en 1801; toutefois, contrairement aux cours clairs et largement accessibles de son collègue Humphry Davy, les siens étaient obscurs et trop techniques pour le type de public que visait la Royal Institution; en 1803, Young fut contraint de démissionner. A partir de cette époque, il se consacra entièrement à l'écriture, à la recherche et à des fonctions publiques non rétribuées; il fut aussi secrétaire des Affaires étrangères à la Royal Society, ce qui était également un poste non rétribué.

Les travaux de Young sur la nature de la lumière découlèrent de son intérêt pour le problème de la vision. A partir de 1793, il écrivit un certain nombre d'articles sur ce qui fut

Page 588, en haut à gauche. Démonstration de l'effet thermique des radiations infrarouges, réalisée en 1800 par William Herschel. La lumière traversait un prisme et des thermomètres étaient disposés sur la table, au-delà de l'extrémité rouge du spectre.

En haut et au milieu à droite. Deux photographies qui montrent les figures de diffraction, découvertes par Augustin Fresnel en 1815, des franges d'interférence provoquées par des objets de tailles différentes. Plus l'objet est petit, plus les franges sont intenses. La découverte de ces figures étayait la théorie ondulatoire de la lumière.

En bas. Expérience imaginée par Hippolyte Fizeau (1819-1896) et publiée en 1849, pour calculer la vitesse de la lumière. Un pinceau lumineux est réfléchi par un miroir recouvert d'une mince couche d'argent (M) vers un miroir éloigné (à gauche), en passant à travers les dents d'une roue qui tourne à grande vitesse. La vitesse de la roue est réglée jusqu'à ce que le pinceau réfléchi soit arrêté par la dent qui suit l'espace à travers lequel le pinceau extérieur est passé. La vitesse de rotation permet de calculer la vitesse de la lumière.

appelé depuis l'optique physiologique : il découvrit comment l'œil met au point les images et étudia la perception des couleurs. Ses conceptions sur la nature de la lumière parurent à partir de 1800 dans les *Philosophical Transactions.* Pour commencer, Young montra comment, si la lumière était une perturbation ondulatoire, il serait possible de surmonter quelques-unes des difficultés que soulevait la théorie corpusculaire. Par exemple, si la lumière est due à des corpuscules émis par un corps, pourquoi, demandait Young, se déplaceraient-ils toujours à la même vitesse, qu'ils provinssent d'une étincelle produite par un silex ou des rayons intenses du Soleil? La vitesse dépendait certainement des conditions qui avaient donné naissance à la lumière. Et ceci encore : si la lumière est un courant de corpuscules, pourquoi une partie d'entre eux seulement sont-il réfractés par une lentille et d'autres réfléchis? Bien entendu, Newton avait avancé sa théorie des «ajustages faciles» de réfraction et de réflexion, qui dépendaient de la façon dont les corpuscules vibraient lorsqu'ils étaient émis, mais, comme Young le souligna, cela se rapprochait beaucoup d'une théorie vibratoire de la lumière.

Sur cet aspect des travaux de Newton, voir page 481.

Bien entendu, Young ne se limita pas à la critique de la théorie corpusculaire; il avait à proposer une contribution positive précise. Postulant que l'espace était empli d'un éther lumineux et que la lumière était une perturbation ondulatoire dans cet éther, Young découvrit qu'il était possible d'expliquer tous les effets normaux de réflexion et de réfraction. Mais sa théorie faisait encore davantage. Elle avançait une explication simple du phénomène des «anneaux de Newton» (les anneaux colorés que l'on voit lorsqu'une lentille convexe est placée au contact d'une surface réellement plane, telle qu'une plaque de verre) en posant l'hypothèse que chaque couleur est due à des ondes d'une longueur d'onde particulière. En prenant l'analogie avec les vagues de la mer (bien que la théorie utilisât des ondes longitudinales ou de compression), Young écrivit que, quand les vagues se rencontrent «de telle manière que les hauteurs d'une série coïncident avec celles d'une autre, elles doivent produire ensemble une série de hauteurs plus grandes; mais, si les hauteurs d'une série sont situées de telle façon qu'elles correspondent aux dépressions de l'autre, elles doivent remplir exactement ces dépressions». Dans le premier cas, nous obtenons de la lumière qui renforce la lumière; dans le second cas, de la lumière qui élimine la lumière d'une longueur d'onde particulière. Les couleurs étaient dues aux longueurs d'onde de lumière qui n'étaient pas éliminées de cette façon. La théorie allait encore plus loin, car Young poursuivait : «Je soutiens que des effets semblables ont lieu quand deux parties quelconques de lumière sont mélangées ainsi; et j'appelle cela la loi générale de l'interférence lumineuse.» Ainsi, lorsque deux rayons de lumière provenant de la même source se rencontrent, ils interfèrent entre eux, en produisant des bandes alternées de lumière et d'obscurité. Young démontra ce point au moyen d'une expérience simple et apporta ainsi la preuve de ce qui était difficilement explicable, voire même inexplicable, par l'ancienne théorie corpusculaire.

Le problème posé par la diffraction, lorsque la lumière contourne un corps solide ou qu'elle se répand après avoir traversé une ouverture minuscule, était plus difficile à résoudre. La théorie corpusculaire considérait que l'effet de réfraction était provoqué par l'attraction gravitationnelle des corpuscules lorsqu'ils passaient très près d'un corps, mais plus on multipliait les expériences et moins cette explication semblait satisfaisante. En 1803, Young affirma que la diffraction était causée par des interférences aux bords d'un corps; les physiciens sont toujours d'accord sur ce point, mais l'explication fournie par Young sur la façon précise dont le phénomène se passait n'était pas convaincante. De plus, la diffraction n'était pas la seule pierre d'achoppement dans la théorie de Young; la double réfraction de la lumière, qui se produit dans certains cristaux, posait une autre difficulté. En 1808, Laplace assura que ce partage de la lumière en deux rayons pouvait être expliqué dans le cadre de la théorie corpusculaire, en postulant que les corpuscules étaient partagés en deux rayons dont chacun avait une vitesse différente. Young attaqua cette idée, mais sans grand succès, et, pour finir, l'Académie des sciences, dont Young était un membre correspondant étranger, offrit un prix qui serait remis deux ans plus tard, en 1810, au chercheur qui fournirait une théorie mathématique pour expliquer ce phénomène.

Étienne Louis Malus, qui avait servi en Égypte avec Bonaparte et était alors colonel du Génie, décida de relever le défi; il avait alors 33 ans. En décembre 1808, au début de sa recherche, il tomba sur un fait nouveau et surprenant : la lumière réfléchie à certains angles d'une surface polie présentait certains aspects inhabituels, semblables aux rayons lumineux qui ressortent d'un cristal, après une double réfraction. Malus baptisa cet effet «polarisation» et fut en mesure de l'expliquer par la théorie corpusculaire, alors qu'il était inexplicable à partir de la théorie de Young en utilisant les ondes longitudinales. Malus obtint le prix et les partisans de la théorie corpusculaire triomphèrent. Désormais, ils estimaient pouvoir démolir une fois pour toutes la théorie de Young et, sensible à leur suggestion, l'Académie offrit un autre prix, cette fois pour une explication de la diffraction.

Ce deuxième prix fut décerné à Augustin Fresnel (1788-1827). Ce jeune ingénieur de moins de 30 ans présenta des résultats qui, à l'étonnement des instigateurs, allaient conduire à la déroute de la théorie corpusculaire. En 1813, Fresnel avait réalisé quelques recherches semblables à celles de Young et quelques expériences sur la diffraction qui montraient que la diffraction qui se produisait au contour d'un objet était la même que l'objet eût des arêtes aiguës ou émoussées. Pas plus dans le cadre de l'hypothèse de Young que dans celui de la théorie corpusculaire, cela n'aurait dû se passer ainsi, et Fresnel choisit pour solution les interférences, tout comme Young, mais il utilisa une explication différente pour rendre compte du détail. Considérant, comme Huygens avant lui, que chaque onde lumineuse suscite des ondes secondaires, Fresnel émit l'hypothèse que la plupart de ces ondes secondaires sont absorbées au contour d'un corps et qu'il n'en subsiste que quelques-unes qui en suscitent d'autres. C'est l'interférence de celles-ci que nous voyons dans la diffraction. L'explication s'accordait bien aussi avec le comportement de la lumière lorsqu'elle passe par une petite ouverture, tel qu'on l'avait observé.

Les travaux de Fresnel lui valurent le soutien de François Arago, un membre influent de l'Académie des sciences, qui devint par la suite secrétaire perpétuel de cette Académie. Arago mit Fresnel en relation avec Young et les deux physiciens poursuivirent ensemble leurs travaux. Au cours des années suivantes, ils réalisèrent de nouvelles expériences qui rendaient la théorie corpusculaire indéfendable, encore que la polarisation demeurât un problème. Puis, de retour en France, Arago et Fresnel tombèrent sur un fait expérimental bizarre : deux rayons polarisés différemment n'interféraient pas l'un avec l'autre, contrairement à ce qu'on aurait pu attendre. Arago rendit visite à Young pour en discuter avec lui. La rencontre eut lieu en 1816 et, l'année suivante, Young adressa à Arago deux lettres, aujourd'hui célèbres. Young avait résolu le problème et son explication était la simplicité même; il avait imaginé que les ondes lumineuses dans l'éther étaient en réalité transversales, comme les vagues de la mer dont il avait utilisé l'exemple dans ses premières explications. Tous les résultats expérimentaux pouvaient désormais être expliqués, y compris le comportement anormal des rayons de lumière polarisés. De ce moment, les ondes longitudinales ne furent plus de mise et la théorie corpusculaire fut également discréditée.

Une autre question relative à la lumière surgit au XIXe siècle : la nature véritable du spectre. Newton avait montré que la lumière du Soleil se composait de lumières de toutes les couleurs et le sujet fut rouvert par William Wollaston, un chimiste et physicien dont les centres d'intérêt étaient vastes. En 1802, il décida d'étudier la nature du spectre, dans l'espoir de parvenir à séparer les couleurs les unes des autres. Dans ce but, il construisit un instrument, un spectroscope, dans lequel la lumière du Soleil ne pouvait pénétrer qu'après être passée à travers une fente étroite. Toutefois, en dépit de son attente, cette technique ne provoqua pas de séparation des couleurs; en revanche, Wollaston put observer que le spectre était traversé par un certain nombre de raies noires. Il semble qu'après cette expérience il se soit totalement désintéressé de la question et, apparemment, rien ne fut entrepris dans ce domaine pendant douze ans. Puis un fabricant d'instruments, le jeune Bavarois Joseph von Fraunhofer, qui dirigeait une usine de verrerie, s'attaqua à son tour à l'étude du spectre solaire. L'objectif poursuivi par Fraunhofer était une meilleure compréhension du pouvoir dispersif du verre de plomb et du semi-cristal qu'il fabriquait pour les télescopes à réfraction achromatique, mais les résultats qu'il obtint en utilisant un spectroscope de type Wollaston l'intriguèrent tant qu'il entreprit de dresser le plan des 576 fines raies noires qu'il pouvait observer. Puis, en utilisant la théorie ondulatoire de Young-Fresnel, il mesura la longueur d'onde des raies les plus sombres et présenta ses résultats complets à l'Académie de Munich.

Illustration page 597.

La présence de ces raies noires allait demeurer un mystère pendant quelque temps; toutefois, d'autres recherches spectroscopiques se poursuivaient. Celles de l'astronome John Herschel et de son ami W. H. Fox Talbot – dont le nom reste lié à ses travaux de pionnier dans le développement de la photographie – montrèrent que, lorsque certaines substances chimiques sont chauffées et leurs flammes examinées dans un spectroscope, chaque élément donne ses propres raies brillantes caractéristiques. En 1826, Fox Talbot publia un article dans lequel il écrivait : « Un coup d'œil sur le spectre prismatique d'une flamme peut montrer qu'elle contient des substances dont la détection aurait exigé une analyse chimique laborieuse. » Il poussa plus loin ses conclusions en 1834 quand, après avoir utilisé du lithium que Faraday lui avait donné et du strontium – qui brûlaient tous deux avec une flamme rouge –, il fut en mesure d'écrire : «Le prisme révèle entre eux la différence la plus accentuée que l'on puisse imaginer.» D'autres physiciens poursuivirent ces travaux, notamment William Allen Miller, professeur de chimie au King's College de Londres, qui examina les spectres de nombreux matériaux et photographia certains, ce qui lui permit d'en faire une analyse plus fine. En 1833 ses expériences montrèrent aussi à Miller que, lorsqu'en laboratoire la lumière du Soleil passait à travers différents gaz, des raies noires supplémentaires apparaissaient. On se rendit compte alors que les raies de Fraunhofer pourraient bien être dues à l'effet des gaz du Soleil. L'hypothèse sembla confirmée en 1855 lorsque le physicien français Jean Foucault identifia deux raies proches l'une de l'autre sur la carte de Fraunhofer avec deux raies brillantes obtenues en laboratoire en chauffant du sodium. Kelvin exprima de façon très habile l'opinion générale en disant que «en plus de celle du sodium, d'autres "vapeurs" pourraient être trouvées dans le Soleil et dans les étoiles en cherchant en laboratoire des raies brillantes équivalentes aux raies noires des spectres du Soleil et des étoiles».

Illustration page 587.

Le domaine global de la spectroscopie, une technique qui eut des conséquences de la plus grande importance pour la recherche ultérieure, fut ensuite précisé par deux physiciens : Balfour Stewart à l'université de Manchester et Gustav Kirchhoff à Heidelberg. En 1858, Stewart montra que, si un corps émettait des radiations à des longueurs d'onde particulières, c'était alors à ces mêmes longueurs d'onde qu'il absorbait le mieux les radiations. Cette découverte fut également faite par Kirchhoff, qui travaillait alors avec le chimiste Robert Bunsen, l'inventeur du bec Bunsen, si utile pour fournir une flamme haute et claire pour les travaux de laboratoire, et qui avait contribué à faire nommer Kirchhoff à la chaire de physique de Heidelberg. Tous deux réalisèrent une série d'examens spectroscopiques minutieux et, pour finir, ils furent en mesure d'établir l'ensemble des trois lois apparemment simples qui régissaient les différents types de spectres observés en laboratoire. Les raies brillantes sur un fond sombre étaient dues à des gaz incandescents et les positions des raies étaient caractéristiques de la substance chimique qui les irradiait. Un spectre continu (comme celui du Soleil) indiquait que la source était un solide incandescent ou un corps gazeux très dense, tel que le Soleil. Les raies sombres surimposées sur un tel spectre étaient dues à des gaz plus froids, situés entre la source du spectre continu et l'observateur, les positions des raies étant là encore caractéristiques des gaz en question. En 1860, la question était élucidée et le mystère des raies de Fraunhofer avait été résolu. Il en résulta de sérieuses conséquences sur l'analyse chimique car la technique de la spectroscopie permettait de déceler la présence des traces les plus minimes d'une substance. Mais les conséquences les plus renversantes sans doute de l'analyse du spectre concernèrent le domaine de l'astronomie.

L'astronomie

L'aspect général de l'astronomie se modifia considérablement au cours du XIXe siècle; après avoir été une science principalement occupée des planètes et de leur mouvement, une science de la dynamique, elle se mua en une science essentiellement intéressée par l'univers des étoiles et la physique des corps stellaires. Ce qui ne signifie pas que l'astronomie dynamique fut laissée de côté, ni que les découvertes tarirent dans le domaine planétaire, mais que la préoccupation fondamentale changea. La chose était due, pour partie au développement de la fabrication des télescopes et, pour partie, à l'influence de William Herschel, un astronome qui semble avoir été le plus indéfectible champion de l'observation. Comme nous l'avons vu, ses travaux d'observation le conduisirent à l'étude des nébuleuses, sans qu'il pût cependant répondre de façon décisive à la question : s'agissait-il de nuages ou d'amas d'étoiles dans l'espace?

Sur Herschel, voir pages 462-470.

Quelque vingt ans après la mort de Herschel, le défi fut relevé par William Parsons, troisième comte de Rosse qui, en 1845, acheva la construction d'un gigantesque réflecteur, pourvu d'une ouverture d'un diamètre de 1,8 mètre, situé dans sa propriété en Irlande. Cependant, même cet instrument ne permit pas de répondre de façon concluante à cette question; Rosse observa que certaines nébuleuses avaient un noyau central brillant et une structure en spirale, mais leur vraie nature lui échappa ainsi qu'à ses contemporains.

Illustration page 597.

Le télescope de Rosse fut le dernier grand instrument construit avec un miroir en métal spécial et monté sans bénéficier des techniques de la mécanique lourde. Dans les années 1850 et 1860, l'astronome royal anglais George Airy et le fabricant et inventeur du marteau-pilon à vapeur James Nasmyth commencèrent à utiliser pour monter des télescopes les méthodes développées pour construire vapeurs et locomotives et, dans les années 1880, le mode de soutènement des télescopes avait été transformé. En 1888, un grand réfracteur de 0,9 mètre de diamètre fut construit à Mount Hamilton en Californie, à l'emplacement qui devint celui du Lick Observatory, et un autre réfracteur de 1 mètre de diamètre au Yerkes Observatory, près de Chicago. Sans l'appoint de ces nouvelles techniques, des télescopes de ce type eussent été impossibles à manier et l'on n'aurait même pas tenté d'en construire. L'autre stimulant, déterminant pour la construction des grands télescopes, fut le développement des miroirs faits de verre dont le tain était remplacé par de l'argent. Le problème auquel les fabricants d'instruments devaient faire face était que, pour éviter les images parasites, les astronomes avaient besoin que la surface des miroirs de leurs télescopes fût argentée. Or, avant les années 1850, on ne connaissait encore aucune technique d'argenture. C'est à cette époque que Liebig inventa cette méthode, dans un but d'ailleurs tout à fait autre. En 1856, Karl von Steinheil, en Allemagne, et Léon Foucault, en France, construisirent des télescopes à réflexion avec des miroirs en verre argenté; leur pouvoir de réflexion de la lumière était infiniment supérieur à celui des miroirs en métal et quelques grands réflecteurs au fonctionnement sûr furent construits au cours de la seconde moitié du XIXe siècle. Ces instruments démontrèrent finalement la supériorité du réflecteur pour le télescope à très grande ouverture; toutefois, l'ensemble des conséquences de ce changement ne devinrent pleinement manifestes qu'au XXe siècle.

Illustration page 598.

Cependant, les grands télescopes construits vers la fin du XIXe siècle à Lick et Yerkes aux États-Unis étaient des réfracteurs; ils avaient été choisis en raison des développements optiques assez précoces au cours de ce siècle en optique télescopique. Des techniques destinées à la fabrication de verre réellement adapté aux lentilles achromatiques furent mises au point par le Suisse Pierre Guinand, et reprises en Allemagne par Fraunhofer et ses collègues, qui produisirent quelques instruments excellents. Dans certains de ces instruments, l'objectif (la lentille avant) était découpé au centre pour former un héliomètre, un appareil destiné à mesurer plus commodément et avec précision le diamètre apparent du Soleil; en 1820, un instrument équipé de cette façon fut livré à l'observatoire de Königsberg, dont le directeur était alors Friedrich Wilhelm Bessel. Né à Minden, en Allemagne, en 1784, après avoir été dans le commerce pendant un temps, Bessel s'était tourné vers l'astronomie où il se fit une réputation en cal-

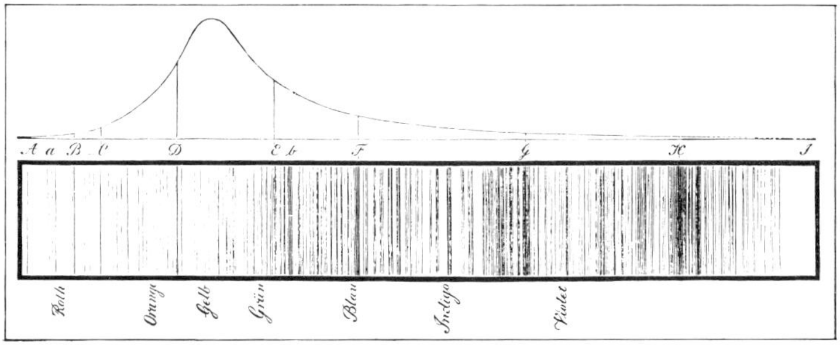

A gauche. Ce dessin du spectre solaire, exécuté en 1814 par Joseph von Fraunhofer, montre de nombreuses raies noires et fines. Au-dessus, la courbe indique l'intensité de la lumière aux différentes parties du spectre. La découverte de ces raies ouvrit le domaine très fécond de la spectroscopie.

A gauche. Photographie du réflecteur d'une ouverture de 1,8 mètre, construit en 1845 par le troisième comte de Rosse, à Birr Castle, Abbeyleix, Irlande.

A gauche. Photographie, publiée en 1908 par le Lick Observatory, de la galaxie spirale de la constellation des Chiens de chasse, un corps céleste dont la nature spirale avait été détectée par Rosse.

A droite. Le réfracteur du Yerkes Observatory, près de Chicago, construit dans les années 1880, a une ouverture de un mètre. C'est un bel exemple de l'alliance des techniques optiques de pointe et de la mécanique lourde au XIXᵉ siècle.

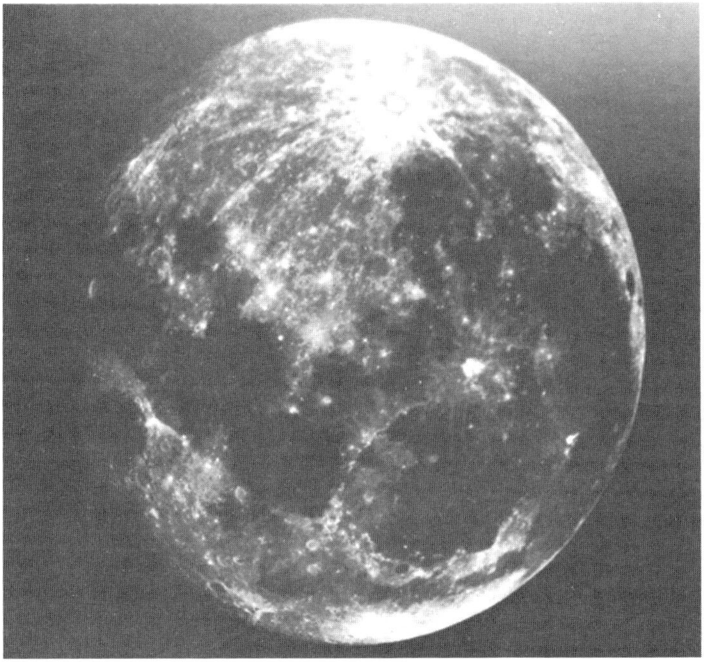

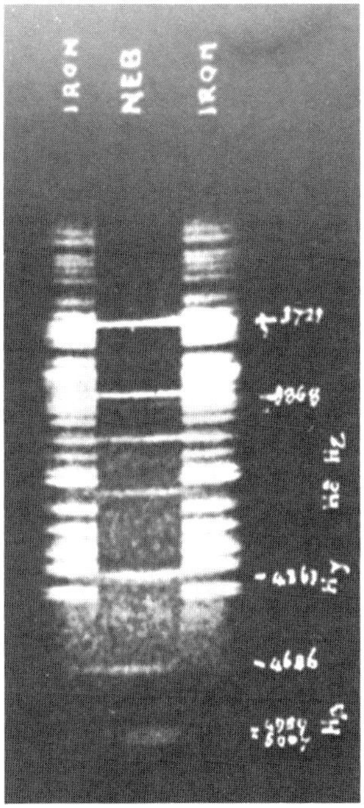

Ci-dessus. Spectre de la nébuleuse «Dumbell», photographiée par Max Wolf vers 1906. Le spectre de la nébuleuse se situe entre les spectres symétriques du fer. Des observations telles que celles-ci distinguaient les nébuleuses gazeuses comme la nébuleuse Dumbell, dont les spectres avaient des raies brillantes, de celles qui n'en avaient pas. On découvrit plus tard que ces dernières étaient des galaxies.

En haut, à gauche. L'importance de la photographie en astronomie est résumée par les détails enregistrés pour l'étude ultérieure dans cette photographie de la Lune, prise en 1877, juste après la pleine lune, par Andrew Common.

A gauche. Un spectroscope, équipé de six prismes qui donnent une large dispersion, utilisé vers 1870 pour étudier le Soleil. Ce type d'observations visuelles fut bientôt remplacé par des observations photographiques.

culant les trajectoires cométaires. En utilisant le nouveau réfracteur de Fraunhofer, il estima que l'héliomètre convenait parfaitement pour mesurer les positions des étoiles et il se mit à prendre des mesures des parallaxes stellaires. Il choisit l'étoile 61 du Cygne, car elle semblait présenter un mouvement comparativement grand sur son arrière-plan d'étoiles, ce qui, pensait-il, signifiait qu'elle était proche. En 1838, il fut à même de faire savoir qu'il avait réussi à calculer la distance de cette étoile à la Terre : soit 600 000 fois la distance de la Terre au Soleil. La même année, un autre astronome allemand, Friedrich Struve, annonça qu'il avait mesuré la distance de Véga, l'étoile la plus brillante du ciel boréal, mais des recherches ultérieures prouvèrent que les mesures de Struve étaient erronées. L'année suivante, Thomas Henderson, qui s'était livré peu avant à des observations en Afrique du Sud, donna la distance de l'étoile Alpha du Centaure, résultat qu'il aurait pu présenter en 1833, n'eût été sa prudence excessive. En tout cas, ces mesures capitales avaient été effectuées et, tout au long du XIXe siècle, le nombre d'étoiles dont la distance pouvait être calculée directement de cette façon augmenta. Les astronomes avaient enfin un aperçu de la véritable immensité de l'univers. A partir des années 1850, la photographie fut utilisée dans le domaine de l'observation astronomique et, vers la fin du siècle, elle était couramment employée comme un moyen d'enregistrer les champs d'étoiles en vue de mesures précises, les plaques photographiques étant examinées avec un microscope monté spécialement. Ainsi, le XIXe siècle vit l'avènement d'un niveau de précision plus poussé des mesures astronomiques.

Illustrations pages 599, 659.

La découverte d'Uranus par Herschel mit en relief la possibilité qu'il existât dans le système planétaire du Soleil, le système solaire, d'autres corps qui restaient à découvrir. Cette idée avait déjà reçu une certaine vraisemblance en 1771, en raison d'une formule numérique particulière, découverte par Johann Titius et publiée par Johann Bode. Cette formule, appelée loi de Bode, indiquait un espace vacant entre les nombres représentant les distances du Soleil à Mars et à Jupiter; lorsque l'on découvrit qu'Uranus s'intégrait dans la formule, cet espace vacant devint plus intéressant et l'on se lança dans la recherche d'une planète entre les orbites de Mars et de Jupiter. En 1801, ces efforts furent couronnés de succès : l'astronome italien, Giuseppe Piazzi, observa précisément un tel corps. Mais les recherches ultérieures en révélèrent beaucoup d'autres et il devint manifeste que l'espace orbital était empli de myriades de planétoïdes – Herschel les appela des astéroïdes –, sortes de débris planétaires dont l'origine demeure incertaine.

L'étude des planètes et de leurs particularités se poursuivit au long du siècle, mais, dès les années 1840, les astronomes se rendirent compte que le comportement d'Uranus n'était pas ce qu'il aurait dû être si la théorie de la gravitation universelle de Newton était exacte. A l'époque, la théorie de Newton était si solidement établie que la seule explication satisfaisante des anomalies dans le comportement d'Uranus parut être l'existence d'une autre planète, encore plus éloignée du Soleil et qui perturbait Uranus par gravitation. Le problème qui consistait à calculer l'existence de cette planète hypothétique paraissait insoluble à la plupart des astronomes; toutefois, deux d'entre eux s'en saisirent : John Couch Adams, un jeune mathématicien de Cambridge qui venait d'obtenir sa licence, et l'astronome et mathématicien français, Urbain Le Verrier, de huit ans son aîné. Adams s'attaqua au problème en 1842 et, trois ans plus tard, en 1845, il avait calculé la position de la planète hypothétique; il recourut alors à l'aide de l'astronome royal, George Airy, pour la situer, mais il semble qu'Airy ait douté de la solution présentée et les mesures qui furent prises à Greenwich et à Cambridge pour observer la présumée planète manquèrent singulièrement d'ardeur. Quant à Le Verrier, il aborda lui aussi le problème avec méthode et parvint à sa solution en 1846, quelque dix mois après Adams. En France, cette solution fut elle aussi accueillie avec une certaine réserve et, finalement, ce fut Johann Galle, directeur de l'observatoire de Berlin, que Le Verrier persuada d'entamer une recherche. La chance voulait que l'observatoire de Berlin eût précisément terminé peu avant une carte de la zone précise du ciel où Le Verrier avait calculé que devait se situer la planète; ses calculs se révélèrent exacts. Comme les calculs d'Adams désignaient la même zone céleste, on disputa quelque temps de la priorité de la découverte; il est clair aujourd'hui que les deux hommes se partagent également le mérite de ce triomphe de la gravitation de Newton. En vertu d'un accord international, la nouvelle planète fut baptisée Neptune.

L'autre grand progrès par lequel l'astronomie s'illustra au XIXe siècle concernait les études qui furent faites des spectres des étoiles, après qu'eut été publiée la découverte de la nature des raies de Fraunhofer par Kirchhoff et Bunsen. Dans ce domaine, une grande partie des premiers travaux fut accomplie par un astronome amateur, Williams Huggins. Né à Londres en 1824, Huggins dut diriger l'entreprise de son

Illustration page 599.

père jusqu'en 1854, avant de pouvoir se consacrer à l'astronomie qui était devenue son centre d'intérêt dominant. En 1875, il se maria; Margaret, sa femme, l'aida beaucoup dans ses travaux scientifiques et son nom est associé au sien dans de nombreuses publications; Huggins fut nommé président de la Royal Society en 1900, un honneur insigne, essentiellement dû à ses travaux en spectroscopie, qui posèrent les fondements de ce qui allait devenir l'«astrophysique».

Huggins s'était lié d'amitié avec William Miller, que nous avons déjà rencontré sur le terrain de la spectroscopie, et il était intrigué par la possibilité d'observer et de photographier les spectres des corps célestes. Les deux hommes conçurent ensemble un spectroscope qui non seulement produirait les spectres célestes, mais permettrait aussi que ces spectres fussent comparés directement avec un spectre produit en laboratoire, une procédure d'observation indispensable pour que les raies des spectres célestes fussent identifiées correctement. Huggins avait aussi la ferme intention de photographier les spectres, de manière à garder des enregistrements durables et, malgré le scepticisme de Miller, il s'arrangea finalement pour y parvenir. Mais ces techniques n'étaient que des moyens en vue d'une fin, l'examen de spectres, et Huggins obtint dans ce domaine deux succès remarquables.

Le premier fut publié en 1864, dans un article signé conjointement par Miller : Huggins avait observé une «nébuleuse planétaire» (une tache nébuleuse en forme de disque), mais il n'avait pas vu le spectre auquel il s'attendait; au lieu de raies noires sur un fond coloré, il avait vu un spectre de raies brillantes. Comme les deux astronomes l'écrivirent dans leur article : «L'énigme des nébuleuses était résolue. La réponse qui nous était venue dans la lumière elle-même, disait : non pas un agrégat d'étoiles mais un gaz lumineux.» Ainsi, manifestement, il existait des nuages de gaz dans l'espace; Halley et Herschel avaient tous deux eu raison. Cependant, les observations spectroscopiques des «nébuleuses spirales» de Rosse montrèrent qu'elles étaient une espèce d'agrégat d'étoiles, mais ce ne fut que bien tard dans le courant du XXe siècle que la véritable nature des corps spirales fut découverte.

Illustration page 599.

Le second succès de Huggins fit suite à une découverte faite en 1842 par le physicien autrichien, Christian Doppler. Celui-ci avait réalisé que, pour les ondes sonores (au XVIIIe siècle, Laplace avait démontré que le son est une onde de perturbation) comme pour les ondes lumineuses, la longueur d'onde que nous observons lorsque la source se déplace doit être différente de la longueur d'onde observée si la source est immobile. Par exemple, si la source se déplace vers nous, les ondes se rapprochent – elles nous arriveront en fait à une plus grande fréquence –, et leur longueur d'onde apparaîtra plus courte. D'autre part, si la source s'éloigne, la longueur d'onde apparaîtra plus longue. Un tel effet est aujourd'hui un phénomène courant, lorsque le son d'une sirène est émis par un véhicule en mouvement. En ce qui concerne la lumière, Doppler émit l'hypothèse que les étoiles qui se déplacent vers nous apparaîtront plus bleues et celles qui s'éloignent plus rouges. Six ans plus tard, le physicien expérimentaliste français Hippolyte Fizeau, qui, avec Foucault, avait mis au point des méthodes de laboratoire précises pour mesurer la vitesse de la lumière, affirma qu'on ne pouvait observer pareil changement. Toutefois, Fizeau assura que les raies spectrales changeaient de position; si la source se déplace vers l'observateur, le décalage se produira vers l'extrémité du spectre où se situe le bleu; si elle s'éloigne, il en résultera un décalage vers le rouge. Il était difficile d'observer ce décalage, appelé effet Doppler-Fizeau, mais Huggins s'y attela et, en 1868, grâce à des appareils améliorés, il fut en état de mesurer le décalage vers le rouge de Sirius, l'étoile la plus brillante du ciel. Il trouva que sa vitesse était d'environ 48 kilomètres par seconde, mais des recherches ultérieures montrèrent qu'il l'avait surestimée et qu'elle est plus proche de 32 kilomètres par seconde. Cela débouchait sur une nouvelle technique d'observation car, précédemment, les vitesses des étoiles qui se rapprochent ou s'éloignent de l'observateur – les vitesses radiales – ne pouvaient être décelées, encore moins mesurées, car les étoiles sont si lointaines qu'elles n'apparaissent que comme des points lumineux, même dans un télescope. La technique cependant fit mieux encore et, par la suite, elle permit des résultats qui, au cours du XXe siècle, allaient conduire à une vision entièrement renouvelée de l'univers.

Illustration page 588.

Les mathématiques

Au cours du XIXe siècle, toutes les branches des mathématiques – géométrie, analyse algébrique et utilisation du calcul différentiel et intégral – continuèrent à progresser et les mathématiques s'ouvrirent également au champ nouveau des statistiques. Ce faisant, leurs techniques et leurs découvertes

Illustrations pages 605, 606.

devinrent de plus en plus complexes et spécialisées. Cependant, si techniques soient ces matières, nous devons mentionner leurs développements dans deux domaines : la statistique et la géométrie.

On peut dire que les statistiques débutèrent au XVIIe siècle, lorsqu'une série de relevés de noyades ayant abouti à la mort fut effectuée à Londres, en 1662, par John Gaunt et William Petty. Leurs travaux démontrèrent l'utilité que de tels relevés pouvaient présenter pour les services administratifs d'un gouvernement, et divers États européens commencèrent à collecter des informations adéquates qui bientôt s'étendirent aux naissances, aux mariages, aux migrations, etc. La statistique mathématique fut développée par le Belge Lambert Quételet. Né en 1796 à Gand, Quételet fit ses études à l'université de cette ville, où il devint le premier professeur de mathématiques élémentaires avant d'être nommé astronome à l'observatoire de Bruxelles, puis, en 1834, secrétaire perpétuel de l'Académie de Bruxelles. Influencé par le philosophe Auguste Comte qui, en 1825, enseignait ce qu'il appela la sociologie, Quételet s'intéressa à la «physique sociale». Il essaya de découvrir les influences qui déterminent les tendances observées, et il étudia les causes naturelles et les perturbations dues à l'homme. Il releva un grand nombre de cas et fit des moyennes de types différents; il élabora également une définition de «l'homme moyen». Ces travaux furent présentés en 1835 dans un ouvrage intitulé *De l'homme et du développement de ses facultés, un essai de physique sociale.* Dans un travail plus théorique, publié dix ans plus tard, Quételet mentionna ce que l'on appelle aujourd'hui la «distribution normale» ou «courbe de Gauss» (d'après le nom du mathématicien allemand Carl Friedrich Gauss); c'était un résultat important qui montre mathématiquement et sous forme graphique la répartition de variations régulières (les tailles différentes d'une population moyenne d'individus, par exemple, ou la façon dont les erreurs aléatoires sont réparties dans une série d'observations).

Précédemment, d'autres travaux statistiques avaient été réalisés par le physicien et mathématicien français Siméon-Denis Poisson, né en 1781 à Pithiviers. Poisson se lança dans différents types de recherche; il apporta sa contribution à la mathématique des perturbations du système solaire, dues à l'interaction des planètes, travailla à une analyse mathématique de la théorie de la chaleur et, en 1837, trois ans avant sa mort, il s'attaqua aux probabilités. Nous lui devons l'expression de «loi des grands nombres» et une courbe spécifique qui

A gauche. Le métier à tisser de Jacquard. Inventé en 1801, ce métier pouvait produire des modèles complexes, contrôlés par les cartes perforées que l'on voit au sommet de la machine. Le principe de l'information des machines au moyen de cartes perforées se développa à la fin du siècle et forma la base sur laquelle la technologie de l'informatique fut fondée après la Seconde Guerre mondiale.

Ci-dessous, à gauche. On utilisa couramment l'hypnose dans des buts médicaux tout au long du XIXe siècle, bien que sa nature n'eût pas été convenablement explorée avant les travaux de James Braid, au milieu du siècle. Ici, le médecin français Jean-Martin Charcot (1825-1893) utilise un grand diapason pour provoquer l'hypnose.

Ci-dessous. Une partie de la «machine analytique», inventée en 1834 en Angleterre par Charles Babbage (1792-1871). Elle fut le véritable précurseur des ordinateurs du XXe siècle. Science Museum, Londres.

SCIENTIFIC AMERICAN

[Entered at the Post Office of New York, N. Y., as Second Class Matter. Copyrighted, 1890, by Munn & Co.]

A WEEKLY JOURNAL OF PRACTICAL INFORMATION, ART, SCIENCE, MECHANICS, CHEMISTRY, AND MANUFACTURES.

Vol. LXIII.—No. 9. ESTABLISHED 1845. | NEW YORK, AUGUST 30, 1890. | $3.00 A YEAR. WEEKLY.

THE NEW CENSUS OF THE UNITED STATES—THE ELECTRICAL ENUMERATING MECHANISM.—[See page 132.]

indique la probabilité de réalisation d'événements dotés de probabilités inégales.

Les travaux de Quételet et de Poisson portèrent leurs fruits dans de nombreuses branches de la science où l'on manipule un grand nombre d'observations; par exemple, en astronomie, avec l'analyse d'un grand nombre de mouvements stellaires, ou en médecine, où l'on soigne un grand nombre de malades, etc. L'étude des statistiques allait jouer également un rôle considérable en génétique pour l'étude des caractères héréditaires. Francis Galton, petit-fils d'Erasmus Darwin et cousin de Charles Darwin, s'occupa beaucoup de génétique. Né en 1822, Galton commença des études de médecine, mais il abandonna le cursus universitaire lorsque son père lui légua sa fortune. Il représente le dernier spécimen de la race aujourd'hui éteinte des gentlemen scientifiques car, pas plus que Huggins, jamais il n'occupa un poste officiel ou académique. Sa curiosité s'étendait à des domaines très divers : il introduisit l'utilisation des empreintes digitales comme moyen d'identification, fit quelques recherches en météorologie et, soit dit en passant, forgea le terme d'«anticyclone». Ses apports les plus importants, relatifs à la génétique et à la psychologie, étaient basés sur sa conviction que tout est quantifiable, une idée à laquelle il croyait si fermement qu'il tenta même d'évaluer numériquement l'efficacité de la prière!

En psychologie, une discipline qui suscita un intérêt croissant au cours du XIXe siècle – le premier laboratoire de psychologie fut créé à l'université de Leipzig en 1879 –, Galton sema les germes de l'idée de test mental et d'évaluation de l'acuité des sens; il s'adonna lui-même à la psychologie expérimentale. Il comprit que dans cette discipline, comme dans son domaine d'élection – la génétique et l'hérédité –, les méthodes statistiques avaient une importance capitale. Ses capacités en mathématiques ne lui auraient pas permis de faire progresser la statistique mathématique dans le sens d'une discipline académique; néanmoins, il introduisit les concepts de corrélation (le degré de dépendance de deux variables) et de régression (corrélation liée à l'écart entre des variables) et fit grand usage des courbes de répartition des erreurs de Quételet-Gauss.

Galton s'intéressait également à la transmission du talent et soutint que l'étude de l'histoire des familles remarquables prouvait qu'il ne s'agissait pas d'un mythe. Ses conceptions se heurtèrent à l'opposition de gens qui privilégiaient «l'éducation et non la nature» et assuraient que les enfants issus de familles douées devaient leurs dons personnels à leur envi-

Page 606. L'analyse des résultats d'un recensement aux États-Unis, au moyen de cartes perforées et de machines à calculer, en 1890, permit une analyse plus efficace et plus souple des statistiques qu'il n'était possible antérieurement.

ronnement. Galton demeura sur ses positions, ce qui l'amena finalement à plaider en faveur d'un programme d'«eugénisme», afin «d'entretenir le talent et la santé et d'éliminer la maladie et la bêtise»; il pensait qu'un tel programme était nécessaire à toute société soucieuse de maintenir sa situation dans le monde, sans même parler de la promouvoir. Il entretint avec Charles Darwin une correspondance suivie sur les caractères héréditaires, mais, à long terme, le résultat le plus important de ses travaux fut peut-être la création, peu après la fin du siècle, d'un laboratoire d'eugénisme. Lié au laboratoire de «biométrie», un organisme qui rassemblait des statistiques relatives à l'homme et à d'autres sujets et que Galton avait fondé vingt ans plus tôt, le nouveau laboratoire entretenait des liens étroits avec le University College de l'université de Londres fondée depuis peu. Lorsqu'il mourut, en 1911, Galton laissa une somme généreuse, destinée à la création d'une chaire d'eugénisme, dont il souhaitait vivement que Karl Pearson fût le premier professeur. Né à Londres en 1857, Pearson était un mathématicien formé à Cambridge et un juriste diplômé (bien qu'il n'exerçât pas cette profession). Nommé professeur de mathématiques au University College en 1884, il accepta en 1911 la chaire fondée par Galton et l'occupa avec distinction pendant les vingt-deux années qui suivirent, posant les solides fondations mathématiques de toute la science statistique du XXe siècle, surtout pour ses applications aux questions biologiques.

La géométrie fut le deuxième domaine mathématique dans lequel les développements accomplis au XIXe siècle allaient avoir un effet puissant sur les travaux scientifiques ultérieurs car deux systèmes géométriques très nouveaux furent proposés. Ceux-ci résultaient de l'insuffisance de la géométrie euclidienne. L'organisation générale d'Euclide était magistrale, un monument de logique humaine; pendant plus de deux mille ans, elle avait régné en maître et, au XIXe siècle, elle était devenue synonyme de l'un des aspects du mot «vérité». Cependant la géométrie d'Euclide comprenait deux assertions auxquelles aucune preuve logique ne pouvait être apportée; l'une posait qu'un segment de droite pouvait être prolongé indéfiniment de part et d'autre de chaque extrémité; l'autre que deux droites coupées par une sécante selon des angles dont la somme d'un même côté est égale à deux angles droits ne se rencontrent jamais, si loin qu'on les prolonge dans chaque direction, c'est-à-dire, par définition, sont parallèles. Ces deux assertions semblaient évidentes, mais ni Euclide ni aucun des géomètres qui lui avaient succédé n'avaient pu en

Sur Euclide, voir pages 141-142.

apporter la preuve formelle. Euclide lui-même avait observé une certaine prudence à leur propos et s'était efforcé de ne jamais utiliser le postulat des lignes parallèles lorsqu'il pouvait l'éviter.

Au XVIIIe siècle, le jésuite Girolamo Saccheri, professeur de mathématique à Pavie, tenta de prouver ces théorèmes en utilisant la méthode de la démonstration par l'absurde, c'est-à-dire en supposant fausse l'assertion sur les parallèles et en déduisant les conséquences logiques. Ses travaux ne convainquirent pas les autres mathématiciens, mais, chose intéressante, en déroulant ses conclusions, Saccheri approcha de ce que nous appelons la géométrie non euclidienne. Il la rejeta *a priori* sous prétexte qu'une géométrie de ce genre était repoussante. Le grand mathématicien et physicien, Carl Friedrich Gauss, reprit ce sujet. Il essaya sans succès de remplacer les assertions questionnées par d'autres plus simples et, suivant les traces de Saccheri, il aboutit également à des concepts de géométrie non euclidienne. Cependant, l'attitude intellectuelle de Gauss fut différente; il conclut à l'existence possible d'une géométrie non euclidienne, mais ne publia pas son opinion à ce moment-là.

Les premières étapes du développement d'une telle géométrie furent accomplies dans les années 1820 et 1830 par deux mathématiciens, Nikolaï Lobatchevski, en Russie, et Janos Bolyai, en Hongrie. Né à Nijni-Novgorod (aujourd'hui Gorki) en 1792, Lobatchevski fit ses études à l'université de Kazan où, plus tard, il fut professeur. Comme ses prédécesseurs, Lobatchevski essaya de démontrer le théorème des droites parallèles mais, contrairement à eux, quand il fut convaincu de l'impossibilité d'y parvenir, il franchit l'étape logique suivante. Il postula que tant que l'on ne pourrait démontrer qu'une droite et une seule pouvait passer par un point et être parallèle à une autre droite, on était libre de postuler qu'un nombre infini de droites pouvaient être tracées. Officier et brillant mathématicien, Bolyai parvint aux mêmes conclusions; mais, quand il apprit que Gauss avait également suivi cette même démarche, Bolyai ajouta simplement son travail en appendice à un manuel de mathématiques rédigé par son père. Les recherches de Bolyai ne furent pas publiées d'autre façon avant la fin des années 1860; il était alors décédé.

L'Allemand Bernhard Riemann, qui était fils d'un pasteur protestant, réagit de façon différente au postulat des lignes parallèles. Né en 1826, Riemann fréquenta l'université de Göttingen où il étudia la théologie et la philologie, puis il obtint de son père l'autorisation de s'orienter vers les mathématiques. Plus tard, après avoir travaillé à l'université de Berlin, il revint à Göttingen où il poursuivit des travaux sur une forme importante d'analyse mathématique des phénomènes périodiques ayant trait aux séries trigonométriques, élaborées en 1822 par le mathématicien français Joseph Fourier. En 1866 seulement, dernière année de sa courte existence, Riemann aborda le champ de la géométrie non euclidienne. Il emprunta une démarche inverse de celle de Gauss, Bolyai et Lobatchevski : posant que, si le postulat des lignes parallèles ne pouvait être démontré, aucune droite parallèle à d'autres droites ne peut être tracée, il élabora une géométrie prenant en compte ce fait. Les résultats de son travail furent très féconds car la géométrie qu'il énonça put être développée pour traiter des problèmes à trois dimensions et plus. Cependant, comme les géométries de Lobatchevski et de Bolyai, celle de Riemann fut considérée comme rien de plus qu'une théorie mathématique abstraite. En effet, la géométrie de Riemann, dans laquelle l'espace est courbe, mais pas de façon constante, semblait très éloignée de la réalité et fut même attaquée sur le plan philosophique. Si abstraite et ésotérique qu'elle apparût à l'époque, la géométrie de Riemann fournit au début du XXe siècle une schématisation de la réalité qui sembla plus exacte que la géométrie d'Euclide, tant la conception de l'univers s'était entre-temps radicalement modifiée.

Sur l'intérêt de ces travaux dans la relativité générale, voir page 651.

10. La science du XXe siècle

Le rythme rapide que les progrès scientifiques avaient commencé d'adopter au XIXe siècle s'accéléra encore au cours du XXe siècle. Non seulement la cadence des découvertes scientifiques s'accrut, mais grâce à un nombre plus élevé que jamais d'hommes de science, dotés d'un équipement toujours plus efficace et plus perfectionné, les résultats auxquels ils parvinrent furent souvent étonnants; ils auraient à coup sûr étourdi les esprits les plus imaginatifs des générations immédiatement précédentes. Pareil travail fournit évidemment une somme importante de démonstrations détaillées et nouvelles, et conduisit à quelques concepts complexes et spécialisés, relatifs au monde physique. Mais, étant donné que nous vivons encore ce vingtième siècle, il serait d'une certaine manière prématuré de vouloir considérer la science qu'il a developpée d'un point de vue historique. Pour une large part, ce développement se poursuit, si bien qu'une grande partie de la recherche est aussi trop récente pour nous permettre de prendre du recul et de la voir dans une perspective historique. Néanmoins, il est possible de sélectionner certains aspects de la science du XXe siècle et de retracer leur essor. Nous nous concentrerons ici sur trois aspects qui se sont révélés d'une importance primordiale pour la compréhension du monde qui nous entoure. Le nouveau grand univers que l'astronomie du XXe siècle a découvert est un des résultats de ces grands progrès de notre compréhension; un autre, qui en est proche, est la révolution que la théorie de la relativité et la théorie des quanta provoquèrent dans les sciences physiques; sans ces théories, la science nucléaire moderne n'eût jamais été conçue. En troisième lieu, des développements prodigieux se produisirent en biologie, concernant toute la physiologie, humaine et animale, l'hérédité et l'évolution; ils menèrent également à la discipline nouvelle de la biologie moléculaire, un domaine où la physique, la chimie et la théorie génétique se rejoignirent de façon hautement significative.

La science du XXe siècle fut aussi transformée par la croissance remarquable de sa technologie, qui facilita la recherche dans de nombreux domaines. Bien qu'il ne soit pas possible de donner ici un compte rendu détaillé de toutes les différentes technologies qui furent impliquées dans ce processus, ni des nouvelles branches de la science qui se sont développées grâce à elles, il nous faut pour le moins mentionner celles de l'électronique et de la technologie informatique qui, à dater des années 1960, ont révolutionné la collecte et le traitement de données de toutes sortes. De la même façon, l'avènement des voyages dans l'espace a stimulé beaucoup de travaux scientifiques.

Illustrations pages 668, 671.

La biologie au XXe siècle

Les conséquences du darwinisme

La théorie de l'évolution de Darwin influa profondément sur la biologie. D'une part, elle suscita un intérêt si vif et si général pour le développement des animaux et des végétaux que ce sujet occupa la plus grande partie de la recherche en biologie pendant la seconde moitié du XIXe siècle; d'autre part, la théorie dans son ensemble parut présenter un exemple classique de méthode scientifique et un modèle idéal d'induction scientifique; Darwin avait rassemblé une somme immense d'informations biologiques précises, qu'il avait ensuite intégrées dans sa puissante théorie de l'évolution émergente. Sur ce point, elle méritait l'admiration et offrait un exemple de l'efficacité de la science. Cependant, en dépit de la haute tenue de la théorie, certains de ses problèmes demeuraient non résolus. D'abord, la théorie postulait que les variations mineures qui surgissaient au sein «des populations» étaient héréditaires et pouvaient ainsi persister, mais ce fait n'avait pas été prouvé. Deuxième difficulté : il semblait qu'il n'y eût pas de moyen de démontrer expérimentalement si la sélection naturelle jouait ou non dans de telles populations. Manifestement, il fallait pousser plus loin la recherche.

De 1860 à 1890, de grands efforts furent accomplis en morphologie – l'étude des formes des êtres vivants – pour essayer de trouver des relations évolutives entre espèces et entre individus à l'intérieur des espèces. Les morphologistes tentèrent de trouver l'unité de base derrière les formes communes, de découvrir les ancêtres communs à deux ou plusieurs groupes d'organismes et de construire des arbres généalogiques retraçant l'histoire de l'apparition d'animaux donnés. A leur tête militait Ernst Haeckel, le champion du darwinisme. Né en 1834, à Potsdam en Prusse, il avait 25 ans lorsque parut *l'Origine des espèces.* Bien que chrétien, il croyait à une approche mécaniste des processus de la vie, et s'intéressa profondément à l'anatomie comparée des hommes et des animaux. Ses travaux l'amenèrent à construire un arbre généalogique de l'humanité et à énoncer la proposition suivante : au cours de son développement, un embryon présente successivement les principaux stades adultes de sa lignée d'ancêtres, proposition qui prit le nom de «loi biogénétique fondamentale de Haeckel».

Illustration page 547.

Vers la fin du XIXe siècle et faute de progrès nouveaux, les jeunes biologistes se rebellèrent contre cette approche et se mirent en quête de trouver réponse à un nouvel ensemble de questions, ce qui eut deux effets : préparer l'essor de l'embryologie expérimentale du XXe siècle et mener à des expériences sur la reproduction des végétaux, comme celles de Hugo De Vries. Né en 1848 à Haarlem dans les Pays-Bas, d'une famille d'universitaires, De Vries était passionné par la botanique. Dans les années 1890, il découvrit près d'Hilversum une plante qui allait contribuer à sa notoriété : l'œnothèse de grandes fleurs (œnothera lamarckiana). Il remarqua deux souches apparemment tout à fait différentes de cette plante qui poussaient côte à côte dans le même champ. Lorsqu'elles s'autofécondaient, découvrit-il, elles reproduisaient conformément à leur type, mais lorsqu'elles se croisaient, elles produisaient trois types différents, ayant chacun des caractères (forme de feuilles, etc.) suffisamment distincts pour représenter de nouvelles espèces. De Vries en conclut qu'il avait découvert un organisme idéal pour démontrer qu'il ne se produit pas de «très petits changements», tels ceux qu'avait postulés Darwin, mais que les changements se faisaient par sauts importants. Il appela ces sauts des «mutations» et publia en 1901 et 1903 un ouvrage en deux volumes, intitulé *la Théorie des mutations.* Ce livre répondait à certaines des objections soulevées contre la théorie de Darwin, celle par exemple que l'effet des «très petits changements» était annulé par le nombre beaucoup plus élevé des spécimens normaux et invariants d'une population. De Vries émit l'hypothèse qu'en raison des mutations, les nouveaux variants étaient déjà des espèces distinctes et que la sélection naturelle pouvait alors agir sur eux, éliminant ceux qui n'étaient pas capables de survivre. D'une certaine manière, cette hypothèse répondait

Illustration page 618.

aussi à la critique de lord Kelvin, pour qui l'âge de la Terre était trop petit pour l'évolution darwinienne, parce que les mutations de De Vries permettaient d'envisager une échelle de temps beaucoup plus resserrée.

La théorie des mutations conféra une apparence nouvelle et plus expérimentale à l'évolution; l'approche expérimentale fit de même à l'égard de l'embryologie. L'insatisfaction croissante au sujet de l'approche des morphologistes et de la loi biogénétique atteignit son comble en 1888 lorsque Wilhelm Roux, né en 1850 à Iéna, dans l'est de l'Allemagne, publia les résultats de ses travaux sur des embryons de grenouille et son analyse du mécanisme par lequel ils passaient de l'état d'œuf à celui d'embryon (têtard), puis à celui de grenouille. Roux proposa une nouvelle théorie du développement, de type «mosaïque», selon laquelle les particules héréditaires à l'intérieur de la cellule se distribuaient inégalement au cours des divisions cellulaires dans l'œuf. Après chaque division, les deux nouvelles cellules étaient donc dotées de particules héréditaires différentes et, de ce fait, de possibilités héréditaires différentes.

Les divisions suivantes restreignaient encore plus les possibilités ultérieures; au stade final du processus, une cellule n'était plus dotée que d'un seul trait héréditaire se rapportant à un seul type de tissu précis. Cette théorie était susceptible d'être testée expérimentalement, ce à quoi Roux s'employa. Si la théorie était exacte, la destruction d'une des premières cellules à s'être développées au cours des divisions initiales de l'œuf, devait conduire à la formation d'un embryon anormal; si la théorie était erronée, cette destruction ne devait pas engendrer un tel effet. Roux obtint des résultats qui étayaient cette théorie. Cependant, Hans Dreisch, un biologiste plus jeune qui travaillait sur des œufs d'oursin, reprit cette expérience mais avec une légère variante; au lieu de détruire l'une des deux cellules initiales (issues de la première division de l'œuf), il la sépara de l'autre et découvrit que toutes deux pouvaient engendrer des embryons normaux, encore que plus petits. Cela n'était pas du tout ce que la théorie du développement de type mosaïque laissait prévoir. Des recherches ultérieures montrèrent que la contradiction entre les deux expériences était due en partie à des techniques expérimentales différentes et en partie aux différents organismes impliqués, ce qui soulignait la grande quantité de facteurs mis en jeu dans cette nouvelle approche expérimentale de l'embryologie et la minutie qu'exigeait l'interprétation des résultats.

Le mendélisme

A l'aube du XXᵉ siècle survint un autre facteur qui allait exercer une influence sur la biologie à venir : la redécouverte des travaux de Mendel. Gregor Mendel (1822-1884) était un moine originaire de Moravie qui, dans les années 1850 à 1860, effectua à Brno une série d'expériences sur l'hérédité des végétaux. Ses résultats étaient intrigants. En croisant un plant de pois de grande taille avec un autre plant de grande taille, il obtenait des pois de grande taille et le croisement de pois petits avec des petits donnait des plants de pois petits; mais le croisement de pois grands et petits engendrait une série de conséquences inattendues. Les produits issus du premier croisement étaient tous grands, mais le croisement entre eux donnait en deuxième génération un rapport de trois grands pour un petit. Ces derniers engendraient des pois petits si on les croisait avec d'autres plants de pois petits. Ainsi, le caractère «petite taille», bien qu'il disparût à la première génération derrière le caractère «grande taille», reparaissait inchangé à la génération suivante. Pour expliquer ces résultats, Mendel suggéra que chaque génération contenait deux facteurs pour chaque caractère héréditaire, l'un provenant du parent mâle, l'autre du parent femelle*. Étant donné que certains facteurs empêchaient l'apparition des autres, il qualifia les premiers de «dominants» et les autres de «récessifs». Puis il énonça deux lois générales : la *loi de la ségrégation* établissait que, dans la formation des cellules germinales, les deux facteurs pour chaque caractère (par exemple la taille) sont toujours séparés l'un de l'autre, un ovule ou un spermatozoïde ne contenant que l'un ou l'autre; la *loi de l'assortiment indépendant* établissait que les facteurs maternels et paternels pour tout ensemble de caractères ségrèguent indépendamment de ceux de tous les autres ensembles, si bien que chaque cellule germinale contient un ensemble aléatoire de facteurs provenant des deux parents.

Sur le concept chinois assez analogue de yin et de yang, voir page 191.

Mendel publia ses résultats, assortis d'une analyse mathématique détaillée, dans le journal de la Société d'histoire natu-

* Ce sont les auteurs du XXᵉ siècle qui attribuent cette suggestion à Mendel. Le moine morave ne l'a, quant à lui, jamais explicitement avancée, s'étant borné à formuler sous forme mathématique les lois de l'hérédité, dites «lois de Mendel» (cf. M. Blanc, «La légende du génie méconnu», *la Recherche,* nº 151, janvier 1984, p. 46). *(N.d.T.)*

relle de Brno où ils demeurèrent oubliés pendant plus de trente-cinq ans; Mendel en adressa un tiré à part à Darwin qui jamais ne le lut*. L'article fut redécouvert en 1900 par De Vries et, indépendamment, par deux autres biologistes qui s'intéressaient à l'hybridation des végétaux, mais sans rencontrer cette fois non plus un succès immédiat. Ce fut seulement dans les années 1910-1915 que ce travail fut pleinement reconnu, avec l'établissement de la théorie des chromosomes. Dès 1902, cependant, Walter Sutton, un jeune chercheur américain, avait décelé une similitude entre la théorie de Mendel et la séparation des chromosomes pendant la division du noyau des cellules et, l'année suivante, des études minutieuses avaient montré que les facteurs de Mendel pourraient bien être des chromosomes. Puis, en 1906, un partisan déterminé de Mendel, William Bateson, de l'université de Cambridge, apporta des preuves qui semblaient soutenir l'hypothèse chromosomique. Mais les travaux les plus importants pour l'affermissement de cette théorie furent accomplis aux États-Unis, après 1910; le chef de file en fut Thomas Hunt Morgan, qui avait commencé par critiquer le mendélisme.

Né à Lexington, dans le Kentucky, en 1866, fils d'un diplomate et neveu du général confédéré, Morgan étudia la biologie à l'université de l'État du Kentucky, puis à l'université Johns Hopkins. Poussé par un intérêt aigu pour la biologie marine, il rendit régulièrement visite aux célèbres laboratoires de biologie marine de Woods Hole, dans le Massachusetts, jusqu'aux derniers jours de sa vie. De la critique à la défense du mendélisme, le changement d'attitude de Morgan fut le résultat de ses travaux à l'université de Columbia. En 1908, il avait commencé à élever la mouche à vinaigre *(Drosophila melanogaster)* dans l'espoir de découvrir si le type de mutations observées dans les végétaux par De Vries se produisait également chez les animaux. Il avait choisi la mouche à vinaigre parce qu'elle se reproduit en l'espace de 10 à 14 jours, ce qui rendait l'étude des changements génétiques possible en une période relativement courte. Morgan n'obtint pas avec *Drosophila* de mutations surprenantes au niveau de l'espèce, mais un résultat étonnant survint en 1910 : dans un des bocaux de l'élevage, on trouva une mouche mâle pourvue d'yeux blancs. Morgan qualifia ce phénomène de mutation, bien que cette mouche ne constituât pas une espèce nouvelle,

Illustration page 618.

* Ceci est probablement inexact. Il semble bien que Darwin n'eut connaissance tout au plus que du nom de Mendel, par la lecture d'un ouvrage de botanique allemand (cf. M. Blanc, *ibid.*). *(N.d.T.)*

puisqu'elle donnait des rejetons normaux (aux yeux rouges). Toutefois, lorsqu'il croisait entre eux certains spécimens de cette nouvelle génération, le caractère «yeux blancs» reparaissait à nouveau, presque exclusivement chez les mâles. Mais quand un de ces mâles fut accouplé avec des femelles de la première génération, la moitié des mâles et la moitié des femelles s'avérèrent avoir des yeux blancs. Le mendélisme était en mesure d'expliquer ce résultat, et Morgan l'adopta en postulant que le facteur relatif aux yeux était lié à celui qui déterminait le sexe. Cette notion de l'hérédité liée au sexe prépara la voie à la synthèse du mendélisme et de la théorie chromosomique pour expliquer toute l'hérédité. En 1911, en effet, Morgan avança pour la première fois l'idée que les facteurs mendéliens étaient disposés en ligne, le long des chromosomes en forme de filament observés par Waldeyer-Hartz.

Sur Waldeyer-Hartz, voir page 554.

Morgan était entouré d'une bonne équipe de chercheurs : Alfred Sturtevant s'était spécialisé dans l'analyse mathématique des résultats de l'élevage et la cartographie des facteurs génétiques sur les chromosomes; Hermann Muller, théoricien plein d'imagination, avait également le don d'inventer des expériences ingénieuses; quant à Calvin Bridges, son fort était l'étude des cellules. L'équipe fonctionnait à l'unisson; chacun procédait à ses propres expériences, mais tous étaient au courant des travaux des autres, et ils échangeaient librement leurs résultats et leurs idées. Tous accomplirent leurs découvertes personnelles, mais ils développèrent ensemble l'idée que les facteurs de Mendel étaient des unités physiques réelles, situées à des positions définies le long d'un chromosome; ils adoptèrent le mot «gène» pour désigner ces facteurs. A l'origine, en 1909, ce mot avait été forgé par le biologiste danois, Wilhelm Johannsen (dans un contexte légèrement différent) à partir du mot «pangène» qu'utilisait De Vries. Des recherches postérieures et plus poussées, qui culminèrent dans les années 1960 avec l'isolement d'un gène, prouvèrent la perspicacité de l'équipe de Columbia, en même temps que la réalité physique du gène lui-même.

La physiologie générale

Au début du XXe siècle, la ferme croyance que tous les phénomènes de la vie pouvaient se réduire aux lois fonda-

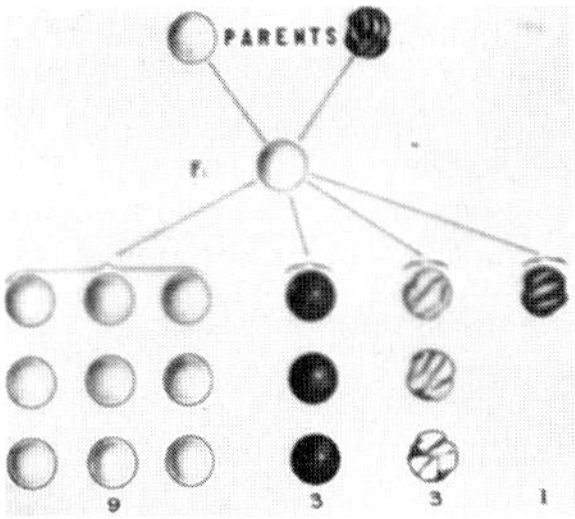

Ci-dessus. Illustration des gènes dominants et des gènes récessifs par Thomas H. Morgan, dans *A Critique of the Theory of Evolution,* 1919. Un croisement entre un pois jaune et rond et un pois vert et ridé donne le rapport suivant : neuf pois ayant les deux caractères dominants, trois pois ayant un caractère dominant et l'autre récessif, trois pois où ces caractères sont inversés et un seul pois ayant les deux caractères récessifs.

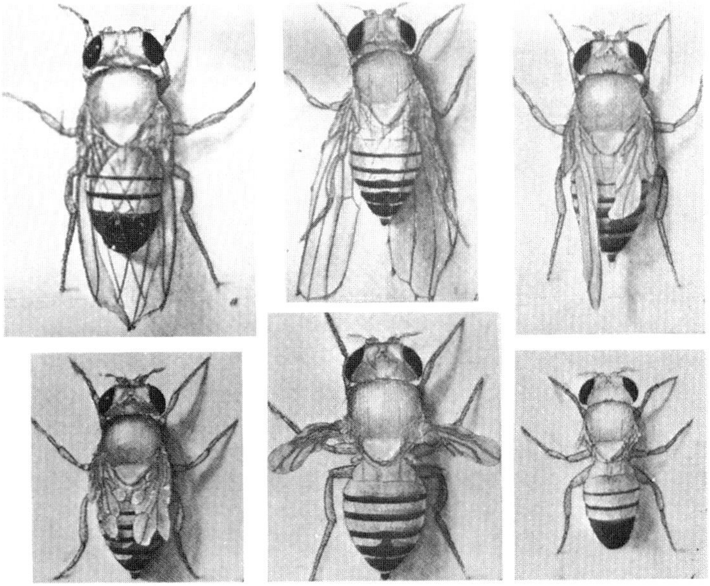

Ci-dessus, à droite. Quelques mutations des ailes chez la mouche du vinaigre (Drosophile), extrait de *A Critique of the Theory of Evolution.*

A droite. Des mutations d'orge «maythorpe» font apparaître des différences dans l'apparition des épis et la maturité. La semence avait été irradiée par des rayons gamma qui avaient altéré leurs chromosomes.

Ci-dessus, à gauche. La production d'ampoules électriques en utilisant une pompe à vide au mercure à la fin du XIXᵉ siècle. La pompe était un modèle modifié de celle mise au point par Johann Geissler pour permettre l'étude de décharges électriques dans des gaz raréfiés. Cet appareil fut adapté par Röntgen pour les travaux qui menèrent à la découverte des rayons X.

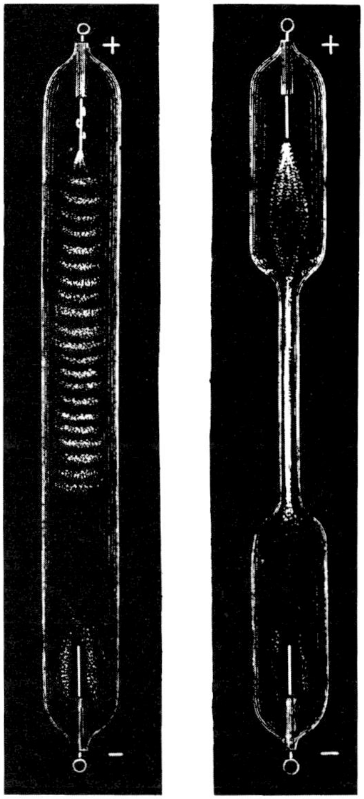

Ci-dessus. Deux tubes de Geissler datant des années 1890 montrent des décharges dans des gaz. Le tube étranglé dans sa partie médiane était très utilisé pour l'analyse des gaz par spectroscopie.

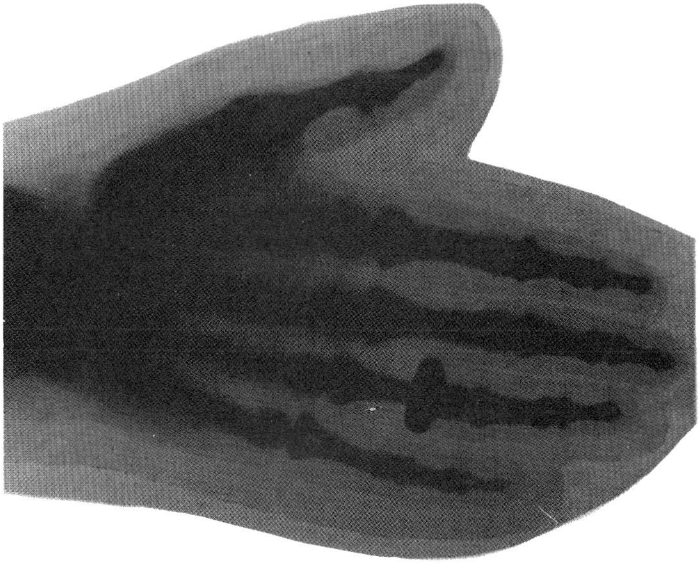

A gauche. Une très ancienne photographie aux rayons X d'une main. Pendant les dix ans qui suivirent la découverte des rayons X par Röntgen en 1895, de nombreuses hypothèses différentes furent avancées quant à leur nature.

A droite. Ernest Rutherford (1871-1937) et Hans Geiger (1882-1945) dans leur laboratoire de Manchester où, à partir de 1907, ils étudièrent la nature des particules des rayons alpha et des rayons bêta.

Ci-dessous. La chambre d'ionisation, conçue par Charles Wilson entre 1896 et 1912. La chambre contient de l'air fortement saturé de vapeur d'eau. Le mouvement d'un piston au fond de la chambre fait que l'espace s'accroît brusquement à l'intérieur de la chambre, ce qui a pour résultat que l'air se refroidit et que la vapeur d'eau se condense en gouttelettes sur des particules d'air électrifié (ions), provoquées par le passage de particules nucléaires dans la chambre. Cela rend visibles les trajectoires des particules nucléaires. Science Museum, Londres.

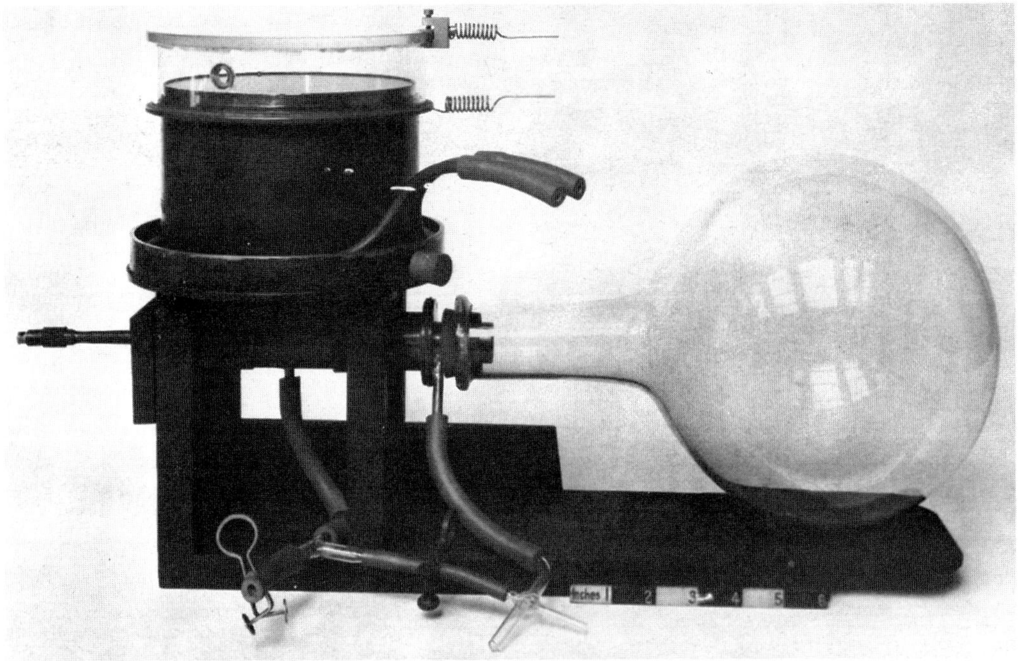

A gauche. Pierre (1859-1906) et Marie (1867-1934) Curie dans leur laboratoire à Paris, en 1903, l'année où ils partagèrent le prix Nobel avec Henri Becquerel.

Ci-dessous. J. J. Thomson (1856-1940) au Cavendish Laboratory, à l'université de Cambridge.

A droite. Le chimiste russe Dimitri Mendeleïev (1834-1907), dont la classification périodique des éléments chimiques en 1869 (ci-dessous) et son perfectionnement ultérieur conduisirent à la découverte d'éléments nouveaux. Ils soutinrent également le développement de la physique des quanta et l'étude de la structure de l'atome à partir de 1913.

Tabelle I.

Typische Elemente							
			K = 39	Rb = 85	Cs = 133	—	—
			Ca = 40	Sr = 87	Ba = 137	—	—
			—	?Yt = 88?	?Di = 138?	Er = 178?	—
			Ti = 48?	Zr = 90	Ce = 140?	?La = 180?	Th = 231
			V = 51	Nb = 94	—	Ta = 182	—
			Cr = 52	Mo = 96	—	W = 184	U = 240
			Mn = 55	—	—	—	—
			Fe = 56	Ru = 104	—	Os = 195?	—
			Co = 59	Rh = 104	—	Ir = 197	—
			Ni = 59	Pd = 106	—	Pt = 198?	—
H = 1	Li = 7	Na = 23	Cu = 63	Ag = 108	—	Au = 199?	—
	Be = 9,4	Mg = 24	Zn = 65	Cd = 112	—	Hg = 200	—
	B = 11	Al = 27,3	—	In = 113	—	Tl = 204	—
	C = 12	Si = 28	—	Sn = 118	—	Pb = 207	—
	N = 14	P = 31	As = 75	Sb = 122	—	Bi = 208	—
	O = 16	S = 32	Se = 78	Te = 125?	—	—	—
	F = 19	Cl = 35,5	Br = 80	J = 127	—	—	—

mentales de la chimie et de la physique se renforça. Né en Prusse en 1859, puis établi aux États-Unis en 1891 après son mariage avec une Américaine, Jacques Loeb était un des chefs de file de l'école mécaniste, elle-même issue d'un mouvement allemand, appelé Entwicklungsmechanik, mécanique du développement, que Roux avait lancé dans les années 1880. Loeb fit connaître avec énergie ses idées sur «la conception mécaniste de la vie» au cours d'un congrès international en 1911, idées qui furent largement adoptées pendant les années 1920. Dix ans plus tard cependant, les vues de Loeb se heurtèrent à une nouvelle attitude d'esprit promue par certains biologistes qui s'efforçaient de trouver des relations entre le comportement et l'organisation des différentes parties d'un organisme. Pour eux, il ne suffisait pas d'étudier simplement les parties du corps prises isolément. Les systèmes vivants étaient, croyaient-ils, non pas de simples assemblages de molécules, mais des systèmes dotés d'un haut degré de comportement organisé. Une conception assez proche avait été adoptée peu avant par Claude Bernard, dans les années 1870, mais il convenait à présent de lui apporter plus de précision, en développant la physiologie expérimentale et, plus particulièrement, en étudiant la conduction nerveuse et l'organisation du système nerveux.

Ces deux nouvelles doctrines – la conception mécaniste *versus* la conception intégrative ou holiste – naquirent toutes deux des études sur le système nerveux. Ceux qui empruntèrent l'approche matérialiste «réductionniste» – représentée par l'école du physicien et physiologiste Hermann von Helmholtz – cherchaient à tout réduire à des rapports physiques fondamentaux. Ils étudièrent la conduction des impulsions nerveuses et d'autres caractères des nerfs, isolés de leur environnement. L'autre approche, celle adoptée par les chercheurs français et anglais, considérait le système nerveux comme un tout, ce qui conduisit ces chercheurs à faire une différence entre les nerfs qui amènent les influx nerveux à la colonne vertébrale et ceux qui emmènent vers la périphérie du corps les influx provenant de cette colonne vertébrale. L'école holiste se livra aussi particulièrement à l'étude des réflexes (comme ceux qui provoquent le mouvement brusque de la jambe lorsque l'on frappe sous la rotule). En 1880, il fut reconnu que les réflexes résultent des fonctions de la moelle épinière, laquelle avait été reconnue comme une structure très complexe par Pierre Flourens, physiologiste, qui avait succédé à Cuvier au poste de secrétaire perpétuel de l'Académie des sciences. Mais, en dépit des travaux de Flourens, une certaine confusion demeurait concernant le fonctionnement du système nerveux.

Sur ce problème, des travaux importants furent réalisés par le Russe Ivan Pavlov et par l'Anglais Charles Sherrington. Pavlov travailla essentiellement à Leningrad et dans les environs, et mourut en 1935 dans cette ville. Élève d'Ivan Sechenov – lequel avait fait ses études avec Helmoltz et avec Claude Bernard, et en était venu à estimer que tout comportement était dû à un équilibre entre les influx entrant et les influx sortant du système nerveux –, Pavlov emprunta d'abord une approche très mécaniste et réductionniste. Par la suite, il modifia légèrement son attitude, bien qu'il fût viscéralement mécaniste. Célèbre aujourd'hui pour ses travaux sur les réflexes conditionnés, Pavlov s'y intéressa pour la première fois après avoir observé que, lorsqu'on faisait les préparatifs habituels pour l'alimentation des chiens de laboratoire, ces animaux commençaient à saliver, avant même que la nourriture ne fût réellement présente. Il savait déjà que les chiens salivaient sitôt que les aliments parvenaient dans leur bouche, mais comment d'autres circonstances connexes à l'administration de la nourriture pouvaient-elles déclencher ce réflexe? Une recherche et des expériences minutieuses conduisirent Pavlov à la conclusion que non seulement un processus d'apprentissage était en œuvre, mais aussi que cet apprentissage consistait en la consolidation de réflexes : la présentation répétée de stimuli particuliers permettait d'établir une réponse, un réflexe conditionné, que l'on pouvait déclencher expérimentalement à volonté. Il supposa que des connexions nerveuses temporaires se formaient dans le cortex cérébral, mais la chose était difficile, voire impossible à démontrer. De plus, le problème posé par le fait que quelques réflexes conditionnés paraissaient plus durablement établis que d'autres demeurait sans solution. Néanmoins, les travaux de Pavlov permirent d'établir un lien important entre le comportement et la physiologie du système nerveux.

Né à Londres en 1857, Charles Sherrington était antiréductionniste; la perspective mécaniste ne lui suffisait pas; il pensait que l'esprit n'était pas une entité physique tandis que le corps lui-même était un organisme physique. Les recherches de Sherrington se concentrèrent sur la transmission de l'influx nerveux, et se fondèrent sur des études soigneuses réalisées par le médecin espagnol Ramon y Cajal; dans les années 1880, celui-ci avait découvert, grâce à des travaux minutieux au microscope, que les nerfs de tous les animaux étaient constitués d'unités individuelles, ou «neurones», dont chacune était distincte de la suivante et séparée d'elle par un espace (que plus tard Sherrington appela «synapse»). Cette théorie se substituait à l'idée ancienne de la continuité morphologique du système nerveux. Sherrington reprit cette découverte de Ramon y Cajal et démontra d'une part le rôle important des synapses dans l'aiguillage de l'influx nerveux dans les voies de transmissions adéquates. D'autre part, il décrivit la moelle épinière comme un système d'entrées et de sorties; mais ses travaux le conduisirent à le considérer comme plus que cela. Sherrington comprit, en effet, que non seulement elle recevait des influx variés mais qu'elle les intégrait en une voie finale commune orientée vers le muscle approprié pour y provoquer la réponse correcte. Il observa également que des impulsions à un niveau pouvaient modifier des impulsions à un autre niveau et développa cette idée pour démontrer que des niveaux de contrôle très subtils étaient possibles. C'était là une approche plus holiste, qui tenait compte de tout l'organisme et pas seulement de ses parties prises séparément. En 1906, Sherrington publia *Integrative Action of the Nervous System,* un ouvrage de la plus haute importance qui allait exercer longtemps une grande influence puisque sa cinquième édition parut en 1947, quarante ans après l'édition originale. Il y exprimait la conception à laquelle il était finalement parvenu; le comportement animal devait être étudié à trois niveaux : le niveau physico-chimique, qui concerne les phénomènes se déroulant au sein des neurones individuels et expliquant l'aspect «mécanique» de l'animal; le niveau de la «psyché» concernant la synthèse des phénomènes neurophysiologiques pouvant expliquer comment un être peut percevoir et penser; et enfin le niveau concernant les rapports entre l'esprit et le corps.

Sherrington avait dressé un tableau synthétique du système nerveux d'un organisme, du niveau d'ensemble jusqu'au niveau des neurones. Les travaux ultérieurs de Lawrence Henderson, de la Harvard Medical School aux États-Unis, furent encore plus globaux. Ce médecin, physiologiste, chimiste et philosophe, devint aussi plus tard sociologue. Ses études sur la façon dont le corps règle son équilibre chimique, de telle sorte que ses contenus liquides ne soient ni trop acides ni trop alcalins, furent fondamentales. De même, ses travaux sur le sang : il démontra clairement que le sang et les autres liquides extra-cellulaires pouvaient également aider le corps à régler son équilibre acido-basique. En effet, les recherches de Henderson montrèrent clairement que les réactions chimiques dans un corps vivant étaient celles qui convenaient le mieux pour qu'un organisme maintînt un régime stable interne; c'était un argument de plus en faveur de l'approche holiste de Sherrington. La réponse du corps aux agressions – sujet qui fut étudié pendant la Première Guerre mondiale par Walter Cannon, un collègue de Henderson à Harvard – confirma également cette conception.

La biochimie

La Première Guerre mondiale fut un holocauste et ses répercussions mirent particulièrement en relief des changements qui fermentaient en politique et en économie depuis la fin du XIXe siècle et pendant les premières années du XXe siècle. Un de ces changements fut l'effondrement du vieil ordre social et la poussée d'une conception plus égalitaire, un lent rapprochement entre les couches sociales jusqu'alors séparées. Ce processus était déjà en œuvre dans la communauté scientifique et, en biologie, il fut marqué par une convergence progressive de ce qui avait été antérieurement des disciplines séparées; si bien que ce qui était autrefois le domaine du seul embryologiste, ou du seul généticien, fut rattaché à l'approche holiste des physiologistes. Ce fut particulièrement vrai dans les années 1930, bien que la biochimie, un des résultats de ce rapprochement, eût commencé à tisser les premiers de ces liens au début du siècle. La biochimie s'intéresse essentiellement aux réactions chimiques impliquées dans les processus de la vie, tels que la respiration ou le métabolisme des protéines (c'est-à-dire la façon dont elles sont décomposées en leurs éléments au sein de l'organisme).

Parmi les premiers succès les plus remarquables de cette discipline figurent les résultats auxquels parvint Gowland Hopkins, fondateur de la biochimie britannique et biochimiste de renom international. Nommé premier professeur de biochimie à l'université de Cambridge en 1914, Hopkins découvrit de nombreuses substances importantes dans le métabolisme animal et trouva que certains éléments essentiels, appelés acides aminés, ne pouvaient être fabriqués dans le corps, mais devaient lui être fournis de l'extérieur dans la nourriture. Ces «substances accessoires» vitales étaient ce que nous appelons aujourd'hui des «vitamines».

Illustration page 634.

Une autre étude de biochimie, dont les résultats furent extrêmement importants, concerna la façon dont les cellules vivantes décomposent les molécules de graisses et d'hydrates de carbone pour produire de l'énergie pour l'organisme, ainsi que divers autres produits – dioxyde de carbone, eau, etc. – dont l'organisme peut alors disposer. Le nom technique de cette décomposition est «respiration» (bien qu'elle n'ait rien à voir avec le fait de respirer de l'air) et l'on en connaît deux types; l'une est la «respiration aérobie», qui nécessite de l'oxygène et se produit dans toutes les cellules des animaux supérieurs, dans les protozoaires (microscopiques animaux unicellulaires), dans les champignons et dans de nombreuses bactéries; l'autre est la «respiration anaérobie» qui, à l'époque, était connue sous le nom de fermentation, et se produit dans les levures, dans quelques bactéries et dans certaines cellules musculaires. Un autre aspect de la recherche biochimique fut l'accroissement des connaissances relatives à la nature des protéines et, en particulier, de la classe de protéines connues sous le nom d'«enzymes», qu'à l'origine on avait appelées «ferments» (le mot enzyme, du grec *zymosis* = levain, fut forgé en 1878). Les enzymes agissent comme catalyseurs, c'est-à-dire que leur présence fait que certaines réactions chimiques se produisent avec plus de vigueur ou qu'elle en inhibe d'autres.

On peut aisément diviser ces deux aspects de la recherche biochimique en deux périodes; pendant la première, qui va de 1890 à 1925, on explora la nature des enzymes et le rôle qu'elles jouent dans la respiration; au cours de la seconde, de 1925 à 1960, les chercheurs travaillèrent sur la structure des protéines et découvrirent les processus par lesquels sont décomposées les molécules servant de combustibles, telles que le sucre. Pendant la première période, les recherches de Liebig et de Wöhler conduisirent à affirmer que les végétaux sont les seuls organismes qui peuvent transformer les matériaux inorganiques en matériaux organiques. Puis, en 1897, le chimiste allemand Eduard Buchner découvrit ce qu'il appela une «zymase» dans des cellules de levure broyées et s'aperçut qu'il s'agissait d'une substance susceptible de provoquer la fermentation du sucre. Ce fut une étape cruciale; elle libéra la biochimie de toute dépendance à l'égard de la physiologie et la fonda comme une discipline distincte, car il était désormais évident que les enzymes agissaient comme catalyseurs et les fonctions de la cellule pouvaient être étudiées comme des processus chimiques, sans qu'il soit nécessaire de faire appel à une quelconque théorie physiologique sur la nature des cellules elles-mêmes.

Au début du XXe siècle, donc, il devint évident que lorsque des protéines se dissociaient sous l'effet d'acides ou de certaines enzymes, un certain nombre d'acides aminés chimiquement distincts apparaissaient, mais les rapports de ceux-ci avec les protéines elles-mêmes n'étaient pas clairs. A l'époque, deux théories relatives à la nature des protéines coexistaient : la première, fermement soutenue par le chimiste allemand Wilhelm Ostwald, les tenait simplement pour de larges ensembles de groupes plus petits de molécules et assurait qu'elles n'avaient pas une composition chimique définie. Selon l'autre théorie, défendue par un autre chimiste allemand, Emil Fischer, élève de Kekulé, elles étaient comme les molécules des autres substances et donc composées de nombres définis d'atomes spécifiques. Les travaux de Fischer, qui établirent de nouvelles normes dans la recherche chimique, démontrèrent finalement que les acides aminés étaient les éléments de base à partir desquels les molécules de protéines étaient bâties. En effet, en 1907, il fut en mesure de synthétiser une unité de 18 acides aminés que, vu sa taille, il appela «polypeptide» (un peptide est une molécule constituée d'un petit nombre d'acides aminés). Fischer en conclut donc que les protéines étaient grandes, bien qu'il plaçât à 5 000 la limite de leur poids moléculaire; avec le poids atomique de l'hydrogène à 1,008, celui du carbone à 12,01 et celui de l'oxygène à 16,00, cela donnait encore de très grosses molécules. Cependant, en 1917, le chimiste danois Sören Sörensen réalisa des expériences qui le menèrent à estimer que beaucoup de molécules étaient beaucoup plus grosses que cela; il obtint 35 000 pour le blanc d'œuf, un chiffre sept fois supérieur au chiffre maximal de Fischer (encore qu'il fût trop petit de quelque 20%). Puis, en 1925, en Suède, Theodor Svedberg mit au point l'ultracentrifugeuse qui faisait tourner à grande vitesse des solutions, de sorte que, plus une molécule était grande (et donc lourde), plus vite elle se déposait au fond du récipient (à une vitesse de rotation donnée). Cette technique révolutionna la détermination des poids moléculaires et permit à Svedberg de démontrer que les molécules de protéines comme l'hémoglobine (présente dans les globules rouges du sang des vertébrés) ont un poids de l'ordre de 65 000. Plus tard encore, dans les années 1940, on commença d'appliquer la technique de la chromatographie à la chimie des protéines. Cette technique avait été découverte en 1906 par le chimiste russe Michael Tswett, qui avait séparé des pigments colorés en exploitant le fait que les molécules de chacune des différentes substances avaient leur propre tendance à rester en solution. Tswett comprit que des solutions différentes imprégneraient une bande de papier buvard ou un bâton de résine ou d'amidon en quantités différentes et atteindraient donc des niveaux différents sur le papier ou le bâton. Cette technique, très sensible et très précise, est d'un grand secours pour déterminer la composition de substances chimiques complexes.

Conséquence de ces développements, au milieu des années 1940, un groupe de biochimistes anglais de Cambridge, sous la direction de Frederick Sanger, fut à même d'étudier les dispositions des acides aminés dans la protéine d'insuline, ce qui démontra de façon concluante que les protéines étaient en réalité des molécules à longue chaîne d'acides aminés, reliées ensemble par des liaisons peptidiques. Bien entendu, c'était là un résultat hautement significatif et qui s'accordait parfaitement avec les recherches effectuées au milieu des années 1930 par Linus Pauling et son collègue, Robert Corey, au California Institute of Technology, lesquels avaient découvert que les molécules des protéines à longue chaîne étaient en fait enroulées sur elles-mêmes en forme d'hélice.

Tandis que l'on examinait la structure des protéines, une ligne de recherche tout à fait différente porta elle aussi ses fruits; elle concernait la respiration, la dégradation des molécules de sucre. Dans le laboratoire d'Otto Warburg, à Berlin, des études donnèrent à penser qu'une enzyme contenant du fer était responsable de la respiration chez l'oursin, dans la levure et dans d'autres cellules, bien que la preuve chimique définitive en fît toujours défaut à la fin des années 1920. Le fait que cette enzyme contenant du fer n'existât qu'en de très petites quantités rendait difficile l'obtention de cette preuve, mais en utilisant un spectroscope et en examinant l'intensité des différentes raies – technique dite de spectrophotométrie, que le biochimiste anglais David Keilin avait utilisée en 1925 pour étudier les substances dans les muscles d'insectes –, Warburg fut en mesure dans les années 1930 d'établir que cette enzyme contenant du fer avait bien un rapport avec la respiration. Cela prouvait qu'une enzyme spécifique avait un rapport avec un processus métabolique; Warburg parvint même à distinguer quelle partie de la molécule faisait fonction de catalyseur. Ses travaux firent clairement ressortir aussi qu'il y avait donc des réactions chimiques pouvant se produire isolément au laboratoire comme dans les êtres vivants. Cependant, comme le montrèrent les recherches ultérieures pendant les trente années suivantes, lorsqu'elles se produisent dans un organisme, de telles réactions biochimiques modifient les conditions existantes autour d'elles, si bien que leur cours postérieur est changé; en d'autres termes, l'organisme est une entité en interaction. La vieille conception mécaniste élé-

Sur l'approche holiste chinoise, voir page 176.

mentaire devait céder la place à un matérialisme holiste, c'est-à-dire à une conception considérant l'organisme comme un tout, cette conception, soit dit en passant, ressemble à celle des Chinois anciens qui considéraient l'univers lui-même comme un organisme autosuffisant.

La biologie moléculaire

Après la Seconde Guerre mondiale, les nations occidentales victorieuses, l'Angleterre, la France et les États-Unis, furent les premières en état de reprendre la recherche scientifique pure et, surtout, les seules qui pouvaient se permettre des programmes de recherche coûteux. De plus, c'était dans ces mêmes pays que les équipes scientifiques nationales s'étaient enrichies, depuis les années 1930, de l'apport des immigrés qui avaient fui la persécution nazie. Quant à l'URSS, bien qu'elle se trouvât du côté des vainqueurs et que ce pays fît grand cas de la recherche scientifique, les destructions dues à la guerre exigeaient un vaste redressement économique qui ne pouvait que détourner de la recherche scientifique pure. De surcroît, la biologie soviétique souffrit durement pendant les années 1940 des théories de Lyssenko; fait intéressant, l'affaire Lyssenko présente certaines analogies avec l'action intentée trois siècles plus tôt par l'Église contre la théorie copernicienne, bien qu'une idéologie politique, et non religieuse, eût joué dans le cas qui nous occupe ici.

Le fond du problème mis en cause était l'hérédité, car les partisans de Lyssenko rejetaient globalement la génétique de Mendel. Le biologiste Trofim Lyssenko était né en 1898, en Ukraine, avait fait ses études à l'école d'agriculture d'Uman, puis obtenu son doctorat en agriculture à l'Institut agricole de Kiev. Lyssenko, qui s'intéressait à la sélection et à la génétique, acquit sa notoriété grâce à ses travaux sur la vernalisation, un procédé qui consistait à plonger dans l'eau, puis à refroidir des graines provenant de la moisson d'automne, ce qui provoquait une germination plus hâtive. Cette moisson n'était pas une invention de Lyssenko, on la connaissait déjà au XIXe siècle. Lorsqu'il l'expérimenta sur du blé d'hiver, Lyssenko l'estima efficace pour obtenir que même des graines plantées au printemps mûrissent avant les gelées fatales de l'automne. Il l'essaya alors sur du blé de printemps et, en 1929, annonça que les changements dus à la vernalisation se transmettaient aux générations suivantes, si bien qu'il n'était pas besoin de renouveler le traitement de vernalisation tous les ans. Cette conception essentiellement lamarckienne s'accordait fort bien à la croyance marxiste selon laquelle l'environnement, et non l'hérédité, est déterminant. La conception de Lyssenko devint la politique soviétique officielle, bien que la production n'augmentât pas, contrairement aux prédictions de Lyssenko.

Puis Lyssenko proclama que la théorie chromosomique était «idéaliste» et que l'on pouvait provoquer l'apparition par évolution de nouvelles plantes, en changeant simplement leurs conditions de nutrition. La génétique de Mendel fut alors totalement évincée de la biologie soviétique. En 1937, le pouvoir de Lyssenko était tel qu'il devint dangereux de s'élever contre ses théories; et, en fait, le généticien et biologiste russe mondialement connu, Nikolaï Vavilov, qui défendait la théorie du gène, fut finalement arrêté pour ses idées, en 1941, et condamné à la prison où il mourut deux ans plus tard. Ce ne fut pas avant 1952 qu'il fut possible pour les biologistes soviétiques de répudier Lyssenko.

Pendant ce temps, en Occident, où la technique de l'analyse aux rayons X était enfin appliquée avec grand succès en biochimie, on commençait à étudier en détail les acides nucléiques et la génétique moléculaire. L'analyse aux rayons X fut inventée par William Bragg et par son fils Lawrence; en 1912, ces physiciens anglais montrèrent que, lorsqu'un pinceau de rayons X (découverts par Röntgen en 1895, comme nous le verrons) traverse un cristal d'une substance, il est diffusé dans le cristal par les atomes et les molécules. Comme ces atomes et molécules sont disposés selon le motif d'un réseau maillé – c'est pourquoi ils forment un cristal –, la diffusion des rayons X révèle cette disposition. Entre les mains de Max Perutz et de John Kendrew au laboratoire de Lawrence Bragg (le Cavendish Laboratory) à Cambridge, cette technique se révéla susceptible, dès le début des années 1960, non seulement de dévoiler la grande complexité des molécules de protéines telles que l'hémoglobine, mais aussi de démontrer que la structure tridimensionnelle de ces molécules pouvait éclairer la façon dont elles fonctionnent. En fait, leurs travaux s'avérèrent très importants quand on aborda l'étude des acides nucléiques qui, bien qu'ils eussent été découverts en 1860 par le chimiste allemand Friedrich Miescher, avaient été négligés jusqu'alors, et ne figurèrent au premier plan des études génétiques qu'à la fin des années 1960.

Illustration page 635.

Autre découverte antérieure tardivement reconnue, celle

Page 633. Un accélérateur moderne, utilisé pour étudier les interactions des particules nucléaires. Capable d'accélérer les particules à des vitesses qui sont une fraction assez grande de la vitesse de la lumière, ce synchrotron du Centre international de recherche du CERN (Conseil européen pour la recherche nucléaire) fut installé à Genève en 1952. La partie qui figure sur la photographie du haut est un point d'intersection où les particules sont extraites et où l'on étudie leurs réactions après les collisions. *En bas,* appareil situé à l'intersection de deux anneaux de stockage des particules nucléaires.

d'Archibald Garrod. En 1909, Garrod expliqua que les gènes de Mendel fonctionnaient en bloquant certaines étapes du processus métabolique. Il s'agissait manifestement d'une découverte capitale : les gènes avaient donc un effet sur ce qui se passe dans les cellules. Mais, bien que beaucoup de chercheurs en eussent pris conscience, rien ne fut entrepris pendant trente ans, peut-être parce qu'il était alors très difficile de distinguer une enzyme d'une autre et de voir si les gènes n'étaient pas eux aussi des enzymes. Cependant, dans les années 1930, le généticien américain George Beadle rencontra le microbiologiste Edward Tatum, et tous deux s'attaquèrent à l'étude du problème, à la Stanford University. En utilisant le champignon filamenteux Neurospora, dont les caractéristiques métaboliques étaient relativement faciles à étudier, ils montrèrent non seulement que les blocages métaboliques ségrégaient indépendamment devant la transmission héréditaire et correspondaient donc à des gènes, mais aussi que chaque gène contrôlait la synthèse d'une enzyme particulière. On s'aperçut plus tard que ce n'était là qu'une partie de l'histoire, mais elle représentait une étape cruciale dans une direction importante. Ensuite, grâce à des séries de recherches sur la maladie héréditaire humaine qu'on appelle la drépanocytose, menées entre 1949 et 1957 et qui culminèrent avec les travaux de V. M. Ingram, il devint évident que les gènes déterminaient l'arrangement en séquences des acides aminés.

Illustration page 634.

Le tableau de l'hérédité commençait maintenant à prendre forme, bien que le problème de la nature véritable du matériel héréditaire demeurât toujours. En 1938, une étape avait été franchie par Max Delbrück, un physicien atomiste qui s'était ensuite orienté vers la biologie; il travaillait au California Institute of Technology lorsqu'il introduisit dans la recherche biologique un cobaye nouveau le « bactériophage», un virus qui attaque les bactéries. Faciles à cultiver et se reproduisant à un rythme semblable à celui des bactéries (une demi-heure ou moins), les virus furent par la suite très utiles aux chercheurs car ils sont seulement composés de deux types de molécules, des protéines et un acide nucléique. La recherche sur la substance de l'hérédité se concentra d'abord sur les protéines concernées, mais elle changea d'orientation après que l'on eut découvert que, lorsque des souches vivantes et bénignes de bactéries sont mêlées à des souches mortes mais virulentes et injectées à un être vivant, certaines des souches bénignes deviennent virulentes. Ce changement se produisait parce que l'agent transformant provenant de

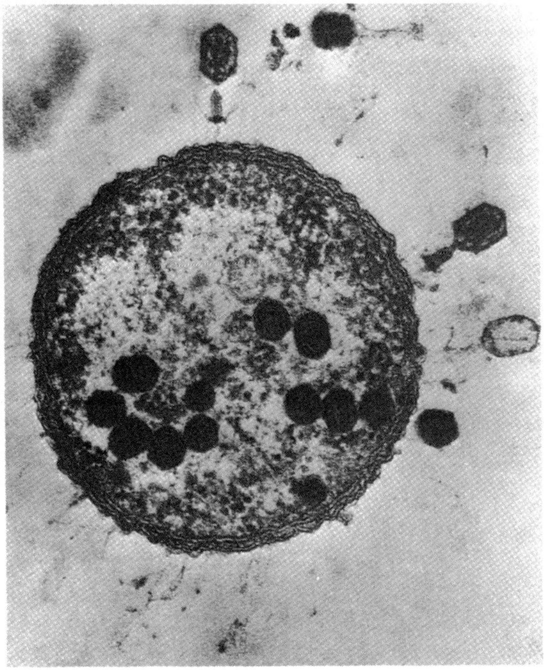

Ci-dessus. Gowland Hopkins (1861-1947) photographié par Meredith Frampton. Hopkins contribua considérablement à l'étude des acides aminés, des vitamines et de l'oxydation des cellules vivantes. Royal Society, Londres.

Ci-dessus, à droite. Photographie, prise au microscope électronique, de bactériophages parasitant une cellule de la bactérie du colon *Escherichia coli.*

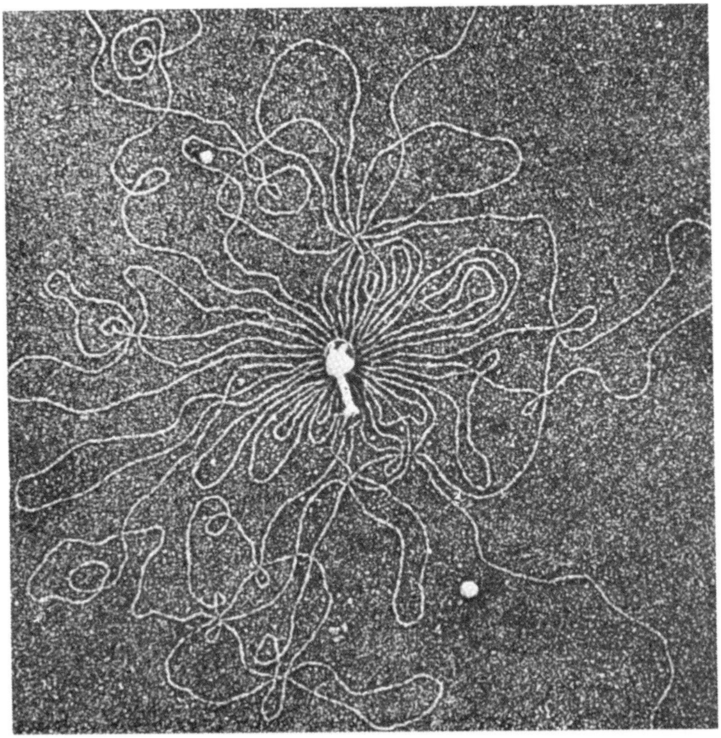

A droite. Photographie d'un bactériophage, prise à l'université de Francfort avec un microscope électronique grossissant 8000 fois. Les filaments sont des molécules d'ADN et la tête du bactériophage mesure environ 0,75 micron (75 cent millièmes de millimètre).

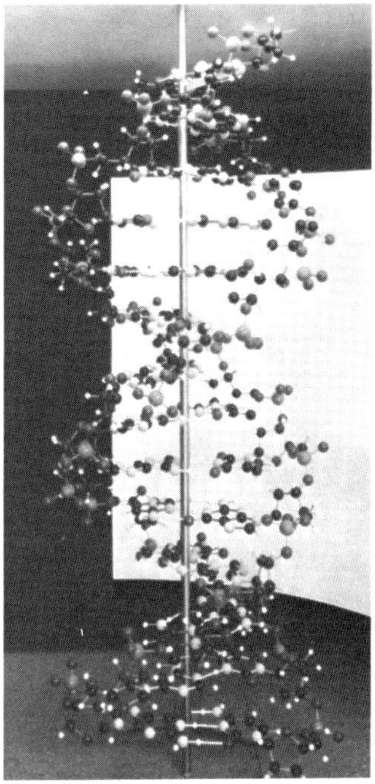

A gauche. Sigmund Freud (1856-1939), à l'âge de 70 ans, lors de son baptême de l'air. Les recherches de Freud sur l'inconscient, basées sur son expérience clinique en psychiatrie, et sa théorie sur l'importance de la sexualité infantile furent les fondements d'une école de psychologie très importante au XXe siècle, et le complément des méthodes plus expérimentales des successeurs de Pavlov.

Extrême gauche. Schéma de la molécule d'ADN montrant sa structure à double hélice. Science Museum, Londres.

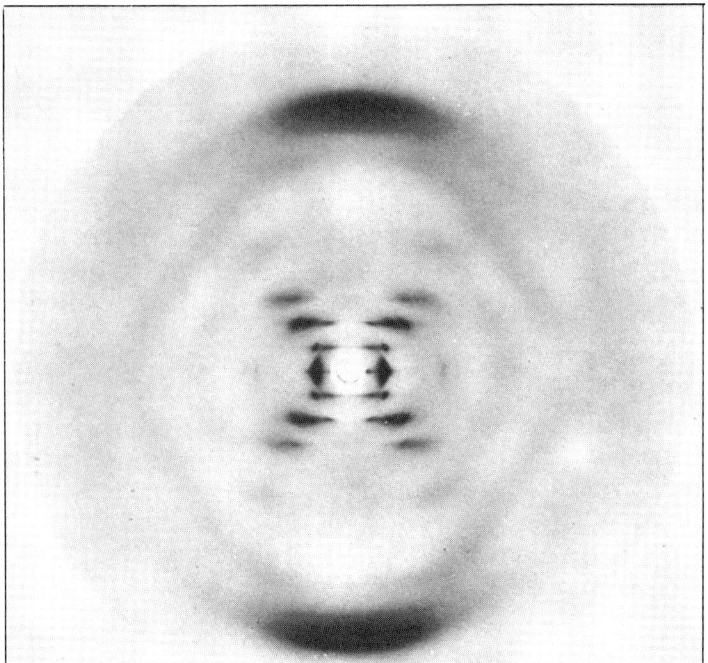

A gauche. Schéma de la diffraction aux rayons X du B-ADN.

souches virulentes était, découvrit-on*, un acide nucléique particulier, l'ADN (acide désoxyribonucléique). Dans les années 1940, il apparut clairement que l'ADN semblait capable de convertir un type génétique de bactérie en un autre et l'excitation des chercheurs fut à son comble lorsqu'en 1952 Alfred Hershey et Martha Chase utilisèrent des traceurs radioactifs pour suivre avec précision ce qui se passait. Ils découvrirent que seul l'ADN, et non les protéines, était impliqué, et que l'ADN peut aussi bien s'autocopier qu'induire la synthèse des protéines propres au virus, si bien que les virus (bactériophages) peuvent se multiplier. C'était un progrès considérable dans la bonne direction, encore que la question de savoir comment les choses se passaient précisément demeurât toujours en suspens.

Les étapes finales de la recherche furent franchies par le biochimiste américain James Watson et le biophysicien anglais Francis Crick. Ce dernier avait travaillé quelque temps au Cavendish Laboratory avec Max Perutz, utilisant la cristallographie aux rayons X pour déterminer la structure de l'hémoglobine, mais, grâce à sa formation de physicien, il posait un regard nouveau sur les problèmes de ce genre. Cette attitude d'esprit séduisit Watson, plus jeune que lui de douze ans, et, en 1951, ils entreprirent un travail commun : l'étude de l'ADN comme matériel héréditaire. Ils commencèrent leurs recherches plus d'un an avant la publication des résultats de Hershey et Chase. Dans leur recherche, Crick et Watson bénéficièrent de l'aide de Maurice Wilkins**, un biophysicien néo-zélandais, qui avait pratiqué la cristallographie aux rayons X sur l'ADN, au King's College de Londres, et dont les recherches montraient qu'apparemment l'ADN était composé de structures en spirale se répétant. Il ressortait clairement aussi des travaux de Wilkins que les molécules d'ADN étaient de longues chaînes d'atomes et, curieusement, que la molécule avait la même largeur sur toute sa longueur. Crick et Watson entreprirent pour leur part de trouver comment les atomes composants étaient disposés pour pouvoir donner une structure régulière à la molécule, lui permettre d'être chimiquement stable et de se recopier fidèlement.

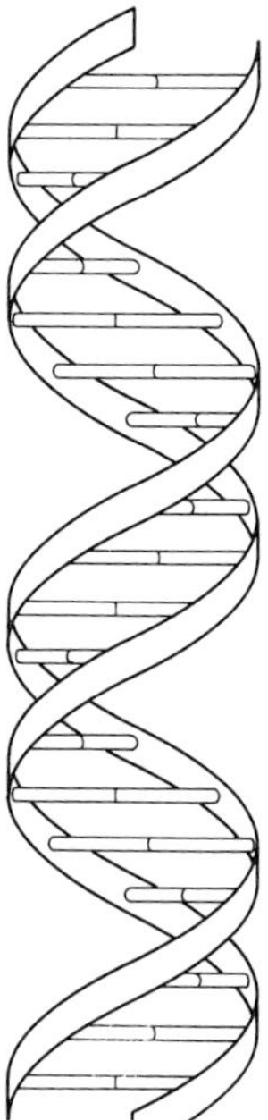

La structure de la molécule d'ADN se compose de deux rubans de molécules de sucre et de molécules de phosphate alternées, enroulés en spirale et maintenus ensemble par des combinaisons de groupes appariés de bases. Voir aussi l'illustration page 635.

* Cette découverte capitale, effectuée en 1944, est due à O. T. Avery, C. M. Mac Leod et M. J. Mac Carty, travaillant à l'Institut Rockefeller à New York. *(N.d.T.)*

** Et de l'aide involontaire de Rosalind Franklind, une collaboratrice de Maurice Wilkins, qui a permis à Watson et Crick d'avoir en main les données fondamentales pour construire un modèle stéréochimique de la molécule d'ADN. *(N.d.T.)*

Autrement dit, il leur fallait découvrir quelles forces maintenaient ensemble les atomes et les molécules. Au printemps de 1952, Crick réalisa que certains groupes d'atomes étaient appariés dans la molécule, ce qui l'incita à se pencher sur la structure en spirale de la molécule d'ADN découverte à l'origine par Linus Pauling et modifiée ensuite par Wilkins. Crick et Watson savaient que Pauling travaillait lui aussi à l'élaboration d'un modèle de la molécule d'ADN. Mais il y avait beaucoup à faire; il leur fallait découvrir comment le «squelette» des atomes extérieurs était disposé dans la spirale. En avril 1953, ils avaient trouvé la réponse : la molécule d'ADN se composait de deux spirales qui s'enroulaient l'une autour de l'autre; de fait, la structure dans son ensemble ressemblait à un escalier en spirale dont chacune des «marches» était composée de deux groupements chimiques d'atomes.

Cette structure de l'ADN permettait d'imaginer comment elle pouvait opérer pour guider la construction d'autres molécules; chaque brin d'ADN pouvait agir comme une matrice pour la synthèse d'autres acides nucléiques, tels que l'ARN (acide ribonucléique). Entre 1953 et 1963, les recherches élucidèrent complètement cette question, si bien qu'on eut en main l'explication biochimique complète de la manière dont les gènes commandent la synthèse des protéines, grâce à un «code» génétique donnant les «instructions» nécessaires à la formation de types corrects de molécules. On avait donc ainsi découvert le mécanisme fondamental grâce auquel les espèces peuvent se reproduire à l'identique. Cette découverte débouchait sur toutes sortes de conséquences, d'ordre social aussi bien que scientifique, car elle conduisait au développement du «génie génétique», grâce auquel des caractères héréditaires peuvent être ajoutés ou retranchés chez les membres d'une espèce.

La physique atomique et la théorie des quanta

L'étape suivante vers une compréhension plus approfondie des éléments, de la structure des atomes eux-mêmes, surgit de la pratique qui consiste à faire passer de l'électricité dans des gaz raréfiés. Cette technique avait été développée pour obtenir que les gaz rayonnent et que l'on puisse ainsi les étudier au spectroscope. Toutefois, les physiciens et les chimistes remarquèrent au fil des expériences que le type de décharges qui se

Illustration page 619.

produisaient dépendait du degré d'exhaustion de l'air dans le tube. Ils furent particulièrement intrigués par un rayonnement sur les parois en verre du tube qui semblait causé par quelque chose qui émanait de l'une des aiguilles métalliques, ou électrodes, à l'extrémité du tube. C'était l'électrode négative, ou «cathode», qui était en jeu. A Londres le physicien William Crookes tenta d'expliquer ces «rayons cathodiques» en proposant l'hypothèse qu'ils étaient produits par quelques molécules de gaz demeurées dans le tube, qui s'électrifiaient progressivement et étaient alors repoussées par la cathode. Cependant, en 1895, une découverte fortuite provoqua non seulement l'effondrement de l'explication de Crookes, mais aussi le début d'une révolution complète des idées relatives à l'atome.

Cette découverte eut lieu à Würzburg, dans le sud de l'Allemagne, où Wilhelm Röntgen utilisait dans son laboratoire un tube vide de gaz pour différentes expériences. Le tube était recouvert de carton noir et le laboratoire plongé dans l'obscurité lorsque Röntgen, fort étonné, remarqua qu'une feuille de papier couverte de platinocyanure de baryum qui traînait par hasard sur la paillasse devenait luminescente, puis cessait de luire sitôt que le tube, où le vide avait été fait, était débranché. Il était manifeste que des rayons pénétrants issus du tube se propageaient à travers l'air jusqu'au platinocyanure de baryum. Ce ne pouvait être des particules parce qu'ils n'étaient pas déviés par un champ électrique ou magnétique, mais, si c'étaient des rayons, ils devaient présenter une particularité curieuse parce qu'ils n'étaient pas réfractés par une lentille. Röntgen en conclut qu'il pouvait s'agir de rayons à longueur d'onde très courte mais, comme ils continuaient à l'intriguer, il les appela «rayons X»; beaucoup de scientifiques préfèrent les appeler «rayons Röntgen».

Au Cavendish Laboratory de l'université de Cambridge, le professeur de physique Joseph John Thomson commença l'étude de ces nouveaux rayons avec son assistant Ernest Rutherford. Ils observèrent que lorsque les rayons traversaient un gaz, celui-ci était en mesure de conduire l'électricité, un résultat qui incita Thomson à qualifier le gaz de «ionisé», à cause de sa ressemblance avec l'effet d'un liquide qui devient conducteur d'électricité lorsque des «ions», ou atomes porteurs de charge électrique, sont présents. Comme les rayons X étaient produits par des rayons cathodiques, Thomson se sépara de Rutherford pour les étudier et concentra ses travaux sur les rayons cathodiques.

Illustration page 621.

Le physicien allemand Philipp Lenard avait déjà démontré en 1894 que les rayons cathodiques pouvaient pénétrer dans une feuille de métal, si bien qu'ils pourraient ne pas être des molécules de gaz, contrairement à ce que supposait Crookes. Lenard lui-même supposa qu'il s'agissait d'une forme de radiation électromagnétique alors que Thomson, ayant mesuré leur vitesse et calculé qu'elle était 1600 fois inférieure à celle de la lumière, adopta l'hypothèse qu'il s'agissait de particules; en 1896, après une série d'expériences, il conclut qu'elles devaient être «petites, comparées aux dimensions des atomes et des particules ordinaires». Pour élucider la question, il était nécessaire de connaître la charge électrique de ces particules et leur masse, mais, pendant quelque temps, les expériences imaginées par Thomson ne donnèrent que le rapport entre les deux quantités, sans parvenir à mesurer ces deux quantités isolément. Toutefois, ses résultats étaient les mêmes pour tous les gaz ce qui, en fait, lui apportait la certitude d'avoir affaire à quelque chose de plus petit qu'un atome. En 1897, son élève, le chercheur John Townsend, parvint à isoler la charge électrique; des travaux ultérieurs en précisèrent la valeur : en 1909, Robert Millikan, de l'université de Chicago, obtint des résultats très précis. Des seules expériences de Thomson, pourtant, il ressortait clairement que la masse des particules était très petite (la masse put être déterminée séparément, une fois que la charge fut connue) et qu'elle était environ 1800 fois inférieure à celle de l'atome le plus léger. Ainsi, au tournant du siècle, l'existence de «l'électron», car c'est ainsi qu'il fut nommé, était établie. La découverte était importante parce qu'elle prouvait que les atomes n'étaient pas les particules les plus petites (bien qu'ils soient les constituants élémentaires des réactions chimiques).

En 1896, à l'époque où Thomson étudiait les rayons cathodiques, le physicien français Henri Becquerel découvrit que l'uranium, un élément lourd, émettait en permanence des rayons qui, comme les rayons X de Röntgen, rendaient un gaz conducteur de l'électricité. On se demanda alors si l'uranium était seul à produire cet effet ou si d'autres éléments chimiques se comportaient de la même façon. Marie Curie, une chimiste polonaise qui avait épousé le physicien français Pierre Curie, décida de s'atteler à cette question. Elle et son mari, dans le misérable laboratoire de l'École de physique et de chimie de Paris, découvrirent en 1898 les radiations du pechblende, un minerai d'uranium. Après une analyse chimique longue et minutieuse, les Curie en isolèrent le principe actif qui se révéla composé de deux éléments très actifs,

Illustration page 621.

l'un qu'ils baptisèrent «polonium», en l'honneur de la patrie de Marie, et l'autre «radium». L'isolement de ces éléments avait exigé la mise au point de réactions chimiques sophistiquées, et, comme ces réactions n'avaient en rien diminué leur «radioactivité» (un terme forgé par les Curie), il devint évident que celle-ci devait être due à quelque propriété des atomes eux-mêmes.

Rutherford, qui avait quitté Cambridge en 1898 à la suite de sa nomination comme professeur de physique à l'université McGill au Canada, se mit aussitôt à étudier en détail la radioactivité. Il découvrit très vite que deux ensembles de rayons – qu'il appela rayons alpha et rayons bêta – étaient émis; la suite des recherches qu'il mena en compagnie du physicien anglais Frederick Soddy les conduisit à conclure qu'ils avaient en réalité affaire non à des rayons, mais à des particules; en 1903, ils découvrirent que les atomes des substances radioactives se désintégraient spontanément. En 1907, Rutherford retourna en Angleterre, à l'université de Manchester où, assisté du jeune physicien allemand Hans Geiger, l'inventeur du compteur de particules, il découvrit que, quel que soit l'élément radioactif dont elles proviennent, les particules alpha produisent le même spectre que les atomes du gaz hélium et qu'elles ont également la même masse. De toute évidence, les particules des rayons bêta étaient des électrons à grande vitesse. Ce qui se passait lorsque les atomes de substances radioactives se désintégraient devenait désormais de plus en plus clair : ils émettaient des atomes d'hélium et des électrons à grande vitesse. Mais ils faisaient plus encore : en 1900, le physicien français Paul Villard avait découvert que, au cours de la désintégration par radioactivité, un rayonnement était également émis. Ses recherches lui montrèrent que ces rayons étaient plus pénétrants que les rayons X mais qu'ils se comportaient de la même façon. Il les appela «rayons gamma» mais, comme les rayons alpha et les rayons bêta s'étaient révélés être des particules et non des rayons, les conclusions de Villard furent mises en doute.

Illustration page 620.

Le problème fut finalement élucidé en 1910 par William Bragg, alors à l'université de Leeds; il découvrit que lorsque les rayons frappaient des atomes dans un gaz raréfié ils provoquaient l'émission d'électrons à grande vitesse qui, à leur tour, «chassaient» les électrons d'autres atomes. Le gaz devenait ainsi conducteur d'électricité, ou ionisé. C'était un processus en deux étapes qui se produisait sous l'effet des rayons X comme sous celui des rayons gamma; Villard avait raison. Mais Bragg poussa plus loin ses investigations et découvrit un fait étrange. Lorsque les rayons X provoquaient l'ionisation, ils se comportaient exactement comme s'ils étaient des particules et non des ondes électromagnétiques, et Bragg dut en conclure qu'ils semblaient détenir cette double nature. Nous verrons bientôt ce que cela signifiait.

Les faits s'étaient accumulés qui prouvaient que Thomson était dans le vrai et que les électrons étaient des particules subatomiques. Ils portaient une charge électrique négative, équivalente, bien que de polarité opposée, à la charge électrique positive des particules (alpha) de l'hélium. Étant donné que les atomes étaient électriquement neutres dans des conditions normales, Rutherford proposa en 1911 une théorie de l'atome qui concorderait avec tous les résultats et intégrerait les preuves expérimentales enregistrées par Bragg sur les gaz ionisés. Son hypothèse était que tout atome contient un noyau central, lequel est porteur d'une charge électrique positive et représente l'essentiel de la masse de l'atome. La charge électrique positive de ce noyau est équilibrée par un ou plusieurs électrons qui lui sont extérieurs. Cet atome «plum pudding» était un formidable progrès, même s'il fut bientôt remplacé.

En 1912, l'année qui suivit celle où Rutherford proposa ce modèle atomique, Niels Bohr, un jeune physicien danois, s'installa à Manchester pour y poursuivre ses travaux et ce fut là qu'il posa les premières assises de la théorie remarquablement efficace de l'atome qu'il fut en mesure d'achever l'année suivante. Le modèle de Bohr, qui remplaça celui de Rutherford, comprenait comme lui un noyau pourvu d'une charge positive, mais qui était entouré d'électrons tournant autour de lui. Cependant, le schéma de Bohr était beaucoup plus subtil que cette description ne le donne à penser. Les électrons en relation ne pouvaient se déplacer que sur certaines orbites spécifiques, tout comme les planètes ne peuvent se mouvoir que sur des orbites précises autour du Soleil. Lorsque l'atome de Bohr reçoit de l'énergie, lorsqu'il est chauffé, par exemple, ou lorsqu'il reçoit des radiations électromagnétiques, l'énergie se concentre dans un de ses électrons ou se répartit entre plusieurs, provoquant leur saut immédiat sur d'autres orbites fixes plus éloignées du noyau. Après une infime fraction de seconde, ces électrons perturbés retombent sur leurs orbites d'origine ce qui provoque l'émission de radiations électromagnétiques. La longueur d'onde de cette énergie, assura Bohr, dépend de deux facteurs : le nombre d'orbites que sautent les électrons et la distance qui sépare ces orbites du noyau. Ainsi, la longueur d'onde peut se situer n'importe où à l'intérieur du spectre du rayonnement électromagnétique,

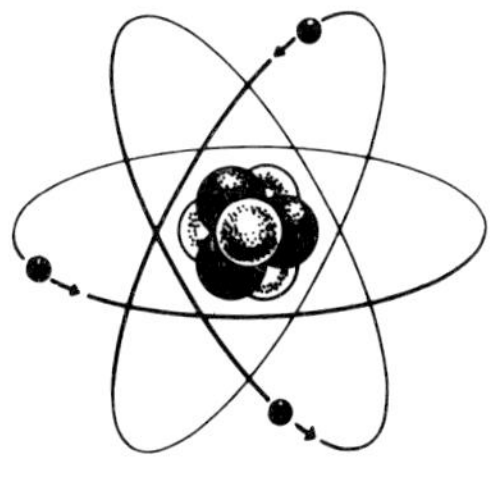

Un schéma simple de la structure de l'atome, où les électrons orbitent autour du noyau.

entre les rayons gamma ou les rayons X, du côté des longueurs d'onde très courtes, jusqu'aux rayons infrarouges (découverts en 1800 par l'astronome William Herschel) et aux ondes radio, du côté des très grandes longueurs d'onde en passant par le spectre de la lumière visible. Et comme les orbites occupent des positions bien définies, chaque atome possédera ses propres longueurs d'onde caractéristiques que l'on observera au stroboscope comme ses raies spécifiques.

Le modèle atomique de Bohr fut confirmé par d'autres recherches qui avaient été réalisées à la fin du XIXe siècle et au début du XXe siècle. Il expliquait pourquoi les raies du spectre de l'élément hydrogène apparaissaient à une série de longueurs d'onde spécifiques qui concordait avec une série mathématique simple, découverte en 1885 par le physicien et instituteur suisse Johann Balmer. Mais, plus significatif encore, il concordait avec les travaux des physiciens allemands, Max Planck et Albert Einstein. En 1900, Planck, professeur de physique à Berlin, avait émis l'hypothèse que le rayonnement n'apparaît pas en courant continu mais en quantités discontinues, ou «quanta», d'énergie, le nombre de quanta et donc la somme totale d'énergie étant d'autant plus grands que la longueur d'onde du rayonnement est plus courte. Cette hypothèse avait été confirmée en 1905 par Einstein, qui analysa l'effet «photoélectrique» par lequel le rayonnement ultraviolet à ondes courtes qui tombe sur une surface en métal provoque une émission d'électrons. Le problème qu'Einstein dut affronter était que l'énergie des électrons était indépendante de l'intensité de la lumière ultraviolette mais dépendait de leur longueur d'onde, et il découvrit que, alors que le phénomène ne pouvait s'expliquer dans le cadre de la théorie ondulatoire de la lumière, c'était exactement le résultat auquel on devait s'attendre si la lumière se présentait en quanta, en quantités discontinues d'énergie. On disposait là d'un fait d'observation et d'une analyse théorique qui, tous deux, montraient que la lumière et tous les rayonnements électromagnétiques devaient être considérés à la fois comme des ondes et comme des particules; les résultats que Bragg obtint en 1910 le confirmèrent.

La théorie des quanta, nom qui fut attribué à la théorie de l'émission en quantités discontinues de l'énergie, fut développée formellement par un certain nombre de physiciens mathématiciens, dont les plus remarquables furent Louis de Broglie, Erwin Schrödinger, Paul Dirac et Werner Heisenberg. L'une des conséquences importantes de cette théorie est la mise en évidence des relations d'indétermination, énoncées en 1927

Illustration page 643.

Ci-dessus. Les participants à la cinquième conférence internationale de physique à Bruxelles, organisée par l'Institut Solvay, fondé par l'industriel, chimiste et philanthrope Ernest Solvay (1838-1922). Parmi les participants : Pauli et Heisenberg (dernier rang, quatrième et troisième à partir de la droite), Niels Bohr (rang du milieu à l'extrême droite), Max Planck, Marie Curie et Albert Einstein (seconde, troisième et cinquième places à partir de la gauche).

Ci-dessus, à gauche. Henri Poincaré (1854-1912), mathématicien dont les travaux développèrent les idées de Lobatchevski et de Riemann, de telle sorte qu'elles débouchèrent sur de nombreuses applications nouvelles en physique.

A gauche. Trois remarquables astronomes des années 1930 : Walter Adams (à gauche), directeur de l'observatoire du mont Wilson en Californie, l'Anglais James Jeans (au centre) et l'Américain Edwin Hubble (à droite) devant la maquette du réflecteur de 2,5 mètres du mont Wilson qui était alors le plus grand du monde.

par Heisenberg, physicien allemand né en 1901 à Würzburg en Allemagne, et qui travailla pendant quelque temps chez Bohr, à Copenhague. Heisenberg démontra que le fait même de postuler que l'énergie s'échange par quantités discontinues signifie que certains couples de grandeurs, qui sont en interaction constante, telles que le temps et l'énergie, ne peuvent être déterminés simultanément avec le même degré de précision. Plus on connaît l'une avec précision, plus grande est la gamme de valeurs possibles pour l'autre. Les physiciens n'étaient pas tous disposés à accepter cet affaiblissement du déterminisme, bien qu'il apparût comme une conséquence logique de la quantification de l'énergie. Ainsi Einstein critiqua les présupposés théoriques de la théorie des quanta : «Dieu ne joue pas aux dés», disait-il. Le principe de Heisenberg a donné lieu à de nombreuses controverses philosophiques.

La théorie de l'atome de Bohr permit également d'interpréter théoriquement la classification périodique des éléments chimiques, formulée pour la première fois en 1869 par le chimiste russe Dimitri Mendeleïev. Cette classification présente les éléments chimiques disposés en fonction de leur poids atomique et range en colonnes verticales ceux dont les propriétés chimiques sont semblables. Le modèle de l'atome de Bohr expliquait, pour la plupart d'entre eux, pourquoi ils devaient être disposés ainsi : les propriétés chimiques étaient dues au nombre d'électrons en orbite, lui-même lié à la charge électrique du noyau.

Illustration page 622.

L'explication de la classification de Mendeleïev attira l'attention sur le noyau qui, comme l'avait énoncé Rutherford, était très petit, quelque 10 000 fois plus petit que l'atome lui-même. A quoi ressemblait-il en réalité et de quoi était-il composé? Francis Aston, qui fut pendant longtemps l'assistant de Thomson au Cavendish Laboratory, fut le premier à donner une réponse éclairante à cette question. En 1919, Aston avait découvert que le gaz néon pouvait exister sous différentes formes, ayant des poids atomiques différents mais des propriétés chimiques analogues; des recherches ultérieures montrèrent que cette propriété était vraie pour d'autres éléments, qui avaient eux aussi de tels «isotopes». Il était donc clair que quelque chose pouvait changer à l'intérieur du noyau, sans affecter le nombre d'électrons en orbite ni la charge électrique du noyau.

Au cours de cette même année 1919, Rutherford bombarda des atomes d'azote par des particules alpha et désintégra le noyau d'azote. Les produits de cette désintégration étaient des particules à charge positive, bientôt baptisées «protons»; il était manifeste qu'elles étaient des composants du noyau, mais était-ce les seules? La réponse à cette question avait fait l'objet des travaux d'Aston, mais n'avait pas été entièrement résolue; beaucoup d'autres travaux expérimentaux furent encore nécessaires avant d'y parvenir. Néanmoins, l'entreprise avait déjà beaucoup progressé quand l'année 1920 s'acheva, puisqu'il avait été démontré que l'atome se compose certainement d'éléments encore plus petits que lui, l'électron et le proton. De plus, le bombardement auquel Rutherford avait soumis le noyau d'azote avait lancé une technique nouvelle et efficace, précurseur de toutes les méthodes ultérieures de désintégration artificielle de l'atome – qui furent utilisées par John Cockroft et Ernest Walton en 1932 pour désintégrer les noyaux des atomes de lithium – et des accélérateurs géants et autres broyeurs d'atomes qui prirent une importance considérable pour la recherche en physique après la Seconde Guerre mondiale. Soit dit en passant, l'expérience faite en 1919 par Rutherford fut aussi l'apogée du rêve des alchimistes car, en retirant un proton au noyau de l'azote, Rutherford avait transmuté de l'azote en un autre élément chimique (un isotope du carbone). Bien entendu, ce processus se produit spontanément au cours de la radioactivité naturelle, parce que le radium et les autres éléments radioactifs subissent des transmutations lorsqu'ils se désintègrent.

Illustration page 633.

L'étape suivante dans la connaissance de la nature du noyau fut l'année 1932, lorsque James Chadwick, un autre chercheur de l'équipe de Rutherford, découvrit le neutron, une particule nucléaire, dotée de la même lourde masse que le proton mais dépourvue de charge électrique. Cette découverte élucida aussitôt la constitution des noyaux. Ainsi l'oxygène qui possède 8 électrons, mais avec un poids atomique de 16, a un noyau pourvu de 8 protons (ce qui lui donnait une charge positive de 8 pour équilibrer les 8 électrons) et de 8 neutrons, qui représentaient le reste de la masse. Bien entendu, la découverte de Chadwick expliquait aussi la nature des isotopes d'Aston. Il s'agissait en ce cas de noyaux qui avaient gagné ou perdu, ou qui s'étaient augmentés d'un ou de deux neutrons.

Pendant ce temps, les travaux sur la désintégration atomique s'étaient poursuivis, en particulier dans l'étude du processus d'émission de particules bêta par un noyau radioactif. En 1928, Paul Dirac avait établi que, d'un point de vue théorique, cette émission pouvait s'expliquer en supposant qu'une nouvelle particule subatomique était créée au moment où les particules bêta quittent le noyau. Une telle particule devrait avoir une charge électrique positive et une masse égales à celles de l'électron. En 1932, au California Institute of Technology, Carl Anderson observa une particule qui présentait précisément ces caractéristiques et qu'il appela «positron». Cependant, la production de particules bêta ne fut véritablement comprise qu'en 1934; à cette date, le physicien italien Enrico Fermi, qui avait émigré aux États-Unis, en donna une explication complète en recourant à une particule appelée «neutrino», inventée l'année précédente pour des raisons théoriques par le physicien suisse Wolfgang Pauli. Le neutrino n'avait pas de charge électrique et pas davantage de masse; cependant, il possède un mouvement de «rotation» nécessaire à la conservation du mouvement angulaire lors du processus d'émission de particules bêta. Néanmoins, ce ne fut pas avant 1956 qu'aux États-Unis des expériences conduites dans des réacteurs nucléaires permirent d'obtenir une confirmation expérimentale de son existence.

La théorie de l'émission de particules bêta formulée par Fermi était très riche d'idées nouvelles, mais elle posait aussi de nouvelles questions, en particulier celle de savoir comment les neutrons et les protons gardaient leur cohésion dans le noyau. Les forces impliquées semblaient beaucoup trop grandes. En 1935, un an après que Fermi eut proposé sa théorie, le physicien japonais Hideki Yukawa imagina une explication, en ayant recours à nouveau à une particule, le méson, qui agissait comme une sorte de colle intranucléaire et fournissait ainsi la force nécessaire. Le méson se révéla être une particule dont la durée n'excédait pas un dix milliardième de seconde et qui pouvait exister sous plusieurs formes. Néanmoins, en dépit de sa nature transitoire, le méson fut observé une première fois en 1947, puis, sous d'autres formes, en 1948, 1962 et 1974.

Avec la découverte des neutrinos, des mésons et de particules encore plus mystérieuses, comme les particules dotées d'«étrangeté», caractéristique inventée pour expliquer les résultats particuliers de collisions entre particules subatomiques à grande vitesse que l'on avait observées, la théorie de l'atome et de ses parties constituantes était entrée depuis le milieu des années 1950 dans une phase nouvelle et complexe. Les nouvelles particules nucléaires proliféraient, avec cette conséquence inévitable que les physiciens nucléaires avaient cherché des unités de base encore plus fondamentales. En effet, trois nouvelles particules (et les anti-particules qui les accompagnaient) avaient été proposées; elles furent appelées «quarks», en référence à *Finnegans Wake,* de James Joyce. Les travaux de Murray Gell-Mann et d'autres physiciens, en particulier américains, montrent qu'une théorie des particules élémentaires peut être élaborée, qui forgerait des liens avec les idées les plus récentes concernant la gravitation et fournirait ainsi une «théorie du champ unifié», qui engloberait dans un schéma général le microcosme du noyau et le macrocosme de l'univers, considéré dans ses plus vastes dimensions.

Sur la doctrine platonicienne de la corrélation entre microcosme et macrocosme, voir page 121.

Un autre développement scientifique, qui découle de la théorie atomique et de la théorie des quanta, fut celui de la physique de l'état solide. Cette nouvelle recherche sur le comportement, les propriétés et la structure des corps solides conduisit à de nouvelles investigations sur le magnétisme, sur la conductivité électrique des matériaux, en particulier à la découverte de matériaux semi-conducteurs. Celle-ci eut des résultats primordiaux, tant sur le plan pratique que sur le plan théorique; ainsi John Bardeen, Walter Brittain et William Shockley inventèrent le transistor en 1948 aux États-Unis. La physique du solide conduisit plus récemment à inventer les circuits microminiaturisés, les «puces» omniprésentes qui constituent le cœur des microprocesseurs qui ouvrent la voie aux développements actuels en matière d'intelligence artificielle. Une autre conséquence, d'une grande utilité pratique pour la recherche scientifique aussi bien que pour la technologie générale appliquée et la médecine, est le laser. La lumière et les ondes radio de très courte longueur d'onde (micro-ondes) sont produites par des techniques qui découlent de la physique atomique. Ces micro-ondes apparaissent sous une forme inhabituellement concentrée parce que la totalité des radiations émises est constituée d'ondes en phase entre elles, donnant ainsi de minces rayons de très haute énergie. Parmi leurs applications figure le développement d'appareils de mesure de haute précision. Ainsi, la physique a-t-elle forgé tout au long du XXe siècle des armes nouvelles et puissantes, utilisées à la fois dans la recherche fondamentale et dans tout autre secteur d'activité.

La relativité

La théorie des quanta et la physique atomique ne furent pas les seuls changements apportés par le nouveau siècle. Pendant ses deux premières décennies, les assises de la physique classique furent bouleversées par la théorie de la relativité.

La relativité a pourtant une ascendance vénérable. Dès

Sur le Dialogue... *de Galilée, voir page 451.*

1632, dans son *Dialogue sur les deux systèmes du monde,* Galilée avait décrit le mouvement relatif, en signalant que des expériences physiques sur les corps en mouvement, réalisées à bord d'un navire, dans une cabine fermée sous le pont, n'indiqueraient pas à l'observateur si le navire était immobile ou s'il voguait à une allure régulière. Cet argument de Galilée avait pour objectif de réfuter les critiques qui lui étaient adressées à propos de la forme des lois physiques en rapport avec le mouvement de la Terre, mais le principe était posé. Newton assura, pour sa part, que les mouvements relatifs de deux corps dans un espace donné seraient les mêmes, que cet espace soit immobile ou qu'il se déplace régulièrement en ligne droite, bien que, malheureusement, il eût obscurci la question avec ses conceptions de mouvement absolu et de temps absolu. Si le sens commun nous incite à croire qu'il y a des normes absolues – nous pensons pouvoir dire si un objet est stationnaire ou s'il se déplace, simplement en l'observant –, en réalité, nous ne pouvons faire de déterminations absolues; si un corps est immobile par rapport à la Terre, il ne l'est certainement pas par rapport au Soleil, puisque la Terre tourne perpétuellement autour du Soleil. Nous ne pouvons pas davantage prendre le Soleil comme repère absolument fixe puisque, comme l'a démontré William Herschel, le Soleil se déplace dans l'espace par rapport aux étoiles et que les étoiles elles-mêmes sont toutes en mouvement. Il semble donc qu'il n'y ait aucun lieu, aucun «référentiel» que nous puissions tenir pour totalement immobile. Cette conclusion fut confirmée en 1889 après une étude très minutieuse par le mathématicien français Henri Poincaré.

Illustration page 643.

L'analyse de Poincaré avait des implications profondes, car, à son époque, toutes les lois physiques étaient basées sur les observations faites à partir de la Terre qui, traditionnellement, était implicitement considérée comme immobile. Mais, si aucun lieu n'était immobile, il fallait réexaminer ces lois; étaient-elles toujours valables dans un univers où tout est en mouvement relatif? L'importance de cette question fut soulignée par les résultats étranges d'une expérience réalisée pour la première fois en 1881 par le physicien américain Albert Michelson. A l'époque, on discutait beaucoup de la façon dont le mouvement de la Terre dans l'espace affectait les ondes lumineuses, et les différentes expériences qui avaient été tentées n'avaient donné que des résultats équivoques. Michelson comprit qu'étant donné que les ondes lumineuses se propageaient dans l'éther (c'était ce qu'on croyait alors) et que la Terre se déplace par rapport à cet éther, la vitesse des ondes lumineuses devait apparaître différente lorsqu'on les mesurait dans la direction du mouvement de la Terre dans l'espace et qu'on la comparait aux résultats d'une mesure prise dans une direction perpendiculaire à ce mouvement. Dans le premier cas, on obtiendrait une vitesse supérieure (vitesse de la lumière + vitesse de la Terre) à celle obtenue dans le second cas (la vitesse de la lumière seule). Pour faire ses observations, Michelson utilisa un interféromètre de son invention afin d'obtenir que les deux rayons lumineux interfèrent l'un avec l'autre; il s'agissait d'une technique très sensible, mais l'expérience sembla pourtant être un échec car elle ne fit ressortir absolument aucune différence entre les deux vitesses. Michelson mit cet échec au compte du manque de raffinement de ses dispositions expérimentales; après tout, la vitesse de la lumière est presque 10000 fois plus rapide que la vitesse de la Terre sur son orbite, si bien que la différence qu'il cherchait à détecter était en réalité très faible. Avec l'aide d'Edward Morley, Michelson repensa l'expérience qui, sous sa forme améliorée, fut réalisée en 1887 à Cleveland, Ohio. Cependant, à leur grand étonnement, le résultat qu'ils obtinrent était encore nul; il semblait qu'il n'y avait absolument aucune différence entre les deux vitesses. La vitesse de la lumière était la même dans les deux directions.

En dépit du fait que Michelson se trompait lorsqu'il pensait que la vitesse perpendiculairement au mouvement de la Terre serait exactement la vitesse de la lumière, erreur que le physicien hollandais Hendrik Lorentz fut prompt à découvrir, le résultat nul n'aurait pas dû se produire; qu'il apparût montrait que quelque chose de très particulier se passait. En effet, ce que l'expérience semblait démontrer était que, quand une autre vitesse était ajoutée à la vitesse de la lumière, on aboutissait toujours à la vitesse de la lumière. Manifestement, ce résultat allait à l'encontre du sens commun et il fallait y trouver quelque explication. Deux ans plus tard, en 1889, le physicien irlandais George Fitzgerald émit l'hypothèse que, comme l'appareil était transporté à travers l'éther en même temps que la Terre, le bras de l'interféromètre, situé dans la direction de ce mouvement, subissait une légère contraction, si bien que la lumière avait moins de distance à parcourir que Michelson ne l'avait estimé; cela devait forcément conduire aux résultats qu'il avait obtenus. D'autres physiciens, parmi lesquels l'Anglais Joseph Larmor et le Hollandais Hendrik Lorentz, étudièrent indépendamment la situation posée par un éther, porteur d'ondes électromagnétiques, et une Terre

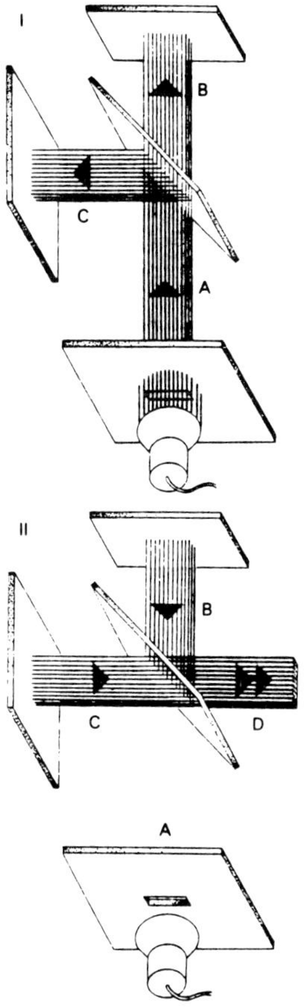

L'expérience de Michelson-Morley de 1881. Une partie de la lumière provenant de la source A était déviée à angle droit vers le miroir C, tandis que l'autre partie se propageait directement vers le miroir B. Les deux pinceaux étaient réfléchis au point D. On attendait qu'ils présentent des différences aux franges d'interférence, à cause du mouvement de la Terre sur l'axe AB, mais il n'en fut rien.

en mouvement. Fondamentalement, ce qu'ils cherchaient était une façon de transformer les équations de Maxwell, qui exprimaient le comportement des ondes électromagnétiques, de telle sorte qu'elles demeurent valables dans une telle situation. Ces recherches aboutirent finalement à un ensemble d'équations, établies par Lorentz, qui prenaient en compte la distance, la masse et le temps, où les vitesses concernées étaient toutes inférieures à la vitesse de la lumière. La scène était désormais prête pour les progrès théoriques qui furent l'œuvre d'Albert Einstein.

Né à Ulm en Allemagne, en 1879, Albert Einstein, qui avait fait des études de physique, travaillait à l'Office fédéral des brevets de Berne, en Suisse, à l'époque où il publia son premier article scientifique sur la relativité. Ce texte, qui parut en 1905 dans les *Annalen der Physik* sous le titre «Sur l'électrodynamique des corps en mouvement», était un modèle de clarté et l'aboutissement d'un travail approfondi sur le sujet et d'une remise en cause aussi réfléchie qu'elle était radicale de la physique fondamentale. Cette réflexion l'amena à rejeter la notion d'espace immobile et la nécessité d'un éther; elle le conduisit aussi à postuler la constance de la vitesse de la lumière selon tous les référentiels, ce qui au passage expliquait l'«échec» de Michelson et Morley; Einstein montra que la vitesse la plus grande qui soit dans la Nature est celle de la lumière; aucune énergie ne peut se transporter plus rapidement qu'elle.

La théorie de la relativité restreinte entraînait beaucoup d'autres conséquences, qui ont été au fil des années confirmées par l'observation, si étonnantes qu'elles puissent paraître.

C'est ainsi qu'il fut démontré que le temps n'est pas absolu; *il s'écoule plus vite pour un observateur qui regarde le temps passer sur un corps qui se déplace très vite par rapport à lui.* C'est ce que l'on a vu pour la durée d'existence observée pour les mésons et, de manières différentes, en utilisant des horloges atomiques modernes très précises. Là encore, des corps qui se déplacent très vite relativement à un observateur *paraissent augmenter de masse,* comme l'ont confirmé des mesures prises dans des accélérateurs de particules où les particules subatomiques sont accélérées à des vitesses qui se rapprochent de la vitesse de la lumière. Car ici, comme partout ailleurs, ces effets de la relativité sont perceptibles seulement quand les vitesses relatives concernées sont en fait extrêmement grandes. Désignée plus tard par l'expression «relativité restreinte», cette théorie se limitait aux mouvements de corps dans des cadres de référence se déplaçant à des vitesses uniformes (c'est-à-dire sans accélération) les uns par rapport aux autres. Son importance capitale fut immédiatement saluée, encore que quelques physiciens refusèrent de l'admettre. Elle valut à Einstein un poste universitaire à Berne, puis la chaire de physique à Zurich; ensuite, en 1910, Einstein fut nommé à la chaire de physique de Prague.

Presque aussitôt après avoir énoncé cette théorie fondamentale, Einstein publia un autre article dans les *Annalen der Physik :* «L'inertie d'un corps dépend-elle de sa quantité d'énergie?» C'est dans cet article qu'il proposa l'équation aujourd'hui célèbre : $E = mc^2$, une formule qui exprime le rapport entre l'énergie (E) et la masse (m). La lettre c représente la vitesse de la lumière, et la formule signifie que si l'on pouvait diminuer la masse, l'énergie émise serait alors énorme (parce qu'elle est multipliée par $c \times c$, et que c est un chiffre très élevé). Cette équation de l'énergie est à la base de la production de l'énergie nucléaire et, bien entendu, de la bombe atomique; elle comporte aussi des implications importantes en astronomie, comme nous le verrons bientôt.

Einstein ne pouvait se satisfaire de la relativité restreinte; il s'attela donc au problème infiniment plus complexe posé par des corps qui se déplacent les uns par rapport aux autres en mouvements accélérés, c'est-à-dire dans les conditions générales que nous observons dans le monde physique.

Le développement d'une théorie de la relativité générale qui engloberait le mouvement accéléré prit des années; elle exigeait une technique mathématique spéciale – le calcul tensoriel – et ce ne fut pas avant 1915 qu'Einstein fut en mesure de la publier. Lorsqu'elle parut, on vit clairement qu'un pas immense avait été franchi dans la compréhension humaine de la Nature. Du fait que la théorie concernait le mouvement accéléré, et comme la gravité fait que les corps chutent en étant accélérés, la relativité générale était aussi une théorie de la gravité. Elle démontrait que si la gravité est liée à la masse du corps, c'est parce que l'espace est courbé par la présence d'une grande masse. Autrement dit, c'est la courbure de l'espace qui provoque ce que nous appelons la gravité. La distance n'est pas la plus simple ligne droite à laquelle nous avons coutume de penser, mais une courbe car, dans la relativité, les équations atteignent leur forme la plus élégante et très certainement la plus simple lorsque l'espace n'est pas euclidien (plat) mais courbe et possède les propriétés énoncées par Riemann à la fin des années 1850. La différence, petite et négligeable pour les distances terrestres, est significative

Sur Riemann, voir pages 609-610.

s'agissant de distances astronomiques telles que celles intervenant dans les orbites planétaires. En fait, une des premières preuves de la validité de la relativité générale fut le fait qu'elle donnait avec une grande précision la valeur du déplacement du périhélie de la planète Mercure, pour laquelle la gravitation de Newton donnait un chiffre qui était légèrement faible.

La «prédiction» la plus spectaculaire peut-être et certainement la plus importante de la relativité générale est la courbure des rayons lumineux. Nous pensons que la lumière se propage en ligne droite, mais, si l'espace est courbe, le parcours de la lumière doit être une courbe (une ligne géodésique); plus particulièrement, lorsque la lumière passe près d'un corps massif, son trajet se courbe d'autant plus que sa masse est élevée. Une éclipse totale de Soleil est un moment idéal pour observer un tel effet car, lorsque la Lune passe devant le Soleil et l'obscurcit complètement, on peut observer les étoiles situées derrière le Soleil car, d'après la relativité générale, les rayons de lumière en provenance de ces étoiles sont déviés par la présence du Soleil. En 1919, l'éclipse totale qui eut lieu permit de vérifier cette conséquence de la théorie. Arthur Eddington, qui travaillait alors au Royal Observatory de Greenwich et fut le premier physicien britannique qui comprit intégralement la portée de la relativité générale d'Einstein, se rendit à l'île du Prince, dans le golfe de Guinée, pour observer l'éclipse et essayer de découvrir ce «décalage d'Einstein». Son expédition fut une réussite et ce résultat inhabituel – car ce n'était pas une conséquence découlant logiquement des fondements de la gravitation newtonienne – fit beaucoup pour faciliter l'acceptation de la théorie de la relativité. Des recherches ultérieures l'ont confirmée de nombreuses façons et ont démontré qu'elle est plus précise que la gravitation newtonienne à laquelle, cependant, elle se ramène à l'échelle des ordres de grandeur «terrestres».

Illustration page 657.

L'astronomie au XXe siècle

L'astronomie a pris un grand essor au cours du siècle, plus spécialement dans le domaine de l'astronomie stellaire, bien que, plus récemment, les ondes spatiales aient apporté un nouveau point de vue pour l'étude du système solaire, cependant qu'une approche réellement scientifique de la cosmologie – l'étude de l'univers dans sa totalité, celle de son commencement et de sa fin possible – soit enfin devenue accessible. Certains de ces progrès ont été dus à des instruments et à des techniques entièrement nouveaux, comme nous le découvrirons dans ce qui suit.

Pour l'instant, il est préférable d'examiner les principaux développements en astronomie stellaire; pendant la première moitié du siècle, ils furent liés pour la plupart aux travaux de l'astronome danois Ejnar Hertzsprung, de l'Américain Henry Norris Russell et de l'Anglais Arthur Eddington. Leurs recherches s'appuyaient sur la théorie de Huggins, et les études de la spectroscopie entreprises, en particulier, par le jésuite italien Angelo Secchi et l'Américain Edward Pickering. Deux problèmes se posaient : *primo,* confirmer que les raies spectrales représentaient bien des éléments chimiques présents sur la Terre; *secundo,* et plus important encore, classer les spectres stellaires de façon à donner un sens à la grande diversité d'étoiles que l'on peut observer et qui diffèrent par leur éclat apparent et par leur couleur. Le premier problème fut résolu, du moins pour un élément chimique, par Kirchhoft et Bunsen, puis par William Ramsay, un chimiste écossais qui occupait la chaire de chimie au University College de l'université de Londres. En 1895, celui-ci isola en laboratoire un gaz dont la présence était indiquée dans le spectre solaire mais qui était jusqu'alors inconnu sur la Terre; ce gaz fut appelé hélium (du grec *helios* qui signifie Soleil) et fournit une confirmation utile à l'interprétation de la présence d'éléments chimiques dans les corps célestes.

Secchi et Pickering s'attaquèrent les premiers au second problème; tous deux s'intéressaient à une classification des spectres solaires, fondée sur les raies et les bandes noires dont on pouvait observer qu'elles traversaient le fond coloré continu. Après plusieurs faux départs, Secchi imagina, à la fin des années 1860, ce qui semblait être une classification commodément utilisable, en divisant les étoiles en cinq catégories. Il s'avéra plus tard que le système inventé par l'équipe de chercheurs d'Edward Pickering, à l'observatoire de l'université de Harvard dont Annie Cannon faisait partie, était le plus satisfaisant. Fondé sur les travaux entamés par Henry Draper, il est connu sous le nom «catalogue d'Henry Draper». Bien qu'il ait été modifié entre 1918 et 1924 par Annie Cannon, il fut néanmoins opérationnel dès le début, comme allaient bientôt le montrer les travaux de Hertzsprung et de Russell.

L'objectif essentiel de Hertzsprung était la mesure des distances stellaires et il estimait que le catalogue d'Henry Draper pourrait l'y aider, car il montrait que les étoiles bleues avaient un éclat intrinsèque plus fort que celui des étoiles rouges (encore qu'il y eût quelques exceptions). Il pensa qu'en reportant l'éclat apparent des étoiles sur une courbe en fonction de leur spectre, il obtiendrait un diagramme qui lui donnerait l'éclat réel d'autres étoiles, une fois qu'il connaîtrait leur spectre. Puis, une fois qu'il aurait l'éclat intrinsèque, il pourrait comparer celui-ci avec leur éclat apparent dans le ciel et calculer leurs distances, étant donné que plus l'étoile est éloignée, plus faible est son éclat. Quant à Russell, il cherchait à obtenir un aperçu de l'intérieur même des étoiles et estima lui aussi que le catalogue d'Henry Draper pourrait l'y aider car de toute évidence la classification était faite en fonction de la température. Certaines particularités des spectres montraient à l'évidence que les étoiles bleues étaient les plus chaudes et les étoiles rouges les plus froides. Ainsi, Hertzsprung cherchait à connaître la distance des étoiles, Russell leur température, et tous deux indépendamment tracèrent le même diagramme. Une relation entre températures et types spectraux, utilisant une forme modifiée de la classification de Secchi, avait été mise en évidence en 1888 par Norman Lockyer en Angleterre. Mais l'approche de Hertzsprung et Russell était fondée sur des faits d'observation largement améliorés et le graphique qu'ils obtinrent, appelé depuis diagramme de Hertzsprung-Russell, ou diagramme H-R, devait être riche de conséquences en astrophysique. (Depuis 1890, l'étude spectroscopique des étoiles est appelée «astrophysique».) Du côté de Russell, le diagramme H-R donna une indication sur la vie des étoiles et leur «évolution» – en ce début du XXe siècle, l'impact des concepts darwiniens était toujours puissant : le diagramme montrait que la plupart des étoiles, mais non toutes, se disposaient sur une courbe à séquence principale, qui allait des étoiles bleues brillantes aux étoiles rouges plus ternes. Russell croyait qu'une étoile de séquence principale, au départ chaude et bleue, évolue pour devenir rouge et froide au fur et à mesure que son énergie s'épuise.

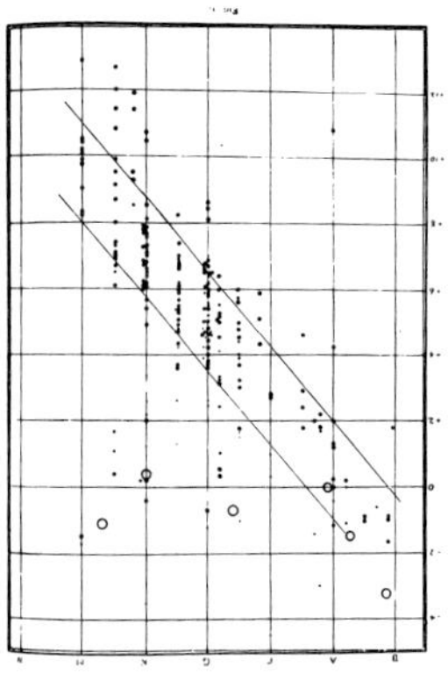

Le diagramme original de Hertzsprung-Russel, publié en 1914. Les lettres de la partie supérieure indiquent les différentes classes d'étoiles, depuis les étoiles de type B, chaudes et bleues, sur la gauche, jusqu'aux étoiles froides, de type N, sur la droite. L'échelle verticale indique l'éclat réel qui va de la «magnitude absolue» 14 (les plus faibles) en bas jusqu'à – 4 (les plus brillantes) proches du haut, soit un éclat 16 millions de fois plus fort pour les plus brillantes par rapport aux plus faibles. Les rapports indiqués sur ce diagramme se sont révélés une source féconde de recherches dès l'époque de leur première publication.

Associé à la question de l'évolution des étoiles se posait le problème de la source de l'énergie stellaire dont on débattait encore avec ardeur entre 1916 et 1924. A la fin du XIXe siècle, Kelvin a émis l'hypothèse que l'énergie du Soleil provient de la chaleur provoquée par sa contraction et, à cette époque, cette théorie était encore fermement défendue par l'astronome anglais James Jeans. On sait depuis longtemps qu'aucune réaction chimique ne peut produire l'énergie voulue mais, après qu'Einstein eut énoncé sa formule $E = mc^2$, il devint clair que cette équivalence peut être à la base du processus. En 1919, Russell lança quelques hypothèses à propos de l'énergie contenue dans les atomes des étoiles, mais c'est Eddington qui, en 1920, démontra que l'énergie atomique est la source d'énergie, en se basant sur la radioactivité artificielle. Comme ce dernier le fit remarquer : «Ce que l'on peut faire au Cavendish Laboratory, le Soleil peut le faire aussi sans trop de difficultés.» Eddington émit une autre remarque, non moins fructueuse : «En effet, si l'énergie subatomique dans les étoiles est utilisée librement pour entretenir leurs grandes fournaises, il semble que ce fait nous rapproche un peu de l'accomplissement de notre rêve : la maîtrise de cette énergie pour le bien-être de l'humanité ou pour son suicide.» Il mourut quelque huit mois avant que la première bombe atomique ne fût lancée sur Hiroshima.

Les recherches ultérieures ont montré que la source énergétique du Soleil et de toutes les autres étoiles est l'énergie de fusion, en particulier celles de Robert Atkinson, Fritz Houtermans et surtout de Carl von Weizsäcker, Hans Bethe et George Gamow. De plus, l'étude du processus du transport de l'énergie à l'intérieur des étoiles et la reconnaissance du fait que leur constituant principal est l'hydrogène, est le fruit de travaux menés par les pionniers des décennies 1920 et 1930.

La recherche astronomique a toujours été limitée par les moyens d'observation. L'étape capitale fut l'invention du télescope, qui apporta une dimension nouvelle en astronomie, une précision nouvelle dans les mesures et la possibilité de cartographier la surface de la Lune et d'étudier en détail les planètes. Les grands réflecteurs de William Herschel et lord Rosse ont montré et ont permis de sonder l'espace plus en profondeur. Au cours du XXe siècle, la puissance des télescopes a été beaucoup améliorée. Les États-Unis furent des pionniers en ce domaine, essentiellement grâce aux efforts de George Ellery Hale. Né à Chicago en 1868, fils d'un riche homme d'affaires, Hale fit ses études au Massachusetts Institute of Technology; il manifesta bientôt un grand intérêt pour la physique et la cartographie solaires, et construisit des télescopes spécialement destinés à l'étude du Soleil. Hale conçut de grands projets de télescopes de vastes dimensions. Il se distingua par sa capacité à trouver des mécènes pour financer les équipements astronomiques, à une époque où l'astronomie regroupait encore très peu de chercheurs. Son premier succès d'importance fut l'installation à la fin du XIXe siècle de l'observatoire de Yerkes équipé d'une lunette d'un mètre de diamètre, qui est encore la plus grande du monde. Mais, à peine était-elle achevée que Hale conçut le projet d'un téles-

Illustrations pages 465, 597.

Sur Noyes, voir page 7.

cope plus grand encore. En 1908, un réflecteur de 1,5 mètre d'ouverture fut installé au mont Wilson en Californie, suivi en 1917, toujours au mont Wilson, d'un réflecteur de 2,5 mètres – le télescope qui émut tant Alfred Noyes – puis, en 1948, du grand télescope de 5 mètres de Palomar; mais alors Hale n'était plus de ce monde. Cependant, l'appareil avait été conçu par lui et, bien que ces télescopes ne soient plus aujourd'hui les plus grands du monde, les travaux qu'ils permirent d'effectuer ont constitué l'armature d'une grande partie de l'astronomie du XXe siècle. C'est quand on prit conscience que le fait de doubler le diamètre d'un télescope quadruple sa puissance que la portée du plaidoyer de Hale en faveur d'instruments plus grands et meilleurs devint évidente.

Les qualités du grand télescope de 2,5 mètres de Hale se révélèrent dans les années 1920, avec la découverte de l'existence des galaxies. Au début du XXe siècle, il semblait que l'univers était connu dans son ensemble, grâce aux travaux de William Herschel réalisés un siècle plus tôt; on considérait que les étoiles et les nébuleuses étaient disposées sur une grande île en forme de disque flottant dans l'espace. Mais il y avait quelques détails qui ne s'adaptaient pas à ce modèle : la photographie avait permis aux astronomes d'observer quelques corps célestes à l'éclat trop faible pour être distingués à l'œil, et même avec de très grands instruments. Il était désormais possible de mesurer les distances stellaires de plusieurs façons autres que la méthode adoptée par Bessel en 1839. En effet, en 1912, Henrietta Leavitt, qui travaillait à l'observatoire de l'université de Harvard, avait inventé une méthode particulièrement efficace pour mesurer les distances dans les régions de l'espace trop éloignées pour être étudiées par la méthode «directe» de Bessel; elle découvrit les céphéides, des étoiles dont l'éclat varie régulièrement suivant les jours (elles sont ainsi nommées d'après la première découverte de la lignée dans la constellation boréale Céphée). Henrietta Leavitt avait en fait découvert que la période des variations dépendait de l'éclat intrinsèque de l'étoile, si bien qu'en déterminant cette période la distance d'une telle étoile pouvait être calculée d'après son éclat intrinsèque et son éclat apparent. Cette observation se révéla bientôt capitale.

Sur la disposition de l'univers, tel que Herschel le concevait, voir pages 469-470.

Au cours des années 1918 et 1919, Harlow Shapley, un astronome américain, travaillait au mont Wilson sur la forme de l' «île» d'étoiles; en utilisant la méthode de Leavitt, il s'aperçut que des évaluations antérieures étaient erronées et découvrit que l'île était beaucoup plus grande qu'on ne l'avait supposé précédemment. Par ailleurs, il classa les nébuleuses

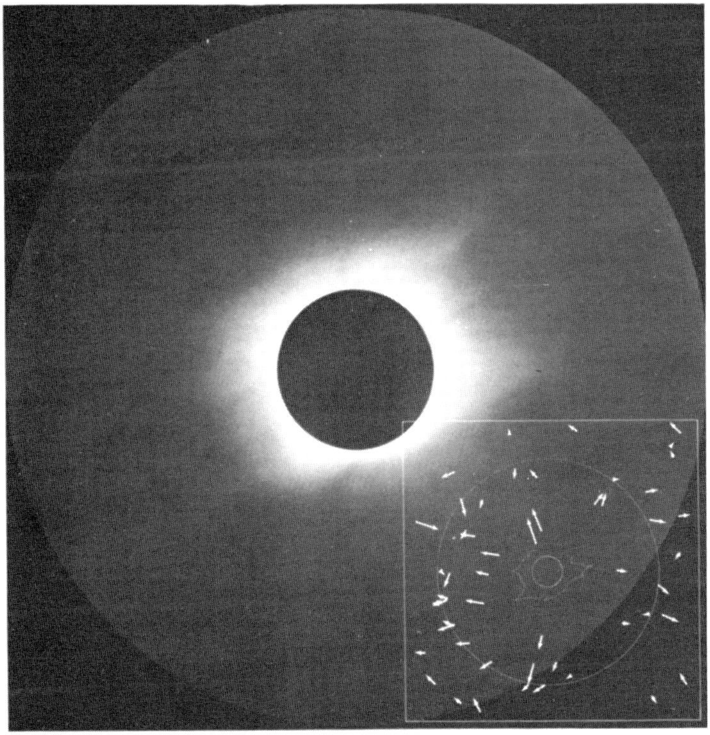

Ci-dessus. Un détecteur d'ondes de gravité, construit au milieu des années 1970, mis au point par son inventeur, Joseph Weber. L'existence de ces ondes est prévue par la théorie de la relativité et, bien qu'on ne les ait pas encore détectées directement, il semble que l'on ait la preuve astronomique de leur existence. On a pu observer chez deux étoiles qui orbitent l'une autour de l'autre, dans la multitude des systèmes stellaires binaires, un changement spécifique de l'orbite, phénomène auquel on doit s'attendre si un tel système émet des ondes de gravité, comme le veut la théorie.

Ci-dessus, à gauche. Albert Einstein (à gauche), avec H. Lorentz et A. Eddington (à droite).

A gauche. Photographie de l'éclipse totale de Soleil de 1922; à cette occasion, des observations furent faites pour mesurer la déflexion de la lumière stellaire prévue par la théorie de la relativité. Le diagramme montre les déplacements stellaires qui furent observés.

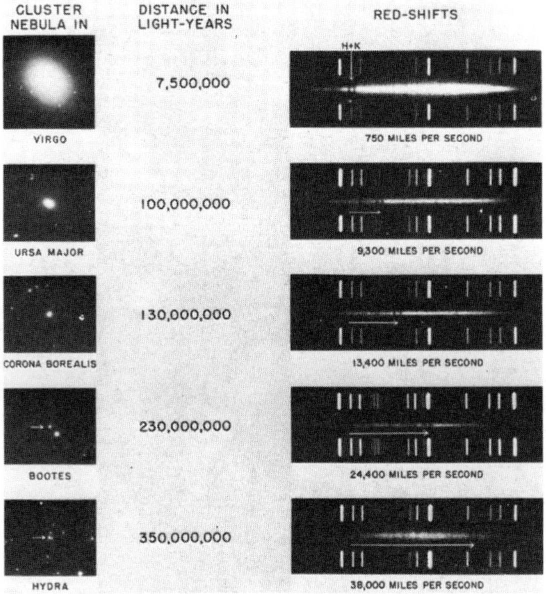

Ci-dessus. La grande galaxie spirale Andromède, dont la lumière nous parvient deux millions d'années après son émission. Ce fut la première galaxie que l'on parvint à réduire optiquement en étoiles distinctes, ce qui ne put être obtenu avant que fût construit le télescope de 5 mètres de Palomar, en Californie, après la Seconde Guerre mondiale.

Ci-dessus, à droite. Les rapports entre la distance d'une galaxie et le décalage vers le rouge des raies sur son spectre. Les spectres (à droite) des galaxies sont tous intercalés entre les spectres appariés et le décalage est indiqué par la flèche. Les distances en années-lumière (une année-lumière = 9,6 millions de kilomètres) furent calculées par Edwin Hubble et doivent être révisées à la lumière de la recherche récente; il faut lire : 78 000 000 d'années-lumière; 1 000 millions d'années-lumière; 1 400 millions d'années-lumière; 2 500 millions d'années-lumière et 4 000 millions, soit une augmentation de dix fois environ. Les vitesses demeurent inchangées.

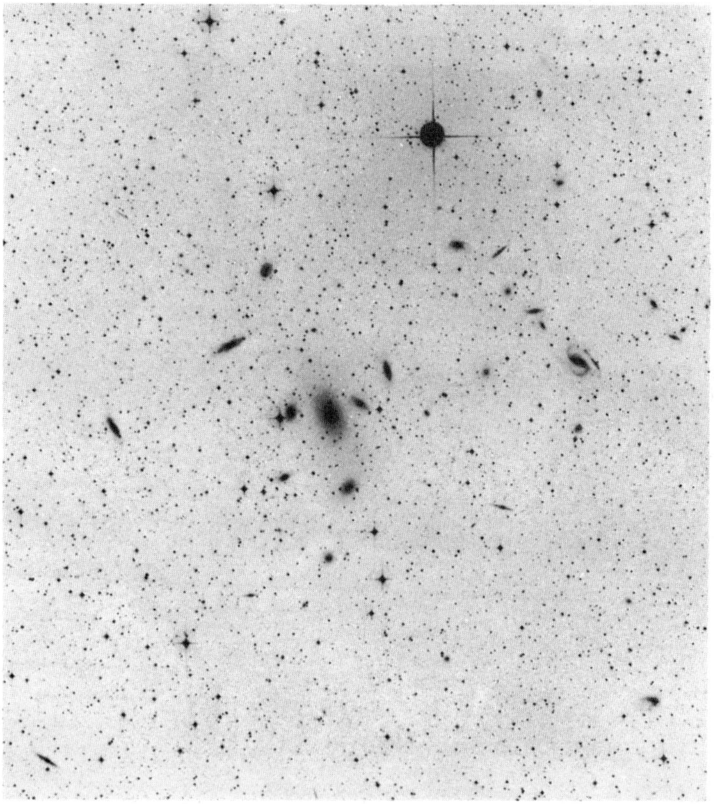

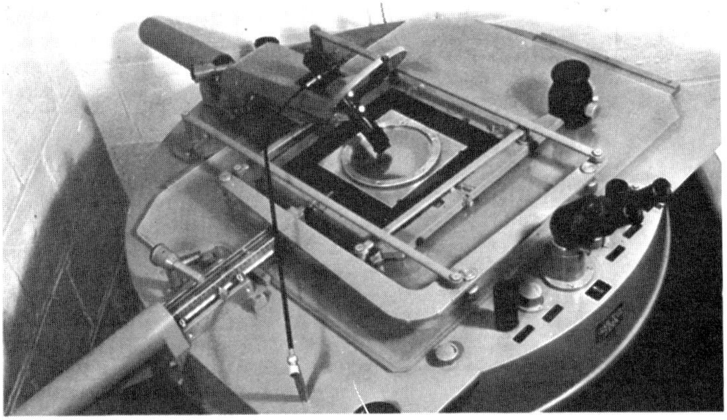

A gauche. Un microscope de mesure, actionné à la main, pour déterminer les positions des corps célestes sur des photographies.

A gauche. Un appareil moderne à plaque de mesure pour déterminer les positions des corps célestes. Cet appareil travaille quelque 40 000 fois plus vite que l'appareil manuel montré ci-dessus.

A gauche. Télescope optique de la nouvelle génération : le télescope à miroirs multiples de Mount Hopkins, en Arizona. Chacun des miroirs a 1,8 mètre de diamètre, mais l'instrument entier équivaut à un télescope de 6 mètres d'ouverture.

Page 658, en bas. Une photographie en négatif – le type de photographie que les astronomes utilisent de nos jours pour l'analyse automatique – d'un amas galactique de la constellation du Paon, dans l'hémisphère Sud, prise avec le télescope anglo-australien de 3,9 mètres.

A droite. En utilisant un interféromètre optique et l'analyse électronique d'une grande série de photographies, les distorsions provoquées par l'atmosphère de la Terre peuvent être réduites au minimum pour donner cette photographie unique de l'étoile rouge géante Bételgeuse.

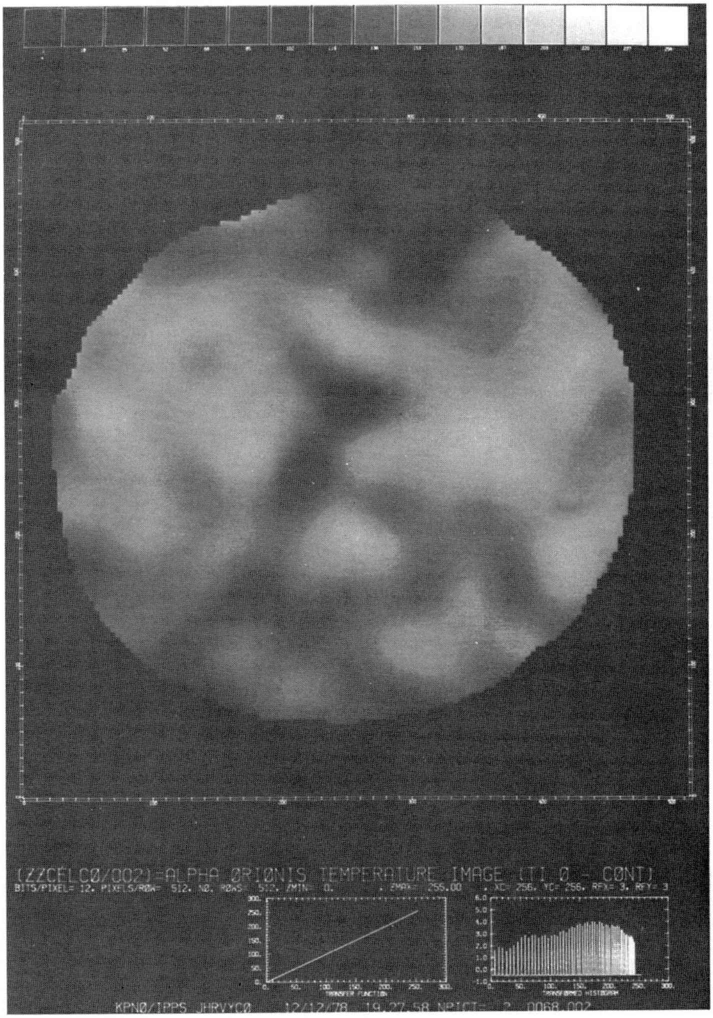

A droite. Précurseur des radiotélescopes : l'antenne mobile orientable, utilisée à partir de 1931 par Karl Jansky (1905-1950) à Holmdell, New Jersey, pour expérimenter la réception des ondes courtes radio.

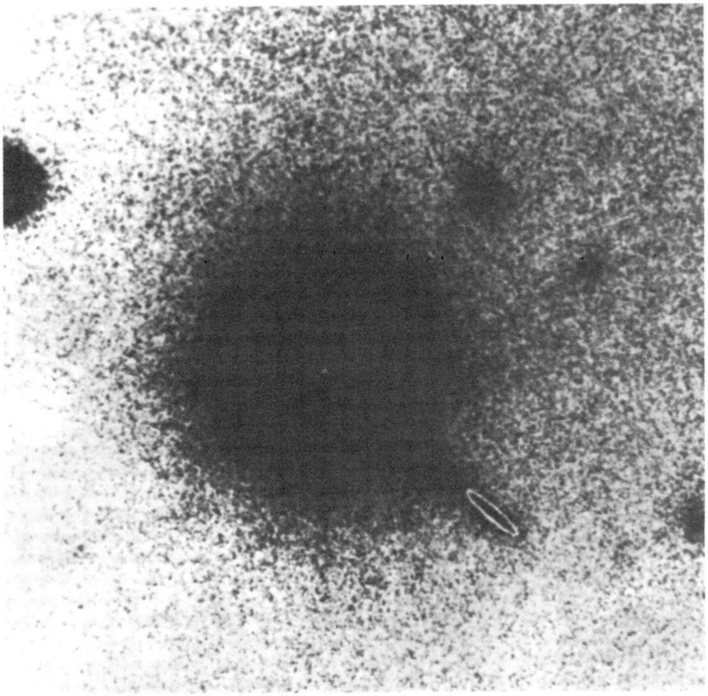

Ci-dessus. Vue aérienne de l'interféromètre de synthèse de 5 kilomètres d'ouverture à l'observatoire radioastronomique de Mullard de l'université de Cambridge. Il comprend au total huit réflecteurs de 13 mètres.

Ci-dessus, à gauche. Le premier très grand radiotélescope à miroir parabolique qui pouvait être orienté dans toutes les directions fut celui de Jodrell Bank, près de Macclesfield, Angleterre; construit en 1956, il avait 76 mètres de diamètre.

A gauche. Le quasar 3C273. Toujours mystérieux, les quasars, qui furent détectés pour la première fois par des radioastronomes au début des années 1960, sont vraisemblablement les noyaux de galaxies très éloignées. Celui-ci expulse un jet de matériaux (le petit ovale blanc).

spirales, découvertes à l'origine par Rosse et dont on s'apercevait à présent qu'elles étaient très nombreuses. Heber Curtis, à l'observatoire de Lick, ainsi que beaucoup d'autres astronomes, persuadés que les spirales étaient des îles d'étoiles indépendantes semblables à la nôtre, envisagèrent un univers encore plus étendu que celui de Shapley. En 1920, un débat entre Curtis et Shapley fut organisé, au cours d'une rencontre à la National Academy of Sciences, mais sans que la question soit résolue pour autant; ce ne fut pas avant 1922 et 1924, lorsqu'en utilisant le télescope de 2,5 mètres on trouva des céphéides dans un certain nombre de nébuleuses spirales, qu'il fut prouvé de façon absolument concluante qu'elles étaient situées au-delà des confins de notre propre galaxie, la Voie lactée. Il apparut alors clairement que les dimensions proposées par Shapley pour notre galaxie étaient surestimées, même si ces chiffres représentaient un progrès sensible sur les évaluations antérieures.

Ce fut Edwin Hubble qui parvint à la preuve définitive que l'univers était composé de myriades d'îles d'étoiles, ou galaxies, semblables à la nôtre et contenant parfois des étoiles, de la poussière et des gaz, et parfois uniquement des étoiles. Né en 1889, à Marshfield dans le Missouri, Hubble, boxeur amateur, fit ses études à l'université de Chicago où il subit l'influence de Hale qui déclencha en lui l'amour de l'astronomie. Puis il étudia le droit pendant un certain temps à l'université d'Oxford mais, en 1914, l'idée d'une carrière juridique s'évanouit totalement lorsqu'il rejoignit l'équipe de l'observatoire de Yerkes; en 1919, après avoir servi dans l'armée des États-Unis pendant la Première Guerre mondiale, Hubble se rendit à l'invitation de Hale qui lui proposait d'entrer dans l'équipe de l'observatoire du mont Wilson. C'est là que non seulement il trouva la preuve de l'existence d'un univers de galaxies, mais qu'il fit également une autre découverte capitale. En analysant les spectres de ces galaxies lointaines, relevés grâce à l'équipement puissant dont disposait l'observatoire du mont Wilson, Hubble prouva que presque tous leurs spectres sans exception étaient décalés vers le rouge; en d'autres termes, il s'avérait que toutes ces galaxies s'éloignaient de nous, et ce d'autant plus vite qu'elles étaient déjà loin. En fait, l'univers des galaxies se manifestait comme un univers en expansion. Il s'avérait aussi qu'un tel univers était une des conséquences de la relativité générale et, étant donné que toute la recherche l'a confirmé depuis, ce phénomène est aujourd'hui un des fondements de l'astronomie.

Illustration page 658.

La clairvoyance dont Hale avait fait preuve, en poursuivant

son idéal d'observatoires situés au sommet de montagnes qui dominent les couches les plus denses de l'atmosphère et en construisant des télescopes à grande ouverture, fut pleinement démontrée par les succès de Hubble qui firent date, et la conséquence en fut que sa philosophie influença la localisation de tous les grands télescopes édifiés par la suite. Cependant, grâce aux développements des techniques de fabrication optique, les télescopes à grande ouverture ne sont plus aujourd'hui les objets rares qu'ils étaient lorsque les instruments de 2,5 et 5 mètres furent construits et, dans les années 1970, les télescopes de 3 mètres d'ouverture devinrent d'usage courant.

Mais les observations optiques avec de grands télescopes ne représentent pas la seule façon d'observer l'univers. L'appréciation de ce fait fut un des progrès les plus importants en astronomie, de même que le développement de nouveaux moyens pour détecter les rayonnements émis par des sources célestes. Les premières réussites dans cette nouvelle direction eurent pour origine une découverte due au hasard, faite en 1932-1933 par l'ingénieur radio Karl Jansky, qui travaillait aux États-Unis. En analysant les parasites radio (le bruit de friture que l'on entend au cours des transmissions radiophoniques sur ondes courtes), Jansky remarqua qu'il semblait que quelques sources de ces parasites se situaient dans la direction de la Voie lactée. Bien entendu, après la découverte des ondes radio par Hertz en 1888, on avait fait des essais de détection d'ondes radio en provenance du Soleil, mais toutes les tentatives avaient échoué pour diverses raisons techniques, et la détection d'émissions radio extraterrestres par Jansky était le premier résultat positif. Curieusement, ce succès n'éveilla pratiquement aucune réaction dans le monde des astronomes; la seule personne qui suivit l'affaire fut un astronome amateur, Grote Reber, qui détecta lui aussi des radiations en 1938 aux USA.

Illustration page 660.

Ce ne fut qu'après la Seconde Guerre mondiale que les techniques modernes de radio-astronomie se développèrent réellement et la chose se fit d'abord en Australie et en Angleterre, peut-être parce que ces deux pays n'avaient pas de grands télescopes optiques pour occuper leurs astronomes.

Quoi qu'il en soit, il fut très vite évident que la radioastronomie devait affronter un sérieux problème, celui de disposer d'un radiotélescope assez puissant pour repérer les détails. Les télescopes optiques pouvaient facilement distinguer des objets et voir des détails pas plus grands que quelques millièmes de degré, tandis que même un grand radio-

A droite. L'horloge atomique originelle, dont le «pendule» est un ensemble d'atomes de caesium en vibration. Elle fut construite en 1955 au National Physical Laboratory de Teddington, en Angleterre, et conduisit directement au développement de l'heure égale atomique, aujourd'hui adoptée dans le monde entier. Cette horloge est aussi le prototype des chronomètres à laser modernes, qui varient d'une seconde en 100000 ans et dont l'avènement a rendu possible la liaison entre des observations relevées par radiotélescopes sur différents continents.

A droite. Robert Goddard (1882-1945) photographié en 1935 avec une fusée à fuel liquide de son invention. Malgré ses travaux de pionnier, la technologie des fusées ne se développa complètement aux États-Unis qu'après la Seconde Guerre mondiale.

A droite. Le premier satellite artificiel lancé avec succès fut le Spoutnik russe d'août 1957.

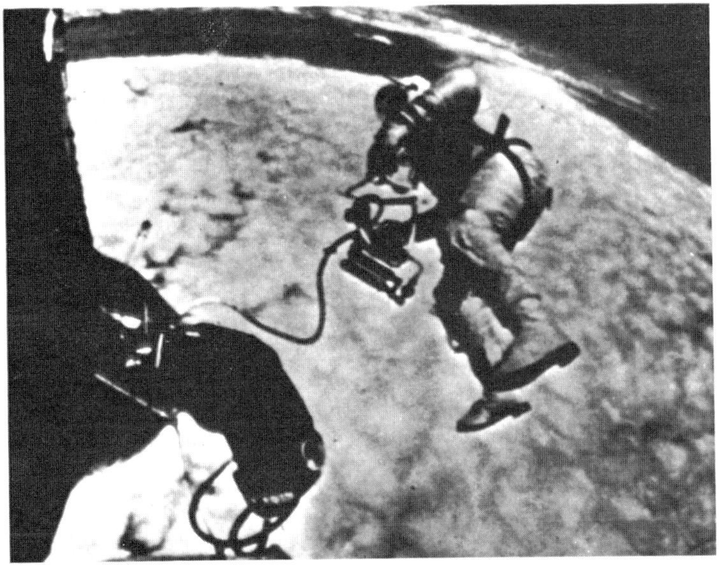

A gauche. L'homme dans l'espace : l'astronaute Edward H. White à l'extérieur du vaisseau spatial Gemini 4, en juin 1965. La présence de l'homme dans l'espace, qui fut une exploration, eut également une grande importance pour l'astronomie et la médecine.

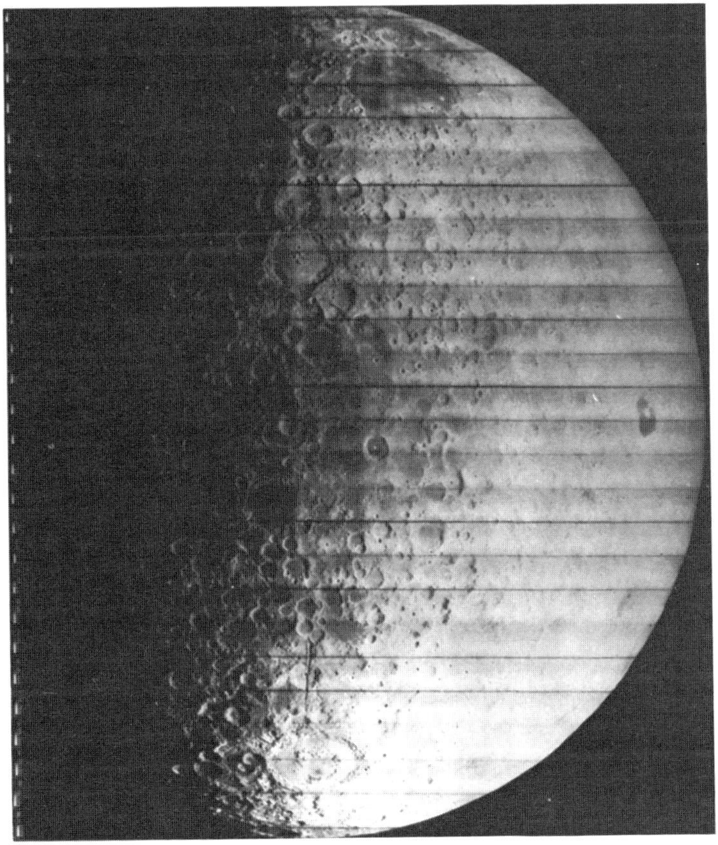

A gauche. La face postérieure de la Lune, qui est toujours orientée à l'opposé de la Terre, fut photographiée en 1967 par le vaisseau spatial Lunar Orbiter IV, qui orbita autour de la Lune.

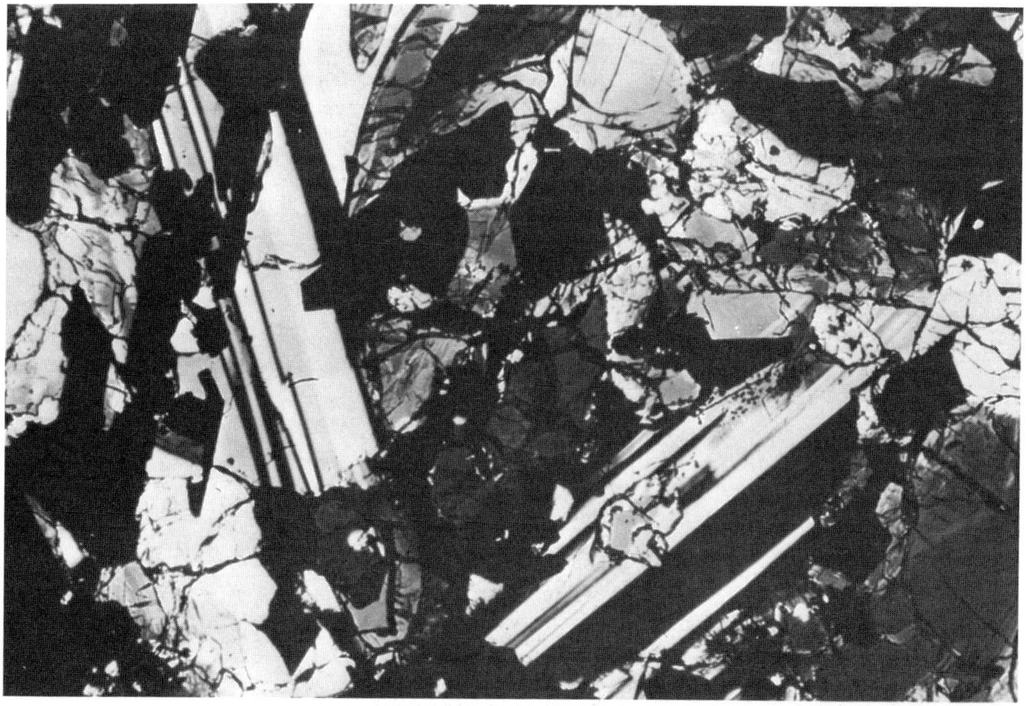

A gauche. Le Skylab américain en orbite autour de la Terre, photographié à partir du module de service et de commande en 1973.

Page 666, en haut. Un petit fragment de roche lunaire, vu au microscope à la lumière polarisée qui permet de différencier clairement les divers minéraux. Échantillon prélevé par les astronautes d'Apollo 17 en 1972.

En bas. Deux vaisseaux spatiaux sur la Lune. Apollo 12, avec un équipage d'astronautes, se trouve à l'horizon; au premier plan, Surveyor III, engin sans équipage à alunissage sans heurts. Photographie prise en novembre 1969.

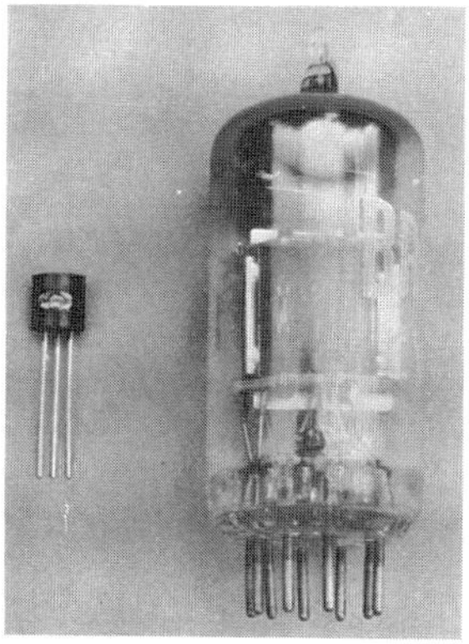

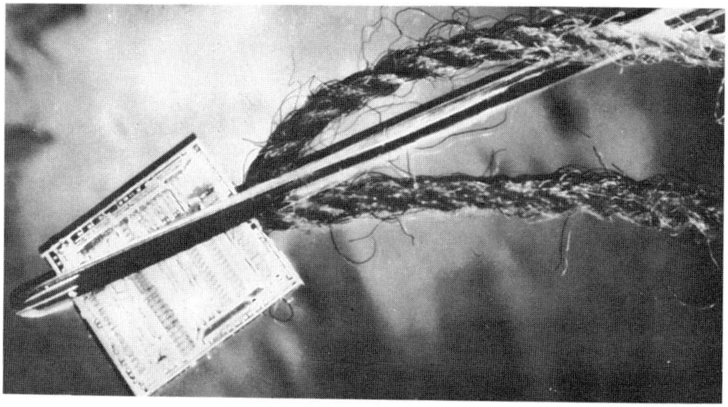

A droite. L'ordinateur mécanique, ou « analyseur différentiel », qui pouvait accomplir les opérations mathématiques d'intégration, fut inventé et construit en 1935 en Angleterre, à l'université de Cambridge. Il était capable d'opérations mathématiques relativement peu nombreuses. On l'utilisa, entre autres choses, pour calculer les horaires de chemin de fer.

télescope avait un pouvoir de résolution 50 fois moindre, si ce n'est moins encore, pour la seule raison que les ondes radio sont quelque 10 000 fois plus longues que les ondes lumineuses. Pour essayer d'améliorer les choses, un certain nombre de grands radiotélescopes avaient été construits dans des buts particuliers : construction en 1956 du parabolique «plat» gouvernable de 76 mètres de diamètre de Bernard Lovell, à Jodrell Bank en Angleterre et, en 1963, d'une antenne géante de 300 mètres de diamètre à Arecibo, à Porto Rico, administrée par l'université Corwell. Mais c'est en utilisant simultanément deux ou plusieurs radiotélescopes, et grâce à l'interférométrie qu'on arrive à discerner des détails de plus en plus précis en combinant les ondes radio reçues par chacun d'eux. Les pionniers du développement de la technique de l'interféromètre furent Joseph Pawsey et Bernard Mills en Australie, qui aboutirent finalement dès 1948 et 1953, et Martin Ryle et ses collègues de l'université de Cambridge qui, à partir de 1955, développèrent des interféromètres spéciaux à «ouverture de synthèse», qui équivalent à des télescopes plats de 1,6 kilomètre ou plus de diamètre. De plus, la liaison établie dans les années 1970 entre des radiotélescopes situés sur des continents différents a permis à la radio-astronomie d'obtenir une résolution supérieure à celle des télescopes optiques.

Les succès remarquables obtenus par la radio-astronomie vont de la détection de gaz dans l'espace, que l'on ne pouvait observer jusqu'alors, à la découverte d'objets précédemment inconnus des astronomes optiques; tels les quasars, détectés en 1963, grâce aux efforts conjoints des astronomes radio et des astronomes optiques en Angleterre, en Australie et aux États-Unis; tels aussi les pulsars, découverts par Jocelyn Bell et Anthony Hewish, de l'université de Cambridge en 1967. Les pulsars ont été identifiés à des cadavres d'étoiles extrêmement denses ou étoiles à neutrons, tandis que les quasars gardent toujours une part de mystère; apparemment, ce sont des espèces de galaxies à un stade primitif de développement.

Il est probable que les progrès les plus spectaculaires réalisés en astronomie au cours du XXe siècle furent ceux auxquels parvint l'exploration moderne de l'espace. L'humanité a toujours rêvé d'atteindre la Lune et les planètes, et l'adaptation de la technologie des fusées utilisées pendant la Seconde Guerre mondiale à un usage pacifique par les Américains et les Soviétiques fit de ce rêve une réalité. Cette ère nouvelle de l'observation s'ouvrit en octobre 1957 avec le lancement du «spoutnik» soviétique, un corps de petites dimensions mis sur

Page 668, en haut à gauche. La première lampe thermo-ionique, ou tube à vide (diode), utilisée par John Ambrose Fleming en 1904 au University College de Londres. Elle fut le précurseur de toutes les lampes thermo-ioniques postérieures, en particulier de celles qui furent développées aux États-Unis par Lee de Forest. Science Museum, Londres.

En haut à droite. En 1920, une des premières transmissions radiophoniques dans les ateliers Marconi à Chelmsford, en Angleterre.

Illustration page 661.

Page 668, au milieu à gauche. On voit à droite une lampe thermo-ionique miniature (tube à vide), quelque 80 à 100 fois moins volumineuse que les premiers exemplaires, comparée à un transistor (à gauche). L'autre avantage du transistor, qui fut développé en 1948, est qu'il utilise un faible voltage : 9 volts au lieu des 200-300 volts nécessaires pour le tube à vide.

Au centre à droite. Le circuit microminiaturisé est gravé sur le silicone et contient l'équivalent de nombreux transistors et autres composants électroniques. Ces circuits, qui furent développés dans les années 1960, sont très fiables. Celui qui est représenté ici, glissé dans le chas d'une aiguille, serait aujourd'hui considéré comme grand.

orbite autour de la Terre, suivi moins de trois mois plus tard par un satellite artificiel américain. La technologie de l'espace s'est rapidement développée et a apporté une somme considérable d'informations détaillées sur le système solaire qu'il n'était possible de recueillir d'aucune autre façon. En 1959, pour la première fois dans l'histoire de l'humanité, l'homme a pu voir la face cachée de la Lune (qui demeure toujours tournée dans la direction opposée à la Terre) et il a foulé son sol en juillet 1969. De plus, il a été possible de voir la Terre de l'espace et d'ajouter plus d'informations à notre connaissance de ses propriétés en tant que planète et en tant qu'environnement physique (la discipline de la géophysique a été un développement remarquable de la science du XXe siècle), ainsi que d'étudier de près les planètes de diverses façons, impossibles auparavant en raison de leur distance à la Terre. Comme il fallait s'y attendre, la technologie développée pour atteindre tous ces buts et pour en transmettre des images en couleurs sur des distances de plus de 1,3 milliard de kilomètres a débouché sur quantité d'applications dans la vie quotidienne comme dans les autres branches de l'étude scientifique. En astronomie, cette technologie a rendu possible l'examen de l'univers à la lumière d'ondes très courtes – ultraviolets à longueur d'onde courte, rayons X et rayonnement gamma – qui n'atteignent jamais la surface de la Terre. Déjà, à la fin des années 1940 et au début des années 1950, des rayonnements cosmiques (des particules subatomiques provenant de l'espace) avaient été détectés et ceux-ci, joints aux résultats obtenus par les radio-astronomes, avaient clairement montré l'importance de ce type d'observation; la technique spatiale est indispensable pour les observations de très courtes longueurs d'onde. Enfin, dans les années 1950, des rayons X en provenance du Soleil furent détectés par des fusées volant très haut et, en 1956, Herbert Friedman, du Naval Observatory des États-Unis, apporta la preuve de ce qui semblait être des sources de rayons X situés dans l'espace. Depuis cette découverte, l'astronomie des ondes courtes s'est poursuivie avec enthousiasme, apportant des preuves de l'existence de toutes sortes de sources explosives très énergétiques dans l'espace.

Illustrations pages 664, 665, 666, 667.

L'astronomie du XXe siècle a donc fait connaître un univers infiniment plus grand, plus énergétique et plus complexe qu'on ne l'avait jamais conçu au cours des siècles précédents. Elle a également conféré un degré de précision inégalé jusqu'alors à un sujet qui captive les hommes depuis les premiers temps; celui du commencement et de la fin de l'univers. Pratiquement, cette question de cosmologie n'avait été anté-

A gauche. Un ordinateur électronique des années 1950. Bien qu'il utilisât des lampes (tubes à vide) et qu'il fût très encombrant, il pouvait accomplir beaucoup plus d'opérations mathématiques que l'analyseur différentiel.

A gauche. Un ordinateur des années 1980 et son écran lumineux dont la taille, étonnamment réduite, fut rendue possible par une nouvelle génération de puces de silicium. Ces modèles très petits font que les ordinateurs peuvent être largement utilisés dans toutes les branches de la recherche scientifique.

A droite. Pendant l'Année géophysique internationale, qui eut lieu en 1957-1958, la coopération scientifique internationale, dépassant les frontières politiques, se fit à un niveau jusqu'alors inégalé. Un des résultats scientifiques positifs fut la découverte que l'aurore à l'un des pôles magnétiques s'accompagne d'une aurore à l'autre pôle magnétique, un facteur important pour parvenir à une explication complète du phénomène. Une aurore (ci-contre) est causée par un afflux de particules atomiques en provenance de l'espace, chargées électriquement; certaines sont captées par le champ magnétique terrestre, puis fusent vers l'atmosphère à proximité des pôles magnétiques de la Terre. Les particules électrifient (ionisent) les molécules d'air qui brillent et donnent naissance à l'aurore.

Au centre. La géophysique, l'étude de la Terre comme un corps physique dans l'espace, est une des nouvelles disciplines scientifiques qui virent le jour au XXe siècle. Sondage des océans pour dresser la carte de la structure physique des fonds océaniques et la composition chimique des eaux océaniques. Conséquence de ces études, la théorie révolutionnaire des plaques tectoniques se développa en 1965 pour expliquer la dérive des continents, la répartition des zones volcaniques et des roches magnétiques.

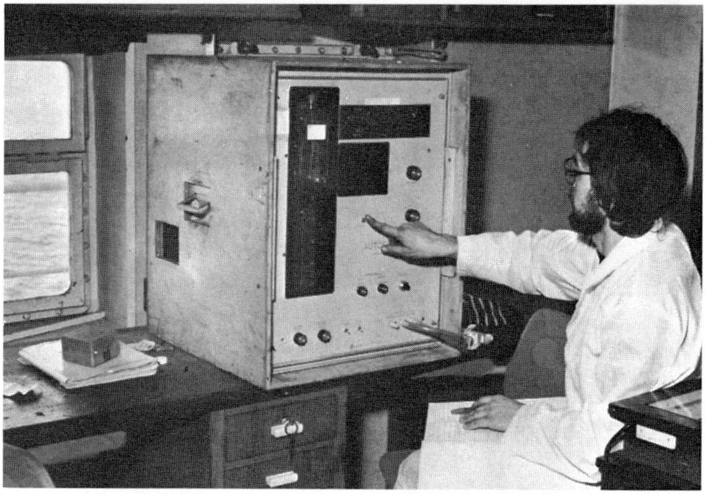

rieurement qu'un objet de pure spéculation; en 1775, lorsque l'astronomie s'occupait encore essentiellement du système solaire, le philosophe allemand Emmanuel Kant avait émis l'hypothèse que le Soleil et les planètes s'étaient formés par condensation, à partir d'une nébuleuse en forme de disque, mais ce n'était guère plus qu'une idée séduisante. Elle fut reprise de façon plus approfondie par Pierre de Laplace dans son hypothèse cosmologique, exposée dans *Mécanique céleste,* mais la spéculation y tenait encore une large part. Au XIXe siècle, cette théorie perdit son crédit – elle paraissait peu solide du point de vue de la physique – et deux autres conceptions furent avancées. En 1887, à Londres, Norman Lockyer lança l'idée que le système solaire (peut-être même l'univers tout entier) s'était condensé à partir de matériaux météoritiques (c'est-à-dire de fragments de roches et de métaux, dont des échantillons orbitent autour du système solaire); puis, en 1900, deux astronomes américains, Thomas Chamberlain et Forest Moulton, de l'université de Chicago, émirent l'hypothèse qu'une autre étoile s'était approchée du Soleil et en avait retiré les matériaux qui forment les planètes, une idée qui fut reprise de façon plus approfondie en 1916 par James Jeans. Cette théorie occupa la scène jusqu'en 1945, date à laquelle, en raison de nouveaux faits d'observation, Carl von Weizsäcker relança l'hypothèse de la nébuleuse primitive; ses conséquences ont été retravaillées depuis car, d'après des nouvelles observations, on estime aujourd'hui qu'il s'agit là de l'hypothèse la plus probable. Mais qu'en est-il de l'univers lui-même?

L'univers en expansion, tel qu'il fut observé par Hubble et confirmé depuis par d'autres faits évidents, conduit à supposer que l'univers commença il y a fort longtemps – les calculs actuels donnent le chiffre de quelque vingt milliards d'années – et dans un état de forte concentration. L'évolution de l'univers peut être décrite par la théorie de la relativité générale et la théorie des quanta; en 1922, le mathématicien russe, Alexandre Friedman, étudia la question et une décennie plus tard, en 1933 et 1934, l'astronome belge George Lemaître avança une idée similaire; l'univers aurait commencé comme un noyau concentré – qui explosa à un temps $t = 0$ (ce que font tous les grands atomes) –, et depuis ne fait que s'étendre. Par ailleurs, en 1939, aux États-Unis, George Gamow, Ralph Alpher et Hans Bethe considérèrent qu'une explosion nucléaire «chaude» de matériaux hautement concentrés avait commencé l'expansion. Cette théorie du «big bang» est aujourd'hui l'hypothèse la plus en vogue,

Page 672, en bas. Robert Wilson (à gauche) et Arno Penzias devant la grande antenne qu'ils inventèrent pour étudier la propagation des ondes radio, aux laboratoires de Bell Telephone. Ils découvrirent le rayonnement des micro-ondes (7 centimètres de longueur d'onde) visible dans tout le ciel. Considéré comme étant dû au gaz chaud qui a refroidi depuis les temps incommensurables qui nous séparent de la création de l'univers par le big bang, sa découverte a eu un impact très profond sur les conceptions que l'homme du XXe siècle se fait de l'univers.

surtout depuis qu'Arno Penzias et Robert Wilson ont annoncé en 1963 qu'ils avaient détecté un bruit de fond, un rayonnement radio qui remplit tout l'espace et dont la température est précisément celle à laquelle on devait s'attendre si la théorie du big bang était exacte.

Aucune de ces théories n'explique l'origine du super-atome à partir duquel l'univers commença. Pour contourner le problème une alternative a été développée par Herman Bondi et Thomas Gold en Angleterre en 1948 : l'univers stationnaire élaboré plus en détail par Fred Hoyle. Leur hypothèse était que de la matière est en création continue dans l'univers et remplace celle qui s'en retire à cause de l'expansion; ainsi, pour un observateur, l'univers présente toujours le même aspect général. Il est stationnaire. Cette conception, en soi très séduisante, fut soutenue pendant un temps par de nombreux cosmologistes, mais la découverte par Penzias et Wilson du «bruit de fond» semble inexplicable dans le cadre d'un modèle stationnaire quel qu'il soit. L'on est revenu pour l'instant à la théorie du big bang, mais cela ne signifie pas qu'elle soit destinée à être la dernière. Une des leçons essentielles qu'il convient de retenir de l'histoire des réalisations scientifiques est qu'aucune théorie ne dure éternellement et que, souvent, lorsque les choses semblent le mieux établies, de nouvelles observations et des idées neuves les remplacent par de nouveaux concepts. Mais cela fait partie de l'aventure qu'est la science; c'est une part de la lente conquête de l'énigme qu'est le monde physique, une partie de ce qu'Alfred Noyes qualifiait élégamment de «longue bataille pour la lumière», dans laquelle l'homme s'est engagé depuis les premiers jours des premières civilisations.

Illustration page 672.

Bibliographie

Généralités

Parmi les ouvrages consacrés à l'histoire des sciences et des techniques dans leur ensemble, on peut citer *A History of Science* de George Sarton (Harvard, 1952 et Oxford, 1953); *Histoire des sciences,* sous la direction de René Taton (Paris, PUF, 1953); *Histoire des techniques,* sous la direction de Maurice Daumas (Paris, PUF, 1977); *Histoire générale des techniques,* de B. Gille (Paris, Gallimard, coll. «la Pléiade», 1978). Pour chacun des chapitres du présent ouvrage, on peut se reporter à ces ouvrages de référence. En ce qui concerne les mathématiques, on trouvera un exposé introductif et pertinent dans *Une histoire des mathématiques* d'A. Dahan-Dalmédico et J. Peiffer (Paris, Éd. du Seuil, coll. «Points Sciences», 1986), et de même, pour les sciences physiques, dans *Une histoire de la physique et de la chimie* de J. Rosmorduc (Paris, Éd. du Seuil, coll. «Points Sciences», 1985). On trouvera des commentaires importants sur les révolutions dans la pensée scientifique dans l'ouvrage de Thomas Kuhn, *la Structure des révolutions scientifiques* (Paris, Flammarion, 1983).

1. Les origines de la science

Peu d'ouvrages disponibles sur les sciences égyptiennes et mésopotamiennes. Sur la numérotation égyptienne, voir Geneviève Guitel, *Histoire comparée des numérotations écrites* (Paris, Flammarion, 1975) et Ifrah, *Histoire universelle des chiffres* (Paris, Seghers, 1981).

Pour quelques domaines spécialisés – les mathématiques et l'astronomie –, on dispose d'autres ouvrages dont la plupart relèvent du niveau universitaire. *The Exact Sciences in Antiquity* d'Otto Neugebauer (Princeton et Oxford, 1952) n'est pas trop spécialisé. On trouvera également sur ce sujet quatre articles remarquables dans le volume XV du *Dictionary of Scientific Biography,* (New York, 1978), (que nous désignerons désormais par les initiales DSB) : «The Mathematics of Ancient Egypt» de R. J. Gillings; «Egyptian Astronomy, Astrology and Calendrical Reckoning» de Richard Parker; «Mathematics and Astronomy in Mesopotamia» de B. L. Van der Waerden; «Man and Nature in Mesopotamia Civilization» de A. Leo Oppenheim. Le volume suivant contient un article : «Maya Numeration,

Computation and Calendrical Astronomy» de Floyd Lansbury. Voir surtout l'ouvrage cité de G. Guitel sur la numérotation maya.

2. La science grecque

Early Physics and Astronomy de O. Pedersen et M. Pihl (Londres et New York, 1974) est un ouvrage assez spécialisé. *A Manual of Greek Mathematics* de Thomas L. Heath (New York et Londres, 1974) l'est plus encore. Sont plus accessibles, B. Gille, *les Mécaniciens grecs* (Paris, Éd. du Seuil, coll. «Science ouverte», 1980); R. Baccou, *Histoire de la science grecque de Thalès à Socrate* (Paris, Aubier, 1951); A. Rey, *l'Apogée de la science technique grecque* (Paris, Albin Michel, 1946-1948).

Bien entendu, on trouvera des articles biographiques dans le *DSB*. Citons encore de M. Caveing, *Zénon d'Élée* (Paris, Vrin, 1982).

3. La science chinoise

L'exposé le plus complet sur la science chinoise figure dans *Science and Civilization in China* de Joseph Needham (Cambridge, 1954). *The Shorter Science and Civilization in China,* qui est un résumé de l'ouvrage précédent, récrit en termes plus simples, est destiné au grand public. Le volume 1, paru en 1978 et le volume 2, paru en 1980, ont été publiés à Cambridge. La suite est en cours de publication. En français, voir de J. Needham, *la Science chinoise et l'Occident,* (Paris, Éd. du Seuil, coll. «Points Sciences», 1977) ainsi que J. C. Martzloff, *les Sciences mathématiques en Chine* (à paraître).

Quelques courts essais fort éclairants sur ce sujet figurent dans *Clerks and Craftsmen in China and the West* de J. Needham, (Cambridge, 1970). Les articles sur Li Shih-Chen, Shen Hua et Wang Hsi-shan de Nathan Sivin dans le *DSB* méritent également l'attention.

4. La science hindoue et indienne

Sur ce sujet, l'ouvrage classique est *A Concise History of Science in India,* édité par D. M. Bose, S. N. Sen et B. V. Subbarayappa (New Delhi, 1972). Un article bien documenté sur la question figure dans «History of Mathematical Astronomy in India» de David Pingree, dans le volume XV du *DSB,* mais il est très spécialisé. En français, on peut lire *les Médecines de l'Asie* de G. Mazars, J. Bossy, P. Huard (Paris, Éd. du Seuil, coll. «Science ouverte», 1978).

5. La science arabe

L'exposé le plus connu sur la science arabe en anglais est *Islamic Science - An Illustrated Study* de Seyyed H. Nasr (Londres, 1976). En français, voir l'excellent article de R. Rashed «Islam. Les sciences dans le monde musulman» (Paris, Encyclopaedia universalis) et A. P. Youbkevitch, *les Mathématiques arabes* (Paris, Vrin, 1976).

On trouvera également quelques articles biographiques dans le *DSB*, mais il n'existe aucune biographie d'hommes de sciences islamiques en anglais ou en français.

6. La science romaine et la science médiévale

Pour un tableau général de la science médiévale plus détaillé que celui du présent ouvrage, voir *Histoire des sciences de saint Augustin à Galilée* de A. C. Crombie (Paris, 1952) ainsi que B. Gille, *les Ingénieurs de la Renaissance* (Paris, Éd. du Seuil, coll. «Points Sciences», 1978). Et deux ouvrages plus spécialisés : *Robert Grosseteste and the Origins of Experimental Science* de A. C. Crombie (Oxford, 1952); et *Physical Science in the Middle Ages* d'Edward Grant (New York et Londres, 1971).

7. De la Renaissance à la révolution scientifique

Six Wings de George Sarton (Inde, 1957 et Londres, 1958) est un ouvrage général sur quelques hommes de science de la Renaissance. Voir aussi A. Koyré, *la Révolution astronomique* (Paris, Hermann, 1961). Parmi les biographies, citons : *Copernicus, The Founder of Modern Astronomy* d'Angus Armitage (Londres, 1938), et trois autres ouvrages plus savants : *Andrea Vesalius of Brussels,* 1514-1564 de C.D. O'Malley (Berkeley, 1964); *Paracelse* de L. Braun, K. Goldammer, P. Deshaye (Paris, Albin Michel, 1980); et Thomas Kuhn, *la Révolution copernicienne* (Paris, Fayard, 1983).

8. Les XVIIe et XVIIIe siècles

Comme étude générale du XVIIe, voir A. Koyré, *Études galiléennes* (Paris, Hermann, 1967).

Voici une sélection faite parmi les très nombreuses biographies publiées concernant cette période : *The Life and Times of Tycho Brahe* de J. A. Gade (Princeton, 1947); *Tycho Brahe* de J. L. E. Dreyer (New York, 1963); *Galilée hérétique* de P. Redondi (Paris, Gallimard, 1985); *Galileo at Work. His Scientific Biography* de S. Drake (Chicago et

Londres, 1978); *Galilée, aspects de sa vie et de son œuvre,* ouvrage collectif (Paris, PUF, 1968); *Edmond Halley, Genius in Eclipse* de Colin A. Ronan (New York, 1969 et Londres, 1978); *William Harvey* de L. Chauvois (Paris, Sedes, 1957); *William Harvey, the Man, the Physician, the Scientist* de Kenneth D. Keele (Londres, 1965); *William Herschel, Pioneer of Sideral Astronomy* de Michaël W. Hoskin (New York et Londres, 1959); *Robert Hooke* de Margaret Espinasse (Londres, 1956); *Johannes Kepler* d'Angus Armitage (Londres, 1966); *Kepler* de Max Caspar (New York et Londres, 1959); *Measuring the Invisible World, The Life and Works of Antoni Van Leeuwenhoek* d'A. Schierbeek (New York et Londres, 1959)); *Linné, le prince des botanistes* de Wilfrid Blunt (Paris, Belin, 1986); *Descartes savant* de G. Milhaud (Paris, Alcon, 1921) et du même auteur, *l'Œuvre scientifique de Pascal* (Paris, PUF, 1964); *Never at Rest, a Biography of Isaac Newton* de Richard S. Westfall (Cambridge et New York, 1980); *Joseph Priestley, Adventurer in Science and Champion of Truth* de F. W. Gibbs (Londres, 1965).

9. La science au XIXe siècle

J. Berzelius, his Life and Work de J. Erik Jorpes (Stockholm, 1966); *Georges Cuvier Zoologist* de W. Coleman (Cambridge, Mass., 1964); *Cauchy, un mathématicien légitimiste* de B. Belhoste (Paris, Belin, 1965); *l'Œuvre scientifique de G. Monge* de R. Taton (Paris, PUF, 1951); *l'Œuvre scientifique de Laplace* de H. Andeyer (Paris, 1902); *John Dalton and the Atom* de Frank Greenaway (Londres, 1966); *John Dalton and the Atomic Theory* de E. Patterson (New York, 1960); *Charles Darwin. A Scientific Biography* de Gavin de Beer (New York, 1965); *Humphry Davy* de Harold Hartley (Londres, 1967); *Michaël Faraday* de L. Pearce Williams (New York et Londres, 1965); *le Grand Ampère* de L. Launay (Paris, Librairie académique Perrin, 1925); *le Chimiste Claude-Louis Berthollet* de M. Sadoun-Goupil (Paris, Vrin, 1977); *T.H. Huxley : Scientist, Humanist and Educator* de Cyril Bibby (Londres, 1959); *Lord Kelvin, Physicist, Mathematician, Engineer* de A. P. Young (Londres, 1948); *Clerk Maxwell and Modern Science* de C. Domb (Londres, 1963); *Pasteur : un génie au service de l'homme* de Maurice Vallery-Radot (Paris, Fabre P. M., 1985); *William Henry Fox Talbot* de A. J. P. Arnold (Londres, 1977); *Rudolf Virchow, Doctor, Statesman and Anthropologist* d'Erwin H. Ackerknecht (Madison, Wisc., 1953).

10. La science du XXe siècle

Niels Bohr, his Life and Work as seen by his friends and colleagues de S. Rozental (Amsterdam, 1967); *Madame Curie* d'Ève Curie (Paris, Gallimard, 1981); *Marie Curie. Derrière la légende* de Robert Reid (Paris, Éd. du Seuil, 1979); *Une femme honorable* de Françoise Giroud

(Paris, Fayard, 1981); *Arthur Stanley Eddington* d'A. Vibert Douglas (New York et Londres, 1956); *Max Planck, un homme droit* de J.-L. Heilbrenan (Paris, Belin, 1987); *Hardey, l'apologie d'un mathématicien* de G. H. Hardey (Paris, Belin, 1985); *Einstein. A Centenary Volume* de A. P. French (Londres, 1979); *Albert Einstein, créateur et rebelle* de Banesh Hoffman (Paris, Éd. du Seuil, coll. «Points Sciences», 1979); *Gowland Hopkins* d'Ernest Baldwin (Londres, 1961); *H. A. Lorentz. Impressions of his Life and Work* de G. L. de Haas-Lorentz (Amsterdam, 1957); *Mendel* de G. Orel (Paris, Belin, 1985); *Dimitri Ivanovitch Mendeleïev* de N. A. Figurovsky (Moscou, 1961); *The Master of Light* (une biographie de A. A. Michelson) de D. Michelson Livingston (New York, 1973); *Ivan Petrovitch Pavlov Work* d'E. A. Asratyan (Moscou, 1974); *Rutherford and the Nature of the Atom* d'E. N. de C. Andrade (Londres, 1964); *Charles Scott Sherrington* de E. G. T. Liddell (Londres, 1966); *J. J. Thomson and the Cavendish Laboratory in his Days* de G. P. Thomson (New York, 1965); *Henri Poincaré ou la Vocation souveraine* d'A. Bellivier (Paris, Gallimard, 1956); *Edison* de Ronald W. Clark (Paris, Belin, 1986); *P. Langevin* de B. Bensaude-Vincent (Paris, Belin, 1987).

Index

Les renvois aux légendes des illustrations sont indiqués en italiques.

Remerciements

Les illustrations en bas à gauche et en bas à droite de la page 375 sont reproduites avec l'autorisation de Sa gracieuse Majesté la reine.

L'illustration en haut de la page 315 est reproduite avec l'aimable autorisation du doyen et du chapitre de la cathédrale de Hereford, celle au bas de la page 358 avec l'autorisation du conseil d'administration de Christ Church, Oxford, celle au bas de la page 331 avec l'autorisation du directeur et des professeurs du Gonville and Caius College de Cambridge et celle du haut de la page 331 avec l'autorisation du directeur et des professeurs du Magdalene College de Cambridge.

L'auteur souhaite remercier Mr Storm Dunlop, qui a rédigé l'index, et exprimer sa reconnaissance chaleureuse pour l'aide, la collaboration et la patience de son éditeur, Mr Peter Furtado.

Photographies

Aberdeen City Libraries, p. 550 en haut; Aerofilms, Boreham Wood, p. 26 en bas; Graphische Sammlung Albertina, Vienne, p. 373; Alinari, Florence, p. 359 en haut à droite; American Institute of Physics, Niels Bohr Library, p. 657 en haut à gauche; American Museum of Natural History, New York, p. 74 en bas; Archaeological Survey of India, Delhi, p. 263 en haut; Archives photographiques, Paris, p. 25 en bas à droite; Ashmolean Museum, Oxford, p. 355 en bas à droite; B.B.C. Hulton Picture Library, Londres, p. 486 en bas, p. 546 en haut; Bell Laboratories, p. 672 en bas; Biblioteca Ambrosiana, Milan, p. 307 en haut; Biblioteca Estense, Modène, p. 131 en haut au centre, p. 131 en haut à droite; Biblioteca Medicea Laurenziana, Florence, p. 335 en haut; Biblioteca Nazionale Marciana, Venise, p. 336 en bas, p. 355 en haut à gauche; Bibliothèque nationale, Paris, p. 336 au centre; Bodleian Library, Oxford, p. 293 en haut à gauche; J. Bottin, Paris, p. 60 en bas à droite; British Library, Londres, p. 131 en haut à gauche, p. 157 en haut à droite, p. 157 en bas, p. 158 en haut, p. 180 au centre, p. 180 en bas, p. 275 en bas à droite, p. 293 en haut à droite, p. 315 en bas, p. 337 en haut à gauche, p. 337 en bas, p. 338 en bas, p. 357 en haut, p. 373 en bas à droite, p. 394 en haut à droite, p. 394 en bas à droite, p. 397 en haut, p. 414, 447, 467 en bas, p. 497 en haut, p. 514 en haut, p. 572 en haut; British Museum, Londres, p. 28 en haut, p. 28 en bas, p. 49 en haut, p. 49 en bas, p. 50 en haut à gauche, p. 50 en bas, p. 60 en bas à gauche, p. 355 en haut à droite, p. 465 en bas; Cavendish Laboratory, université de Cambridge, p. 621 en bas; CERN Science Photo Library, p. 633 en haut, p. 633 en bas; Cambridge University Press, p. 217 en haut, p. 218 en haut, p. 219 en haut, p. 236 en bas à gauche, p. 236 en bas à droite; Central Office of Information, Londres, p. 661 en haut à gauche; John Combridge, Ilford, p. 182 en haut; Danske Kunstindustrimuseum, Copenhague, p. 220 en haut à droite; Department of Archaeology, Pakistan, p. 248 en haut, p. 249 trois rangées en haut; Deutsche Fotothek, Dresde, p. 467 en haut à droite, p. 621 en haut; Edinburgh University Library, p. 314 au centre; Arpad Elfer,

p. 248 en bas; Mary Evans Picture Library – Sigmund Freud, p. 635 en haut à droite; Ferranti – Science Photo Library, p. 668 au centre à droite; Fogg Art Museum, Harvard University, Cambridge, Massachusetts, p. 237 en bas; G.E.C. Computers, Boreham Wood, p. 671 en haut, p. 671 en bas; Germanisches Nationalmuseum, Nuremberg, p. 356; Photographie Giraudon, Paris, p. 84 en haut, p. 253 en haut, p. 314 en haut à droite, p. 314 en haut à gauche, p. 335 en bas, p. 357 en bas, p. 549 en bas; Hamlyn Group Picture Library, p. 25 à gauche, p. 25 en haut à droite, p. 27 en haut à gauche, p. 73 en bas, p. 84 en bas, p. 95 en haut à gauche, p. 131 en bas à droite, p. 157 en haut à gauche, p. 182 en bas, p. 249 4e rangée, p. 294 en bas, p. 358 en haut, p. 359 en bas, p. 373 en haut, p. 444 en haut à gauche, p. 445 en haut à gauche, p. 466 en haut, p. 546 en bas à droite, p. 547 en haut, p. 547 en bas, p. 549 en haut, p. 618 en haut à gauche, p. 618 en haut à droite; Hamlyn Group – S.M. Carr, p. 588 en haut à droite, p. 588 au centre à droite; Hamlyn Group – Graham Portlock, p. 372 en haut à gauche, p. 372 en haut à droite, p. 372 à droite au centre, p. 372 en bas, p. 373 en bas à gauche, p. 397 en bas, p. 412, p. 443 en bas à gauche, p. 443 en bas à droite, p. 445 en haut à droite, p. 448 en bas à gauche, p. 489 en haut, p. 490 en haut, p. 498 en haut, p. 499 en haut, p. 500 en haut, p. 500 au centre à gauche, p. 500 en bas à droite, p. 514 en bas, p. 515-516 en haut à gauche, p. 516 en haut à droite, p. 516 en bas, p. 519 en haut, p. 519 en bas, p. 521 en bas à gauche, p. 548 en haut à gauche, p. 548 en haut à droite, p. 548 en bas; Robert Harding Picture Library, Londres, p. 220 en haut à gauche; Hereford Cathedral Library, p. 315 en haut; Hirmer Fotoarch v, Munich, p. 27 en haut à droite, p. 27 en bas; Michael Holford, Loughton, p. 95 en bas; Istanbul Üniversitesi Kütüphanesi, p. 291 en bas, p. 307 en bas; Institut international de physique et de chimie Solvay, Bruxelles, p. 643 en haut; Institute of Oceanographic Science, Godalming, p. 672 centre; V.K. Jain, p. 263 en bas; Kitt Peak National Observatory, Tucson, Arizona, p. 660 en haut; Professor A.K. Kleinschmidt, p. 634 en bas; Librairie Hachette, Paris, p. 413 en haut; Lick Observatory, université de Californie, Pasadena, p. 658 en haut à gauche; Mansell Collection, Londres, p. 619 en bas; Mansell – Alinari, p. 95 en haut à droite, p. 359 en haut à gauche; Bildarchiv Foto Marburg, p. 237 en haut; Marconi, Chelmsford, p. 668 en haut à droite; Metropolitan Museum of Art, New York, p. 238 en haut, p. 291 en haut à droite, p. 292; Miln Marsters Group, Chester, p. 618 en bas; Mullard Radio Astronomy Observatory, Cavendish Laboratory, université de Cambridge, p. 661 en haut à droite; musée des Antiquités nationales, Saint-Germain-en-Laye, p. 26 en haut à gauche; musée du Louvre, Paris, p. 50 en haut à droite, p. 51, p. 446 en bas à gauche; Museo nazionale della Scienze ë della Technica, Milan, p. 497 en bas; Museum of Fine Arts, Boston, Massachusetts, p. 218 en bas, p. 291 en haut à gauche; Museum of the History of Science, Oxford, p. 275 en haut; NASA, Washington DC, p. 664 au centre, p. 665 en haut, p. 666 en haut, p. 666 en bas, p. 667; National Gallery, Londres, p. 396 en haut; National Maritime Museum, Londres, p. 464 en haut, p. 464 en bas; Musée national de Taiwan, p. 238 en bas; National Physical Laboratory, Teddington, p. 664 en haut; National Portrait Gallery, Londres, p. 446 en bas à droite, p. 448 en haut à droite, p. 465 en haut, p. 520 en haut, p. 546 en bas à gauche, p. 571 en haut; Novosti Press Agency, Londres, p. 276 à droite, p. 664 en bas; Josephine Powell, Rome, p. 132 en haut, p. 249 rangée du bas, p. 275 en bas à droite; Professor Derek de Solla Price, Yale University, New Haven, Connecticut, p. 158 en bas; Rijksmuseum, Amsterdam, p. 236 en haut; Pedro Rojas, p. 73 en haut; Ann Ronan Picture Library, Taunton, p. 26 en haut à droite, p. 132 en bas à gauche, p. 132 en bas à droite, p. 338 en haut, p. 375 en haut, p. 394 en haut à gauche, p. 394 en bas à gauche, p. 395, p. 396 en bas à droite, p. 413 en bas, p. 443 en haut, p. 444 en haut à droite, p. 444 au centre à droite, p. 446 en haut, p. 446 au centre, p. 448 en haut à droite, p. 486 au centre, p. 487, p. 488 en haut, p. 488 en bas, p. 489 en bas, p. 490 en bas, p. 498 en bas, p. 499 en bas,

p. 500 en bas à gauche, p. 507 en haut à droite, p. 507 au centre, p. 507 en bas, p. 520 en bas, p. 521 en haut, p. 521 en bas à droite, p. 571 en bas à gauche, p. 572 en bas, p. 573 en haut, p. 573 en bas, p. 587 en bas à gauche, p. 588 en haut à gauche, p. 588 en bas, p. 597 en haut, p. 597 en bas, p. 599 en haut à gauche, p. 599 en haut à droite, p. 599 en bas, p. 605 en haut, p. 605 en bas à droite, p. 619 en haut à gauche, p. 619 en haut à droite, p. 659 en haut, p. 660 en bas; Royal Astronomical Society, Londres, p. 657 en bas, p. 658 en haut à droite, p. 661 en bas, p. 667 en bas; Royal Institution, Londres, p. 586 en haut, p. 586 en bas à gauche, p. 586 en bas à droite; Royal Observatory, Édimbourg, p. 658 en bas, p. 659 au centre; Royal Ontario Museum, Toronto, p. 179 en haut; Royal Society, Londres, p. 486 en haut, p. 634 en haut à gauche; Sächsisches Landesbibliothek, Dresde, p. 74 en haut; Science Museum, Londres, p. 180 en haut, p. 219 en bas, p. 235 en haut, p. 235 en bas, p. 314 en bas, p. 337 en haut à droite, p. 355 en bas à gauche, p. 396 en bas à gauche, p. 444 en bas à droite, p. 445 en bas, p. 448 en bas à droite, p. 463 en haut, p. 463 en bas, p. 467 en haut à gauche, p. 550 en bas à gauche, p. 550 en bas à droite, p. 564, p. 571 en bas à droite, p. 587 en haut à gauche, p. 587 à droite, p. 597 au centre, p. 605 en bas à gauche, p. 606, p. 620 en bas, p. 622 en haut, p. 622 en bas, p. 635 en haut à gauche, p. 668 en haut à gauche, p. 668 en bas; Seattle Art Museum, Washington, p. 217 en bas; Dr Lee D. Simon – Science Photo Library, p. 634 en haut à droite; Süleymaniye Kütüphanesi, Istanbul, p. 293 en bas, p. 294 en haut; Topkapi Sarayi Müzesi, Istanbul, p. 306 en haut, p. 306 en bas; K.P. et S.B. Tritton, Édimbourg, p. 181 en haut, p. 181 au centre, p. 181 en bas; USIS, Londres, p. 672 en haut; Universitäts Bibliothek, Bâle, p. 131 en bas à gauche, p. 336 en haut; université de l'Arizona et Smithsonian Institution, p. 659 en bas; université de Hong Kong, p. 220 en bas; université de Manchester, département de physique, Schuster Laboratory, p. 620 en haut; université du Maryland, College Park, Maryland, p. 657 en haut à droite; université de Téhéran, Bibliothèque centrale et Centre de documentation, p. 276 à gauche; Roger-Viollet, Paris, p. 179 en bas, p. 253 en bas, p. 466 en bas, p. 507 en haut à gauche, p. 643 au centre; Vorderasiatisches Museum, Berlin, p. 49 au centre; David Wade, Londres, p. 668 au centre à gauche; Wellcome Institute for History of Medicine, Londres, p. 313; Professor M.F. Wilkins, département de biophysique, King's College, Londres, p. 635 en bas; Wilde World, p. 643 en bas; observatoire de Yerkes, Williams Bay, Wisconsin, p. 598.

Les photographies prises par Graham Portlock pour le Hamlyn Group sont toutes des illustrations de livres de la bibliothèque du Science Museum et sont reproduites avec l'aimable autorisation du Conservateur de la bibliothèque.

Les photographies suivantes proviennent de *Science and Civilization in China*, de Joseph Needham, Cambridge University Press : p. 217 en haut, p. 218 en haut, p. 219 en haut, p. 236 en bas à gauche, p. 236 en bas à droite.

Table

MAME IMPRIMEURS À TOURS
DÉPÔT LÉGAL NOVEMBRE 1988. N° 10045 (20320).

COLLECTION «SCIENCE OUVERTE»
DIRIGÉE PAR JEAN-MARC LÉVY-LEBLOND

Pierre Achard *et al.*, *Discours biologique et Ordre social,* 1977
Jean-Pierre Adam, *Le Passé recomposé,* 1988
Alexander Alland, *La Dimension humaine,* 1974
Jacques Arsac, *Les Machines à penser,* 1987
Henri Atlan, *A tort et à raison,* 1986
Madeleine Barthelemy-Madaule, *Lamarck ou le Mythe du précurseur,* 1979
Stella Baruk, *Échec et Maths**, 1973
Fabrice ou l'École des mathématiques, 1977
L'Age du capitaine, 1985
Basil Booth & Frank Fitch, *La Terre en colère,* 1980
William Broad & Nicholas Wade, *La Souris truquée,* 1987
Henri Broch, *Le Paranormal,* 1985
Mario Bunge, *Philosophie de la physique,* 1975
Giovanni Ciccotti *et al.*, *L'Araignée et le Tisserand,* 1979
Robert Clarke, *Naissance de l'homme**, 1982
Paul Colinvaux, *Les Manèges de la vie,* 1982
Benjamin Coriat, *Science, Technique et Capital,* 1976
Michel Crozon, *La Matière première,* 1987
William C. Dement, *Dormir, Rêver,* 1981
Alain Dupas, *La Lutte pour l'espace,* 1977
Albert Einstein & Max Born, *Correspondance, 1916-1955,* 1988
Ivar Ekeland, *Le Calcul, l'Imprévu**, 1984
Paul Feyerabend, *Contre la méthode**, 1979
Peter T. Furst, *La Chair des dieux,* 1974
Martin Gardner, *L'Univers ambidextre,* 1985
Bertrand Gille, *Les Mécaniciens grecs,* 1980
Stephen J. Gould, *Le Sourire du flamant rose,* 1988
George Greenstein, *Le Destin des étoiles,* 1987
P. Huard, J. Bossy, G. Mazars, *Les Médecines de l'Asie,* 1978
Albert Jacquard, *Éloge de la différence**, 1981
*Au péril de la science?**, 1984
L'Héritage de la liberté, 1986

* L'astérisque indique les ouvrages disponibles dans la série de poche «Points Sciences».

Jean Jacques, *Les Confessions d'un chimiste ordinaire,* 1981
Patrick Lagadec, *La Civilisation du risque,* 1981
États d'urgence, 1988
André Langaney, *Le Sexe et l'Innovation**, 1979
Tony Lévy, *Figures de l'infini,* 1987
Jean-Marc Lévy-Leblond & Alain Jaubert, *(Auto)critique de la science**, 1973
Eugene Linden, *Ces singes qui parlent,* 1979
Georges Menahem, *La Science et le Militaire,* 1976
Agata Mendel, *Les Manipulations génétiques,* 1980
P.-A. Mercier, F. Plassard, V. Scardigli, *La Société digitale,* 1984
Hubert Reeves, *Patience dans l'azur**, 1981
Poussières d'étoiles, 1984
L'Heure de s'enivrer, 1986
Jacques-Michel Robert, *Comprendre notre cerveau**, 1982
Philippe Roqueplo, *Le Partage du savoir,* 1974
Penser la technique, 1983
Steven Rose, *Le Cerveau conscient,* 1975
Hilary Rose, Steven Rose *et al.*, *L'Idéologie de/dans la science,* 1977
Joël de Rosnay, *L'Aventure du vivant,* 1988
Rudy Rucker, *La Quatrième Dimension,* 1985
Carl Sagan, *Les Dragons de l'Eden,* 1980
Evry Schatzman, *Les Enfants d'Uranie,* 1986
Michel Schiff, *L'Intelligence gaspillée,* 1982
Dominique Simonnet, *Vivent les bébés!,* 1986
William Skyvington, *Machina sapiens,* 1976
Solomon H. Snyder, *La Marijuana,* 1973
Isabelle Stengers *et al.*, *D'une science à l'autre,* 1987
Peter S. Stevens, *Les Formes dans la nature,* 1978
Pierre Thuillier, *Le Petit Savant illustré,* 1980
Les Savoirs ventriloques, 1983
Steven Weinberg, *Les Trois Premières Minutes de l'univers**, 1978